큐브 개념 동영상 강의

학습 효과를 높이는 개념 설명 강의

KB199564

큐브 개념
초등 수학

무료 스마트 러닝

1초 만에 바로 강의 시청

QR코드를 스캔하여 개념 이해 강의를 바로 볼 수 있습니다. 개념별로 제공되는 강의를 보면 빈틈없는 개념을 완성할 수 있습니다.

친절한 개념 동영상 강의

수학 전문 선생님의 친절한 개념 강의를 보면서 교과서 개념을 쉽고 빠르게 이해할 수 있습니다.

나의 목표와 다짐을 적어 주세요.

큐브 개념
초등 수학 **4·2**

2주

	1회차 (2단원)	2회차	3회차	4회차 (3단원)	5회차
	개념책 036~041쪽	개념책 042~045쪽	개념책 046~050쪽	개념책 054~057쪽	개념책 058~061쪽
	월 일	월 일	월 일	월 일	월 일

이번 주 스스로 평가: 매우 잘함 / 보통 / 노력 요함

3주

	1회차	2회차	3회차	4회차	5회차
	개념책 062~065쪽	개념책 066~069쪽	개념책 070~073쪽	개념책 074~077쪽	개념책 078~082쪽
	월 일	월 일	월 일	월 일	월 일

이번 주 스스로 평가: 매우 잘함 / 보통 / 노력 요함

6주

	1회차 (6단원)	2회차	3회차	4회차	5회차 (총정리)
	개념책 138~141쪽	개념책 142~145쪽	개념책 146~149쪽	개념책 150~154쪽	개념책 156~159쪽
	월 일	월 일	월 일	월 일	월 일

이번 주 스스로 평가: 매우 잘함 / 보통 / 노력 요함

학습 진도표

사용 설명서

1. 공부할 날짜를 빈칸에 적습니다.
2. 한 주가 끝나면 스스로 평가합니다.

1주 (1단원)

1회차	2회차	3회차	4회차	5회차	이번 주 스스로 평가
개념책 008~013쪽	개념책 014~017쪽	개념책 018~023쪽	개념책 024~027쪽	개념책 028~032쪽	매우 잘함 / 보통 / 노력 요함
월 일	월 일	월 일	월 일	월 일	

4주 (4단원)

1회차	2회차	3회차	4회차	5회차	이번 주 스스로 평가
개념책 086~091쪽	개념책 092~095쪽	개념책 096~099쪽	개념책 100~103쪽	개념책 104~107쪽	매우 잘함 / 보통 / 노력 요함
월 일	월 일	월 일	월 일	월 일	

5주 (2회차부터 5단원)

1회차	2회차	3회차	4회차	5회차	이번 주 스스로 평가
개념책 108~112쪽	개념책 116~121쪽	개념책 122~127쪽	개념책 128~131쪽	개념책 132~134쪽	매우 잘함 / 보통 / 노력 요함
월 일	월 일	월 일	월 일	월 일	

수학의 기본

큐브 시리즈

큐브 연산 | 1~6학년 1, 2학기(전 12권)

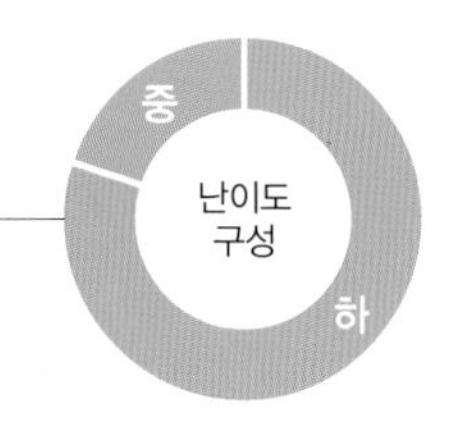

전 단원 연산을 다잡는 기본서

- 교과서 전 단원 구성
- 개념–연습–적용–완성 4단계 유형 학습
- 실수 방지 팁과 문제 제공

큐브 개념 | 1~6학년 1, 2학기(전 12권)

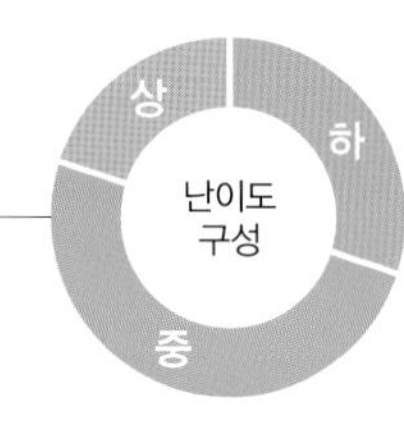

교과서 개념을 다잡는 기본서

- 교과서 개념을 시각화 구성
- 수학익힘 교과서 완벽 학습
- 기본 강화책 제공

큐브 유형 | 1~6학년 1, 2학기(전 12권)

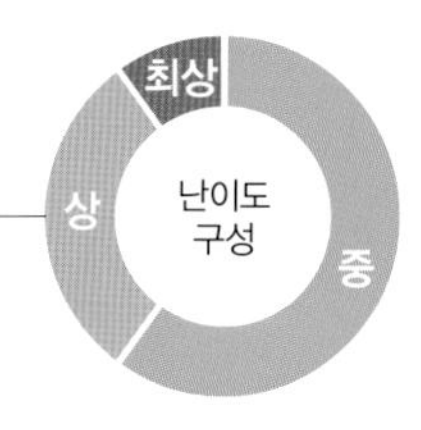

모든 유형을 다잡는 기본서

- 기본부터 응용까지 모든 유형 구성
- 대표 예제로 유형 해결 방법 학습
- 서술형 강화책 제공

큐브 개념

개념책

초등 수학

4·2

큐브 개념

구성과 특징

큐브 개념은 교과서 개념과 수학익힘 문제를
한 권에 담은 기본 개념서입니다.

개념책

1STEP 교과서 개념 잡기

꼭 알아야 할 교과서 개념을 시각화하여 쉽게 이해

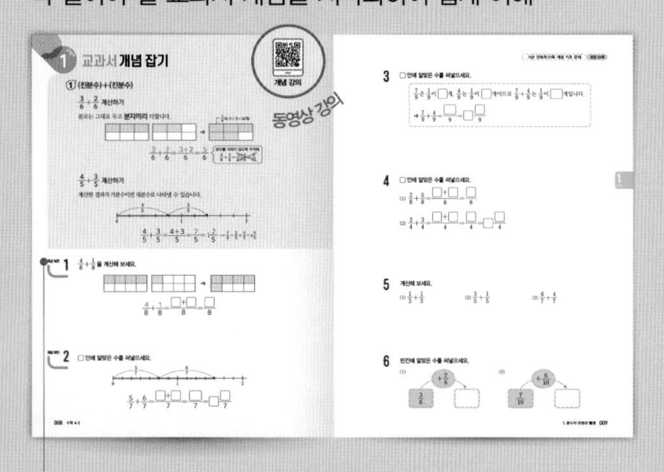

개념 확인 문제
배운 개념의 내용을 같은 형태의 문제로 한 번 더 확인

2STEP 수학익힘 문제 잡기

수학익힘의 교과서 문제 유형 제공

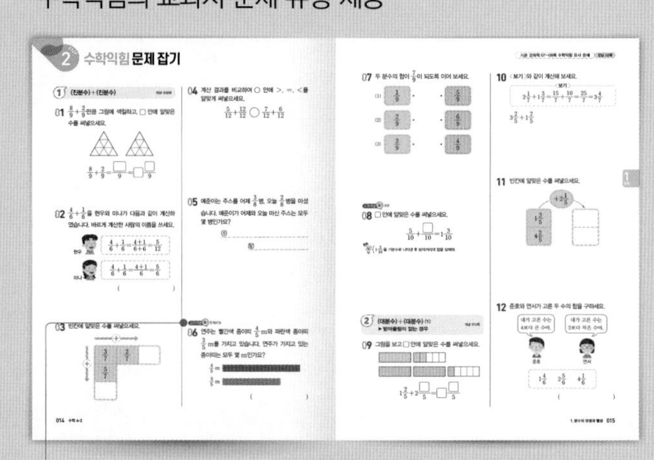

교과 역량 문제
생각하는 힘을 키우는 문제로 5가지 수학 교과 역량이 반영된 문제

개념 기초 문제를
한번 더!

수학익힘 유사 문제를
한번 더!

기본 강화책

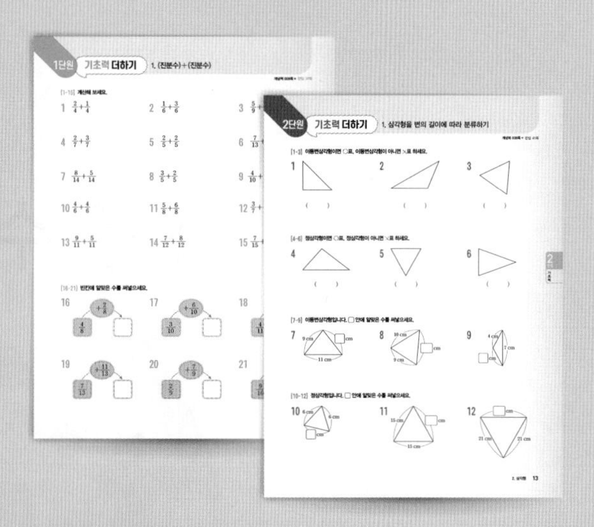

기초력 더하기
개념책의 〈교과서 개념 잡기〉 학습 후
개념별 기초 문제로 기본기 완성

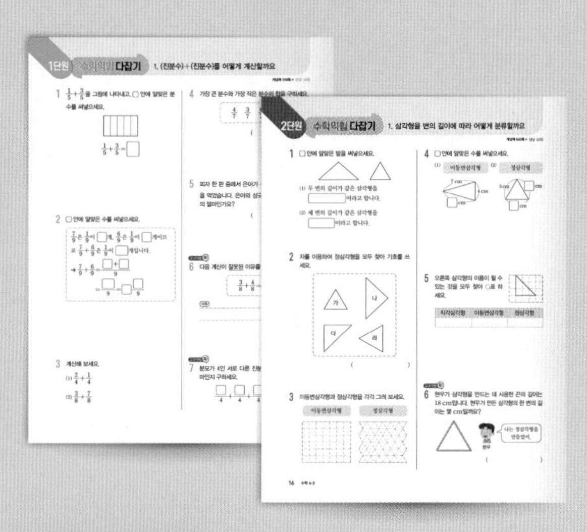

수학익힘 다잡기
개념책의 〈수학익힘 문제 잡기〉 학습 후
수학익힘 유사 문제를 반복 학습하여 수학 실력 완성

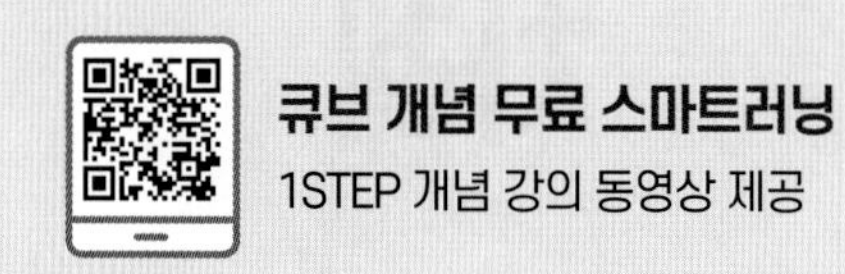

3STEP 서술형 문제 잡기

풀이 과정을 따라 쓰며 익히는 연습 문제와 유사 문제로 구성

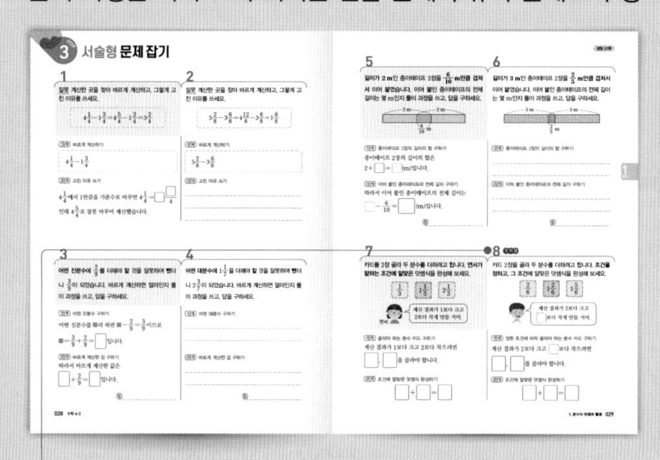

창의형 문제
다양한 형태의 답으로 창의력을 키울 수 있는 문제

평가 단원 마무리 + 1~6단원 총정리

마무리 문제로 단원별 실력 확인

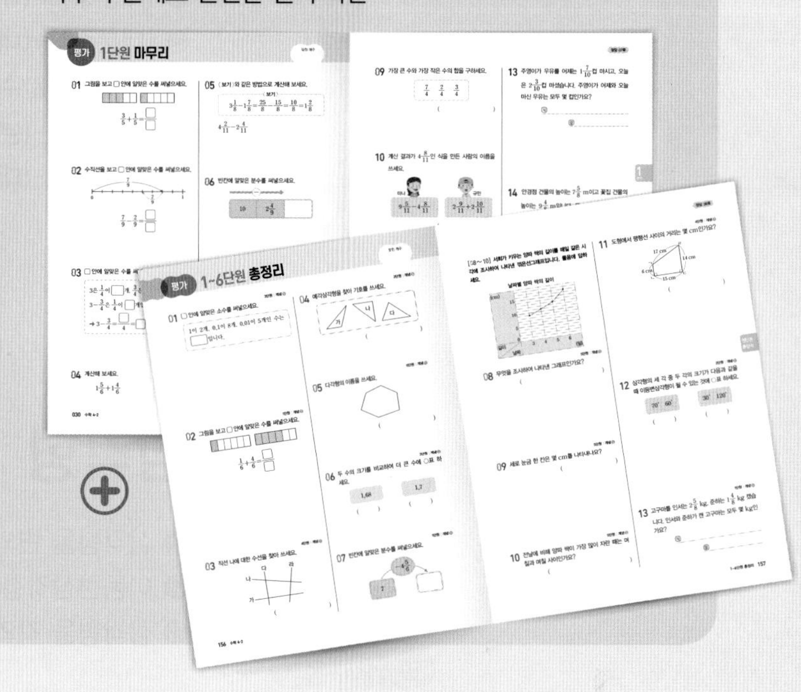

큐브 개념은 이렇게 활용하세요.

❶ 코너별 반복 학습으로 기본을 다지는 방법

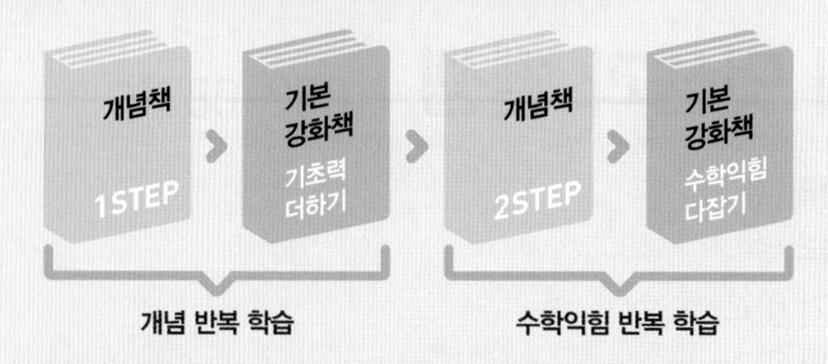

❷ 예습과 복습으로 개념을 쉽고 빠르게 이해하는 방법

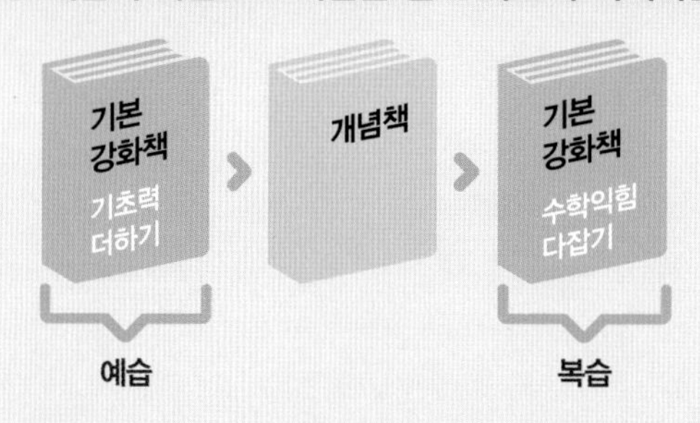

큐브 개념

차례

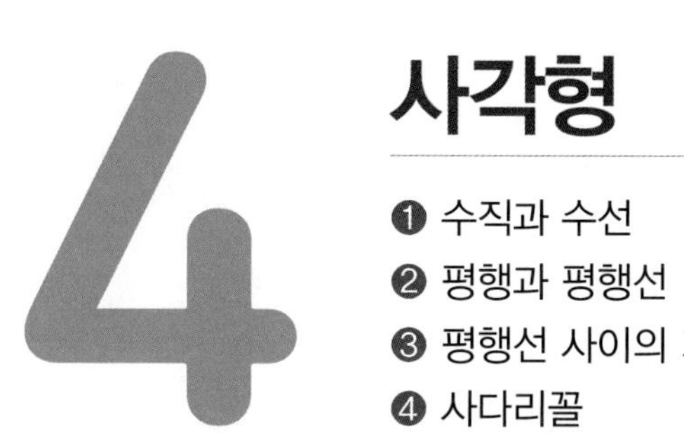

1

분수의 덧셈과 뺄셈

학습을 끝낸 후
색칠하세요.

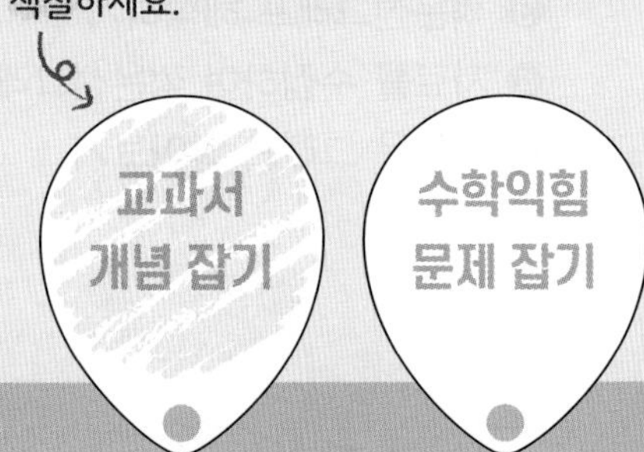

❶ (진분수)+(진분수)
❷ (대분수)+(대분수) (1)
❸ (대분수)+(대분수) (2)

이전에 배운 내용

[3-2] 분수

진분수, 가분수 알아보기
대분수 알아보기
분모가 같은 분수의 크기 비교

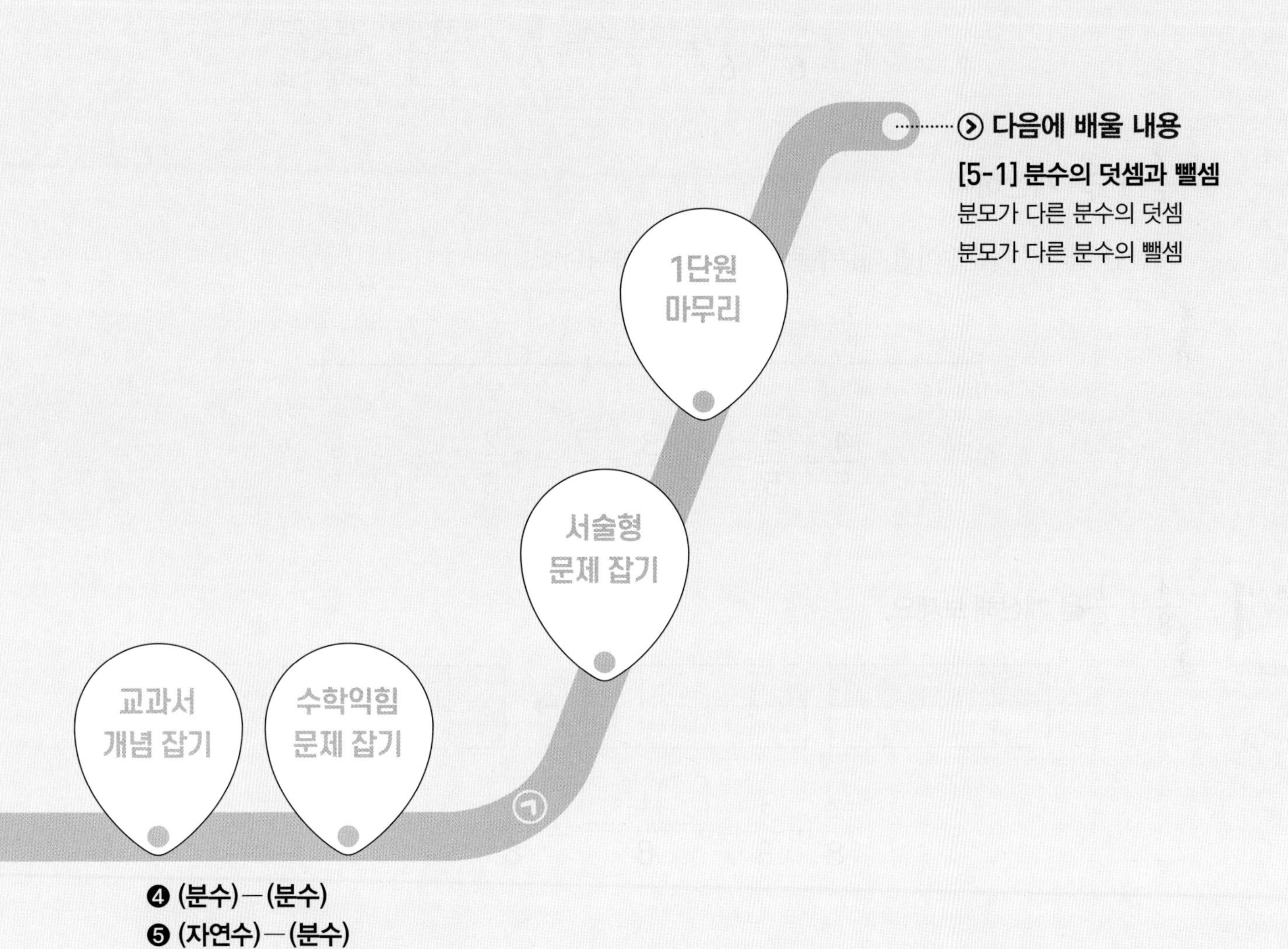
다음에 배울 내용
[5-1] 분수의 덧셈과 뺄셈
분모가 다른 분수의 덧셈
분모가 다른 분수의 뺄셈
1단원
마무리
서술형
문제 잡기
교과서
개념 잡기
수학익힘
문제 잡기
❹ (분수)−(분수)
❺ (자연수)−(분수)
❻ (대분수)−(대분수)

STEP 1 교과서 개념 잡기

1 (진분수)+(진분수)

$\frac{3}{6}+\frac{2}{6}$ 계산하기

분모는 그대로 두고 **분자끼리** 더합니다.

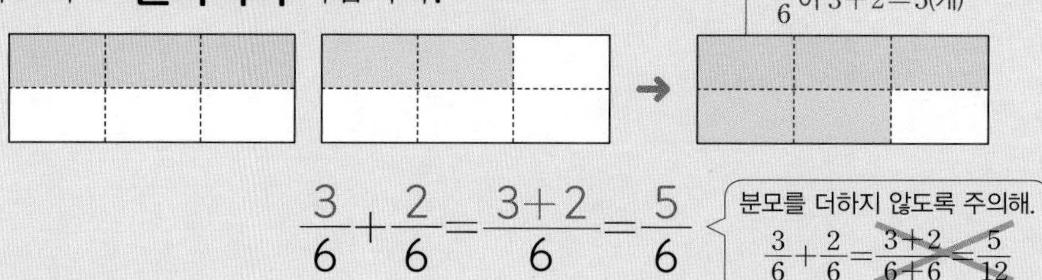

$$\frac{3}{6}+\frac{2}{6}=\frac{3+2}{6}=\frac{5}{6}$$

분모를 더하지 않도록 주의해.
$\frac{3}{6}+\frac{2}{6}=\frac{3+2}{6+6}=\frac{5}{12}$ (×)

$\frac{4}{5}+\frac{3}{5}$ 계산하기

계산한 결과가 가분수이면 대분수로 나타낼 수 있습니다.

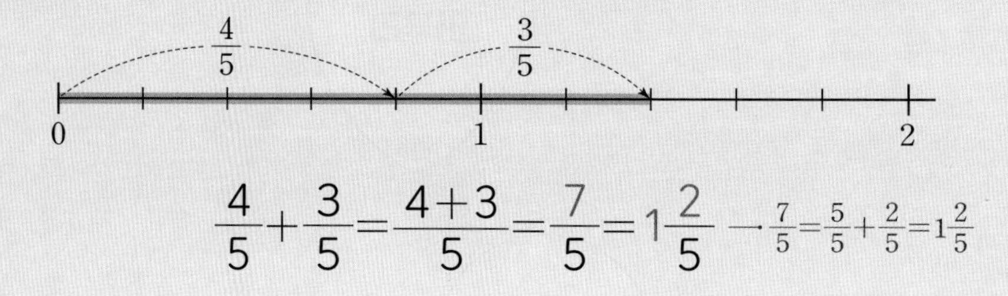

$$\frac{4}{5}+\frac{3}{5}=\frac{4+3}{5}=\frac{7}{5}=1\frac{2}{5}$$

→ $\frac{7}{5}=\frac{5}{5}+\frac{2}{5}=1\frac{2}{5}$

개념 확인 **1** $\frac{4}{8}+\frac{1}{8}$을 계산해 보세요.

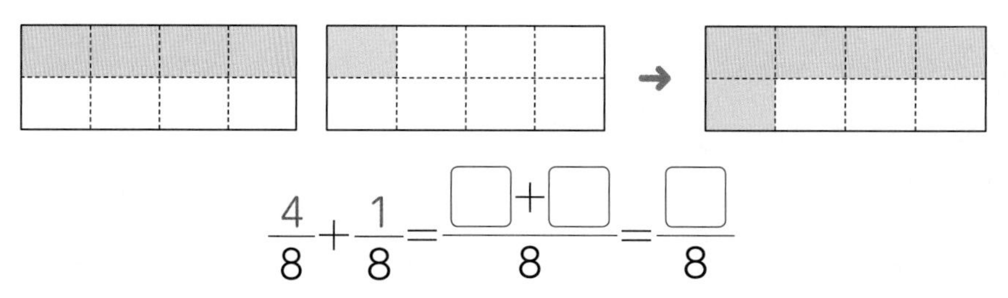

$$\frac{4}{8}+\frac{1}{8}=\frac{\square+\square}{8}=\frac{\square}{8}$$

개념 확인 **2** □ 안에 알맞은 수를 써넣으세요.

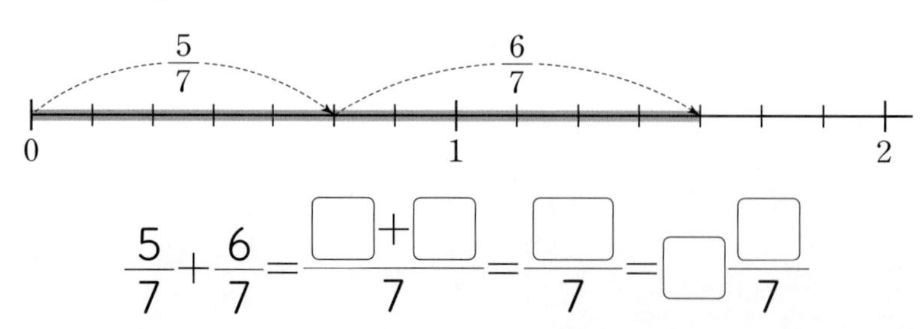

$$\frac{5}{7}+\frac{6}{7}=\frac{\square+\square}{7}=\frac{\square}{7}=\square\frac{\square}{7}$$

3 □ 안에 알맞은 수를 써넣으세요.

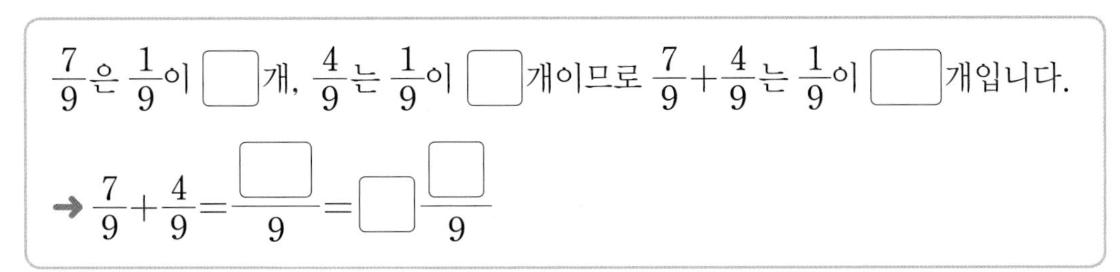

4 □ 안에 알맞은 수를 써넣으세요.

(1) $\frac{2}{8}+\frac{5}{8}=\frac{\square+\square}{8}=\frac{\square}{8}$

(2) $\frac{3}{4}+\frac{3}{4}=\frac{\square+\square}{4}=\frac{\square}{4}=\square\frac{\square}{4}$

5 계산해 보세요.

(1) $\frac{1}{3}+\frac{1}{3}$

(2) $\frac{3}{5}+\frac{1}{5}$

(3) $\frac{6}{7}+\frac{4}{7}$

6 빈칸에 알맞은 수를 써넣으세요.

(1)

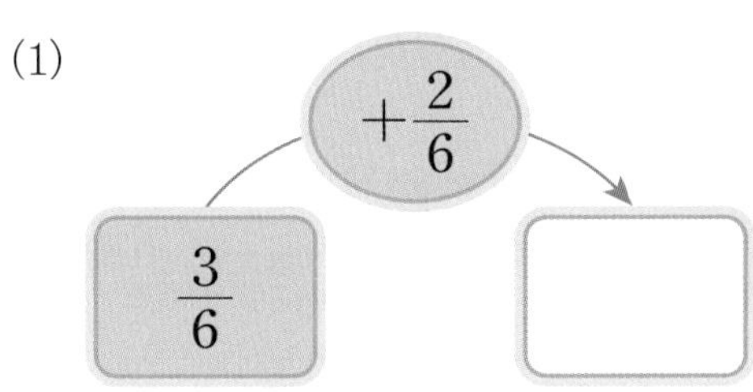

(2)

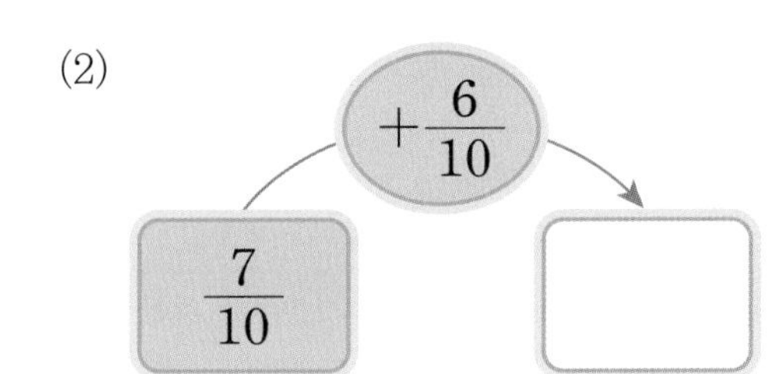

STEP 1 교과서 개념 잡기

② (대분수)+(대분수) (1) ▶ 받아올림이 없는 경우

$2\frac{1}{4}+1\frac{2}{4}$ 계산하기

방법1 **자연수 부분끼리** 더하고, **진분수 부분끼리** 더합니다.

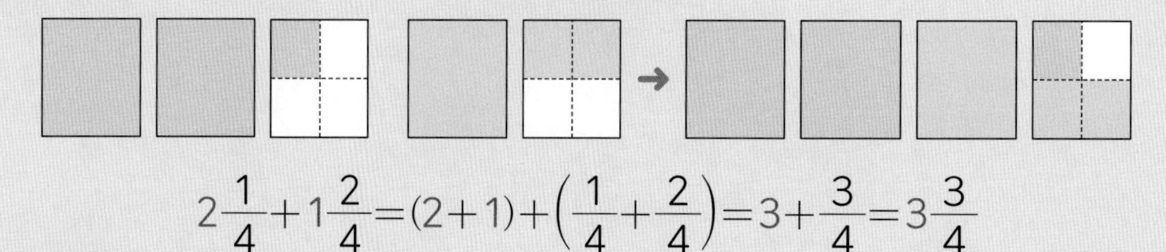

$$2\frac{1}{4}+1\frac{2}{4}=(2+1)+\left(\frac{1}{4}+\frac{2}{4}\right)=3+\frac{3}{4}=3\frac{3}{4}$$

방법2 **대분수를 가분수로** 바꾸어 분자끼리 더합니다.

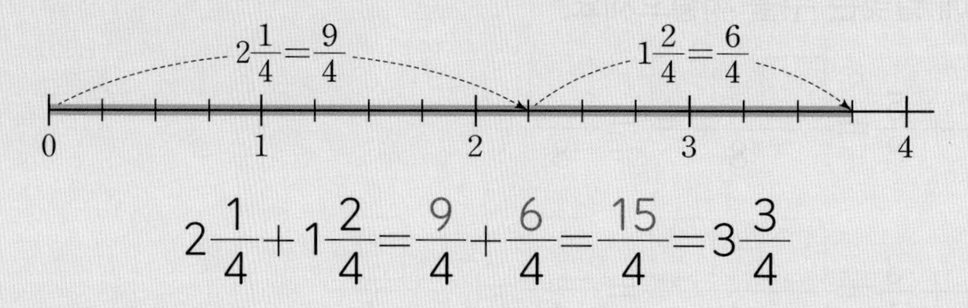

$$2\frac{1}{4}+1\frac{2}{4}=\frac{9}{4}+\frac{6}{4}=\frac{15}{4}=3\frac{3}{4}$$

개념 확인 **1** $1\frac{2}{6}+2\frac{3}{6}$을 계산해 보세요.

(1) 자연수 부분끼리 더하고, 진분수 부분끼리 더하여 계산해 보세요.

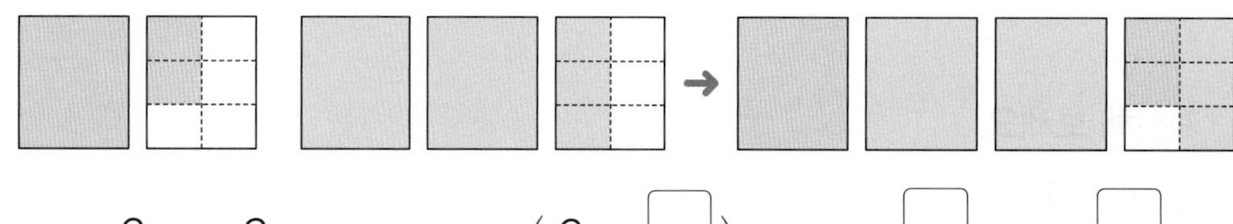

$$1\frac{2}{6}+2\frac{3}{6}=(1+\square)+\left(\frac{2}{6}+\frac{\square}{6}\right)=\square+\frac{\square}{6}=\square\frac{\square}{6}$$

(2) 대분수를 가분수로 바꾸어 계산해 보세요.

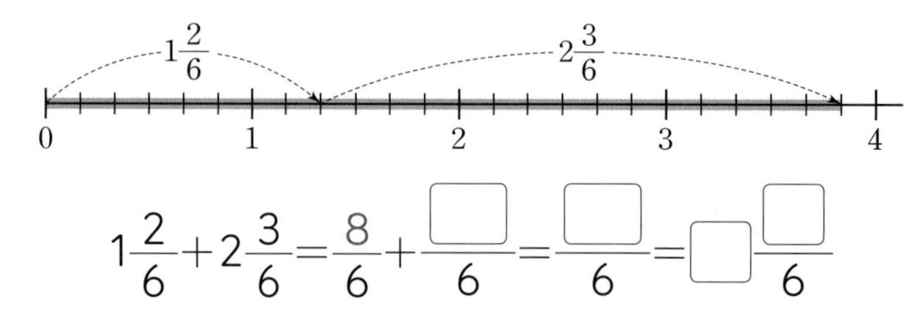

$$1\frac{2}{6}+2\frac{3}{6}=\frac{8}{6}+\frac{\square}{6}=\frac{\square}{6}=\square\frac{\square}{6}$$

2 그림을 보고 $\square$ 안에 알맞은 수를 써넣으세요.

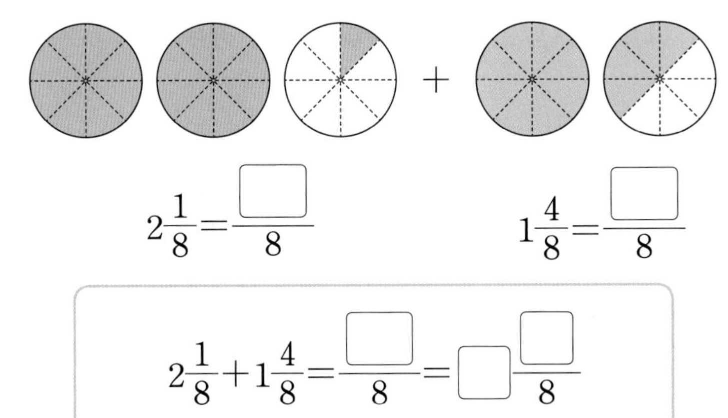

$2\frac{1}{8}=\frac{\square}{8}$ $\quad$ $1\frac{4}{8}=\frac{\square}{8}$

$2\frac{1}{8}+1\frac{4}{8}=\frac{\square}{8}=\square\frac{\square}{8}$

3 $\square$ 안에 알맞은 수를 써넣으세요.

(1) $1\frac{2}{4}+5\frac{1}{4}=(1+\square)+\left(\frac{2}{4}+\frac{\square}{4}\right)=\square+\frac{\square}{4}=\square\frac{\square}{4}$

(2) $1\frac{2}{4}+5\frac{1}{4}=\frac{6}{4}+\frac{\square}{4}=\frac{\square}{4}=\square\frac{\square}{4}$

4 계산해 보세요.

(1) $4\frac{2}{5}+3\frac{1}{5}$

(2) $1\frac{1}{3}+3\frac{1}{3}$

(3) $3\frac{4}{9}+3\frac{3}{9}$

5 두 수의 합을 구하세요.

(1) $2\frac{2}{7}$ $\quad$ $1\frac{3}{7}$

( )

(2) $3\frac{1}{9}$ $\quad$ $5\frac{4}{9}$

( )

STEP 1 교과서 개념 잡기

③ (대분수)+(대분수) (2) ▶ 받아올림이 있는 경우

$1\frac{4}{5}+2\frac{3}{5}$ 계산하기

방법1 **자연수 부분끼리** 더하고, **진분수 부분끼리** 더합니다.

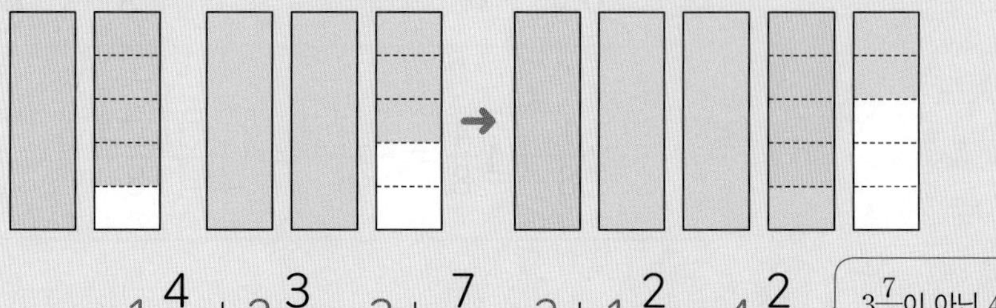

$$1\frac{4}{5}+2\frac{3}{5}=3+\frac{7}{5}=3+1\frac{2}{5}=4\frac{2}{5}$$

$3\frac{7}{5}$이 아닌 $4\frac{2}{5}$로 답을 써야 해.

방법2 **대분수를 가분수로** 바꾸어 분자끼리 더합니다.

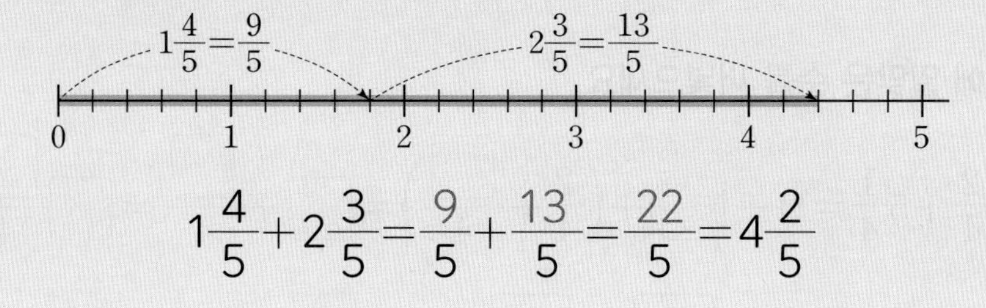

$$1\frac{4}{5}+2\frac{3}{5}=\frac{9}{5}+\frac{13}{5}=\frac{22}{5}=4\frac{2}{5}$$

개념 확인 **1**

$3\frac{5}{6}+1\frac{4}{6}$를 계산해 보세요.

(1) 자연수 부분끼리 더하고, 진분수 부분끼리 더하여 계산해 보세요.

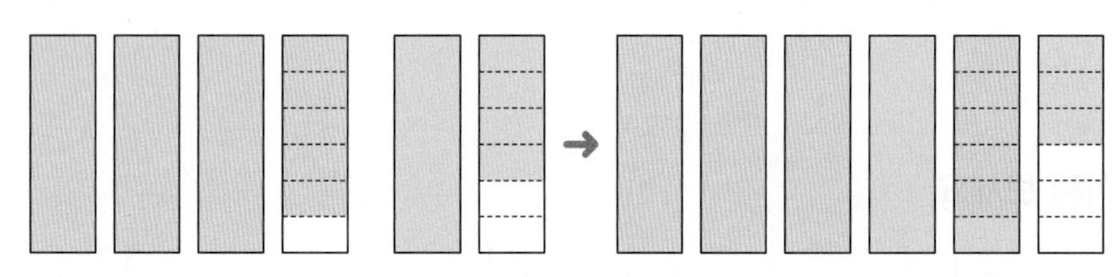

$$3\frac{5}{6}+1\frac{4}{6}=4+\frac{\square}{6}=4+\square\frac{\square}{6}=\square\frac{\square}{6}$$

(2) 대분수를 가분수로 바꾸어 계산해 보세요.

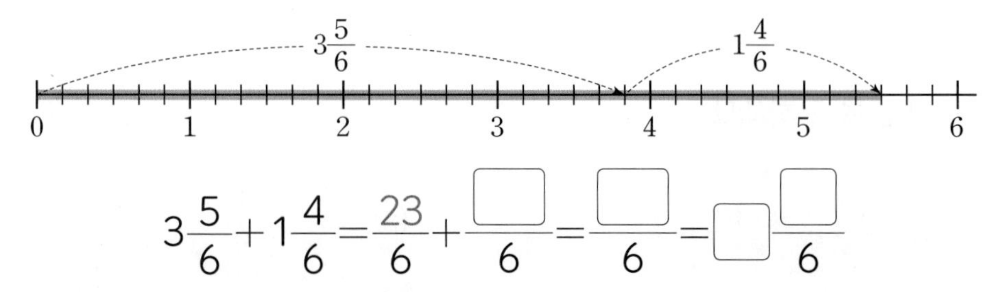

$$3\frac{5}{6}+1\frac{4}{6}=\frac{23}{6}+\frac{\square}{6}=\frac{\square}{6}=\square\frac{\square}{6}$$

2 □ 안에 알맞은 수를 써넣으세요.

$2\frac{5}{6}$는 $\frac{1}{6}$이 □개, $2\frac{2}{6}$는 $\frac{1}{6}$이 □개이므로

$2\frac{5}{6}+2\frac{2}{6}$는 $\frac{1}{6}$이 □개입니다.

➜ $2\frac{5}{6}+2\frac{2}{6}=\frac{\square}{6}=\square\frac{\square}{6}$

3 □ 안에 알맞은 수를 써넣으세요.

(1) $3\frac{2}{3}+2\frac{2}{3}=(3+\square)+\left(\frac{2}{3}+\frac{\square}{3}\right)=5+\frac{\square}{3}$

$=5+\square\frac{\square}{3}=\square\frac{\square}{3}$

(2) $3\frac{2}{3}+2\frac{2}{3}=\frac{11}{3}+\frac{\square}{3}=\frac{\square}{3}=\square\frac{\square}{3}$

4 계산해 보세요.

(1) $3\frac{3}{5}+1\frac{4}{5}$

(2) $1\frac{5}{9}+5\frac{8}{9}$

(3) $2\frac{4}{7}+\frac{19}{7}$

5 빈칸에 알맞은 수를 써넣으세요.

(1)

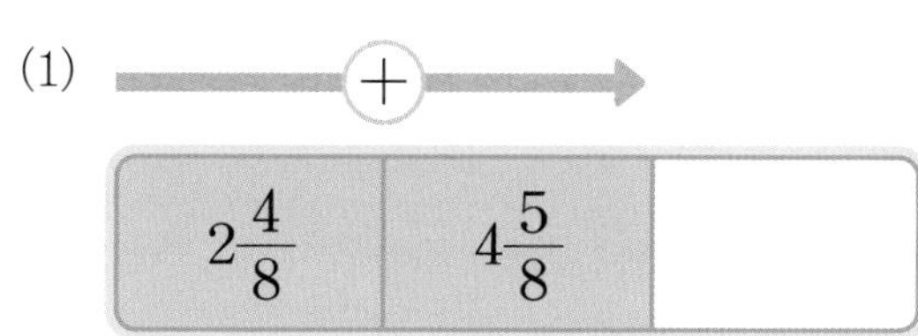

(2)

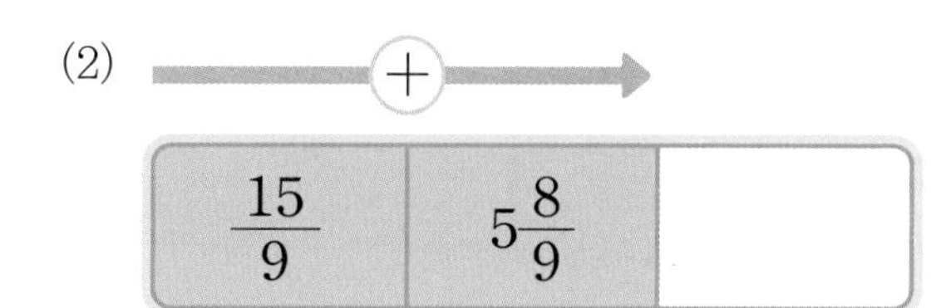

STEP 2 수학익힘 문제 잡기

1 (진분수)+(진분수)

개념 008쪽

01 $\frac{8}{9}+\frac{2}{9}$만큼 그림에 색칠하고, □ 안에 알맞은 수를 써넣으세요.

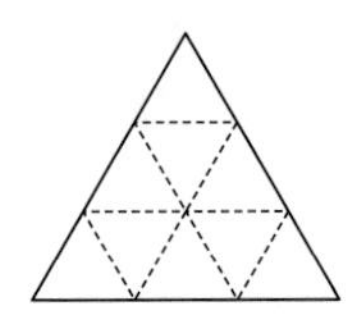
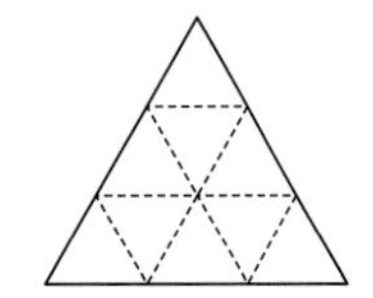

$\frac{8}{9}+\frac{2}{9}=\frac{\square}{9}=\square\frac{\square}{9}$

02 $\frac{4}{6}+\frac{1}{6}$을 현우와 미나가 다음과 같이 계산하였습니다. 바르게 계산한 사람의 이름을 쓰세요.

현우

$\frac{4}{6}+\frac{1}{6}=\frac{4+1}{6+6}=\frac{5}{12}$

미나

$\frac{4}{6}+\frac{1}{6}=\frac{4+1}{6}=\frac{5}{6}$

(　　　　　　　　)

03 빈칸에 알맞은 수를 써넣으세요.

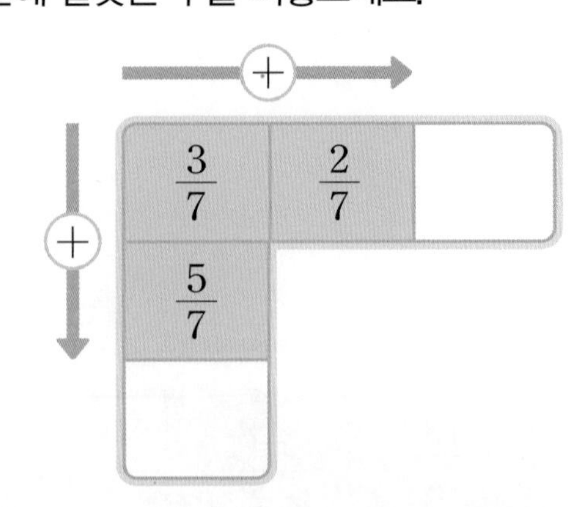

04 계산 결과를 비교하여 ○ 안에 >, =, <를 알맞게 써넣으세요.

$\frac{5}{12}+\frac{11}{12}$ ○ $\frac{7}{12}+\frac{6}{12}$

05 예준이는 주스를 어제 $\frac{3}{8}$병, 오늘 $\frac{2}{8}$병을 마셨습니다. 예준이가 어제와 오늘 마신 주스는 모두 몇 병인가요?

식 ______________________

답 ______________

교과역량 콕! 문제해결

06 연주는 빨간색 종이띠 $\frac{4}{5}$ m와 파란색 종이띠 $\frac{3}{5}$ m를 가지고 있습니다. 연주가 가지고 있는 종이띠는 모두 몇 m인가요?

$\frac{4}{5}$ m

$\frac{3}{5}$ m

(　　　　　　　　)

07 두 분수의 합이 $\frac{7}{9}$이 되도록 이어 보세요.

(1) $\frac{1}{9}$ • • $\frac{5}{9}$

(2) $\frac{2}{9}$ • • $\frac{6}{9}$

(3) $\frac{3}{9}$ • • $\frac{4}{9}$

08 □ 안에 알맞은 수를 써넣으세요.

$$\frac{5}{10}+\frac{\square}{10}=1\frac{3}{10}$$

힌트 톡! $1\frac{3}{10}$을 가분수로 나타낸 후 분자끼리의 합을 살펴봐.

2 (대분수)+(대분수) (1)
▶ 받아올림이 없는 경우

개념 010쪽

09 그림을 보고 □ 안에 알맞은 수를 써넣으세요.

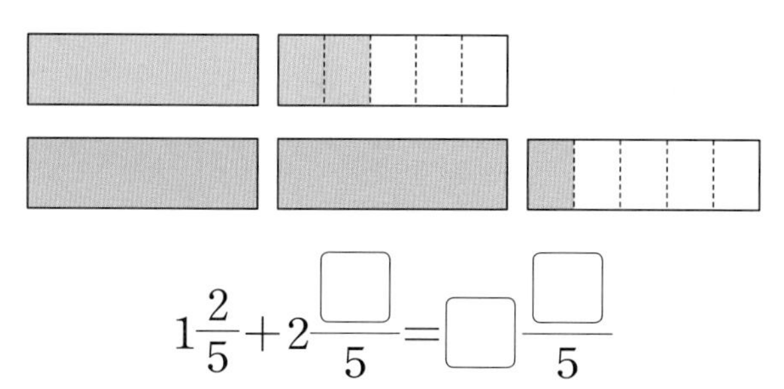

$$1\frac{2}{5}+2\frac{\square}{5}=\square\frac{\square}{5}$$

10 〈보기〉와 같이 계산해 보세요.

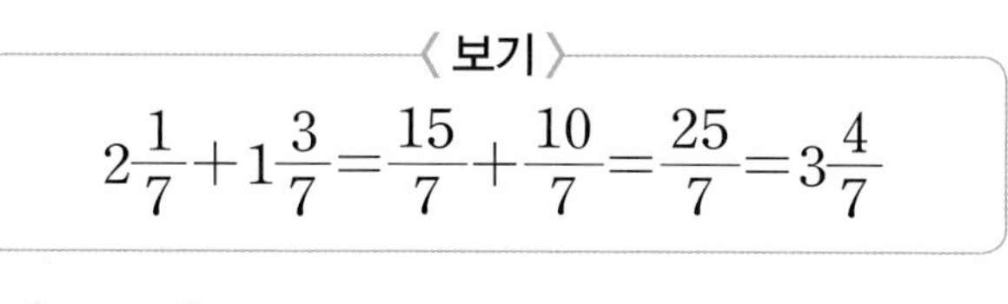
〈보기〉

$$2\frac{1}{7}+1\frac{3}{7}=\frac{15}{7}+\frac{10}{7}=\frac{25}{7}=3\frac{4}{7}$$

$3\frac{2}{5}+1\frac{2}{5}$

11 빈칸에 알맞은 수를 써넣으세요.

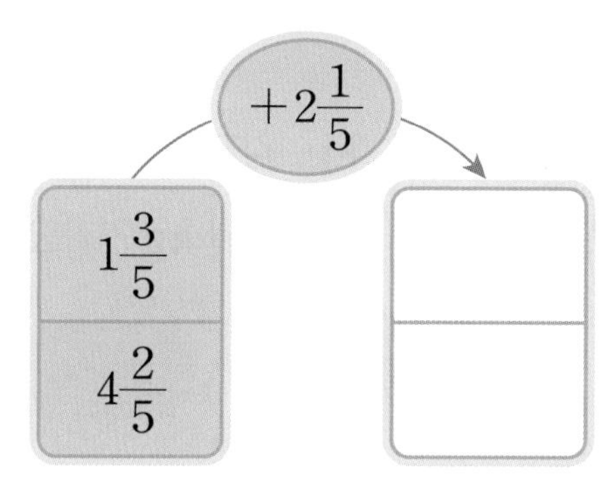

12 준호와 연서가 고른 두 수의 합을 구하세요.

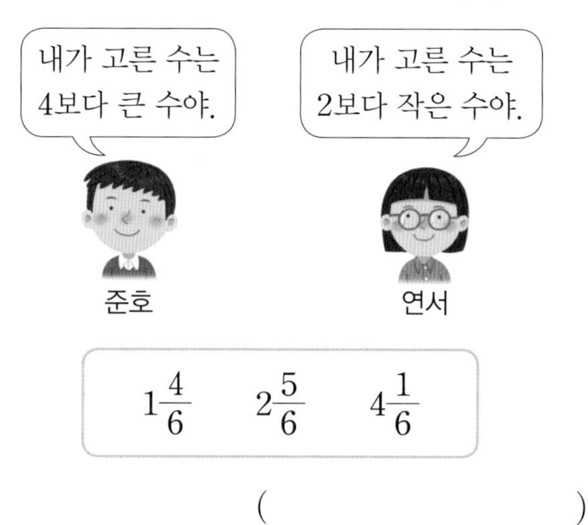

$1\frac{4}{6}$ $2\frac{5}{6}$ $4\frac{1}{6}$

(　　　　　　　　)

13 계산 결과가 $6\frac{7}{8}$인 칸을 모두 찾아 색칠해 보세요.

$4\frac{4}{8}+2\frac{3}{8}$	$1\frac{3}{8}+4\frac{4}{8}$
$5\frac{2}{8}+1\frac{3}{8}$	$3\frac{1}{8}+3\frac{6}{8}$

14 고구마가 $2\frac{3}{10}$ kg, 감자가 $1\frac{6}{10}$ kg 있습니다. 고구마와 감자는 모두 몇 kg인가요?

식

답

15 계산 결과가 가장 큰 것을 찾아 기호를 쓰세요.

㉠ $1\frac{2}{9}+4\frac{1}{9}$
㉡ $2\frac{3}{9}+2\frac{3}{9}$
㉢ $3\frac{5}{9}+2\frac{1}{9}$

(　　　　　)

교과역량 콕! 문제해결 | 추론

16 합이 가장 크게 되도록 두 분수를 골라 덧셈식을 만들어 보세요.

$1\frac{11}{15}$　$3\frac{7}{15}$　$2\frac{4}{15}$

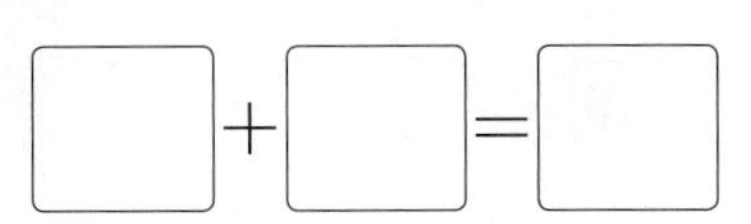

힌트 톡! 두 분수의 합이 가장 크게 되려면 가장 큰 수와 두 번째로 큰 수를 더해야 해.

3 (대분수)+(대분수) (2)
▶ 받아올림이 있는 경우

개념 012쪽

17 ㉠, ㉡, ㉢에 알맞은 수를 각각 구하세요.

$$2\frac{4}{5}+1\frac{3}{5}=\frac{14}{5}+\frac{㉠}{5}=\frac{㉡}{5}=㉢\frac{2}{5}$$

㉠ (　　　　　)
㉡ (　　　　　)
㉢ (　　　　　)

18 두 분수의 합을 구하세요.

$1\frac{3}{4}$　$\frac{2}{4}$

(　　　　　)

19 □ 안에 알맞은 수를 써넣으세요.

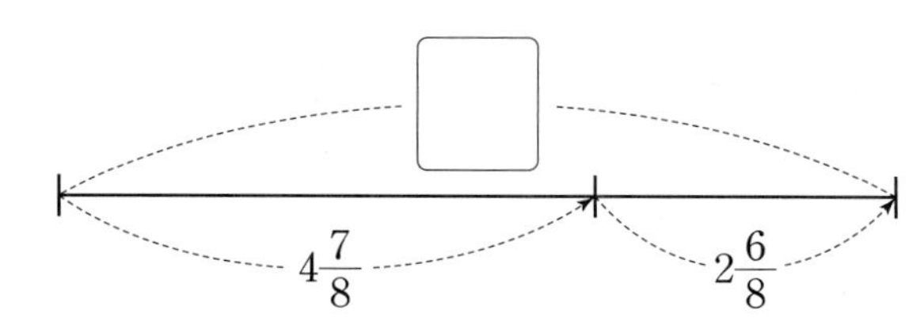

20 빈칸에 알맞은 수를 써넣으세요.

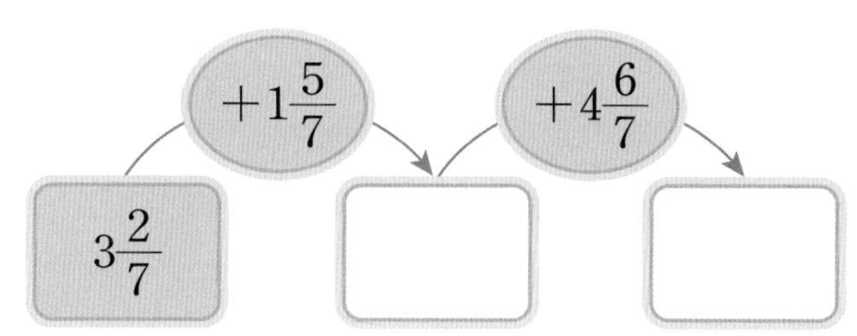

21 계산 결과가 더 큰 사람의 이름을 쓰세요.

(   )

22 도율이와 주경이가 밀가루를 사용하여 빵을 만들려고 합니다. 두 사람에게 필요한 밀가루는 모두 몇 kg인가요?

식

답

교과역량 콕! 추론

23 계산 결과가 6보다 크고 7보다 작은 덧셈식을 찾아 ○표 하세요.

$1\frac{5}{6}+5\frac{3}{6}$	$3\frac{5}{9}+2\frac{6}{9}$	$1\frac{3}{5}+3\frac{3}{5}$
( )	( )	( )

24 7을 두 대분수의 합으로 나타내세요.

$$7=2\frac{4}{9}+\square\frac{\square}{9}$$

STEP 1 교과서 개념 잡기

④ (분수)－(분수) ▶ 받아내림이 없는 경우

$2\frac{3}{5}-1\frac{1}{5}$ 계산하기

방법1 **자연수 부분끼리** 빼고, **진분수 부분끼리** 뺍니다.

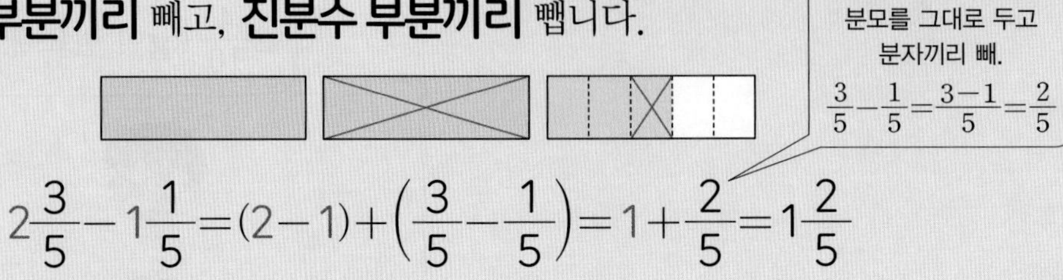

$$2\frac{3}{5}-1\frac{1}{5}=(2-1)+\left(\frac{3}{5}-\frac{1}{5}\right)=1+\frac{2}{5}=1\frac{2}{5}$$

방법2 **대분수를 가분수로** 바꾸어 분자끼리 뺍니다.

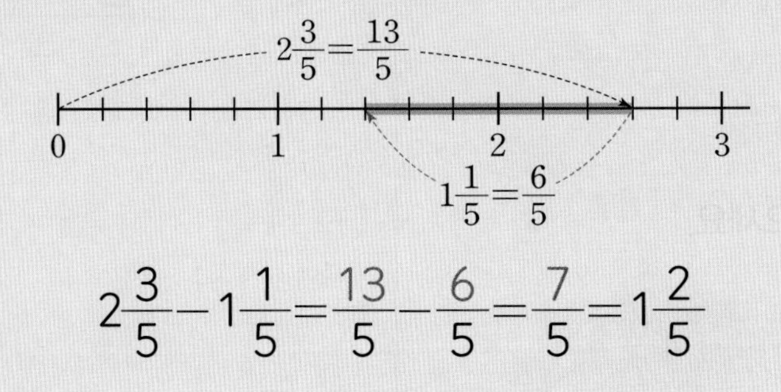

$$2\frac{3}{5}-1\frac{1}{5}=\frac{13}{5}-\frac{6}{5}=\frac{7}{5}=1\frac{2}{5}$$

개념 확인 **1** $3\frac{3}{4}-2\frac{2}{4}$를 계산해 보세요.

(1) 자연수 부분끼리 빼고, 진분수 부분끼리 빼서 계산해 보세요.

$$3\frac{3}{4}-2\frac{2}{4}=(3-\square)+\left(\frac{3}{4}-\frac{\square}{4}\right)=1+\frac{\square}{4}=\square\frac{\square}{4}$$

(2) 대분수를 가분수로 바꾸어 계산해 보세요.

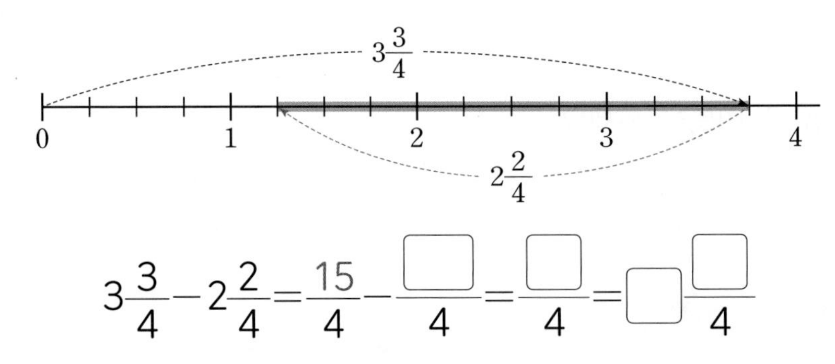

$$3\frac{3}{4}-2\frac{2}{4}=\frac{15}{4}-\frac{\square}{4}=\frac{\square}{4}=\square\frac{\square}{4}$$

2

□ 안에 알맞은 수를 써넣으세요.

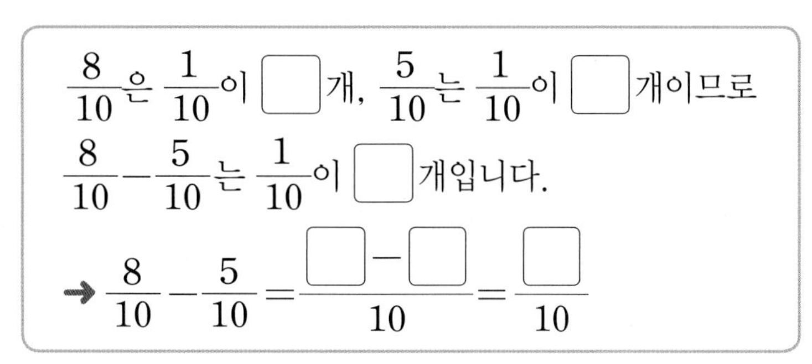

3

□ 안에 알맞은 수를 써넣으세요.

(1) $3\frac{2}{3}-1\frac{1}{3}=(3-\square)+\left(\frac{2}{3}-\frac{\square}{3}\right)=\square+\frac{\square}{3}=\square\frac{\square}{3}$

(2) $3\frac{2}{3}-1\frac{1}{3}=\frac{11}{3}-\frac{\square}{3}=\frac{\square}{3}=\square\frac{\square}{3}$

4

계산해 보세요.

(1) $\frac{4}{6}-\frac{1}{6}$

(2) $\frac{5}{9}-\frac{1}{9}$

(3) $8\frac{4}{5}-3\frac{2}{5}$

5

빈칸에 알맞은 수를 써넣으세요.

(1)

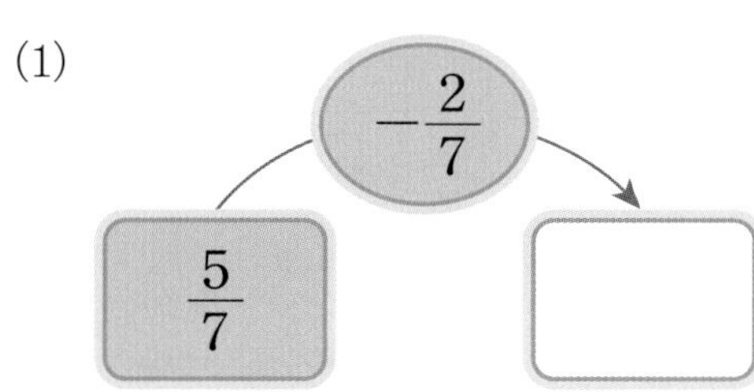

(2)

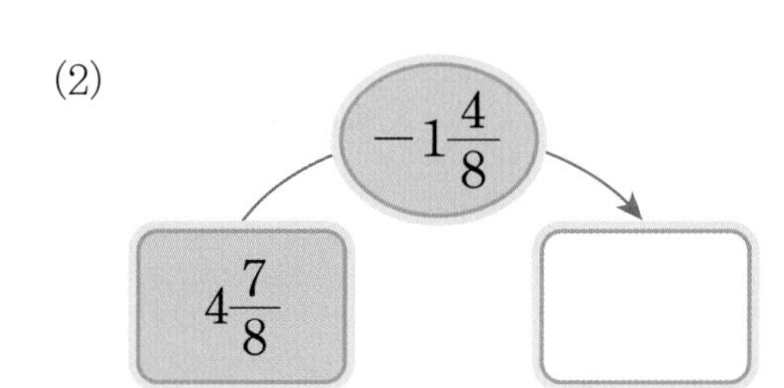

1 단원

5 (자연수)－(분수)

$3-1\frac{1}{3}$ 계산하기

방법1 **자연수에서 1만큼을 가분수로** 바꾸어 자연수 부분끼리 빼고, 분수 부분끼리 뺍니다.

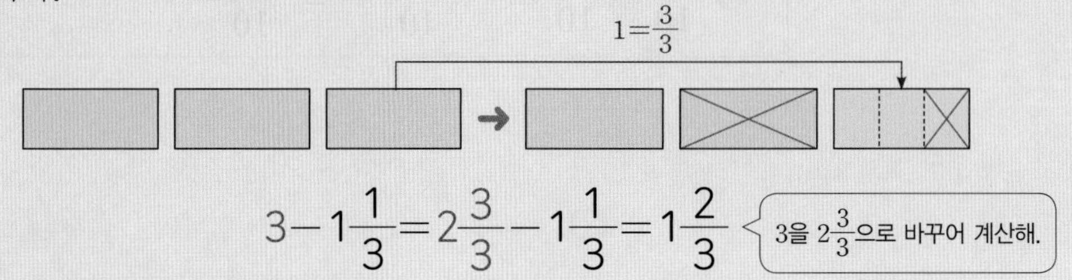

$$3-1\frac{1}{3}=2\frac{3}{3}-1\frac{1}{3}=1\frac{2}{3}$$

3을 $2\frac{3}{3}$으로 바꾸어 계산해.

방법2 **자연수와 대분수를 가분수로** 바꾸어 분자끼리 뺍니다.

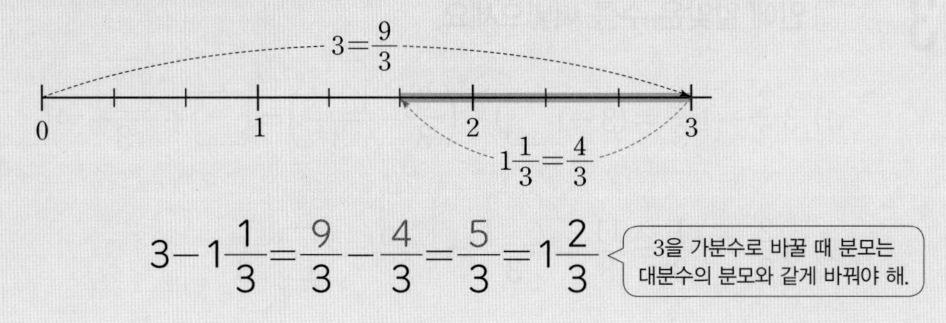

$$3-1\frac{1}{3}=\frac{9}{3}-\frac{4}{3}=\frac{5}{3}=1\frac{2}{3}$$

3을 가분수로 바꿀 때 분모는 대분수의 분모와 같게 바꿔야 해.

개념 확인 **1** $3-1\frac{3}{5}$을 계산해 보세요.

(1) 자연수에서 1만큼을 가분수로 바꾸어 계산해 보세요.

$$3-1\frac{3}{5}=\square\frac{\square}{5}-1\frac{3}{5}=\square\frac{\square}{5}$$

(2) 자연수와 대분수를 가분수로 바꾸어 계산해 보세요.

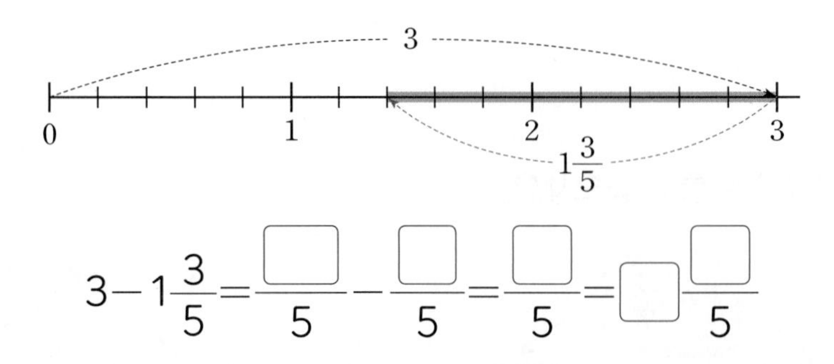

$$3-1\frac{3}{5}=\frac{\square}{5}-\frac{\square}{5}=\frac{\square}{5}=\square\frac{\square}{5}$$

2 그림을 보고 □ 안에 알맞은 수를 써넣으세요.

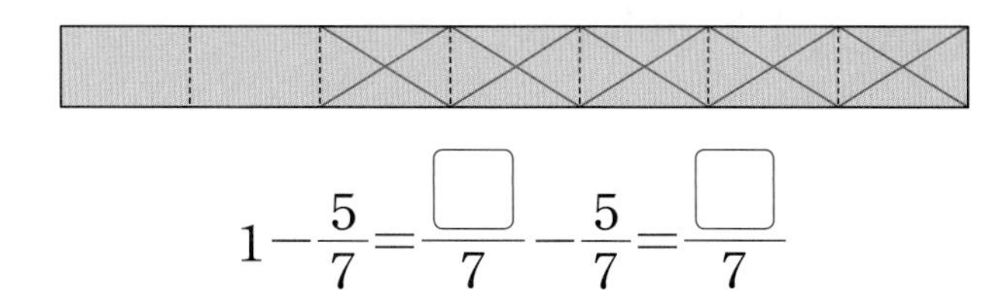

$$1-\frac{5}{7}=\frac{\square}{7}-\frac{5}{7}=\frac{\square}{7}$$

3 □ 안에 알맞은 수를 써넣으세요.

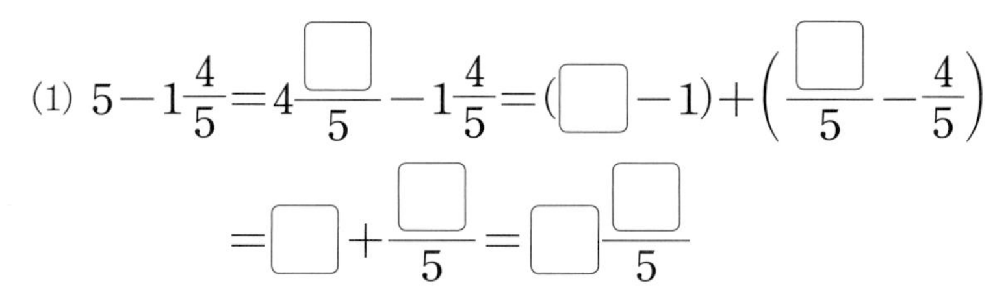

(1) $5-1\frac{4}{5}=4\frac{\square}{5}-1\frac{4}{5}=(\square-1)+\left(\frac{\square}{5}-\frac{4}{5}\right)$

$=\square+\frac{\square}{5}=\square\frac{\square}{5}$

(2) $5-1\frac{4}{5}=\frac{\square}{5}-\frac{\square}{5}=\frac{\square}{5}=\square\frac{\square}{5}$

4 계산해 보세요.

(1) $1-\frac{3}{4}$

(2) $4-\frac{2}{9}$

(3) $9-3\frac{6}{7}$

5 빈칸에 두 수의 차를 써넣으세요.

(1)

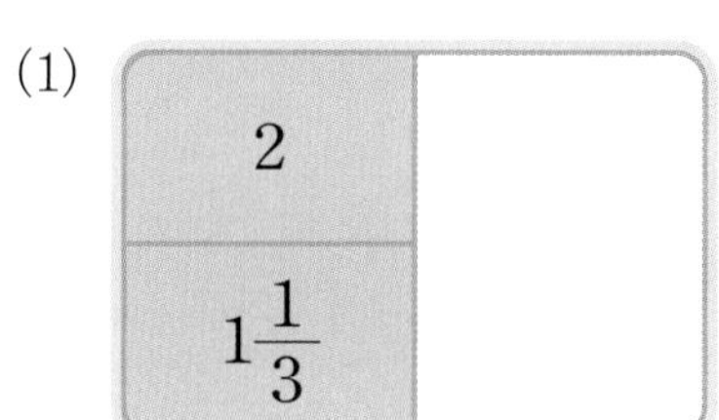

2	
$1\frac{1}{3}$	

(2)

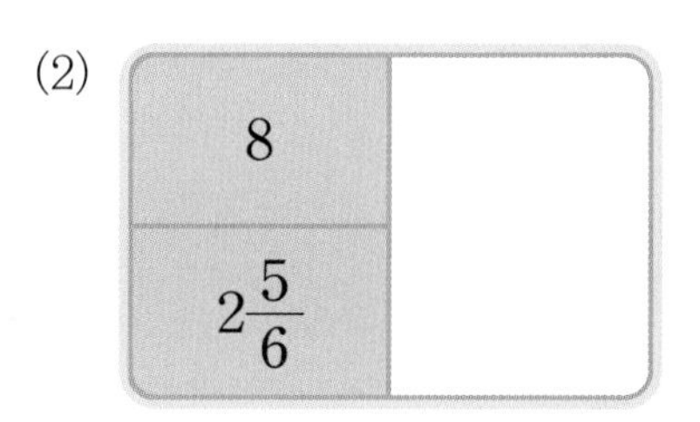

8	
$2\frac{5}{6}$	

1 단원

STEP 1 **교과서 개념 잡기**

6 (대분수)−(대분수) ▶ 받아내림이 있는 경우

$3\frac{1}{6}-1\frac{5}{6}$ 계산하기

방법1 진분수 부분끼리 뺄 수 없으면 빼지는 대분수의 **자연수에서 1만큼을 가분수로** 바꾸어 계산합니다.

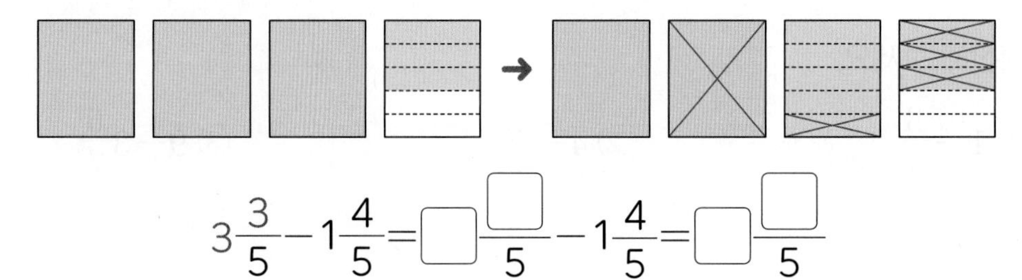

$3\frac{1}{6}-1\frac{5}{6}=2\frac{7}{6}-1\frac{5}{6}=1\frac{2}{6}$

$3\frac{1}{6}$을 $2+1\frac{1}{6}=2+\frac{7}{6}=2\frac{7}{6}$로 바꾸어 계산했어.

방법2 **대분수를 가분수로** 바꾸어 분자끼리 뺍니다.

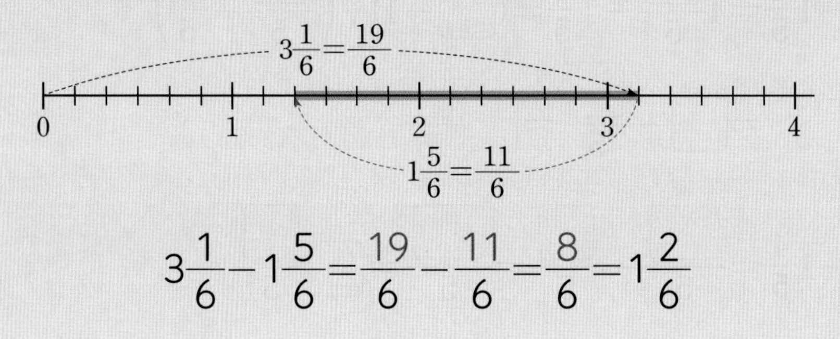

$3\frac{1}{6}-1\frac{5}{6}=\frac{19}{6}-\frac{11}{6}=\frac{8}{6}=1\frac{2}{6}$

개념 확인 1

$3\frac{3}{5}-1\frac{4}{5}$를 계산해 보세요.

(1) 빼지는 대분수의 자연수에서 1만큼을 가분수로 바꾼 후 계산해 보세요.

$3\frac{3}{5}-1\frac{4}{5}=\square\frac{\square}{5}-1\frac{4}{5}=\square\frac{\square}{5}$

(2) 대분수를 가분수로 바꾸어 계산해 보세요.

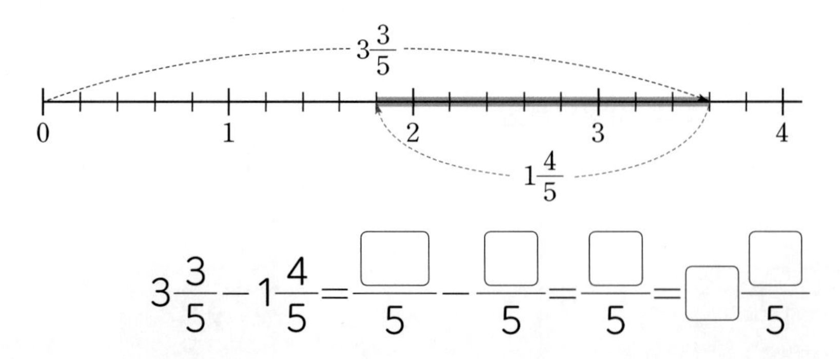

$3\frac{3}{5}-1\frac{4}{5}=\frac{\square}{5}-\frac{\square}{5}=\frac{\square}{5}=\square\frac{\square}{5}$

2 □ 안에 알맞은 수를 써넣으세요.

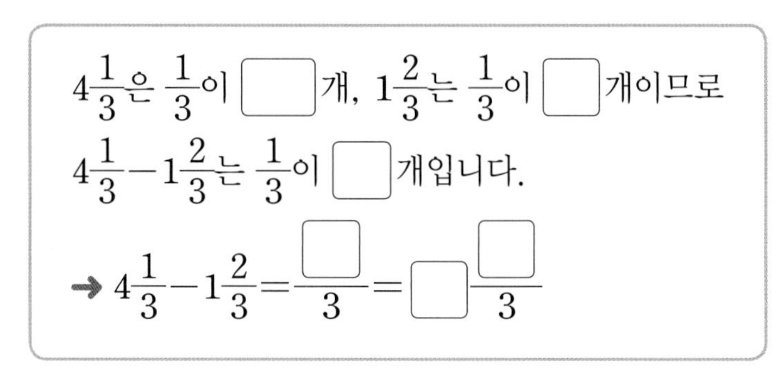
$4\frac{1}{3}$은 $\frac{1}{3}$이 □개, $1\frac{2}{3}$는 $\frac{1}{3}$이 □개이므로

$4\frac{1}{3}-1\frac{2}{3}$는 $\frac{1}{3}$이 □개입니다.

→ $4\frac{1}{3}-1\frac{2}{3}=\frac{\square}{3}=\square\frac{\square}{3}$

3 □ 안에 알맞은 수를 써넣으세요.

(1) $3\frac{2}{8}-1\frac{3}{8}=2\frac{\square}{8}-1\frac{3}{8}=(2-1)+\left(\frac{\square}{8}-\frac{3}{8}\right)$

$=\square+\frac{\square}{8}=\square\frac{\square}{8}$

(2) $3\frac{2}{8}-1\frac{3}{8}=\frac{\square}{8}-\frac{\square}{8}=\frac{\square}{8}=\square\frac{\square}{8}$

4 계산해 보세요.

(1) $8\frac{2}{5}-5\frac{4}{5}$

(2) $6\frac{2}{7}-2\frac{5}{7}$

(3) $5\frac{3}{10}-\frac{16}{10}$

5 빈칸에 알맞은 수를 써넣으세요.

(1)

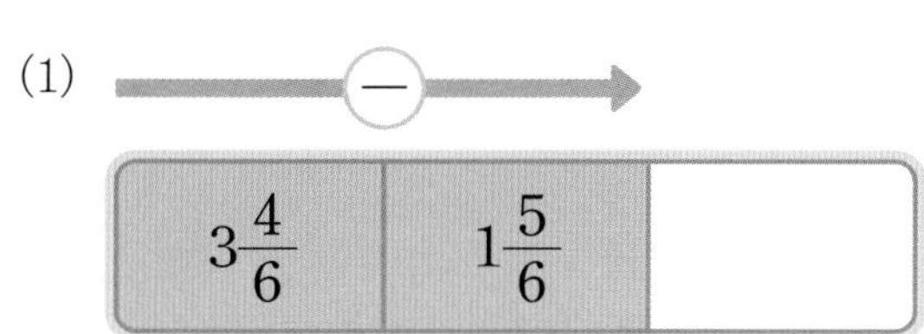

(2)

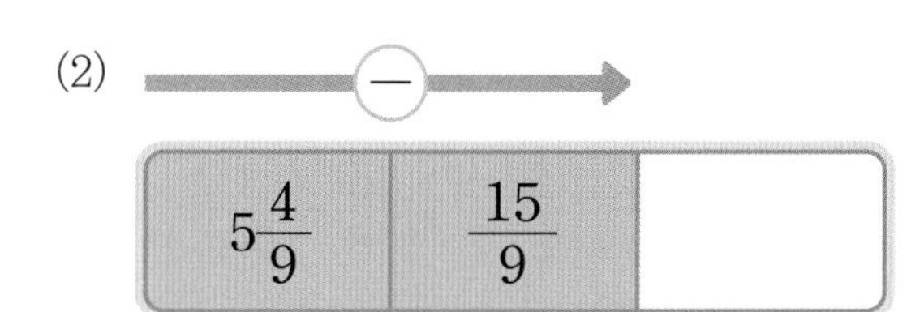

STEP 2 수학익힘 문제 잡기

4 (분수)－(분수)
▶ 받아내림이 없는 경우

개념 018쪽

01 그림에 $\frac{2}{5}$만큼 ×표 하고, ☐ 안에 알맞은 수를 써넣으세요.

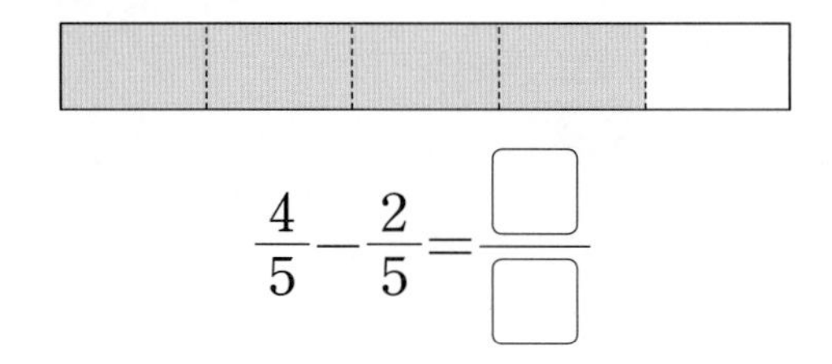

$$\frac{4}{5}-\frac{2}{5}=\frac{\square}{\square}$$

02 잘못 계산한 곳을 찾아 바르게 계산해 보세요.

$$1\frac{5}{9}-\frac{3}{9}=\frac{5-3}{9}=\frac{2}{9}$$

→ $1\frac{5}{9}-\frac{3}{9}$

03 계산 결과를 비교하여 ○ 안에 >, =, <를 알맞게 써넣으세요.

$$\frac{4}{8}-\frac{2}{8} \bigcirc \frac{6}{8}-\frac{3}{8}$$

04 계산 결과를 찾아 이어 보세요.

(1) $5\frac{2}{9}-1\frac{1}{9}$ • • $4\frac{1}{9}$

(2) $7\frac{8}{9}-3\frac{4}{9}$ • • $4\frac{2}{9}$

(3) $6\frac{5}{9}-2\frac{3}{9}$ • • $4\frac{4}{9}$

교과역량 콕! 정보처리

05 길이가 1 m인 색 테이프를 똑같이 7조각으로 나누어 접은 후 그림과 같이 잘랐습니다. 긴 색 테이프의 길이와 짧은 색 테이프의 길이의 차는 몇 m인가요?

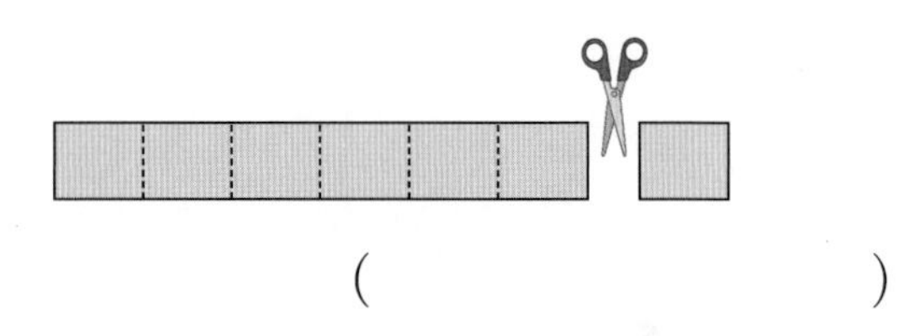

(　　　　　　　　)

06 리본 $2\frac{5}{6}$ m 중에서 $1\frac{4}{6}$ m를 사용했습니다. 남은 리본은 몇 m인가요?

식

답

07 계산 결과가 4보다 크고 5보다 작은 뺄셈식을 모두 찾아 ○표 하세요.

$7\frac{3}{5}-3\frac{1}{5}$	$5\frac{3}{4}-2\frac{2}{4}$
$\frac{47}{7}-\frac{18}{7}$	$6\frac{5}{6}-1\frac{1}{6}$

교과역량 콕! 문제해결

08 ●에 들어갈 수 있는 자연수 중에서 가장 큰 수를 구하세요.

$$3\frac{5}{7}-2\frac{2}{7}>\frac{●}{7}$$

(1) □ 안에 알맞은 수를 써넣으세요.

$$3\frac{5}{7}-2\frac{2}{7}=\frac{□}{7}$$

(2) ●에 들어갈 수 있는 자연수 중에서 가장 큰 수를 구하세요.

( )

5 (자연수)−(분수)

개념 020쪽

09 그림을 보고 □ 안에 알맞은 수를 써넣으세요.

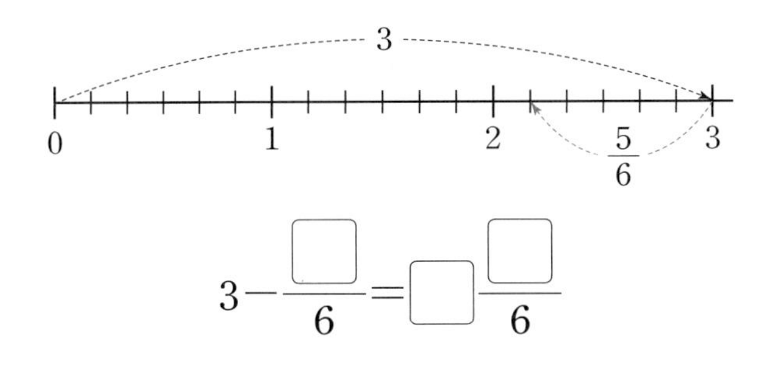

$$3-\frac{□}{6}=□\frac{□}{6}$$

10 빈칸에 알맞은 수를 써넣으세요.

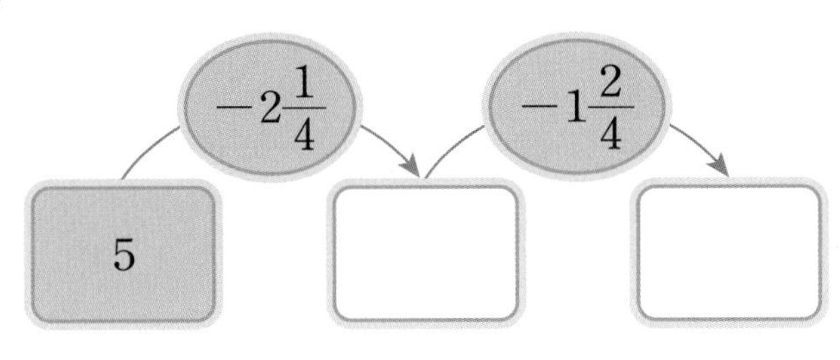

11 $6-2\frac{3}{7}$을 리아가 설명한 방법으로 계산해 보세요.

자연수에서 1만큼을 가분수로 바꾸어 계산해.

$6-2\frac{3}{7}$ ____________________

12 ㉠과 ㉡이 나타내는 수의 차를 구하세요.

㉠ 1이 5개인 수

㉡ 2보다 $\frac{3}{8}$만큼 더 큰 수

( )

13 학교에서 놀이터까지의 거리는 몇 km인가요?

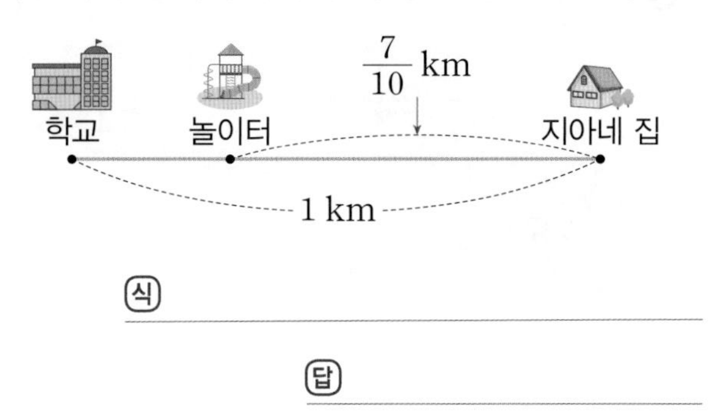

식

답

14 물이 10 L 있었습니다. 재우네 가족이 그중에서 $4\frac{3}{4}$ L를 마셨다면 남은 물은 몇 L인가요?

( )

15 계산 결과가 다른 하나를 찾아 기호를 쓰세요.

㉠ $7-5\frac{3}{5}$ ㉡ $5-\frac{18}{5}$ ㉢ $4-1\frac{3}{5}$

( )

교과역량 콕! 문제해결

16 1부터 9까지의 자연수 중에서 □ 안에 들어갈 수 있는 수를 모두 구하세요.

$6-4\frac{\square}{8}>1\frac{5}{8}$

( )

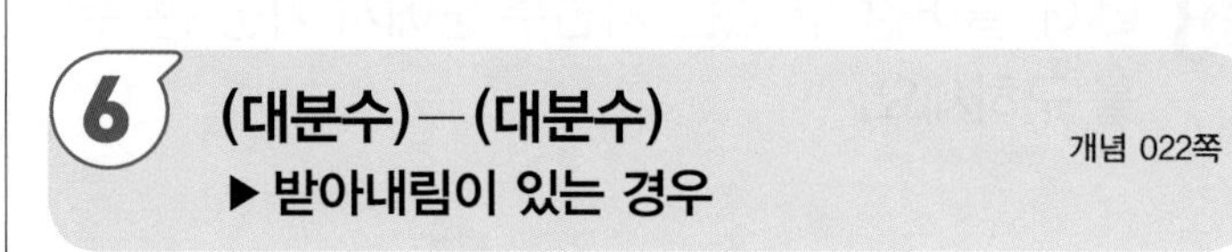

6 (대분수)−(대분수)
▶ 받아내림이 있는 경우 개념 022쪽

17 그림을 보고 $2\frac{1}{8}-1\frac{6}{8}$이 얼마인지 구하세요.

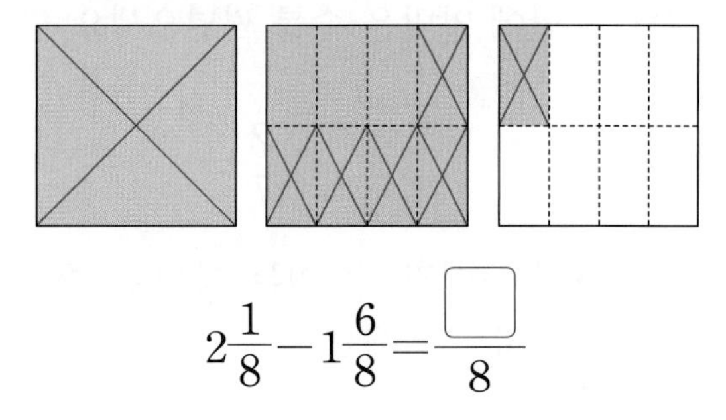

$2\frac{1}{8}-1\frac{6}{8}=\frac{\square}{8}$

18 빈칸에 알맞은 수를 써넣으세요.

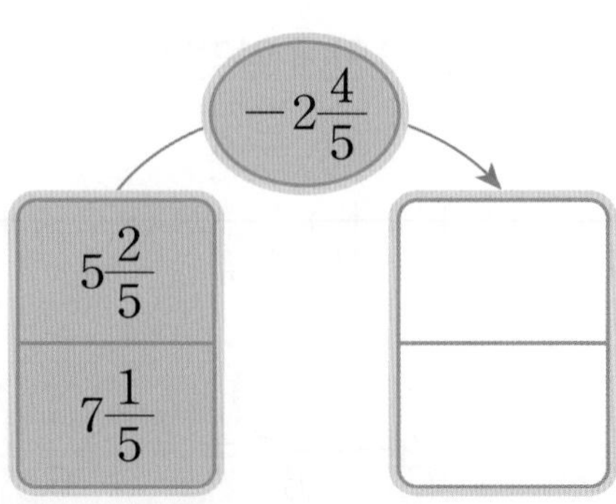

19 직사각형의 긴 변과 짧은 변의 길이의 차는 몇 cm인가요?

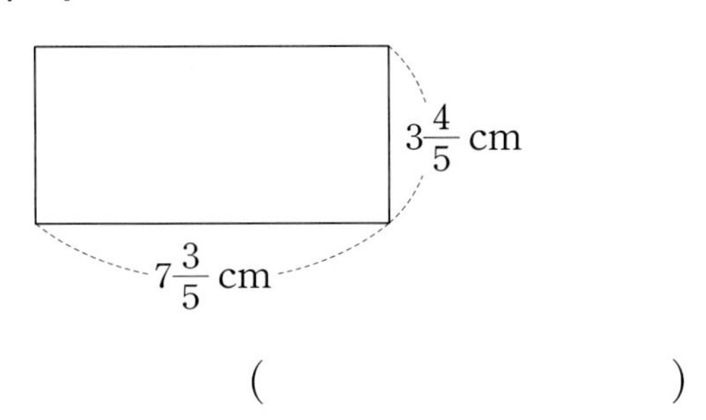

(　　　　　　　　)

20 가장 무거운 것은 가장 가벼운 것보다 몇 kg 더 무거운가요?

(　　　　　　　　)

21 페인트 $8\frac{4}{6}$ L 중에서 벽을 칠하는 데 $2\frac{5}{6}$ L를 사용하였습니다. 사용하고 남은 페인트의 양은 몇 L인가요?

식 ______________________

답 ______________

22 계산 결과가 2보다 큰 뺄셈식을 찾아 기호를 쓰세요.

㉠ $3\frac{3}{7}-\frac{12}{7}$

㉡ $4\frac{5}{8}-2\frac{6}{8}$

㉢ $4\frac{7}{9}-\frac{17}{9}$

(　　　　　　　　)

23 분모가 13인 대분수 중 □ 안에 알맞은 수를 구하세요.

$\square+1\frac{11}{13}=4\frac{6}{13}$

(　　　　　　　　)

24 준성이가 오늘 국어, 수학, 영어를 공부한 시간은 모두 $4\frac{2}{6}$시간입니다. 준성이가 수학을 공부한 시간은 몇 시간인지 분수로 구하세요.

국어	수학	영어
$1\frac{4}{6}$시간	?	$\frac{5}{6}$시간

(1) 준성이가 국어와 영어를 공부한 시간은 모두 몇 시간인지 분수로 구하세요.

(　　　　　　　　)

(2) 준성이가 수학을 공부한 시간은 몇 시간인지 분수로 구하세요.

(　　　　　　　　)

STEP 3 서술형 문제 잡기

1

잘못 계산한 곳을 찾아 바르게 계산하고, 그렇게 고친 이유를 쓰세요.

$$4\frac{1}{4}-1\frac{3}{4}=4\frac{5}{4}-1\frac{3}{4}=3\frac{2}{4}$$

1단계 바르게 계산하기

$4\frac{1}{4}-1\frac{3}{4}$

2단계 고친 이유 쓰기

$4\frac{1}{4}$에서 1만큼을 가분수로 바꾸면 $4\frac{1}{4}=\square\frac{\square}{4}$인데 $4\frac{5}{4}$로 잘못 바꾸어 계산했습니다.

2

잘못 계산한 곳을 찾아 바르게 계산하고, 그렇게 고친 이유를 쓰세요.

$$5\frac{2}{8}-3\frac{6}{8}=4\frac{12}{8}-3\frac{6}{8}=1\frac{6}{8}$$

1단계 바르게 계산하기

$5\frac{2}{8}-3\frac{6}{8}$

2단계 고친 이유 쓰기

3

어떤 진분수에 $\frac{2}{9}$를 더해야 할 것을 잘못하여 뺐더니 $\frac{3}{9}$이 되었습니다. 바르게 계산하면 얼마인지 풀이 과정을 쓰고, 답을 구하세요.

1단계 어떤 진분수 구하기

어떤 진분수를 ■라 하면 $■-\frac{2}{9}=\frac{3}{9}$이므로

$■=\frac{3}{9}+\frac{2}{9}=\square$입니다.

2단계 바르게 계산한 값 구하기

따라서 바르게 계산한 값은

$\square+\frac{2}{9}=\square$입니다.

답

4

어떤 대분수에 $1\frac{1}{7}$을 더해야 할 것을 잘못하여 뺐더니 $2\frac{3}{7}$이 되었습니다. 바르게 계산하면 얼마인지 풀이 과정을 쓰고, 답을 구하세요.

1단계 어떤 대분수 구하기

2단계 바르게 계산한 값 구하기

답

5

길이가 2 m인 종이테이프 2장을 $\frac{6}{10}$ **m만큼 겹쳐서** 이어 붙였습니다. 이어 붙인 종이테이프의 전체 길이는 몇 m인지 풀이 과정을 쓰고, 답을 구하세요.

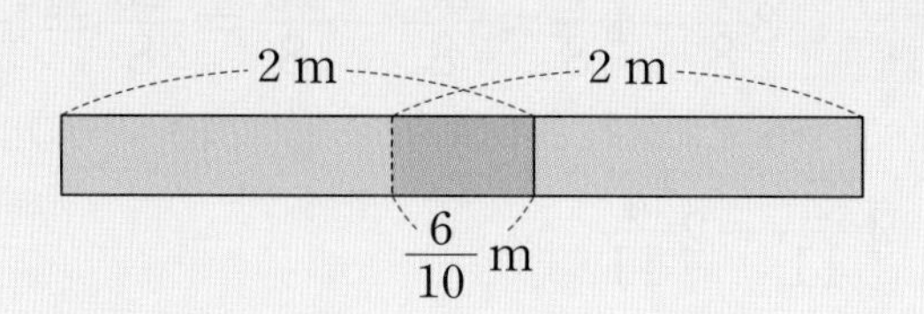

(1단계) 종이테이프 2장의 길이의 합 구하기

종이테이프 2장의 길이의 합은

$2+\square=\square$ (m)입니다.

(2단계) 이어 붙인 종이테이프의 전체 길이 구하기

따라서 이어 붙인 종이테이프의 전체 길이는

$\square-\frac{6}{10}=\square$ (m)입니다.

답 ______

6

길이가 3 m인 종이테이프 2장을 $\frac{2}{5}$ **m만큼 겹쳐서** 이어 붙였습니다. 이어 붙인 종이테이프의 전체 길이는 몇 m인지 풀이 과정을 쓰고, 답을 구하세요.

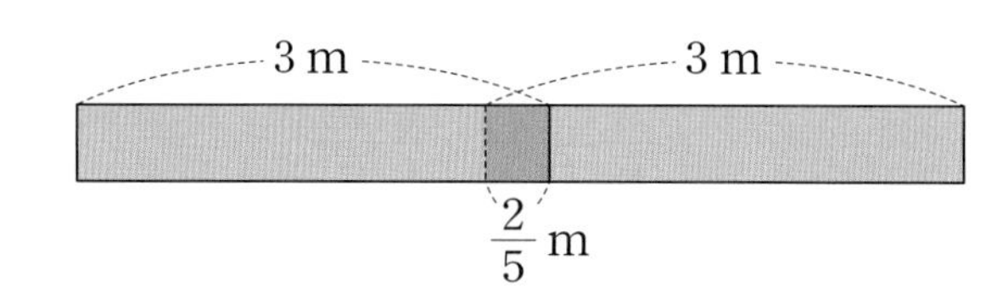

(1단계) 종이테이프 2장의 길이의 합 구하기

______

______

(2단계) 이어 붙인 종이테이프의 전체 길이 구하기

______

______

답 ______

7

카드를 2장 골라 두 분수를 더하려고 합니다. **연서가 말하는 조건에 알맞은** 덧셈식을 완성해 보세요.

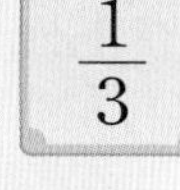

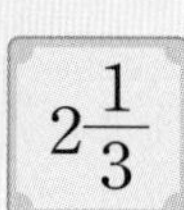

계산 결과가 1보다 크고 2보다 작게 만들 거야.

(1단계) 골라야 하는 분수 카드 구하기

계산 결과가 1보다 크고 2보다 작으려면

$\square$, $\square$ 을 골라야 합니다.

(2단계) 조건에 알맞은 덧셈식 완성하기

$\square+\square=\square$

8 창의형

카드를 2장 골라 두 분수를 더하려고 합니다. **조건을 정하고, 그 조건**에 알맞은 덧셈식을 완성해 보세요.

$\frac{2}{6}$ $1\frac{2}{6}$ $1\frac{5}{6}$

계산 결과가 2보다 크고 $\square$ 보다 작게 만들 거야.

(1단계) 정한 조건에 따라 골라야 하는 분수 카드 구하기

계산 결과가 2보다 크고 $\square$ 보다 작으려면

$\square$, $\square$ 를 골라야 합니다.

(2단계) 조건에 알맞은 덧셈식 완성하기

$\square+\square=\square$

평가 1단원 마무리

맞힌 개수

01 그림을 보고 □ 안에 알맞은 수를 써넣으세요.

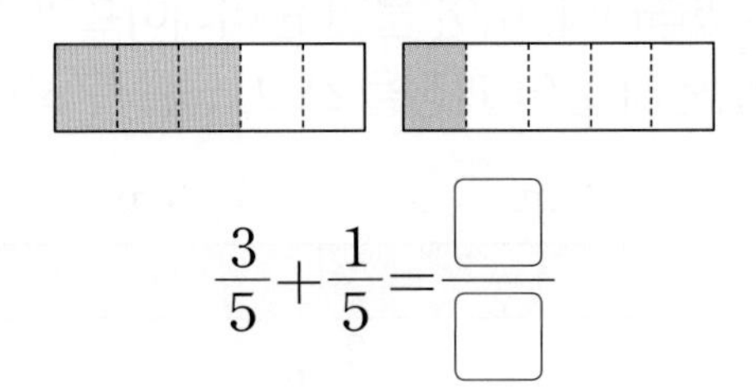

$$\frac{3}{5}+\frac{1}{5}=\frac{\square}{\square}$$

02 수직선을 보고 □ 안에 알맞은 수를 써넣으세요.

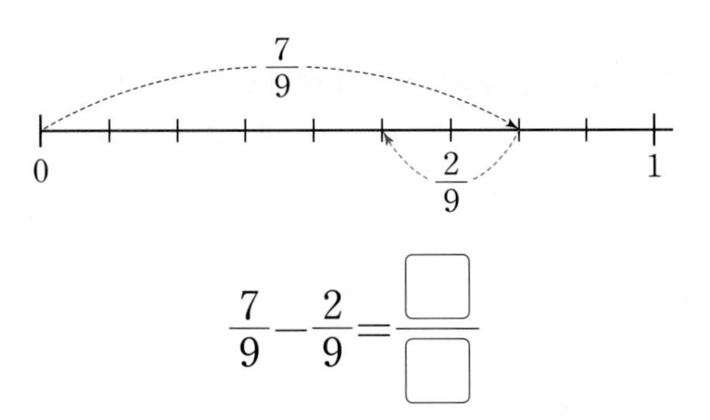

$$\frac{7}{9}-\frac{2}{9}=\frac{\square}{\square}$$

03 □ 안에 알맞은 수를 써넣으세요.

3은 $\frac{1}{4}$이 □개, $\frac{3}{4}$은 $\frac{1}{4}$이 □개이므로

$3-\frac{3}{4}$은 $\frac{1}{4}$이 □개입니다.

➔ $3-\frac{3}{4}=\frac{\square}{4}=\square\frac{\square}{4}$

04 계산해 보세요.

$$1\frac{5}{6}+1\frac{4}{6}$$

05 〈보기〉와 같은 방법으로 계산해 보세요.

〈보기〉

$$3\frac{1}{8}-1\frac{7}{8}=\frac{25}{8}-\frac{15}{8}=\frac{10}{8}=1\frac{2}{8}$$

$$4\frac{2}{11}-2\frac{4}{11}$$

06 빈칸에 알맞은 분수를 써넣으세요.

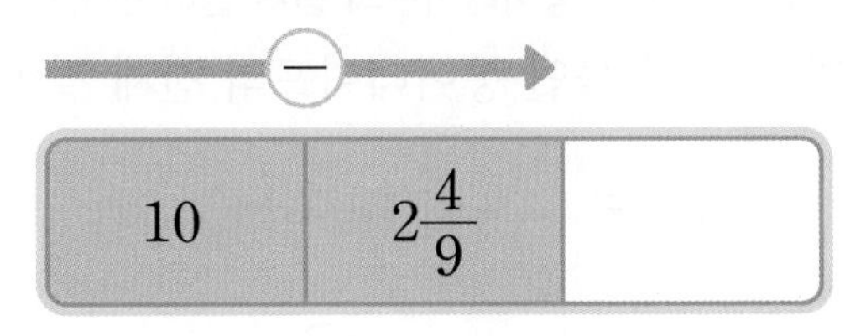

07 두 분수의 합을 구하세요.

$1\frac{4}{12}$ $2\frac{7}{12}$

(   )

08 설명하는 수를 구하세요.

$\frac{7}{8}$보다 $\frac{6}{8}$만큼 더 큰 수

(   )

09 가장 큰 수와 가장 작은 수의 합을 구하세요.

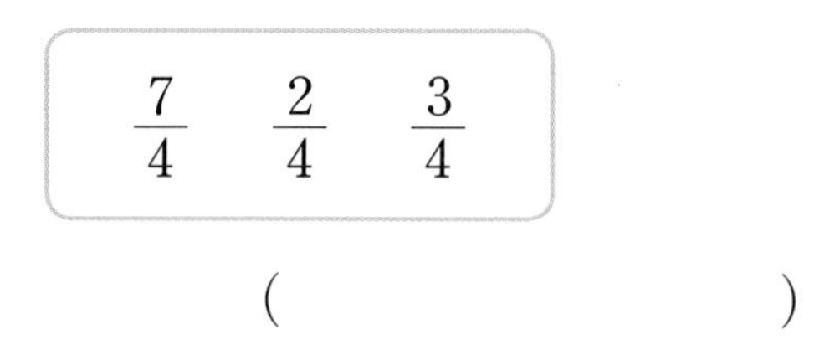

( )

10 계산 결과가 $4\frac{8}{11}$인 식을 만든 사람의 이름을 쓰세요.

( )

11 빈칸에 알맞은 수를 써넣으세요.

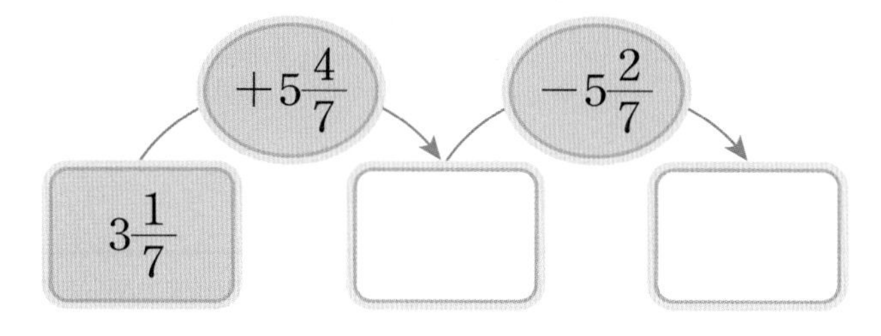

12 계산 결과를 비교하여 ○ 안에 >, =, <를 알맞게 써넣으세요.

$$\frac{2}{15}+\frac{9}{15} \bigcirc \frac{14}{15}-\frac{5}{15}$$

13 주영이가 우유를 어제는 $1\frac{7}{10}$컵 마시고, 오늘은 $2\frac{3}{10}$컵 마셨습니다. 주영이가 어제와 오늘 마신 우유는 모두 몇 컵인가요?

식

답

14 안경점 건물의 높이는 $7\frac{5}{8}$ m이고 꽃집 건물의 높이는 $9\frac{4}{8}$ m입니다. 두 건물의 높이의 차는 몇 m인가요?

15 계산 결과가 큰 것부터 차례로 ○ 안에 1, 2, 3을 써넣으세요.

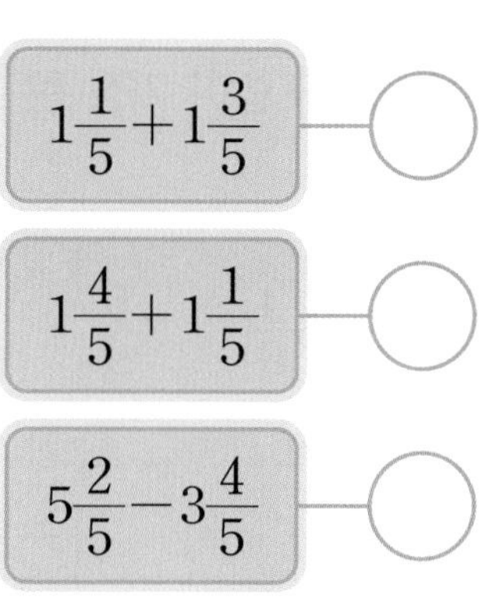

정답 08쪽

16 $1\frac{6}{7}$에 어떤 대분수를 더했더니 4가 되었습니다. 어떤 대분수를 구하세요.

(　　　　　　　　　)

17 □ 안에 들어갈 수 있는 자연수 중에서 가장 큰 수를 구하세요.

$$5\frac{7}{8}-3\frac{5}{8}>\frac{\square}{8}$$

(　　　　　　　　　)

18 두 분수를 골라 합이 가장 큰 덧셈식을 만들고, 계산해 보세요.

$5\frac{4}{9}$　　$3\frac{5}{9}$　　$3\frac{7}{9}$

$\square+\square=\square$

서술형

19 잘못 계산한 곳을 찾아 바르게 계산하고, 그렇게 고친 이유를 쓰세요.

$$5\frac{1}{3}-2\frac{2}{3}=5\frac{4}{3}-2\frac{2}{3}=3\frac{2}{3}$$

➜ $5\frac{1}{3}-2\frac{2}{3}$

이유

20 길이가 4 m인 종이테이프 2장을 $\frac{6}{7}$ m만큼 겹쳐서 이어 붙였습니다. 이어 붙인 종이테이프의 전체 길이는 몇 m인지 풀이 과정을 쓰고, 답을 구하세요.

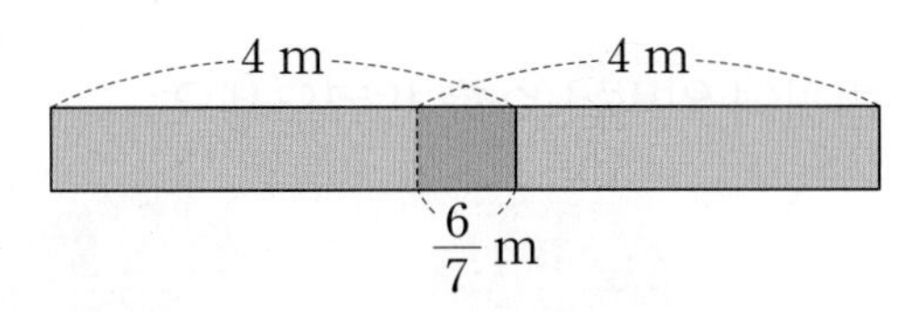

풀이

답

창의력 쑥쑥

민호의 물건들이 마구 섞여 있어요.
정해진 10가지 물건을 30초 안에 찾아보세요.
모양은 같지만 색깔이 다른 것들이 많으니 조심해요~!

정답은 개념책 160쪽에서 확인하세요.

2

삼각형

학습을 끝낸 후
색칠하세요.

❶ 삼각형을 변의 길이에 따라 분류하기
❷ 이등변삼각형과 정삼각형의 성질
❸ 삼각형을 각의 크기에 따라 분류하기

이전에 배운 내용

[3-1] 평면도형
직각삼각형 알아보기

[4-1] 각도
예각과 둔각 알아보기
삼각형의 세 각의 크기의 합

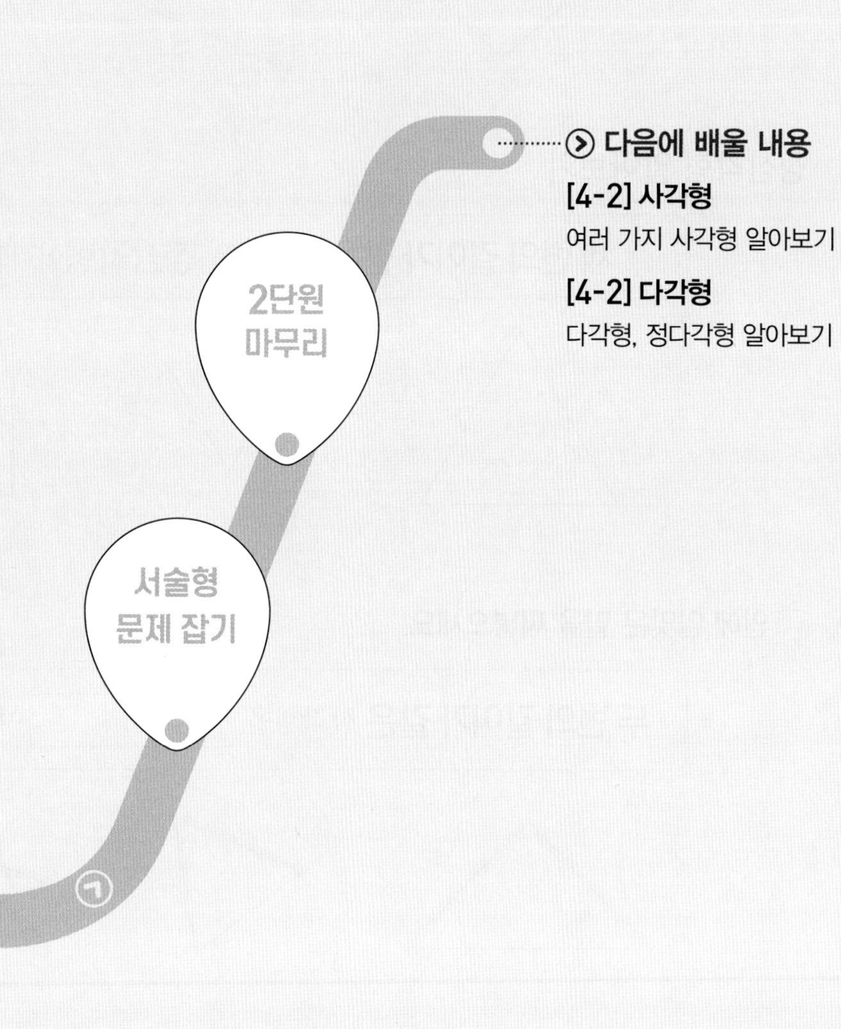

다음에 배울 내용

[4-2] 사각형

여러 가지 사각형 알아보기

[4-2] 다각형

다각형, 정다각형 알아보기

STEP 1

교과서 개념 잡기

① 삼각형을 변의 길이에 따라 분류하기

이등변삼각형 알아보기

두 변의 길이가 같은 삼각형을 **이등변삼각형**이라고 합니다.

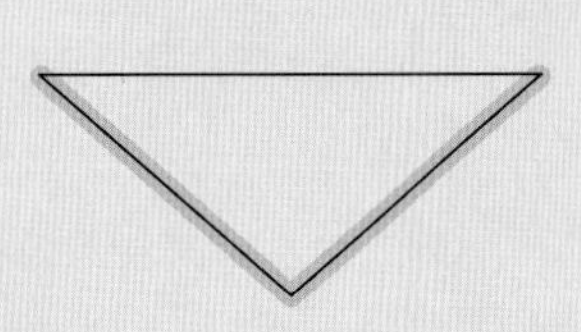
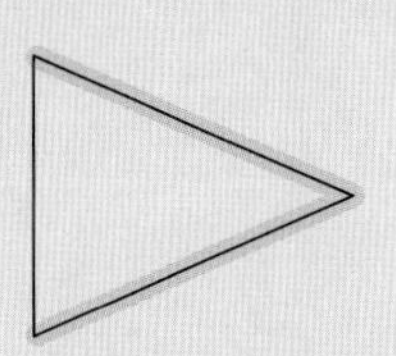
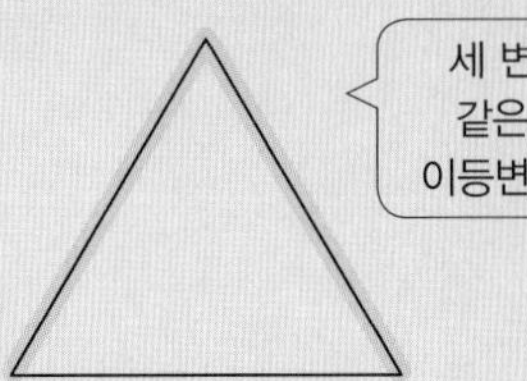

정삼각형 알아보기

세 변의 길이가 같은 삼각형을 **정삼각형**이라고 합니다.

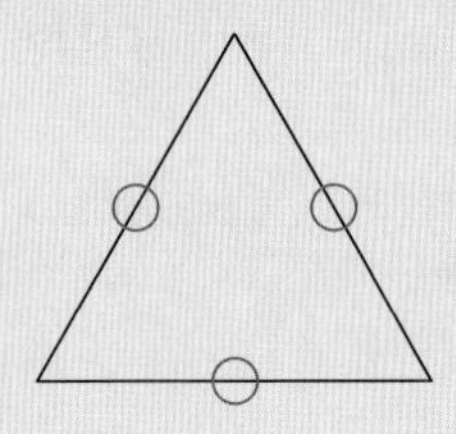
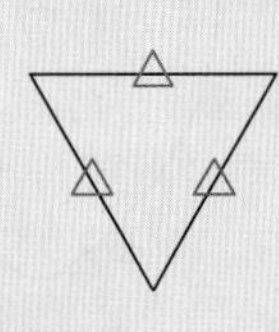
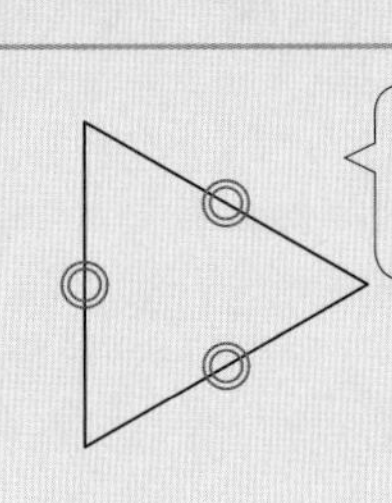

개념 확인 **1**

☐ 안에 알맞은 말을 써넣으세요.

두 변의 길이가 같은 삼각형을 ☐이라고 합니다.

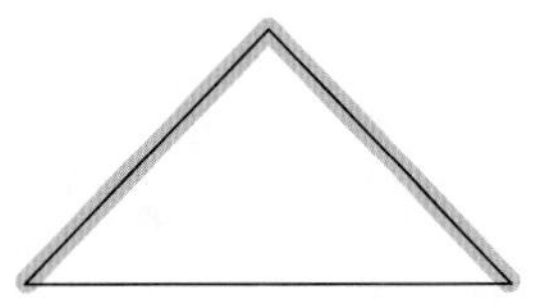
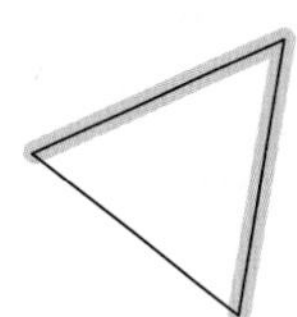
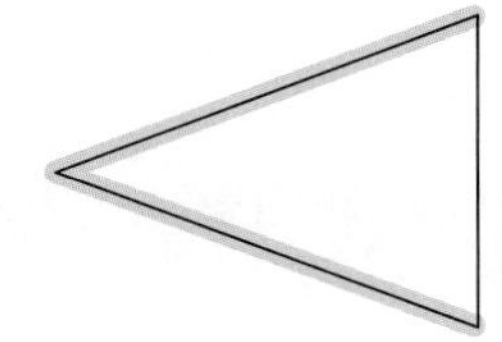

개념 확인 **2**

☐ 안에 알맞은 말을 써넣으세요.

세 변의 길이가 같은 삼각형을 ☐이라고 합니다.

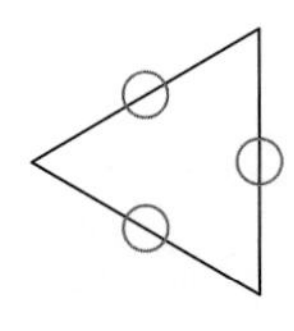
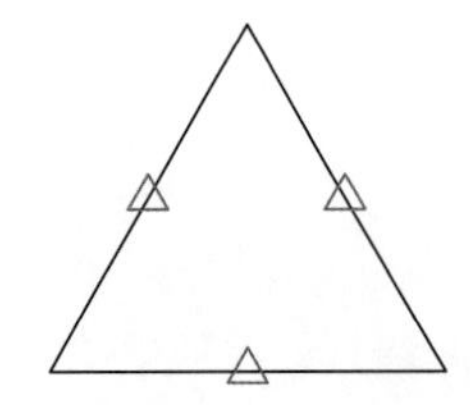
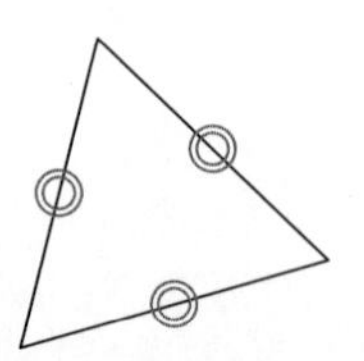

3 도형을 보고 ▢ 안에 알맞은 기호를 써넣으세요.

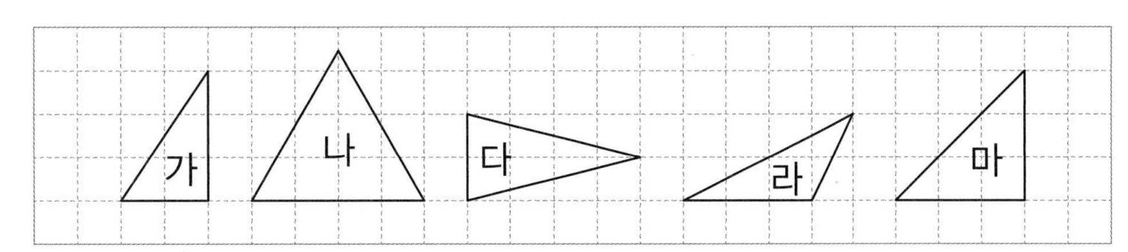

(1) 두 변의 길이가 같은 삼각형은 ▢, ▢, ▢입니다.

(2) 이등변삼각형은 ▢, ▢, ▢입니다.

(3) 세 변의 길이가 같은 삼각형은 ▢입니다.

(4) 정삼각형은 ▢입니다.

4 ▢ 안에 알맞은 수를 써넣으세요.

(1) 이등변삼각형

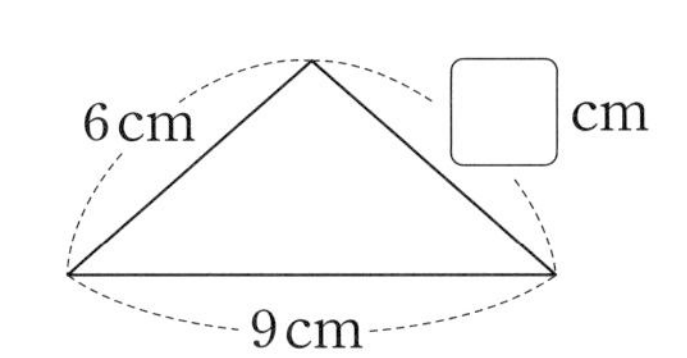

(2) 정삼각형

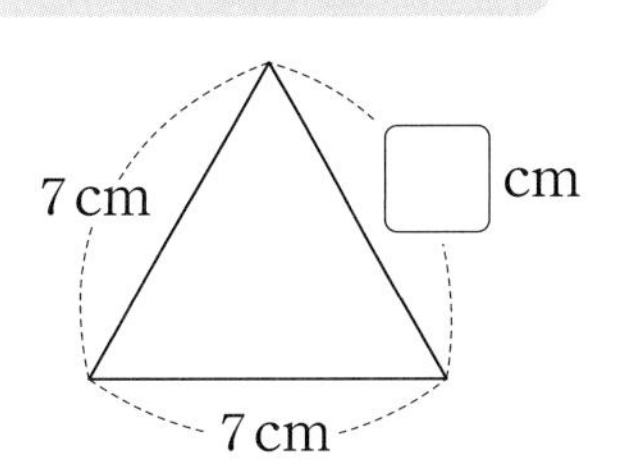

5 주어진 선분을 한 변으로 하는 삼각형을 그려 보세요.

(1) 이등변삼각형

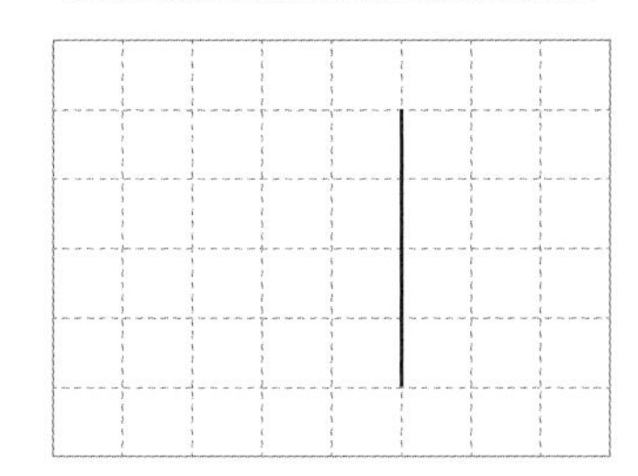

(2) 정삼각형

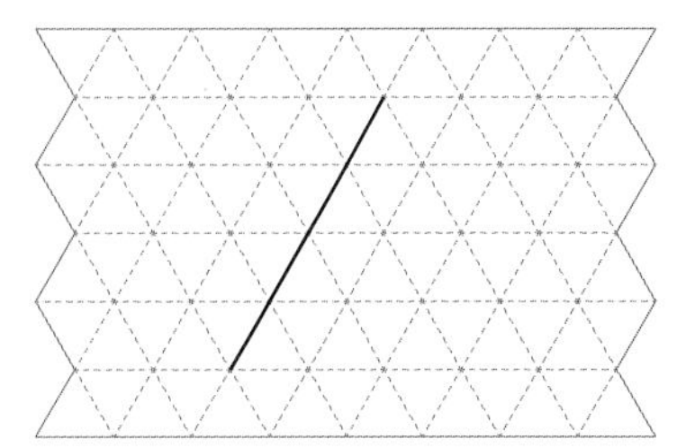

STEP 1 교과서 개념 잡기

② 이등변삼각형과 정삼각형의 성질

이등변삼각형의 성질

이등변삼각형은 **두 각의 크기**가 같습니다.

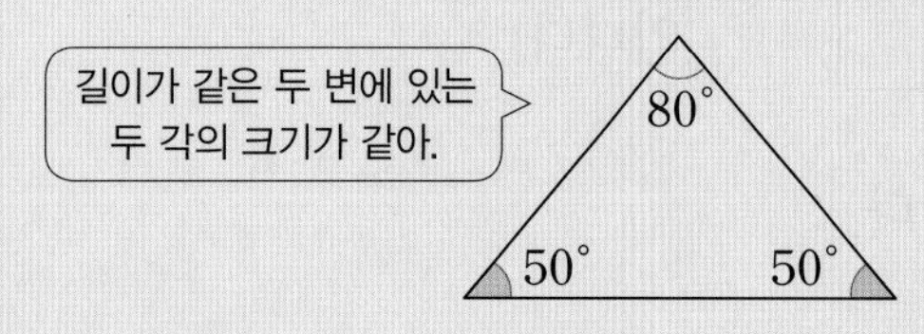

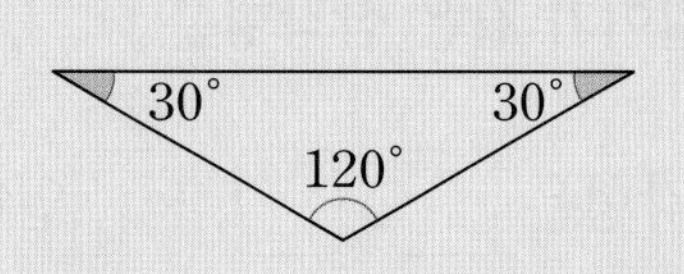

정삼각형의 성질

정삼각형은 **세 각의 크기**가 모두 같습니다.

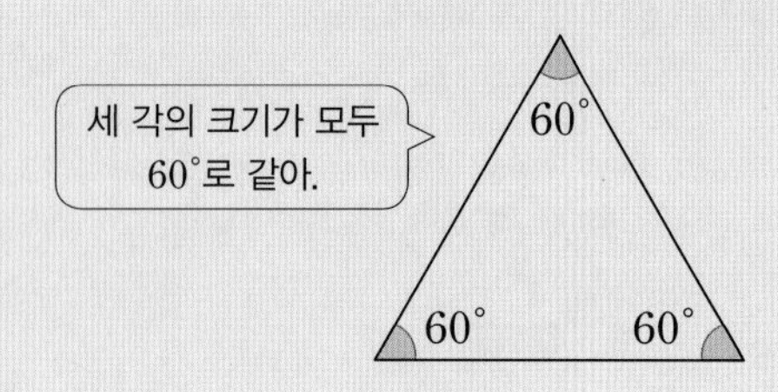

(정삼각형의 한 각의 크기)

$=180^\circ \div 3=60^\circ$

└ 180°: 삼각형의 세 각의 크기의 합

개념 확인 **1** □ 안에 알맞은 말을 써넣으세요.

이등변삼각형은 □ **각의 크기**가 같습니다.

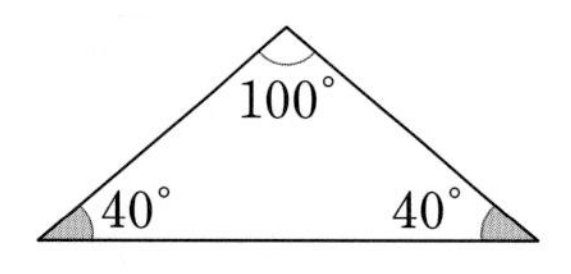

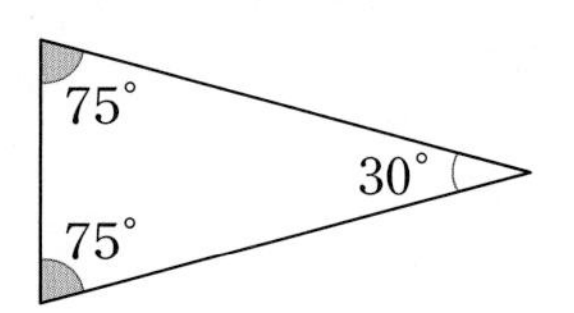

개념 확인 **2** □ 안에 알맞은 수나 말을 써넣으세요.

정삼각형은 □ **각의 크기**가 모두 같습니다.

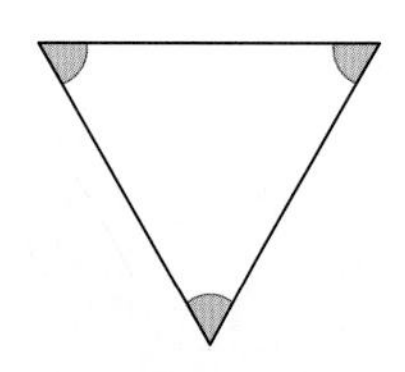

(정삼각형의 한 각의 크기)

$=180^\circ \div 3=$ □$^\circ$

3 이등변삼각형입니다. ☐ 안에 알맞은 수를 써넣으세요.

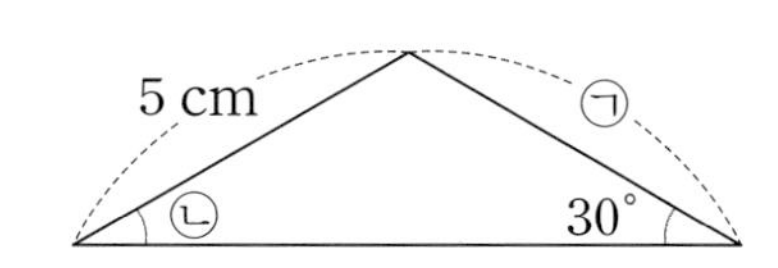

(1) ㉠은 ☐cm입니다.

(2) ㉡은 ☐°입니다.

4 정삼각형입니다. ☐ 안에 알맞은 수를 써넣으세요.

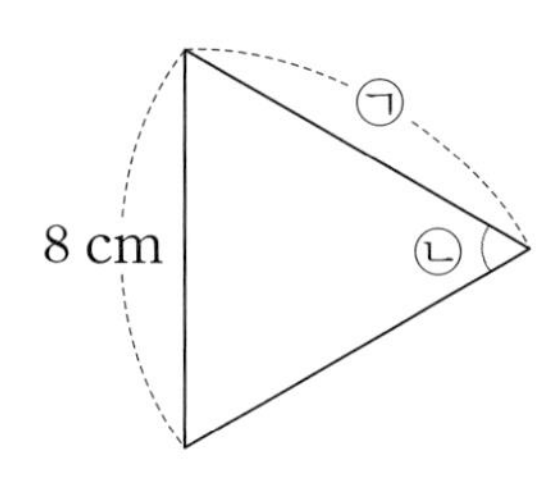

(1) ㉠은 ☐cm입니다.

(2) ㉡은 ☐°입니다.

5 ☐ 안에 알맞은 수를 써넣으세요.

(1)

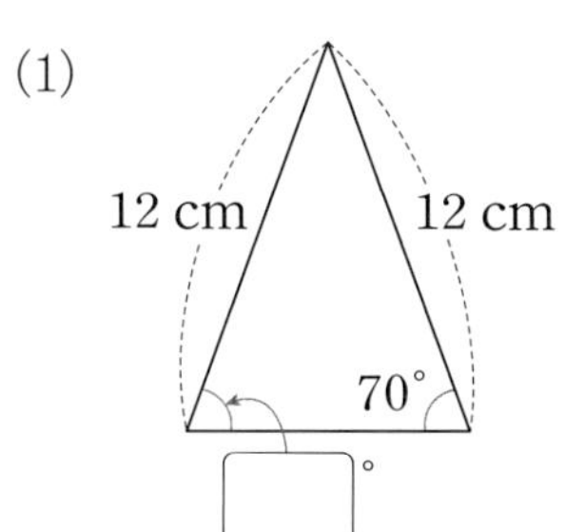

(2)

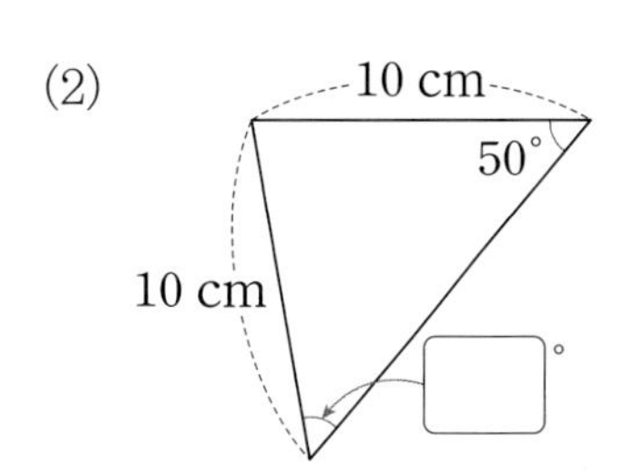

6 ☐ 안에 알맞은 수를 써넣으세요.

(1)

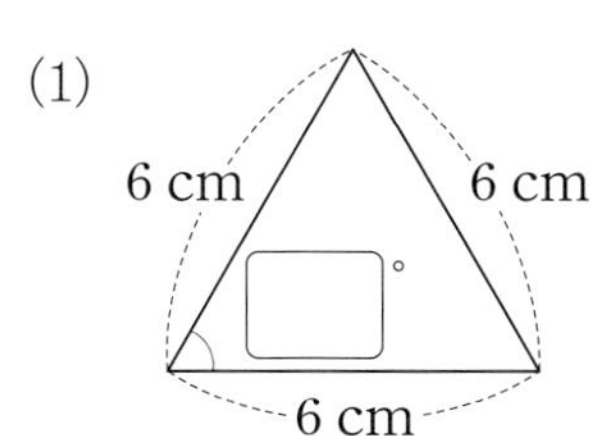

(2)

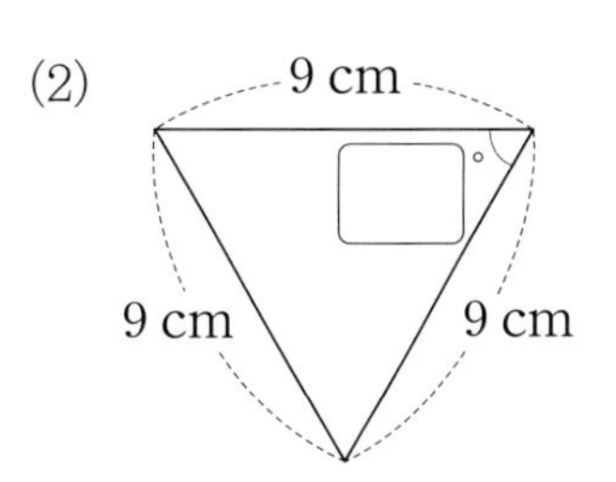

2 단원

STEP 1 교과서 개념 잡기

③ 삼각형을 각의 크기에 따라 분류하기

예각삼각형 알아보기

세 각이 **모두 예각**인 삼각형을 **예각삼각형**이라고 합니다.

└ $0° < 예각 < 90°$

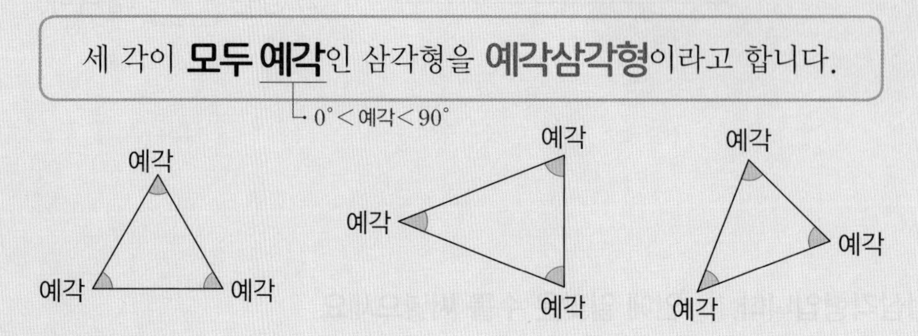

둔각삼각형 알아보기

한 각이 둔각인 삼각형을 **둔각삼각형**이라고 합니다.

└ $90° < 둔각 < 180°$

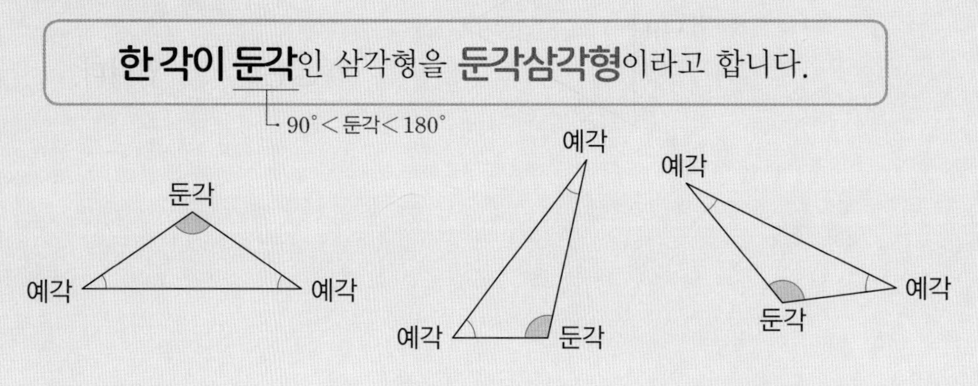

개념 확인 **1** ☐ 안에 알맞은 말을 써넣으세요.

세 각이 **모두 예각**인 삼각형을 ☐ 이라고 합니다.

개념 확인 **2** ☐ 안에 알맞은 말을 써넣으세요.

한 각이 둔각인 삼각형을 ☐ 이라고 합니다.

3 도형을 보고 ☐ 안에 알맞은 기호를 써넣으세요.

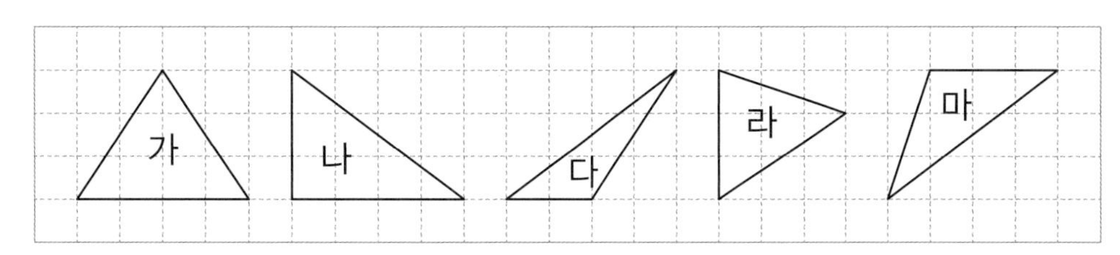

(1) 직각이 없는 삼각형은 ☐, ☐, ☐, ☐입니다.

(2) 세 각이 모두 예각인 삼각형은 ☐, ☐입니다.

(3) 예각삼각형은 ☐, ☐입니다.

(4) 한 각이 둔각인 삼각형은 ☐, ☐입니다.

(5) 둔각삼각형은 ☐, ☐입니다.

4 예각삼각형은 '예', 직각삼각형은 '직', 둔각삼각형은 '둔'을 (　　) 안에 써넣으세요.

(1)

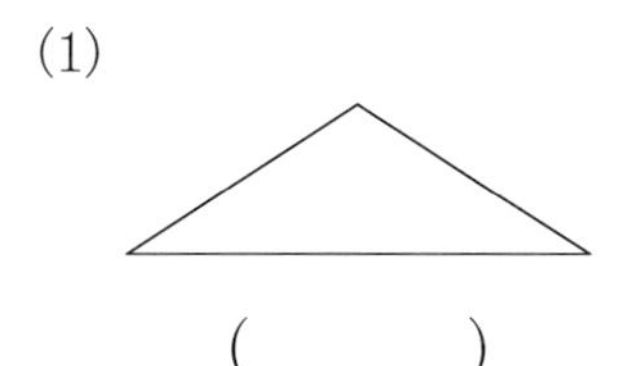

(　　　)

(2)

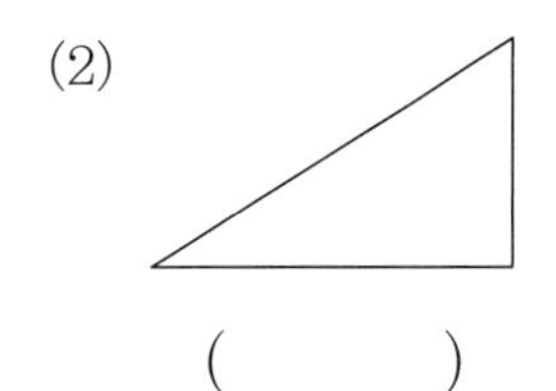

(　　　)

(3)

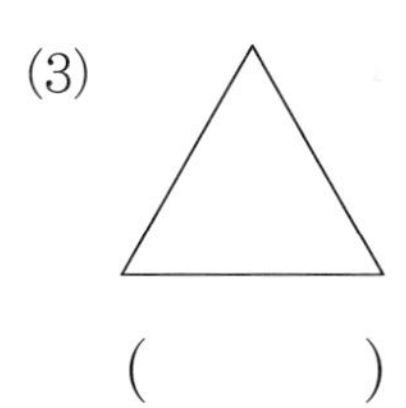

(　　　)

5 주어진 선분을 한 변으로 하는 삼각형을 그려 보세요.

(1) 예각삼각형

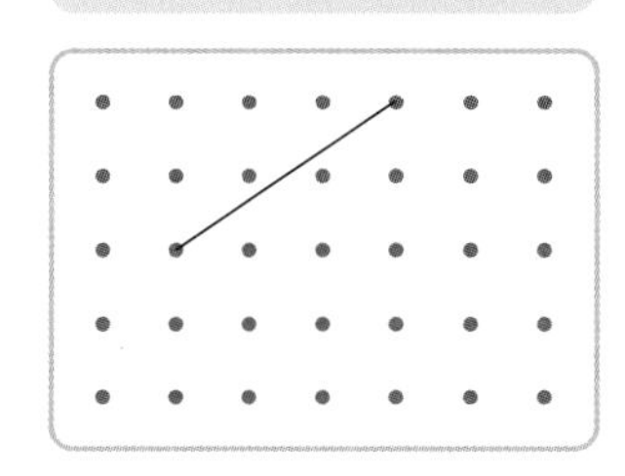

(2) 둔각삼각형

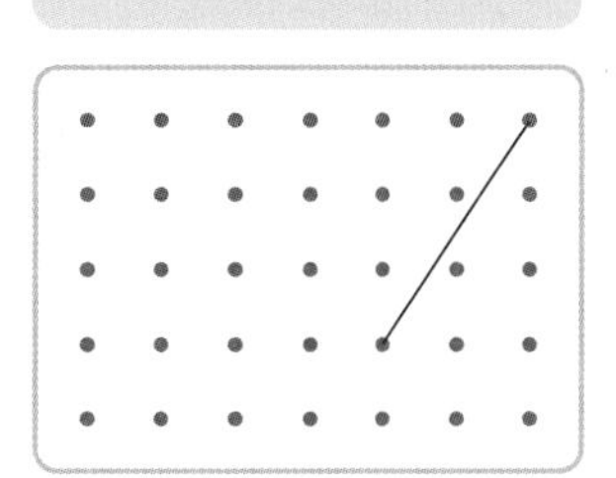

STEP 2 수학익힘 문제 잡기

01 자를 이용하여 이등변삼각형, 정삼각형을 모두 찾아 기호를 쓰세요.

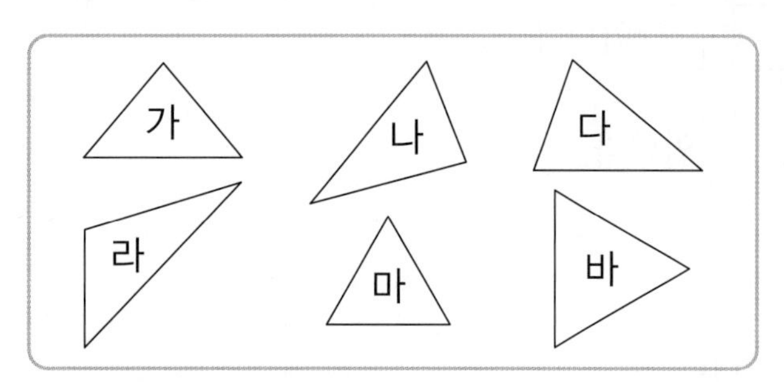

이등변삼각형	
정삼각형	

02 이등변삼각형을 모두 찾아 선을 따라 그리고, 정삼각형을 찾아 색칠해 보세요.

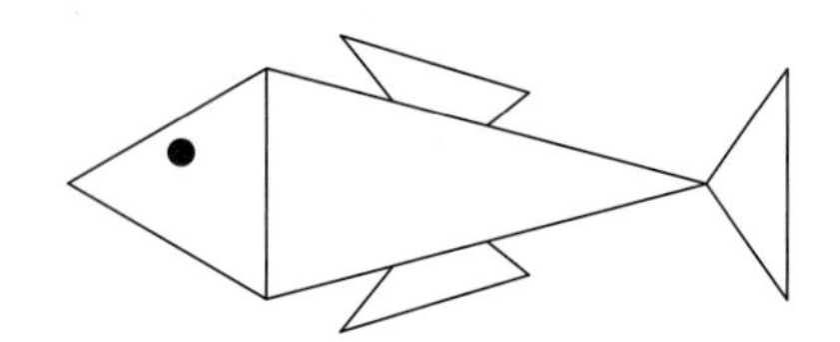

03 설명이 옳으면 ○표, 틀리면 ×표 하세요.

(1) 모든 정삼각형은 이등변삼각형입니다.

( )

(2) 모든 이등변삼각형은 정삼각형입니다.

( )

04 리아가 설명하는 도형의 이름이 될 수 있는 것을 모두 찾아 색칠해 보세요.

- 굽은 선은 없습니다.
- 변은 모두 3개입니다.
- 꼭짓점은 모두 3개입니다.
- 변의 길이는 모두 4 cm입니다.

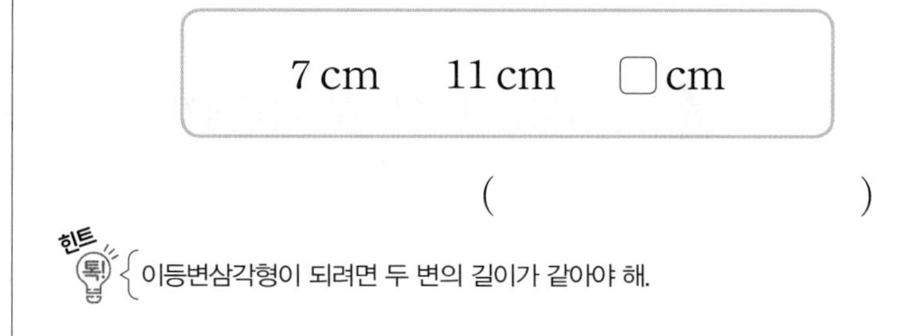

05 이등변삼각형의 세 변의 길이가 다음과 같을 때 □ 안에 들어갈 수 있는 수를 모두 구하세요.

7 cm 11 cm □ cm

( )

힌트 톡! 이등변삼각형이 되려면 두 변의 길이가 같아야 해.

06 이등변삼각형입니다. 삼각형의 세 변의 길이의 합은 몇 cm인가요?

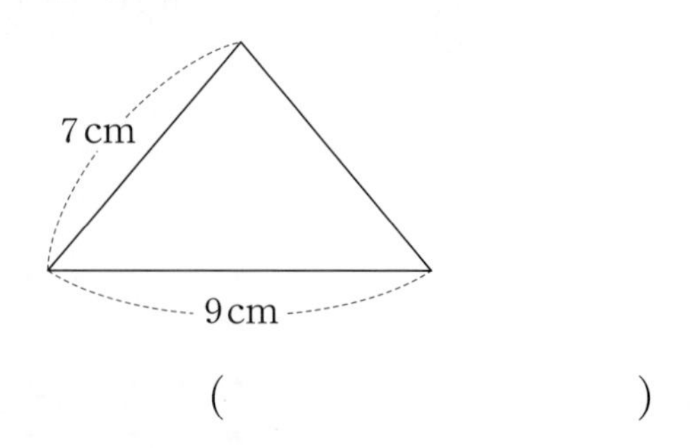

( )

교과역량 콕! 문제해결 | 추론

07 그림은 세 변의 길이의 합이 24 cm인 정삼각형입니다. 정삼각형의 한 변의 길이는 몇 cm인가요?

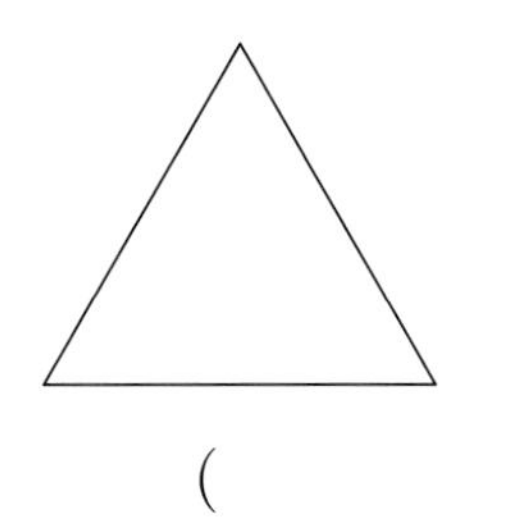

(   )

2 이등변삼각형과 정삼각형의 성질 개념 038쪽

08 이등변삼각형입니다. 크기가 같은 두 각을 찾아 쓰세요.

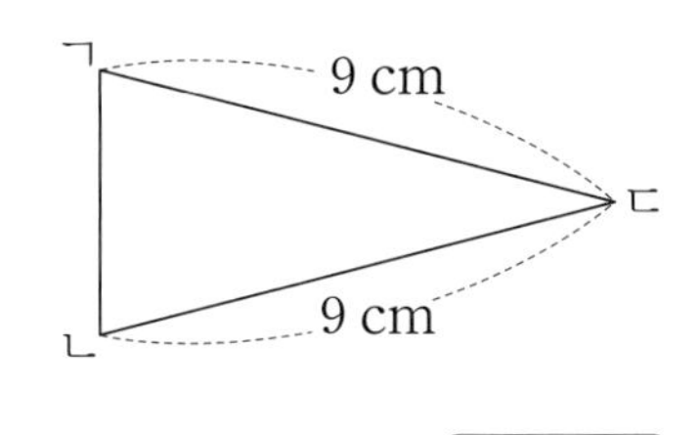

각 ㄷㄱㄴ과 각 ☐

09 정삼각형입니다. ☐ 안에 알맞은 수를 써넣으세요.

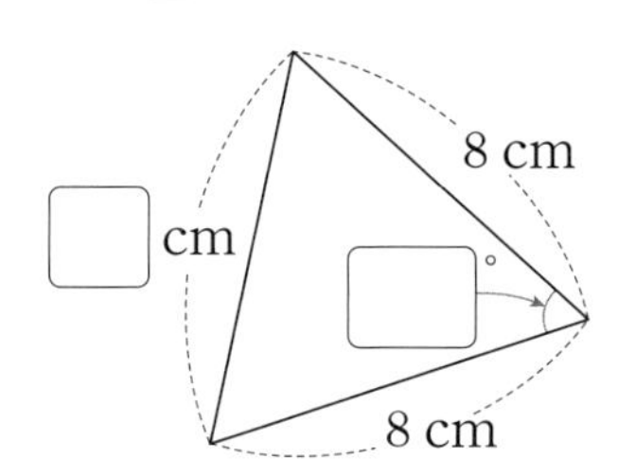

10 이등변삼각형입니다. ☐ 안에 알맞은 수를 써넣으세요.

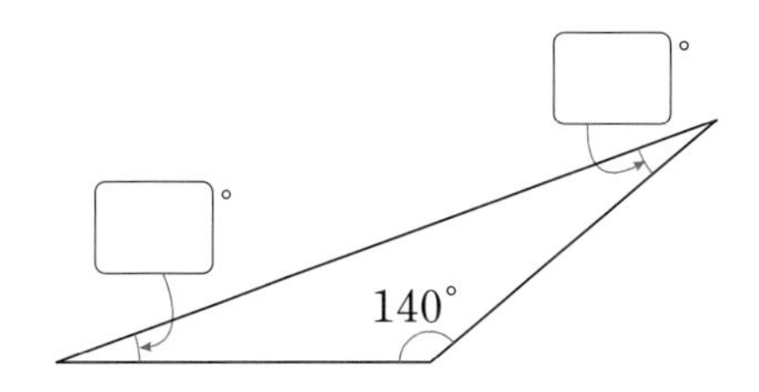

11 정삼각형에 대해 잘못 설명한 것을 찾아 기호를 쓰세요.

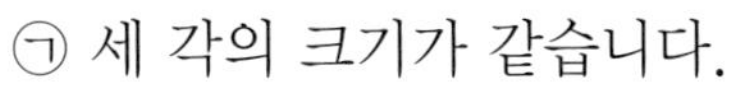

㉠ 세 각의 크기가 같습니다.
㉡ 한 각이 둔각입니다.
㉢ 세 변의 길이가 같습니다.

(   )

12 규민이와 미나가 각각 가지고 있는 삼각형의 세 각 중에서 두 각의 크기를 말한 것입니다. 이등변삼각형을 가지고 있는 사람의 이름을 쓰세요.

(   )

힌트 톡! 먼저 나머지 한 각의 크기를 각각 구해 봐.

2 단원

13 그림과 같이 삼각형 모양의 종이를 반으로 접었더니 완전히 똑같이 겹쳐졌습니다. ▢ 안에 알맞은 수를 써넣으세요.

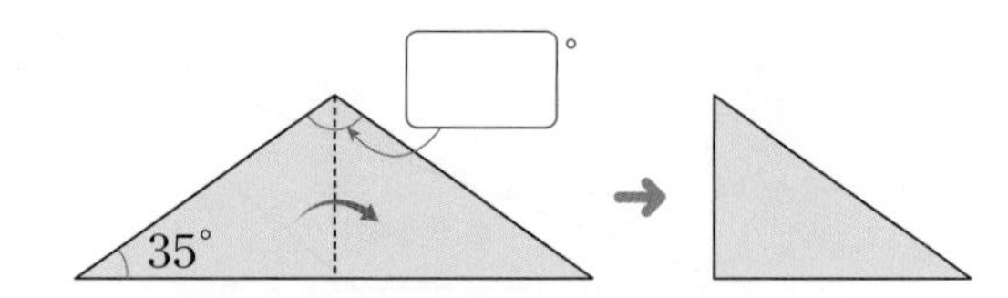

14 크기가 같은 정삼각형 3개를 겹치지 않게 이어 붙여서 만든 도형입니다. ▢ 안에 알맞은 수를 써넣으세요.

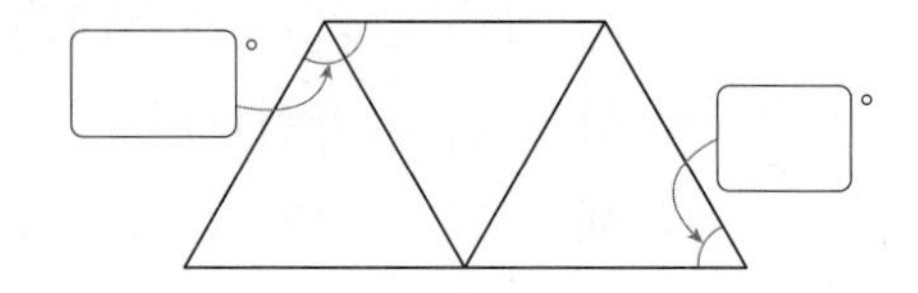

교과역량 콕! 문제해결

15 삼각형 ㄱㄴㄷ은 정삼각형입니다. ㉠의 각도를 구하세요.

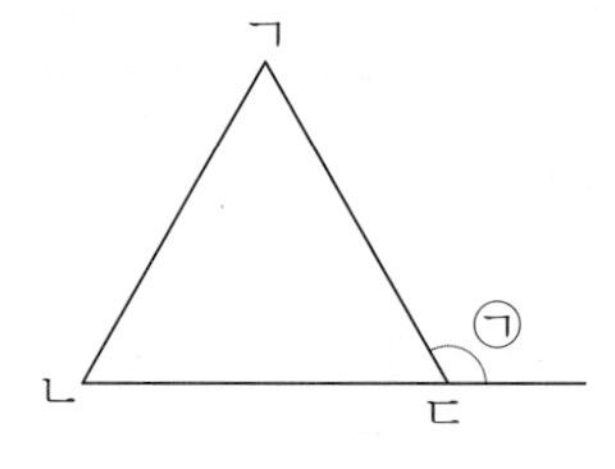

(1) 각 ㄱㄷㄴ의 크기를 구하세요.

( )

(2) ㉠의 각도를 구하세요.

( )

3 삼각형을 각의 크기에 따라 분류하기 개념 040쪽

16 삼각형을 예각삼각형, 직각삼각형, 둔각삼각형으로 분류하여 기호를 쓰세요.

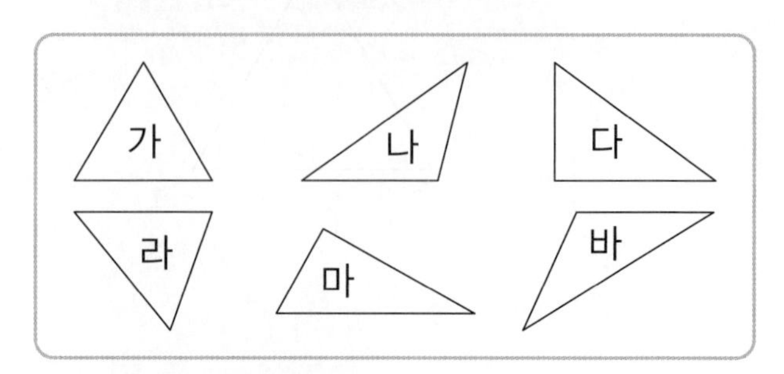

예각삼각형	
직각삼각형	
둔각삼각형	

17 예각삼각형과 둔각삼각형을 각각 1개씩 그려 보세요.

18 오른쪽 삼각형을 보고 바르게 설명한 사람의 이름을 쓰세요.

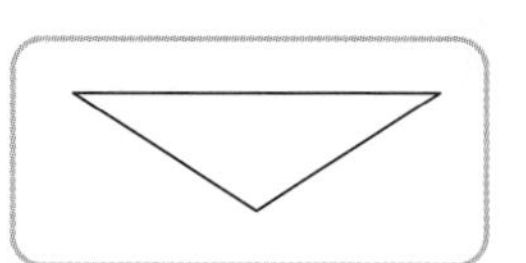

예각이 있으니까 예각삼각형이야.

한 각이 둔각이니까 둔각삼각형이야.

( )

19 주어진 선분을 한 변으로 하는 둔각삼각형을 그리려고 합니다. 주어진 선분의 양 끝점과 이어야 할 점은 어느 것인가요? (　　　　)

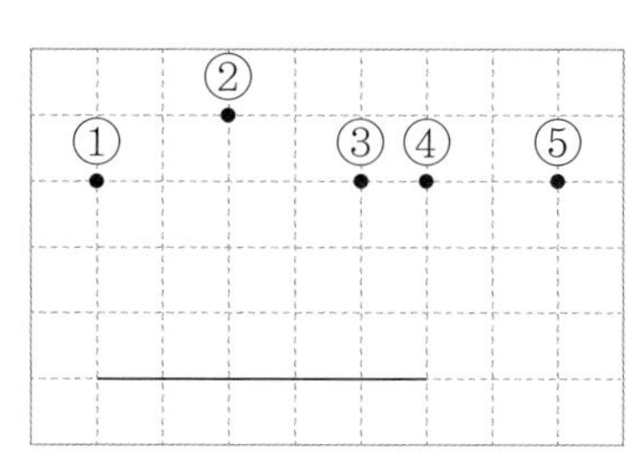

힌트 톡! 선분의 양 끝점과 각 점을 이어서 그려지는 삼각형의 모양을 살펴 봐.

20 〈보기〉에서 설명하는 삼각형을 그려 보세요.

〈보기〉
- 두 변의 길이가 같습니다.
- 세 각이 모두 예각입니다.

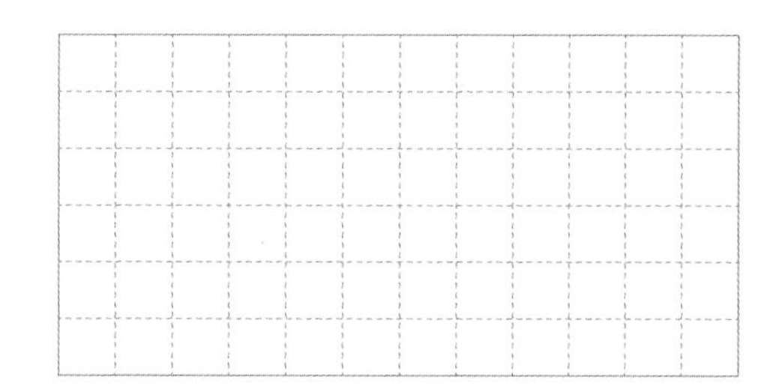

21 오른쪽 삼각형의 이름이 될 수 있는 것을 모두 고르세요.

(　　　　)

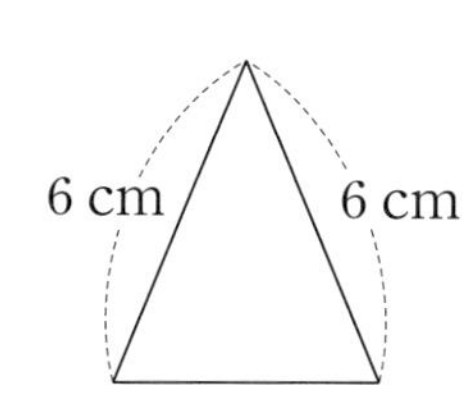

① 예각삼각형　② 직각삼각형
③ 둔각삼각형　④ 이등변삼각형
⑤ 정삼각형

22 삼각형의 세 각의 크기가 각각 다음과 같을 때 둔각삼각형을 찾아 기호를 쓰세요.

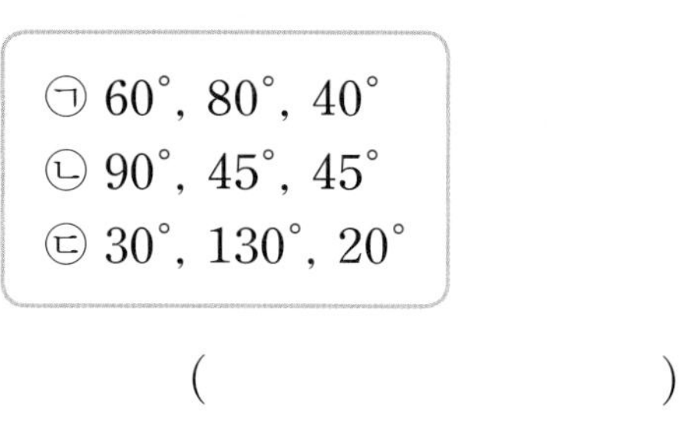
㉠ $60°$, $80°$, $40°$
㉡ $90°$, $45°$, $45°$
㉢ $30°$, $130°$, $20°$

(　　　　)

23 직사각형 모양의 색종이를 선을 따라 모두 잘라 여러 가지 삼각형을 만들었습니다. 둔각삼각형은 예각삼각형보다 몇 개 더 많은지 구하세요.

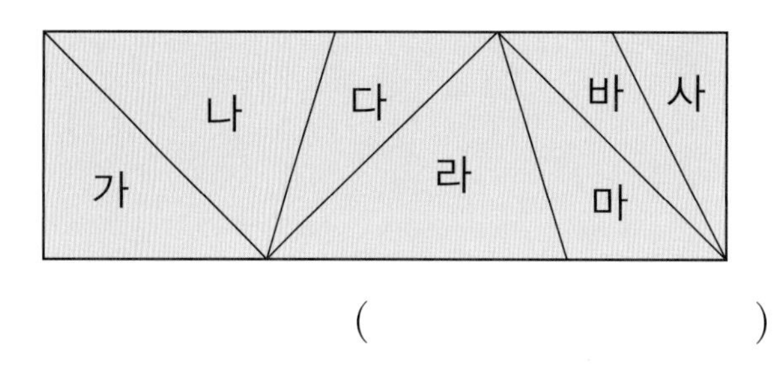

(　　　　)

교과역량 콕! 추론

24 삼각형의 일부가 지워졌습니다. 이 삼각형은 어떤 삼각형인지 알맞은 것에 ○표 하세요.

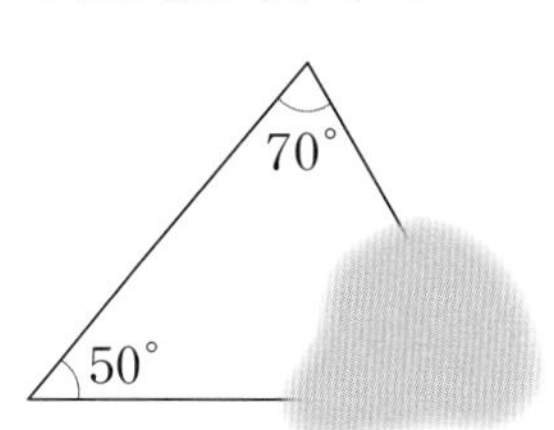

(예각삼각형 , 직각삼각형 , 둔각삼각형)

2 단원

STEP 3 서술형 문제 잡기

1

도형이 **이등변삼각형**이 아닌 이유를 쓰세요.

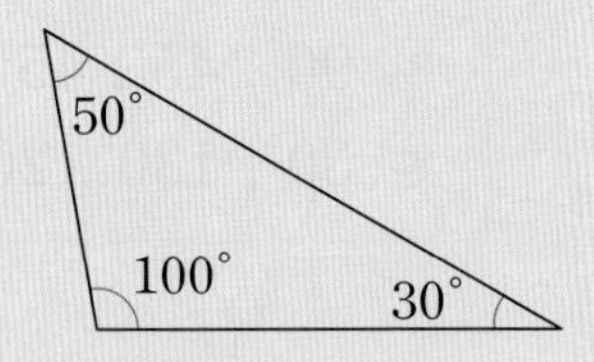

(이유) 이등변삼각형이 아닌 이유 쓰기

이등변삼각형은 ☐ 각의 크기가 같아야 하는데 세 각의 크기가 모두 (같으므로 , 다르므로) 이등변삼각형이 아닙니다.

2

도형이 **정삼각형**이 아닌 이유를 쓰세요.

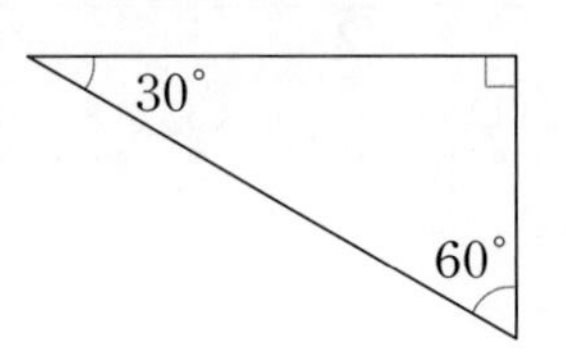

(이유) 정삼각형이 아닌 이유 쓰기

3

두 각의 크기가 다음과 같은 삼각형이 있습니다. 예각삼각형, 직각삼각형, 둔각삼각형 중 어떤 삼각형인지 풀이 과정을 쓰고, 답을 구하세요.

45° 80°

(1단계) 삼각형의 나머지 한 각의 크기 구하기

삼각형의 나머지 한 각의 크기는

☐$^\circ-45^\circ-80^\circ=$☐$^\circ$입니다.

(2단계) 어떤 삼각형인지 구하기

(한 , 두 , 세) 각이 모두 ☐이므로

☐입니다.

(답)

4

두 각의 크기가 다음과 같은 삼각형이 있습니다. 예각삼각형, 직각삼각형, 둔각삼각형 중 어떤 삼각형인지 풀이 과정을 쓰고, 답을 구하세요.

55° 30°

(1단계) 삼각형의 나머지 한 각의 크기 구하기

(2단계) 어떤 삼각형인지 구하기

(답)

5

크기가 같은 정삼각형 **4개**를 겹치지 않게 이어 붙여서 도형을 만들었습니다. **빨간색 선의 전체 길이가 48 cm**일 때, 정삼각형 한 변의 길이는 몇 cm인지 풀이 과정을 쓰고, 답을 구하세요.

(1단계) 빨간색 선을 이루는 정삼각형의 변이 몇 개인지 구하기

빨간색 선은 정삼각형의 변 □개로 이루어져 있습니다.

(2단계) 정삼각형 한 변의 길이 구하기

따라서 정삼각형 한 변의 길이는

$48 \div \square = \square$(cm)입니다.

(답)

6

크기가 같은 정삼각형 **6개**를 겹치지 않게 이어 붙여서 도형을 만들었습니다. **빨간색 선의 전체 길이가 40 cm**일 때, 정삼각형 한 변의 길이는 몇 cm인지 풀이 과정을 쓰고, 답을 구하세요.

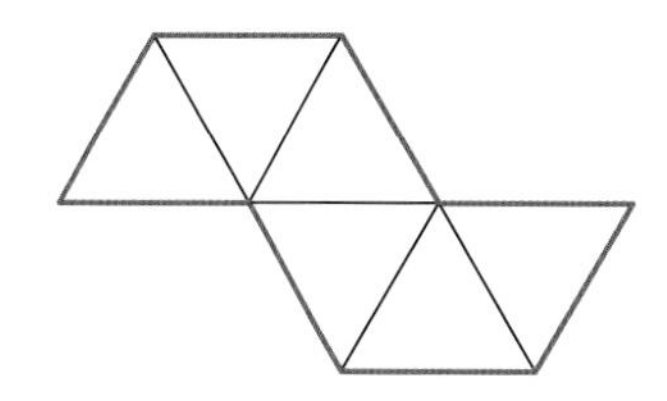

(1단계) 빨간색 선을 이루는 정삼각형의 변이 몇 개인지 구하기

(2단계) 정삼각형 한 변의 길이 구하기

(답)

7

도율이가 그리고 싶은 이등변삼각형은 어떤 삼각형인지 알맞은 것에 ○표 하세요.

나는 주어진 세 점을 이어서 이등변삼각형을 그릴 거야.

(1단계) 이등변삼각형 그리기

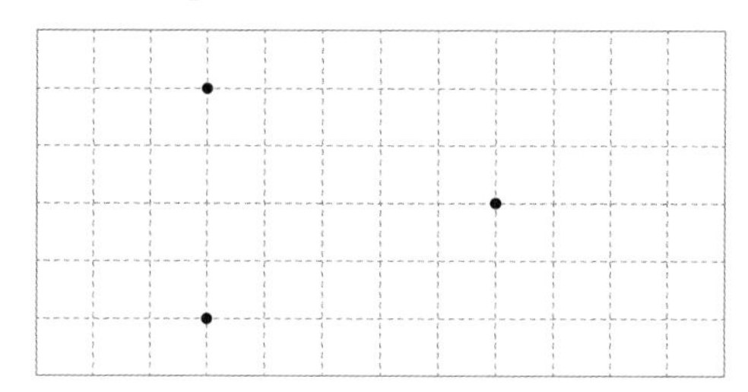

(2단계) 그린 삼각형의 이름 찾기

예각삼각형 직각삼각형 둔각삼각형

8 창의형

이등변삼각형을 1개 그리고, 어떤 삼각형인지 알맞은 것에 ○표 하세요.

두 변의 길이가 같은 삼각형을 그려 봐.

(1단계) 이등변삼각형 그리기

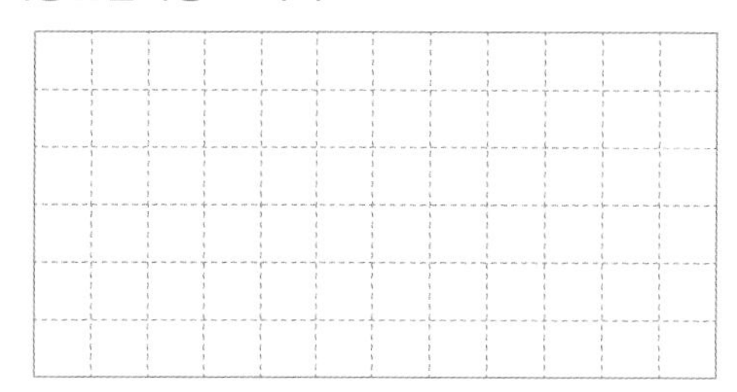

(2단계) 그린 삼각형의 이름 찾기

예각삼각형 직각삼각형 둔각삼각형

평가 2단원 마무리

맞힌 개수

01 삼각형을 보고 알맞은 말에 ○표 하고, ▢ 안에 알맞은 말을 써넣으세요.

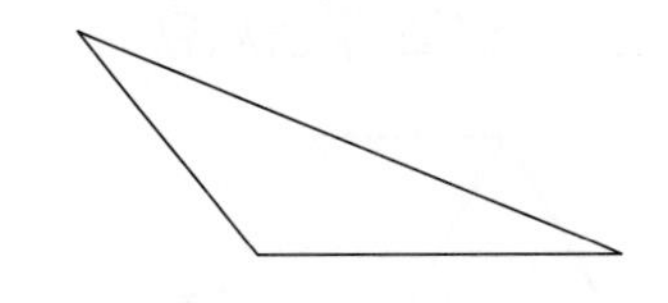

(한 , 두 , 세) 각이 ▢ 인 삼각형을 둔각삼각형이라고 합니다.

02 다음과 같이 세 변의 길이가 같은 삼각형을 무엇이라고 하나요?

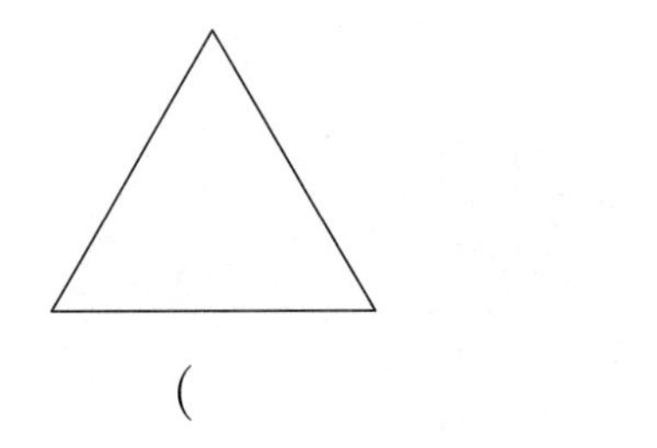

( )

[03~04] 예각삼각형은 '예', 둔각삼각형은 '둔'을 ▢ 안에 써넣으세요.

03

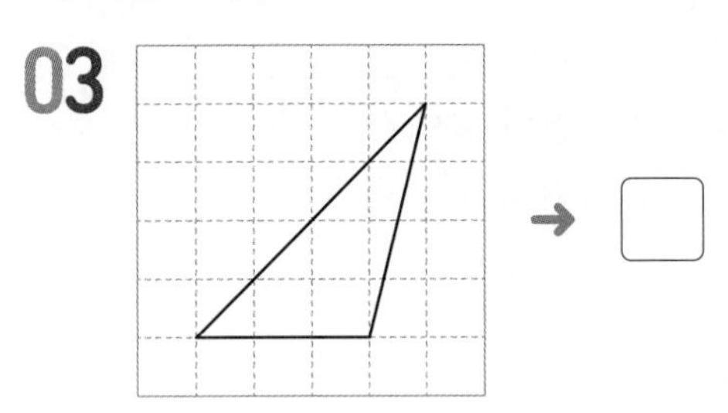

→ ▢

04

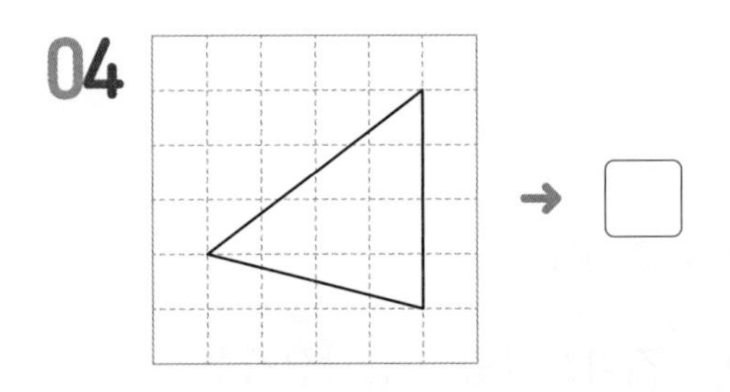

→ ▢

[05~06] 자를 이용하여 삼각형을 변의 길이에 따라 분류하려고 합니다. 물음에 답하세요.

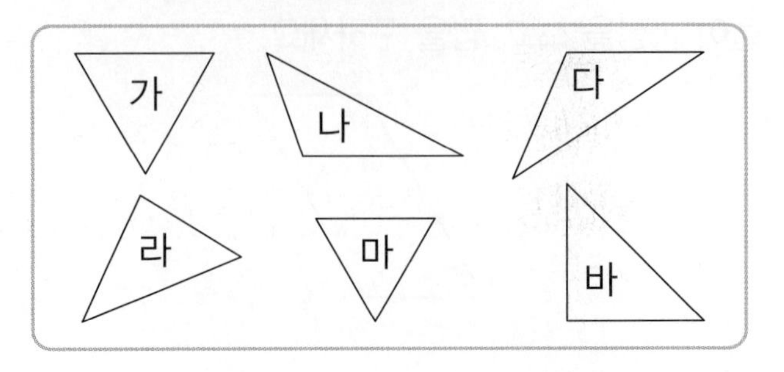

05 이등변삼각형을 모두 찾아 기호를 쓰세요.

( )

06 정삼각형을 모두 찾아 기호를 쓰세요.

( )

07 이등변삼각형입니다. ▢ 안에 알맞은 수를 써넣으세요.

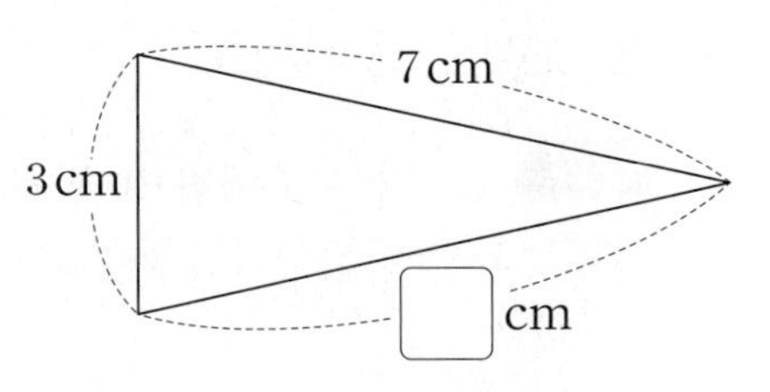

08 정삼각형입니다. ▢ 안에 알맞은 수를 써넣으세요.

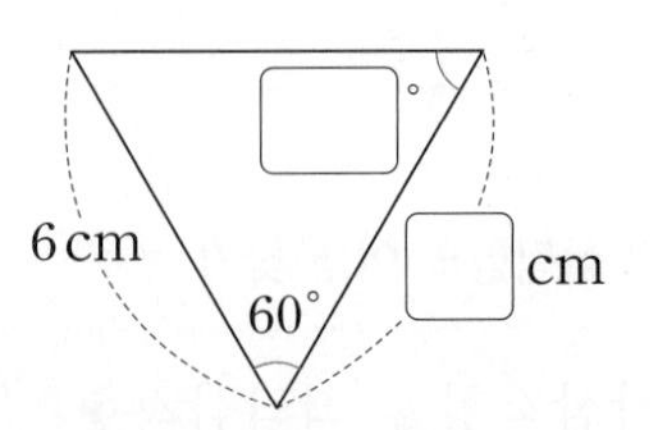

09 예각삼각형을 그려 보세요.

10 세 각의 크기가 다음과 같은 삼각형은 예각삼각형인지 둔각삼각형인지 쓰세요.

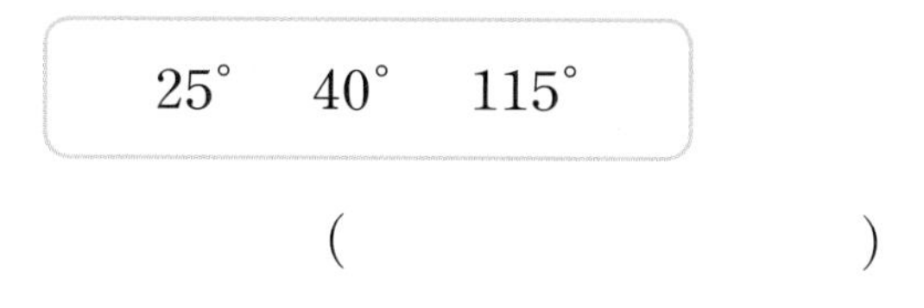

(　　　　　　　　)

11 주어진 모양의 색종이를 선을 따라 3개의 삼각형으로 잘랐습니다. 예각삼각형과 둔각삼각형이 각각 몇 개인지 구하세요.

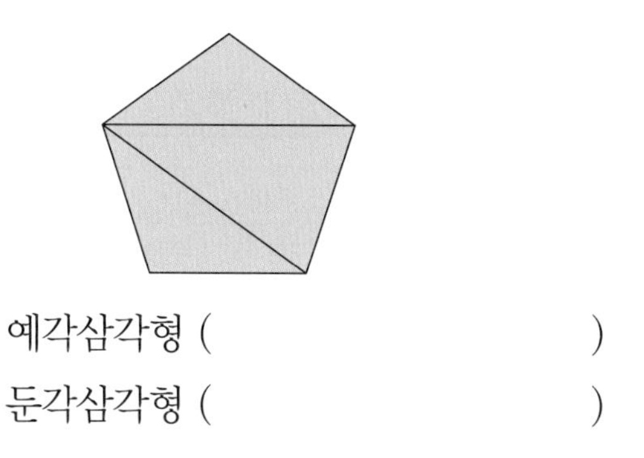

예각삼각형 (　　　　　　　　)

둔각삼각형 (　　　　　　　　)

12 이등변삼각형입니다. □ 안에 알맞은 수를 써넣으세요.

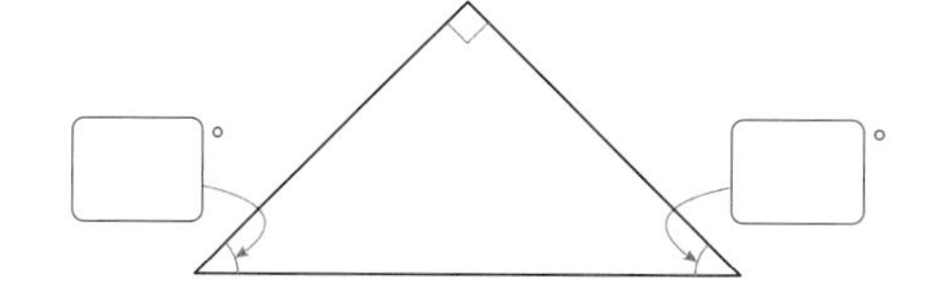

13 설명이 잘못된 것을 모두 고르세요.

(　　　　　　)

① 정삼각형은 예각삼각형입니다.
② 직각삼각형은 직각이 1개입니다.
③ 두 각이 둔각이면 둔각삼각형입니다.
④ 모든 이등변삼각형은 예각삼각형입니다.
⑤ 세 각이 모두 예각이면 예각삼각형입니다.

14 세 변의 길이의 합이 15 cm인 정삼각형이 있습니다. 이 정삼각형의 한 변의 길이는 몇 cm인가요?

(　　　　　　　　)

15 삼각형의 이름이 될 수 있는 것을 모두 찾아 ○표 하세요.

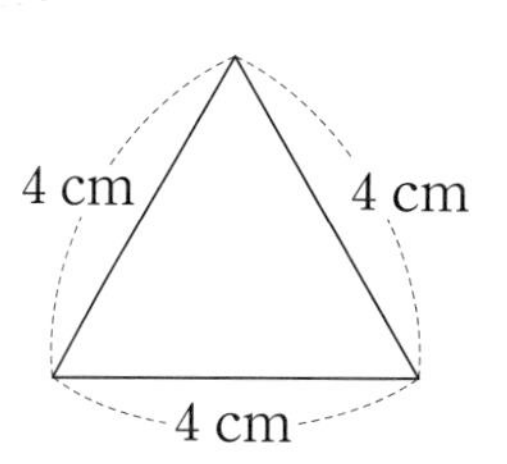

예각삼각형　직각삼각형　둔각삼각형
이등변삼각형　정삼각형

정답 12쪽

16 〈보기〉에서 설명하는 삼각형을 그려 보세요.

〈보기〉
- 세 변의 길이가 모두 다릅니다.
- 한 각이 둔각입니다.

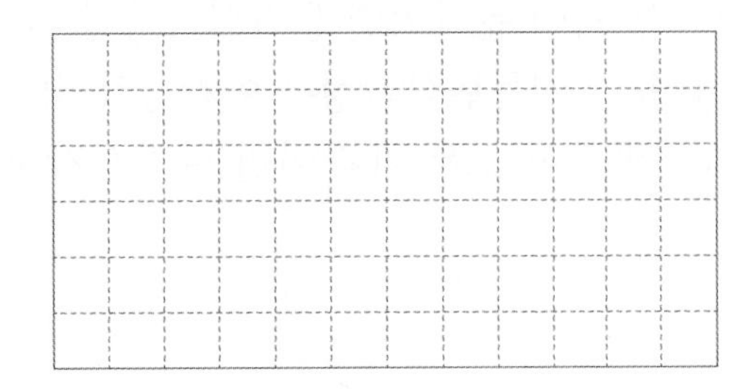

17 두 각의 크기가 다음과 같은 삼각형이 있습니다. 이 삼각형은 예각삼각형, 직각삼각형, 둔각삼각형 중 어떤 삼각형인가요?

45°　　40°

(　　　　　　　　)

18 삼각형 ㄱㄴㄷ은 정삼각형입니다. □ 안에 알맞은 수를 써넣으세요.

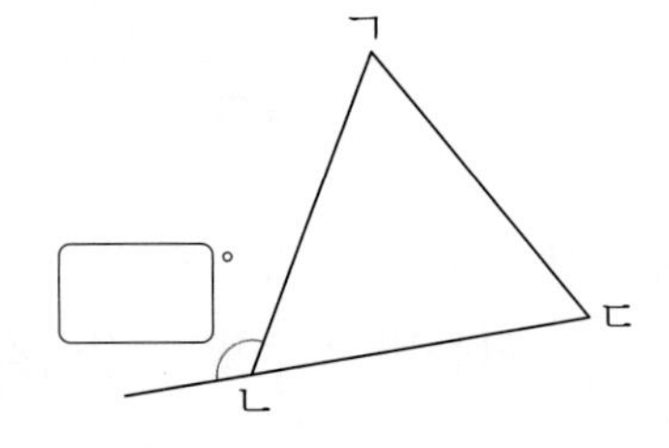

서술형

19 도형이 이등변삼각형이 아닌 이유를 쓰세요.

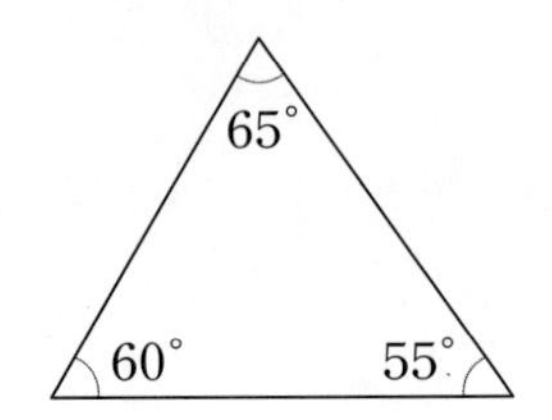

이유

20 크기가 같은 정삼각형 5개를 겹치지 않게 이어 붙여서 도형을 만들었습니다. 빨간색 선의 전체 길이가 49 cm일 때, 정삼각형 한 변의 길이는 몇 cm인지 풀이 과정을 쓰고, 답을 구하세요.

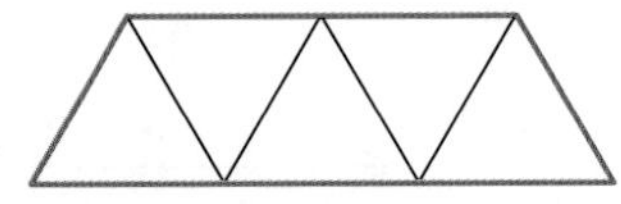

풀이

답

창의력 쑥쑥

우주에서 길을 잃은 쌍둥이 외계인들을 선으로 이어 주세요~.
선을 이을 때에는 다른 외계인을 연결한 선과 닿으면 안 돼요.
블랙홀에 빨려 들어가지 않게 블랙홀도 잘 피해서 그려야 해요!

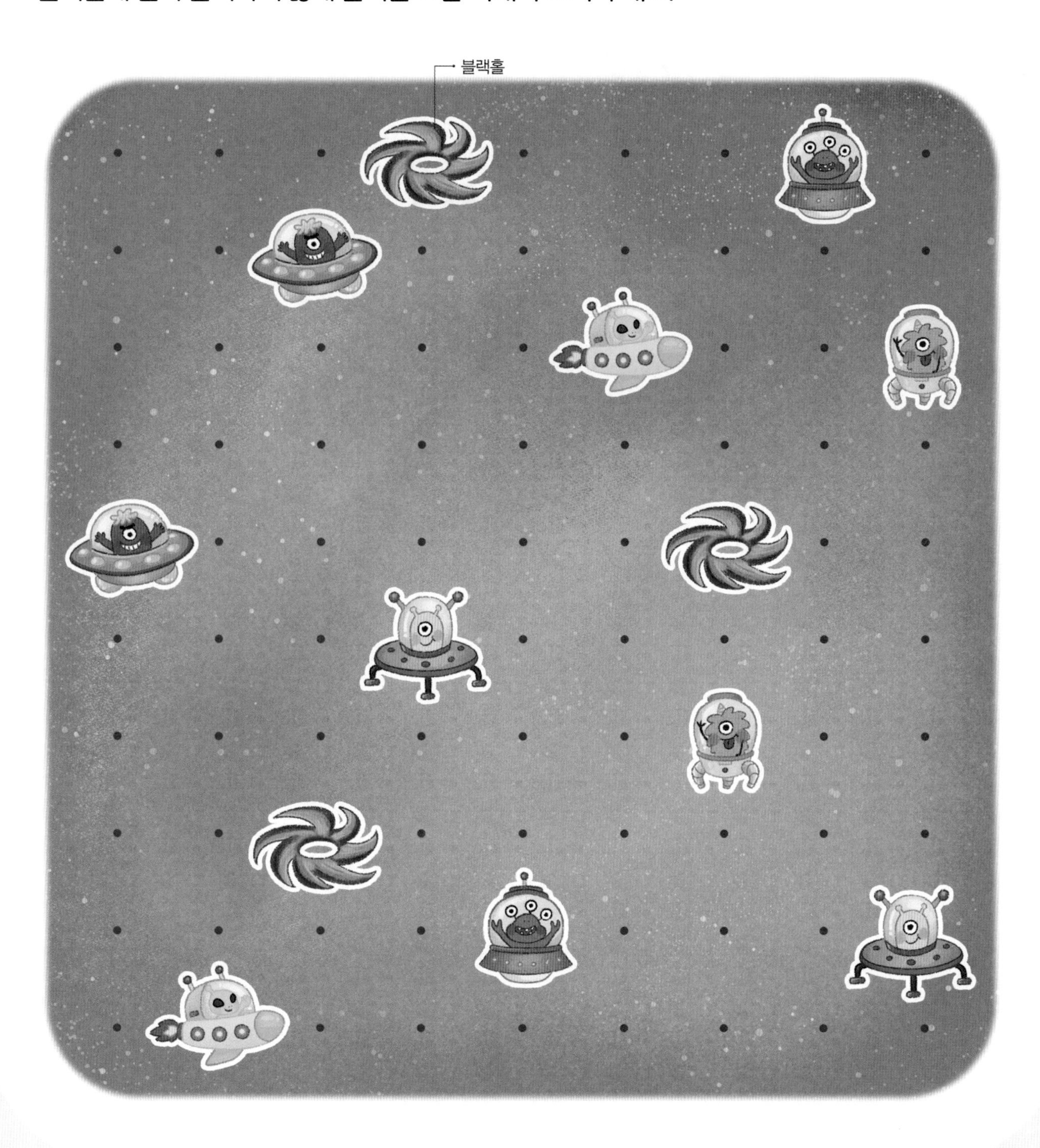

정답은 개념책 160쪽에서 확인하세요.

3

소수의 덧셈과 뺄셈

❶ 소수 두 자리 수
❷ 소수 세 자리 수
❸ 소수의 크기 비교
❹ 소수 사이의 관계

이전에 배운 내용

[3-1] 분수와 소수
소수 알아보기
소수의 크기 비교

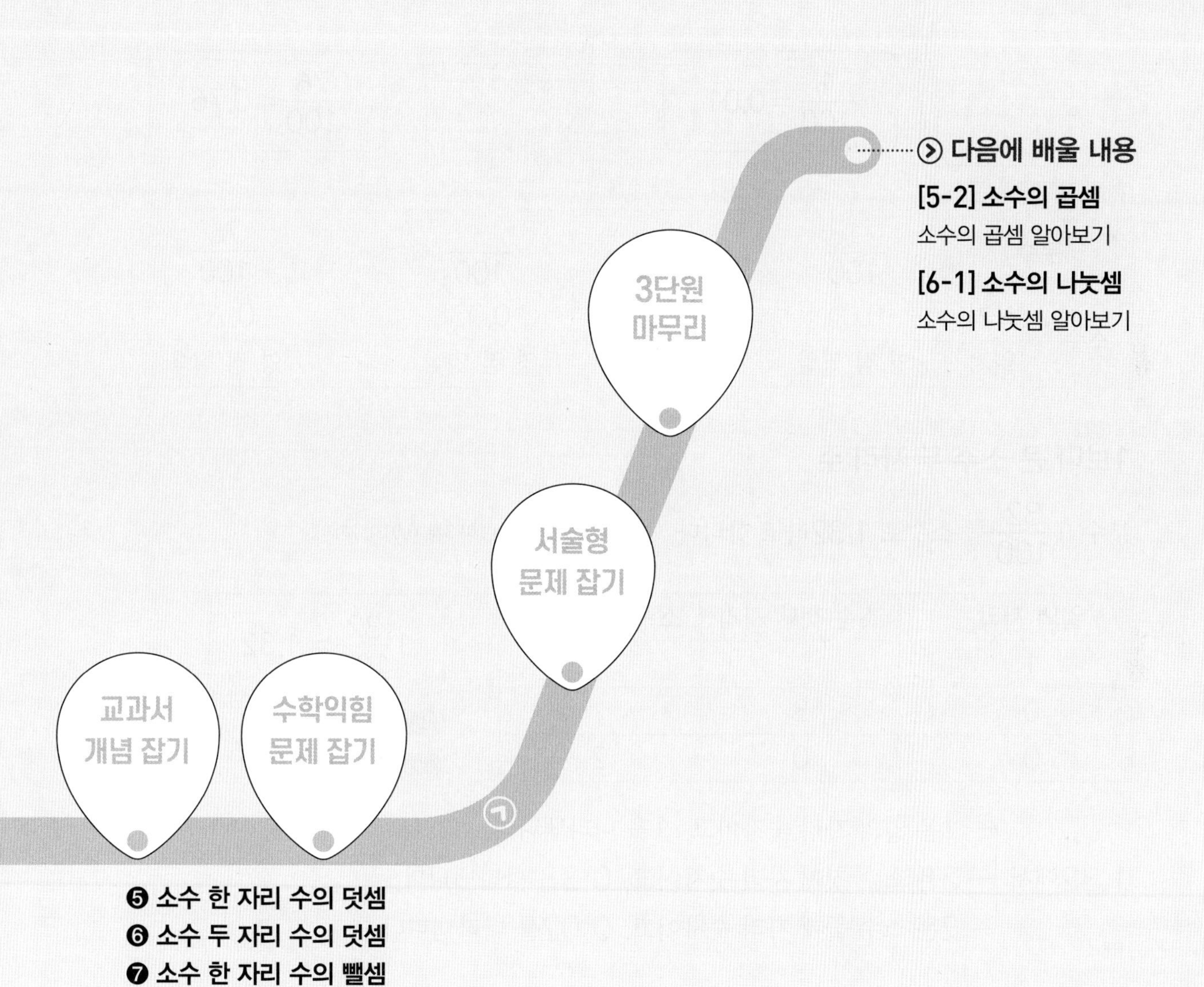

❺ 소수 한 자리 수의 덧셈
❻ 소수 두 자리 수의 덧셈
❼ 소수 한 자리 수의 뺄셈
❽ 소수 두 자리 수의 뺄셈

다음에 배울 내용

[5-2] 소수의 곱셈
소수의 곱셈 알아보기

[6-1] 소수의 나눗셈
소수의 나눗셈 알아보기

STEP 1 교과서 개념 잡기

① 소수 두 자리 수

1보다 작은 소수 두 자리 수

분수 $\frac{1}{100}$, $\frac{2}{100}$, $\frac{3}{100}$, ...을 소수로 0.01, 0.02, 0.03, ...이라고 합니다.
0.01이 76개이면 0.76입니다.

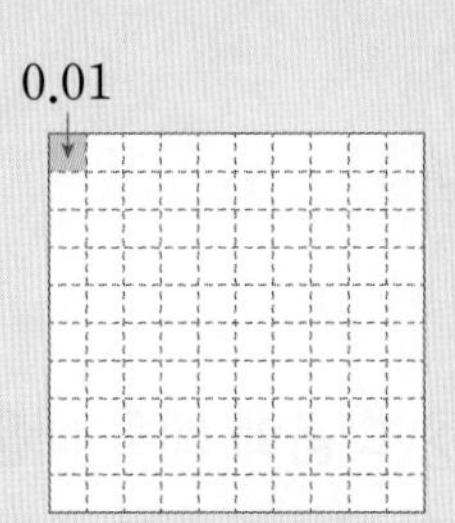

$\frac{1}{100}=0.01$

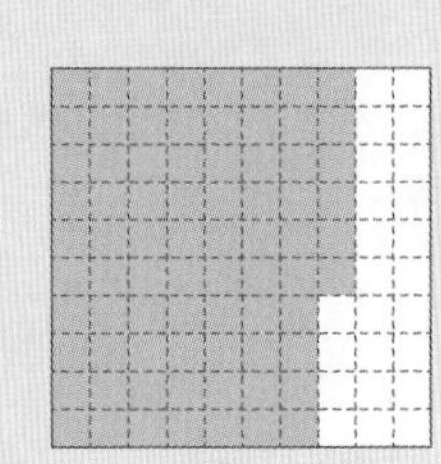

$\frac{76}{100}=0.76$

분수		$\frac{1}{100}$	$\frac{2}{100}$	$\frac{3}{100}$	…	$\frac{76}{100}$
소수	쓰기	0.01	0.02	0.03	…	0.76
	읽기	영 점 영일	영 점 영이	영 점 영삼	…	영 점 칠육

1보다 큰 소수 두 자리 수

분수 $1\frac{32}{100}$를 소수로 1.32라고 합니다. — 1.32는 1이 1개, 0.1이 3개, 0.01이 2개야.

일의 자리		소수 첫째 자리	소수 둘째 자리
1	.		
0	.	3	
0	.	0	2

$1\frac{32}{100}=1.32$

쓰기 1.32
읽기 일 점 삼이

1.32에서
- 1은 일의 자리 숫자이고, 1을 나타냅니다.
- 3은 소수 첫째 자리 숫자이고, 0.3을 나타냅니다.
- 2는 소수 둘째 자리 숫자이고, 0.02를 나타냅니다.

개념 확인 1

☐ 안에 알맞은 수를 써넣으세요.

2.85에서
- 2는 일의 자리 숫자이고, ☐를 나타냅니다.
- 8은 소수 첫째 자리 숫자이고, ☐을 나타냅니다.
- 5는 소수 둘째 자리 숫자이고, ☐를 나타냅니다.

2

전체 크기가 1인 모눈종이에 색칠된 부분의 크기를 소수로 나타내세요.

(1)

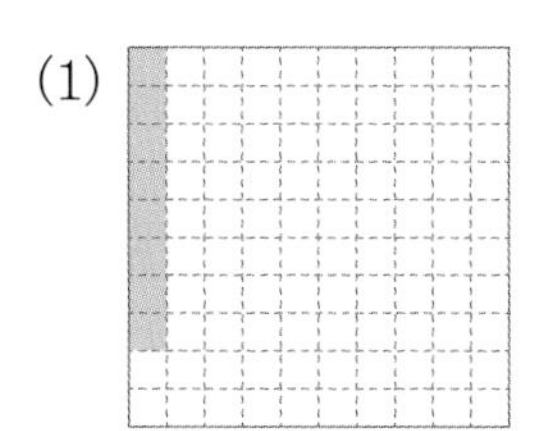

(2)

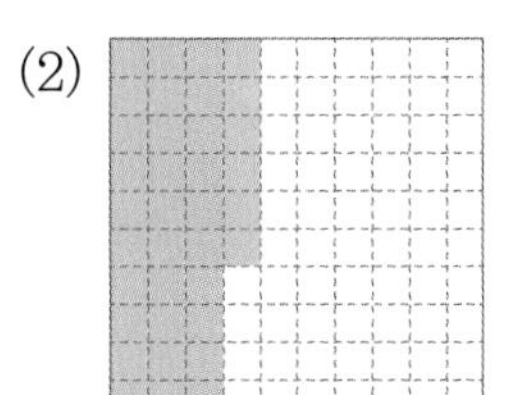

3

$3\frac{47}{100}$을 소수로 나타내려고 합니다. 물음에 답하세요.

(1) □ 안에 알맞은 소수를 써넣으세요.

$\frac{47}{100}$을 소수로 나타내면 □입니다.

(2) $3\frac{47}{100}$을 소수로 나타내어 쓰고, 읽어 보세요.

쓰기 (　　　　　　　　)

읽기 (　　　　　　　　)

4

6.23에서 숫자 3이 나타내는 값을 바르게 말한 사람을 찾아 ○표 하세요.

6.23

(　　) (　　) (　　)

5

□ 안에 알맞은 수를 써넣으세요.

(1) 1.58은 ─ 1이 □개, 0.1이 □개, 0.01이 □개

(2) 4.92는 ─ 1이 □개, 0.1이 □개, 0.01이 □개

② 소수 세 자리 수

1보다 작은 소수 세 자리 수

분수 $\frac{1}{1000}$, $\frac{2}{1000}$, $\frac{3}{1000}$, ...을 소수로 0.001, 0.002, 0.003, ...이라고 합니다.

$\frac{1}{1000}=0.001$

분수		$\frac{1}{1000}$	$\frac{2}{1000}$	...	$\frac{528}{1000}$
소수	쓰기	0.001	0.002	...	0.528
	읽기	영 점 영영일	영 점 영영이	...	영 점 오이팔

1보다 큰 소수 세 자리 수

분수 $1\frac{394}{1000}$를 소수로 1.394라고 합니다. — 1.394는 1이 1개, 0.1이 3개, 0.01이 9개, 0.001이 4개야.

일의 자리		소수 첫째 자리	소수 둘째 자리	소수 셋째 자리
1	.			
0	.	3		
0	.	0	9	
0	.	0	0	4

$1\frac{394}{1000}=1.394$

쓰기 1.394

읽기 일 점 삼구사

1.394에서
- 1은 일의 자리 숫자이고, 1을 나타냅니다.
- 3은 소수 첫째 자리 숫자이고, 0.3을 나타냅니다.
- 9는 소수 둘째 자리 숫자이고, 0.09를 나타냅니다.
- 4는 소수 셋째 자리 숫자이고, 0.004를 나타냅니다.

개념 확인 1 □ 안에 알맞은 수를 써넣으세요.

4.273에서
- 4는 일의 자리 숫자이고, □를 나타냅니다.
- 2는 소수 첫째 자리 숫자이고, □를 나타냅니다.
- 7은 소수 둘째 자리 숫자이고, □을 나타냅니다.
- 3은 소수 셋째 자리 숫자이고, □을 나타냅니다.

2 전체 크기가 1인 모눈종이에 색칠된 부분의 크기를 소수로 나타내세요.

(1)

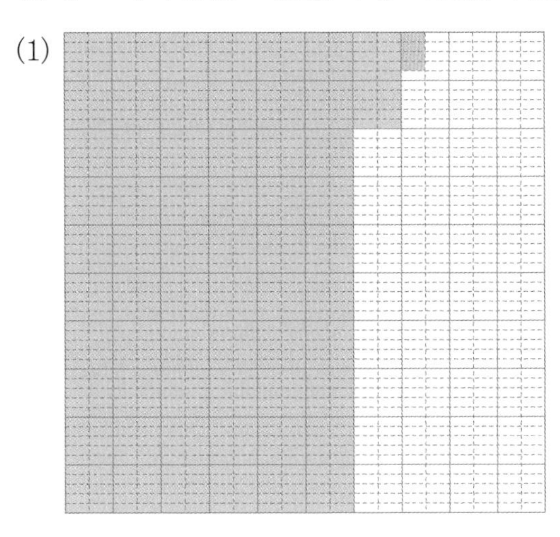

(2)

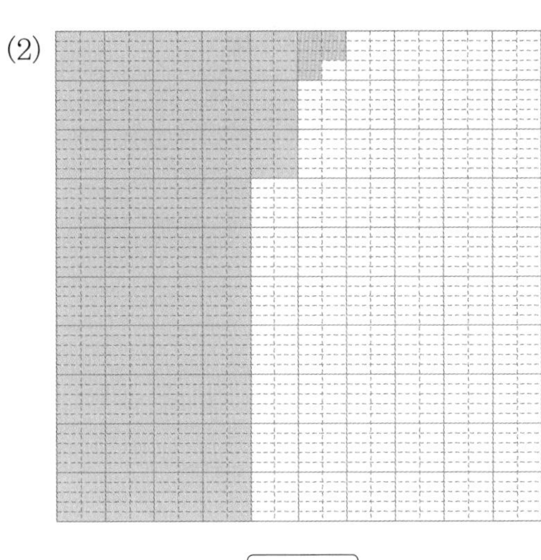

3 분수를 소수로 나타내어 쓰고, 읽어 보세요.

(1) $\frac{209}{1000}$

쓰기 (   )

읽기 (   )

(2) $5\frac{347}{1000}$

쓰기 (   )

읽기 (   )

4 숫자 9가 나타내는 값을 ☐ 안에 써넣으세요.

(1) 0.893 ➔ ☐

(2) 5.149 ➔ ☐

5 ☐ 안에 알맞은 수를 써넣으세요.

2.348은 1이 ☐개, 0.1이 ☐개, 0.01이 ☐개, 0.001이 ☐개인 수입니다.

STEP 1 **교과서 개념 잡기**

③ 소수의 크기 비교

크기가 같은 소수

0.5와 0.50은 같은 수입니다.
필요한 경우 소수의 오른쪽 끝자리에 0을 붙여서 나타낼 수 있습니다.

$0.5 = 0.50$

오른쪽 끝자리에 0을 여러 개 붙여도 모두 같은 수야. $0.5=0.50=0.500=\cdots$

소수의 크기 비교 방법

① **자연수 부분의 크기를 먼저 비교**합니다.
② 자연수 부분이 같으면 **소수 첫째 자리 수부터 차례로 비교**합니다.

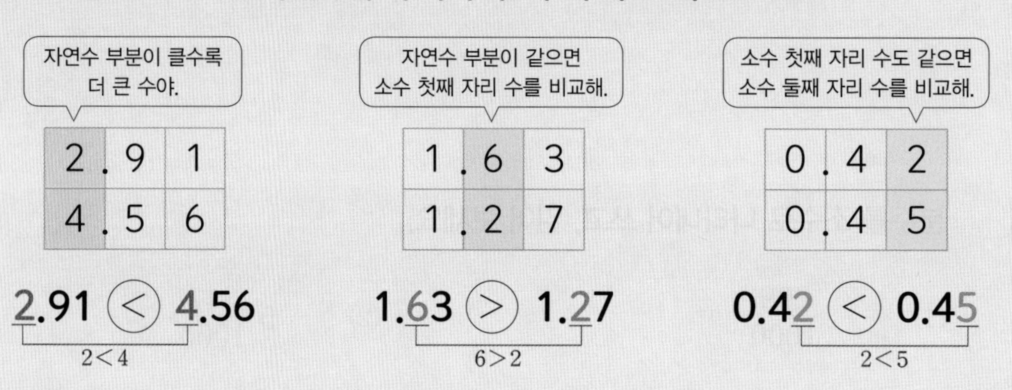

개념 확인 1

□ 안에 알맞은 수를 써넣고, 0.9와 0.90의 크기를 비교하여 ○ 안에 $>$, $=$, $<$를 알맞게 써넣으세요.

필요한 경우 소수의 오른쪽 끝자리에 □을 붙여서 나타낼 수 있습니다.

0.9 ○ 0.90

개념 확인 2

소수의 크기를 비교하여 ○ 안에 $>$, $=$, $<$를 알맞게 써넣으세요.

(1)

7	.1	6
3	.4	5

7.16 ○ 3.45

(2)

2	.2	8
2	.5	3

2.28 ○ 2.53

(3)

3	.5	1	8
3	.5	1	6

3.518 ○ 3.516

3

전체 크기가 1인 모눈종이를 이용하여 0.4와 0.36의 크기를 비교하려고 합니다. 물음에 답하세요.

(1) 주어진 소수만큼 모눈종이에 색칠해 보세요.

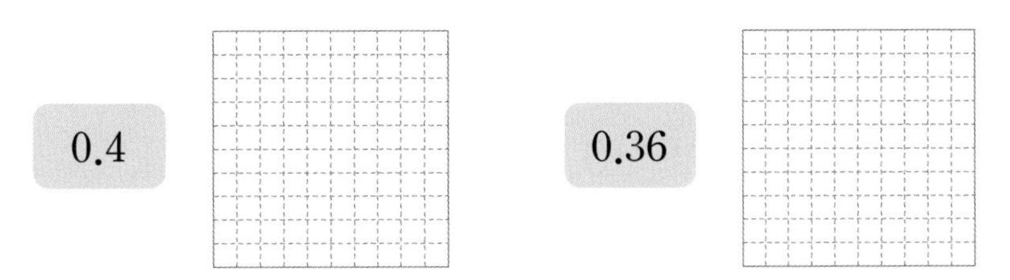

(2) 두 수의 크기를 비교하여 ○ 안에 >, =, <를 알맞게 써넣으세요.

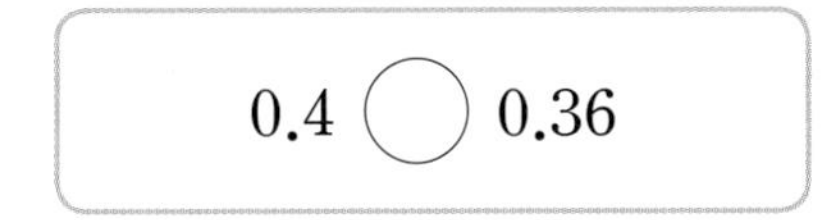

3 단원

4

그림을 보고 ○ 안에 >, =, <를 알맞게 써넣으세요.

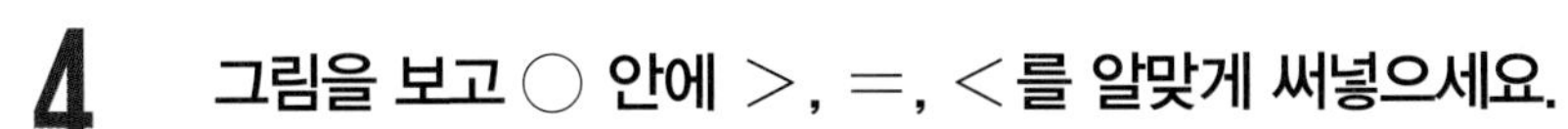
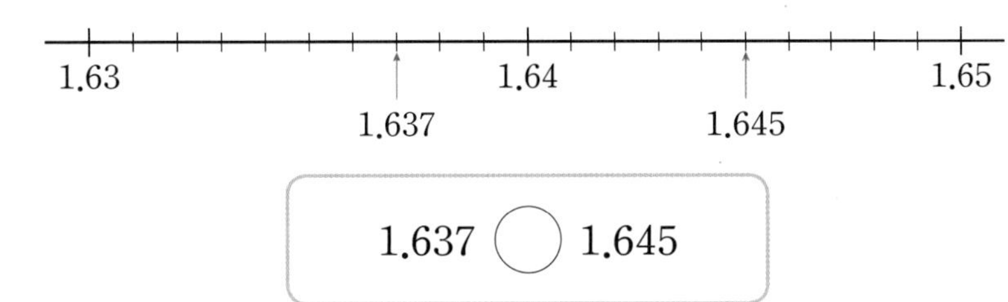

5

8.3과 같은 수를 찾아 ○표 하세요.

8.03　　8.30　　0.83

6

두 수의 크기를 비교하여 ○ 안에 >, =, <를 알맞게 써넣으세요.

(1) 14.2 ○ 1.45

(2) 0.310 ○ 0.31

(3) 0.61 ○ 0.48

(4) 2.518 ○ 2.546

교과서 개념 잡기

④ 소수 사이의 관계

1, 0.1, 0.01, 0.001 사이의 관계

(1) 1은 0.1의 10배이고, 0.001의 1000배입니다.

(2) 0.1의 $\frac{1}{10}$은 0.01이고, 0.1의 $\frac{1}{100}$은 0.001입니다.

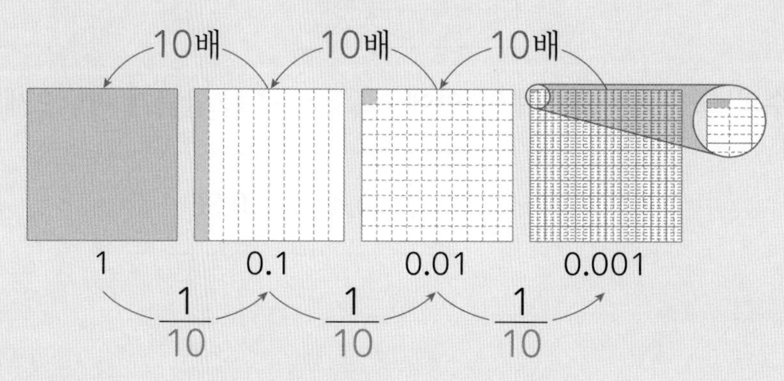

소수 사이의 관계

소수를 10배 한 수와 소수의 $\frac{1}{10}$을 알아봅니다.

0	.0	6	5
0	.6	5	
6	.5		

(10배, 10배)

2	.3		
0	.2	3	
0	.0	2	3

($\frac{1}{10}$, $\frac{1}{10}$)

소수점을 기준으로 수가 **왼쪽으로 한 자리씩** 이동합니다.

소수점을 기준으로 수가 **오른쪽으로 한 자리씩** 이동합니다.

개념 확인 **1**

□ 안에 알맞은 말을 써넣으세요.

0	.0	7	1
0	.7	1	
7	.1		

(10배, 10배)

9	.4		
0	.9	4	
0	.0	9	4

($\frac{1}{10}$, $\frac{1}{10}$)

소수점을 기준으로 수가 □ **으로 한 자리씩** 이동합니다.

소수점을 기준으로 수가 □ **으로 한 자리씩** 이동합니다.

2 ☐ 안에 알맞은 수를 써넣으세요.

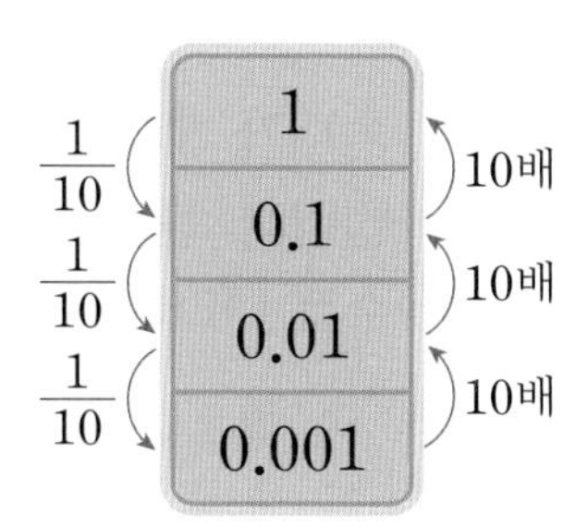

(1) 0.01의 10배는 ☐입니다.

(2) 0.01의 $\frac{1}{10}$은 ☐입니다.

3 ☐ 안에 알맞은 수를 써넣으세요.

(1) 0.346의 10배는 ☐이고, 0.346의 100배는 ☐입니다.

(2) 5의 $\frac{1}{10}$은 ☐이고, 5의 $\frac{1}{100}$은 ☐입니다.

4 빈칸에 알맞은 수를 써넣으세요.

(1) 0.9 —10배→ ☐

(2) 0.8 —$\frac{1}{100}$→ ☐

5 빈칸에 수를 알맞게 써넣으세요.

(1)

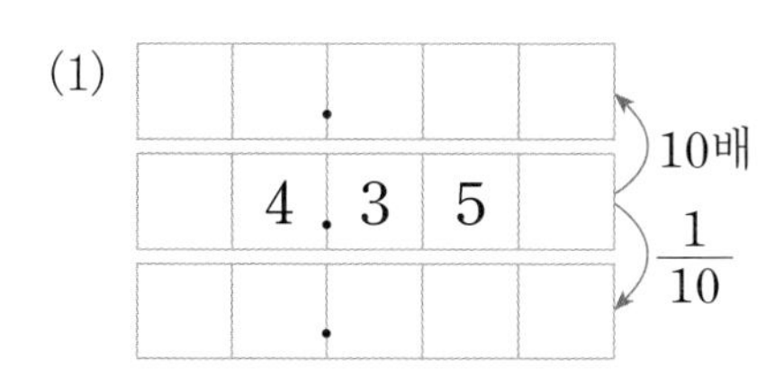

(2)

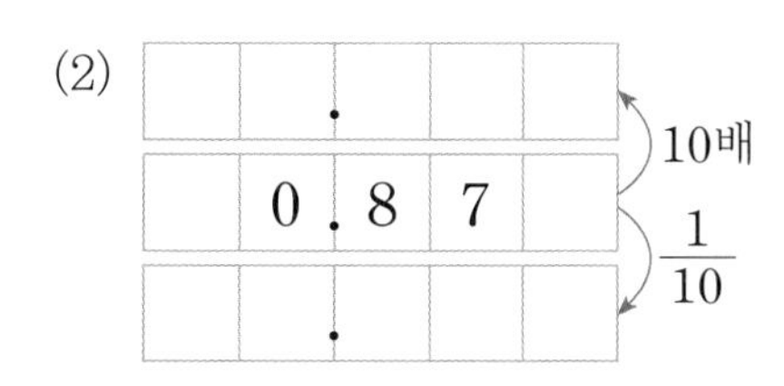

STEP 2 수학익힘 문제 잡기

1 소수 두 자리 수

개념 054쪽

01 □ 안에 알맞은 소수를 써넣으세요.

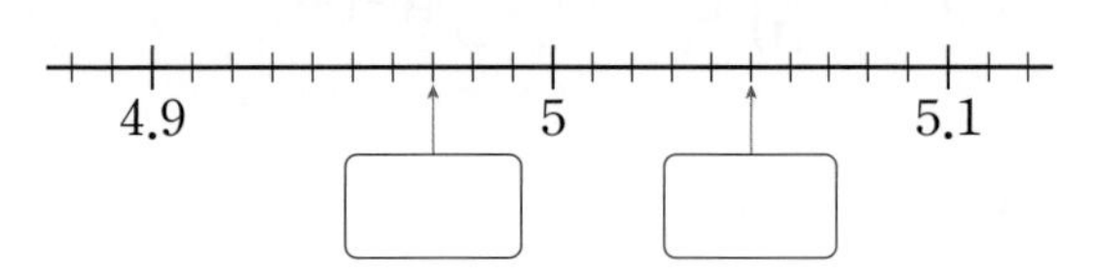

02 관계있는 것끼리 이어 보세요.

(1) $\frac{45}{100}$ •

(2) $3\frac{54}{100}$ •

• 삼 점 오사

• 영 점 오사

• 영 점 사오

03 소수를 보고 빈칸에 알맞은 수를 써넣으세요.

6.97

	일의 자리	소수 첫째 자리	소수 둘째 자리
숫자	6		7
나타내는 값		0.9	

04 숫자 2가 0.2를 나타내는 소수를 찾아 ○표 하세요.

2.18 7.24 0.92

05 승재가 게시판을 꾸미는 데 사용한 무늬 테이프입니다. 승재가 사용한 테이프는 몇 m인지 소수로 나타내세요.

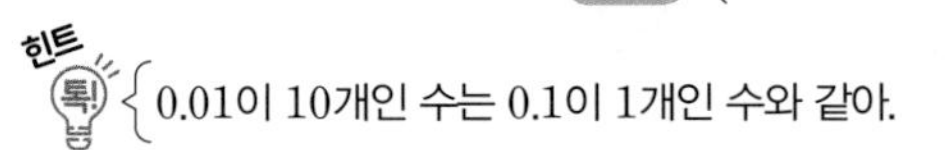

( )

06 나타내는 수를 소수로 쓰고, 읽어 보세요.

1이 2개, 0.1이 5개, 0.01이 14개인 수

쓰기 ( )

읽기 ( )

힌트 톡! 0.01이 10개인 수는 0.1이 1개인 수와 같아.

교과역량 콕! 문제해결 | 추론

07 〈조건〉을 모두 만족하는 수를 가지고 있는 사람의 이름을 쓰세요.

〈조건〉
- 소수 두 자리 수입니다.
- 5보다 크고 6보다 작습니다.
- 소수 첫째 자리 숫자는 3입니다.

( )

2 소수 세 자리 수

개념 056쪽

08 수직선에서 0.536을 나타내는 곳에 점을 찍어 보세요.

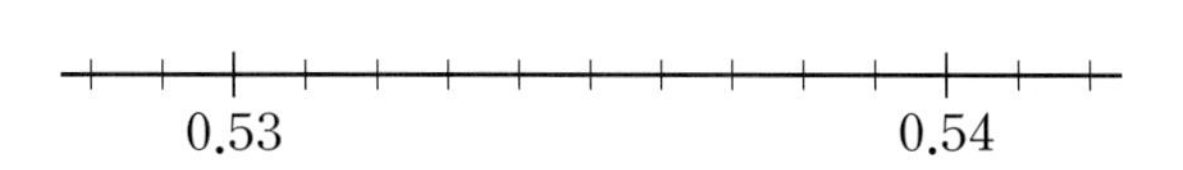

09 소수를 잘못 읽은 사람의 이름을 쓰세요.

(　　　　　　　　)

10 그림이 나타내는 수를 구하세요.

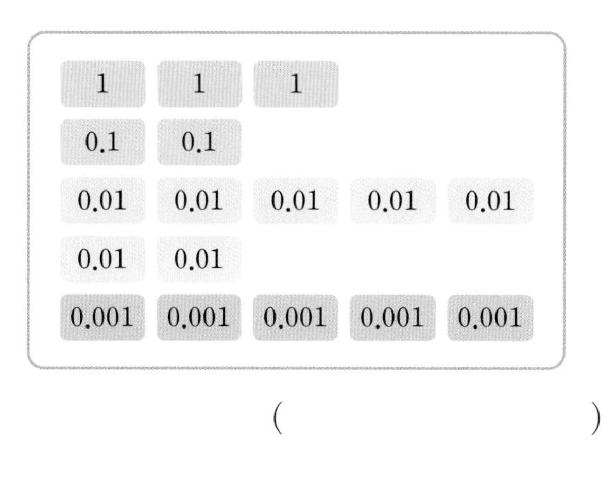

(　　　　　　　　)

11 2.806에 대해 바르게 설명한 것을 모두 찾아 기호를 쓰세요.

> ㉠ '이 점 팔육'이라고 읽습니다.
> ㉡ 숫자 8은 0.8을 나타냅니다.
> ㉢ 소수 둘째 자리 숫자는 0입니다.
> ㉣ 1이 2개, 0.1이 8개, 0.01이 6개인 수입니다.

(　　　　　　　　)

12 7이 나타내는 값이 가장 큰 소수를 찾아 기호를 쓰세요.

> ㉠ 0.174　㉡ 3.709　㉢ 5.287

(　　　　　　　　)

교과역량 콕! 연결 | 정보처리

13 서준이는 오늘 아침에 공원을 925 m 달렸습니다. 서준이가 달린 거리는 몇 km인지 소수로 나타내세요.

(　　　　　　　　)

3 소수의 크기 비교

개념 058쪽

14 수직선에서 0.58과 0.63을 나타내는 곳에 각각 점을 찍고, ○ 안에 >, =, <를 알맞게 써넣으세요.

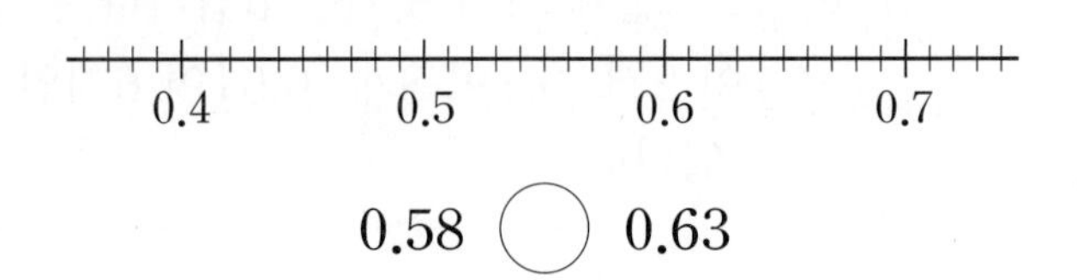

0.58 ○ 0.63

15 〈보기〉와 같이 소수에서 생략할 수 있는 0을 모두 찾아 /으로 지워 보세요.

〈보기〉 8.060

5.040 15.600 0.20

16 0.48과 0.7의 크기를 비교하려고 합니다. □ 안에 알맞은 수를 써넣으세요.

0.48은 0.01이 □개인 수이고
0.7은 0.01이 □개인 수이므로
두 수 중 더 큰 수는 □입니다.

17 두 수의 크기를 바르게 비교한 것에 ○표 하세요.

0.51 < 0.54	4.027 > 4.207
(　)	(　)

18 가장 큰 수를 찾아 쓰세요.

0.956 0.97 0.95

(　　　　)

19 고구마 밭에서 고구마를 민재는 0.54 kg, 선아는 0.46 kg 캤습니다. 고구마를 더 많이 캔 사람의 이름을 쓰세요.

(　　　　)

교과역량 콕! 정보처리

20 연서와 현우 중에서 더 큰 소수를 말한 사람은 누구인지 알아보려고 합니다. 물음에 답하세요.

(1) 연서와 현우가 말한 수를 각각 소수로 나타내세요.

연서 (　　　　)
현우 (　　　　)

(2) 더 큰 소수를 말한 사람의 이름을 쓰세요.

(　　　　)

4 소수 사이의 관계

개념 060쪽

21 □ 안에 알맞은 분수를 써넣으세요.

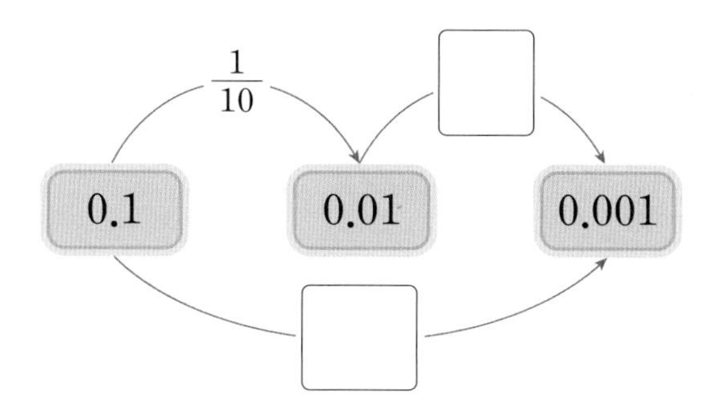

22 ㉠과 ㉡에 알맞은 수를 각각 구하세요.

> 2.34의 10배는 ㉠이고,
> 2.34의 $\frac{1}{10}$은 ㉡입니다.

㉠ (　　　　　　)
㉡ (　　　　　　)

23 □ 안에 알맞은 수를 써넣으세요.

(1) 60은 0.06의 □배입니다.

(2) 2.9는 0.29의 □배입니다.

24 빈칸에 알맞은 수를 써넣으세요.

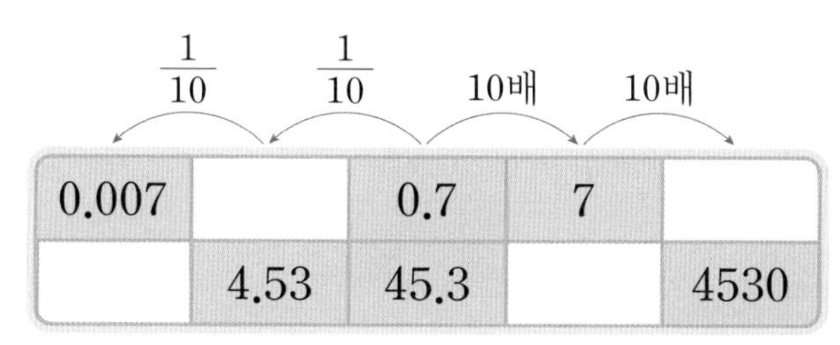

0.007		0.7	7	
	4.53	45.3		4530

25 나타내는 수가 다른 것을 찾아 기호를 쓰세요.

> ㉠ 1.62의 100배
> ㉡ 16.2의 $\frac{1}{10}$
> ㉢ 0.162의 10배

(　　　　　　)

26 ㉠이 나타내는 값은 ㉡이 나타내는 값의 몇 배인가요?

> 8.483
> ↑ ↑
> ㉠ ㉡

(　　　　　　)

교과역량 콕! 문제해결

27 주스 한 병의 들이는 0.95 L입니다. □ 안에 알맞은 수를 써넣으세요.

0.95 L

(1) 주스 100병의 들이는 □ L입니다.

(2) 주스 한 병의 $\frac{1}{10}$인 들이는 □ L입니다.

3 단원

STEP 1

교과서 개념 잡기

개념 강의

⑤ 소수 한 자리 수의 덧셈

1.4 + 1.8 계산하기

방법1 0.1의 개수를 세어 계산하기

1.4는 **0.1이 14개**
1.8은 **0.1이 18개** → 1.4 + 1.8은 **0.1이 32개** (14+18=32)

1.4 + 1.8 = 3.2

방법2 세로 셈으로 계산하기

각 자리를 맞추어 쓰고, 소수 첫째 자리부터 **같은 자리 수끼리** 더합니다.
소수 첫째 자리 수끼리 더한 값이 10이거나 10보다 크면 일의 자리로 받아올림합니다.

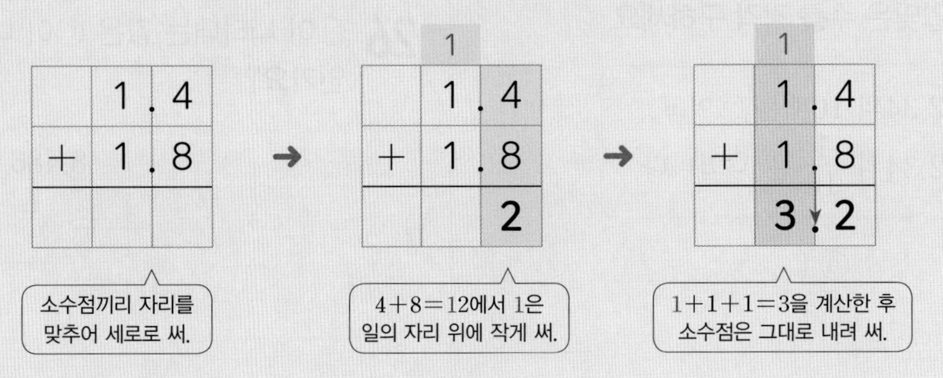

개념 확인 **1**

2.5+0.9를 **두 가지 방법으로 계산해 보세요.**

방법1 0.1의 개수를 세어 계산하기

2.5는 **0.1이** □개
0.9는 **0.1이** □개 → 2.5 + 0.9는 **0.1이** □개

2.5 + 0.9 = □

방법2 세로 셈으로 계산하기

	2	. 5
+	0	. 9

→

	□	
	2	. 5
+	0	. 9
		□

→

	□	
	2	. 5
+	0	. 9
	□	. □

2 □ 안에 알맞은 수를 써넣으세요.

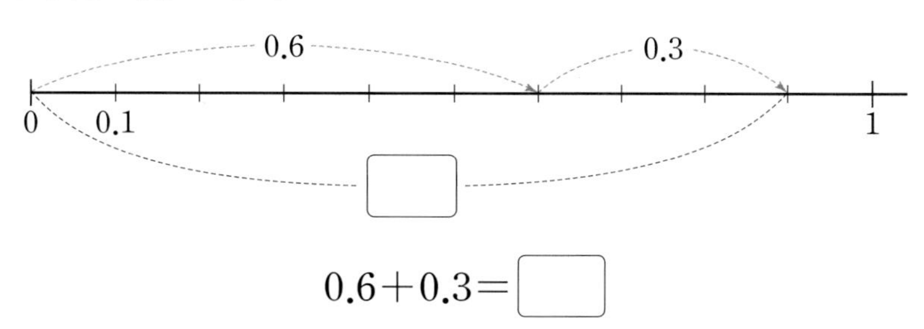

0.6+0.3=□

3 □ 안에 알맞은 수를 써넣으세요.

(1)
```
    0 . 4
+   1 . 5
---------
    □ . □
```

(2)
```
  □
    0 . 9
+   1 . 7
---------
    □ . □
```

(3)
```
  □
    2 . 8
+   3 . 4
---------
    □ . □
```

4 계산해 보세요.

(1)
```
   0.2
+  0.6
------
```

(2)
```
   2.6
+  0.8
------
```

(3)
```
   1.3
+  3.9
------
```

5 빈칸에 알맞은 수를 써넣으세요.

(1)

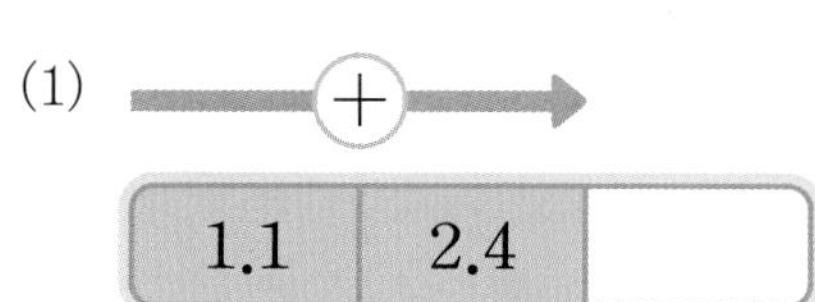

(2)

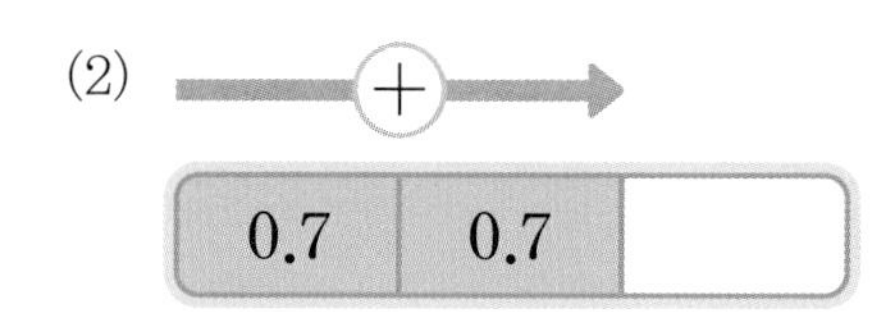

STEP 1 교과서 개념 잡기

⑥ 소수 두 자리 수의 덧셈

2.35 + 1.9 계산하기

방법1 0.01의 개수를 세어 계산하기

2.35는 **0.01이 235개**
1.9는 **0.01이 190개** → 2.35 + 1.9는 0.01이 425개

235+190=425

2.35 + 1.9 = 4.25

방법2 세로 셈으로 계산하기

1.9의 **오른쪽 끝자리에 0**이 있는 것으로 생각하여 각 자리를 맞추어 쓰고, 소수 둘째 자리부터 같은 자리 수끼리 더합니다.

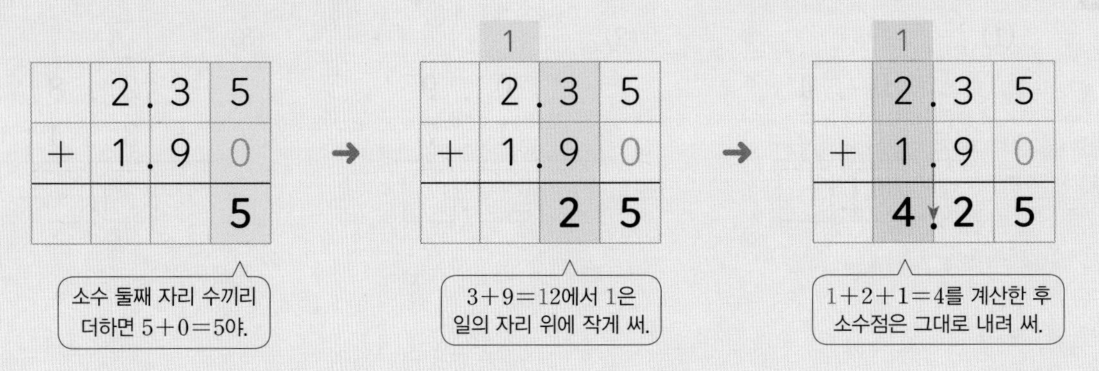

개념 확인 **1** **1.82+6.7을 두 가지 방법으로 계산해 보세요.**

방법1 0.01의 개수를 세어 계산하기

1.82는 **0.01이** ☐개
6.7은 **0.01이** ☐개 → 1.82 + 6.7은 0.01이 ☐개

1.82+6.7= ☐

방법2 세로 셈으로 계산하기

	1	. 8	2
+	6	. 7	0
			☐

→

	☐		
	1	. 8	2
+	6	. 7	0
		☐	☐

→

	☐		
	1	. 8	2
+	6	. 7	0
	☐	. ☐	☐

2 전체 크기가 1인 모눈종이에 $0.49+0.25$만큼 색칠하고, □ 안에 알맞은 수를 써넣으세요.

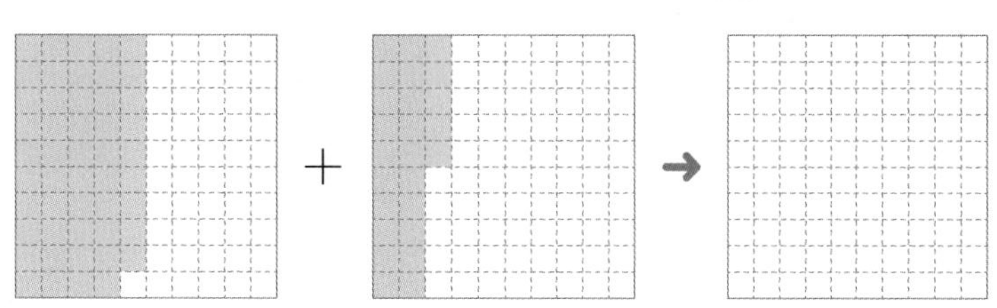

$0.49+0.25=$ □

3 □ 안에 알맞은 수를 써넣으세요.

(1)
$$\begin{array}{r} 1.13 \\ +\ 1.56 \\ \hline \square.\square\square \end{array}$$

(2)
$$\begin{array}{r} \square\ \ \ \ \\ 1.49 \\ +\ 4.25 \\ \hline \square.\square\square \end{array}$$

(3)
$$\begin{array}{r} \square\ \ \ \ \\ 2.5\ \ \\ +\ 1.74 \\ \hline \square.\square\square \end{array}$$

4 계산해 보세요.

(1)
$$\begin{array}{r} 0.47 \\ +\ 0.25 \\ \hline \end{array}$$

(2)
$$\begin{array}{r} 2.13 \\ +\ 1.43 \\ \hline \end{array}$$

(3)
$$\begin{array}{r} 0.75 \\ +\ 3.62 \\ \hline \end{array}$$

5 빈칸에 두 수의 합을 써넣으세요.

(1)

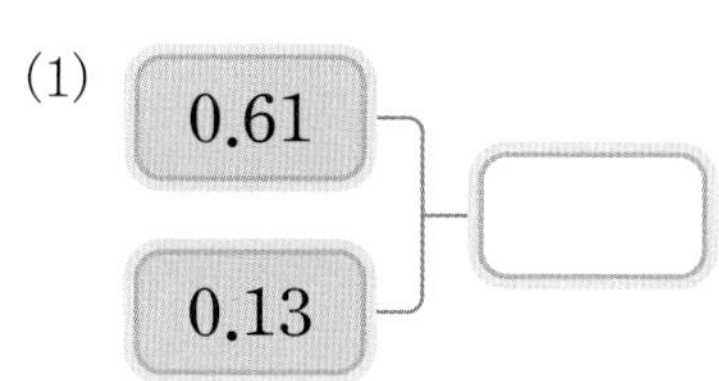

(2)

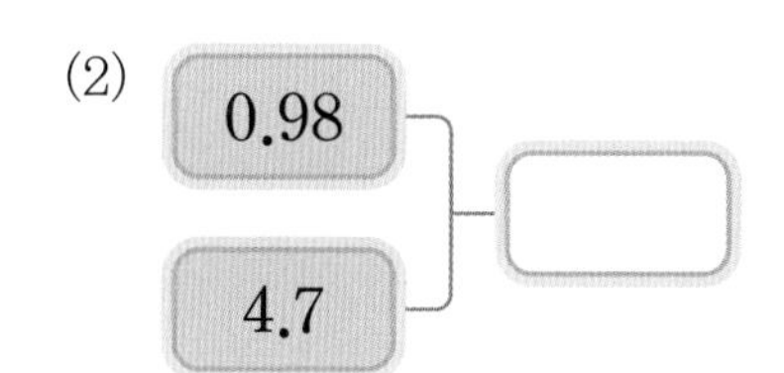

STEP 1 교과서 개념 잡기

⑦ 소수 한 자리 수의 뺄셈

3.4－1.5 계산하기

방법1 0.1의 개수를 세어 계산하기

3.4는 **0.1이 34개**
1.5는 **0.1이 15개**
➜ 3.4－1.5는 0.1이 19개 (34－15＝19)

3.4－1.5＝1.9

방법2 세로 셈으로 계산하기

각 자리를 맞추어 쓰고, 소수 첫째 자리부터 **같은 자리 수끼리** 뺍니다.
소수 첫째 자리 수끼리 뺄 수 없으면 일의 자리에서 받아내림합니다.

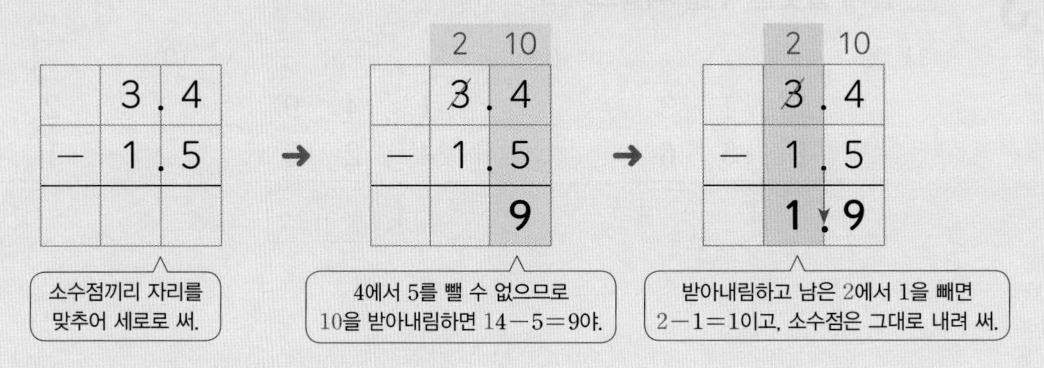

개념 확인 1

4.1－1.3을 두 가지 방법으로 계산해 보세요.

방법1 0.1의 개수를 세어 계산하기

4.1은 **0.1이** □개
1.3은 **0.1이** □개
➜ 4.1－1.3은 0.1이 □개

4.1－1.3＝□

방법2 세로 셈으로 계산하기

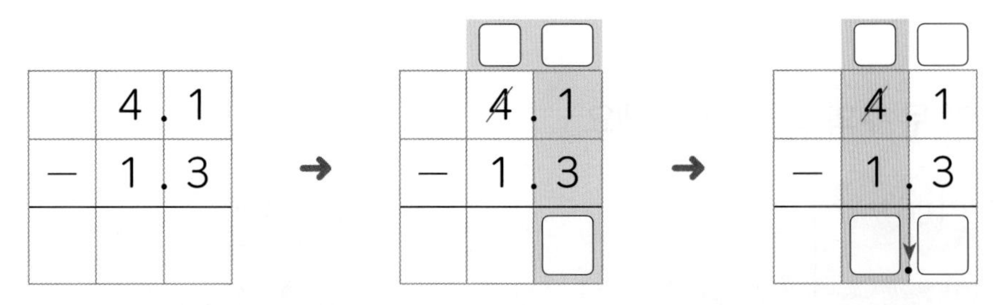

2 □ 안에 알맞은 수를 써넣으세요.

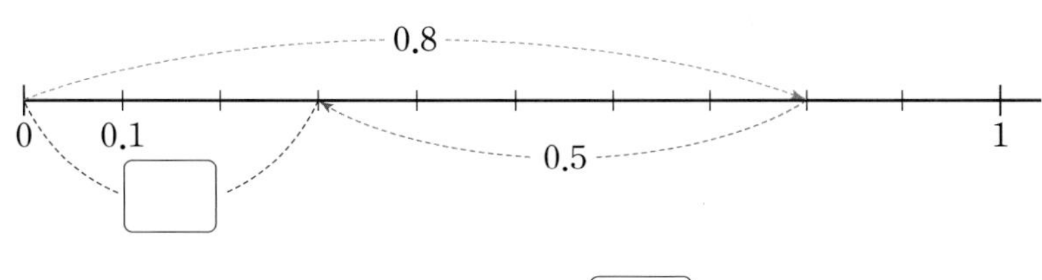

$0.8-0.5=\square$

3 □ 안에 알맞은 수를 써넣으세요.

(1)

$$\begin{array}{r} 1.9 \\ -\ 0.6 \\ \hline \square.\square \end{array}$$

(2)

$$\begin{array}{r} \square\ \square \\ \not{2}.1 \\ -\ 0.7 \\ \hline \square.\square \end{array}$$

(3)

$$\begin{array}{r} \square\ \square \\ \not{4}.3 \\ -\ 2.5 \\ \hline \square.\square \end{array}$$

4 계산해 보세요.

(1)

$$\begin{array}{r} 0.7 \\ -\ 0.5 \\ \hline \end{array}$$

(2)

$$\begin{array}{r} 1.4 \\ -\ 0.9 \\ \hline \end{array}$$

(3)

$$\begin{array}{r} 5.2 \\ -\ 1.8 \\ \hline \end{array}$$

5 빈칸에 알맞은 수를 써넣으세요.

(1)

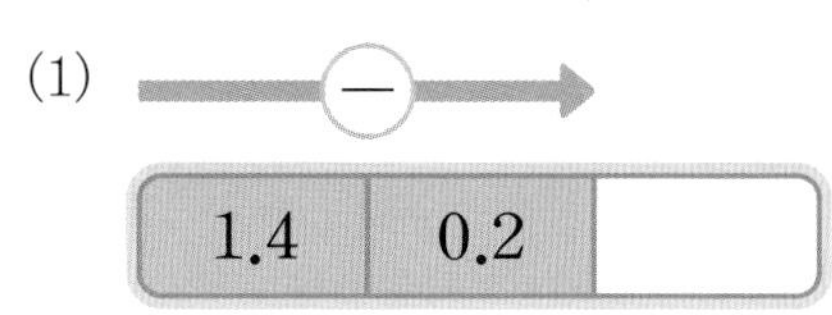

(2)

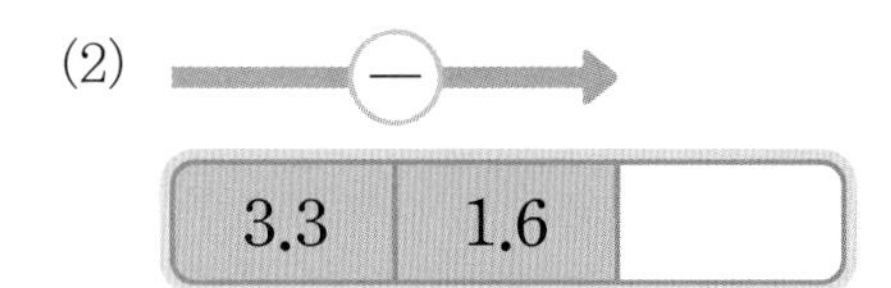

STEP 1 교과서 개념 잡기

8 소수 두 자리 수의 뺄셈

5.4 − 2.13 계산하기

방법1 0.01의 개수를 세어 계산하기

5.4는 **0.01이 540개**
2.13은 **0.01이 213개**
→ 5.4 − 2.13은 **0.01이 327개** (540−213=327)

5.4 − 2.13 = 3.27

방법2 세로 셈으로 계산하기

5.4의 **오른쪽 끝자리에 0**이 있는 것으로 생각하여 각 자리를 맞추어 쓰고, 소수 둘째 자리부터 같은 자리 수끼리 뺍니다.

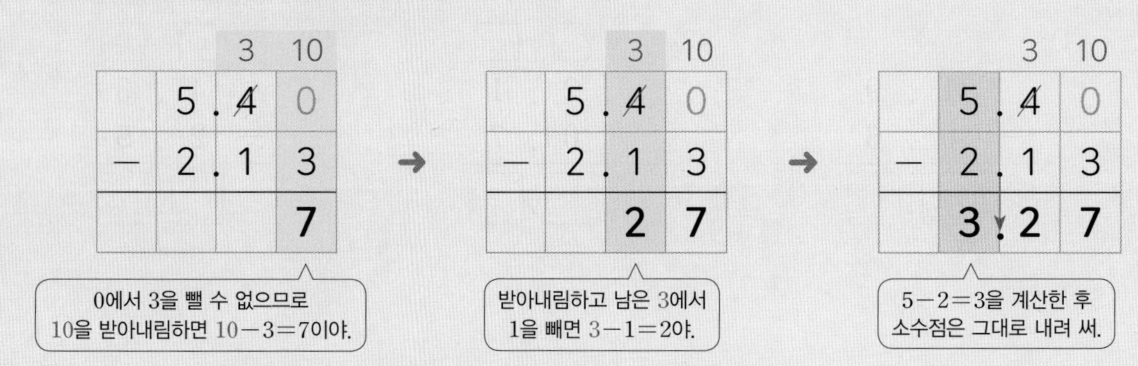

개념 확인 **1** **6.9−2.37을 두 가지 방법으로 계산해 보세요.**

방법1 0.01의 개수를 세어 계산하기

6.9는 **0.01이** ☐개
2.37은 **0.01이** ☐개
→ 6.9 − 2.37은 **0.01이** ☐개

6.9 − 2.37 = ☐

방법2 세로 셈으로 계산하기

	☐	☐
6 .	9	0
− 2 .	3	7
		☐

→

	☐	☐
6 .	9	0
− 2 .	3	7
	☐	☐

→

	☐	☐
6 .	9	0
− 2 .	3	7
☐ .	☐	☐

2 전체 크기가 1인 모눈종이에 0.72만큼 색칠되어 있습니다. 0.28만큼 ×표 하고, ☐ 안에 알맞은 수를 써넣으세요.

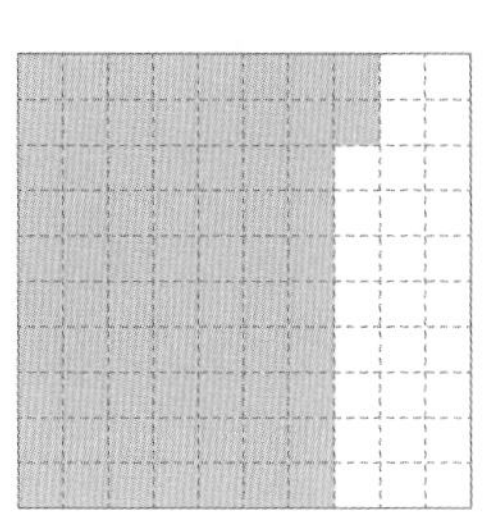

$0.72-0.28=$ ☐

3 ☐ 안에 알맞은 수를 써넣으세요.

(1)
```
   3 . 5 4
 - 1 . 1 3
 ---------
   ☐.☐☐
```

(2)
```
   ☐   ☐
   2̸ . 2 7
 - 0 . 5 3
 ---------
   ☐.☐☐
```

(3)

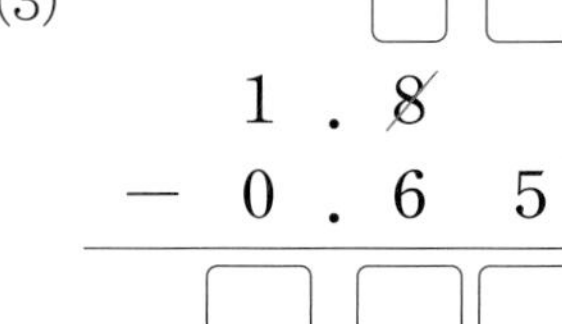

4 계산해 보세요.

(1)
```
   4.7 8
 - 2.3 6
```

(2)
```
   0.6 1
 - 0.3 4
```

(3)
```
   8.4
 - 3.1 9
```

5 빈칸에 두 수의 차를 써넣으세요.

(1)

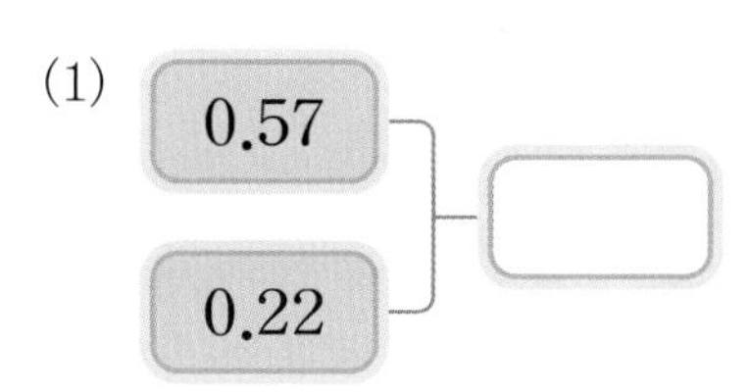

(2)

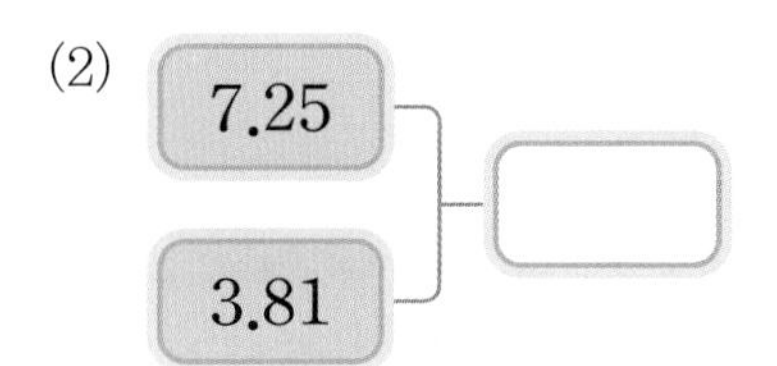

STEP 2 # 수학익힘 문제 잡기

5 소수 한 자리 수의 덧셈

개념 066쪽

01 그림을 보고 $0.8+0.9$를 계산해 보세요.

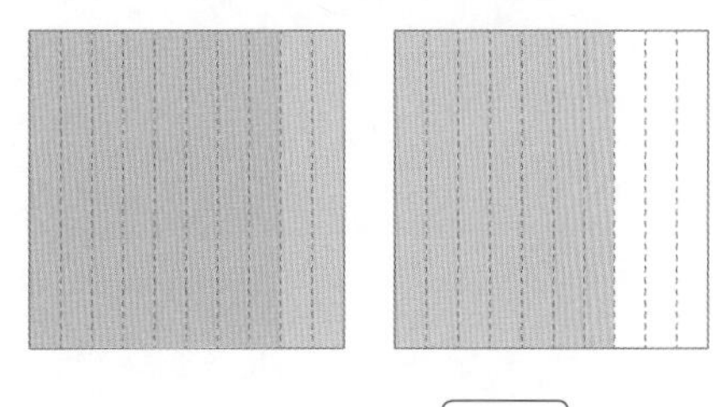

$0.8+0.9=\square$

02 계산해 보세요.

(1) $0.1+0.3$

(2) $1.8+0.7$

03 빈칸에 알맞은 수를 써넣으세요.

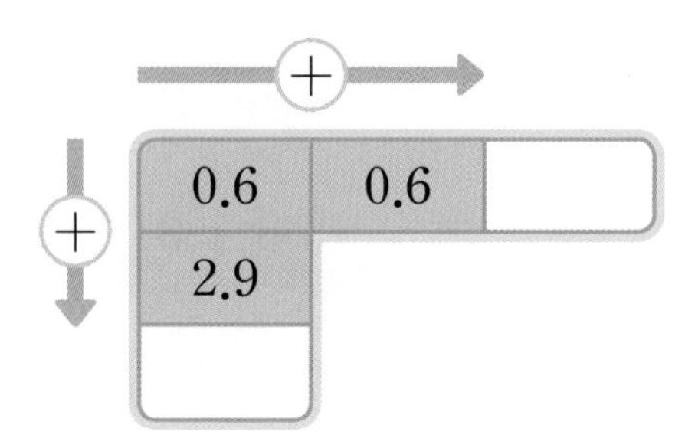

04 설명하는 수를 구하세요.

0.4보다 2.2만큼 더 큰 수

(　　　　　　)

05 바르게 계산한 사람의 이름을 쓰세요.

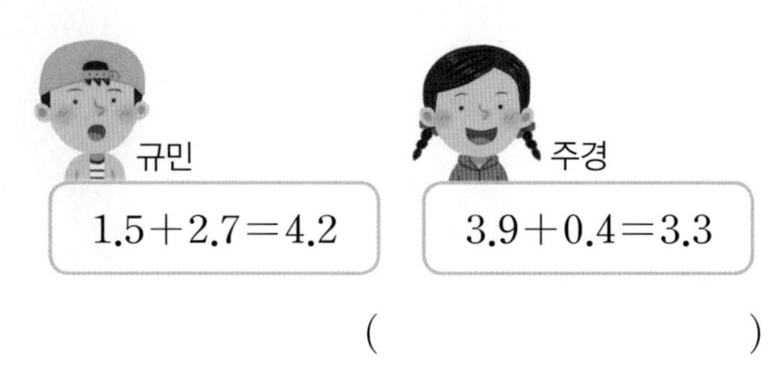

(　　　　　　)

06 냉장고에 우유가 1.2 L 있었는데 어머니께서 0.5 L를 더 사 오셨습니다. 우유는 모두 몇 L인가요?

식 ____________

답 ____________

07 계산 결과가 5보다 작은 것에 ○표 하세요.

$3.2+1.9$	$4.3+0.6$	$1.5+4$
(　　)	(　　)	(　　)

교과역량 콕! 문제해결

08 □ 안에 들어갈 수 있는 가장 작은 소수 한 자리 수를 구하세요.

$5.4+2.8<\square$

(　　　　　　)

힌트 톡! ■.▲<□일 때 □ 안에 들어갈 수 있는 가장 작은 소수 한 자리 수는 ■.▲보다 0.1만큼 더 큰 수야.

6 소수 두 자리 수의 덧셈

개념 068쪽

09 수직선을 보고 0.15＋0.32를 계산해 보세요.

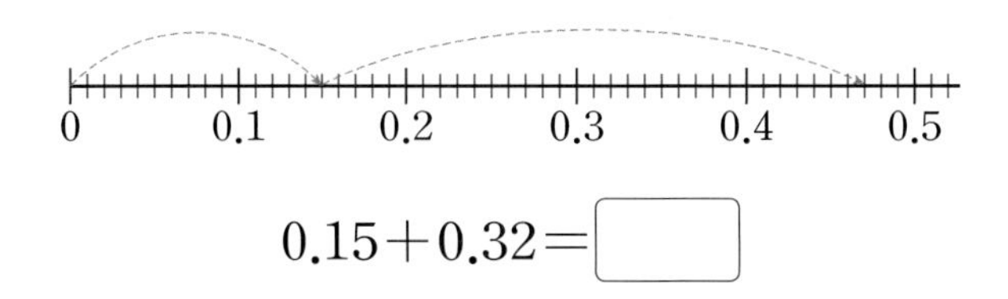

0.15＋0.32＝☐

10 계산해 보세요.

(1) 0.72＋0.14

(2) 1.48＋1.23

11 빈칸에 알맞은 수를 써넣으세요.

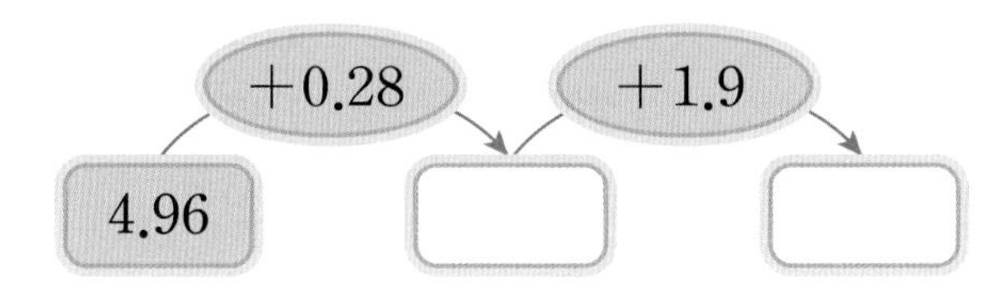

12 계산 결과가 더 큰 것에 ○표 하세요.

1.48＋4.25	2.85＋3.22
(　　)	(　　)

13 〈보기〉에서 현우가 설명하는 수를 찾아 0.6과의 합을 구하세요.

〈보기〉

4.18　　5.01　　4.52

(　　　　　　)

14 상자를 포장하는 데 리본 1.42 m를 사용하고 29 cm가 남았습니다. 처음 리본의 길이는 몇 m인가요?

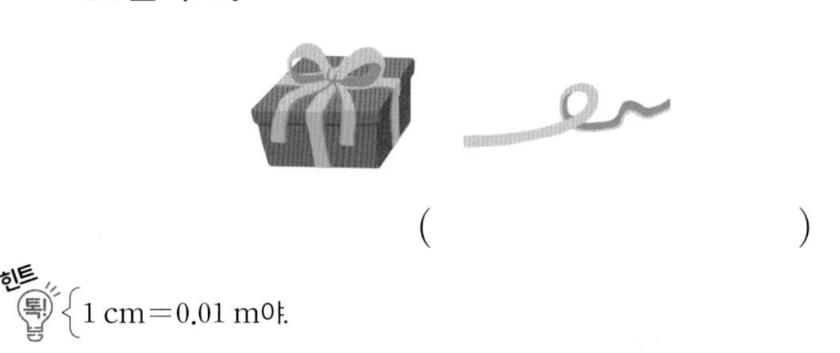

(　　　　　　)

힌트 톡! 1 cm＝0.01 m야.

의사소통

15 리아와 도율이가 생각한 두 수의 합을 구하세요.

(　　　　　　)

7 소수 한 자리 수의 뺄셈

개념 070쪽

16 그림을 보고 $1.2-0.7$을 계산해 보세요.

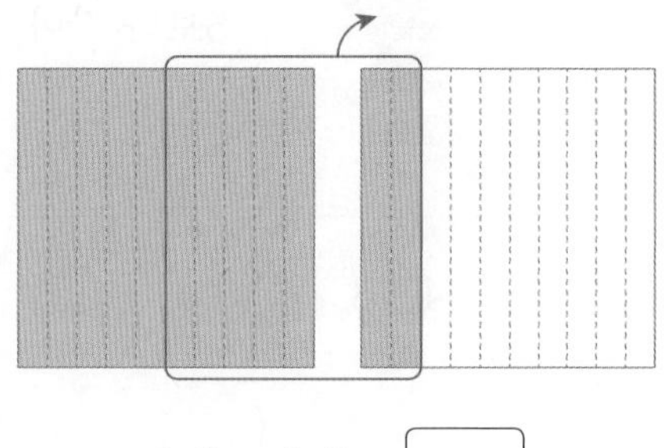

$1.2-0.7=\square$

17 계산해 보세요.

(1) $0.9-0.3$

(2) $2.4-0.5$

18 가장 큰 수와 가장 작은 수의 차를 구하세요.

2.7 0.4 6.1

(   )

19 계산 결과가 같은 것끼리 이어 보세요.

(1) $0.8-0.4$ • • $3.5-1.9$

(2) $1.3-0.6$ • • $5.9-5.2$

(3) $4.1-2.5$ • • $1.2-0.8$

20 계산 결과를 비교하여 ○ 안에 >, =, <를 알맞게 써넣으세요.

$1.5-0.9$ ○ $1.1-0.6$

21 □ 안에 알맞은 수를 써넣으세요.

$4.5-\square=3.8$

교과역량 콕! 정보처리

22 유정이는 매년 같은 날짜에 키를 재었습니다. 1년 동안 유정이의 키가 가장 많이 자란 때는 언제인지 □ 안에 알맞은 수를 써넣으세요.

유정이의 키

학년	키(cm)
1학년	121.6
2학년	125.4
3학년	129.7
4학년	134.9

(1) 1년 동안 유정이의 키가 몇 cm씩 자랐는지 각각 구하세요.

1학년과 2학년 사이: □ cm

2학년과 3학년 사이: □ cm

3학년과 4학년 사이: □ cm

(2) 1년 동안 유정이의 키가 가장 많이 자란 때는 □학년과 □학년 사이입니다.

8 소수 두 자리 수의 뺄셈

개념 072쪽

23 수직선을 보고 $0.33-0.15$를 계산해 보세요.

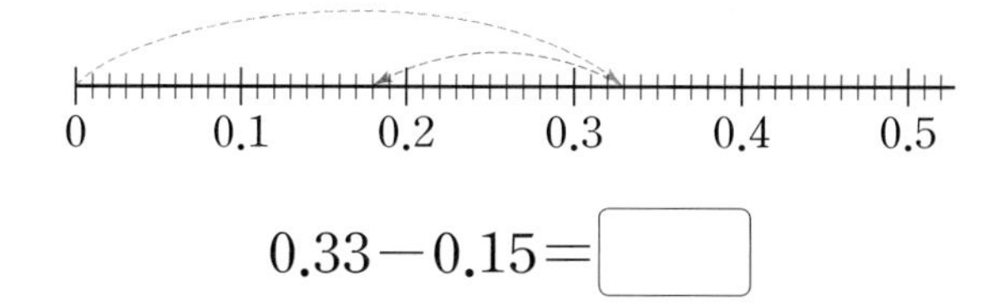

$0.33-0.15=$ □

24 계산해 보세요.

(1) $0.75-0.31$

(2) $4.43-1.08$

25 빈칸에 알맞은 수를 써넣으세요.

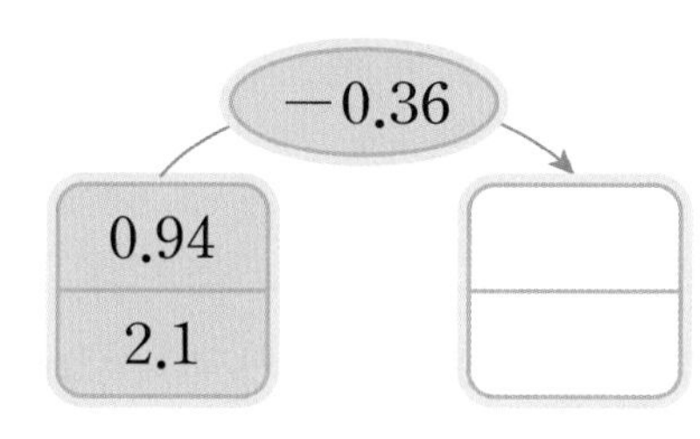

26 계산 결과가 다른 하나를 찾아 기호를 쓰세요.

㉠ $2.07-1.43$
㉡ $1.82-0.18$
㉢ $4.2-3.56$

(　　　　　　　　)

27 수박이 들어 있는 바구니의 무게는 7.32 kg입니다. 빈 바구니의 무게가 0.79 kg일 때 수박의 무게는 몇 kg인가요?

식

답

28 찬희와 지우의 50 m 달리기 **기록**입니다. 누가 몇 초 더 빠른지 구하세요.

찬희	지우
10.85초	12.16초

➜ □가 □초 더 빠릅니다.

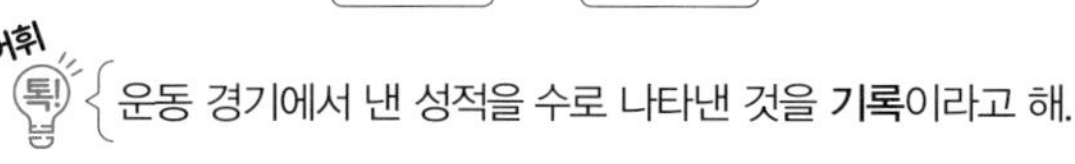

운동 경기에서 낸 성적을 수로 나타낸 것을 **기록**이라고 해.

교과역량 콕! 추론

29 □ 안에 알맞은 수를 써넣으세요.

$$\begin{array}{r} 9\,.\,\square\,9 \\ -\ 2\,.\,7\,\square \\ \hline 6\,.\,5\,4 \end{array}$$

STEP 3 서술형 문제 잡기

1

잘못 계산한 곳을 찾아 바르게 계산하고, 그렇게 고친 이유를 쓰세요.

(1단계) 바르게 계산하기

$$\begin{array}{r} 4.8 \\ +\ 1.9 \\ \hline 5.7 \end{array} \rightarrow \boxed{\begin{array}{r} 4.8 \\ +\ 1.9 \\ \hline \end{array}}$$

(2단계) 고친 이유 쓰기

일의 자리를 계산할 때 소수 첫째 자리에서 (받아올림 , 받아내림)한 수를 더하여 계산해야 합니다.

2

잘못 계산한 곳을 찾아 바르게 계산하고, 그렇게 고친 이유를 쓰세요.

(1단계) 바르게 계산하기

$$\begin{array}{r} 5.2 \\ -\ 2.6 \\ \hline 3.6 \end{array} \rightarrow \boxed{\begin{array}{r} 5.2 \\ -\ 2.6 \\ \hline \end{array}}$$

(2단계) 고친 이유 쓰기

3

찰흙이 2.3 kg 있었는데 그중 민주가 0.7 kg을 사용하고, 정호가 0.5 kg을 사용했습니다. **남은 찰흙**은 몇 kg인지 풀이 과정을 쓰고, 답을 구하세요.

(1단계) 두 사람이 사용한 찰흙의 양 구하기

민주와 정호가 사용한 찰흙은 모두

$0.7+0.5=\square$ (kg)입니다.

(2단계) 남은 찰흙의 양 구하기

따라서 남은 찰흙은

$\square-\square=\square$ (kg)입니다.

답

4

물이 3.1 L 있었는데 그중 서진이가 0.5 L를 마시고, 예은이가 0.9 L를 마셨습니다. **남은 물**은 몇 L인지 풀이 과정을 쓰고, 답을 구하세요.

(1단계) 두 사람이 마신 물의 양 구하기

(2단계) 남은 물의 양 구하기

답

5

카드 4장을 한 번씩 모두 사용하여 소수 두 자리 수를 만들려고 합니다. 만들 수 있는 가장 큰 수와 가장 작은 수의 **합**은 얼마인지 풀이 과정을 쓰고, 답을 구하세요.

2 9 4 

(1단계) 만들 수 있는 가장 큰 수와 가장 작은 수 구하기

만들 수 있는 가장 큰 수는 ☐이고,

만들 수 있는 가장 작은 수는 ☐입니다.

(2단계) 만든 두 수의 합 구하기

두 수의 합은 ☐ + ☐ = ☐입니다.

답 ________

6

카드 4장을 한 번씩 모두 사용하여 소수 두 자리 수를 만들려고 합니다. 만들 수 있는 가장 큰 수와 가장 작은 수의 **차**는 얼마인지 풀이 과정을 쓰고, 답을 구하세요.

4 8  

(1단계) 만들 수 있는 가장 큰 수와 가장 작은 수 구하기

(2단계) 만든 두 수의 차 구하기

답 ________

7

규민이가 소수 두 자리 수를 만들었습니다. 규민이가 만든 소수의 $\frac{1}{10}$은 얼마인지 구하세요.

1이 4개, 0.1이 2개, 0.01이 6개인 소수를 만들었어.

(1단계) 규민이가 만든 소수 구하기

1이 ☐개, 0.1이 ☐개, 0.01이 ☐개인 수

→ ☐

(2단계) 규민이가 만든 소수의 $\frac{1}{10}$인 수 구하기

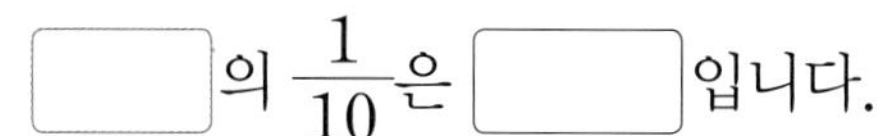
☐의 $\frac{1}{10}$은 ☐입니다.

8 창의형

소수 한 자리 수를 만들고, 만든 소수의 $\frac{1}{100}$은 얼마인지 구하세요.

1이 몇 개, 0.1이 몇 개인 수를 만들지 생각해 봐.

(1단계) 소수 한 자리 수 만들기

1이 ☐개, 0.1이 ☐개인 수

→ ☐

(2단계) 만든 소수의 $\frac{1}{100}$인 수 구하기

☐의 $\frac{1}{100}$은 ☐입니다.

평가 3단원 마무리

맞힌 개수

01 전체 크기가 1인 모눈종이에서 색칠된 부분의 크기를 소수로 나타내세요.

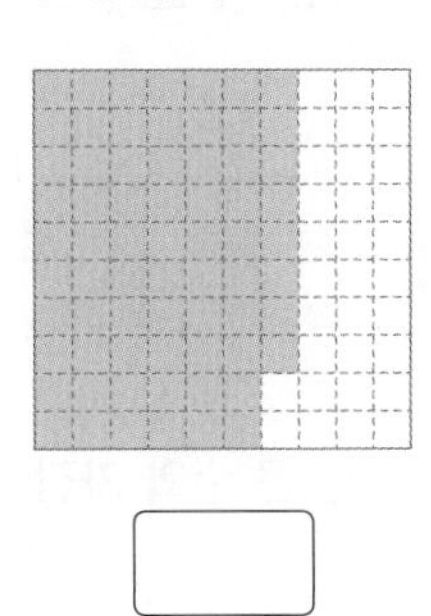

02 분수를 소수로 나타내세요.

$7\frac{206}{1000}$

(　　　　　　　　)

03 그림을 보고 □ 안에 알맞은 수를 써넣으세요.

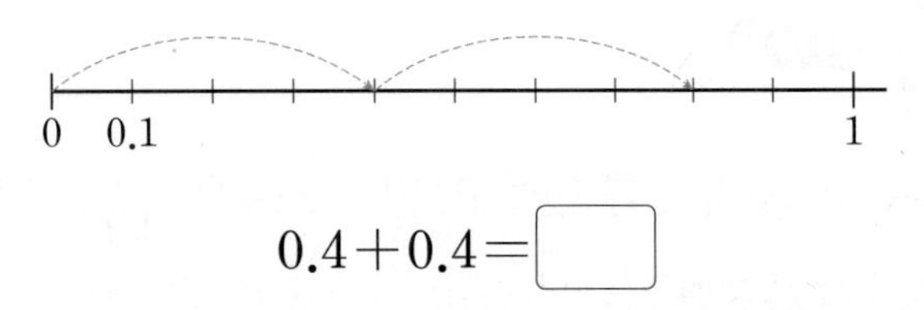

0.4＋0.4＝□

04 관계있는 것끼리 이어 보세요.

(1) 0.35 • 　　　• 삼 점 영오

(2) 3.05 • 　　　• 영 점 삼오

(3) 0.053 • 　　　• 영 점 영오삼

05 계산해 보세요.

$$\begin{array}{r} 8.49 \\ -\ 2.68 \\ \hline \end{array}$$

06 수를 보고 빈칸에 알맞은 수를 써넣으세요.

3.581

	일의 자리	소수 첫째 자리	소수 둘째 자리	소수 셋째 자리
숫자	3		8	1
나타내는 값		0.5		

07 빈칸에 알맞은 수를 써넣으세요.

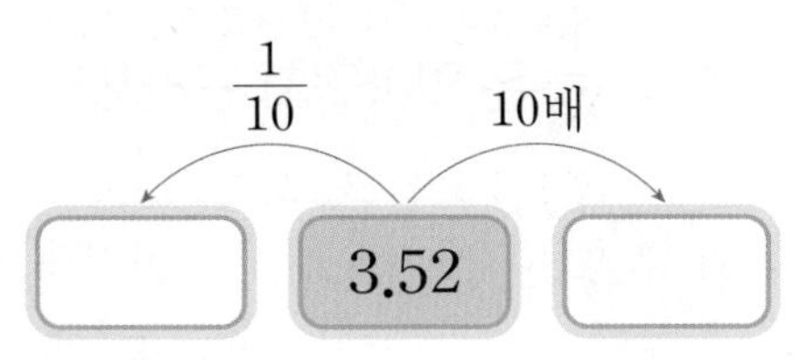

08 4.2와 같은 수를 찾아 ○표 하세요.

0.42　　4.02　　4.20

09 두 수의 크기를 비교하여 ○ 안에 >, =, <를 알맞게 써넣으세요.

1.58 ○ 1.85

10 0.6+0.78을 계산한 것입니다. 잘못 계산한 곳을 찾아 바르게 계산해 보세요.

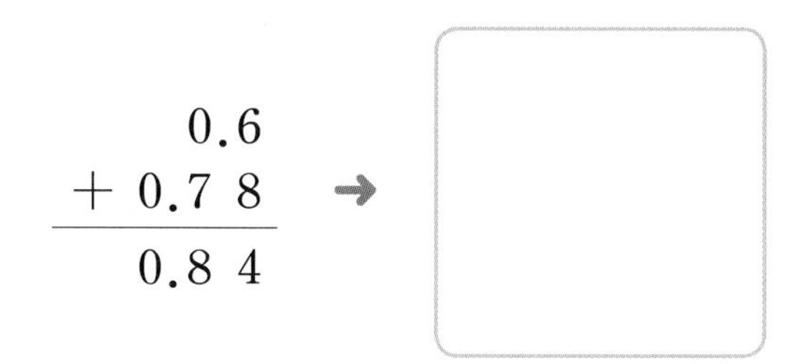

11 □ 안에 알맞은 수를 써넣으세요.

11.3은 0.113의 □배입니다.

12 빈칸에 알맞은 수를 써넣으세요.

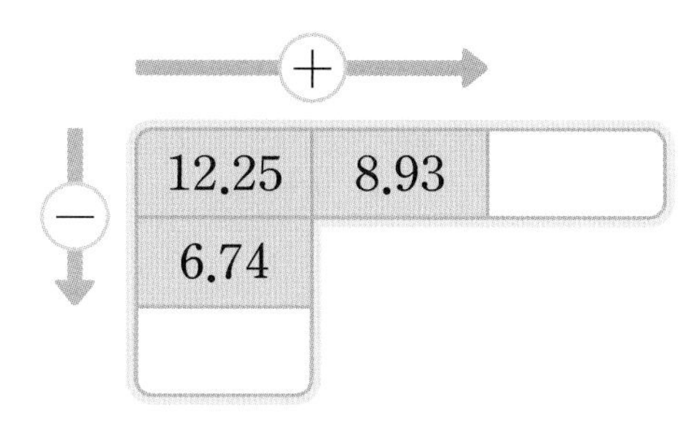

13 수조에 물이 1.7 L 있었는데 1.3 L를 더 부었습니다. 수조에 있는 물은 몇 L가 되었나요?

식

답

14 4.169에 대해 바르게 설명한 것을 모두 찾아 기호를 쓰세요.

㉠ 사 점 백육십구라고 읽습니다.
㉡ 숫자 9는 0.009를 나타냅니다.
㉢ 0.001이 4169개인 수입니다.
㉣ 소수 둘째 자리 숫자는 1입니다.

(   )

15 ㉠이 나타내는 값은 ㉡이 나타내는 값의 몇 배인가요?

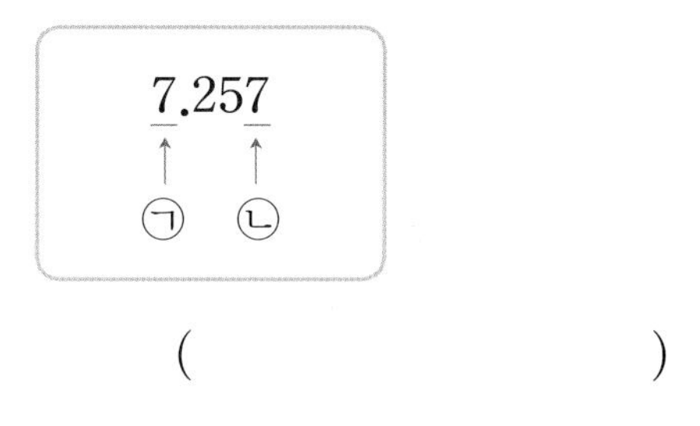

(   )

정답 19쪽

16 □ 안에 알맞은 수를 구하세요.

$\square - 2.17 = 2.13$

(　　　　　　　　　)

17 〈조건〉을 모두 만족하는 소수를 구하세요.

〈조건〉
- 소수 두 자리 수입니다.
- 2보다 크고 3보다 작습니다.
- 소수 첫째 자리 숫자는 0입니다.
- 소수 둘째 자리 숫자는 1입니다.

(　　　　　　　　　)

18 □ 안에 알맞은 수를 써넣으세요.

$$\begin{array}{r} 5.\square 3 \\ -\ \square.71 \\ \hline 2.7\square \end{array}$$

서술형

19 철사가 1.5 m 있었는데 그중 형석이가 0.7 m를 사용하고, 주원이가 0.4 m를 사용하였습니다. 남은 철사는 몇 m인지 풀이 과정을 쓰고, 답을 구하세요.

풀이

답

20 카드 4장을 한 번씩 모두 사용하여 소수 두 자리 수를 만들려고 합니다. 만들 수 있는 가장 큰 수와 가장 작은 수의 합은 얼마인지 풀이 과정을 쓰고, 답을 구하세요.

2

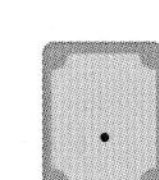

풀이

답

창의력 쑥쑥

네모 칸에 숫자들이 적혀 있네요!
규칙에 따라 빈칸에 알맞은 수를 써넣어 봐요.
얼마나 빨리 풀 수 있는지 궁금한걸요? 자, 시작해 볼까요~?

〈 규칙 〉

가로와 세로의 한 줄에 1부터 9까지의 숫자가 모두 하나씩 있어야 해요.

(3×3 칸) 안에도 1부터 9까지의 숫자가 모두 하나씩 있어야 해요.

6	2	5		7	1			3
1		8	9	4		5		6
3			5			8		1
	3		2	6	8	7	1	
	6			1			3	5
9	1	7	4	3			6	
4		1				6		7
7				9	4	3		
2	8				7		9	4

1 2 3 4 5 6 7 8 9

정답은 개념책 160쪽에서 확인하세요.

4

사각형

학습을 끝낸 후
색칠하세요.

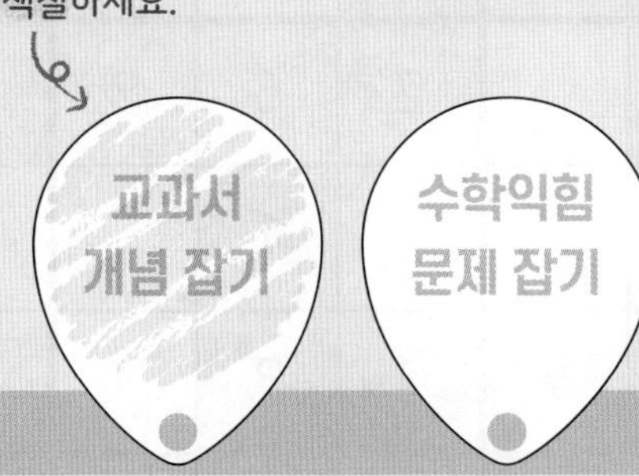

❶ 수직과 수선
❷ 평행과 평행선
❸ 평행선 사이의 거리

이전에 배운 내용

[3-1] 평면도형
직사각형 알아보기
정사각형 알아보기

[4-1] 각도
각도 알아보기
예각과 둔각 알아보기

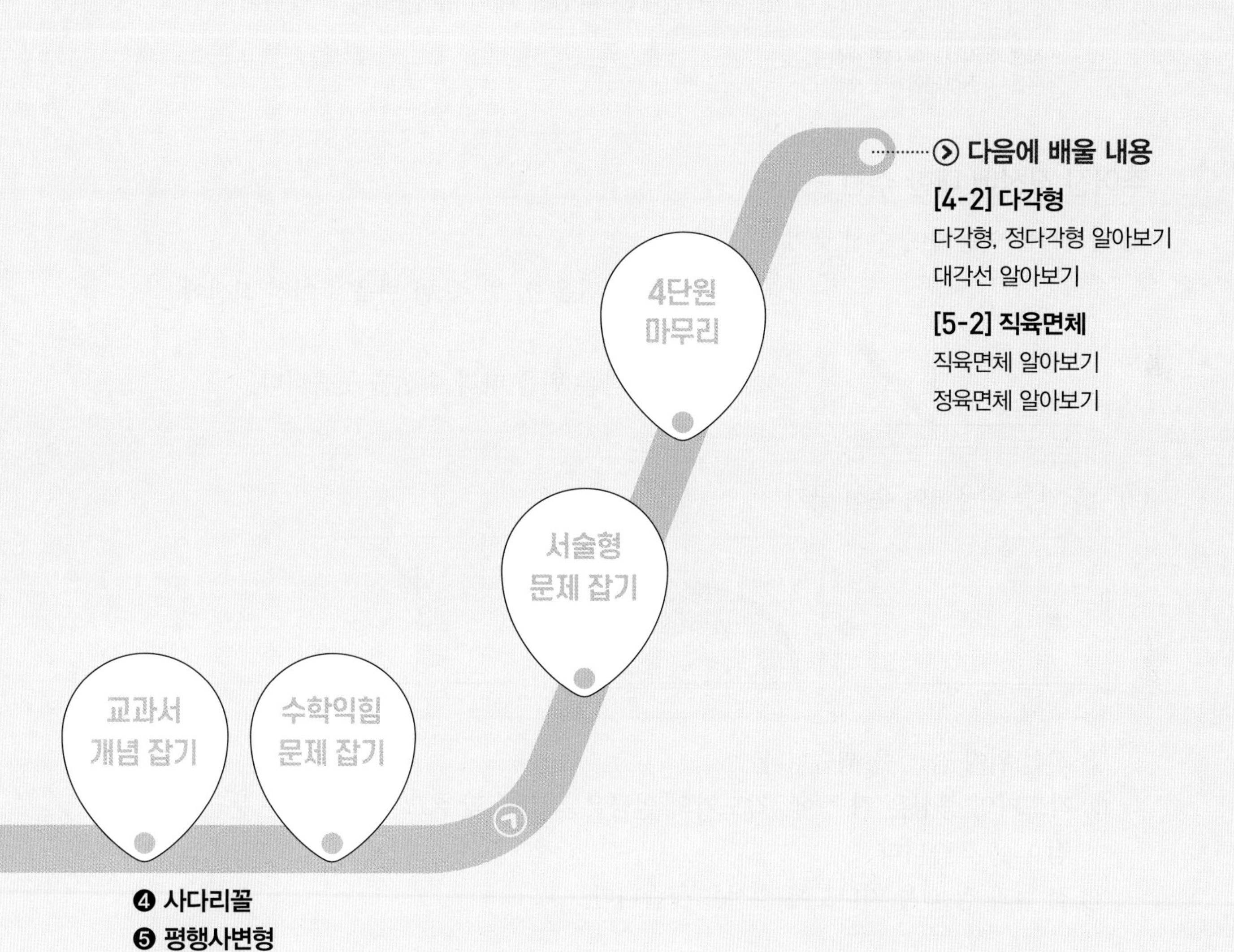

[4-2] 다각형

다각형, 정다각형 알아보기

대각선 알아보기

[5-2] 직육면체

직육면체 알아보기

정육면체 알아보기

❹ 사다리꼴
❺ 평행사변형
❻ 마름모
❼ 여러 가지 사각형

STEP 1 교과서 개념 잡기

① 수직과 수선

수직과 수선 알아보기

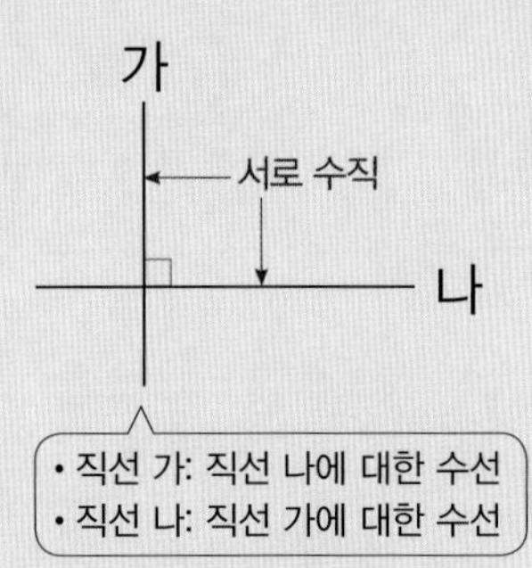

- 두 직선이 **만나서 이루는 각이 직각**일 때, 두 직선은 서로 **수직**이라고 합니다.
- 두 직선이 서로 수직으로 만났을 때, 한 직선을 다른 직선에 대한 **수선**이라고 합니다.

주어진 직선에 대한 수선 긋기

(1) 삼각자를 이용하여 수선 긋기

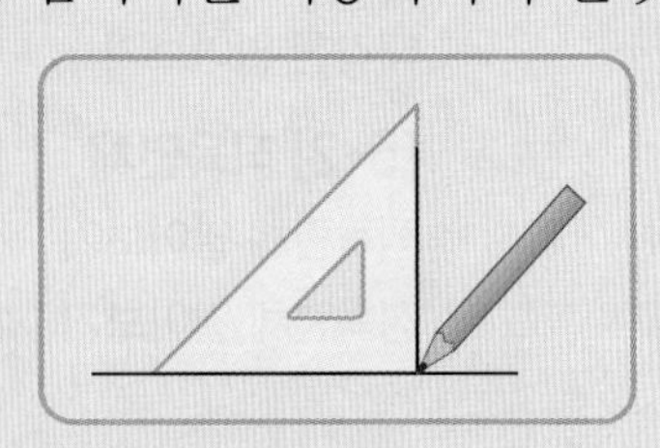

① 삼각자의 직각을 낀 변 중 한 변을 주어진 직선에 맞춥니다.
② 삼각자의 다른 변을 따라 수선을 긋습니다.

(2) 각도기를 이용하여 수선 긋기

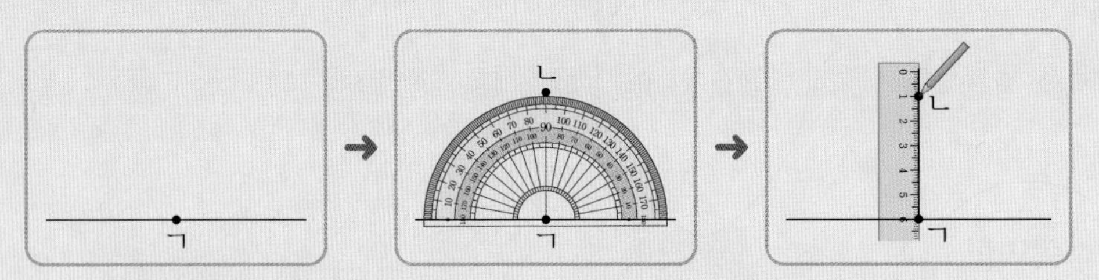

① 직선 위에 점 ㄱ을 찍습니다.
② 각도기의 중심은 점 ㄱ에, 각도기의 밑금은 직선에 맞추고 90°가 되는 눈금 위에 점 ㄴ을 찍습니다.
③ 점 ㄱ과 점 ㄴ을 지나도록 수선을 긋습니다.

개념 확인 1

□ 안에 알맞은 말을 써넣으세요.

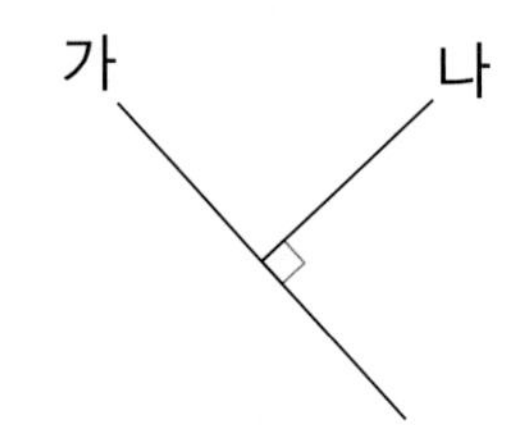

- 두 직선이 **만나서 이루는 각이 직각**일 때, 두 직선은 서로 □이라고 합니다.
- 두 직선이 서로 수직으로 만났을 때, 한 직선을 다른 직선에 대한 □이라고 합니다.

2 두 직선이 만나서 이루는 각이 직각인 곳을 모두 찾아 ○표 하세요.

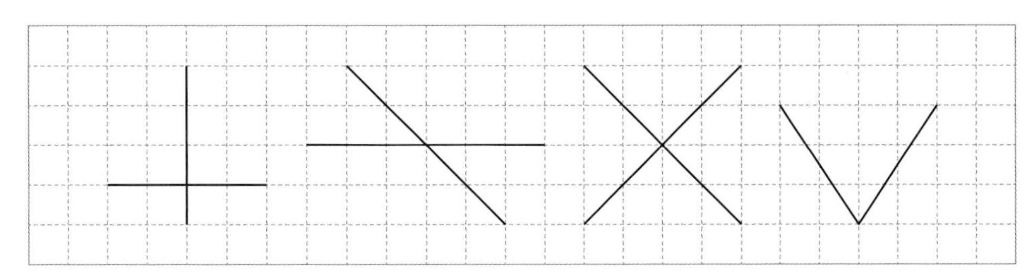

3 직선 가에 대한 수선은 어느 것인가요?

(1)

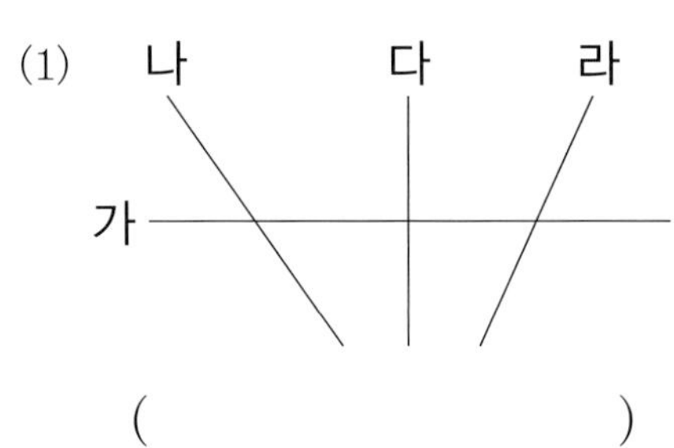

(　　　　　　　　)

(2)

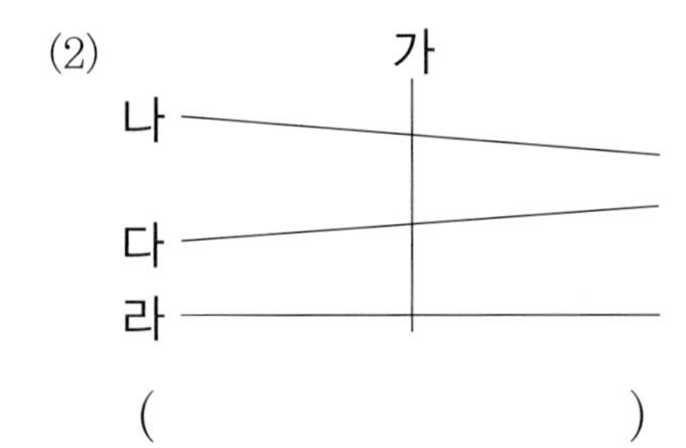

(　　　　　　　　)

4 직선 가에 대한 수선을 그리려고 합니다. ▢ 안에 알맞은 기호를 써넣으세요.

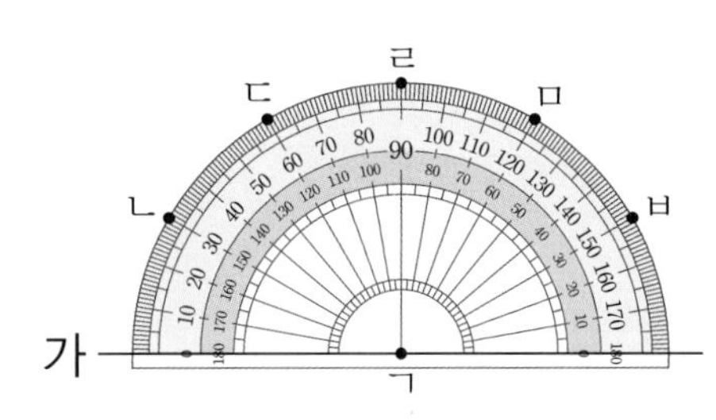

점 ㄱ과 점 ▢을 이으면 직선 가에 대한 수선을 그을 수 있습니다.

5 주어진 직선에 대한 수선을 각각 하나씩 그어 보세요.

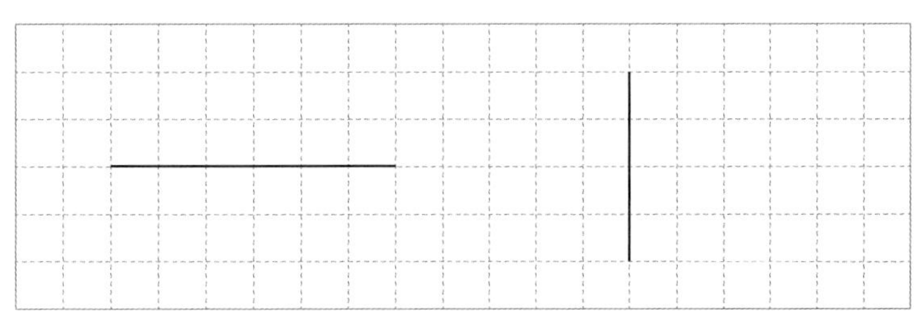

STEP 1 교과서 개념 잡기

② 평행과 평행선

평행과 평행선 알아보기

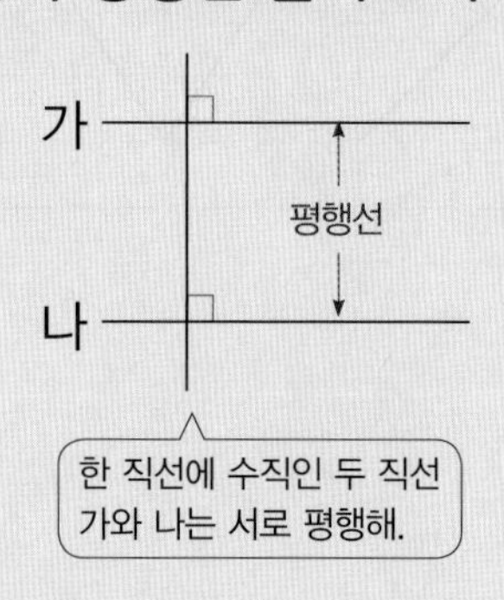

양쪽으로 끝없이 늘여도 만나지 않아.

- **서로 만나지 않는 두 직선**을 **평행**하다고 합니다.
- 평행한 두 직선을 **평행선**이라고 합니다.

주어진 직선과 평행한 직선 긋기

(1) 삼각자를 사용하여 평행선 긋기 — 셀 수 없이 많이 그을 수 있어.

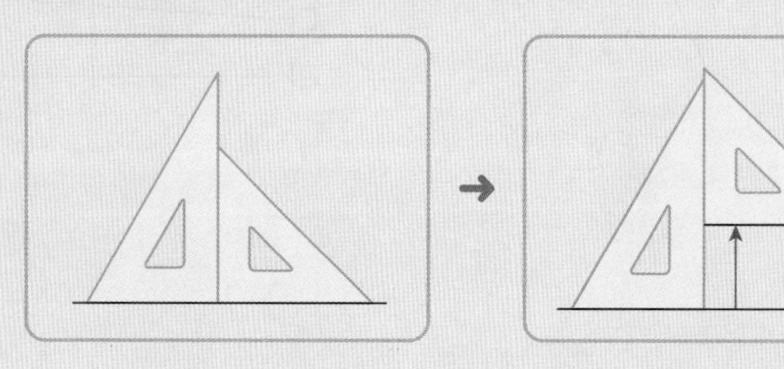

① 주어진 직선 위에 직각 부분이 맞닿게 삼각자 2개를 놓습니다.
② 한 삼각자를 고정하고, 다른 삼각자를 밀어 올려 평행선을 긋습니다.

(2) 점 ㄱ을 지나는 평행선 긋기 — 점 ㄱ을 지나는 평행선은 단 1개뿐이야.

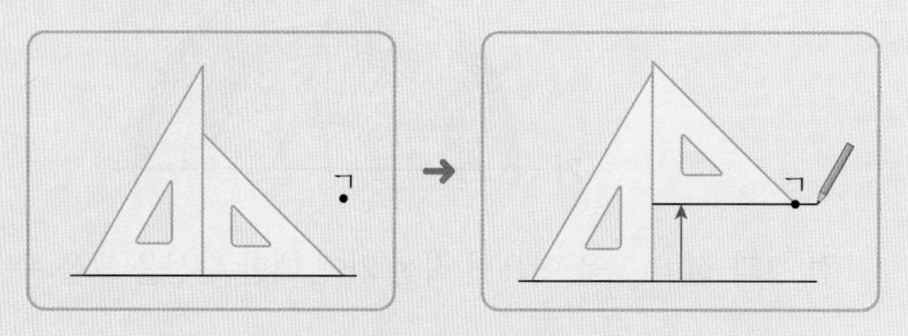

① 주어진 직선 위에 직각 부분이 맞닿게 삼각자 2개를 놓습니다.
② 한 삼각자를 고정하고, 다른 삼각자를 밀어 올려 점 ㄱ을 지나는 평행선을 긋습니다.

개념 확인 1

□ 안에 알맞은 말을 써넣으세요.

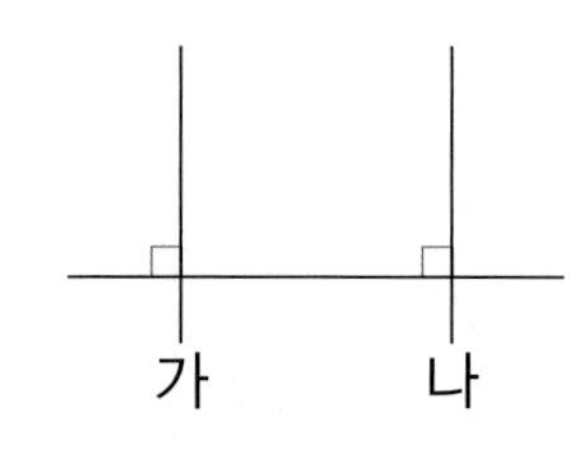

- **서로 만나지 않는 두 직선**을 □하다고 합니다.
- 평행한 두 직선을 □이라고 합니다.

2 평행선을 나타낸 것에 ○표 하세요.

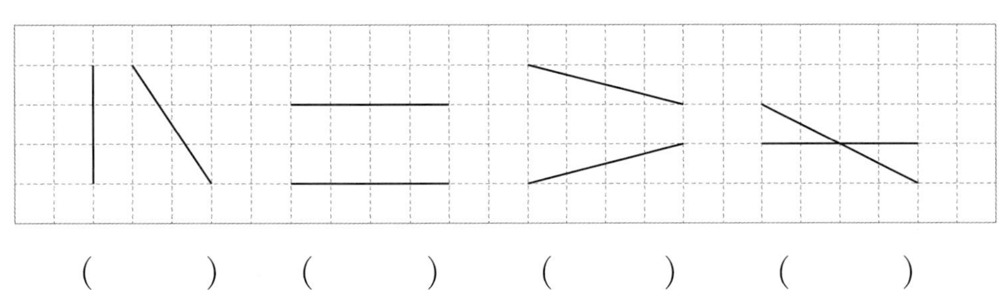

( ) ( ) ( ) ( )

3 그림을 보고 □ 안에 알맞은 기호를 써넣으세요.

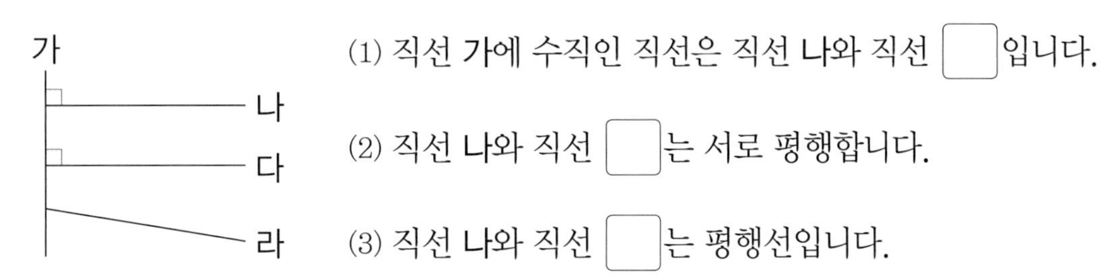

(1) 직선 가에 수직인 직선은 직선 나와 직선 □입니다.

(2) 직선 나와 직선 □는 서로 평행합니다.

(3) 직선 나와 직선 □는 평행선입니다.

4 삼각자를 이용하여 직선 가와 평행한 직선을 바르게 그은 사람의 이름을 쓰세요.

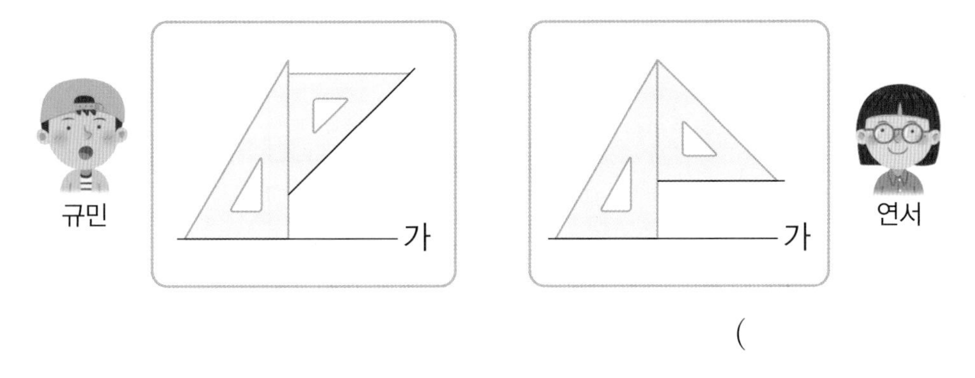

( )

5 주어진 직선과 평행한 직선을 각각 하나씩 그어 보세요.

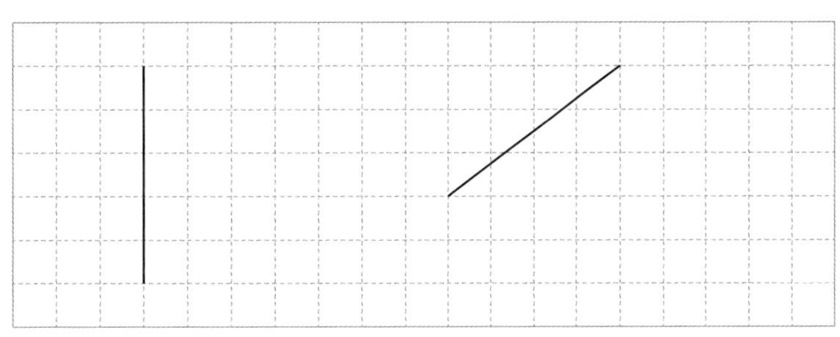

STEP 1 교과서 개념 잡기

③ 평행선 사이의 거리

평행선 사이의 거리 알아보기

평행선에 **수직**인 선분의 길이를 **평행선 사이의 거리**라고 합니다.

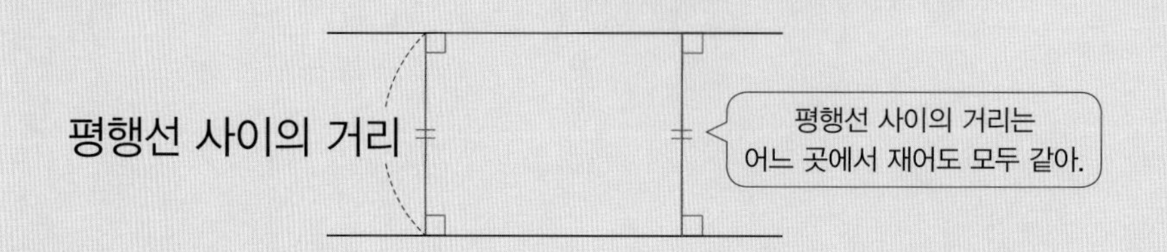

평행선 사이의 거리 재기

평행선에 수직인 선분을 긋고, 그은 선분의 길이를 잽니다.

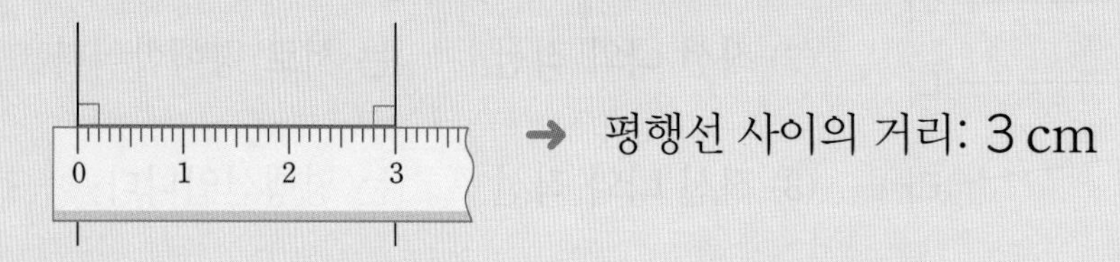

→ 평행선 사이의 거리: 3 cm

개념 확인 **1** □ 안에 알맞은 말을 써넣으세요.

평행선에 □인 선분의 길이를 **평행선 사이의 거리**라고 합니다.

개념 확인 **2** □ 안에 알맞은 수를 써넣으세요.

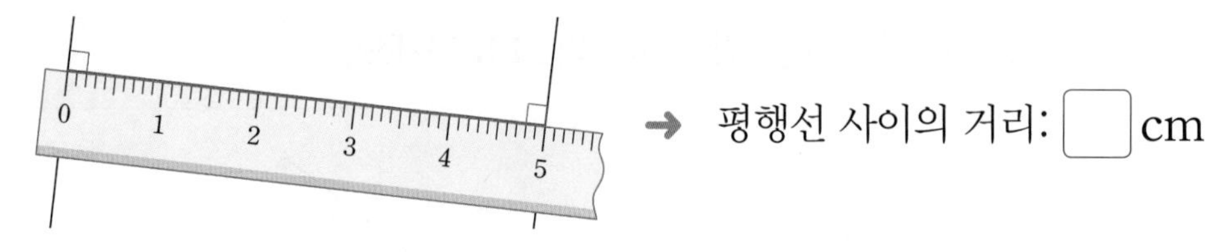

→ 평행선 사이의 거리: □ cm

3 평행선 사이의 거리를 알아보려고 합니다. □ 안에 알맞은 기호나 수를 써넣으세요.

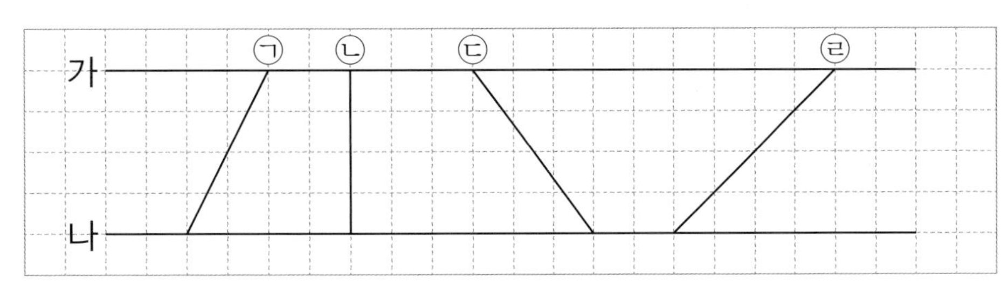

(1) 평행선 사이에 그은 선분 중 길이가 가장 짧은 선분은 □입니다.

(2) (1)에서 구한 선분이 평행선과 만나서 이루는 각도는 □°입니다.

(3) 평행선 사이의 거리를 나타내는 선분은 □입니다.

4 직선 가와 직선 나는 서로 평행합니다. □ 안에 알맞은 수나 기호를 써넣으세요.

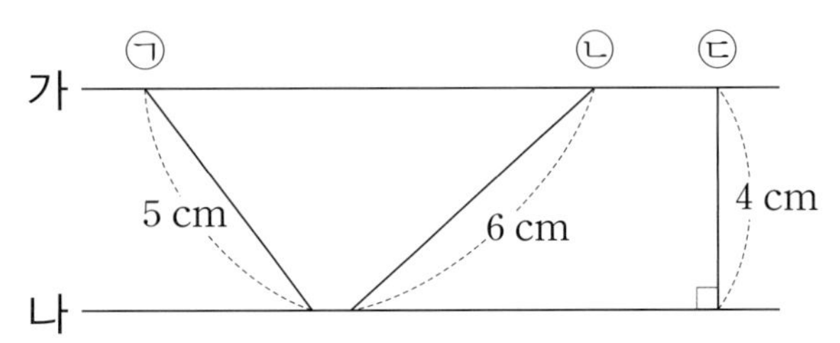

(1) 평행선 사이의 거리를 나타내는 선분은 □입니다.

(2) 평행선 사이의 거리는 □ cm입니다.

5 평행선 사이의 거리를 재어 보세요.

(1)

□ cm

(2)

□ cm

STEP 2 수학익힘 문제 잡기

1 수직과 수선

개념 086쪽

01 서로 수직인 두 직선을 찾아 ○표 하세요.

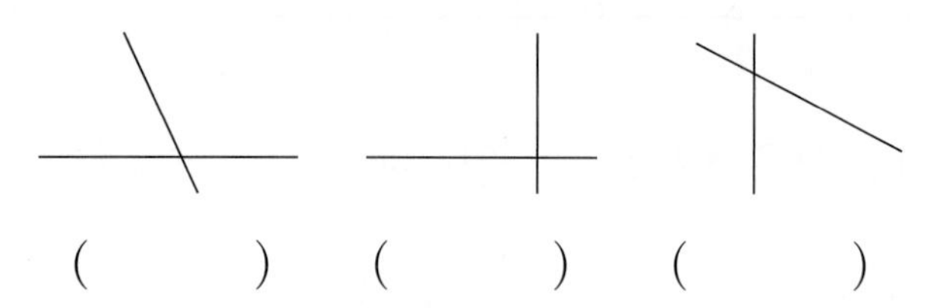

( ) ( ) ( )

02 두 직선이 서로 수직으로 만나는 곳을 모두 찾아 ○표 하세요.

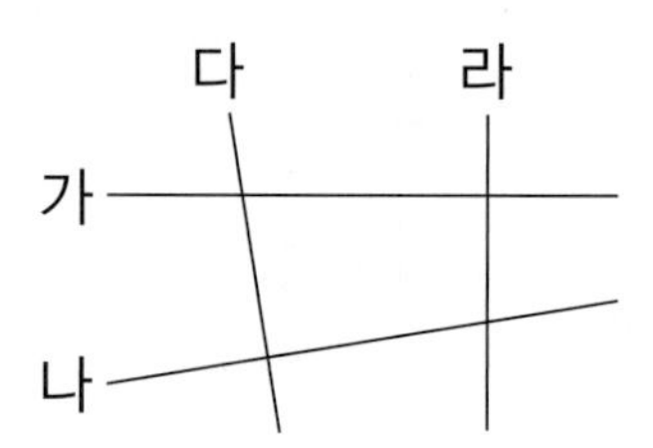

03 직선 가에 수직인 직선을 바르게 그은 것을 찾아 기호를 쓰세요.

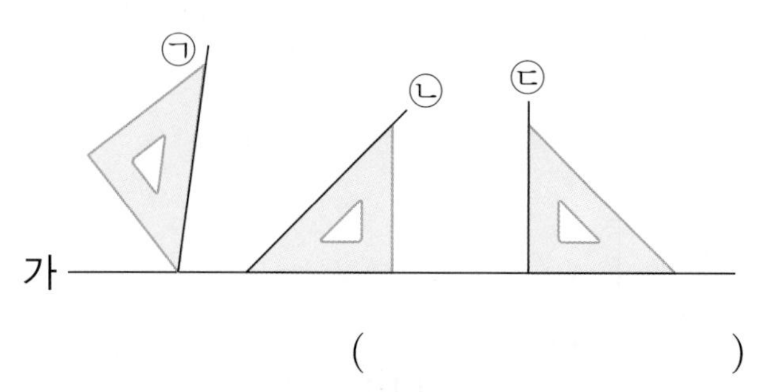

( )

04 직선 가에 대한 수선을 모두 찾아 쓰세요.

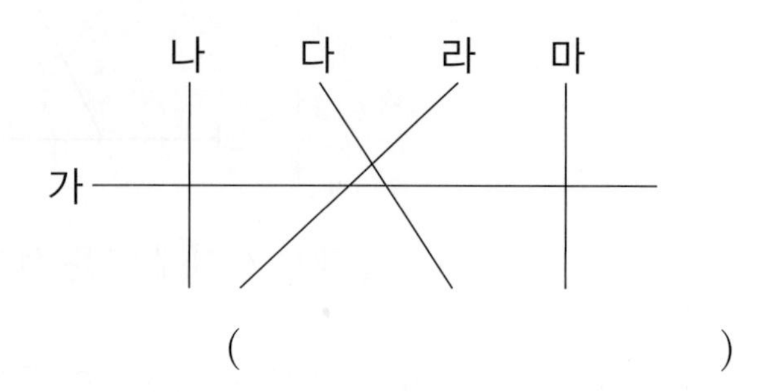

( )

05 서로 수직인 변이 있는 도형을 모두 찾아 기호를 쓰세요.

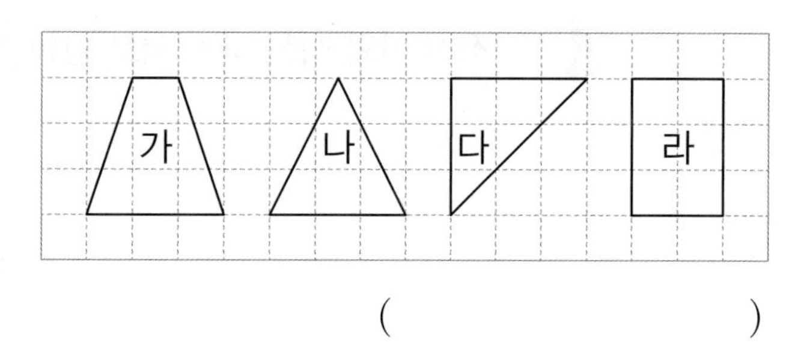

( )

06 각도기와 삼각자를 이용하여 직선 가에 대한 수선을 하나씩 그어 보세요.

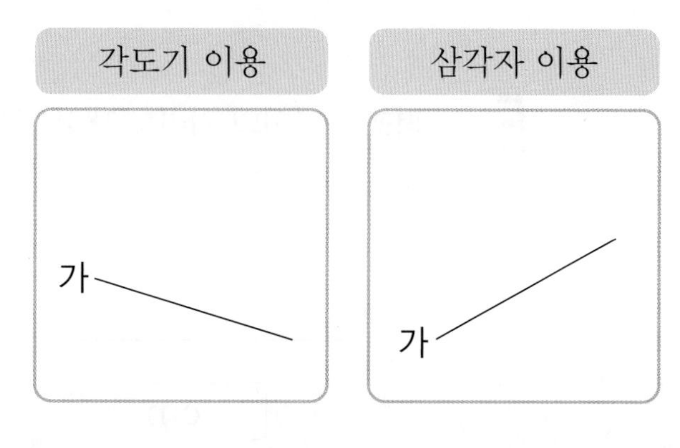

07 그림을 보고 잘못 설명한 사람의 이름을 쓰세요.

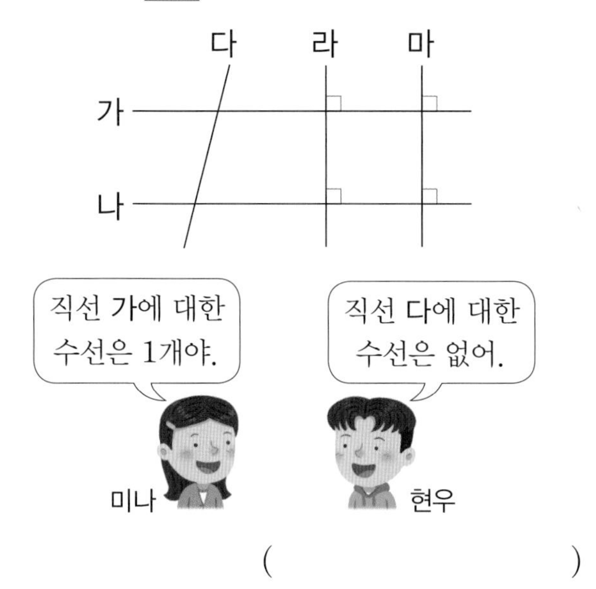

( )

08 정사각형에서 변 ㄱㄴ에 수직인 변을 모두 찾아 쓰세요.

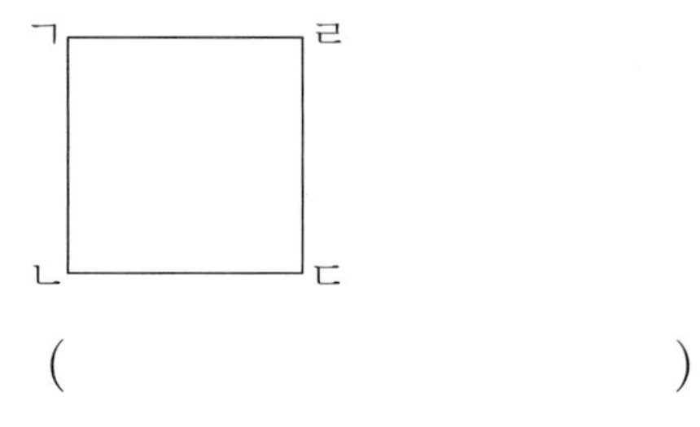

( )

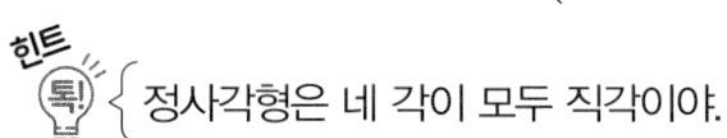

정사각형은 네 각이 모두 직각이야.

교과역량 콕! 문제해결 | 추론

09 직선 가와 직선 나는 서로 수직입니다. ㉠은 몇 도인지 구하세요.

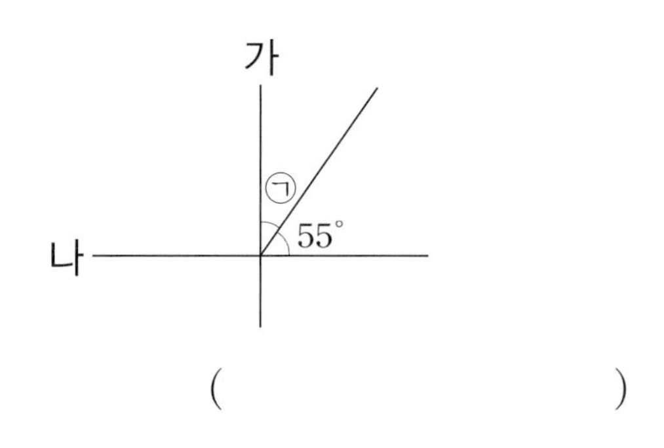

( )

2 평행과 평행선

개념 088쪽

10 두 직선이 서로 평행한 것을 찾아 기호를 쓰세요.

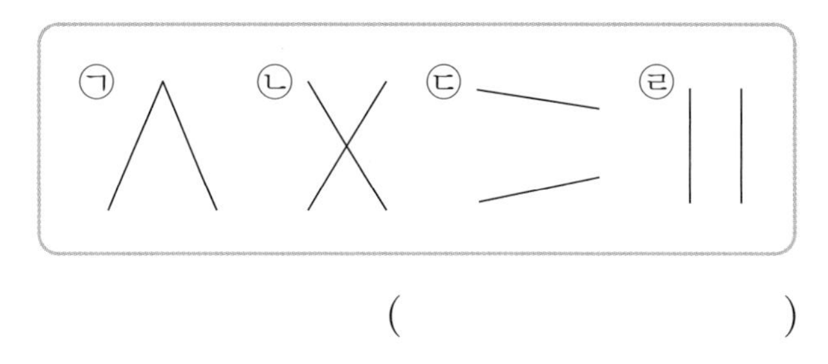

( )

11 서로 평행한 두 직선을 찾아 쓰세요.

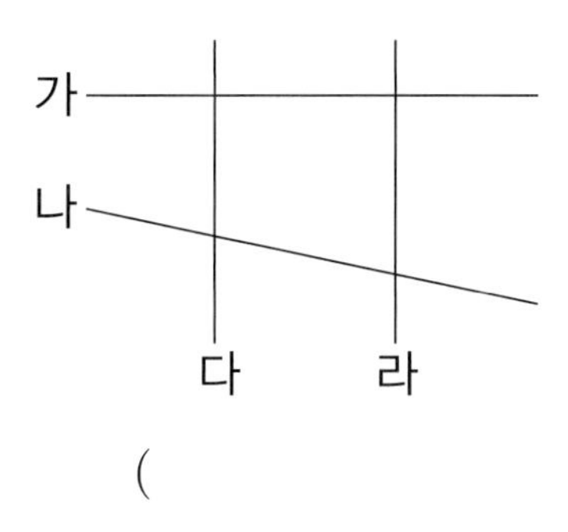

( )

12 삼각자를 이용하여 주어진 직선과 평행한 직선을 그어 보세요.

13 삼각자를 이용하여 점 ㄱ을 지나고 직선 가와 평행한 직선을 그어 보세요.

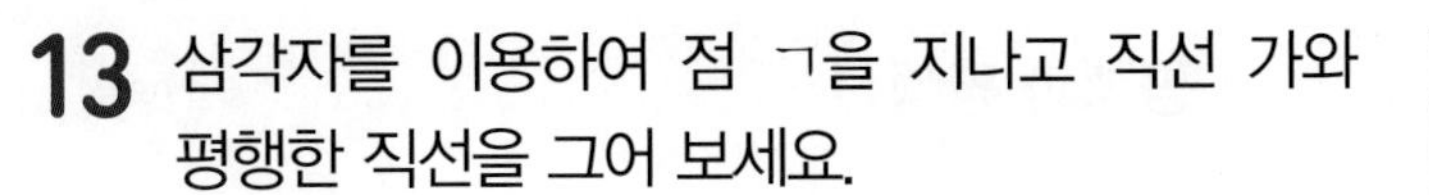

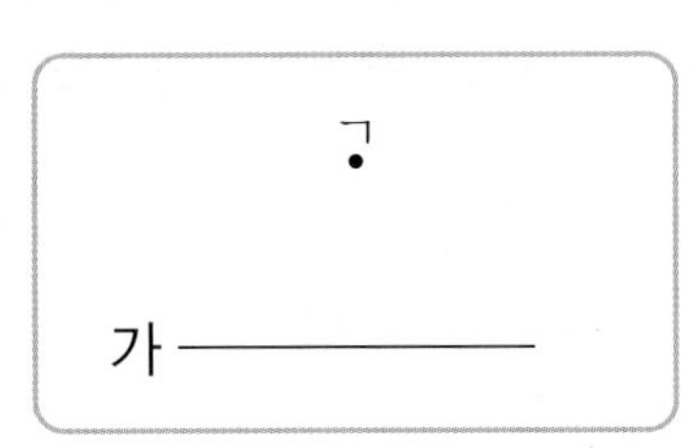

14 직사각형에서 서로 평행한 변은 모두 몇 쌍인가요?

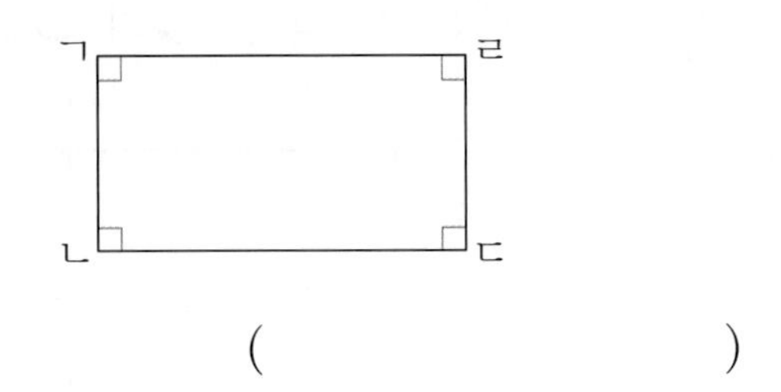

(   )

교과역량 콕! 의사소통

15 평행과 평행선에 대한 설명으로 옳은 것을 찾아 기호를 쓰세요.

> ㉠ 평행한 두 직선은 서로 만납니다.
> ㉡ 평행한 두 직선이 이루는 각은 직각입니다.
> ㉢ 한 직선에 수직인 두 직선은 평행선입니다.

(   )

16 평행선이 두 쌍인 사각형을 그려 보세요.

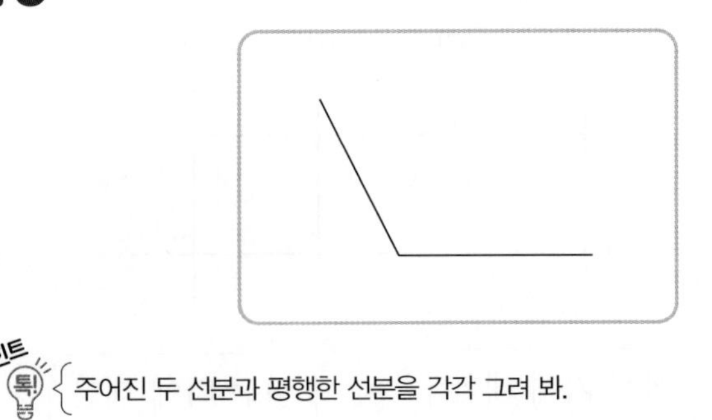

힌트 톡! 주어진 두 선분과 평행한 선분을 각각 그려 봐.

17 평행선이 있는 글자를 모두 찾아 쓰세요.

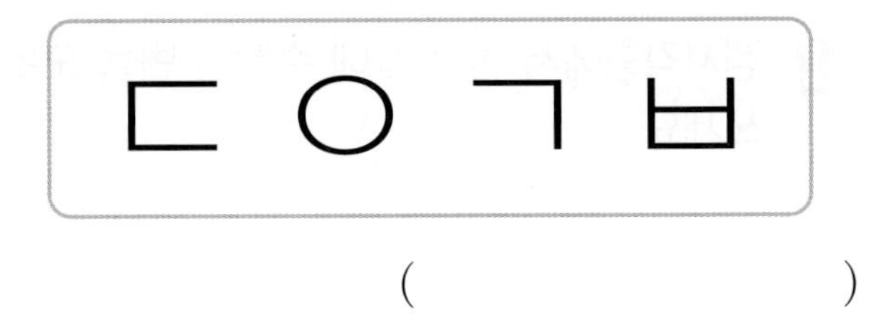

(   )

3 평행선 사이의 거리

개념 090쪽

18 평행선 사이의 거리를 나타내는 선분을 찾아 기호를 쓰세요.

가 나 다 라 마

(   )

19 평행선 사이의 거리를 바르게 잰 사람의 이름을 쓰세요.

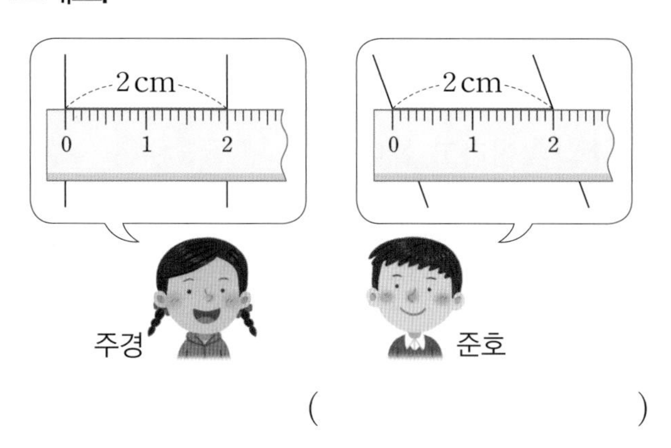

(　　　　　　　　　)

20 도형에서 평행선 사이의 거리는 몇 cm인가요?

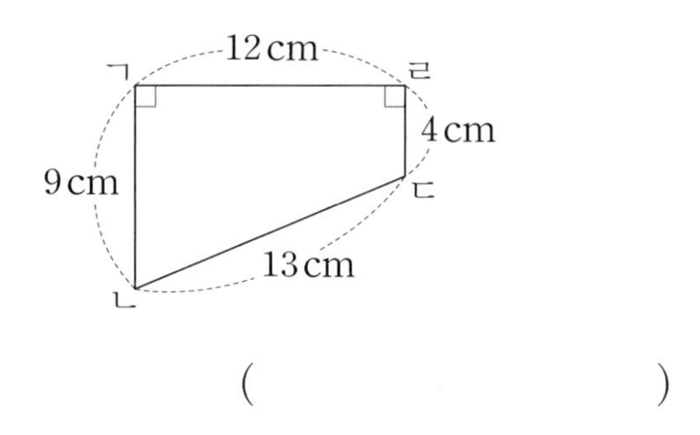

(　　　　　　　　　)

21 도형에서 평행선을 찾아 평행선 사이의 거리를 재어 보세요.

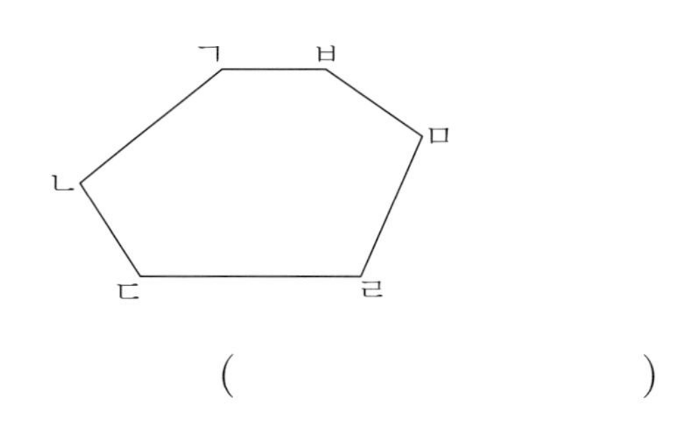

(　　　　　　　　　)

22 평행선 사이의 거리에 대해 바르게 설명한 것의 기호를 쓰세요.

> ㉠ 평행선 사이의 거리는 평행선 사이에 그은 선분 중에서 길이가 가장 깁니다.
> ㉡ 평행선 사이의 거리는 어느 위치에서 재어도 길이가 같습니다.

(　　　　　　　　　)

23 평행선 사이의 거리가 3 cm가 되도록 주어진 직선과 평행한 직선을 그어 보세요.

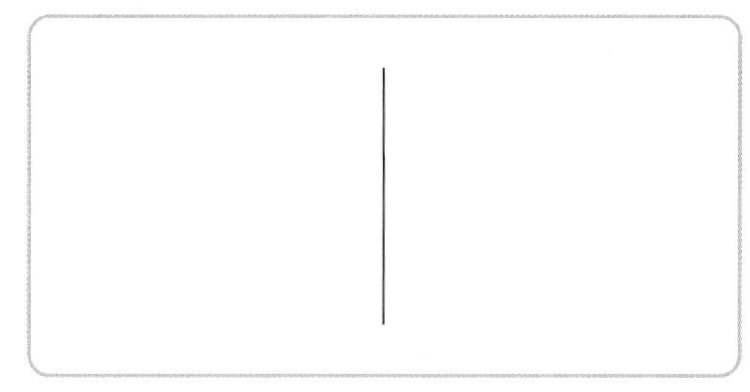

힌트 톡! 자와 삼각자를 이용해서 직선을 그어 봐.

교과역량 콕! 정보처리

24 직선 가, 나, 다는 서로 평행합니다. 직선 가와 직선 다의 평행선 사이의 거리는 몇 cm인가요?

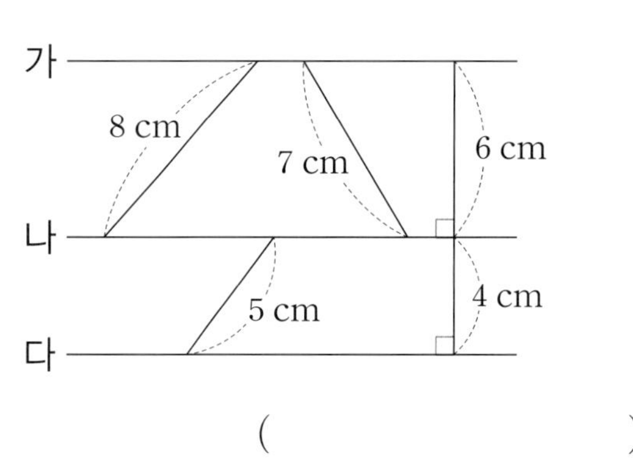

(　　　　　　　　　)

4 단원

STEP 1 교과서 개념 잡기

④ 사다리꼴

사다리꼴 알아보기

평행한 변이 있는 사각형을 **사다리꼴**이라고 합니다.

평행한 변이 한 쌍인 사다리꼴

평행

평행

평행한 변이 두 쌍인 사다리꼴

• 사다리꼴은 마주 보는 한 쌍 또는 두 쌍의 변이 서로 평행합니다.
• 평행한 변의 길이는 같을 수도 있고 다를 수도 있습니다.

개념 확인

1 □ 안에 알맞은 말을 써넣으세요.

평행한 변이 있는 사각형을 □이라고 합니다.

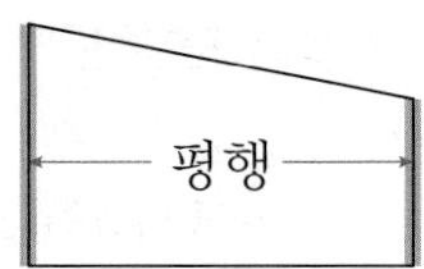

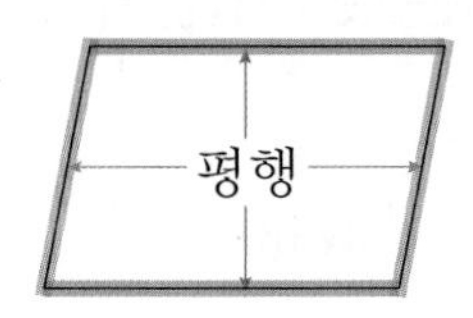

2 사다리꼴을 모두 찾아 ○표 하세요.

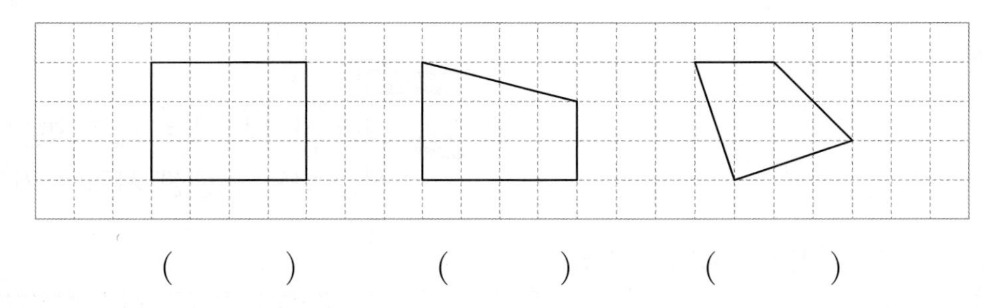

(　　)　　(　　)　　(　　)

3 설명이 맞으면 ○표, 틀리면 ×표 하세요.

(1) 평행한 변이 한 쌍이라도 있으면 사다리꼴입니다. (　　)

(2) 사다리꼴에서 평행한 변의 길이는 같습니다. (　　)

4 도형을 보고 물음에 답하세요.

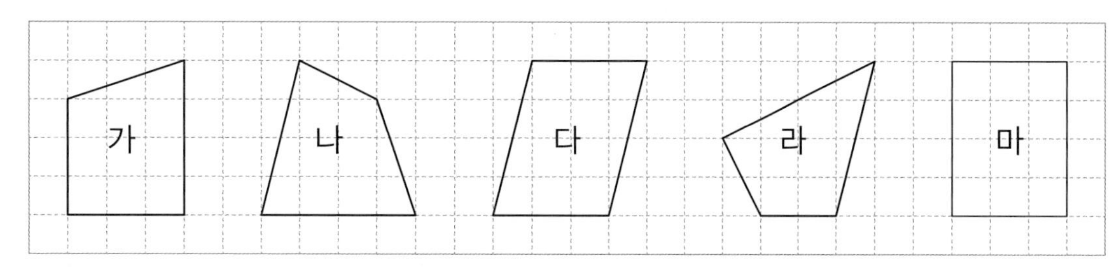

(1) 각 도형에서 서로 평행한 변을 모두 찾아 ○ 또는 △로 표시해 보세요.

(2) 평행한 변이 있는 사각형과 평행한 변이 없는 사각형으로 분류해 보세요.

평행한 변이 있는 사각형	평행한 변이 없는 사각형

(3) 사다리꼴을 모두 찾아 기호를 쓰세요.

( )

5 리아가 그린 사각형의 이름을 쓰세요.

나는 평행한 변이 있는 사각형을 그렸어.

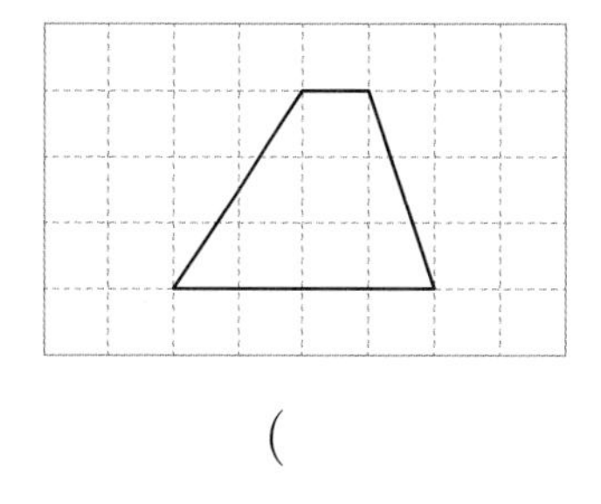

( )

6 주어진 선분을 이용하여 사다리꼴을 완성해 보세요.

(1)

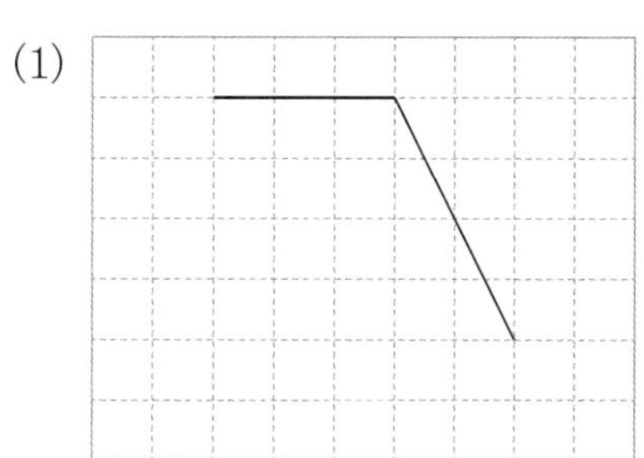

(2)

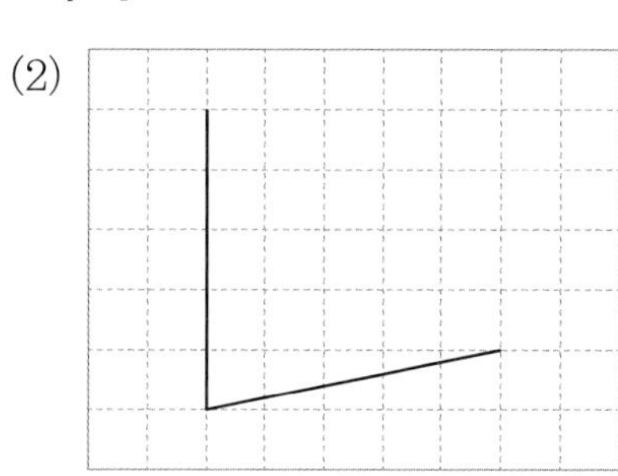

STEP 1 교과서 개념 잡기

⑤ 평행사변형

평행사변형 알아보기

마주 보는 **두 쌍의 변이 서로 평행**한 사각형을 **평행사변형**이라고 합니다.

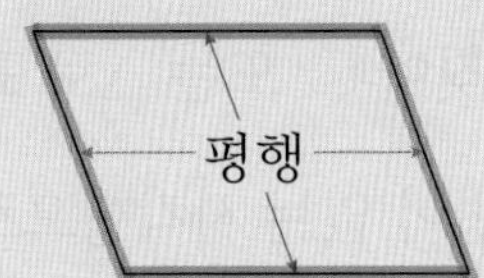

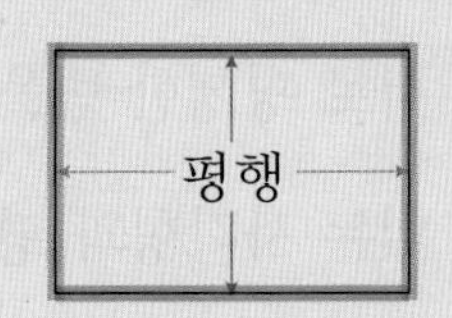

평행사변형은 평행한 변이 있으므로 사다리꼴이라고 할 수도 있습니다.

평행사변형의 성질

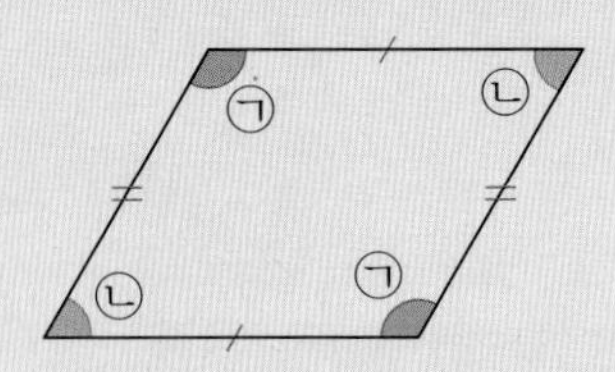

- 마주 보는 두 변의 길이가 같습니다.
- 마주 보는 두 각의 크기가 같습니다.
- 이웃한 두 각의 크기의 합이 180° 입니다. ➜ ㉠+㉡=180°

개념 확인 **1**

□ 안에 알맞은 말을 써넣으세요.

마주 보는 **두 쌍의 변이 서로 평행**한 사각형을 □이라고 합니다.

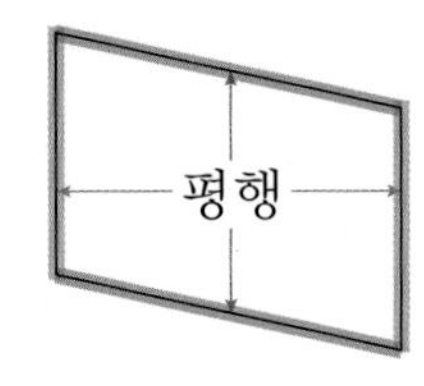

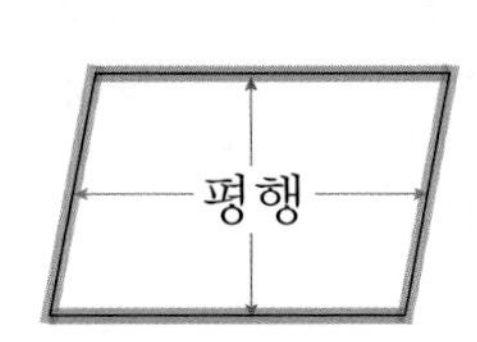

개념 확인 **2**

평행사변형을 보고 □ 안에 알맞은 수나 말을 써넣으세요.

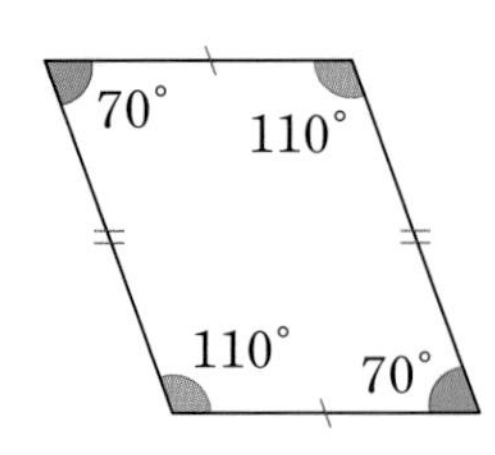

- 마주 보는 두 □의 길이가 같습니다.
- 마주 보는 두 □의 크기가 같습니다.
- 이웃한 두 각의 크기의 합이 □°입니다.

3 평행한 변이 한 쌍인 사각형과 두 쌍인 사각형으로 분류하고, ☐ 안에 알맞은 기호를 써넣으세요.

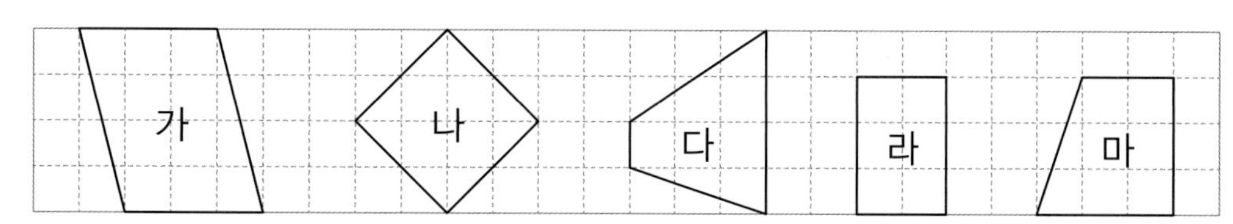

평행한 변이 한 쌍인 사각형	평행한 변이 두 쌍인 사각형

→ 평행사변형은 ☐, ☐, ☐입니다.

4 사각형을 보고 바르게 이야기한 사람을 찾아 ○표 하세요.

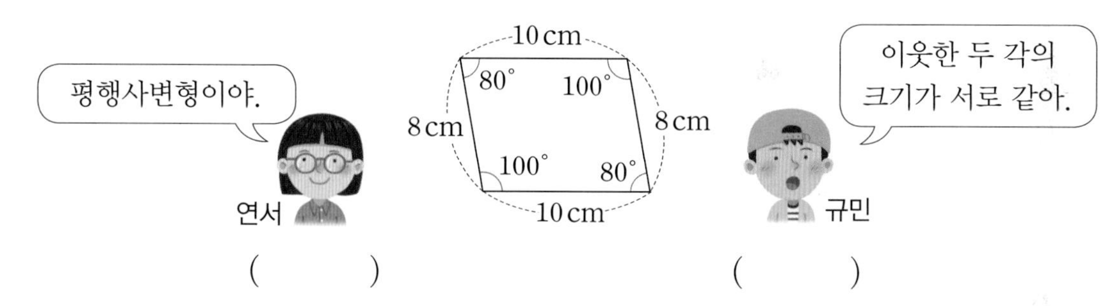

( ) ( )

5 평행사변형을 보고 ☐ 안에 알맞은 수를 써넣으세요.

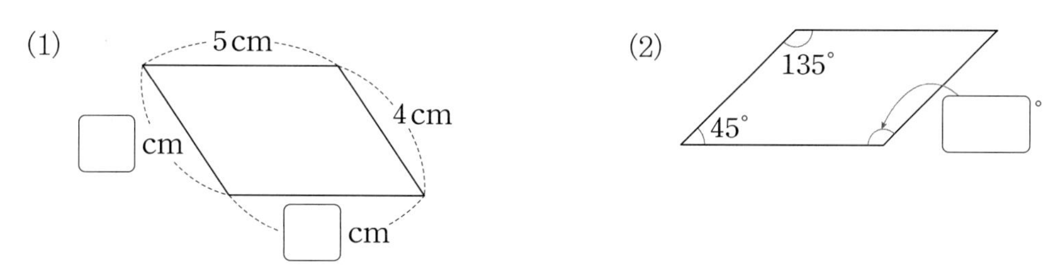

6 주어진 선분을 이용하여 평행사변형을 완성해 보세요.

(1)

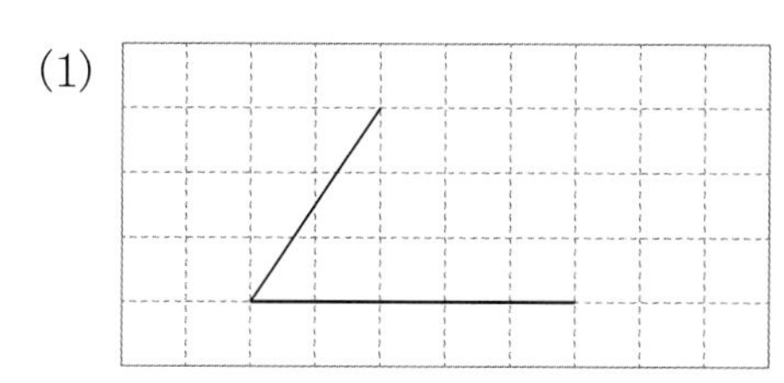

(2)

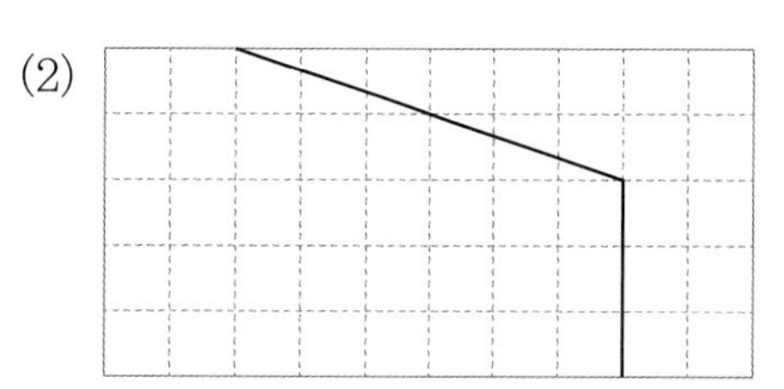

STEP 1 교과서 개념 잡기

⑥ 마름모

마름모 알아보기

네 변의 길이가 모두 같은 사각형을 **마름모**라고 합니다.

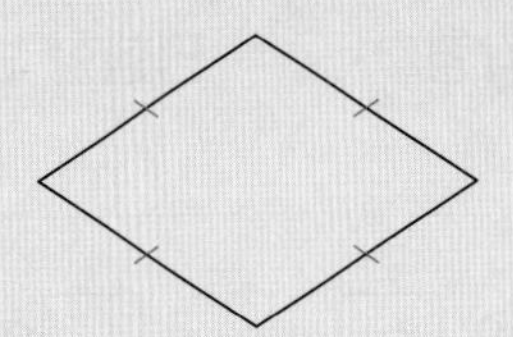

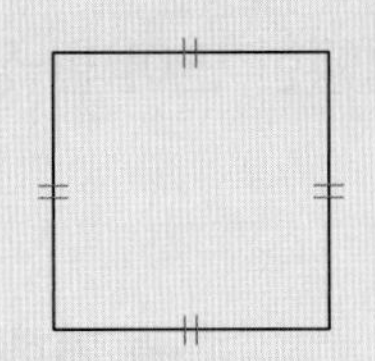

마름모는 마주 보는 변끼리 서로 평행하므로 사다리꼴, 평행사변형이라고 할 수도 있습니다.

마름모의 성질

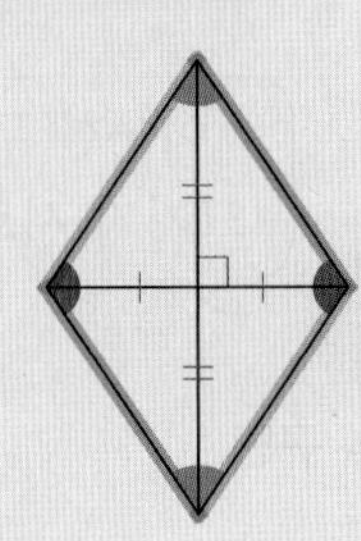

- 마주 보는 두 쌍의 변이 서로 평행합니다.
- 마주 보는 두 각의 크기가 각각 같습니다.
- 이웃한 두 각의 크기의 합이 180°입니다.

→ 평행사변형의 성질과 같아.

- 마주 보는 꼭짓점끼리 이은 두 선분이 서로 수직으로 만나고, 서로를 똑같이 둘로 나눕니다.

개념 확인 **1** □ 안에 알맞은 말을 써넣으세요.

네 변의 길이가 모두 같은 사각형을 □라고 합니다.

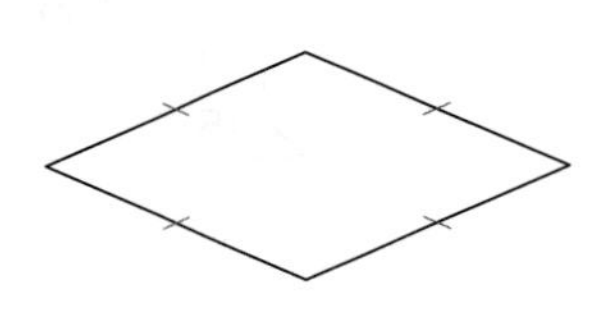

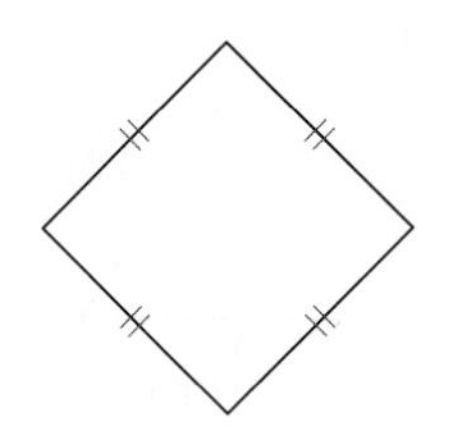

개념 확인 **2** 마름모를 보고 □ 안에 알맞은 말을 써넣으세요.

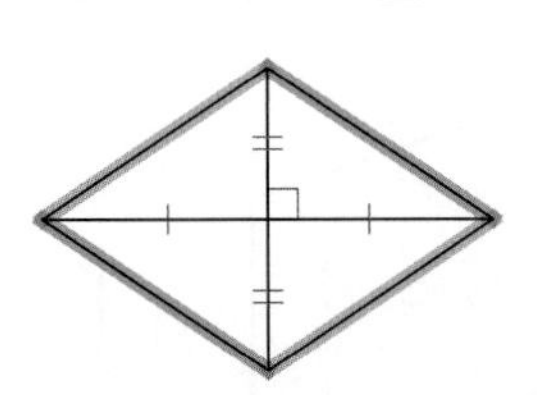

- 마주 보는 두 쌍의 변이 서로 □합니다.
- 마주 보는 꼭짓점끼리 이은 두 선분이 서로 □으로 만나고, 서로를 똑같이 둘로 나눕니다.

3 길이가 다른 변이 있는 사각형과 네 변의 길이가 모두 같은 사각형으로 분류하고, ☐ 안에 알맞은 기호를 써넣으세요.

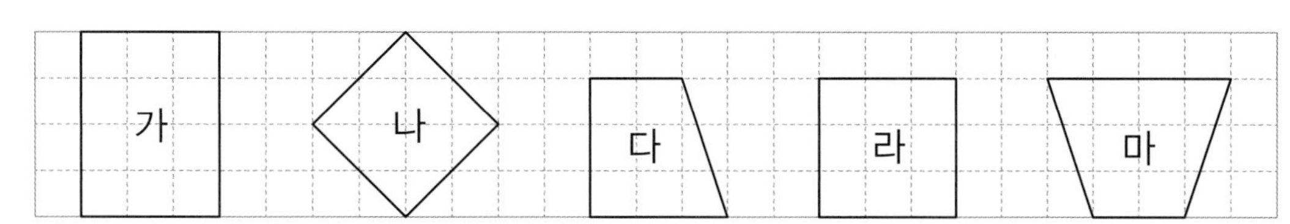

길이가 다른 변이 있는 사각형	네 변의 길이가 모두 같은 사각형

➜ 마름모는 ☐, ☐입니다.

4 마름모를 보고 ☐ 안에 알맞은 수를 써넣으세요.

(1)

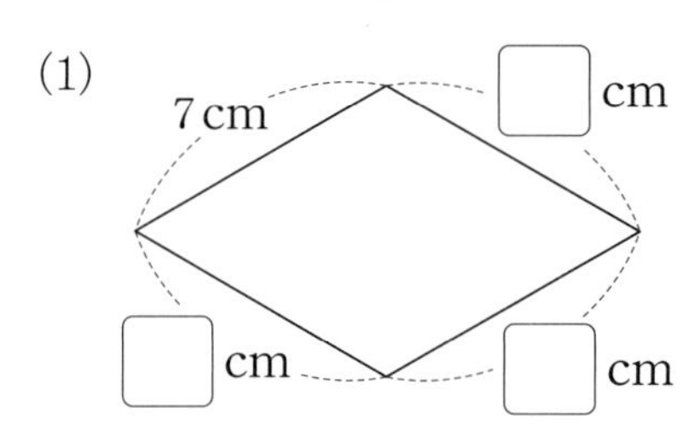

(2)

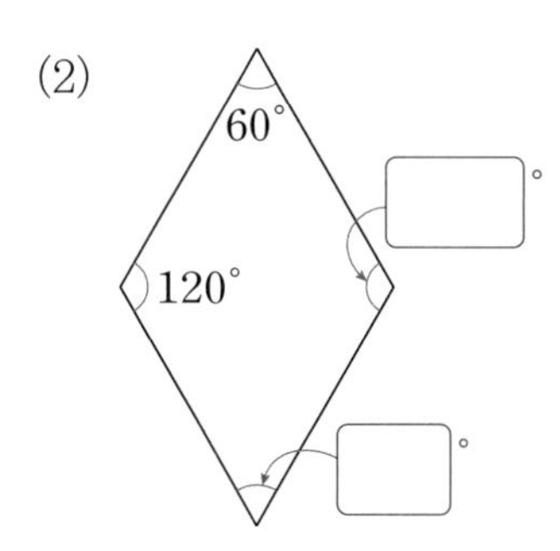

5 마름모를 보고 ☐ 안에 알맞게 써넣으세요.

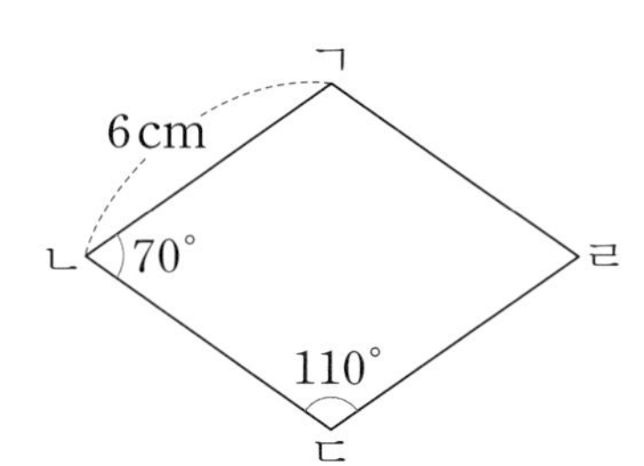

(1) 변 ㄱㄴ과 평행한 변은 변 ☐입니다.

(2) 변 ㄴㄷ은 ☐ cm입니다.

(3) 각 ㄱㄹㄷ은 ☐°입니다.

6 주어진 선분을 이용하여 마름모를 완성해 보세요.

(1)

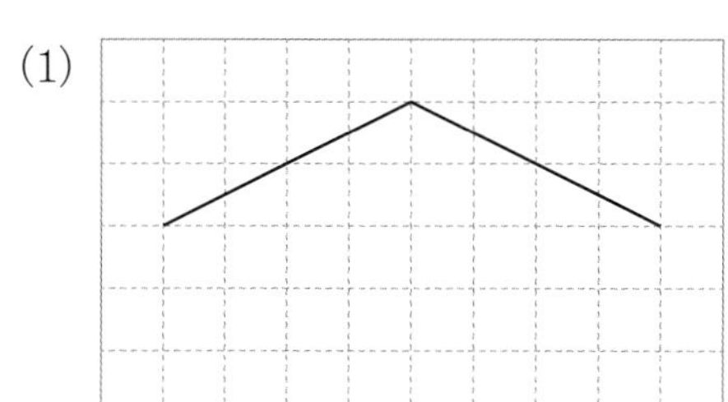

(2)

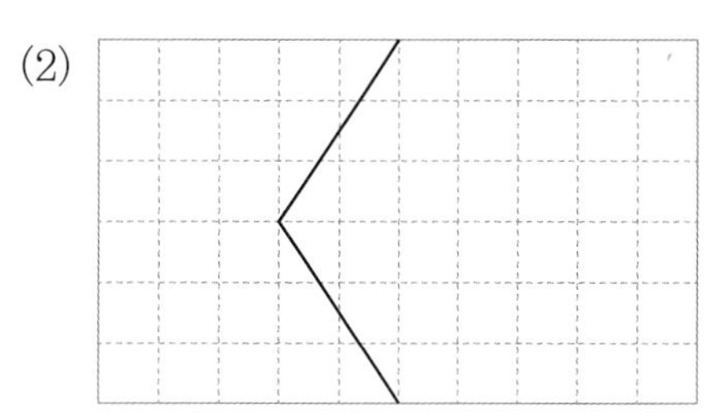

교과서 개념 잡기

개념 강의

7 여러 가지 사각형

직사각형과 정사각형의 성질

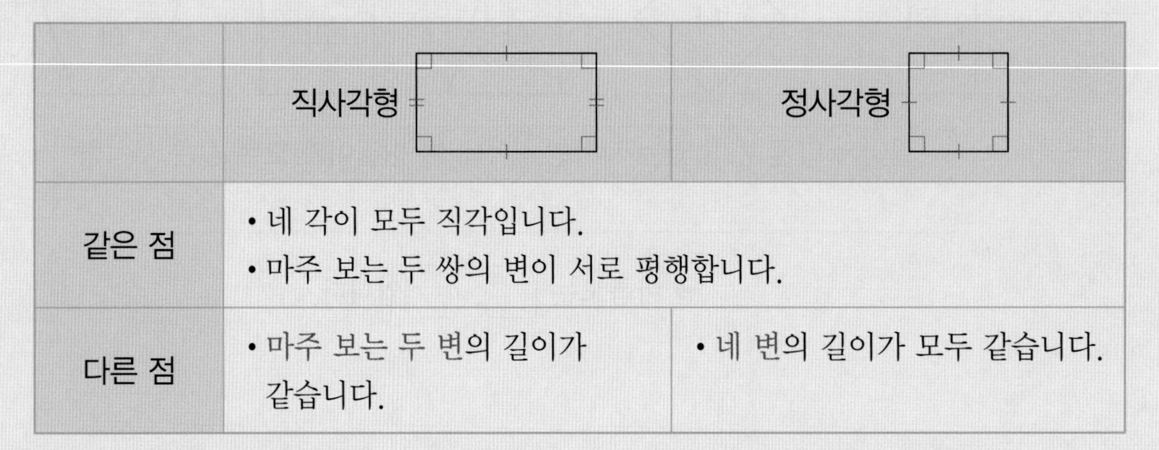

	직사각형	정사각형
같은 점	• 네 각이 모두 직각입니다. • 마주 보는 두 쌍의 변이 서로 평행합니다.	
다른 점	• 마주 보는 두 변의 길이가 같습니다.	• 네 변의 길이가 모두 같습니다.

여러 가지 사각형의 관계

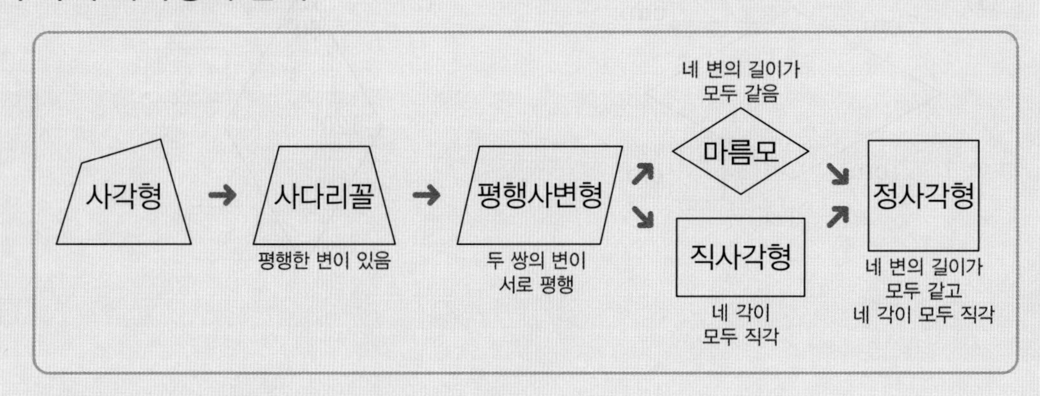

- 평행사변형은 사다리꼴이라고 할 수 있습니다.
- 마름모는 사다리꼴, 평행사변형이라고 할 수 있습니다.
- 직사각형은 사다리꼴, 평행사변형이라고 할 수 있습니다.
- 정사각형은 사다리꼴, 평행사변형, 마름모, 직사각형이라고 할 수 있습니다.

개념 확인 **1**

☐ 안에 알맞은 도형의 이름을 써넣으세요.

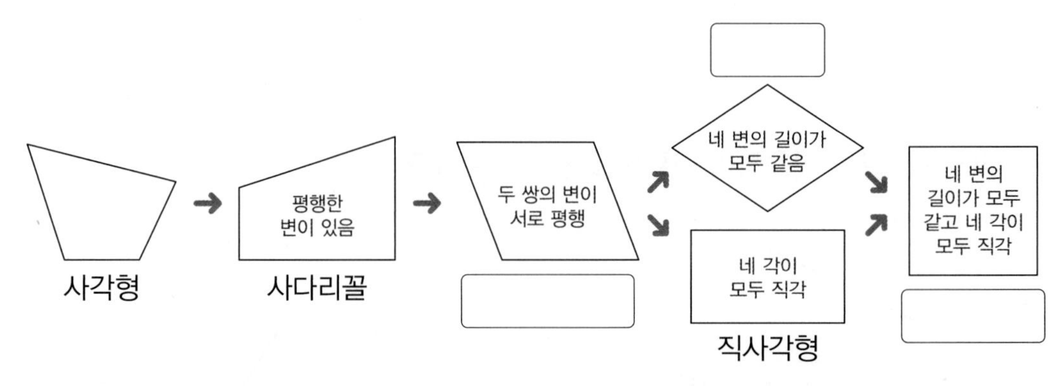

2 **여러 가지 사각형을 보고 ☐ 안에 알맞은 기호를 써넣으세요.**

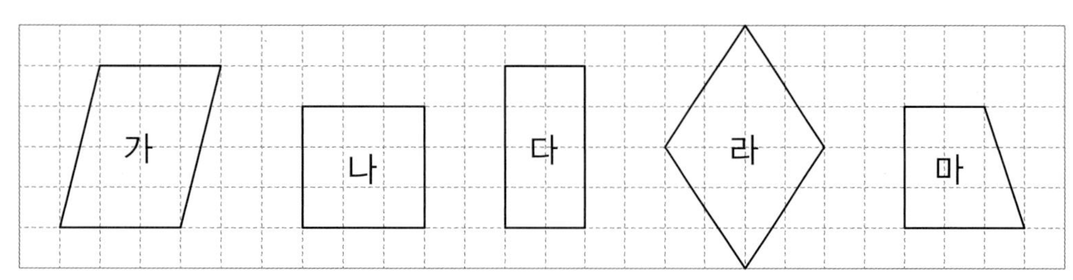

(1) 사다리꼴은 ☐, ☐, ☐, ☐, ☐입니다.

(2) 평행사변형은 ☐, ☐, ☐, ☐입니다.

(3) 마름모는 ☐, ☐입니다.

(4) 직사각형은 ☐, ☐입니다.

(5) 정사각형은 ☐입니다.

3 **정사각형 모양의 색종이를 다음과 같이 접었습니다. ☐ 안에 알맞은 수를 써넣으세요.**

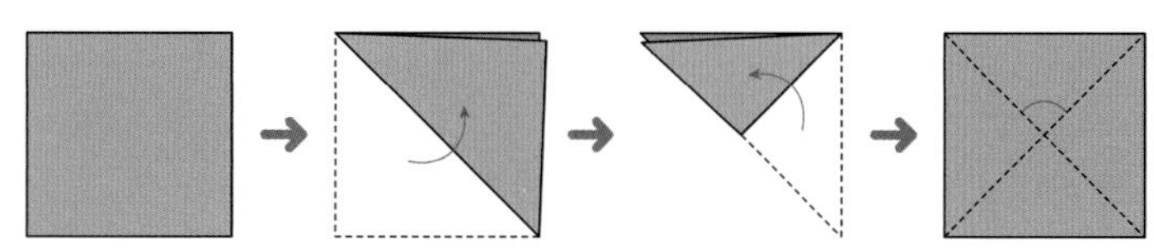

정사각형에서 마주 보는 꼭짓점끼리 이은 두 선분이 만나서 이루는 각의 크기는 ☐°입니다.

4 **사각형의 이름이 될 수 있는 것을 모두 찾아 ○표 하세요.**

(1)

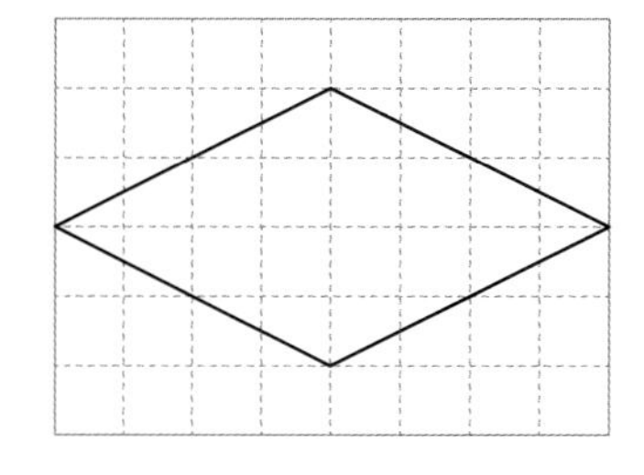

사다리꼴 평행사변형 마름모
직사각형 정사각형

(2)

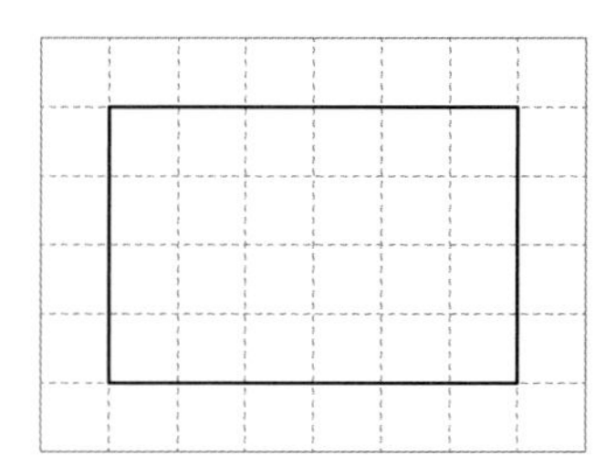

사다리꼴 평행사변형 마름모
직사각형 정사각형

STEP 2 수학익힘 문제 잡기

4 사다리꼴

개념 096쪽

01 사다리꼴은 모두 몇 개인가요?

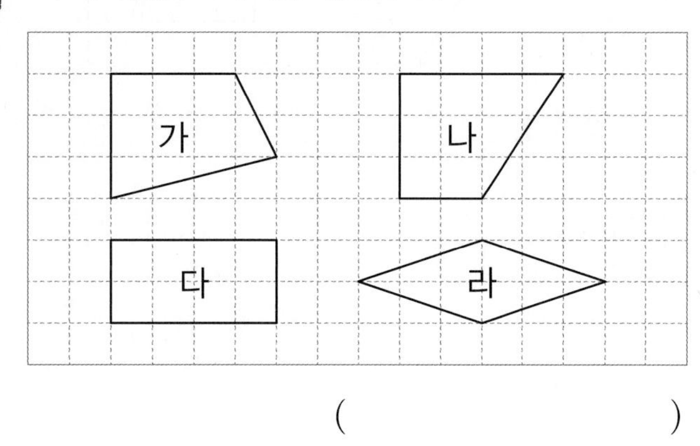

( )

02 바르게 설명한 것의 기호를 쓰세요.

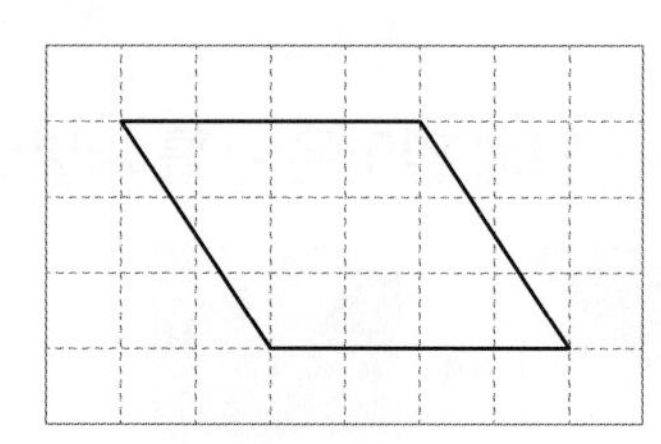

㉠ 평행한 변이 있으므로 사다리꼴입니다.
㉡ 평행한 변이 두 쌍 있으므로 사다리꼴이 아닙니다.

( )

03 서로 다른 사다리꼴을 2개 그려 보세요.

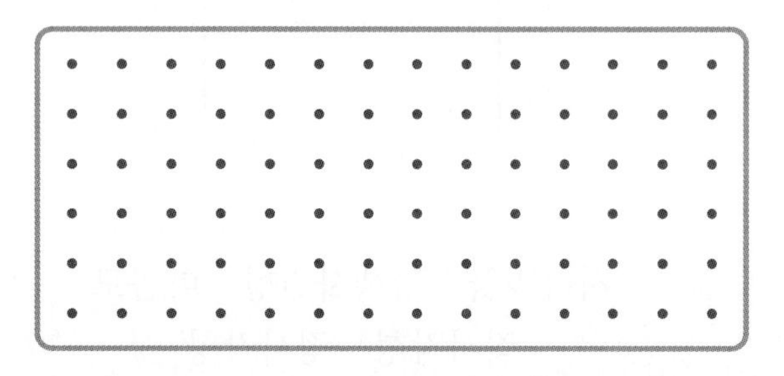

04 사각형 안쪽에 선을 1개 그어 사다리꼴을 만들어 보세요.

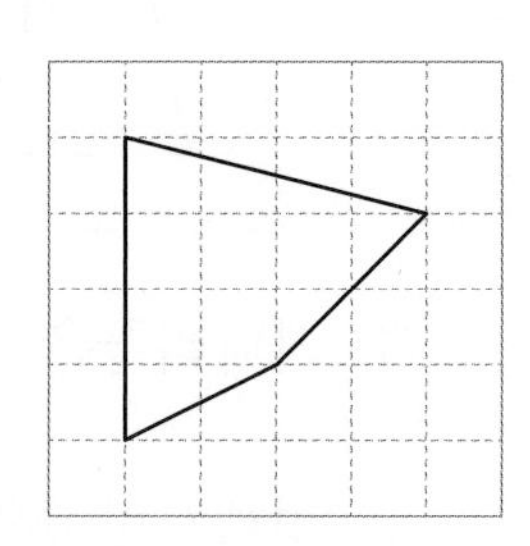

05 직사각형 모양의 색종이를 다음과 같이 접어서 자른 후 빗금 친 부분을 펼쳤습니다. 만들어진 사각형의 이름을 쓰세요.

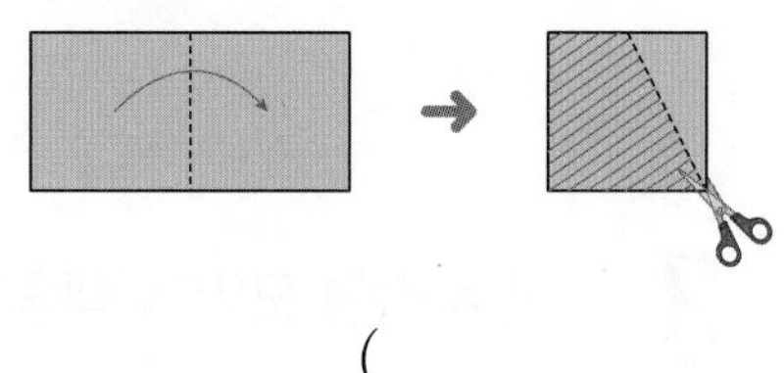

( )

교과역량 콕! 문제해결

06 오른쪽 도형에서 찾을 수 있는 크고 작은 사다리꼴은 모두 몇 개인지 구하세요.

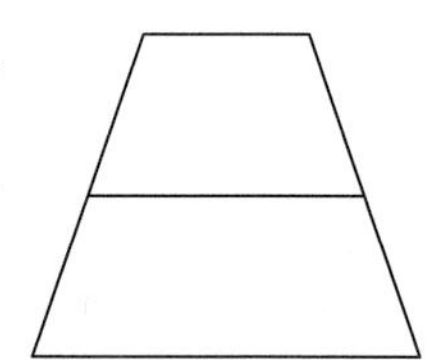

(1) 사각형 1개로 이루어진 사다리꼴은 몇 개인가요?

( )

(2) 사각형 2개로 이루어진 사다리꼴은 몇 개인가요?

( )

(3) 크고 작은 사다리꼴은 모두 몇 개인가요?

( )

5 평행사변형

개념 098쪽

07 평행사변형이 아닌 것을 찾아 기호를 쓰세요.

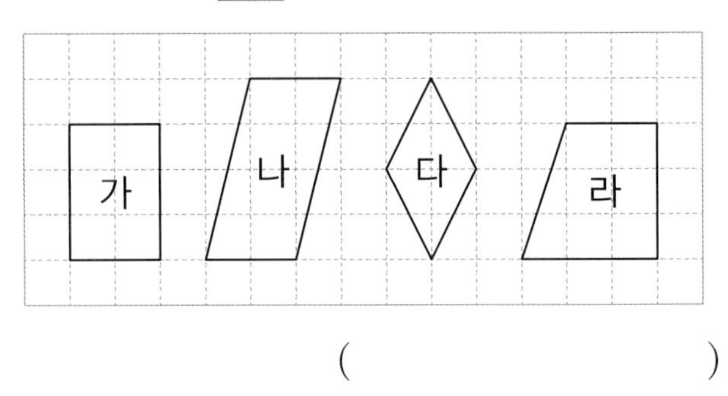

( )

08 서로 다른 평행사변형을 2개 그려 보세요.

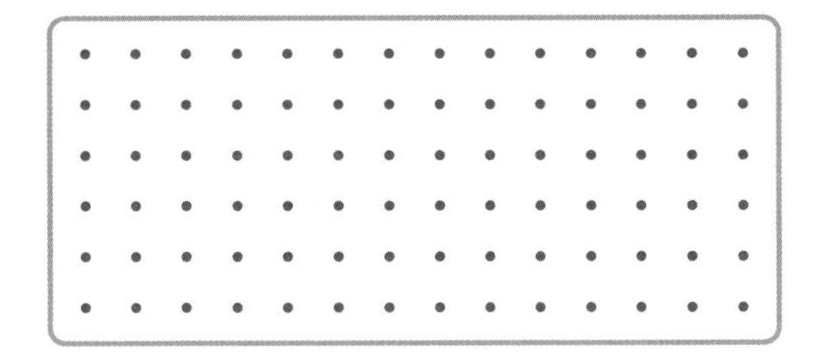

09 평행사변형을 보고 □ 안에 알맞은 수를 써넣으세요.

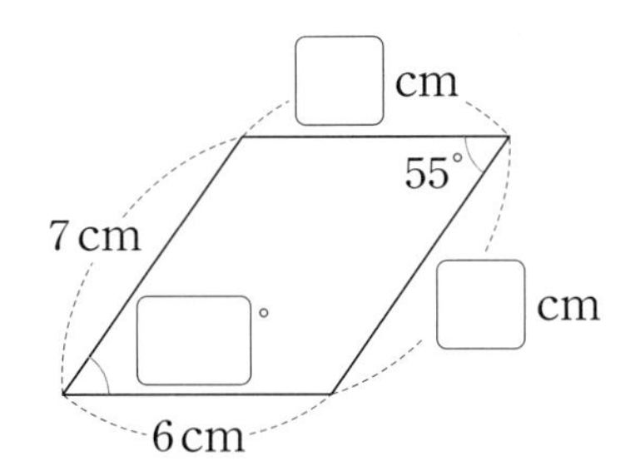

10 꼭짓점을 한 개만 옮겨서 평행사변형을 만들어 보세요.

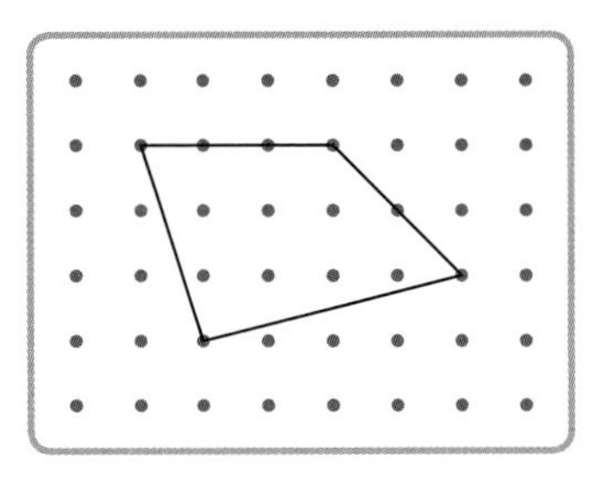

11 평행사변형의 네 변의 길이의 합은 몇 cm인가요?

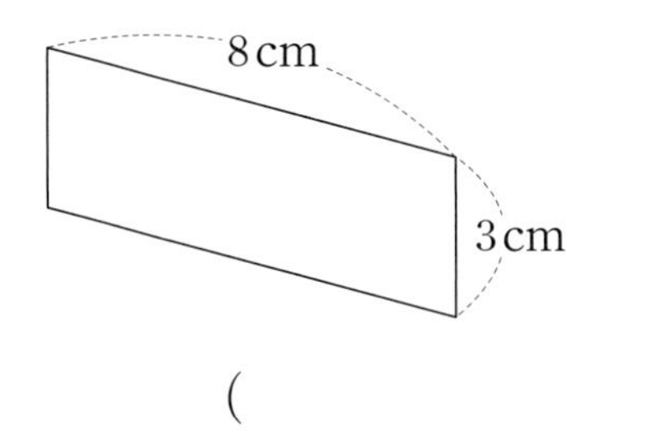

( )

교과역량 콕! 문제해결 | 추론

12 평행사변형에서 ㉠의 각도를 구하려고 합니다. 물음에 답하세요.

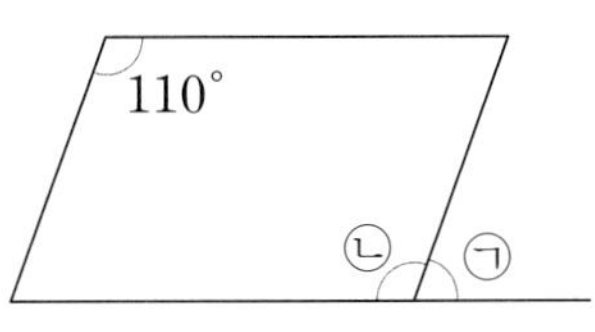

(1) ㉡은 몇 도인가요?

( )

(2) ㉠은 몇 도인가요?

( )

직선이 이루는 각도는 180°야.

4 단원

6 마름모

개념 100쪽

13 마름모를 모두 찾아 기호를 쓰세요.

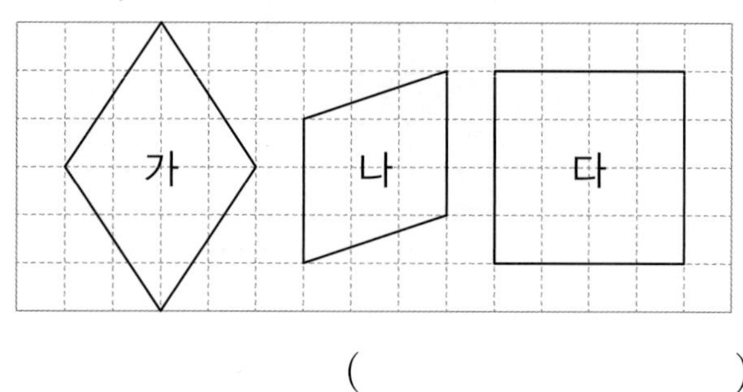

(　　　　　　　　)

14 마름모에 대한 설명으로 잘못된 것을 찾아 기호를 쓰세요.

㉠ 네 변의 길이가 모두 같습니다.
㉡ 네 각의 크기가 모두 같습니다.
㉢ 마주 보는 두 각의 크기가 같습니다.
㉣ 마주 보는 두 쌍의 변이 서로 평행합니다.

(　　　　　　　　)

15 마름모를 보고 □ 안에 알맞은 수를 써넣으세요.

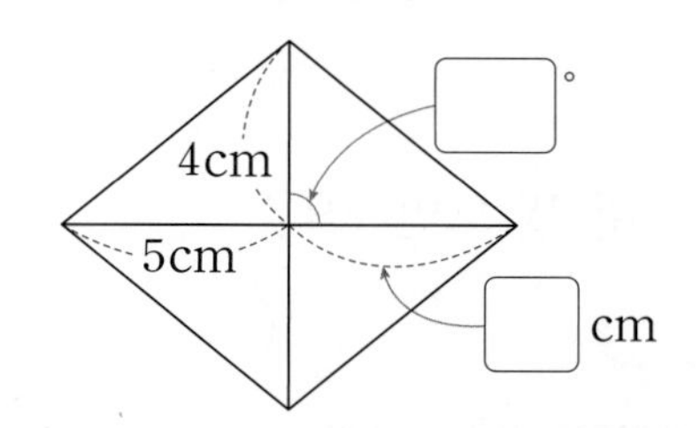

16 규민이가 마름모를 만드는 데 사용한 철사는 모두 몇 cm인가요?

철사를 겹치지 않게 사용하여 한 변의 길이가 8 cm인 마름모를 한 개 만들었어.

(　　　　　　　　)

교과역량 콕! 정보처리

17 〈보기〉에서 설명하는 사각형을 그려 보세요.

〈보기〉
- 마주 보는 두 쌍의 변이 서로 평행합니다.
- 네 변의 길이가 모두 같습니다.

18 마름모에서 각 ㄱㄴㄷ의 크기는 몇 도인가요?

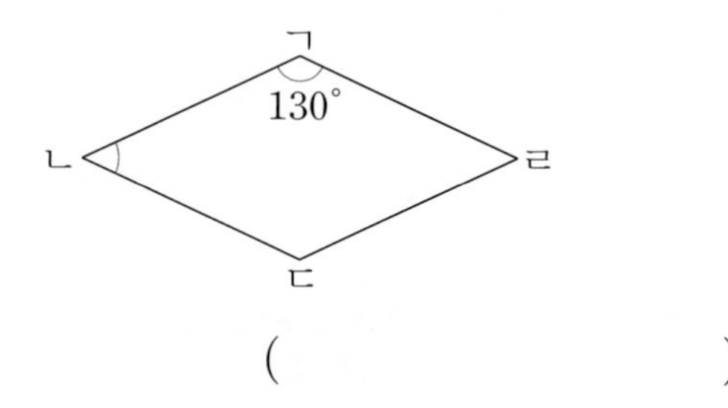

(　　　　　　　　)

7 여러 가지 사각형

개념 102쪽

19 직사각형을 보고 ☐ 안에 알맞은 수를 써넣으세요.

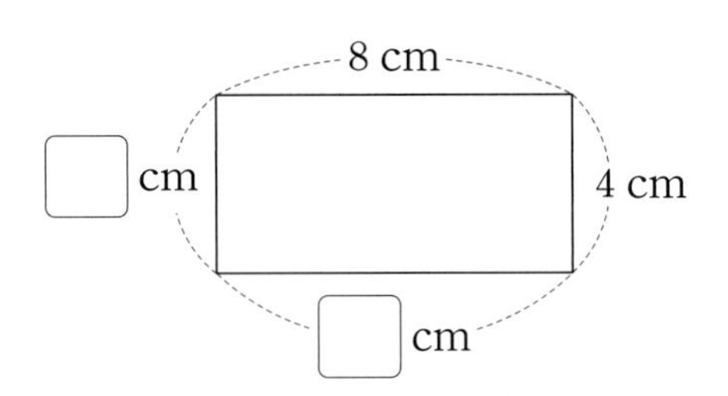

20 사각형 ㄱㄴㄷㄹ은 정사각형입니다. ☐ 안에 알맞은 수를 써넣으세요.

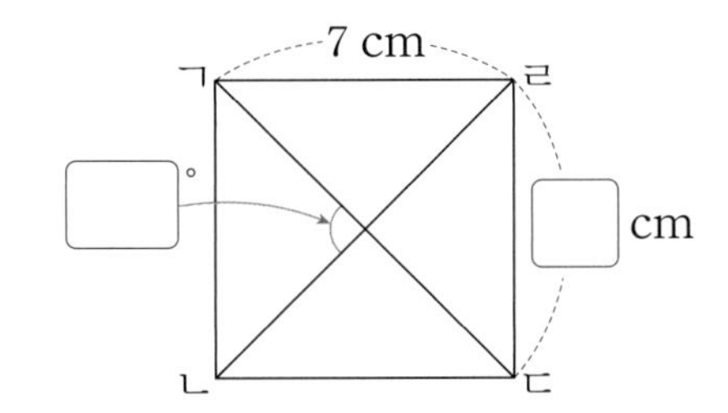

21 주어진 사각형에 대해 잘못 설명한 것을 찾아 기호를 쓰세요.

㉠ 마주 보는 두 쌍의 변이 서로 평행합니다.
㉡ 마주 보는 변의 길이가 같습니다.
㉢ 정사각형입니다.

( )

22 직사각형 모양의 종이를 선을 따라 잘랐을 때 생기는 사각형 중 평행사변형은 직사각형보다 몇 개 더 많은가요?

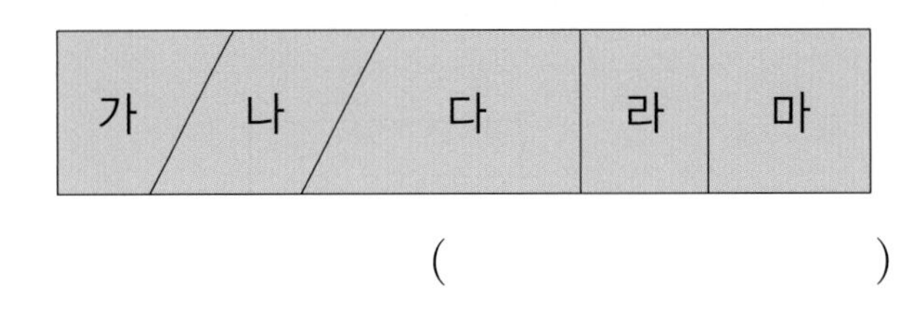

( )

23 여러 가지 사각형에 대한 설명입니다. 바르게 설명한 것을 모두 찾아 기호를 쓰세요.

㉠ 사다리꼴은 직사각형입니다.
㉡ 평행사변형은 사다리꼴입니다.
㉢ 마름모는 직사각형입니다.
㉣ 정사각형은 마름모입니다.

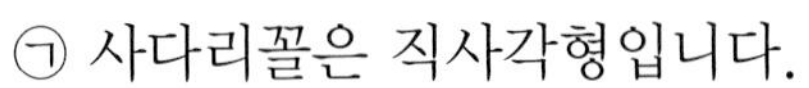

( )

교과역량 콕! 추론

24 주어진 수수깡을 네 변으로 하여 만들 수 있는 사각형의 이름을 〈보기〉에서 모두 찾아 쓰세요.

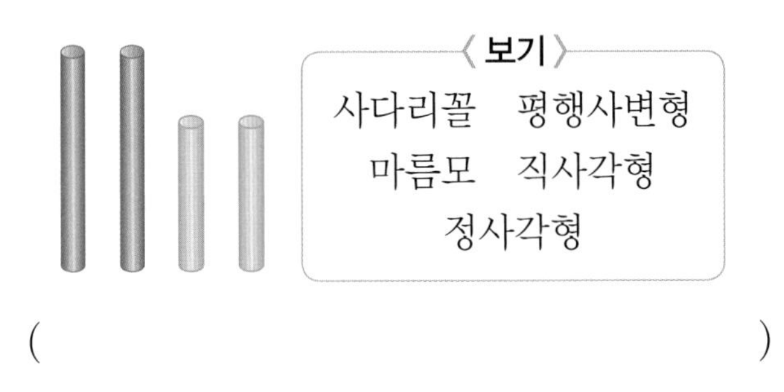

〈보기〉
사다리꼴 평행사변형
마름모 직사각형
정사각형

( )

STEP 3 서술형 문제 잡기

1

직사각형은 사다리꼴입니다. 그 이유를 쓰세요.

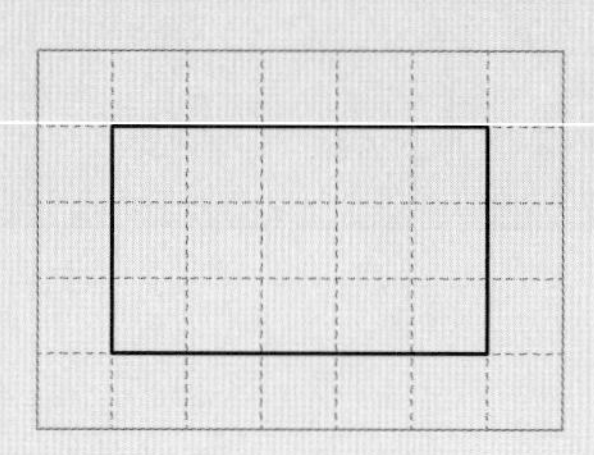

이유 사다리꼴인 이유 쓰기

직사각형은 (평행한 , 수직인) 변이 있기 때문에 사다리꼴입니다.

2

정사각형은 마름모입니다. 그 이유를 쓰세요.

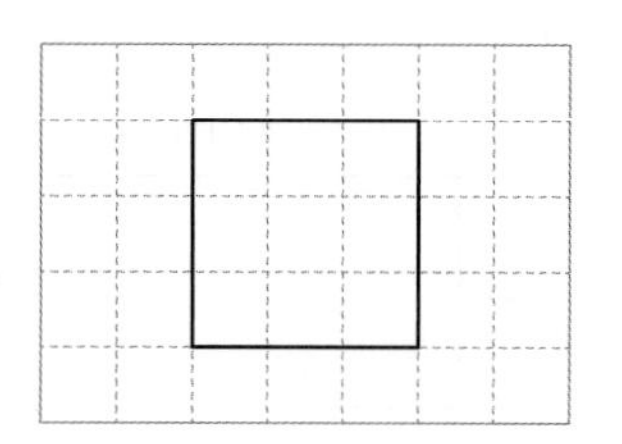

이유 마름모인 이유 쓰기

3

수선도 있고, 평행선도 있는 도형을 찾아 기호를 쓰려고 합니다. 풀이 과정을 쓰고, 답을 구하세요.

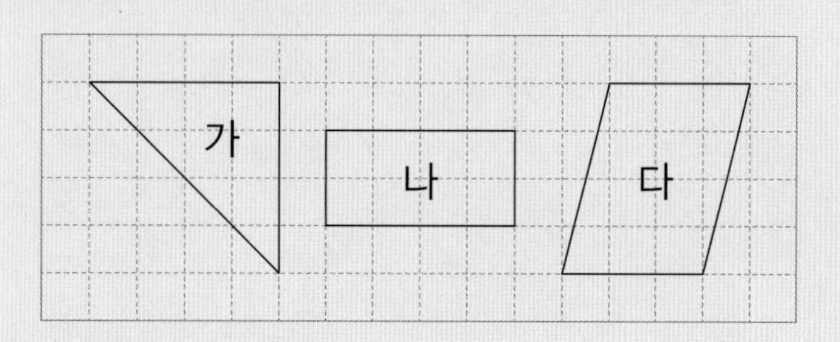

1단계 수선과 평행선이 있는 도형 각각 찾기

수선이 있는 도형은 ☐, ☐이고,

평행선이 있는 도형은 ☐, ☐입니다.

2단계 수선도 있고, 평행선도 있는 도형의 기호 쓰기

따라서 수선도 있고, 평행선도 있는 도형은 ☐입니다.

답

4

수선도 있고, 평행선도 있는 도형을 찾아 기호를 쓰려고 합니다. 풀이 과정을 쓰고, 답을 구하세요.

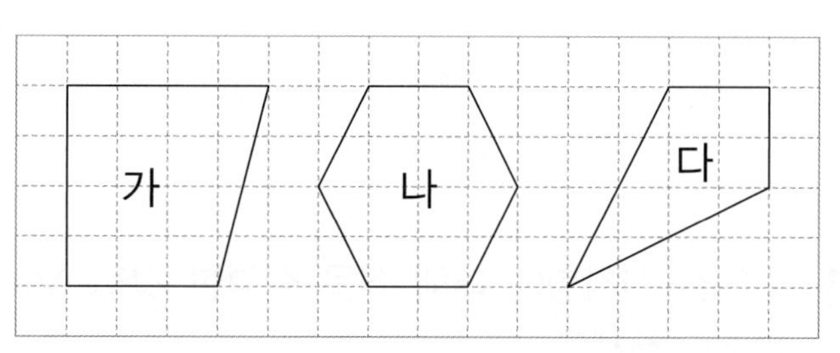

1단계 수선과 평행선이 있는 도형 각각 찾기

2단계 수선도 있고, 평행선도 있는 도형의 기호 쓰기

답

5

다음 평행사변형의 **네 변의 길이의 합은 40 cm**입니다. **변 ㄱㄴ의 길이**는 몇 cm인지 풀이 과정을 쓰고, 답을 구하세요.

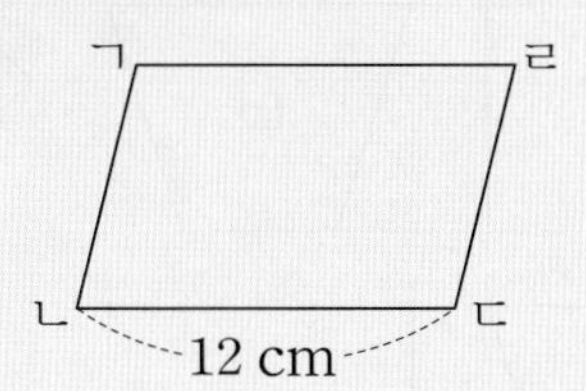

(1단계) 변 ㄱㄴ과 변 ㄴㄷ의 길이의 합 구하기

평행사변형은 마주 보는 두 변의 길이가 같으므로 변 ㄱㄴ과 변 ㄴㄷ의 길이의 합은

$40 \div 2 = \square$ (cm)입니다.

(2단계) 변 ㄱㄴ의 길이 구하기

따라서 변 ㄱㄴ의 길이는

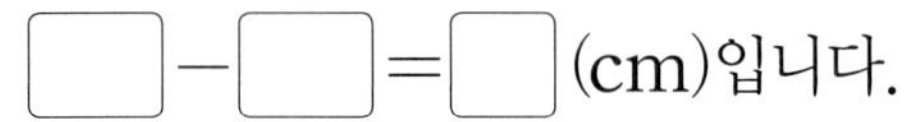
$\square - \square = \square$ (cm)입니다.

답 ______

6

다음 평행사변형의 **네 변의 길이의 합은 48 cm**입니다. **변 ㄴㄷ의 길이**는 몇 cm인지 풀이 과정을 쓰고, 답을 구하세요.

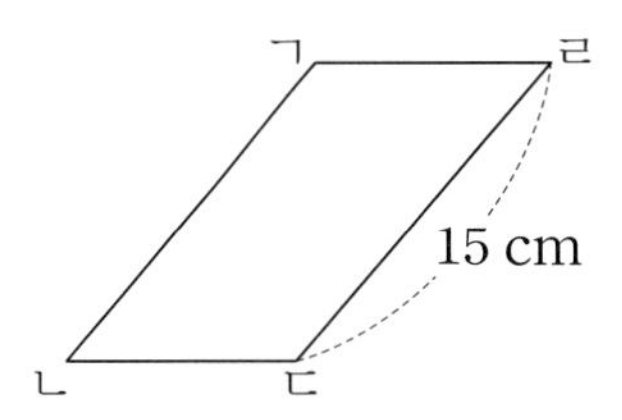

(1단계) 변 ㄴㄷ과 변 ㄷㄹ의 길이의 합 구하기

(2단계) 변 ㄴㄷ의 길이 구하기

답 ______

7

한 쌍의 변이 평행한 사각형을 그리려고 합니다. **준호의 조건에 알맞은 사각형**을 그려 보세요.

(1단계) 그려야 하는 사각형의 조건 쓰기

마주 보는 한 쌍의 변이 평행하고,
평행선 사이의 거리가 $\square$ cm인 사각형

(2단계) 준호의 조건에 알맞은 사각형 그리기

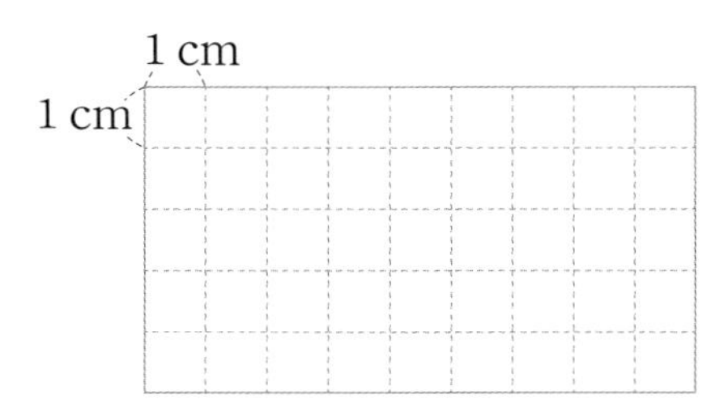

8 창의형

한 쌍의 변이 평행한 사각형을 그리려고 합니다. **조건을 정하고, 그 조건에 알맞은 사각형**을 그려 보세요.

(1단계) 그려야 하는 사각형의 조건 정하기

마주 보는 한 쌍의 변이 평행하고,
평행선 사이의 거리가 $\square$ cm인 사각형

(2단계) 내가 정한 조건에 알맞은 사각형 그리기

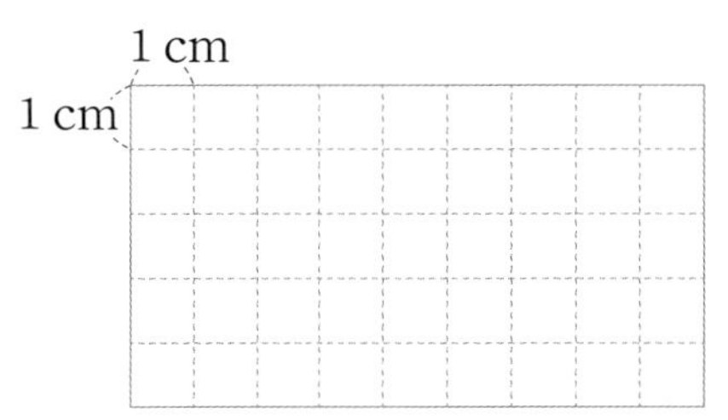

맞힌 개수

01 직선 가에 수직인 직선을 찾아 쓰세요.

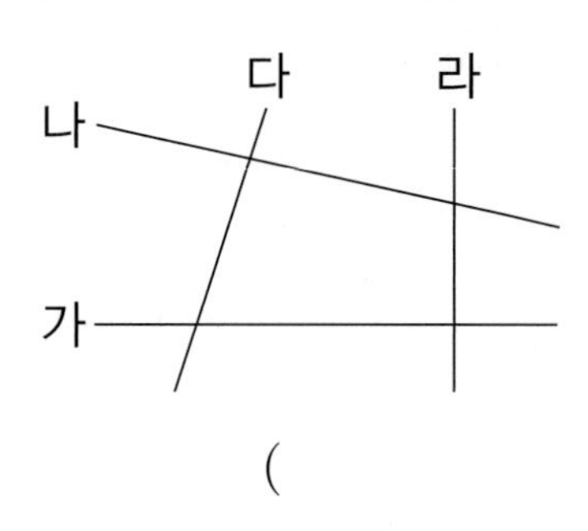

(   )

02 평행선을 나타낸 것에 ○표 하세요.

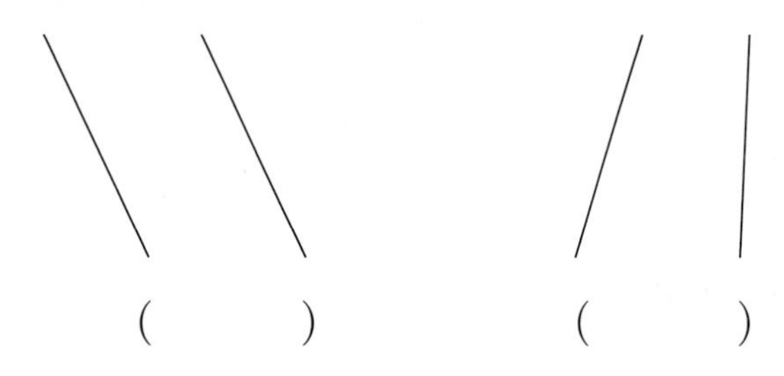

(   )   (   )

03 평행선 사이의 거리를 나타내는 선분을 찾아 기호를 쓰세요.

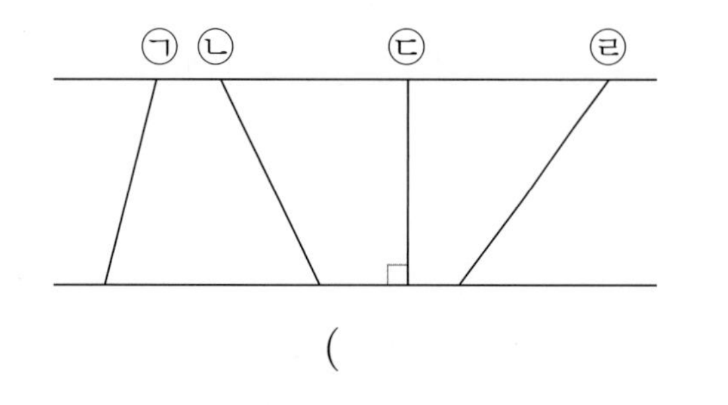

(   )

[04~06] 도형을 보고 물음에 답하세요.

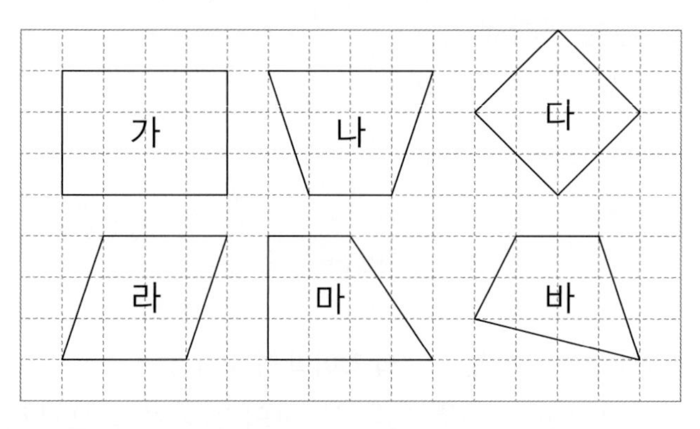

04 평행사변형을 모두 찾아 기호를 쓰세요.

(   )

05 직사각형을 모두 찾아 기호를 쓰세요.

(   )

06 정사각형을 찾아 기호를 쓰세요.

(   )

07 주어진 직선과 평행한 직선을 그어 보세요.

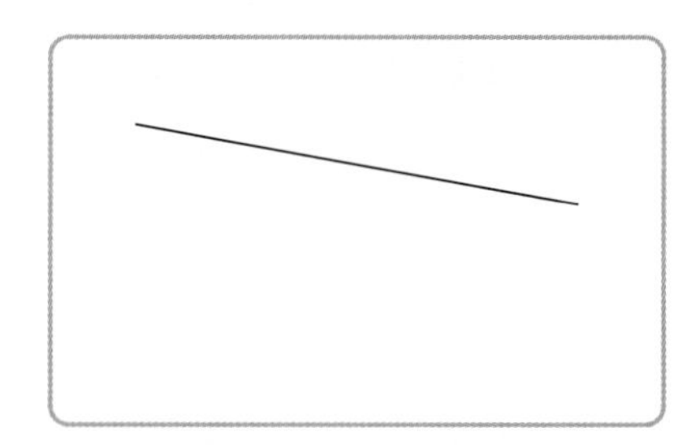

정답 26쪽

08 평행선 사이의 거리가 몇 cm인지 재어 보세요.

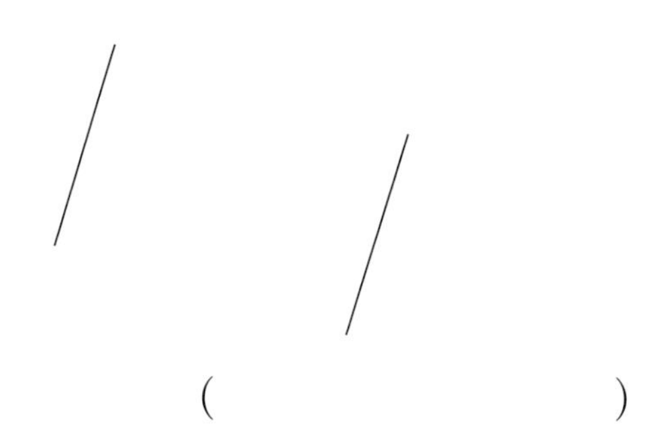

(　　　　　　　　　　)

09 주어진 선분을 이용하여 평행사변형을 완성해 보세요.

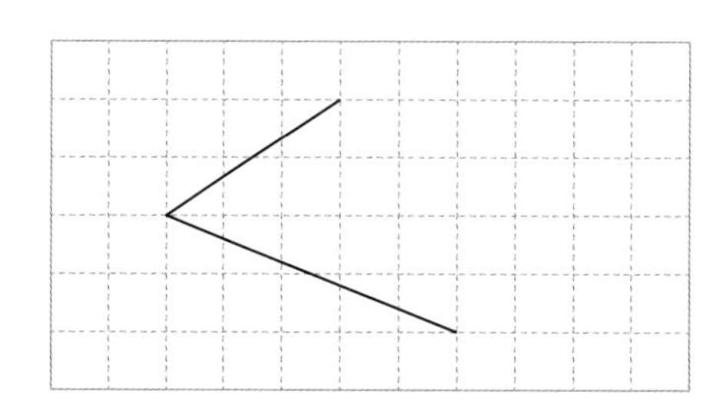

10 도형에서 변 ㄱㄴ과 수직인 변을 모두 찾아 쓰세요.

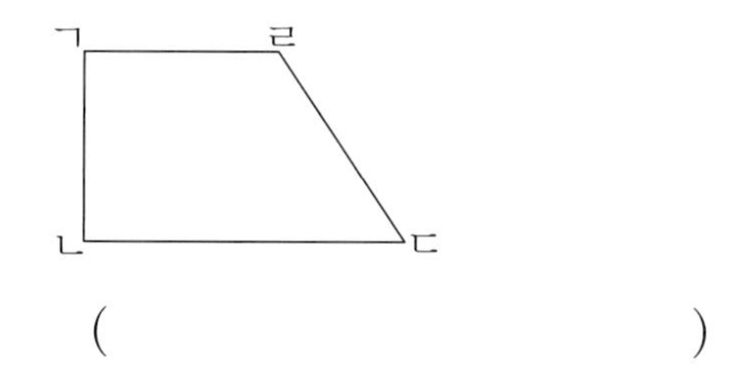

(　　　　　　　　　　)

11 마름모를 보고 □ 안에 알맞은 수를 써넣으세요.

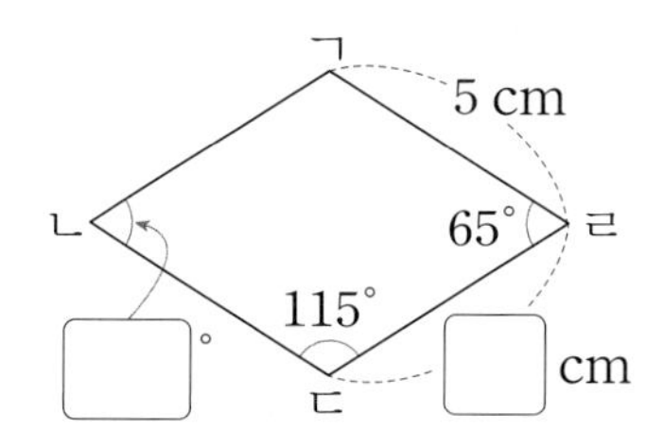

12 잘못 설명한 것을 찾아 기호를 쓰세요.

㉠ 마름모는 평행사변형입니다.
㉡ 평행사변형에서 마주 보는 각의 크기는 같습니다.
㉢ 평행사변형의 마주 보는 꼭짓점끼리 이은 선분은 항상 서로 수직으로 만납니다.

(　　　　　　　　　　)

13 도형의 이름이 될 수 있는 것을 모두 고르세요. (　　　　)

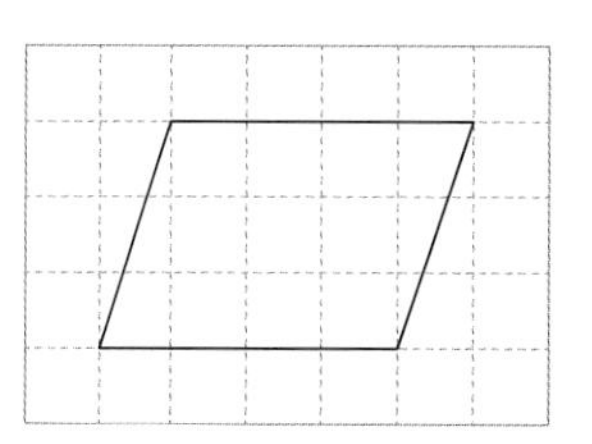

① 정사각형　② 평행사변형
③ 직사각형　④ 마름모
⑤ 사다리꼴

14 평행사변형에서 ㉠은 몇 도인가요?

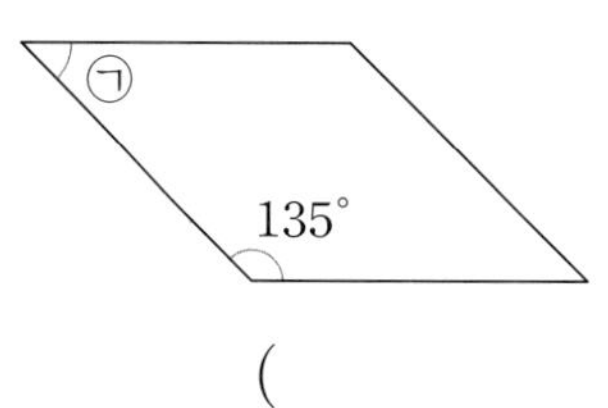

(　　　　　　　　　　)

15 마름모의 네 변의 길이의 합은 몇 cm인가요?

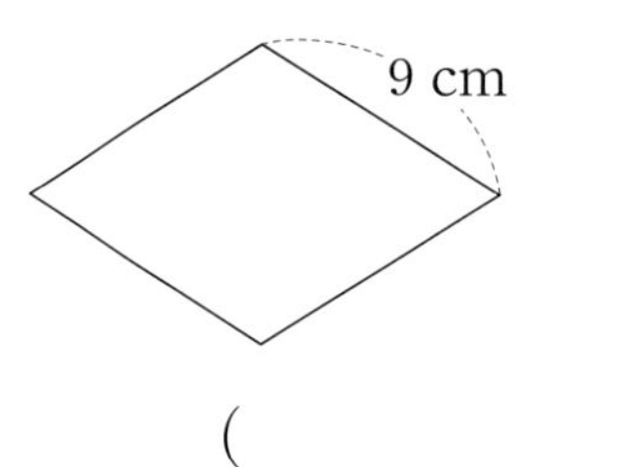

(　　　　　　　　　　)

4
단원

16 직선 가와 직선 나는 서로 수직입니다. ㉠은 몇 도인가요?

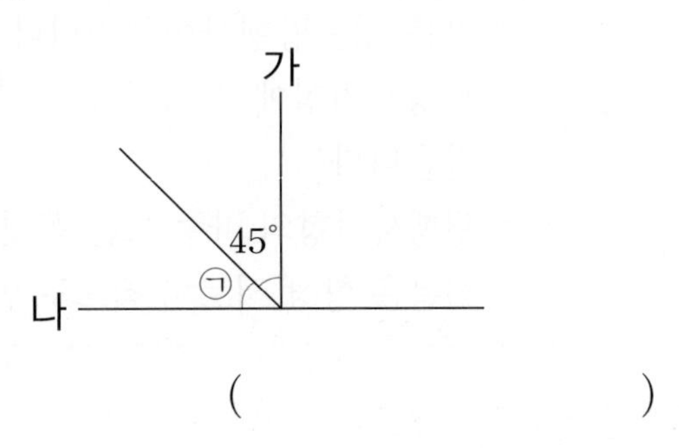

(   )

17 도형에서 찾을 수 있는 크고 작은 사다리꼴은 모두 몇 개인가요?

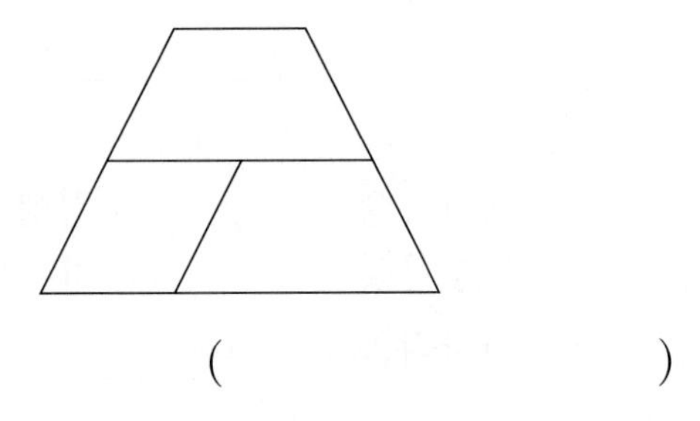

(   )

18 〈조건〉을 모두 만족하는 도형을 찾아 기호를 쓰세요.

〈조건〉

- 4개의 선분으로 둘러싸여 있습니다.
- 마주 보는 두 쌍의 변이 서로 평행하고, 마주 보는 각의 크기가 같습니다.
- 네 변의 길이가 모두 같습니다.

㉠ 평행사변형　㉡ 마름모　㉢ 직사각형

(   )

서술형

19 마름모는 평행사변형입니다. 그 이유를 쓰세요.

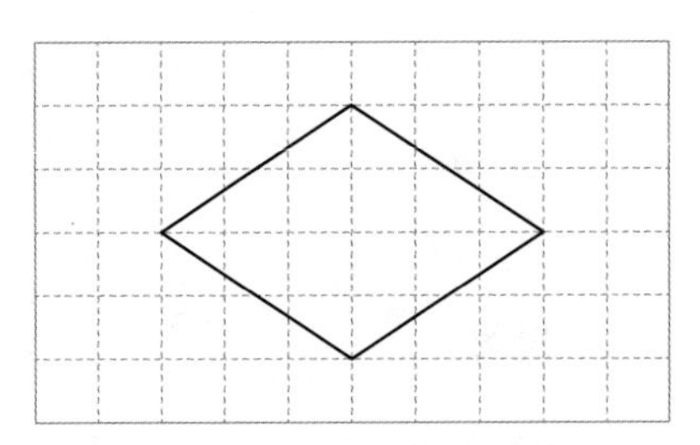

이유

20 주어진 평행사변형의 네 변의 길이의 합은 46 cm입니다. 변 ㄴㄷ의 길이는 몇 cm인지 풀이 과정을 쓰고, 답을 구하세요.

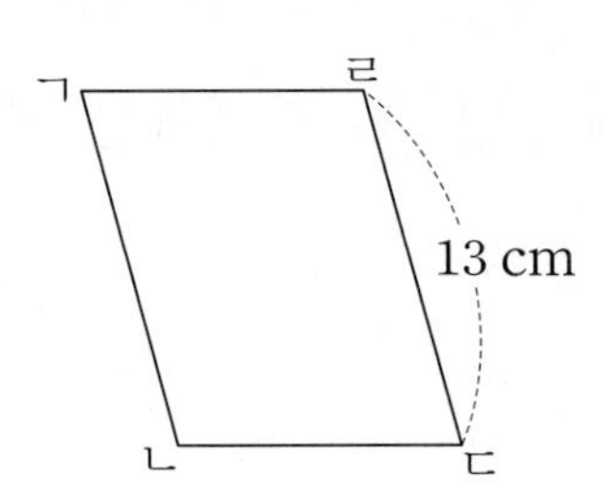

풀이

답

창의력 쑥쑥

토끼가 옥상에 있는 당근을 먹으려고 해요.
빨간색 사다리는 위로만 갈 수 있고, 파란색 사다리는 아래로만 갈 수 있어요.
어느 길로 가야 토끼가 옥상까지 올라갈 수 있을지 알아보세요.

정답은 개념책 160쪽에서 확인하세요.

5

꺾은선그래프

❶ 꺾은선그래프 알아보기

❷ 꺾은선그래프로 나타내기

이전에 배운 내용

[4-1] 막대그래프

막대그래프로 나타내기

막대그래프 해석하기

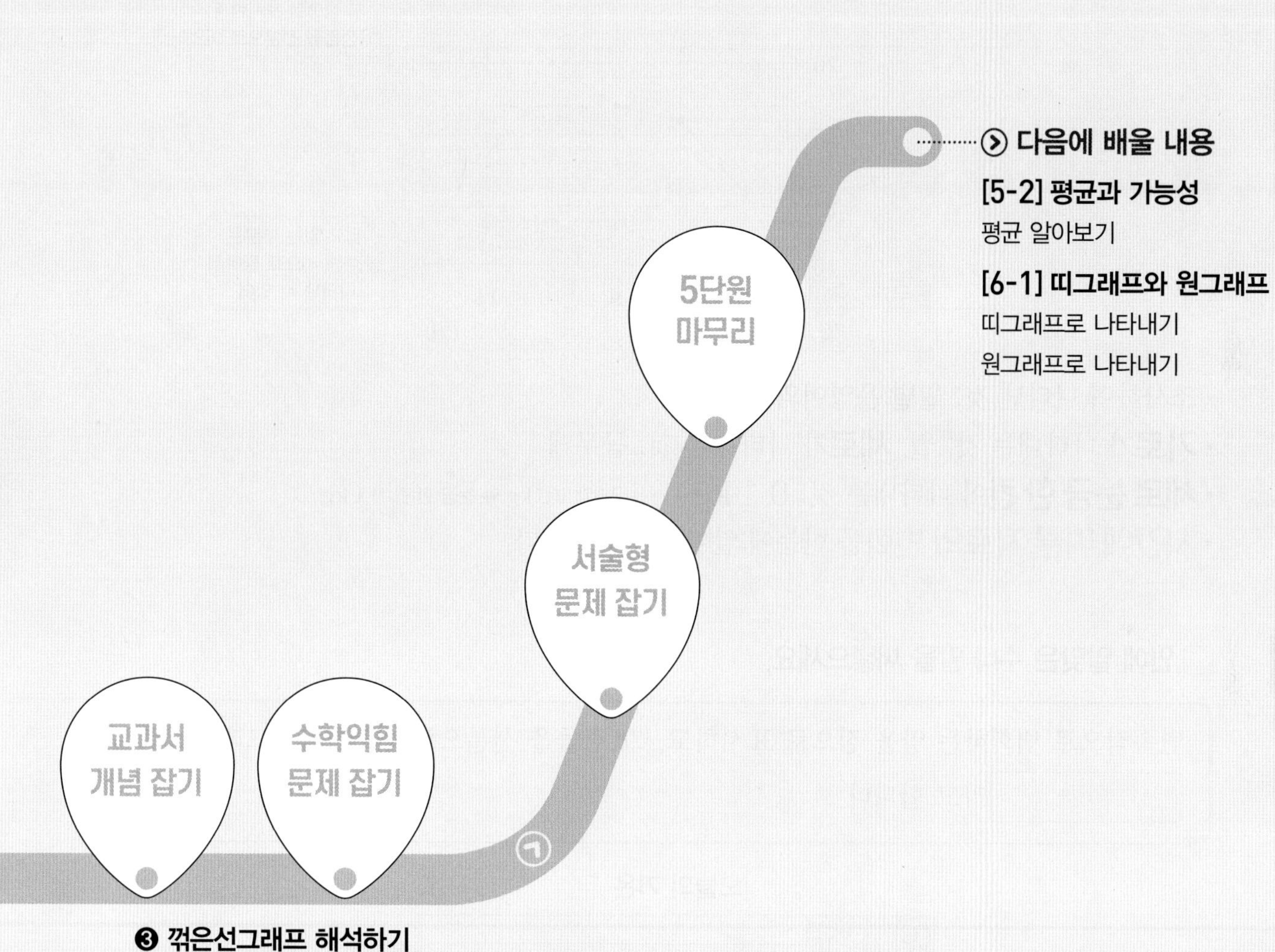

다음에 배울 내용

[5-2] 평균과 가능성

평균 알아보기

[6-1] 띠그래프와 원그래프

띠그래프로 나타내기

원그래프로 나타내기

❸ 꺾은선그래프 해석하기

❹ 자료를 수집하여 꺾은선그래프로 나타내기

❺ 알맞은 그래프 알아보기

교과서 개념 잡기

① 꺾은선그래프 알아보기

연속적으로 변화하는 양을 점으로 표시하고, 그 점들을 선분으로 이어 그린 그래프를 **꺾은선그래프**라고 합니다.

월별 은영이의 몸무게

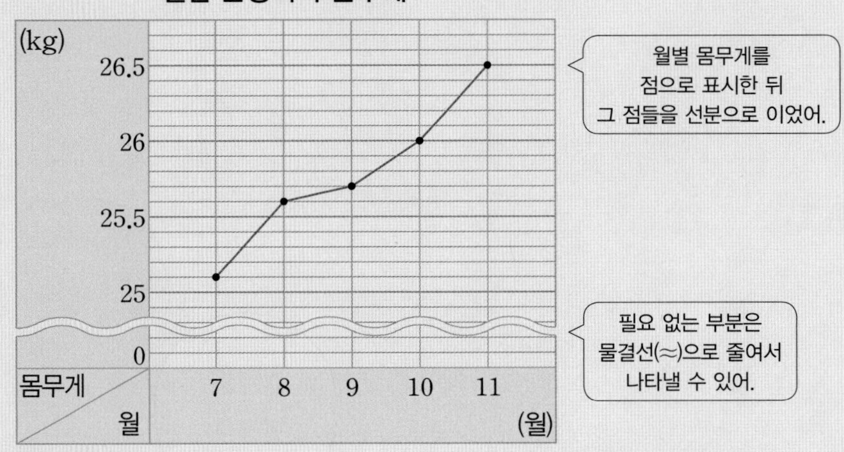

- 조사하여 나타낸 것: 월별 은영이의 몸무게
- **가로**가 나타내는 것: 월, **세로**가 나타내는 것: 몸무게
- **세로 눈금 한 칸**이 나타내는 것: 0.1 kg ─ 눈금 5칸: 0.5 kg ➡ 눈금 한 칸: 0.1 kg
- **시간에 따른 자료의 변화**를 한눈에 알아보기 쉽습니다.

개념 확인 **1** □ 안에 알맞은 수나 말을 써넣으세요.

연속적으로 변화하는 양을 점으로 표시하고, 그 점들을 선분으로 이어 그린 그래프를 □라고 합니다.

오늘의 기온

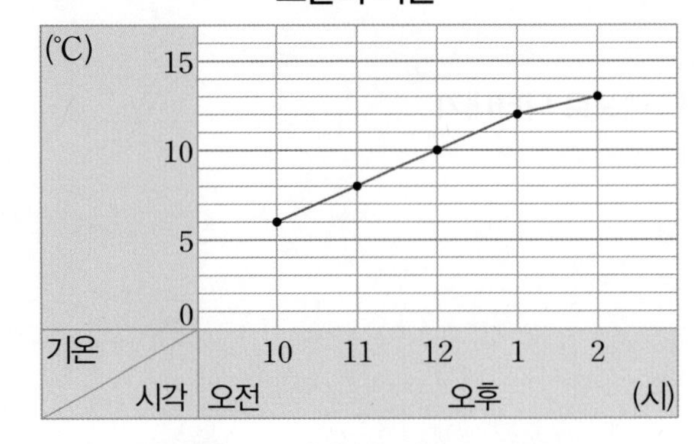

- **가로**가 나타내는 것: 시각, **세로**가 나타내는 것: □
- **세로 눈금 한 칸**이 나타내는 것: □ °C

2

선우가 읽은 책의 쪽수를 요일별로 조사하여 나타낸 막대그래프와 꺾은선그래프입니다. 물음에 답하세요.

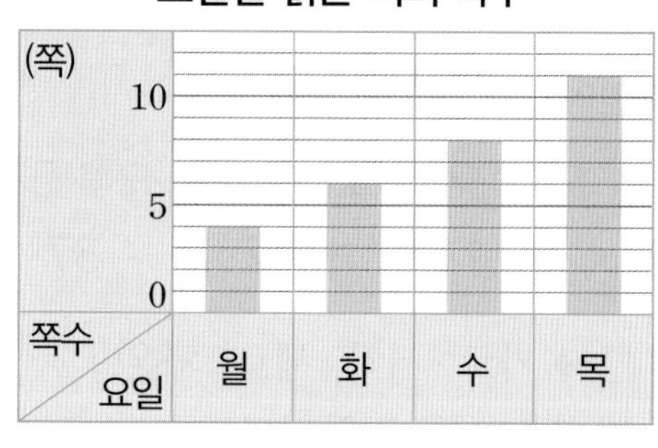

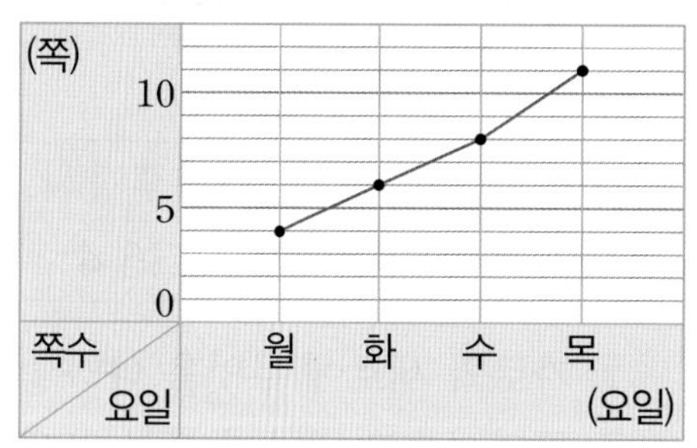

(1) □ 안에 알맞은 말을 써넣으세요.

> 두 그래프에서 가로는 □을 나타내고, 세로는 □를 나타냅니다.

(2) 알맞은 말에 ○표 하세요.

> 읽은 쪽수를 막대그래프는 (막대 , 점과 선분)로 나타내었고,
> 꺾은선그래프는 (막대 , 점과 선분)으로 나타내었습니다.

3

정호가 키우는 강아지의 무게를 날짜별로 조사하여 두 꺾은선그래프로 나타낸 것입니다. 물음에 답하세요.

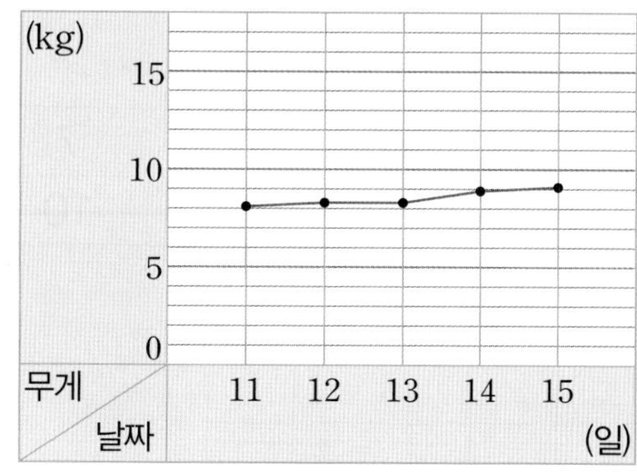

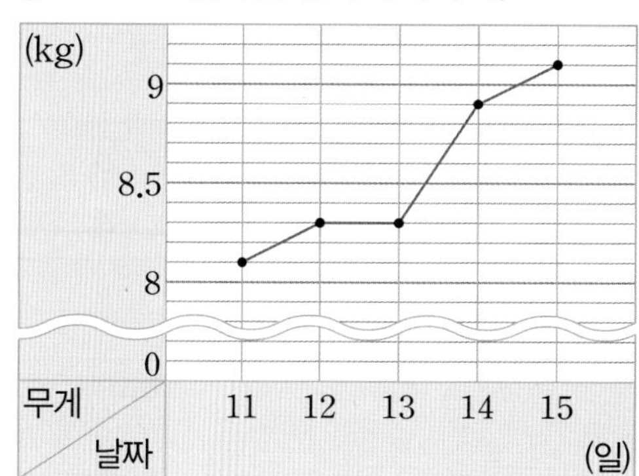

(1) 두 그래프의 다른 점을 찾아 알맞은 기호에 ○표 하세요.

> (㉮ , ㉯) 그래프에는 물결선이 있고, (㉮ , ㉯) 그래프에는 물결선이 없습니다.

(2) 강아지의 무게 변화를 더 뚜렷하게 나타내는 그래프의 기호를 쓰세요.

( )

5 단원

교과서 개념 잡기

② 꺾은선그래프로 나타내기

표를 보고 꺾은선그래프로 나타내는 방법

시각별 승민이의 체온

시각	오후 1시	오후 2시	오후 3시	오후 4시	오후 5시
체온(℃)	36.4	36.8	37.1	37.2	37

① 가로와 세로에 무엇을 나타낼지 정합니다. ➜ 가로: 시각, 세로: 체온

② 물결선으로 나타낼 부분과 세로 눈금 한 칸의 크기를 정합니다.

➜ 물결선: 0과 36 사이, 눈금 한 칸: 0.1℃

③ 가로 눈금과 세로 눈금이 만나는 자리에 점을 찍고, 그 점들을 선분으로 잇습니다.

④ 꺾은선그래프에 알맞은 제목을 씁니다. ─ 제목은 처음에 써도 돼.

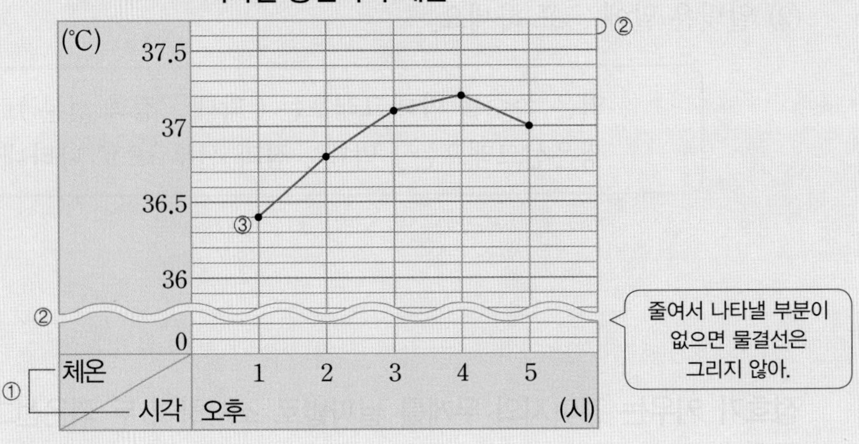

개념 확인 **1** 표를 보고 꺾은선그래프로 나타내세요.

월별 멀리던지기 최고 기록

월	3	4	5	6	7
기록(m)	4	6	9	12	10

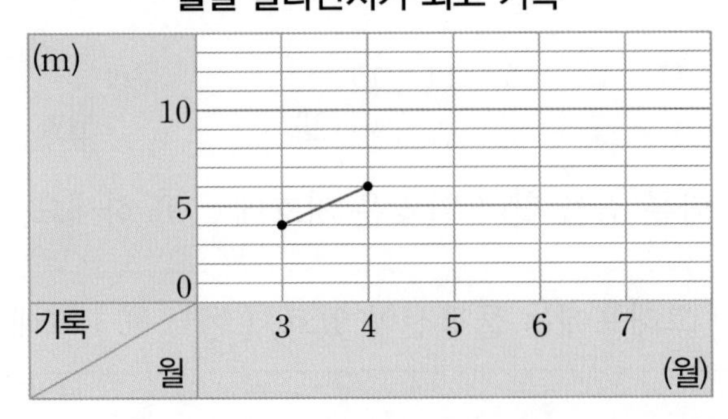

2 표를 보고 꺾은선그래프로 바르게 나타낸 것에 ○표 하세요.

시각별 서울의 기온

시각	오전 10시	오전 11시	낮 12시	오후 1시
기온(℃)	5	7	10	15

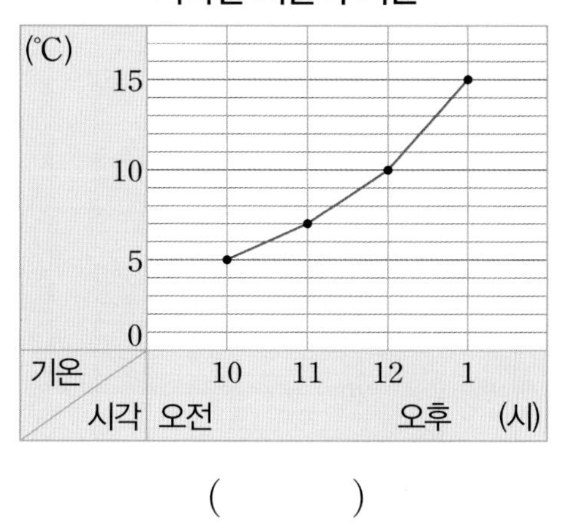

(　　　)

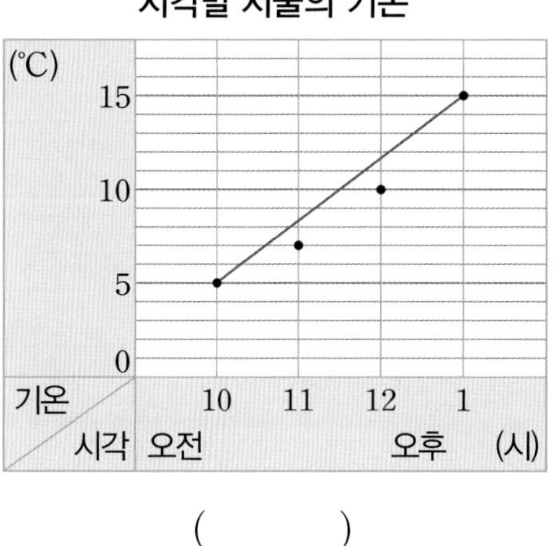

(　　　)

3 표를 보고 꺾은선그래프로 나타내려고 합니다. 물음에 답하세요.

날짜별 진우가 운동한 시간

날짜(일)	5	6	7	8	9
시간(분)	21	25	28	31	33

(1) 물결선을 넣는다면 몇 분과 몇 분 사이에 넣으면 좋을지 알맞은 것에 ○표 하세요.

0분과 20분 사이　　　0분과 25분 사이

(　　　)　　　(　　　)

(2) 표를 보고 꺾은선그래프로 나타내세요.

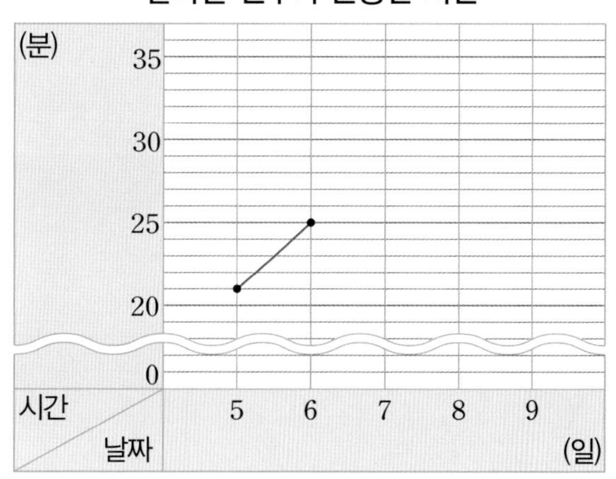

STEP 2 수학익힘 문제 잡기

1 꺾은선그래프 알아보기

개념 116쪽

[01～03] 어느 지역의 월별 강수량을 조사하여 나타낸 꺾은선그래프입니다. 물음에 답하세요.

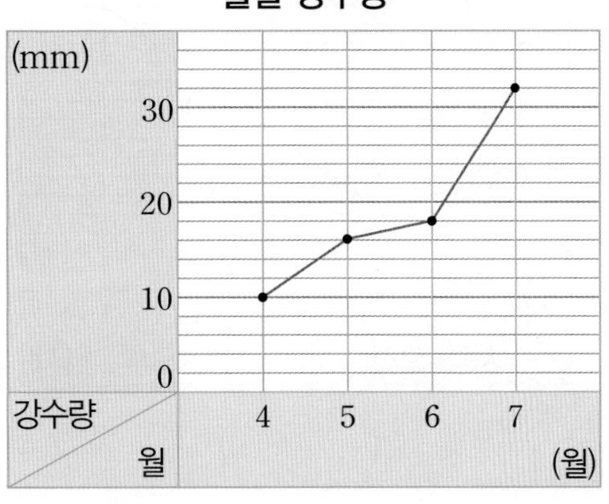

01 세로 눈금 한 칸은 몇 mm를 나타내나요?

(   )

02 꺾은선그래프를 보고 빈칸에 강수량을 써넣으세요.

월별 강수량

월(월)	4	5	6	7
강수량(mm)	10			32

03 꺾은선그래프를 보고 잘못 설명한 것의 기호를 쓰세요.

㉠ 가로는 월, 세로는 강수량을 나타냅니다.
㉡ 꺾은선은 월의 변화를 나타냅니다.

(   )

[04～05] 어느 학교의 연도별 학생 수를 조사하여 두 꺾은선그래프로 나타낸 것입니다. 물음에 답하세요.

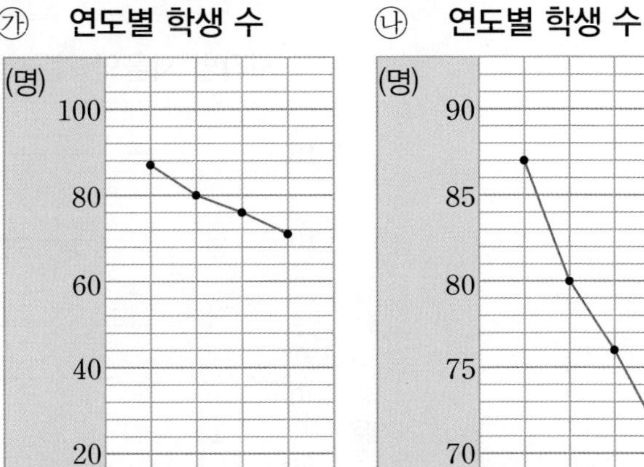

04 두 그래프의 세로 눈금 한 칸은 각각 몇 명을 나타내나요?

㉮ (   )
㉯ (   )

힌트 톡! 눈금 5칸이 몇 명을 나타내는지 먼저 알아봐.

05 두 그래프를 보고 바르게 이야기한 사람의 이름을 쓰세요.

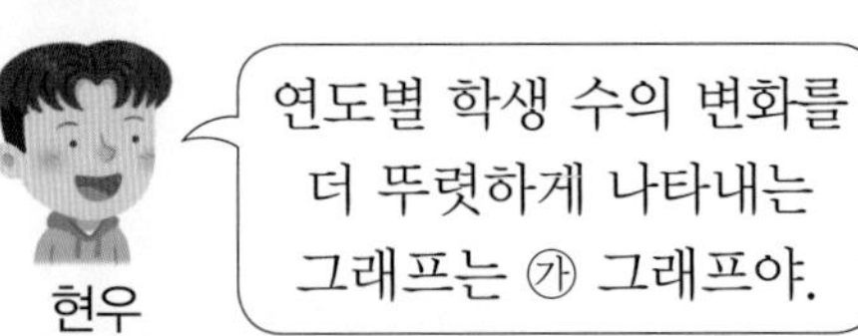

(   )

2 꺾은선그래프로 나타내기

개념 118쪽

[06~08] 수현이가 연도별 심은 나무 수를 나타낸 표를 보고 꺾은선그래프로 나타내려고 합니다. 물음에 답하세요.

연도별 심은 나무 수

연도(년)	2020	2021	2022	2023
나무 수(그루)	3	7	12	16

06 꺾은선그래프의 가로에 연도를 나타낸다면 세로에는 무엇을 나타내야 할까요?

( )

07 꺾은선그래프의 세로 눈금 한 칸은 몇 그루로 나타내면 좋을까요?

( )

08 표를 보고 꺾은선그래프로 나타내세요.

연도별 심은 나무 수

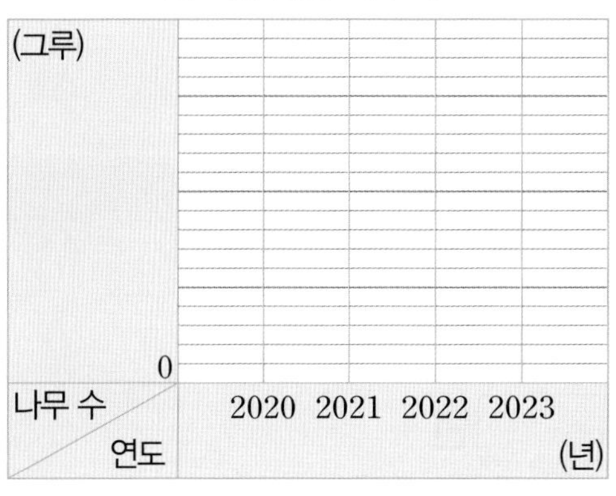

09 찬희가 5일 동안 매일 같은 시각에 강당의 온도를 재어 기록한 표를 보고 물결선을 사용한 꺾은선그래프로 나타내세요.

날짜별 강당의 온도

날짜(일)	10	11	12	13	14
온도(°C)	16.2	16	16.4	16.8	16.3

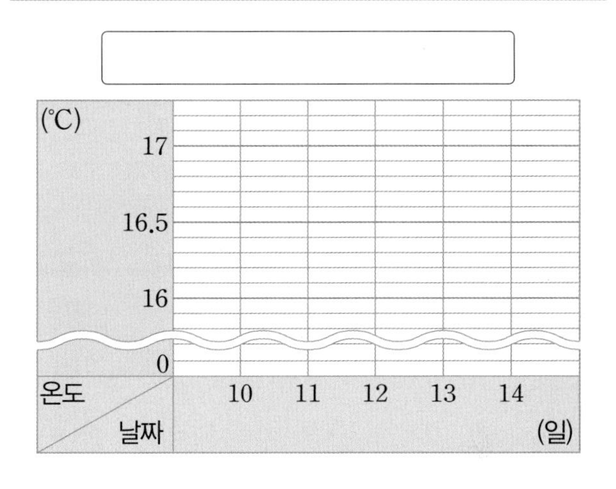

교과역량 콕! 정보처리

10 지우가 사용하고 있는 연필의 길이를 날짜별로 조사하여 나타낸 표와 꺾은선그래프입니다. 표와 꺾은선그래프를 완성해 보세요.

날짜별 연필의 길이

날짜(일)	1	6	11	16	21
길이(cm)	17			13	11

날짜별 연필의 길이

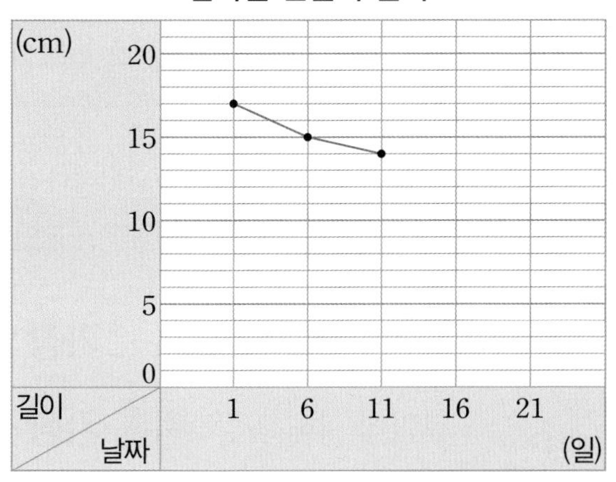

STEP 1 교과서 개념 잡기

③ 꺾은선그래프 해석하기

꺾은선그래프를 보고 알 수 있는 내용 찾기

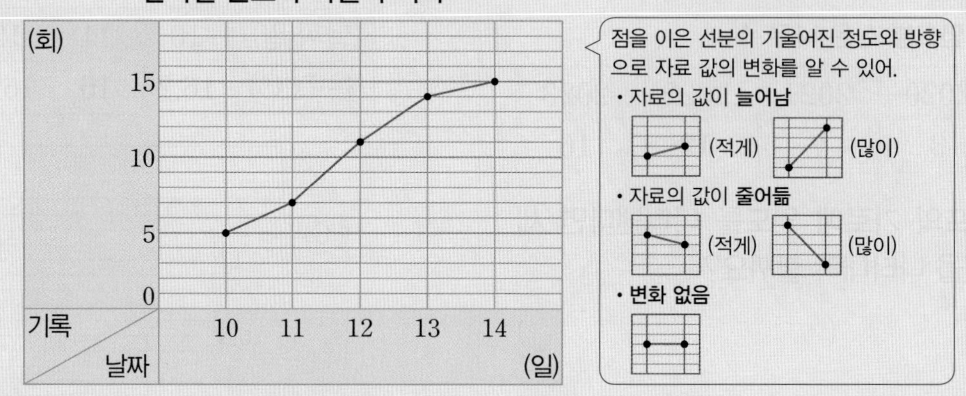

- 12일의 턱걸이 기록: 11회
- 턱걸이 횟수가 가장 적은 때: 10일 → 점의 위치가 가장 낮은 때
- 전날에 비해 턱걸이 횟수가 **가장 많이 늘어난 때: 12일** → 꺾은선이 오른쪽 위로 가장 많이 기울어진 때
- 전날에 비해 턱걸이 횟수가 **가장 적게 늘어난 때: 14일** → 꺾은선이 오른쪽 위로 가장 적게 기울어진 때

개념 확인 **1**

어느 미술관의 연도별 관람객 수를 조사하여 나타낸 꺾은선그래프입니다. ☐ 안에 알맞은 수를 써넣으세요.

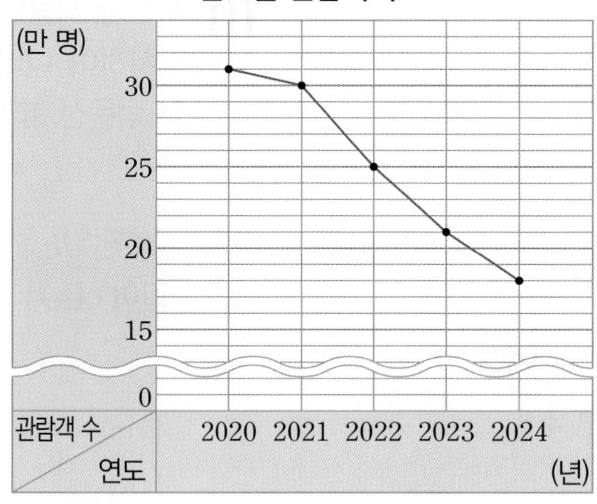

- 2021년의 미술관 관람객 수: ☐만 명
- 관람객 수가 가장 많은 때: ☐년
- 전년에 비해 관람객 수가 **가장 많이 줄어든 때**: ☐년
- 전년에 비해 관람객 수가 **가장 적게 줄어든 때**: ☐년

2

우정이네 집의 월별 수도 사용량을 조사하여 나타낸 꺾은선그래프입니다. 물음에 답하세요.

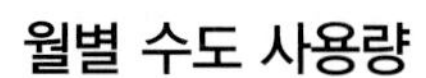

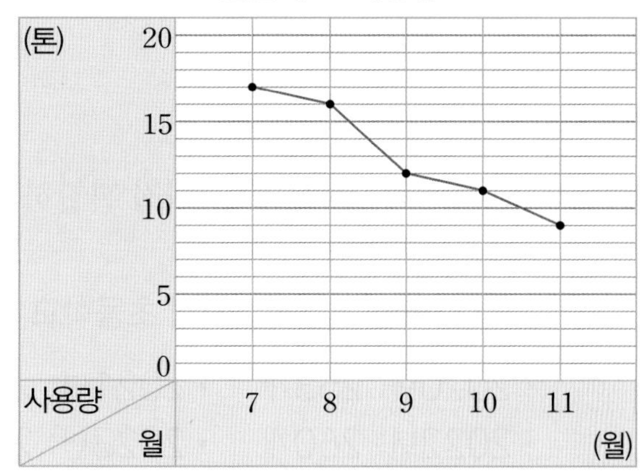

(1) 월별 수도 사용량이 어떻게 변했는지 알맞은 말에 ○표 하세요.

> 월별 수도 사용량이 점점 (늘어나고 , 줄어들고) 있습니다.

(2) 수도 사용량이 가장 많이 줄어든 때는 몇 월과 몇 월 사이인가요?

□월과 □월 사이

3

어느 자동차 판매점의 월별 자동차 판매량을 조사하여 나타낸 꺾은선그래프입니다. 물음에 답하세요.

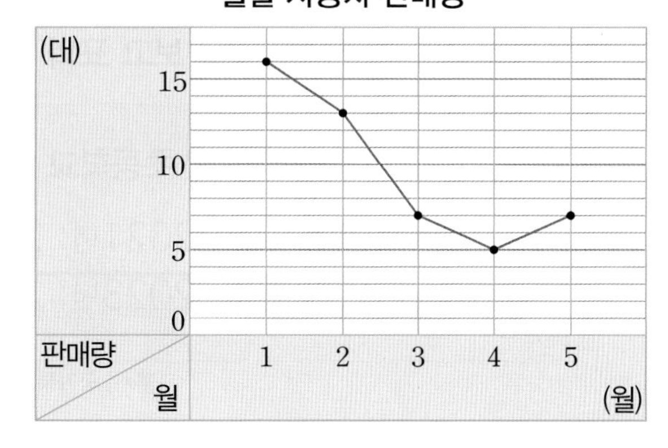

(1) 자동차 판매량이 어떻게 변했는지 알맞은 말에 ○표 하세요.

> 자동차 판매량이 4월까지 계속 (늘어나다가 , 줄어들다가)
> 5월에 처음으로 전월보다 판매량이 (늘어났습니다 , 줄어들었습니다).

(2) 5월은 4월보다 자동차를 몇 대 더 많이 팔았나요?

(　　　　　　　　)

교과서 개념 잡기

④ 자료를 수집하여 꺾은선그래프로 나타내기

1단계 조사 주제에 알맞게 자료 수집하기

- 조사 주제: 예 연도별 인천광역시의 초등학교 수
- 자료 수집 방법: 누리집 이용하기, 설문조사, 직접 관찰하기 등

〈연도별 인천광역시의 초등학교 수〉

- 2020년: 253개
- 2021년: 258개
- 2022년: 260개
- 2023년: 262개

누리집을 이용하여 자료를 수집했어.

[출처] 국가통계포털, 2024

2단계 수집한 자료를 표와 꺾은선그래프로 나타내기

연도별 인천광역시의 초등학교 수

연도(년)	학교 수(개)
2020	253
2021	258
2022	260
2023	262

연도별 인천광역시의 초등학교 수

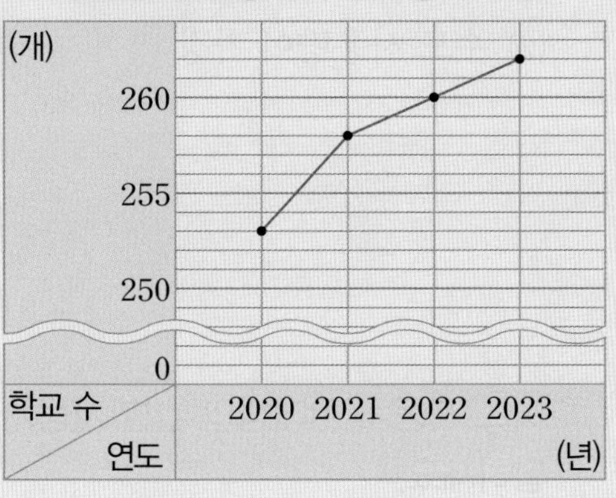

개념 확인 **1** 연도별 대구광역시의 초등학교 수를 조사한 것을 보고 표와 꺾은선그래프로 나타내세요.

〈연도별 대구광역시의 초등학교 수〉

- 2020년: 230개
- 2021년: 232개
- 2022년: 233개
- 2023년: 232개

[출처] 국가통계포털, 2024

연도별 대구광역시의 초등학교 수

연도(년)	학교 수(개)
2020	230
2021	232
2022	
2023	

연도별 대구광역시의 초등학교 수

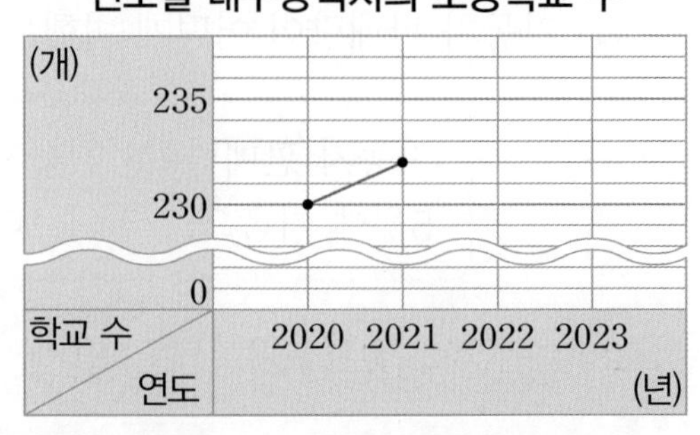

2

우리나라의 연도별 기대 수명을 조사한 것을 보고 표와 꺾은선그래프로 나타내려고 합니다. 물음에 답하세요.

└→ 그 해에 태어난 사람이 몇 세까지 살 수 있을지 예상한 것

〈연도별 기대 수명〉

- 2024년: 84.3세
- 2026년: 84.7세
- 2028년: 85.1세
- 2030년: 85.5세
- 2032년: 85.8세

[출처] 국가통계포털, 2024

(1) 조사한 자료를 표로 나타내세요.

연도별 기대 수명

연도(년)	2024	2026	2028	2030	2032
기대 수명(세)					

(2) 꺾은선그래프의 세로 눈금 한 칸은 몇 세로 나타내면 좋을까요?

□세

(3) 꺾은선그래프에 물결선을 넣는다면 몇 세와 몇 세 사이에 넣으면 좋을까요?

□세와 □세 사이

(4) 표를 보고 꺾은선그래프로 나타내세요.

연도별 기대 수명

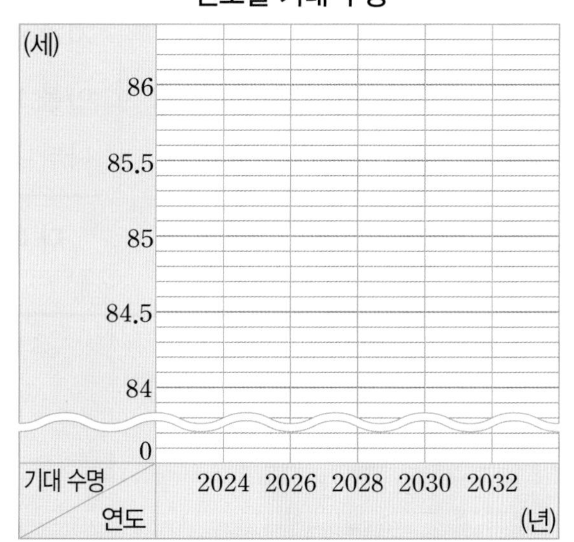

(5) 2034년도의 기대 수명을 예상하려고 합니다. 알맞은 말에 ○표 하세요.

기대 수명이 2024년부터 계속 (늘어나고 , 줄어들고) 있으므로
2034년의 기대 수명은 (늘어날 , 줄어들) 것 같습니다.

5 단원

교과서 개념 잡기

5 알맞은 그래프 알아보기

막대그래프와 꺾은선그래프의 편리한 점

항목별 **자료의 양**을 비교할 때에는 막대그래프로 나타내는 것이 좋습니다.

시간에 따른 **자료의 변화**를 알아볼 때에는 꺾은선그래프로 나타내는 것이 좋습니다.

2023년의 학교별 학생 수

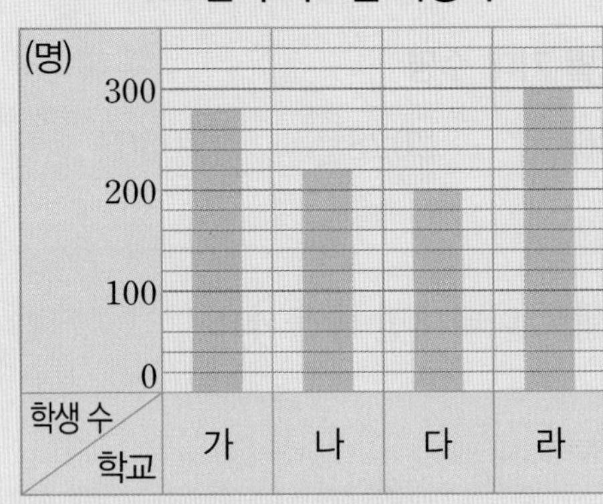

막대그래프는 항목별 자료 수의 많고 적음을 비교하기에 편리해.

가 학교의 연도별 학생 수

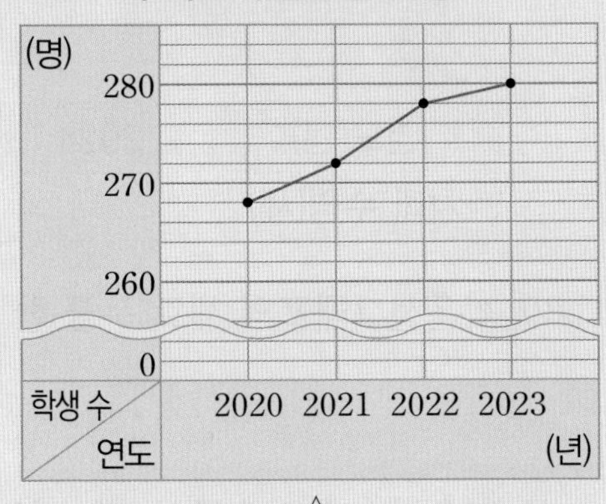

꺾은선그래프는 시간에 따라 자료의 수가 어떻게, 얼마나 변했는지 알아보기에 편리해.

개념 확인 1

□ 안에 알맞은 그래프의 이름을 써넣으세요.

항목별 **자료의 양**을 비교할 때에는 □로 나타내는 것이 좋습니다.

시간에 따른 **자료의 변화**를 알아볼 때에는 □로 나타내는 것이 좋습니다.

7월의 매장별 냉장고 판매량

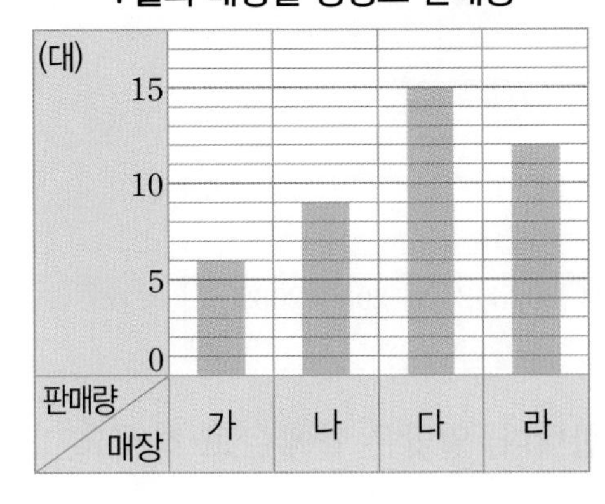

다 매장의 월별 냉장고 판매량

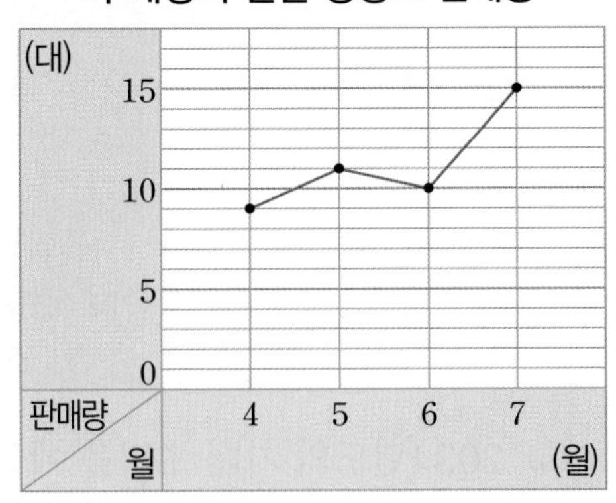

2 조사한 주제를 더 알맞은 그래프로 나타낸 사람을 찾아 이름을 쓰세요.

월별 내가 도서관에 간 날수

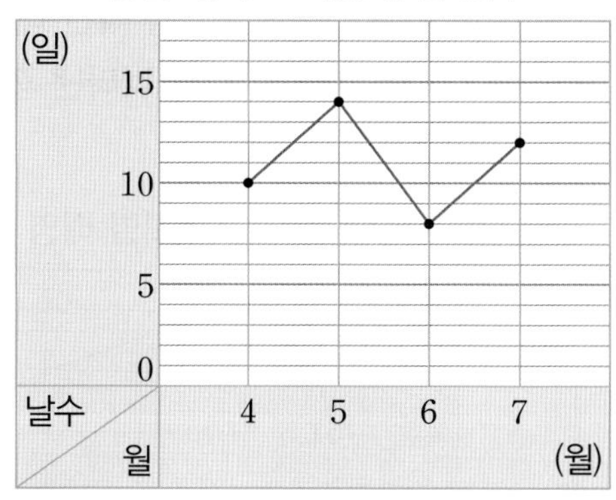

우리 학교의 혈액형별 학생 수

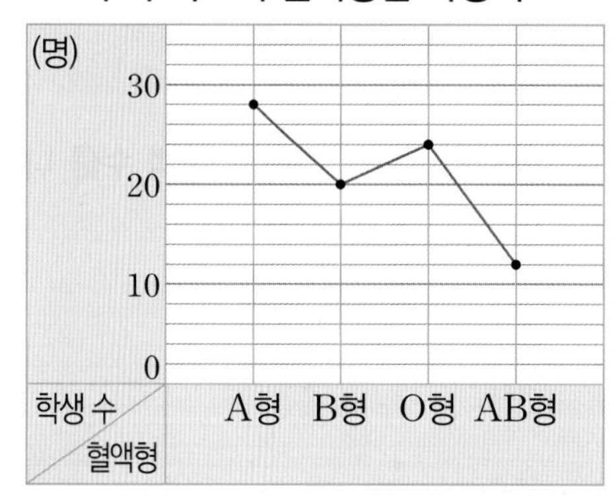

현우: 월별 도서관에 간 날수의 변화를 알아보기 위해 꺾은선그래프로 나타냈어.

주경: 어떤 혈액형의 학생 수가 가장 많은지 알아보기 위해 꺾은선그래프로 나타냈어.

(　　　　　　　　)

5 단원

3 어느 날 호수의 수온을 시각별로 조사하여 나타낸 표입니다. 물음에 답하세요.

시각별 호수의 수온

시각	오전 10시	오전 11시	낮 12시	오후 1시	오후 2시
수온(℃)	5	7	11	14	16

(1) 호수의 수온 변화를 나타내기에 알맞은 그래프에 ○표 하세요.

막대그래프　　　꺾은선그래프

(2) 표를 보고 (1)에서 고른 그래프로 나타내세요.

시각별 호수의 수온

STEP 2 수학익힘 문제 잡기

3 꺾은선그래프 해석하기

개념 122쪽

[01～03] 어느 영화관의 날짜별 관객 수를 나타낸 꺾은선그래프입니다. 물음에 답하세요.

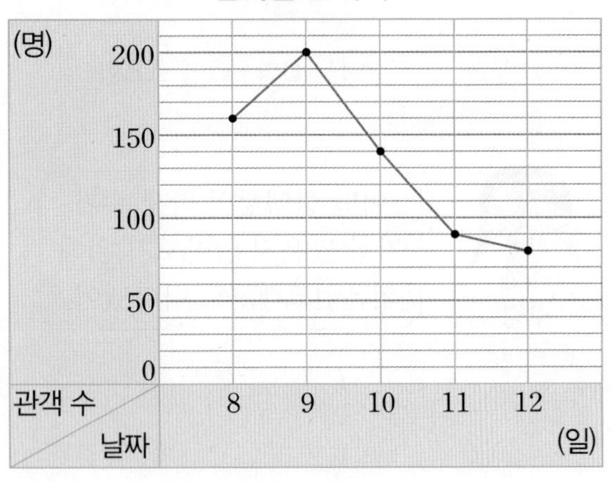

01 세로 눈금 한 칸은 몇 명을 나타내나요?

( )

02 관객 수가 가장 많았던 날은 언제인가요?

( )

03 꺾은선그래프를 보고 잘못 설명한 것을 찾아 기호를 쓰세요.

> ㉠ 8일의 관객 수는 160명입니다.
> ㉡ 11일은 10일보다 관객이 50명 줄었습니다.
> ㉢ 관객 수의 변화가 가장 적은 때는 8일과 9일 사이입니다.

( )

[04～06] 올해 현우가 나간 대회별 배영 50 m와 자유형 50 m 기록을 각각 나타낸 꺾은선그래프입니다. 물음에 답하세요.

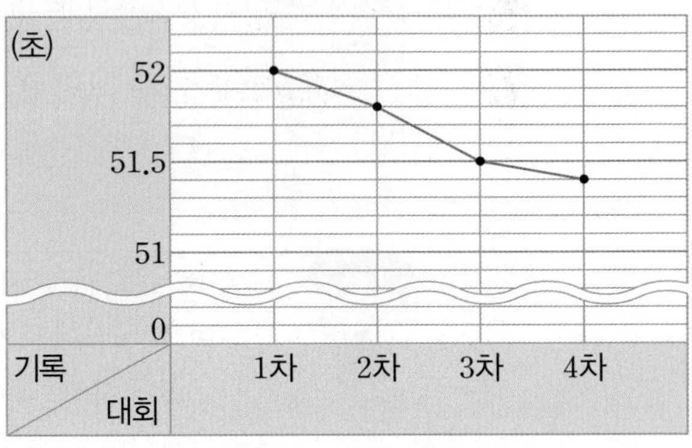

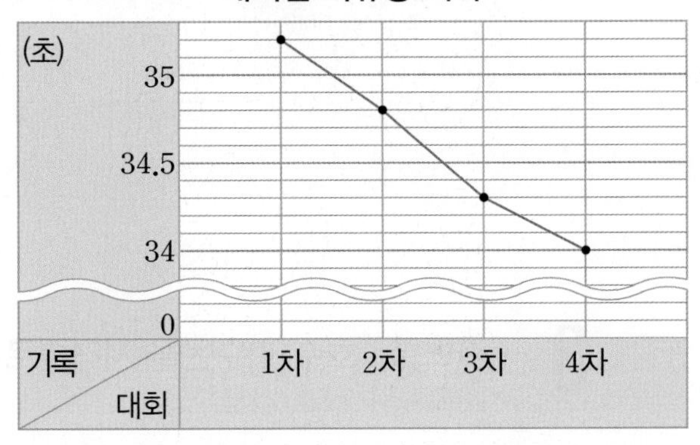

04 현우의 수영 대회 성적은 어떻게 변하고 있나요?

> 점점 (좋아지고 , 나빠지고) 있습니다.

05 현우의 4차 배영 기록은 1차 배영 기록보다 몇 초 좋아졌나요?

( )

교과역량 콕! 정보처리

06 배영과 자유형 중 수영 기록의 변화가 더 큰 종목은 어느 것인가요?

( )

4 자료를 수집하여 꺾은선그래프로 나타내기

개념 124쪽

[07~08] 연서가 서울의 연도별 5월 최고 기온을 조사한 것입니다. 물음에 답하세요.

연도별 5월 최고 기온

2020년	2021년	2022년	2023년
30℃	30.8℃	30.7℃	31.2℃

[출처] 기상자료개방포털, 2024

07 조사한 자료를 표로 나타내세요.

연도별 5월 최고 기온

연도(년)	2020	2021	2022	2023
기온(℃)				

08 표를 보고 꺾은선그래프로 나타내고, ☐ 안에 알맞은 수를 써넣으세요.

연도별 5월 최고 기온

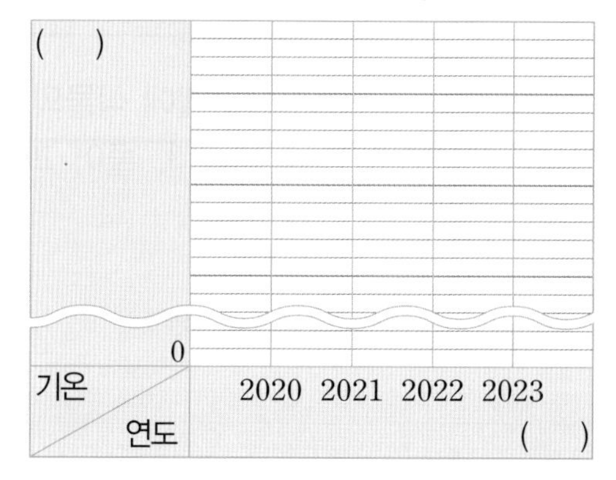

서울의 5월 최고 기온이 ☐년에는 전년에 비해 0.1℃만큼 낮아졌다가 2023년에는 전년에 비해 ☐℃만큼 높아졌습니다.

5 알맞은 그래프 알아보기

개념 126쪽

09 막대그래프, 꺾은선그래프로 나타내기에 알맞은 주제를 각각 찾아 기호를 쓰세요.

㉠ 월별 나무의 키의 변화
㉡ 연도별 다문화 가구 수의 변화
㉢ 좋아하는 색깔별 학생 수
㉣ 지역별 편의점 수

막대그래프 ( )
꺾은선그래프 ( )

10 표를 보고, 연도별 우리나라 출생아 수의 변화를 나타내기에 알맞은 그래프로 나타내세요.

연도별 우리나라 출생아 수

연도(년)	2019	2020	2021	2022	2023
출생아 수 (만 명)	30	27	26	25	23

[출처] 국가통계포털, 2024

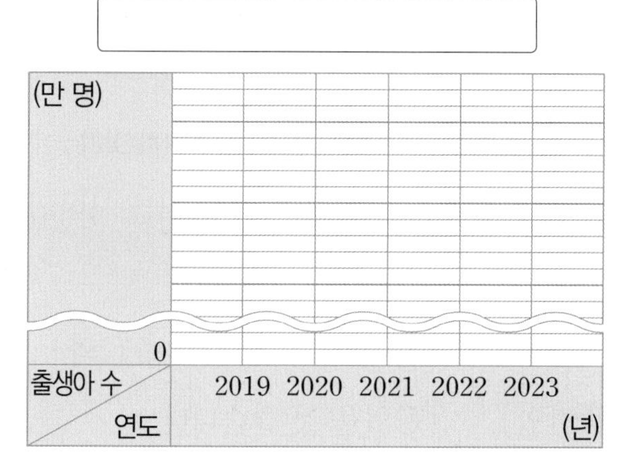

새로 태어난 아기를 **출생아**라고 해.

5 단원

STEP 3 서술형 문제 잡기

1

따뜻한 **물의 온도를 2분마다 재어** 나타낸 꺾은선그래프를 보고 알 수 있는 내용을 2가지 쓰세요.

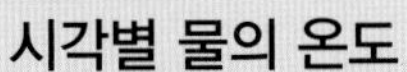

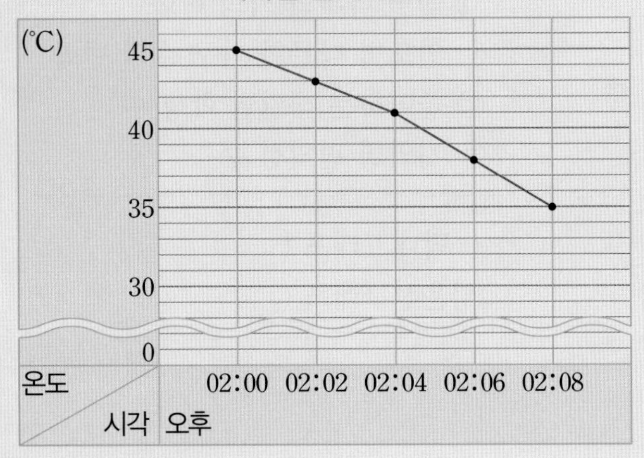

(1단계) 알 수 있는 내용 한 가지 쓰기

물의 온도가 점점 (낮아지고 , 높아지고) 있습니다.

(2단계) 알 수 있는 다른 내용 한 가지 쓰기

2시 2분에서 2시 4분 사이에 물의 온도는 □℃ 만큼 낮아졌습니다.

2

재호가 키우는 **식물의 키를 2개월마다 재어** 나타낸 꺾은선그래프를 보고 알 수 있는 내용을 2가지 쓰세요.

월별 식물의 키

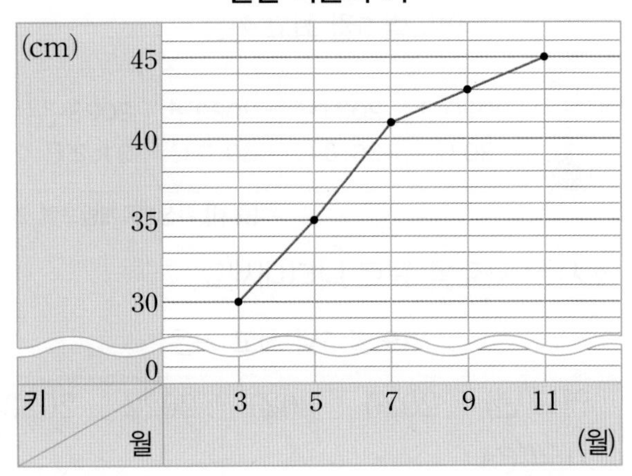

(1단계) 알 수 있는 내용 한 가지 쓰기

(2단계) 알 수 있는 다른 내용 한 가지 쓰기

3

위 **1**의 꺾은선그래프를 보고 **오후 2시 1분에 물의 온도**는 몇 ℃였을지 예상해 보려고 합니다. 풀이 과정을 쓰고, 답을 구하세요.

(1단계) 그래프의 가로에서 2시 1분의 위치 찾기

2시 1분은 □시와 □시 □분 사이입니다.

(2단계) 2시 1분의 물의 온도 예상하기

따라서 2시 1분에 물의 온도는 45℃와 □℃의 중간인 □℃였을 것 같습니다.

답

4

위 **2**의 꺾은선그래프를 보고 **6월에 식물의 키**는 몇 cm였을지 예상해 보려고 합니다. 풀이 과정을 쓰고, 답을 구하세요.

(1단계) 그래프의 가로에서 6월의 위치 찾기

(2단계) 6월의 식물의 키 예상하기

답

5

전날에 비해 기록 변화가 가장 큰 요일은 전날보다 기록이 **몇 m만큼** 변했는지 풀이 과정을 쓰고, 답을 구하세요.

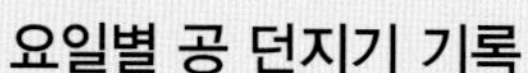

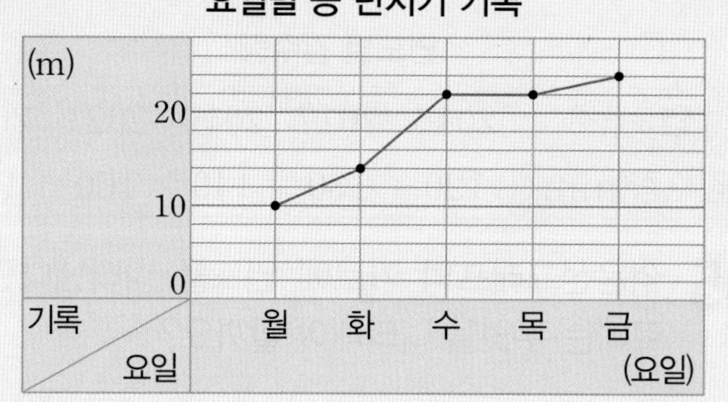

(1단계) 꺾은선이 가장 많이 기울어진 곳 알아보기

화요일과 ☐요일 사이에 꺾은선이 눈금 ☐칸만큼으로 가장 많이 기울어졌습니다.

(2단계) 기록이 몇 m만큼 변했는지 구하기

눈금 한 칸의 크기는 ☐ m이므로 기록은

☐ × ☐ = ☐ (m)만큼 변했습니다.

답 ____________

6

전날에 비해 기록 변화가 가장 큰 요일은 전날보다 기록이 **몇 초만큼** 변했는지 풀이 과정을 쓰고, 답을 구하세요.

요일별 오래 매달리기 기록

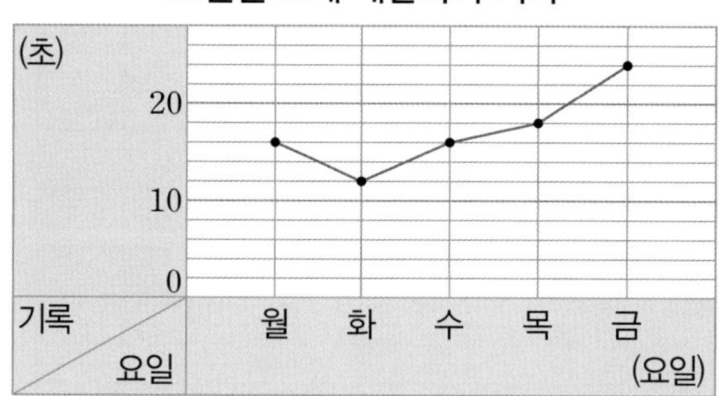

(1단계) 꺾은선이 가장 많이 기울어진 곳 알아보기

____

(2단계) 기록이 몇 초만큼 변했는지 구하기

____

답 ____________

7

위 **5**의 꺾은선그래프를 보고 알 수 있는 내용으로 **준호가 만든 질문의 답**을 구하세요.

(1단계) 질문 만들기

공 던지기 기록이 전날과 같은 요일은 언제인가요?

(2단계) 질문의 답 구하기

준호가 만든 질문의 답: ☐

8 창의형

위 **6**의 꺾은선그래프를 보고 알 수 있는 내용으로 **질문을 만들고, 그 질문의 답**을 구하세요.

(1단계) 질문 만들기

____

(2단계) 질문의 답 구하기

내가 만든 질문의 답: (   )

평가 5단원 마무리

맞힌 개수

[01～04] 강낭콩의 키를 4일마다 조사하여 나타낸 그래프입니다. 물음에 답하세요.

날짜별 강낭콩의 키

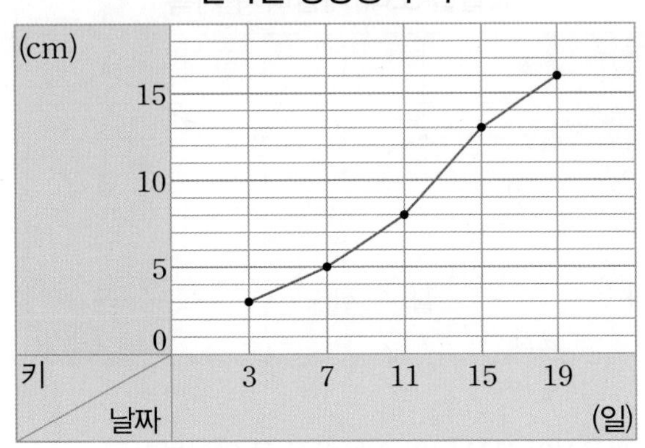

01 위와 같은 그래프를 무슨 그래프라고 하나요?

( )

02 가로와 세로는 각각 무엇을 나타내나요?

가로 ( )

세로 ( )

03 세로 눈금 한 칸은 몇 cm를 나타내나요?

( )

04 11일의 강낭콩의 키는 몇 cm인가요?

( )

[05～08] 어느 지역의 강수량을 2년마다 조사하여 나타낸 표를 보고 꺾은선그래프로 나타내려고 합니다. 물음에 답하세요.

연도별 강수량

연도(년)	2015	2017	2019	2021	2023
강수량(mm)	120	130	140	160	190

05 꺾은선그래프의 가로에 연도를 나타낸다면 세로에는 무엇을 나타내야 할까요?

( )

06 세로 눈금 한 칸은 몇 mm로 나타내면 좋을까요?

( )

07 물결선을 넣는다면 몇 mm와 몇 mm 사이에 넣으면 좋을까요?

0 mm와 □ mm 사이

08 표를 보고 꺾은선그래프로 나타내세요.

연도별 강수량

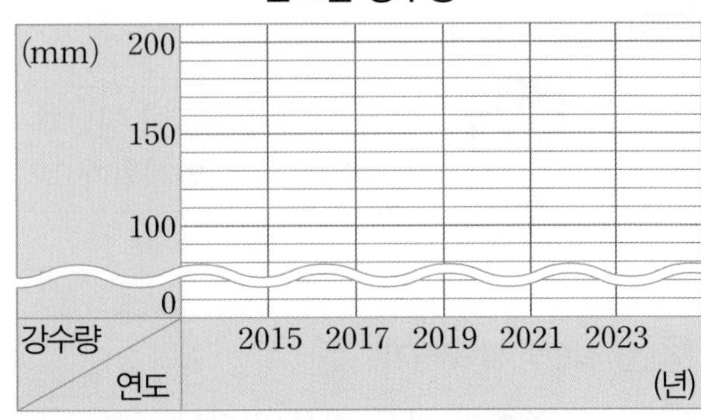

[09~12] 서준이가 야식을 먹은 날수를 월별로 조사하여 나타낸 꺾은선그래프입니다. 물음에 답하세요.

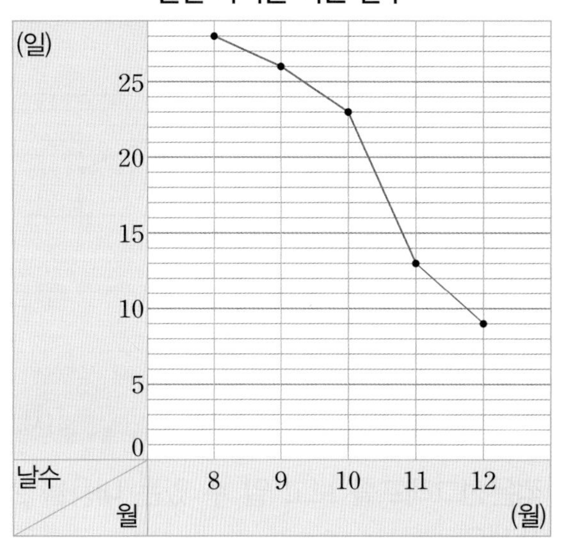

09 9월에 야식을 먹은 날수는 며칠인가요?

( )

10 야식을 먹은 날수는 어떻게 변하고 있나요?

( )

11 12월은 11월보다 야식을 먹은 날수가 며칠 줄어들었나요?

( )

12 전월에 비해 야식을 먹은 날수가 가장 많이 줄어든 때는 몇 월인가요?

( )

[13~15] 지수의 몸무게를 매달 같은 날 조사하여 두 꺾은선그래프로 나타낸 것입니다. 물음에 답하세요.

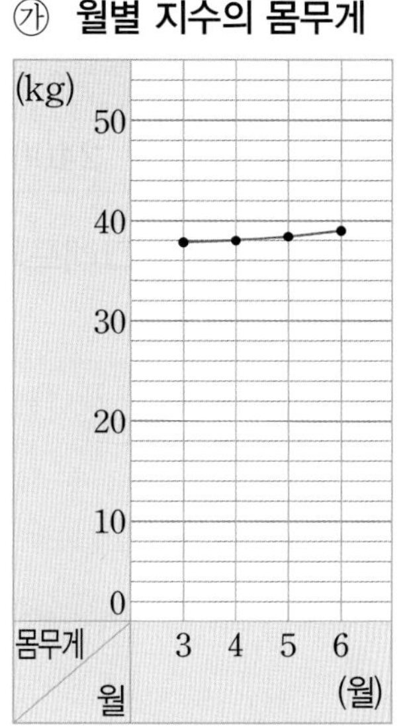

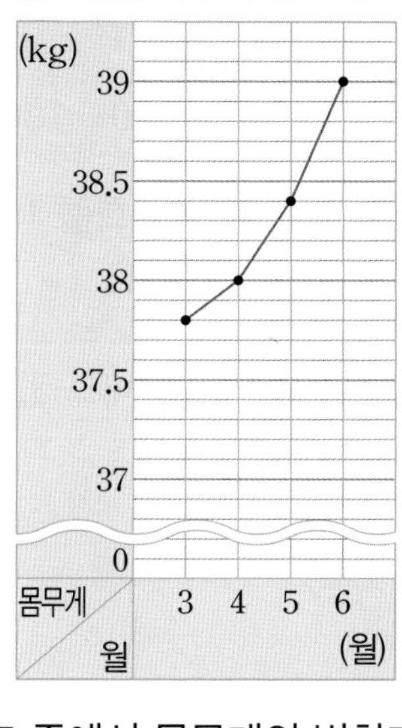

13 ㉮ 그래프와 ㉯ 그래프 중에서 몸무게의 변화가 더 뚜렷하게 보이는 그래프의 기호를 쓰세요.

( )

14 ㉯ 그래프를 보고 표의 빈칸에 알맞은 수를 써넣으세요.

월별 지수의 몸무게

월(월)	3	4	5	6
몸무게(kg)	37.8			

15 지수의 몸무게의 변화가 가장 적은 때는 몇 월과 몇 월 사이인가요?

( )

정답 31쪽

[16～18] 어느 온라인 상점의 날짜별 주문량을 나타낸 표입니다. 물음에 답하세요.

날짜별 주문량

날짜(일)	5	6	7	8	9
주문량(건)	1000	1300	1500	2100	2400

16 주문량의 변화를 나타내기에 알맞은 그래프의 기호를 쓰세요.

㉠ 막대그래프 ㉡ 꺾은선그래프

( )

17 표를 보고 알맞은 그래프로 나타내세요.

날짜별 주문량

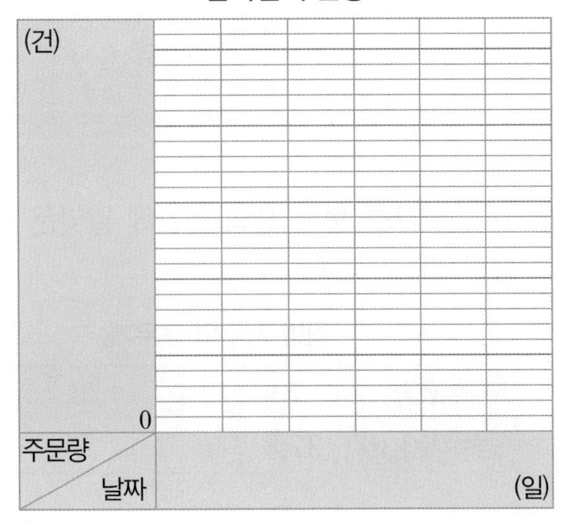

18 10일의 주문량은 어떻게 될지 예상해 보세요.

( )

서술형

[19～20] 지혜네 집 앞 땅의 온도를 2시간마다 재어 나타낸 꺾은선그래프입니다. 물음에 답하세요.

시각별 땅의 온도

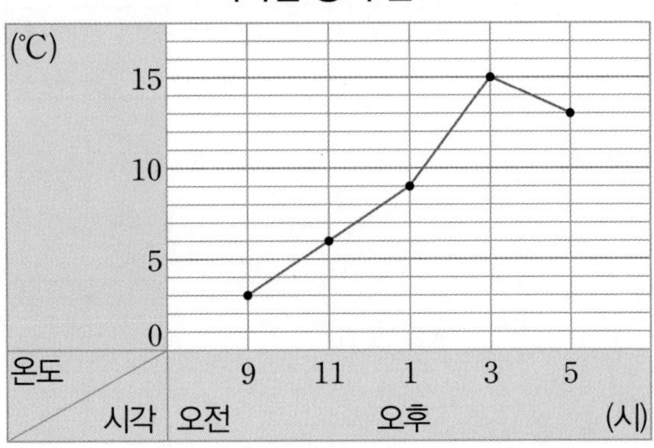

19 꺾은선그래프를 보고 알 수 있는 내용을 2가지 쓰세요.

알 수 있는 내용

20 오후 4시에 땅의 온도는 몇 ℃였을지 예상해 보려고 합니다. 풀이 과정을 쓰고, 답을 구하세요.

풀이

답

창의력 쑥쑥

성준이가 닮고 싶은 수학자들의 이름을 글자판 속에 숨겨 놓았어요.
글자는 →, ↓, ←, ↑, ↖, ↘, ↗, ↙ 방향으로 모두 읽을 수 있지만
중간에 다른 글자를 건너뛸 수는 없어요!
숨겨진 수학자들을 모두 찾아보세요~.

〈닮고 싶은 수학자〉

피타고라스, 유클리드, 가우스, 오일러, 뫼비우스,
아르키메데스, 파스칼, 페르마, 피보나치, 리만,
아폴로니우스, 히파티아, 뉴턴, 디오판토스, 힐베르트

스	마	일	옹	가	우	스	티	소	뚤
라	학	히	파	티	아	랑	칼	라	모
고	온	자	페	장	수	드	포	스	노
타	드	르	외	오	리	턴	랑	우	파
피	마	송	힐	클	스	만	히	비	만
데	보	베	유	우	디	드	이	뫼	마
메	르	나	니	세	오	안	트	디	뉴
트	턴	로	치	리	판	크	러	만	턴
닝	폴	히	티	초	토	호	일	로	헤
아	르	키	메	데	스	대	오	그	므

정답은 개념책 160쪽에서 확인하세요.

6

다각형

학습을 끝낸 후
색칠하세요.

❶ 다각형 / 정다각형
❷ 대각선
❸ 모양 만들기
❹ 모양 채우기

이전에 배운 내용

[4-2] 삼각형
삼각형 분류하기

[4-2] 사각형
수직과 평행 알아보기
여러 가지 사각형 알아보기

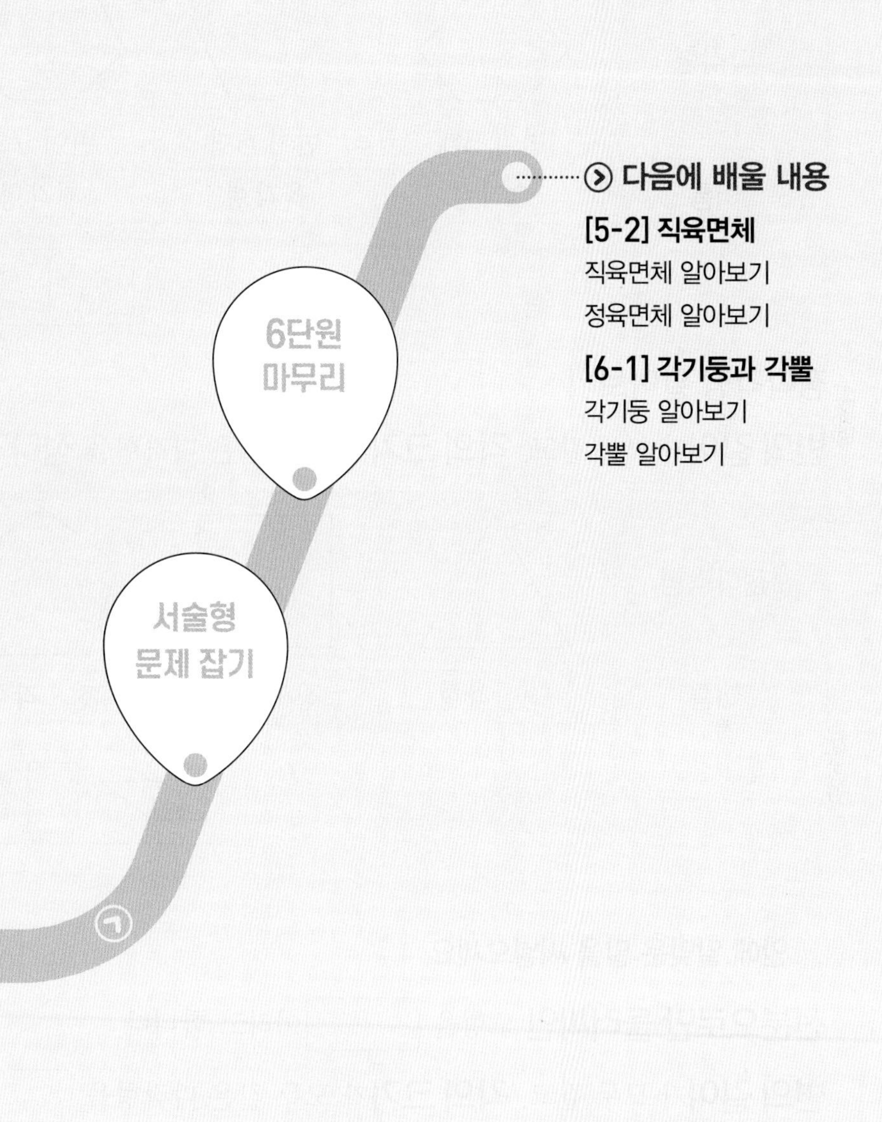

다음에 배울 내용

[5-2] 직육면체

직육면체 알아보기

정육면체 알아보기

[6-1] 각기둥과 각뿔

각기둥 알아보기

각뿔 알아보기

STEP 1 교과서 개념 잡기

① 다각형 / 정다각형

다각형 알아보기

선분으로만 둘러싸인 도형을 **다각형**이라고 합니다.
다각형은 변의 수에 따라 오각형, 육각형, 칠각형 등으로 부릅니다.

다각형	변이 5개	변이 6개	변이 7개	변이 8개
이름	오각형	육각형	칠각형	팔각형

곡선이 있거나 열린 곳이 있으면 다각형이 아니야.

정다각형 알아보기

변의 길이가 모두 같고, **각의 크기**가 모두 같은 다각형을 **정다각형**이라고 합니다.

정다각형				
이름	정삼각형	정사각형	정오각형	정육각형

변의 길이만 같거나 각의 크기만 같으면 정다각형이 아니야.

개념 확인 **1**

☐ 안에 알맞은 말을 써넣으세요.

선분으로만 둘러싸인 도형을 ☐이라고 합니다.

변의 길이가 모두 같고, **각의 크기**가 모두 같은 다각형을 ☐이라고 합니다.

다각형				
이름	사각형	☐각형	정칠각형	정☐각형

2 도형을 보고 ▢ 안에 알맞은 기호를 써넣으세요.

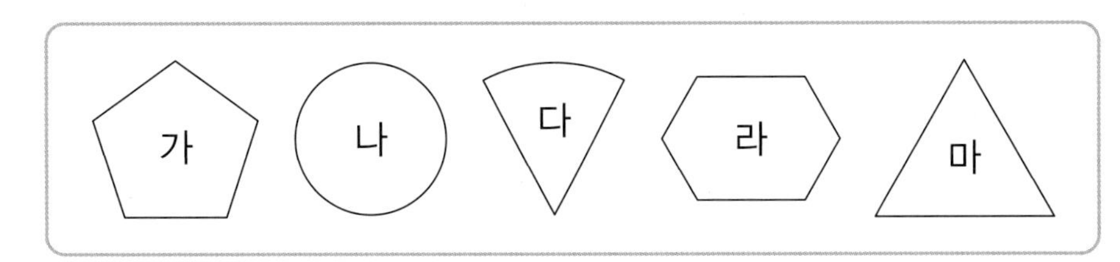

(1) 선분으로만 둘러싸인 도형은 ▢, ▢, ▢입니다.

(2) 다각형은 ▢, ▢, ▢입니다.

(3) 변의 길이가 모두 같고, 각의 크기가 모두 같은 다각형은 ▢, ▢입니다.

(4) 정다각형은 ▢, ▢입니다.

3 도형의 이름으로 알맞은 것에 ○표 하세요.

(1)

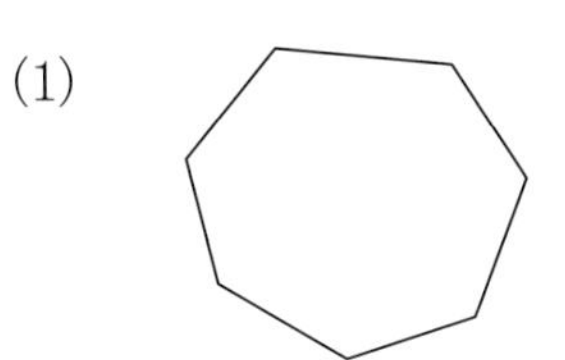

(육각형 , 칠각형)

(2)

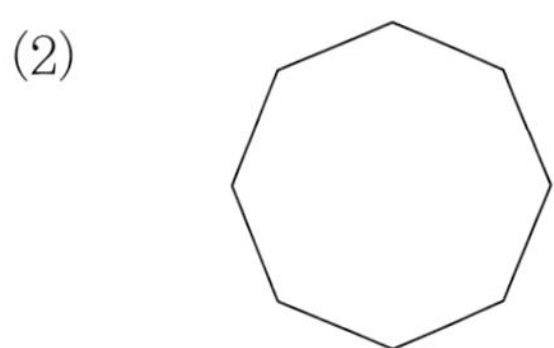

(정칠각형 , 정팔각형)

4 주어진 선분을 이용하여 주어진 다각형을 완성해 보세요.

(1) 오각형

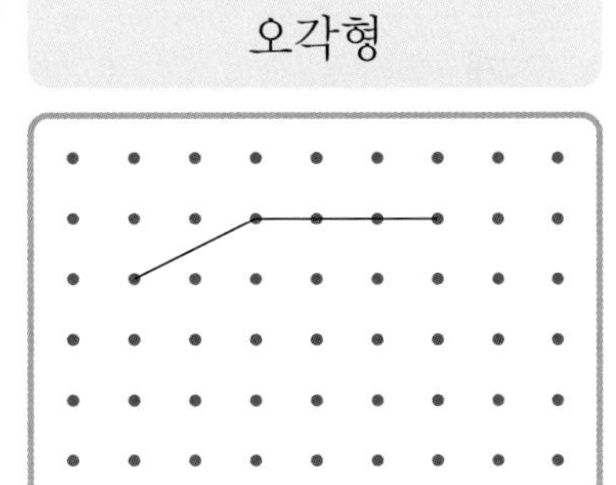

(2) 정사각형

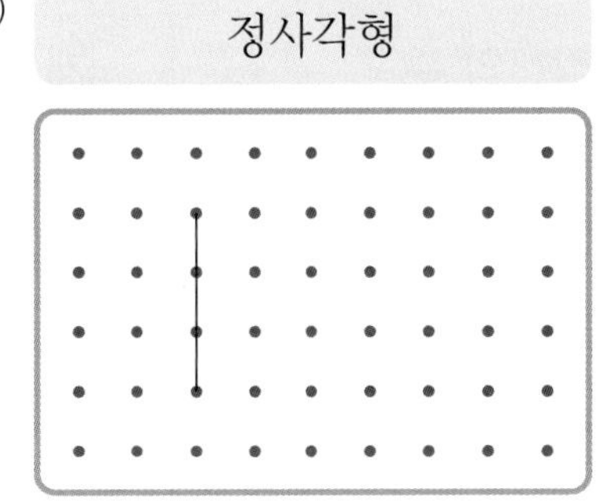

STEP 1 교과서 개념 잡기

② 대각선

대각선 알아보기

다각형에서 서로 **이웃하지 않는 두 꼭짓점을 이은** 선분을 **대각선**이라고 합니다.

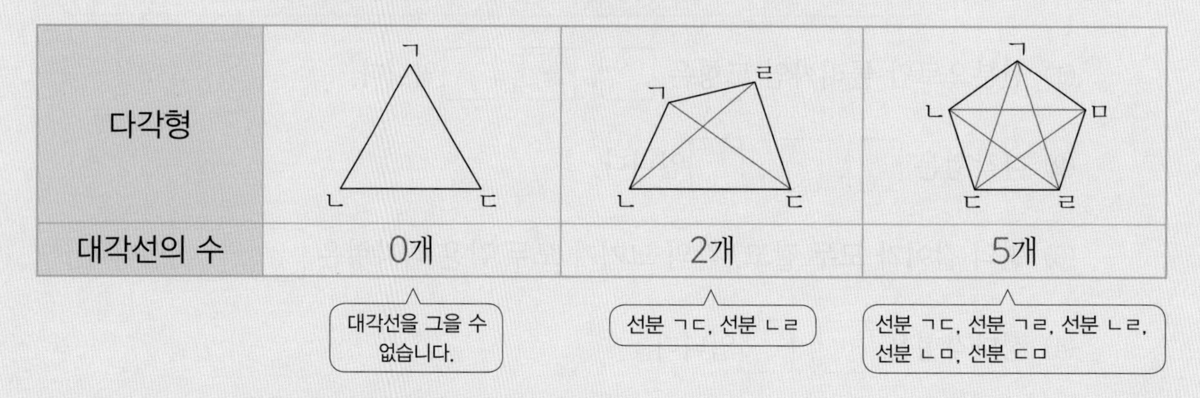

다각형	(삼각형 ㄱㄴㄷ)	(사각형 ㄱㄴㄷㄹ)	(오각형 ㄱㄴㄷㄹㅁ)
대각선의 수	0개	2개	5개

사각형에서 대각선의 성질 알아보기

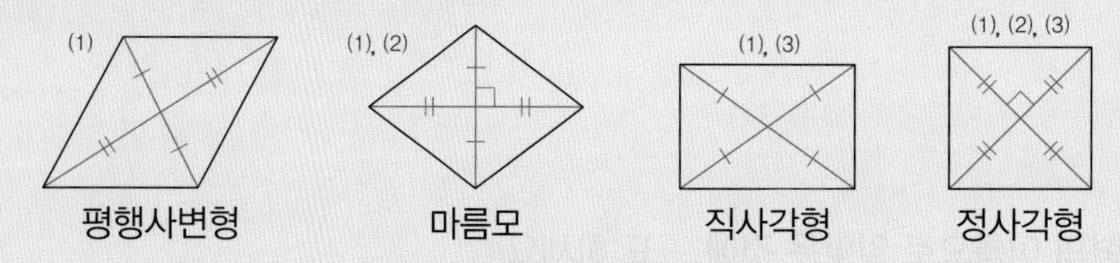

(1) 한 대각선이 다른 대각선을 똑같이 둘로 나누는 사각형
➜ 평행사변형, 마름모, 직사각형, 정사각형

(2) 두 대각선이 서로 수직으로 만나는 사각형 ➜ 마름모, 정사각형

(3) 두 대각선의 길이가 같은 사각형 ➜ 직사각형, 정사각형

개념 확인 1

알맞은 말에 ○표 하고, □ 안에 알맞은 수를 써넣으세요.

다각형에서 서로 (이웃한 , 이웃하지 않는) **두 꼭짓점을 이은** 선분을 **대각선**이라고 합니다.

다각형	(사각형)	(오각형)	(육각형)
대각선의 수	□개	□개	□개

2 육각형에 대각선을 바르게 그은 것을 모두 찾아 ○표 하세요.

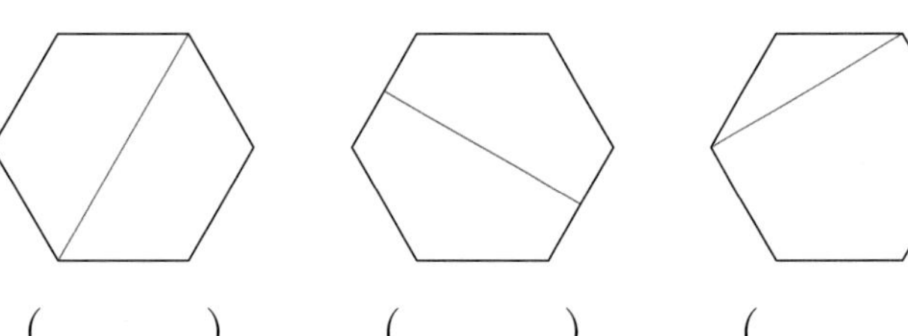

( ) ( ) ( )

3 사각형 ㄱㄴㄹㅁ의 대각선을 <u>잘못</u> 말한 사람의 이름을 쓰세요.

( )

4 다각형에 대각선을 모두 그어 보고, □ 안에 알맞은 기호를 써넣으세요.

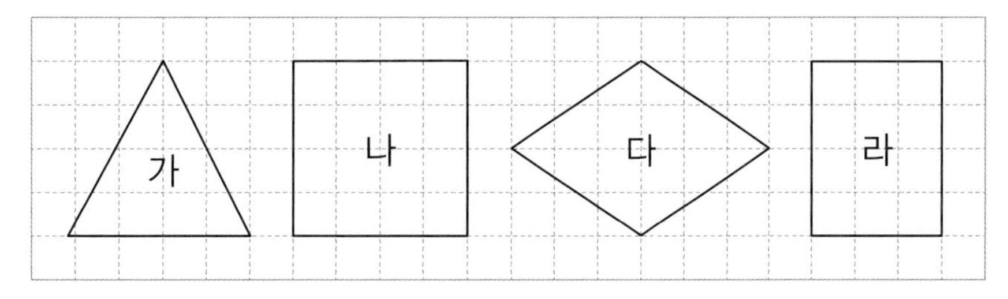

(1) 대각선을 그을 수 <u>없는</u> 다각형은 □입니다.

(2) 두 대각선이 서로 수직으로 만나는 사각형은 □, □입니다.

(3) 두 대각선의 길이가 같은 사각형은 □, □입니다.

교과서 개념 잡기

③ 모양 만들기

주어진 칠교 조각으로 다각형 만들기

조각을 길이가 같은 변끼리 맞닿도록 서로 겹치지 않게 이어 붙여서 다양한 모양을 만들 수 있습니다.

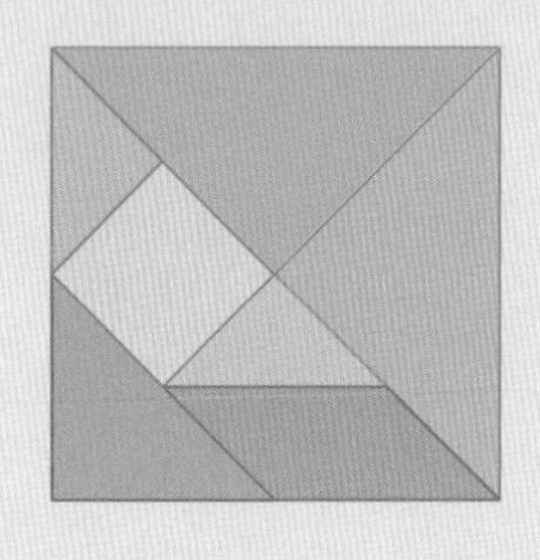

칠교 조각 2개로 사각형 만들기	→
칠교 조각 3개로 오각형 만들기	→

모양 조각으로 여러 가지 모양 만들기

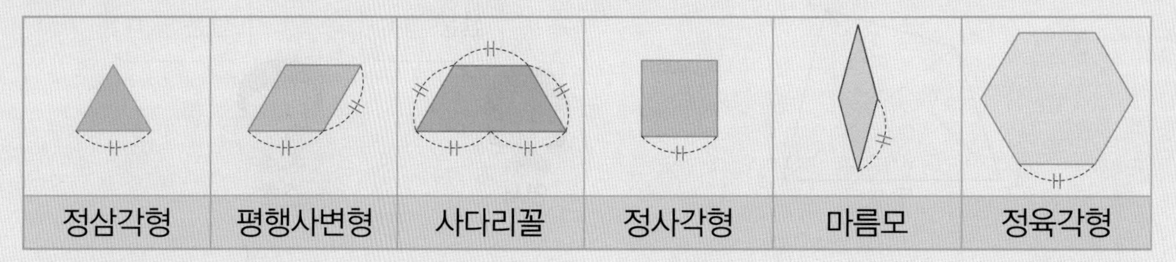

모양 조각으로 비행기 모양을 만들었습니다.

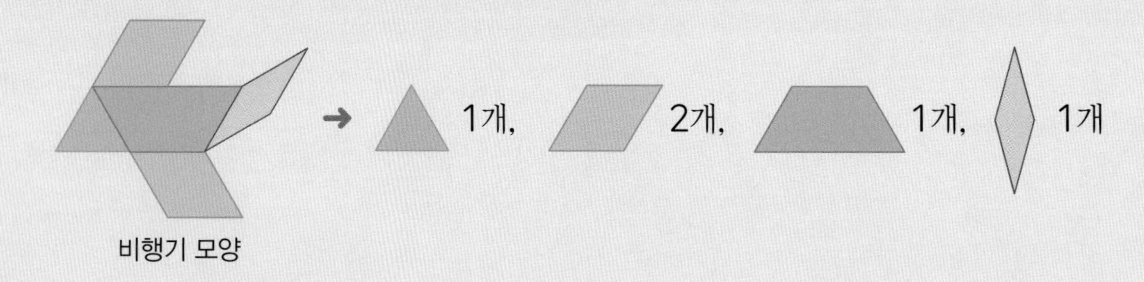

개념 확인 1 **모양 조각으로 토끼 얼굴 모양을 만들었습니다. 이용한 조각의 수를 세어 □ 안에 알맞은 수를 써넣으세요.**

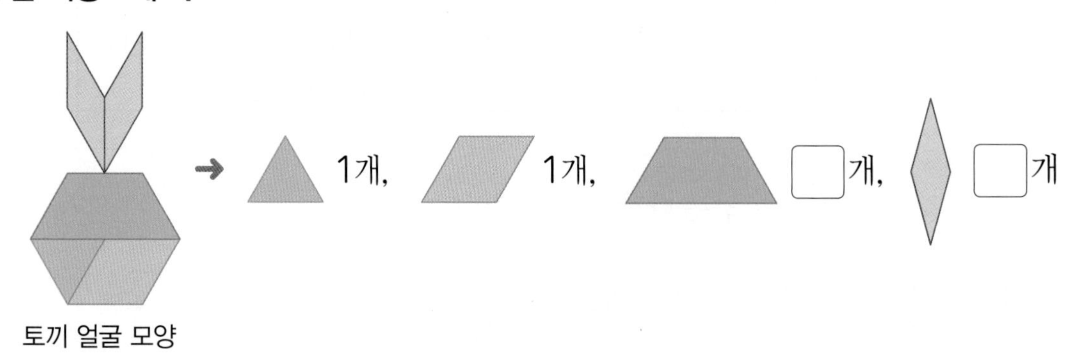

2 칠교 조각으로 만든 삼각형입니다. ▢ 안에 알맞은 번호를 써넣으세요.

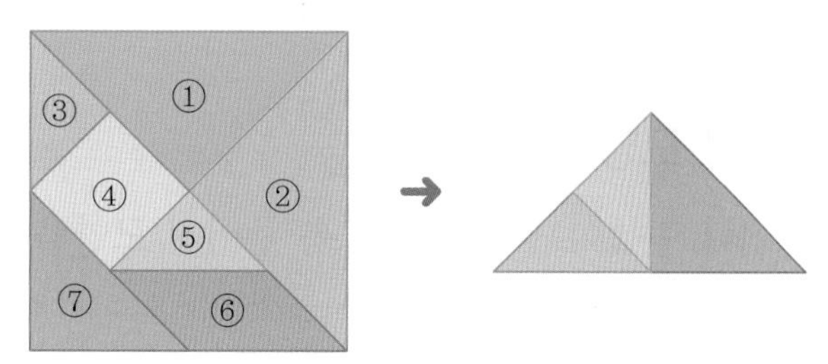

삼각형을 만드는 데 이용한 칠교 조각은 ▢, ▢, ▢입니다.

3 모양 조각으로 꽃 모양을 만들었습니다. 이용한 조각의 이름을 모두 찾아 ○표 하세요.

4 모양 조각을 보고 ▢ 안에 알맞은 수를 써넣으세요.

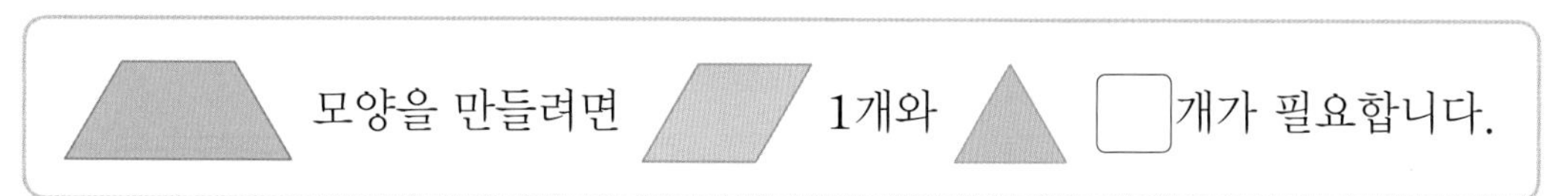

5 주어진 칠교 조각 3개를 모두 한 번씩 이용하여 사각형을 만들어 보세요.

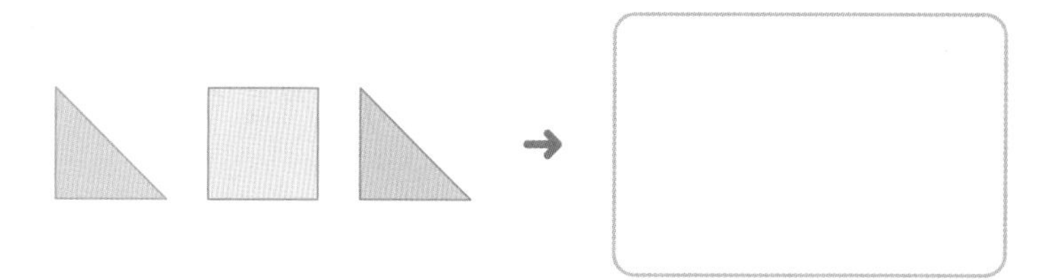

교과서 개념 잡기

④ 모양 채우기

여러 가지 방법으로 모양 채우기

조각이 서로 겹치거나 빈틈이 생기지 않도록 주어진 모양을 채웁니다.

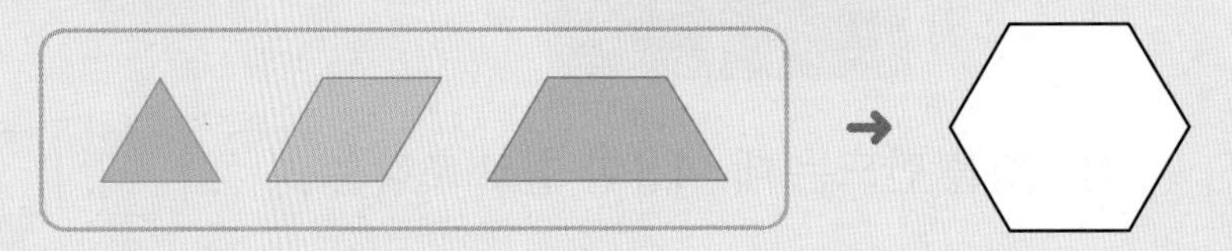

방법1 모양 조각 **2개**로 정육각형 채우기

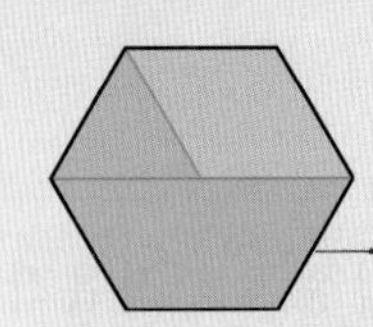

사다리꼴 2개를 이용했습니다.
한 가지 모양 조각을 이용했어.

방법2 모양 조각 **3개**로 정육각형 채우기

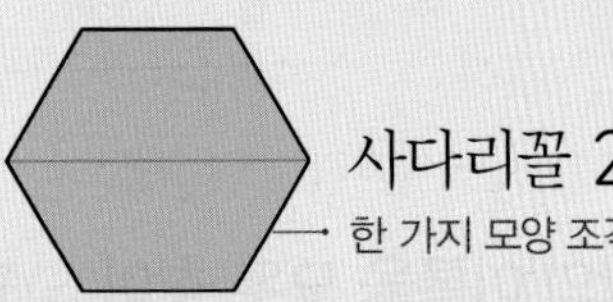

정삼각형, 평행사변형, 사다리꼴을 1개씩 이용했습니다.
세 가지 모양 조각을 이용했어.

방법3 모양 조각 **4개**로 정육각형 채우기

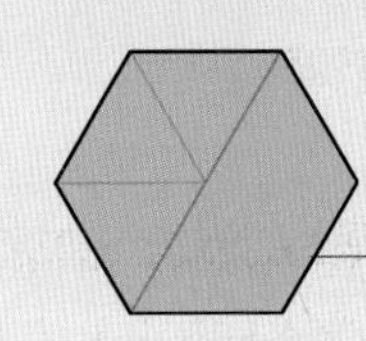

정삼각형 3개와 사다리꼴 1개를 이용했습니다.
두 가지 모양 조각을 이용했어.

개념 확인 **1** **모양 조각으로 주어진 정삼각형을 채워 보세요.**

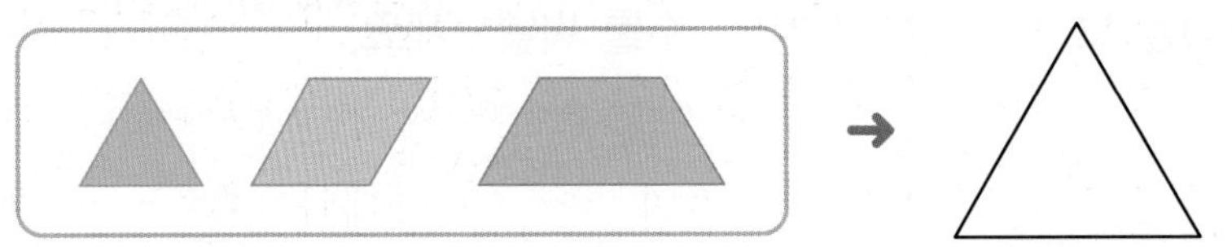

방법1 모양 조각 **2개**로 정삼각형 채우기

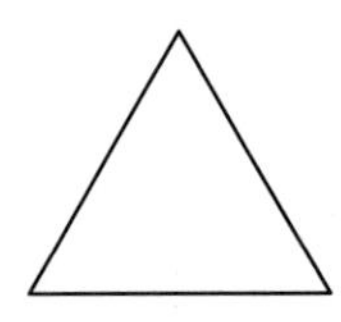

정삼각형 1개와 사다리꼴 1개를 이용했습니다.

방법2 모양 조각 **3개**로 정삼각형 채우기

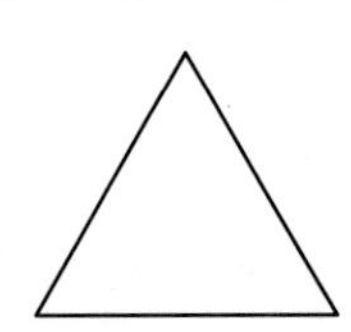

정삼각형 2개와 평행사변형 1개를 이용했습니다.

2 물고기 모양을 채우려고 합니다. 빈 곳을 채우기에 알맞은 모양 조각을 찾아 ○표 하세요.

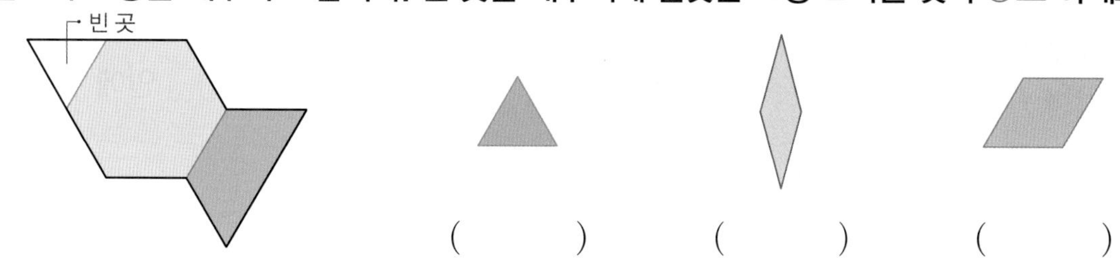

( ) ( ) ( )

3 조각 여러 개를 이용하여 주어진 모양을 채워 보세요.

(1)

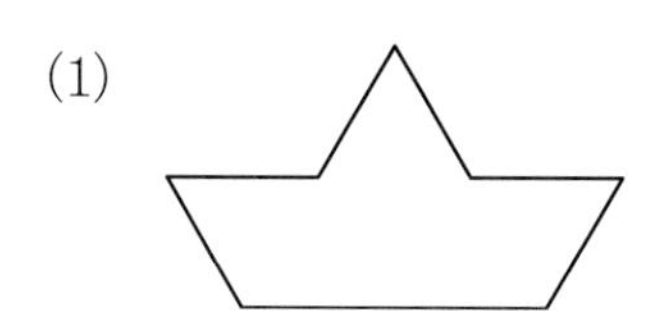

(2)

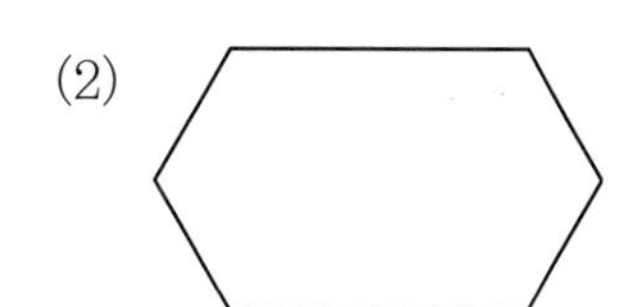

4 모양 조각을 이용하여 주어진 사다리꼴을 채워 보세요. (단, 같은 모양 조각을 여러 번 이용할 수 있습니다.)

(1) 와 조각을 모두 이용하여 사다리꼴을 채워 보세요.

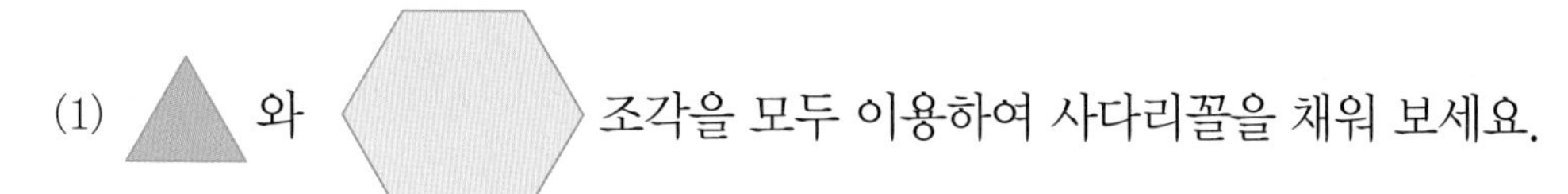

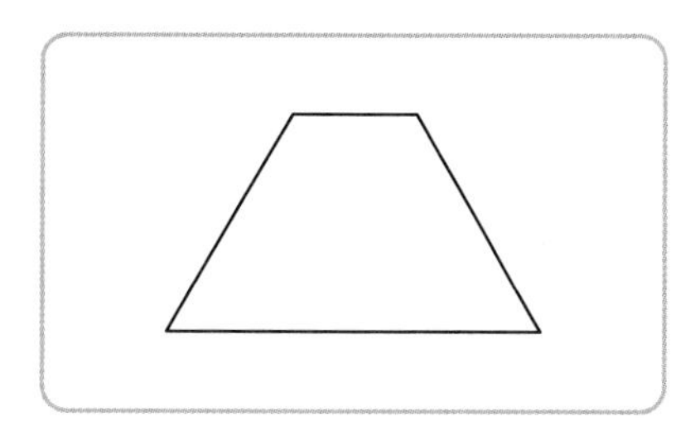

(2) , , 조각을 모두 이용하여 사다리꼴을 채워 보세요.

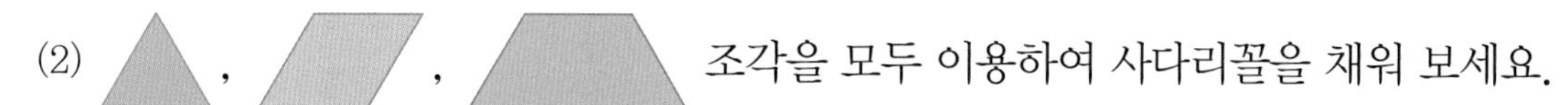

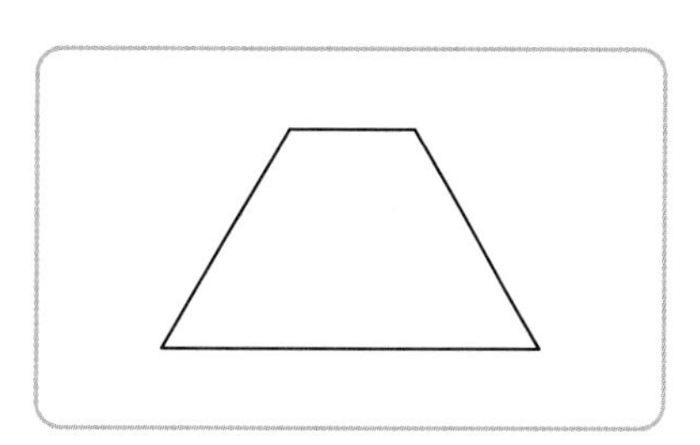

STEP 2 수학익힘 문제 잡기

1 다각형 / 정다각형

개념 138쪽

01 다각형이 아닌 것을 모두 찾아 기호를 쓰세요.

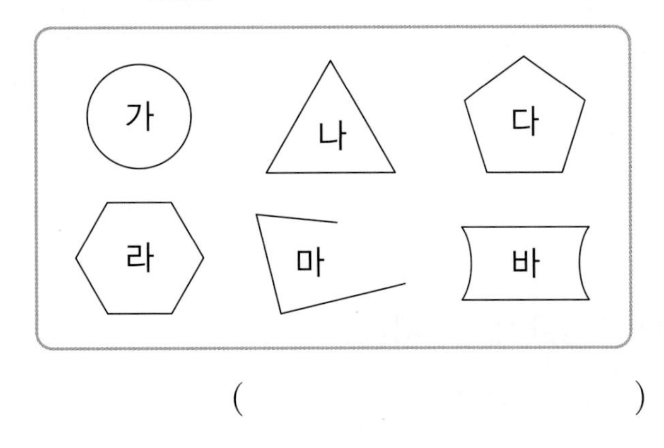

( )

02 정팔각형을 찾아 ○표 하세요.

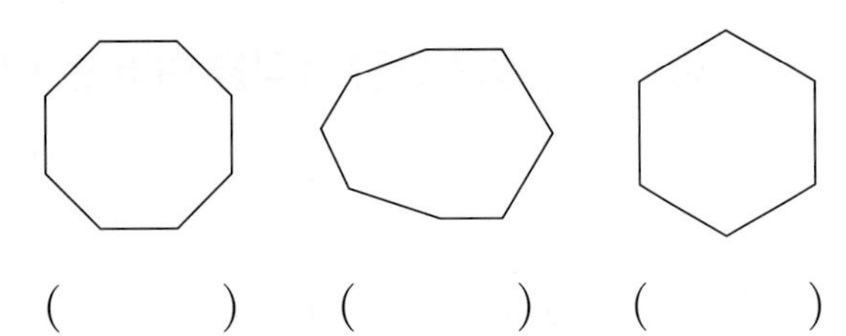

( ) ( ) ( )

03 관계있는 것끼리 이어 보세요.

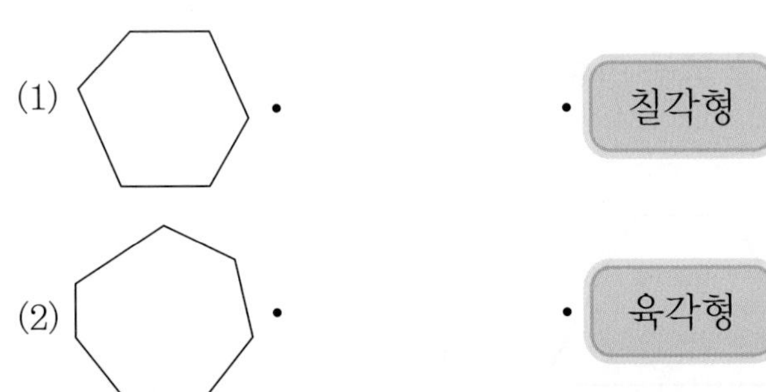

04 도형을 보고 □ 안에 알맞은 수나 말을 써넣으세요.

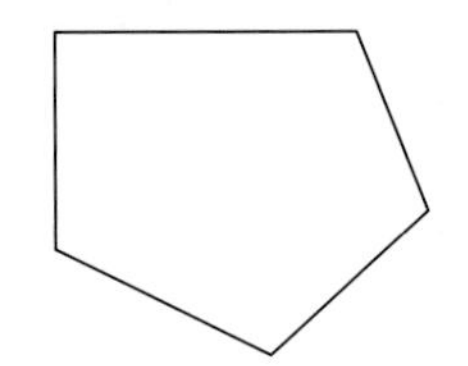

변과 꼭짓점이 각각 □개씩이므로

도형의 이름은 □입니다.

05 정삼각형과 정육각형을 1개씩 그려 보세요.

교과역량 콕! 문제해결

06 원형 도형판에 서로 다른 정다각형을 만들어 보세요.

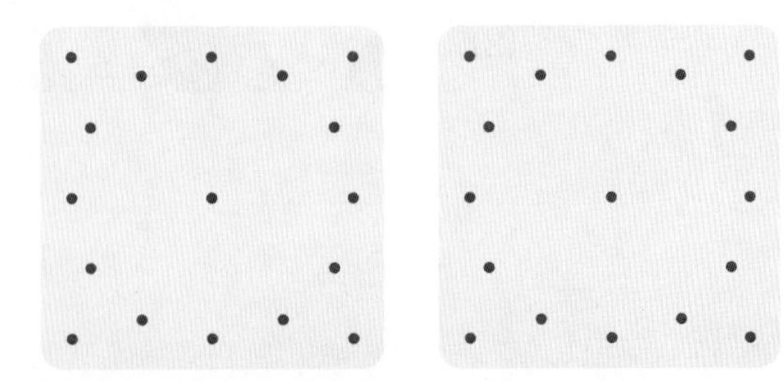

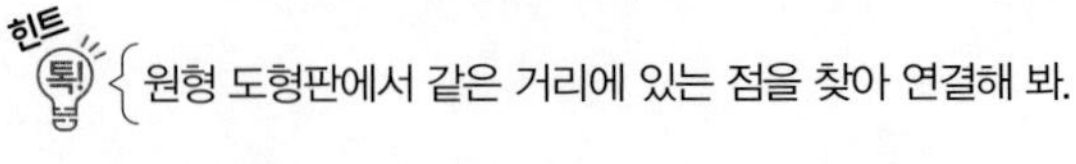
힌트 톡! 원형 도형판에서 같은 거리에 있는 점을 찾아 연결해 봐.

교과역량 콕! 의사소통

07 다각형에 대해 잘못 설명한 사람을 찾아 이름을 쓰세요.

(　　　　　　　　)

08 다음 도형은 정육각형입니다. □ 안에 알맞은 수를 써넣으세요.

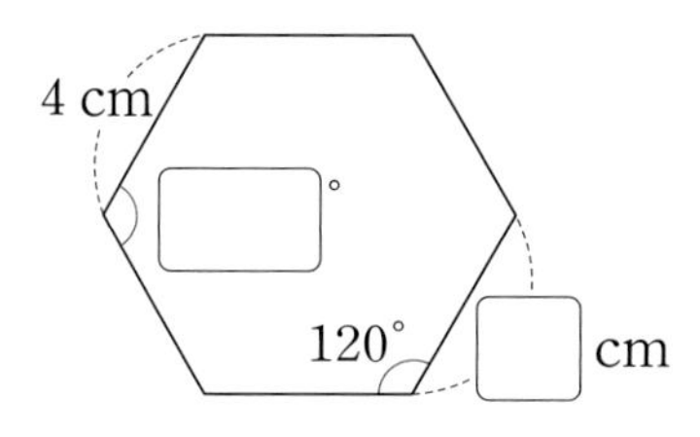

09 한 변이 9 cm인 정팔각형의 모든 변의 길이의 합은 몇 cm인가요?

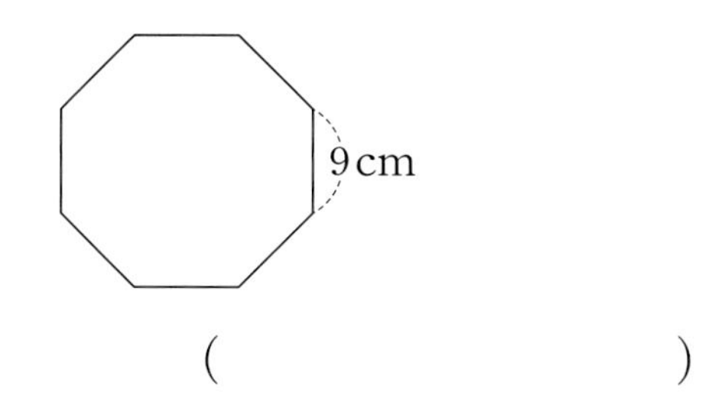

(　　　　　　　　)

2 대각선

개념 140쪽

10 도형에 대각선을 바르게 그은 것을 찾아 기호를 쓰세요.

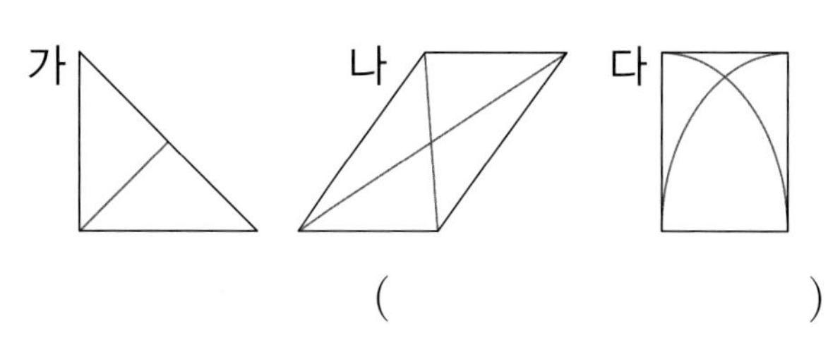

(　　　　　　　　)

11 다각형에 대각선을 모두 그어 보고, 그을 수 있는 대각선은 모두 몇 개인지 쓰세요.

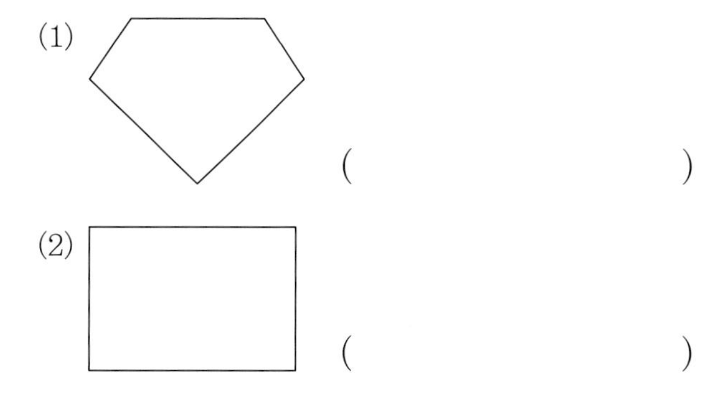

(1) (　　　　　　　　)

(2) (　　　　　　　　)

12 한 대각선이 다른 대각선을 똑같이 둘로 나누는 사각형을 모두 찾아 기호를 쓰세요.

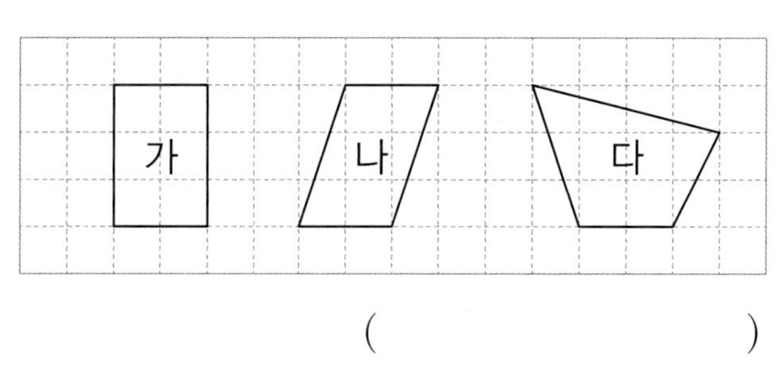

(　　　　　　　　)

6 단원

13 가에 그을 수 있는 대각선은 나에 그을 수 있는 대각선보다 몇 개 더 많은가요?

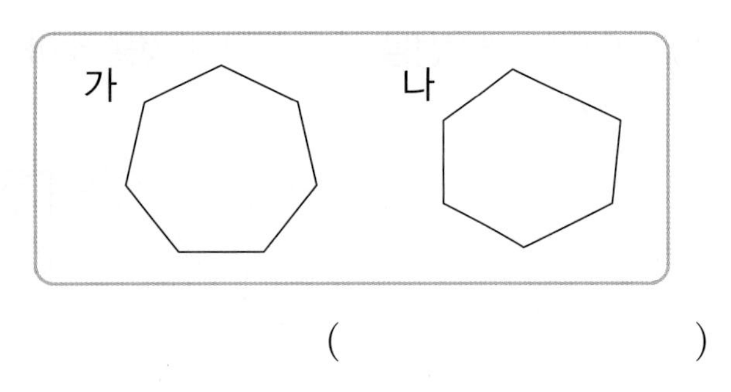

( )

교과역량 콕! 정보처리

14 대각선에 대한 설명이 옳은 것을 모두 찾아 기호를 쓰세요.

> ㉠ 삼각형의 대각선은 1개입니다.
> ㉡ 사각형의 한 꼭짓점에서 그을 수 있는 대각선은 1개입니다.
> ㉢ 정사각형의 두 대각선은 길이가 같고 서로 수직으로 만납니다.

( )

15 마름모에 대각선을 그었습니다. 두 대각선의 길이의 합은 몇 cm인가요?

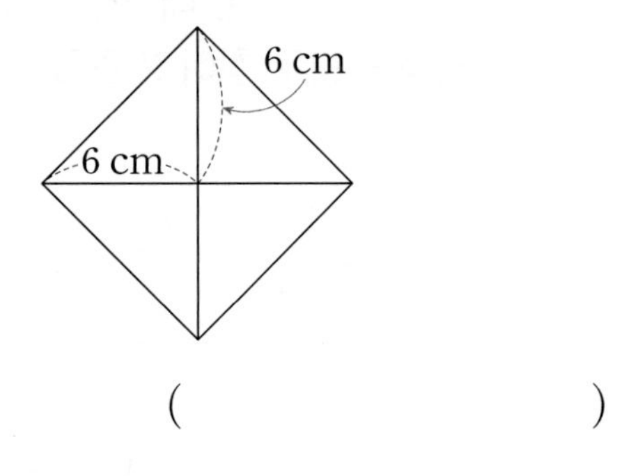

( )

힌트 톡! 마름모의 한 대각선은 다른 대각선을 똑같이 둘로 나누어.

3 모양 만들기

개념 142쪽

16 오른쪽 모양은 칠교 조각 4개를 이용하여 만든 사각형입니다. 이용한 삼각형과 사각형 조각은 각각 몇 개인가요?

삼각형 ( )
사각형 ( )

17 모양 조각으로 거북 모양을 만들었습니다. 이용한 조각의 수는 각각 몇 개인가요?

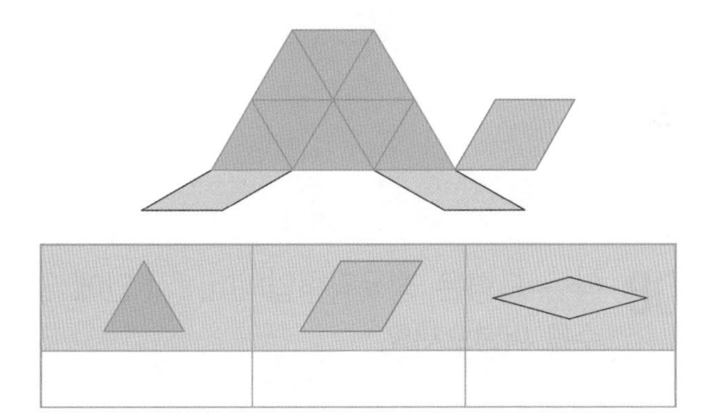

18 주어진 칠교 조각을 모두 한 번씩 이용하여 삼각형을 만들어 보세요.

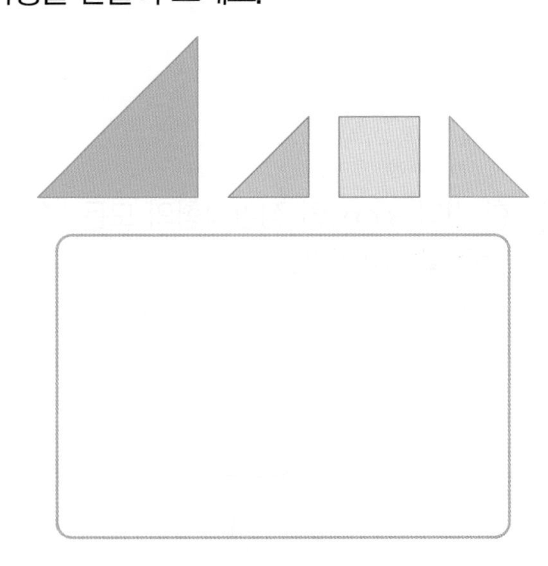

19 4가지 칠교 조각을 모두 한 번씩 이용하여 만들 수 없는 다각형을 찾아 ×표 하세요.

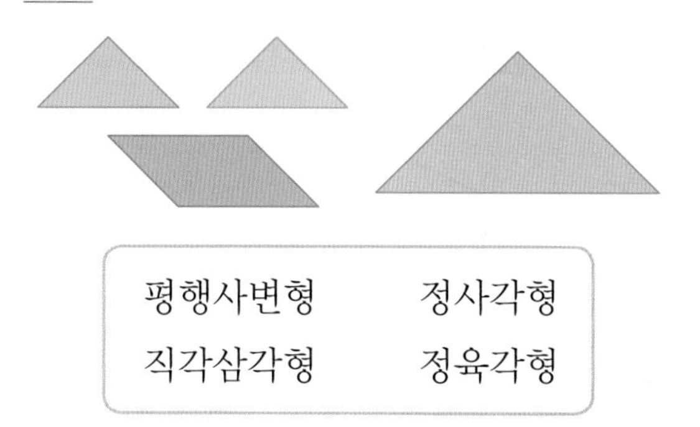

평행사변형	정사각형
직각삼각형	정육각형

4 모양 채우기

개념 144쪽

20 그림을 보고 〈보기〉에서 알맞은 수나 말을 찾아 □ 안에 써넣으세요.

〈보기〉
정삼각형 4
평행사변형 8

□ 모양 조각 □개를 이용하여 주어진 모양을 채웠습니다.

21 왼쪽에 주어진 모양 조각으로만 평행사변형을 채우려면 모양 조각은 몇 개 필요한가요?

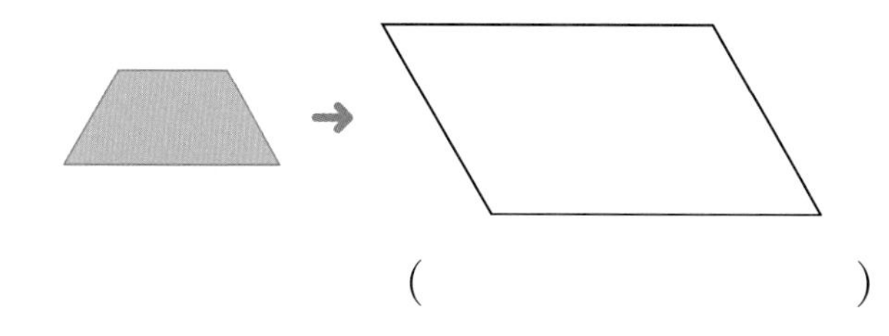

(　　　　　　　　)

22 칠교 조각 중에서 3개를 골라 한 번씩만 이용하여 직사각형을 채워 보세요.

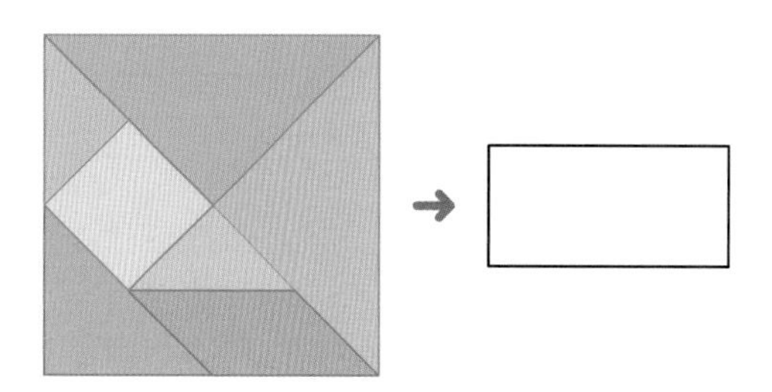

23 한 가지 모양 조각만 이용하여 오른쪽 모양을 채울 때 이용할 수 있는 모양 조각을 모두 찾아 ○표 하세요.

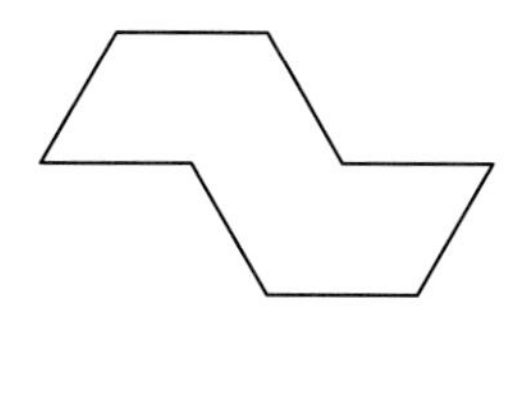

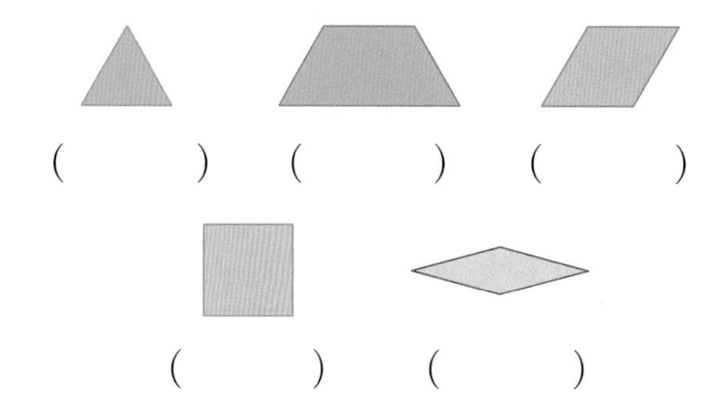

(　　) (　　) (　　)

(　　) (　　)

교과역량 콕! 문제해결

24 3가지 모양 조각을 이용하여 주어진 모양을 서로 다른 방법으로 채워 보세요. (단, 같은 모양 조각을 여러 번 이용할 수 있습니다.)

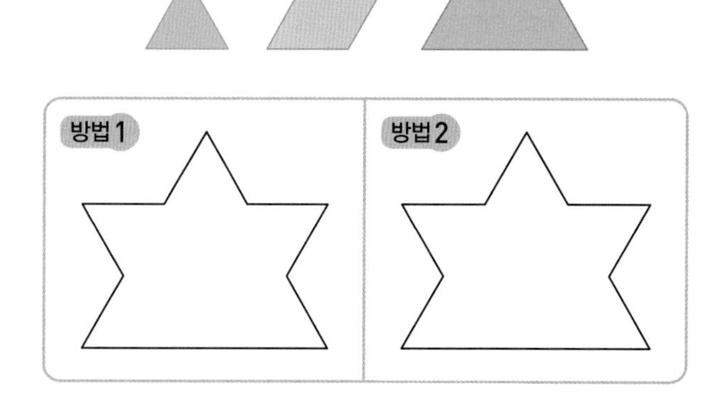

STEP 3 서술형 **문제 잡기**

1

도형이 **다각형이 아닌 이유**를 쓰세요.

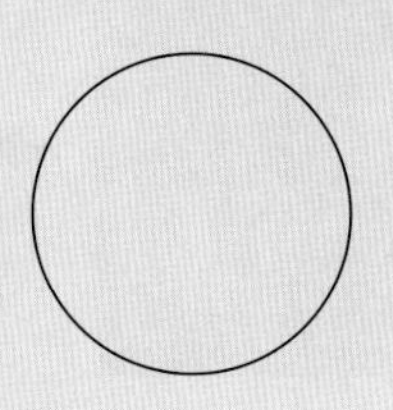

이유 다각형이 아닌 이유 쓰기

다각형은 [ ] 으로만 둘러싸인 도형인데 주어진 도형은 [ ] 으로 둘러싸여 있기 때문입니다.

2

도형이 **정다각형이 아닌 이유**를 쓰세요.

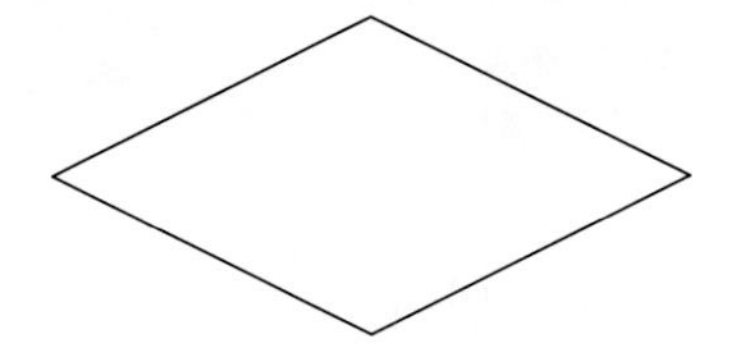

이유 정다각형이 아닌 이유 쓰기

3

직사각형 ㄱㄴㄷㄹ에서 선분 ㄴㄹ의 길이는 몇 cm인지 풀이 과정을 쓰고, 답을 구하세요.

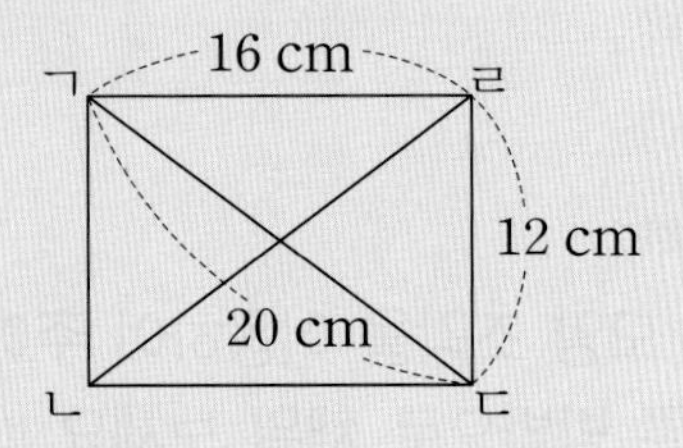

1단계 직사각형의 대각선의 성질 알아보기

직사각형은 두 대각선의 길이가 (같습니다 , 다릅니다).

2단계 선분 ㄴㄹ의 길이 구하기

따라서 선분 ㄴㄹ의 길이는 선분 [ ] 의 길이와 같으므로 [ ] cm입니다.

답

4

평행사변형 ㄱㄴㄷㄹ에서 선분 ㄴㅁ의 길이는 몇 cm인지 풀이 과정을 쓰고, 답을 구하세요.

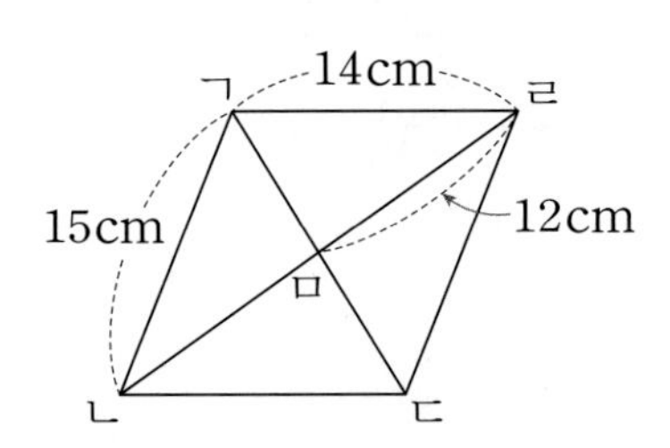

1단계 평행사변형의 대각선의 성질 알아보기

2단계 선분 ㄴㅁ의 길이 구하기

답

5

정오각형과 정사각형을 변끼리 맞닿게 이어 붙인 도형입니다. 빨간색 선의 전체 길이는 몇 cm인지 풀이 과정을 쓰고, 답을 구하세요.

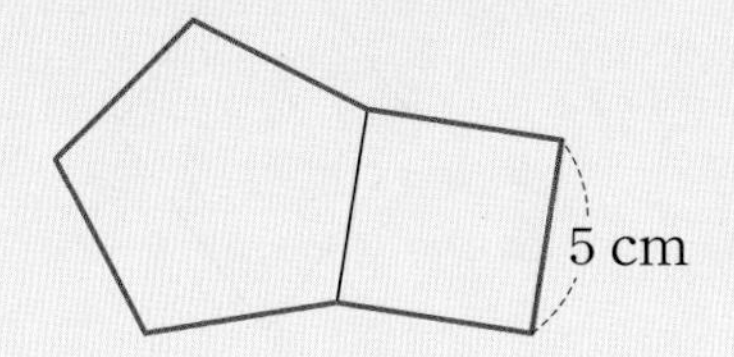

1단계 정오각형의 한 변의 길이 구하기

정사각형의 한 변의 길이가 5 cm이므로 정오각형의 한 변의 길이도 ☐ cm입니다.

2단계 빨간색 선의 전체 길이 구하기

빨간색 선의 전체 길이는 5 cm인 변 ☐개의 길이이므로 $5 \times$ ☐ $=$ ☐ (cm)입니다.

답

6

정육각형과 정삼각형을 변끼리 맞닿게 이어 붙인 도형입니다. 빨간색 선의 전체 길이는 몇 cm인지 풀이 과정을 쓰고, 답을 구하세요.

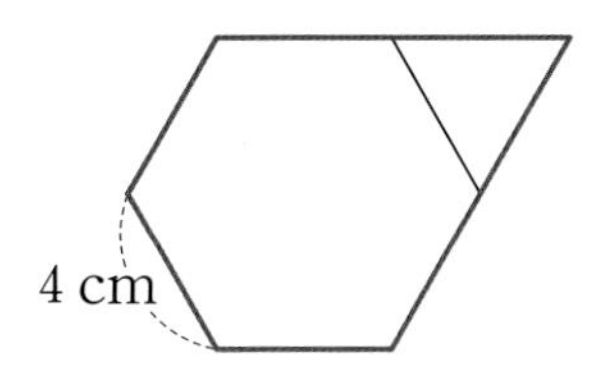

1단계 정삼각형의 한 변의 길이 구하기

2단계 빨간색 선의 전체 길이 구하기

답

6 단원

7

오른쪽 칠교 조각으로 규민이가 말하는 **모양을 채워** 보세요.

나는 백조 모양을 채울 거야.

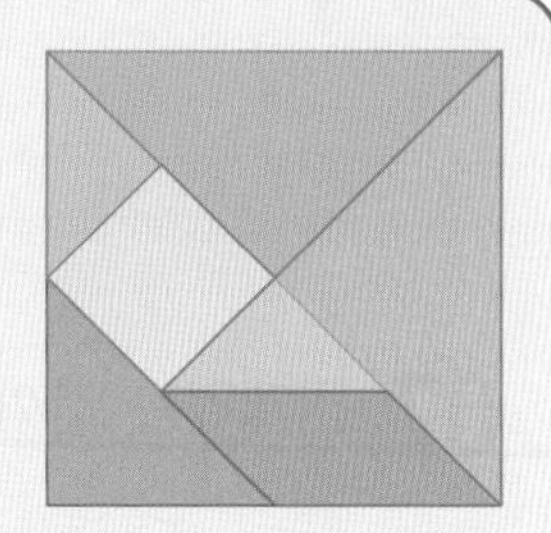

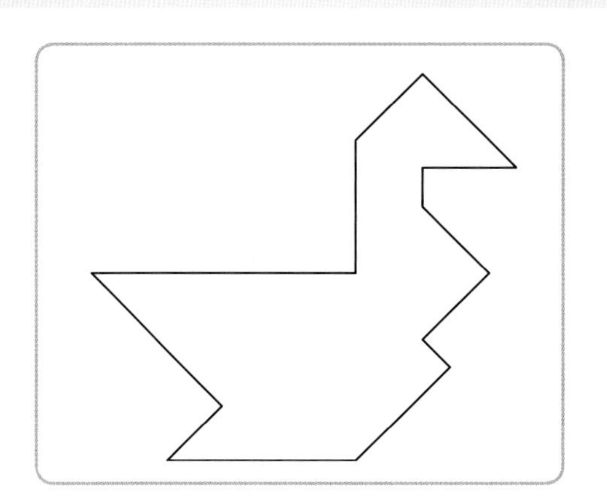

8 창의형

오른쪽 칠교 조각으로 규민이와 다른 **모양을 만들어** 보세요.

나는 ☐ 모양을 만들 거야.

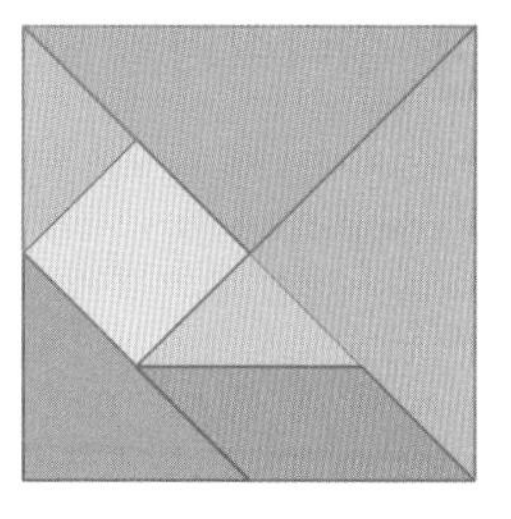

6단원 마무리

맞힌 개수

[01～03] **도형을 보고 물음에 답하세요.**

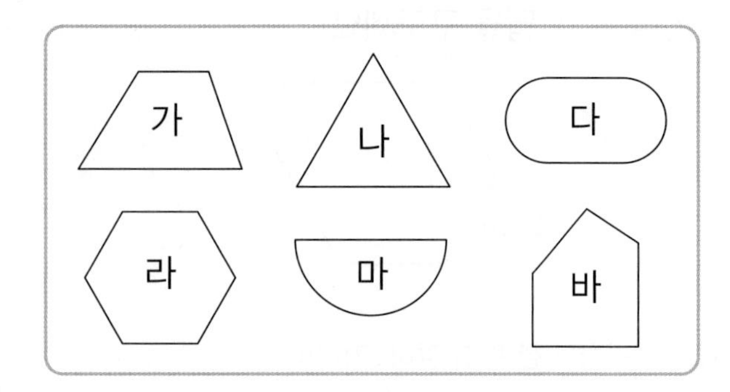

01 다각형을 모두 찾아 기호를 쓰세요.

(　　　　　　　　　　　)

02 도형 바의 이름을 쓰세요.

(　　　　　　　　　　　)

03 정다각형을 모두 찾아 기호를 쓰세요.

(　　　　　　　　　　　)

04 오각형에 대각선을 바르게 그은 것에 ○표 하세요.

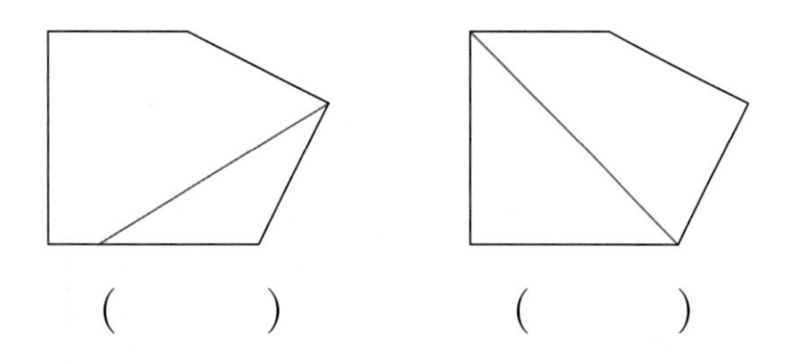

(　　　)　　(　　　)

05 도형에 그을 수 있는 대각선을 모두 그어 보세요.

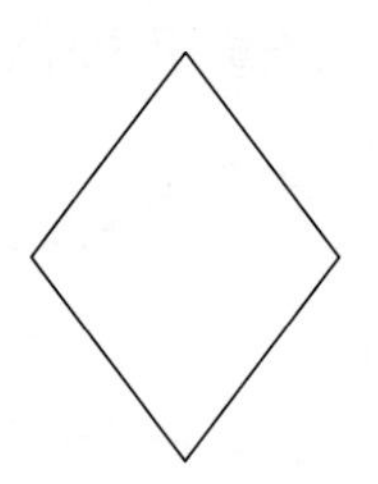

06 모양 조각으로 사탕 모양을 만들었습니다. 이용한 조각의 수를 세어 □ 안에 알맞은 수를 써넣으세요.

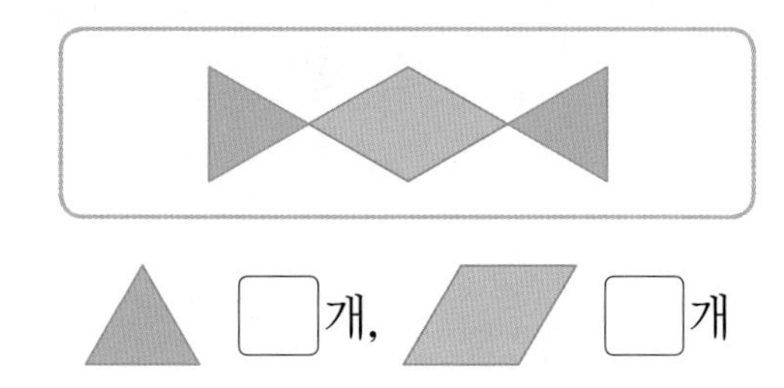

□개, □개

07 관계있는 것끼리 이어 보세요.

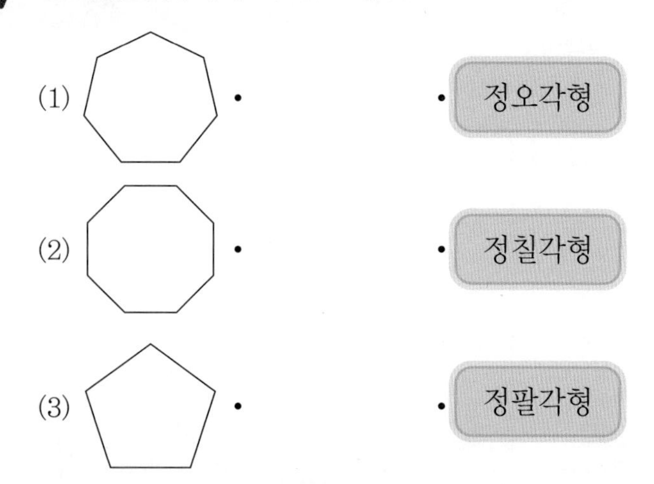

08 점 종이에 오각형을 그려 보세요.

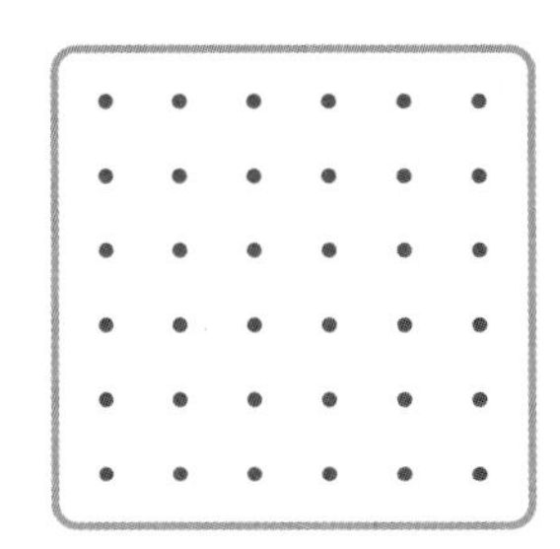

09 칠교 조각 중 ③, ④, ⑤ 조각을 이용하여 오른쪽 삼각형을 채워 보세요.

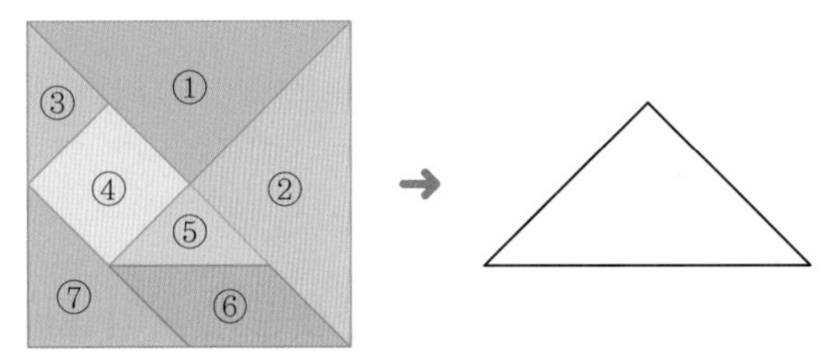

[10～11] 다각형을 보고 물음에 답하세요.

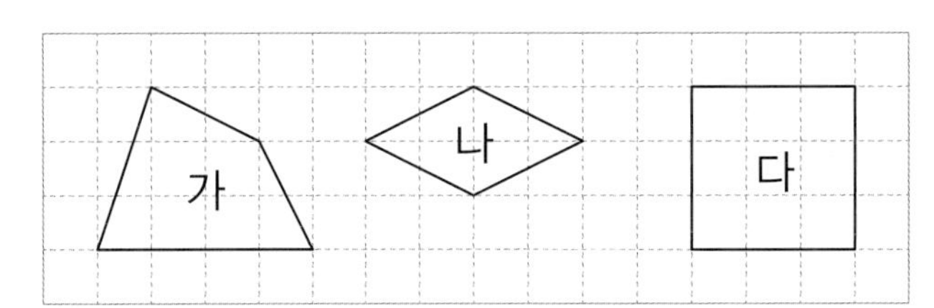

10 두 대각선이 서로 수직으로 만나는 사각형을 모두 찾아 기호를 쓰세요.

( )

11 두 대각선의 길이가 같은 사각형을 찾아 기호를 쓰세요.

( )

12 육각형에 그을 수 있는 대각선은 모두 몇 개인가요?

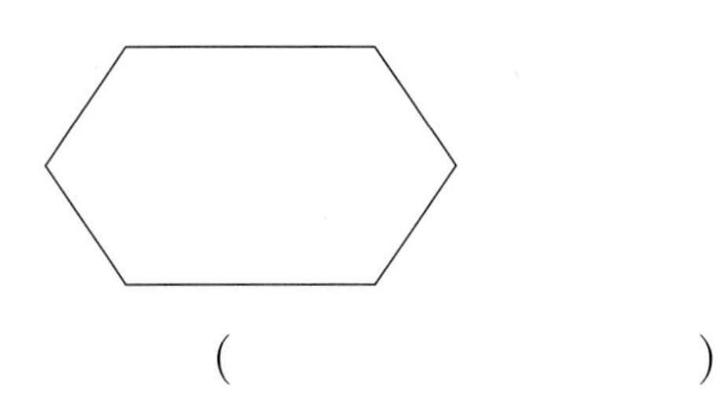

( )

13 다음 모양을 채우려면 ▭ 조각이 몇 개 필요한가요?

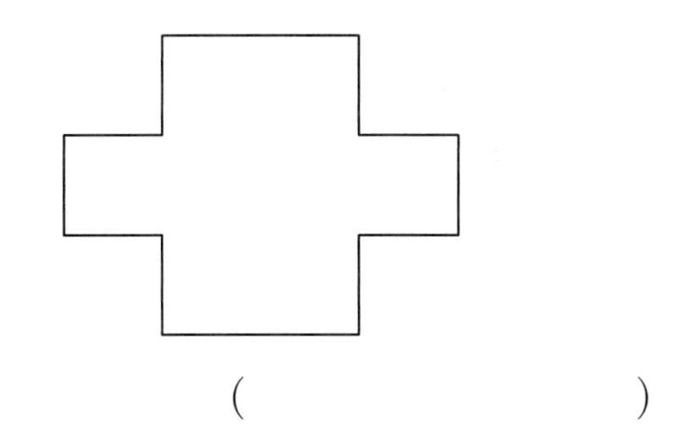

( )

14 모양 조각을 모두 한 번씩만 이용하여 정육각형을 만들어 보세요.

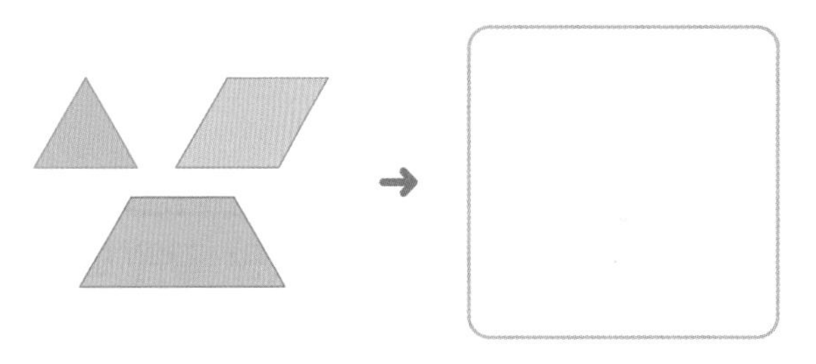

15 △ 조각으로만 정육각형을 만들려면 모양 조각은 적어도 몇 개 필요한가요?

( )

정답 35쪽

16 한 변이 3 cm인 정칠각형의 모든 변의 길이의 합은 몇 cm인가요?

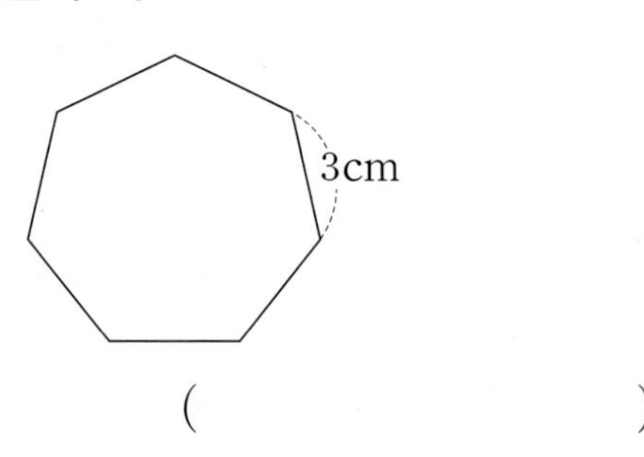

(　　　　　　　　　　)

17 그을 수 있는 대각선의 수가 가장 많은 다각형을 찾아 기호를 쓰세요.

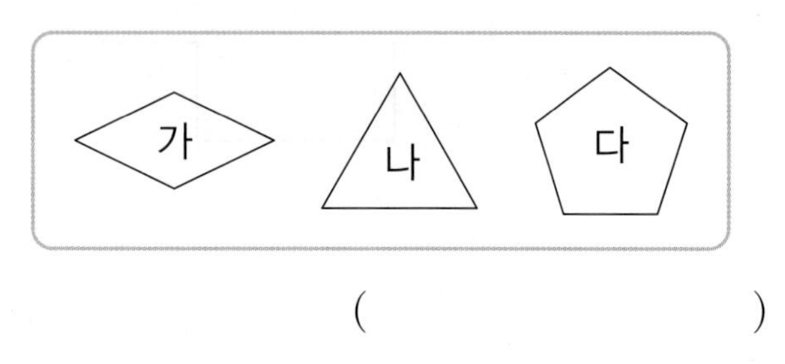

(　　　　　　　　　　)

18 2가지 모양 조각을 이용하여 마름모를 서로 다른 방법으로 채워 보세요. (단, 같은 모양 조각을 여러 번 이용할 수 있습니다.)

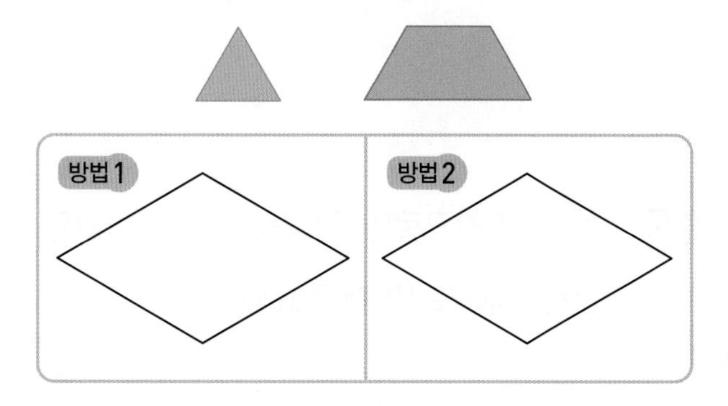

서술형

19 도형이 정다각형이 아닌 이유를 쓰세요.

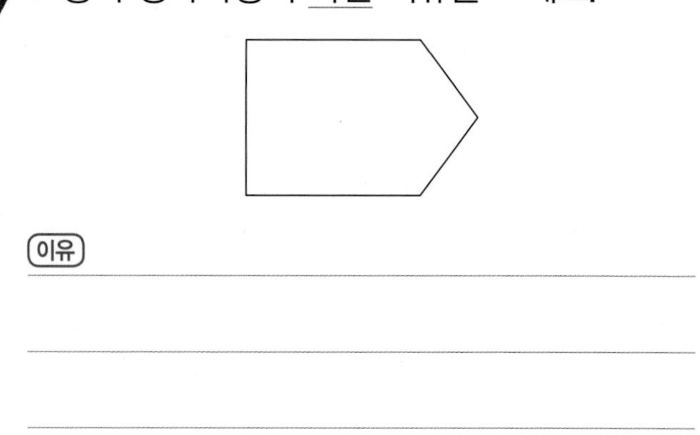

이유

20 마름모 ㄱㄴㄷㄹ에서 선분 ㄱㅁ의 길이는 몇 cm인지 풀이 과정을 쓰고, 답을 구하세요.

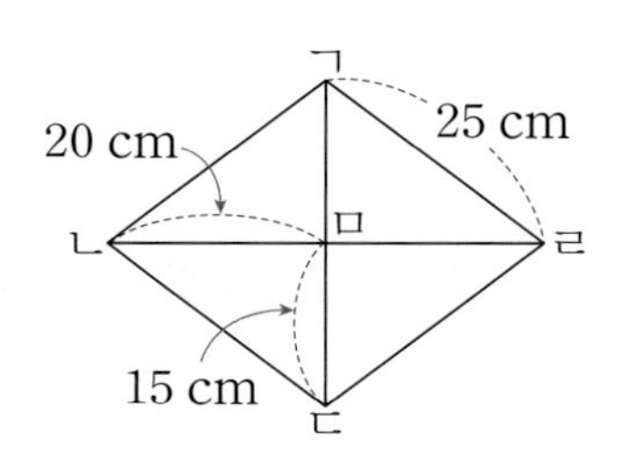

풀이

답

창의력 쑥쑥

다각형을 이용해서 동물들을 그렸더니 실제로 움직일 것만 같아요!
바닷속 돌고래와 거북도 멋지게 색칠해 보세요.
내 맘대로 더 작은 다각형들로 나누어 색칠할 수도 있어요~.

정답은 개념책 160쪽에서 확인하세요.

평가 1~6단원 총정리

맞힌 개수

3단원 | 개념❶

01 □ 안에 알맞은 소수를 써넣으세요.

1이 2개, 0.1이 8개, 0.01이 5개인 수는 □입니다.

1단원 | 개념❶

02 그림을 보고 □ 안에 알맞은 수를 써넣으세요.

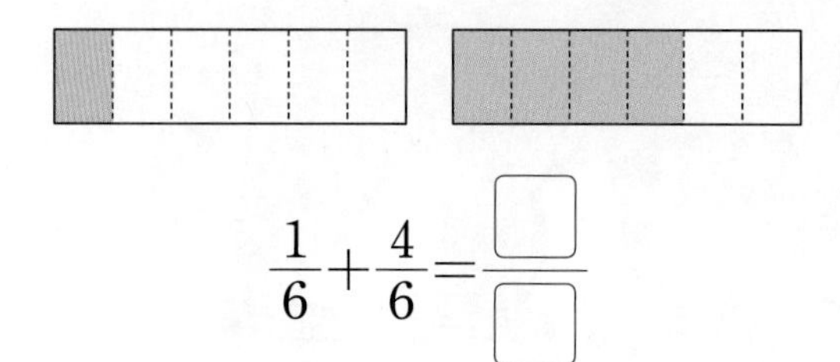

$$\frac{1}{6}+\frac{4}{6}=\frac{\square}{\square}$$

4단원 | 개념❶

03 직선 나에 대한 수선을 찾아 쓰세요.

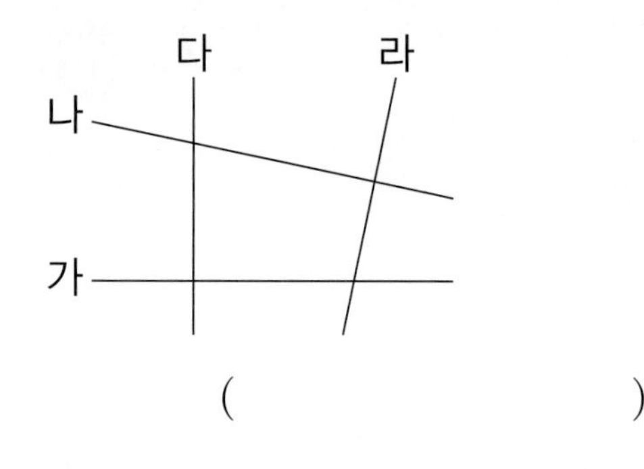

(　　　　　　)

2단원 | 개념❸

04 예각삼각형을 찾아 기호를 쓰세요.

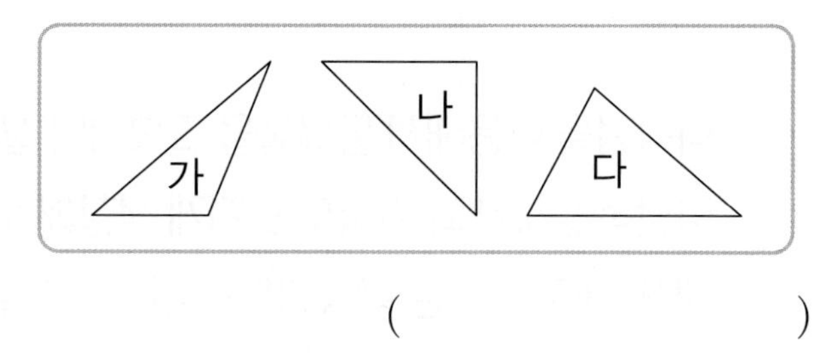

(　　　　　　)

6단원 | 개념❶

05 다각형의 이름을 쓰세요.

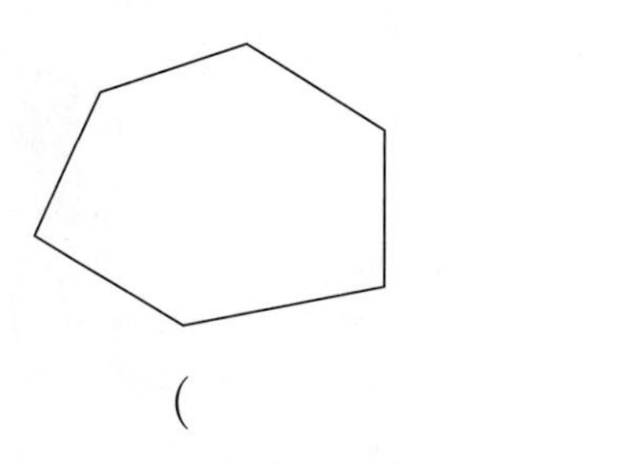

(　　　　　　)

3단원 | 개념❸

06 두 수의 크기를 비교하여 더 큰 수에 ○표 하세요.

1.68	1.7
(　　)	(　　)

1단원 | 개념❺

07 빈칸에 알맞은 분수를 써넣으세요.

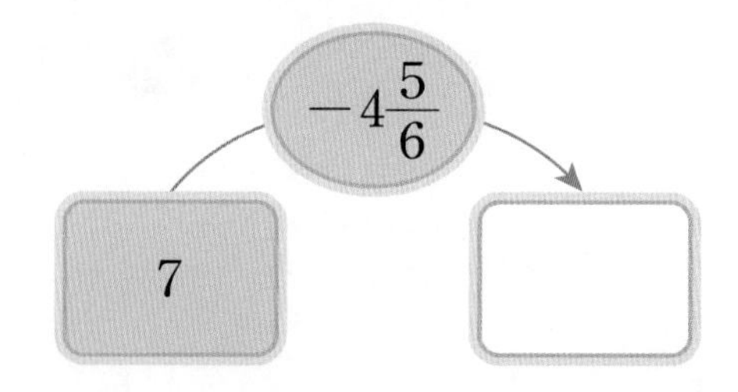

[08~10] 서희가 키우는 양파 싹의 길이를 매일 같은 시각에 조사하여 나타낸 꺾은선그래프입니다. 물음에 답하세요.

날짜별 양파 싹의 길이

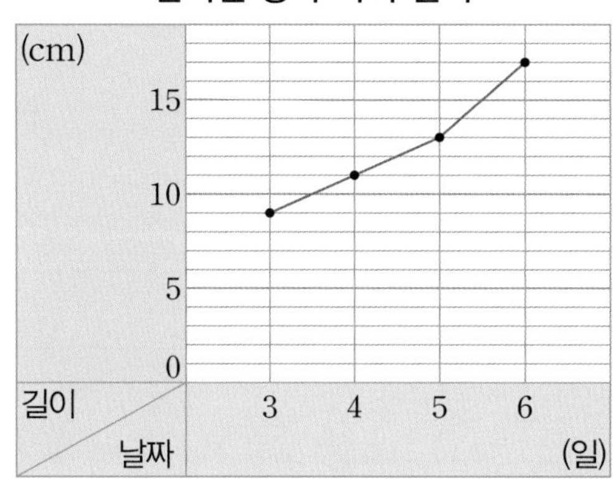

5단원 | 개념①

08 무엇을 조사하여 나타낸 그래프인가요?

( )

5단원 | 개념①

09 세로 눈금 한 칸은 몇 cm를 나타내나요?

( )

5단원 | 개념③

10 전날에 비해 양파 싹이 가장 많이 자란 때는 며칠과 며칠 사이인가요?

( )

4단원 | 개념③

11 도형에서 평행선 사이의 거리는 몇 cm인가요?

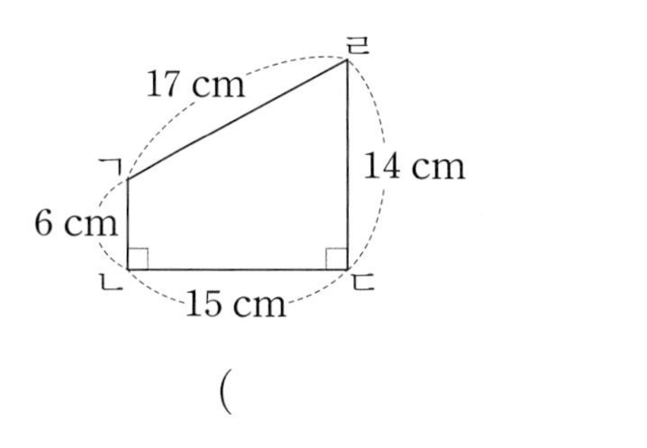

( )

2단원 | 개념②

12 삼각형의 세 각 중 두 각의 크기가 다음과 같을 때 이등변삼각형이 될 수 있는 것에 ○표 하세요.

70° 60°	30° 120°
( )	( )

1단원 | 개념③

13 고구마를 인서는 $2\frac{5}{8}$ kg, 준하는 $1\frac{4}{8}$ kg 캤습니다. 인서와 준하가 캔 고구마는 모두 몇 kg인가요?

식

답

4단원 | 개념4

14 꼭짓점을 한 개만 옮겨서 사다리꼴을 만들어 보세요.

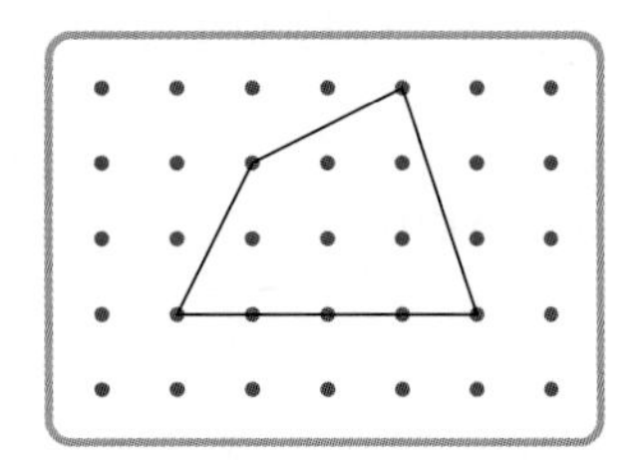

6단원 | 개념3

15 칠교 조각으로 만든 사각형입니다. 이용한 삼각형과 사각형 조각은 각각 몇 개인가요?

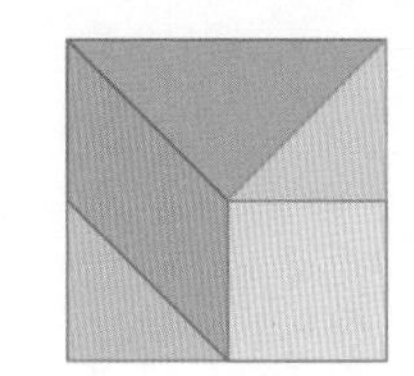

삼각형 (　　　　　　)
사각형 (　　　　　　)

5단원 | 개념2

16 민호가 높이뛰기 대회에서 얻은 최고 기록을 조사하여 나타낸 표입니다. 표를 보고 꺾은선그래프로 나타내세요.

대회별 높이뛰기 최고 기록

대회	1차	2차	3차	4차	5차
기록(cm)	151	155	153	156	156

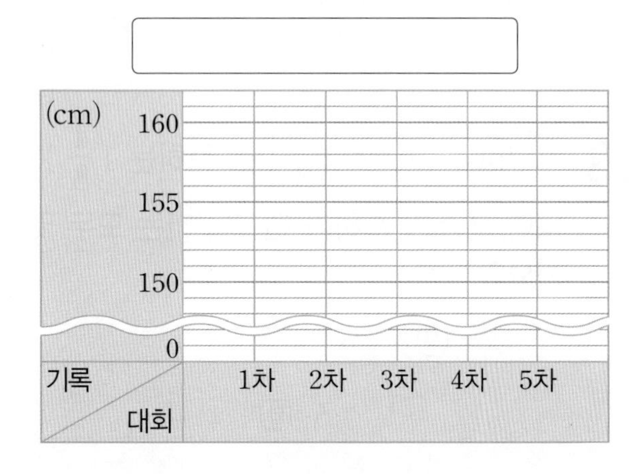

2단원 | 개념3

17 〈보기〉에서 설명하는 삼각형을 그려 보세요.

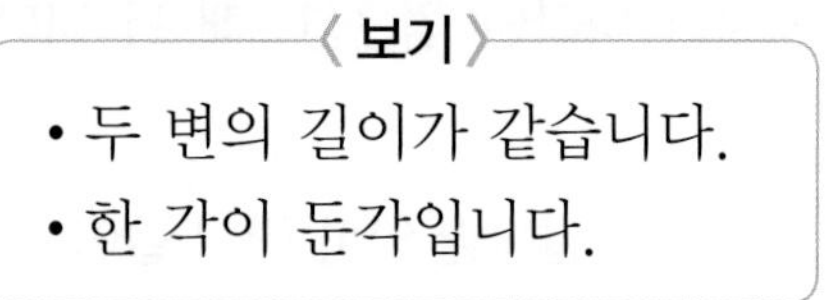
〈보기〉
- 두 변의 길이가 같습니다.
- 한 각이 둔각입니다.

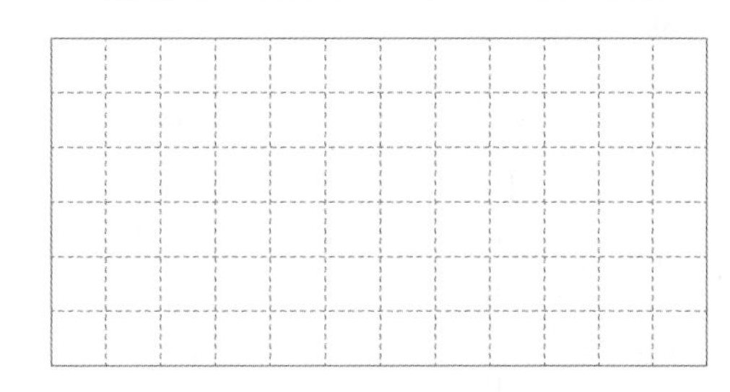

6단원 | 개념2

18 두 다각형에 그을 수 있는 대각선은 모두 몇 개인가요?

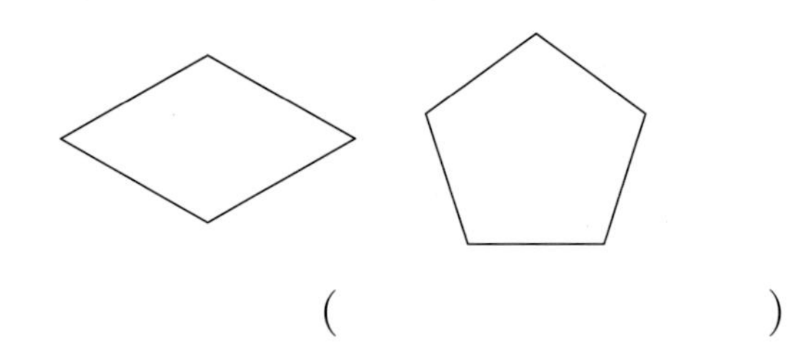

(　　　　　　)

3단원 | 개념4

19 ㉠이 나타내는 값은 ㉡이 나타내는 값의 몇 배인가요?

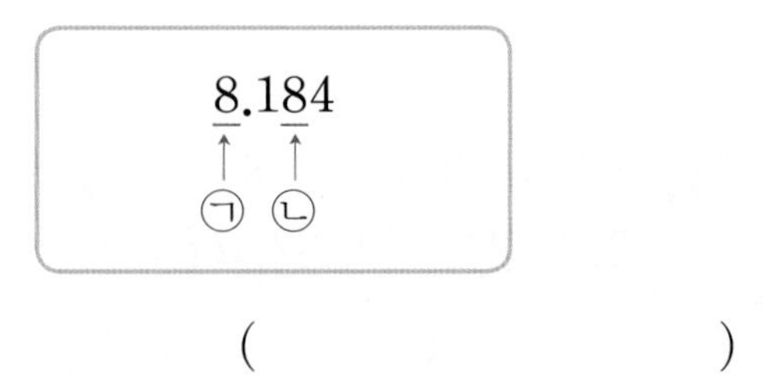

(　　　　　　)

1단원 | 개념 6

20 ☐ 안에 알맞은 대분수를 구하세요.

$$\square + 1\frac{9}{12} = 7\frac{5}{12}$$

(　　　　　　　　　)

3단원 | 개념 5

21 영우는 주스를 0.5 L 마셨고, 미연이는 주스를 영우보다 0.2 L 더 많이 마셨습니다. 영우와 미연이가 마신 주스는 모두 몇 L인가요?

(　　　　　　　　　)

4단원 | 개념 5

22 평행사변형의 네 변의 길이의 합은 34 cm입니다. 변 ㄱㄴ의 길이는 몇 cm인가요?

ㄱ ㄹ ㄴ ㄷ 12 cm

(　　　　　　　　　)

3단원 | 개념 8

23 카드 4장을 한 번씩 모두 사용하여 소수 두 자리 수를 만들려고 합니다. 만들 수 있는 가장 큰 수와 가장 작은 수의 차를 구하세요.

(　　　　　　　　　)

2단원 | 개념 1

24 크기가 같은 정삼각형 5개를 겹치지 않게 이어 붙여서 만든 도형입니다. 빨간색 선의 전체 길이가 49 cm일 때, 정삼각형의 한 변의 길이는 몇 cm인가요?

(　　　　　　　　　)

6단원 | 개념 4

25 3가지 모양 조각을 이용하여 평행사변형을 서로 다른 방법으로 채워 보세요. (단, 같은 모양 조각을 여러 번 이용할 수 있습니다.)

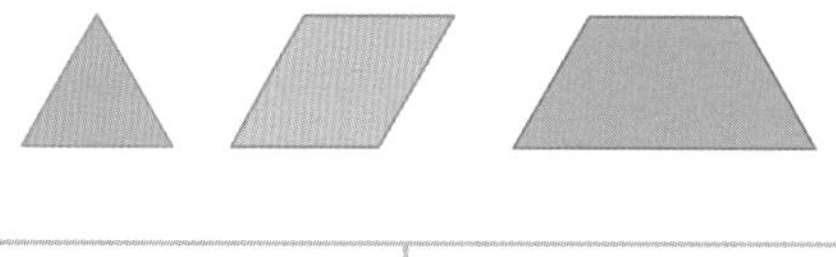

방법 1	방법 2

창의력 쑥쑥 정답

033쪽

051쪽

예

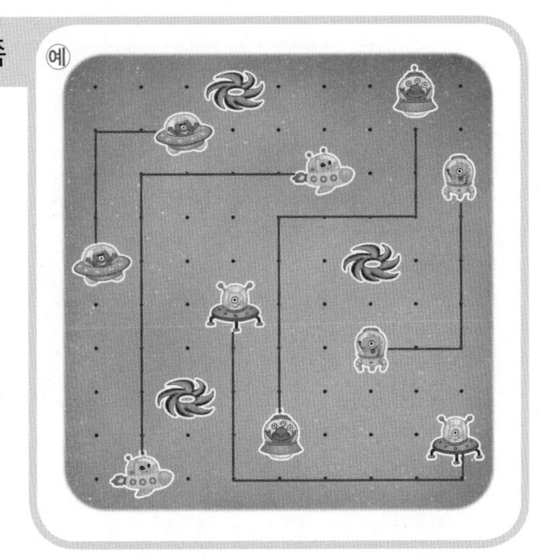

083쪽

113쪽

135쪽

155쪽

예

큐브 개념

초등 수학

4·2

기본 강화책

기초력 더하기 | 수학익힘 다잡기

동아출판

기본 강화책

차례

초등 수학 **4·2**

1. (진분수)+(진분수)

개념책 008쪽 ● 정답 37쪽

[1~15] 계산해 보세요.

1 $\frac{2}{4}+\frac{1}{4}$

2 $\frac{1}{6}+\frac{3}{6}$

3 $\frac{5}{9}+\frac{2}{9}$

4 $\frac{2}{7}+\frac{3}{7}$

5 $\frac{2}{5}+\frac{2}{5}$

6 $\frac{7}{13}+\frac{1}{13}$

7 $\frac{8}{14}+\frac{5}{14}$

8 $\frac{3}{5}+\frac{2}{5}$

9 $\frac{4}{10}+\frac{6}{10}$

10 $\frac{4}{6}+\frac{4}{6}$

11 $\frac{5}{8}+\frac{6}{8}$

12 $\frac{3}{7}+\frac{6}{7}$

13 $\frac{9}{11}+\frac{5}{11}$

14 $\frac{7}{12}+\frac{8}{12}$

15 $\frac{7}{15}+\frac{9}{15}$

[16~21] 빈칸에 알맞은 수를 써넣으세요.

16

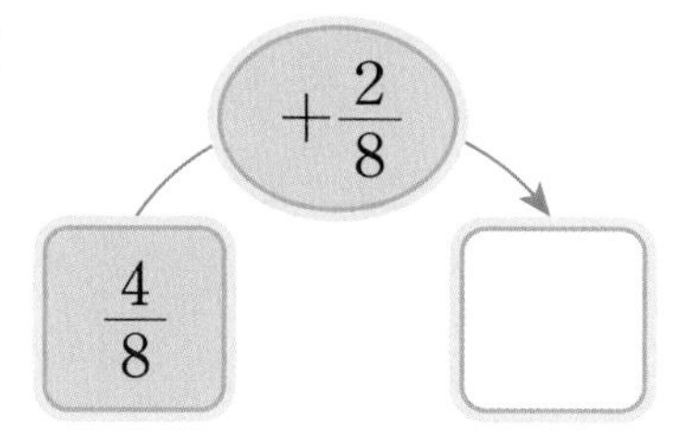

17

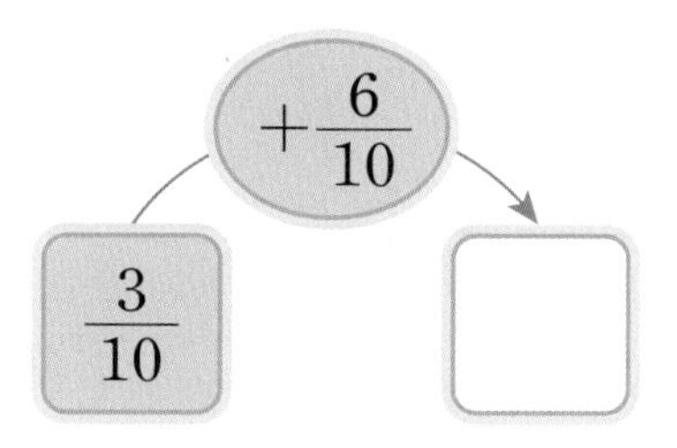

18

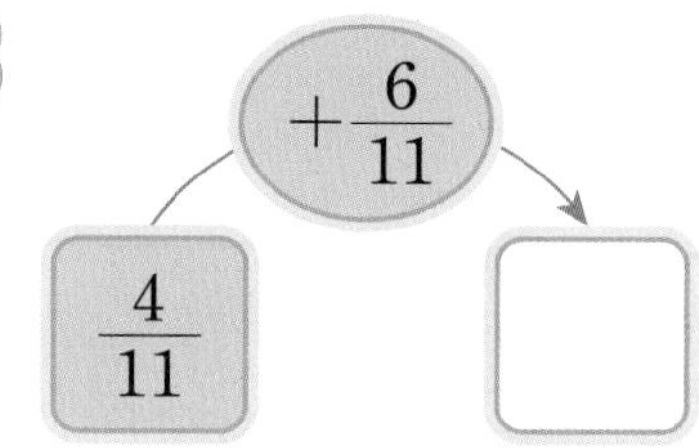

19

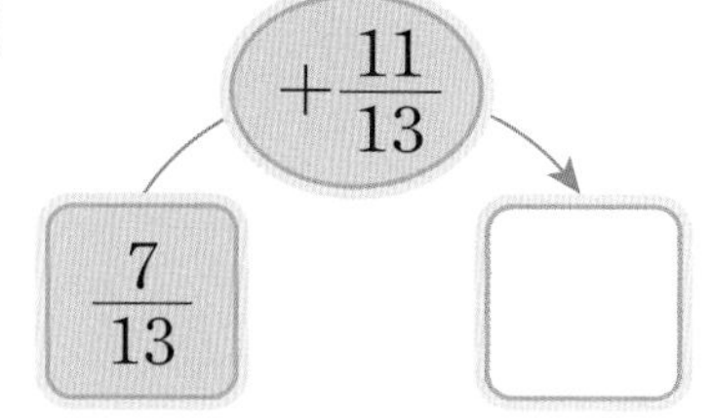

20

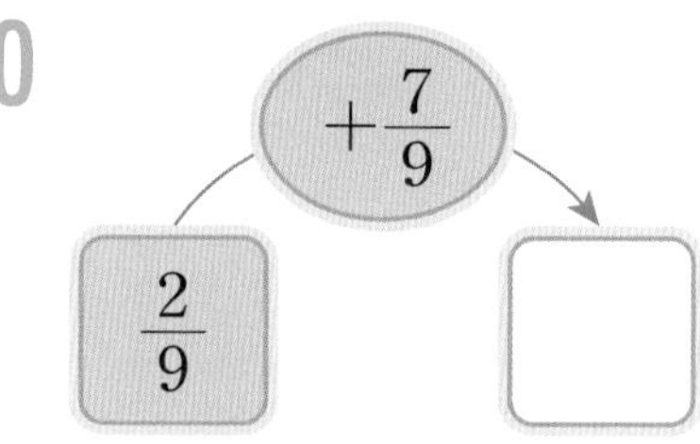

21

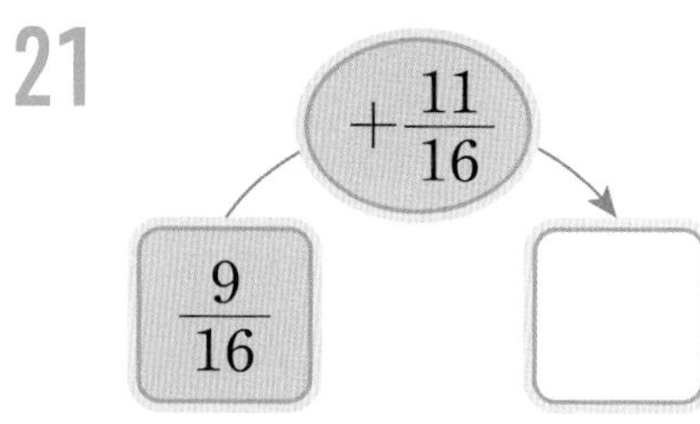

개념책 010쪽 ● 정답 37쪽

[1~15] **계산해 보세요.**

1 $1\frac{1}{4}+1\frac{2}{4}$

2 $1\frac{2}{7}+2\frac{4}{7}$

3 $2\frac{3}{6}+3\frac{2}{6}$

4 $4\frac{2}{9}+1\frac{5}{9}$

5 $5\frac{3}{10}+2\frac{4}{10}$

6 $2\frac{7}{15}+2\frac{7}{15}$

7 $1\frac{2}{12}+2\frac{3}{12}$

8 $6\frac{5}{9}+3\frac{1}{9}$

9 $1\frac{1}{3}+8\frac{1}{3}$

10 $3\frac{2}{6}+7\frac{1}{6}$

11 $5\frac{2}{5}+2\frac{2}{5}$

12 $4\frac{3}{8}+3\frac{2}{8}$

13 $1\frac{4}{11}+1\frac{6}{11}$

14 $6\frac{1}{15}+4\frac{7}{15}$

15 $5\frac{9}{20}+3\frac{4}{20}$

[16~21] **빈칸에 알맞은 수를 써넣으세요.**

16

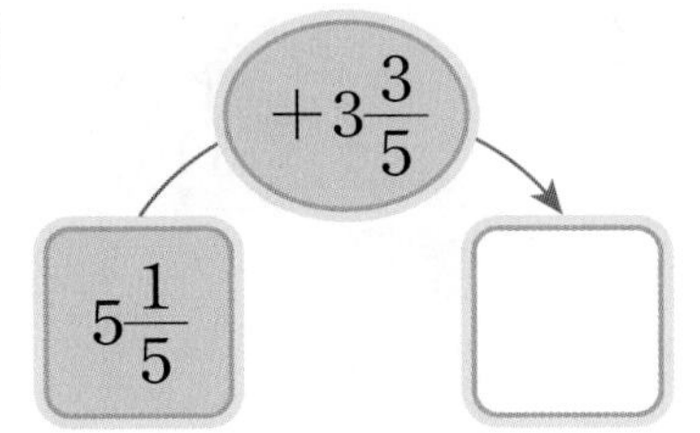

17

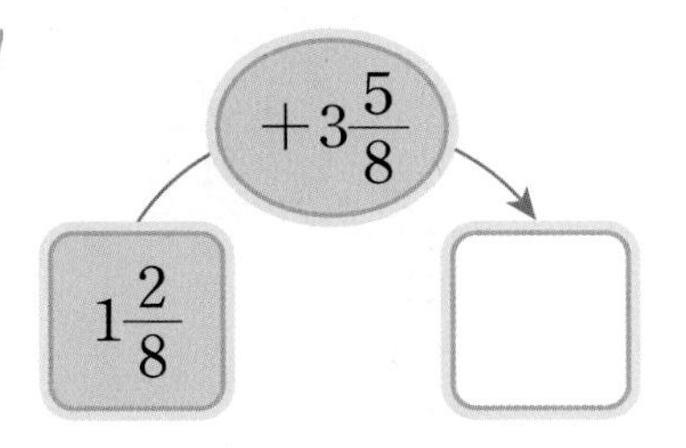

18

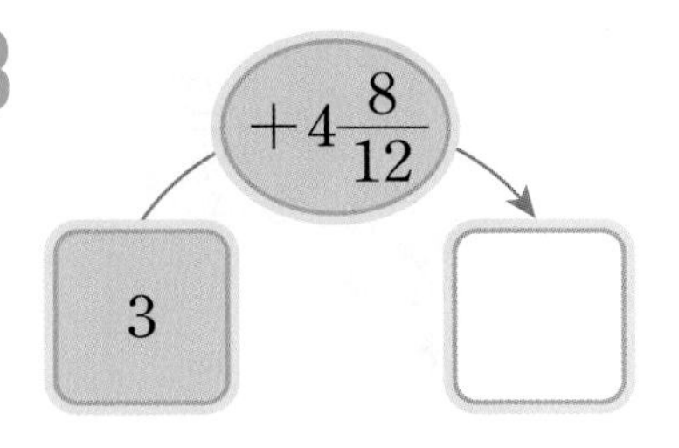

19

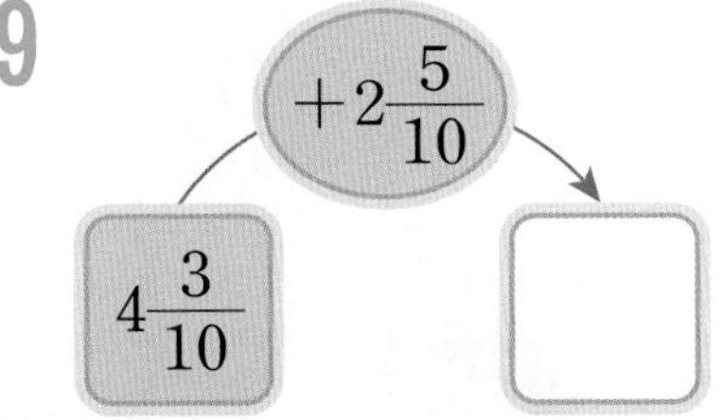

20

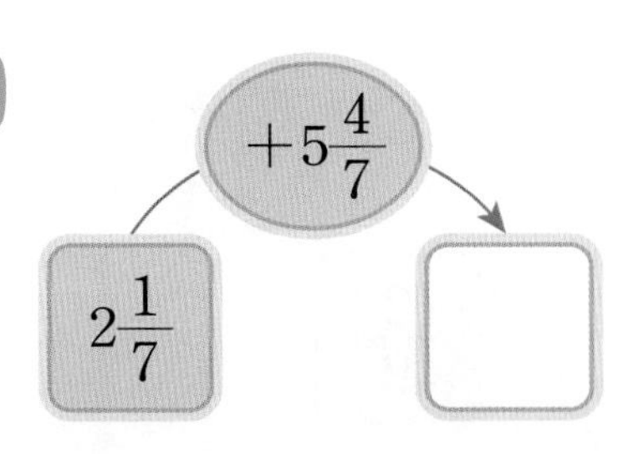

21

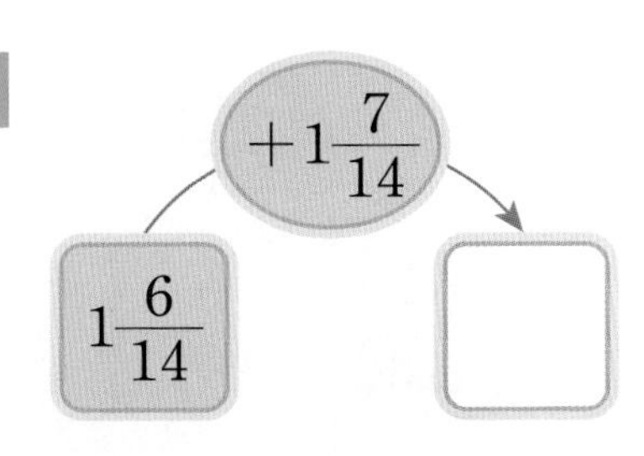

3. 받아올림이 있는 (대분수)+(대분수)

개념책 012쪽 • 정답 37쪽

[1~15] 계산해 보세요.

1 $2\frac{2}{5}+1\frac{4}{5}$

2 $2\frac{4}{8}+2\frac{6}{8}$

3 $3\frac{1}{4}+4\frac{3}{4}$

4 $5\frac{6}{10}+4\frac{7}{10}$

5 $3\frac{9}{11}+1\frac{5}{11}$

6 $2\frac{2}{3}+6\frac{2}{3}$

7 $1\frac{8}{12}+4\frac{10}{12}$

8 $3\frac{4}{5}+1\frac{2}{5}$

9 $2\frac{5}{7}+7\frac{6}{7}$

10 $\frac{3}{4}+2\frac{3}{4}$

11 $2\frac{4}{6}+3\frac{3}{6}$

12 $3\frac{7}{9}+2\frac{5}{9}$

13 $1\frac{9}{12}+3\frac{11}{12}$

14 $2\frac{11}{15}+8\frac{8}{15}$

15 $4\frac{13}{20}+5\frac{18}{20}$

[16~21] 빈칸에 알맞은 수를 써넣으세요.

16

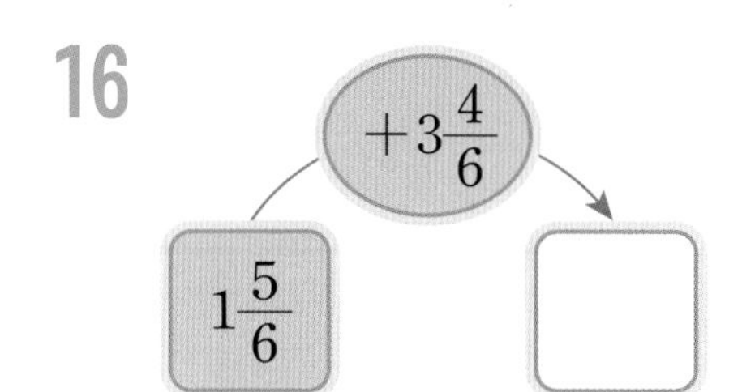

17

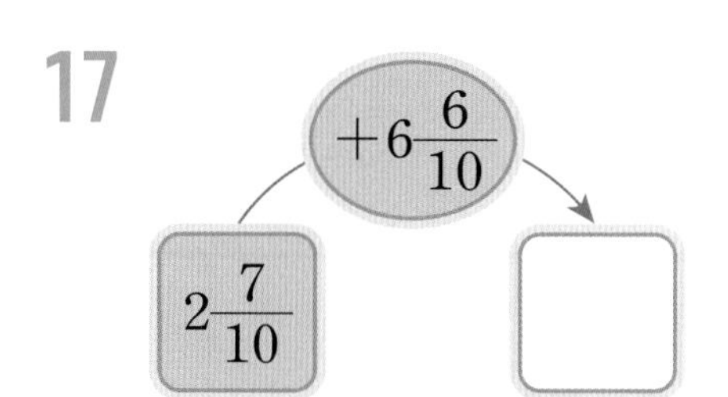

18

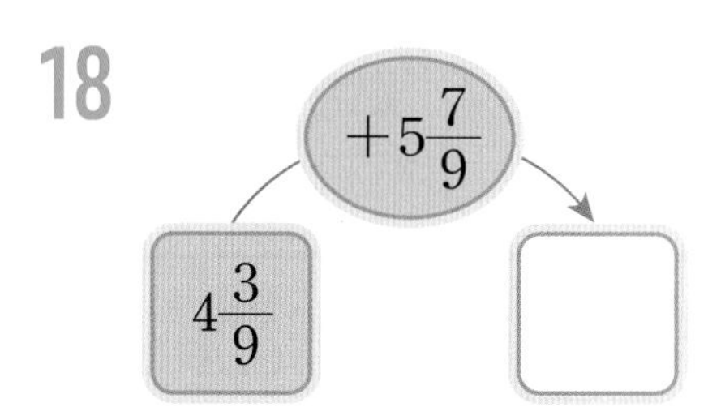

19

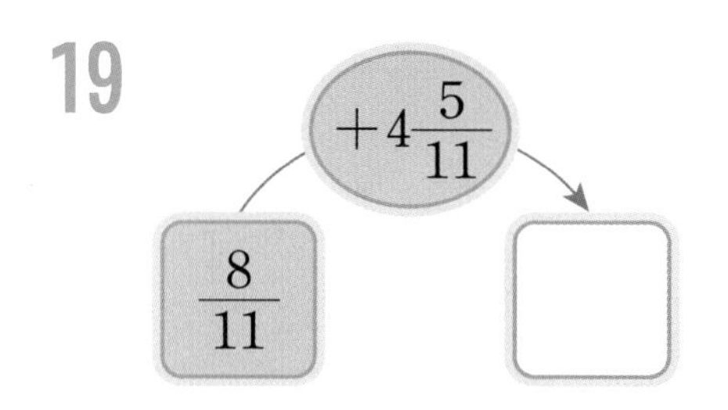

20

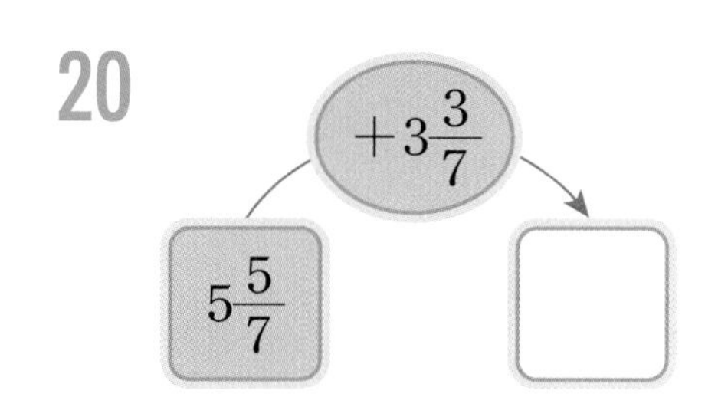

21

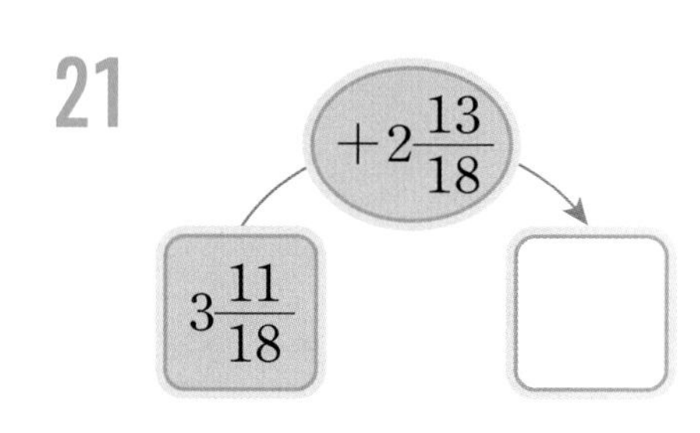

4. 받아내림이 없는 (분수)-(분수)

개념책 018쪽 ● 정답 38쪽

[1~15] 계산해 보세요.

1 $\frac{3}{4}-\frac{1}{4}$

2 $\frac{4}{5}-\frac{3}{5}$

3 $\frac{5}{6}-\frac{2}{6}$

4 $\frac{6}{7}-\frac{1}{7}$

5 $\frac{7}{8}-\frac{4}{8}$

6 $\frac{6}{9}-\frac{3}{9}$

7 $8\frac{2}{3}-4\frac{1}{3}$

8 $7\frac{5}{6}-2\frac{2}{6}$

9 $6\frac{6}{7}-3\frac{4}{7}$

10 $5\frac{4}{5}-4\frac{3}{5}$

11 $2\frac{7}{8}-1\frac{3}{8}$

12 $3\frac{7}{9}-1\frac{5}{9}$

13 $4\frac{6}{7}-1\frac{2}{7}$

14 $8\frac{7}{11}-3\frac{5}{11}$

15 $6\frac{11}{12}-5\frac{10}{12}$

[16~21] 빈칸에 알맞은 수를 써넣으세요.

16
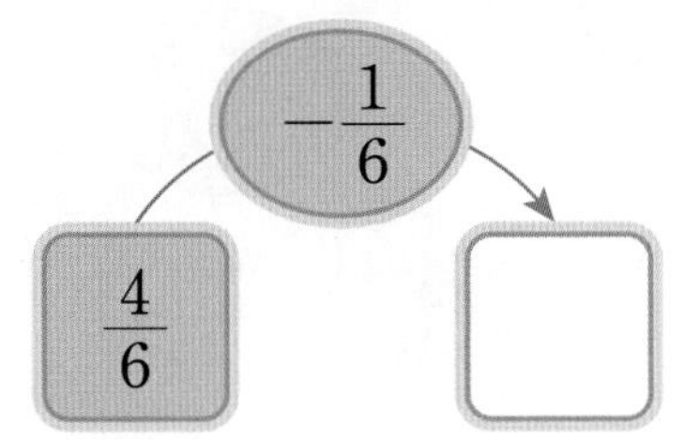

17
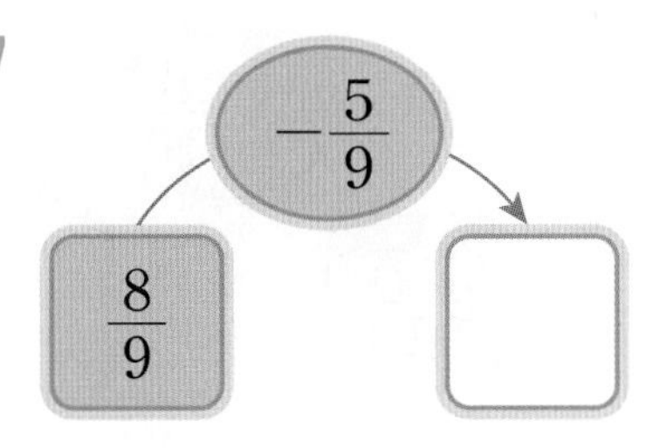

18
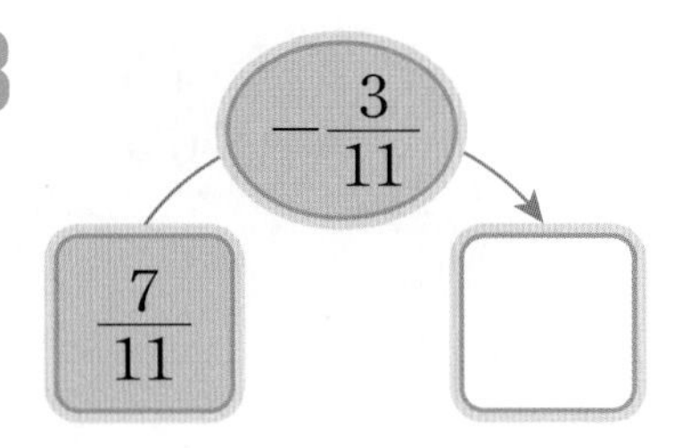

19
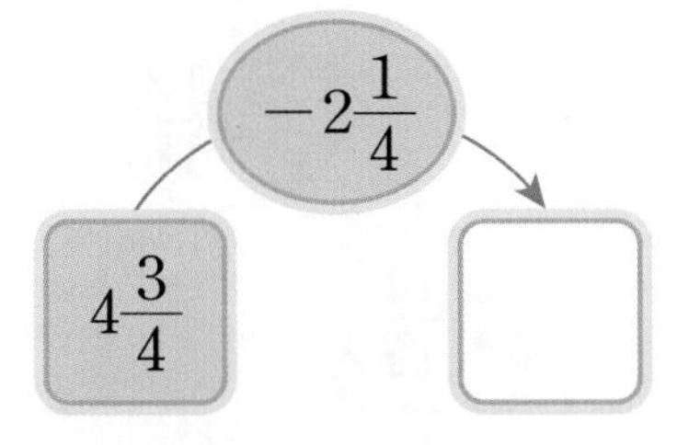

20
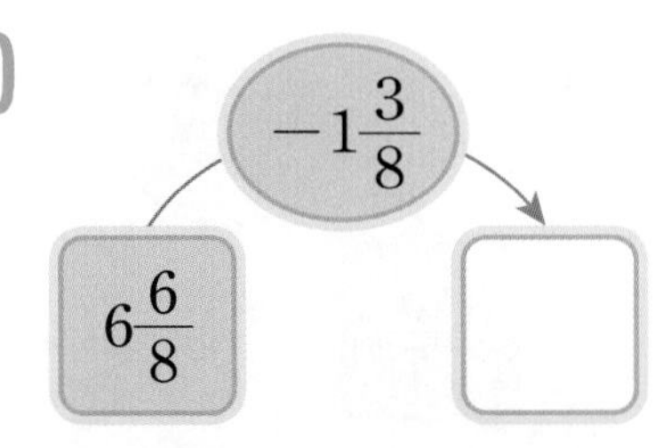

21
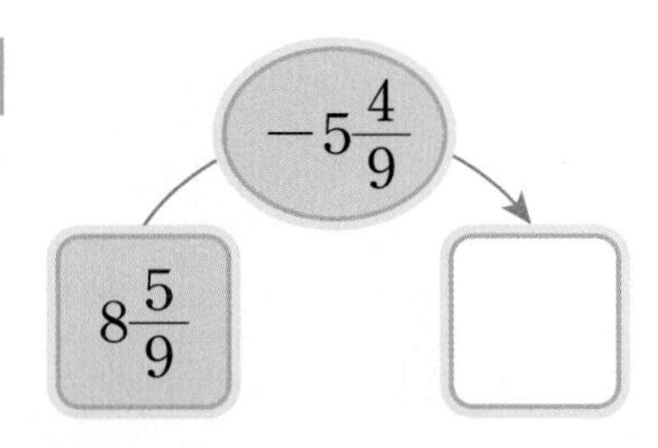

5. (자연수)−(분수)

개념책 020쪽 ● 정답 38쪽

[1~15] 계산해 보세요.

1 $1-\frac{2}{5}$

2 $1-\frac{5}{7}$

3 $1-\frac{6}{9}$

4 $1-\frac{7}{10}$

5 $1-\frac{8}{13}$

6 $1-\frac{11}{17}$

7 $3-1\frac{1}{3}$

8 $5-2\frac{5}{6}$

9 $8-5\frac{3}{8}$

10 $7-4\frac{3}{4}$

11 $6-3\frac{4}{7}$

12 $10-6\frac{4}{9}$

13 $9-5\frac{7}{12}$

14 $5-3\frac{11}{16}$

15 $13-8\frac{15}{21}$

[16~21] 빈칸에 알맞은 수를 써넣으세요.

16

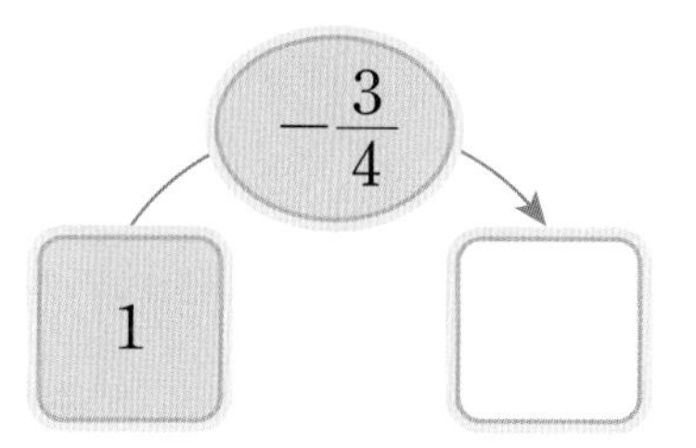

17

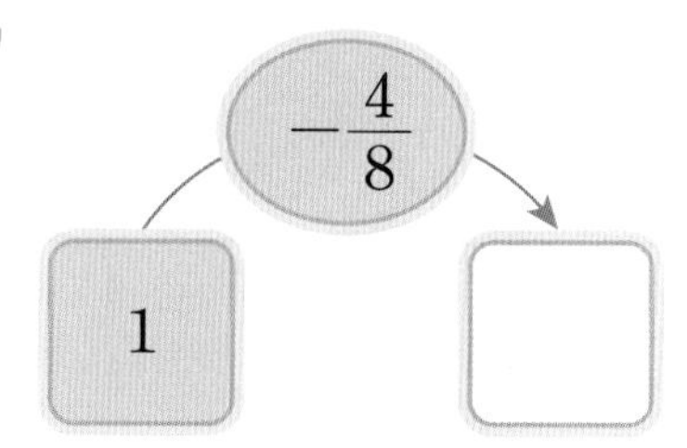

18

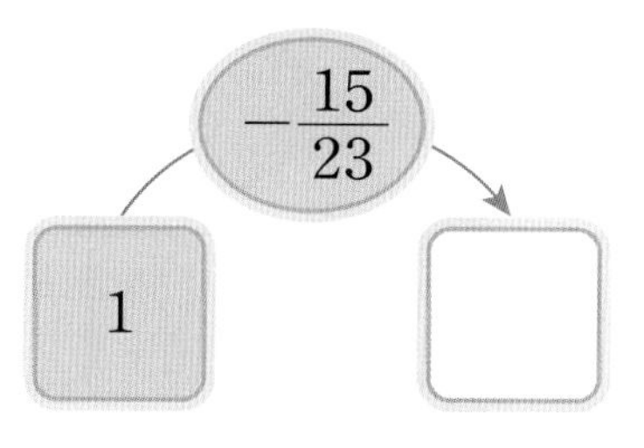

19

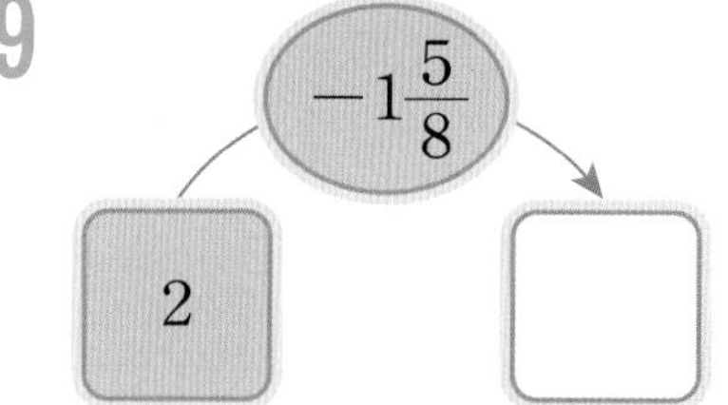

20

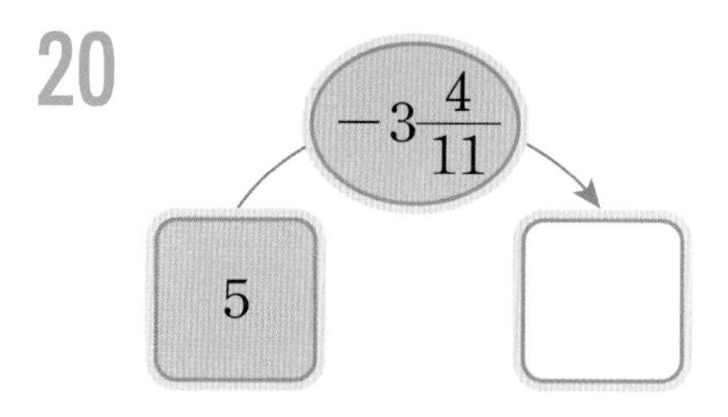

21

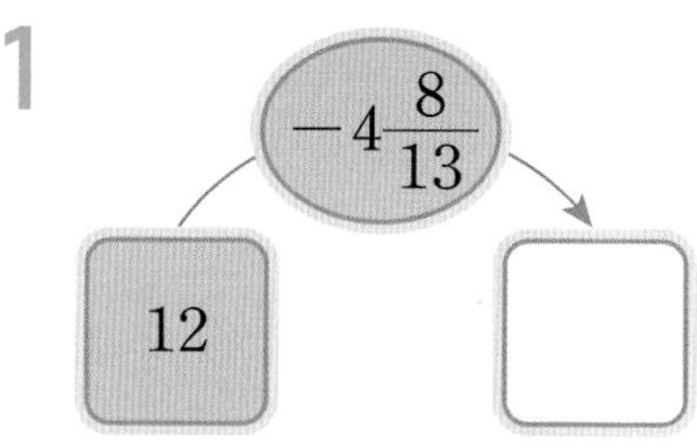

6. 받아내림이 있는 (대분수)−(대분수)

개념책 022쪽 ● 정답 38쪽

[1~15] 계산해 보세요.

1 $4\frac{1}{3}-2\frac{2}{3}$

2 $9\frac{2}{5}-4\frac{4}{5}$

3 $7\frac{5}{7}-5\frac{6}{7}$

4 $5\frac{2}{4}-2\frac{3}{4}$

5 $10\frac{1}{6}-7\frac{5}{6}$

6 $4\frac{2}{9}-1\frac{5}{9}$

7 $6\frac{3}{8}-2\frac{5}{8}$

8 $11\frac{2}{10}-3\frac{5}{10}$

9 $7\frac{4}{15}-5\frac{7}{15}$

10 $8\frac{5}{12}-2\frac{11}{12}$

11 $5\frac{2}{18}-1\frac{9}{18}$

12 $9\frac{7}{20}-4\frac{13}{20}$

13 $6\frac{10}{13}-3\frac{11}{13}$

14 $6\frac{12}{17}-1\frac{16}{17}$

15 $4\frac{17}{22}-2\frac{20}{22}$

[16~21] 빈칸에 알맞은 수를 써넣으세요.

16
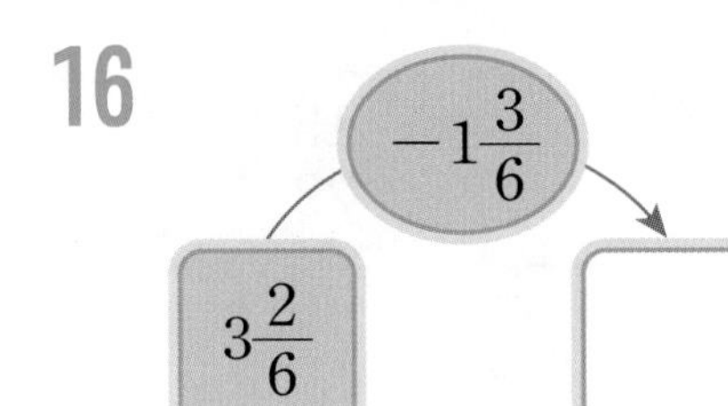

17
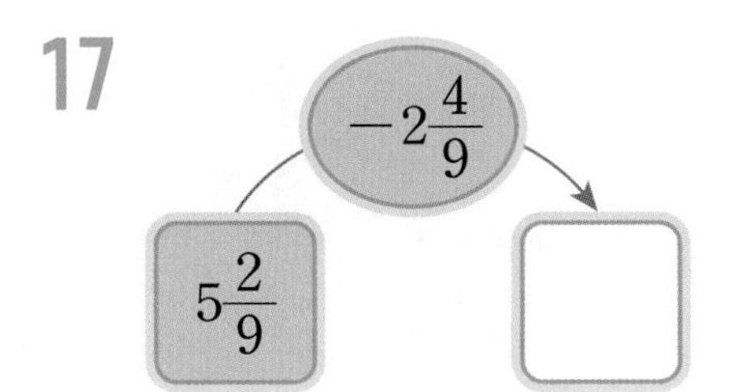

18
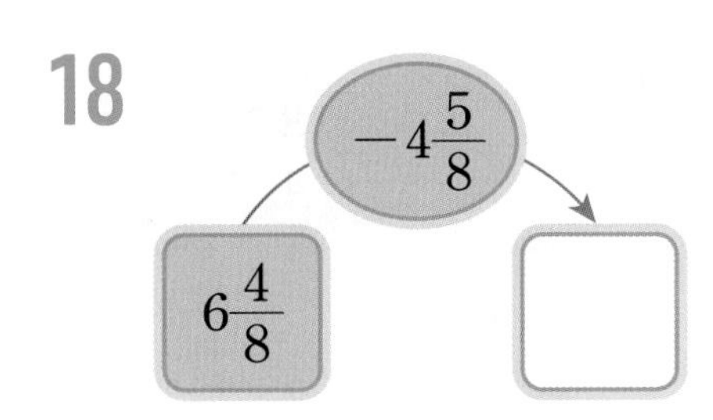

19
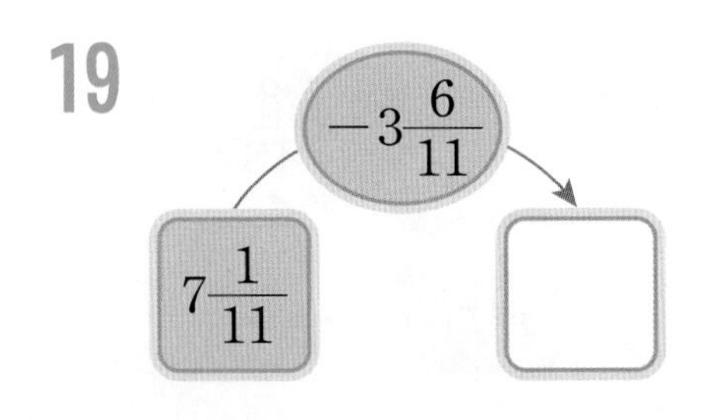

20
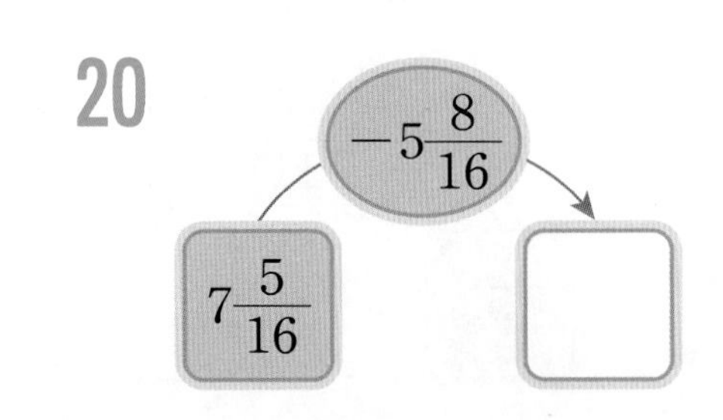

21
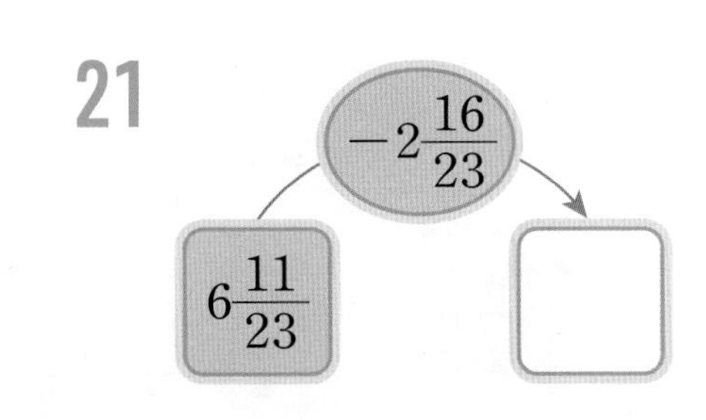

1. (진분수)+(진분수)를 어떻게 계산할까요

개념책 014쪽 ● 정답 38쪽

1 $\frac{1}{5}+\frac{3}{5}$을 그림에 나타내고, ☐ 안에 알맞은 분수를 써넣으세요.

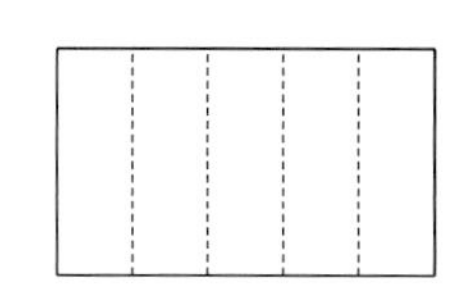

$\frac{1}{5}+\frac{3}{5}=$ ☐

2 ☐ 안에 알맞은 수를 써넣으세요.

$\frac{7}{9}$은 $\frac{1}{9}$이 ☐개, $\frac{6}{9}$은 $\frac{1}{9}$이 ☐개이므로 $\frac{7}{9}+\frac{6}{9}$은 $\frac{1}{9}$이 ☐개입니다.

→ $\frac{7}{9}+\frac{6}{9}=\frac{☐+☐}{9}$

$=\frac{☐}{9}=☐\frac{☐}{9}$

3 계산해 보세요.

(1) $\frac{2}{4}+\frac{1}{4}$

(2) $\frac{3}{8}+\frac{7}{8}$

4 가장 큰 분수와 가장 작은 분수의 합을 구하세요.

$\frac{4}{7}$ $\frac{3}{7}$ $\frac{6}{7}$ $\frac{5}{7}$

( )

5 피자 한 판 중에서 은아가 $\frac{1}{6}$을 먹고, 성규가 $\frac{3}{6}$을 먹었습니다. 은아와 성규가 먹은 피자는 전체의 얼마인가요?

( )

교과역량 콕!

6 다음 계산이 잘못된 이유를 쓰세요.

$\frac{3}{8}+\frac{4}{8}=\frac{7}{16}$

이유

교과역량 콕!

7 분모가 4인 서로 다른 진분수를 모두 더하면 얼마인지 구하세요.

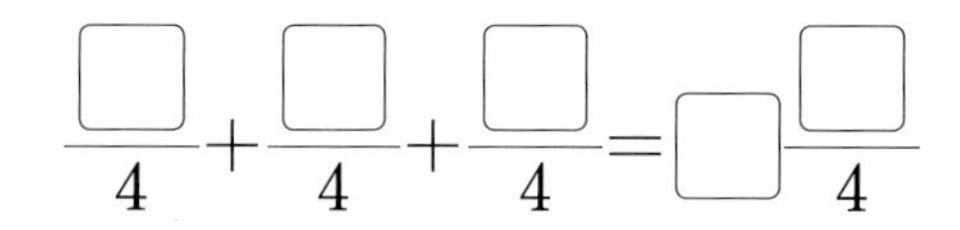

$\frac{☐}{4}+\frac{☐}{4}+\frac{☐}{4}=☐\frac{☐}{4}$

개념책 015쪽 ● 정답 39쪽

1 그림을 보고 분수의 합을 구하세요.

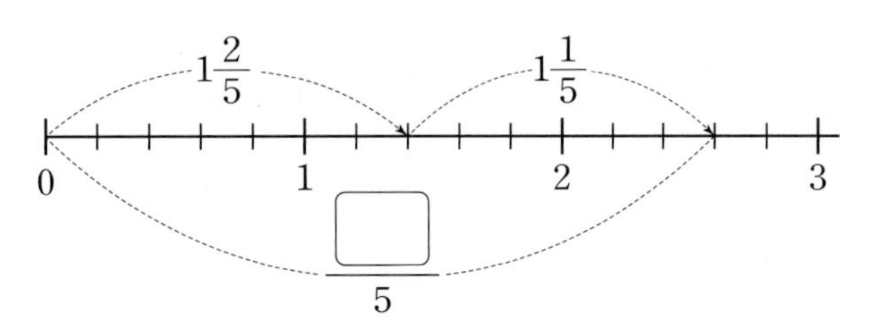

$1\frac{2}{5}+1\frac{1}{5}=\frac{\square}{5}=\square\frac{\square}{5}$

2 계산해 보세요.

(1) $2\frac{3}{9}+1\frac{4}{9}$

(2) $4\frac{1}{6}+2\frac{3}{6}$

3 관계있는 것끼리 이어 보세요.

(1)	$3\frac{2}{8}+1\frac{5}{8}$ •	•	$3\frac{6}{8}$
(2)	$1\frac{5}{8}+2\frac{1}{8}$ •	•	$4\frac{6}{8}$
(3)	$2\frac{3}{8}+2\frac{3}{8}$ •	•	$4\frac{7}{8}$

교과역량 콕!

4 대화를 읽고 미나와 준호가 체험 농장에서 딴 감은 모두 몇 kg인지 구하세요.

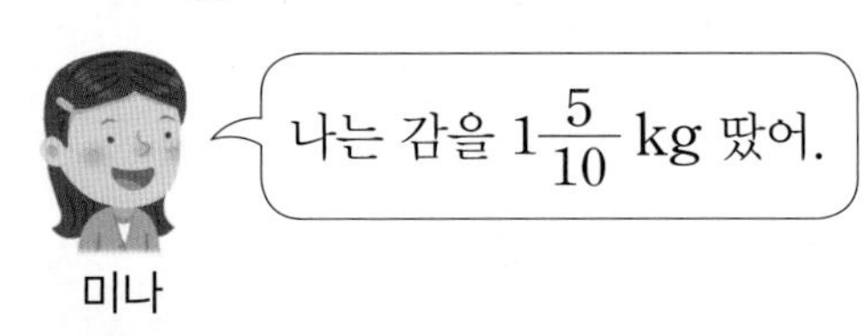

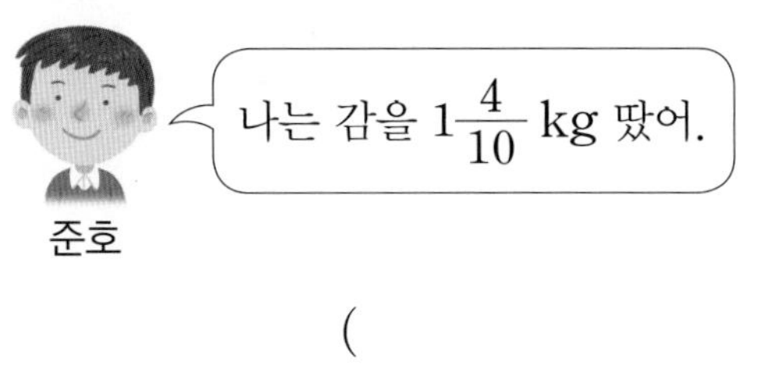

(　　　　　　　　)

교과역량 콕!

5 수 카드 중에서 4장을 골라 분모가 7인 가장 큰 대분수와 가장 작은 대분수를 만들고, 두 분수의 합을 구하세요.

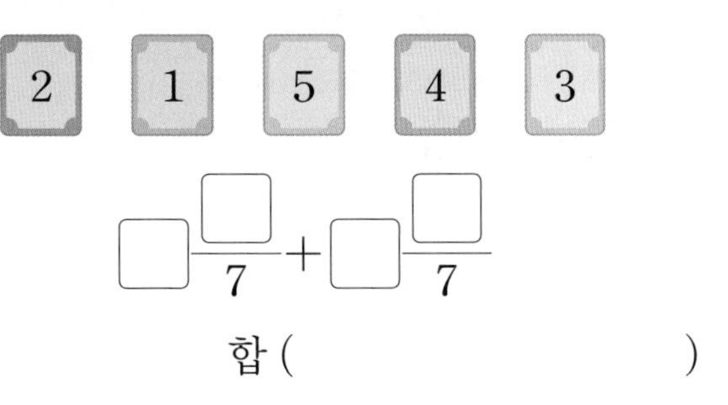

$\square\frac{\square}{7}+\square\frac{\square}{7}$

합 (　　　　　　　　)

교과역량 콕!

6 $3\frac{1}{4}+2\frac{2}{4}$에 알맞은 문제를 만들고, 답을 구하세요.

문제 ______________________

____

답 ______________

3. (대분수)+(대분수)를 어떻게 계산할까요 (2)

개념책 016쪽 ● 정답 39쪽

1 그림을 보고 분수의 합을 구하세요.

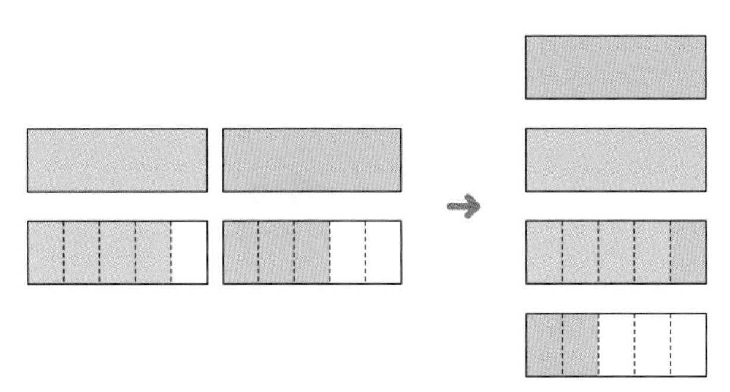

$$1\frac{4}{5}+1\frac{3}{5}=2+\frac{\square}{5}=2+\square\frac{\square}{5}$$
$$=\square\frac{\square}{5}$$

2 계산해 보세요.

(1) $2\frac{6}{7}+1\frac{2}{7}$

(2) $5\frac{2}{6}+1\frac{5}{6}$

3 계산 결과를 비교하여 ○ 안에 $>$, $=$, $<$를 알맞게 써넣으세요.

$5\frac{4}{9}+2\frac{8}{9}$  $3\frac{7}{9}+4\frac{6}{9}$

4 미술 시간에 털실을 지혜는 $2\frac{2}{3}$ m 사용했고, 한영이는 $3\frac{2}{3}$ m 사용했습니다. 지혜와 한영이가 사용한 털실의 길이는 모두 몇 m인가요?

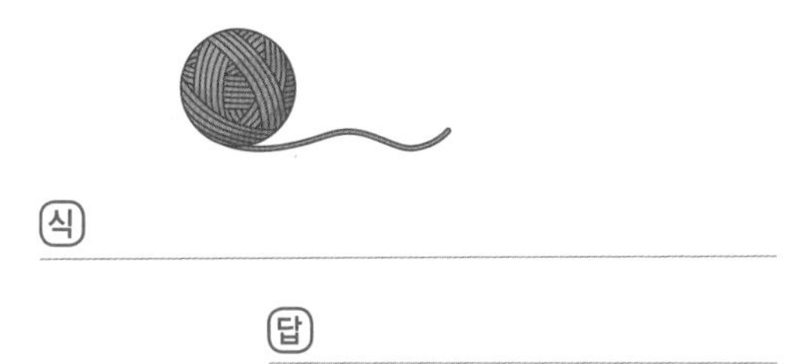

식 ____________________

답 ____________________

교과역량 콕!

5 □ 안에 알맞은 수를 써넣으세요.

$$4\frac{3}{4}+\square\frac{\square}{4}=8$$

교과역량 콕!

6 삼각형의 세 변의 길이의 합은 몇 cm인가요?

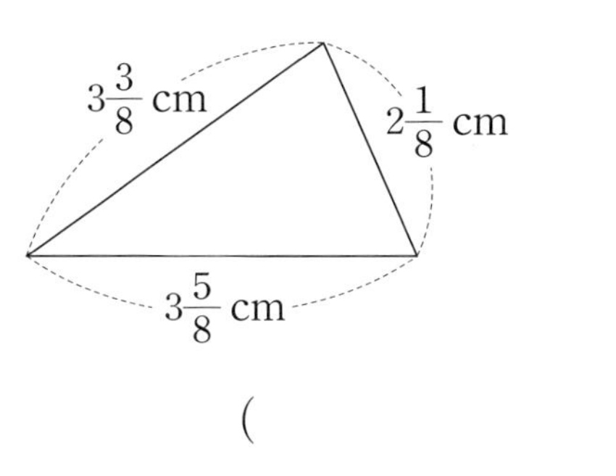

(　　　　　　　　)

개념책 024쪽 ● 정답 40쪽

1 그림을 보고 분수의 차를 구하세요.

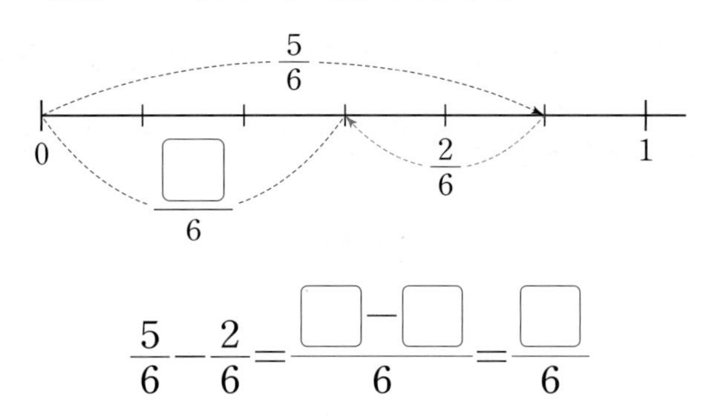

$\frac{5}{6}-\frac{2}{6}=\frac{\square-\square}{6}=\frac{\square}{6}$

2 그림을 보고 분수의 차를 구하세요.

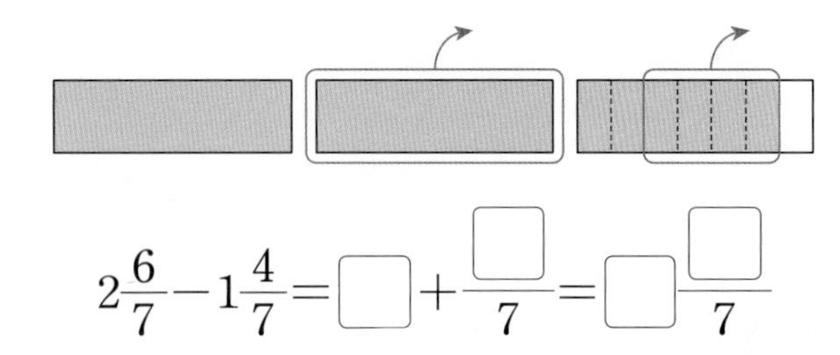

$2\frac{6}{7}-1\frac{4}{7}=\square+\frac{\square}{7}=\square\frac{\square}{7}$

3 □ 안에 알맞은 수를 써넣으세요.

(1) $4\frac{7}{8}-1\frac{4}{8}=\square+\frac{\square}{8}=\square\frac{\square}{8}$

(2) $5\frac{2}{5}-1\frac{1}{5}=\frac{27}{5}-\frac{\square}{5}=\frac{\square}{5}$

$=\square\frac{\square}{5}$

4 빈칸에 알맞은 수를 써넣으세요.

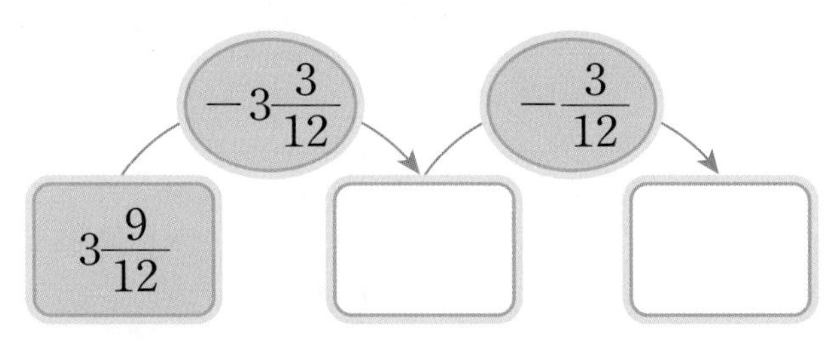

5 영민이는 찰흙 $\frac{8}{10}$ kg 중에서 $\frac{3}{10}$ kg을 만들기에 사용했습니다. 사용하고 남은 찰흙은 몇 kg인지 식을 쓰고, 답을 구하세요.

식

답

교과역량 콕!

6 길이가 $5\frac{7}{9}$ m인 빨간색 끈이 있습니다. 파란색 끈은 빨간색 끈보다 $1\frac{2}{9}$ m 더 짧고, 노란색 끈은 파란색 끈보다 $3\frac{4}{9}$ m 더 짧습니다. 노란색 끈의 길이는 몇 m일까요?

(　　　　　)

교과역량 콕!

7 분모가 4인 진분수 중에서 합이 $\frac{5}{4}$, 차가 $\frac{1}{4}$인 두 진분수를 구하세요.

(　　　　　), (　　　　　)

개념책 025쪽 ● 정답 40쪽

1 그림을 보고 분수의 차를 구하세요.

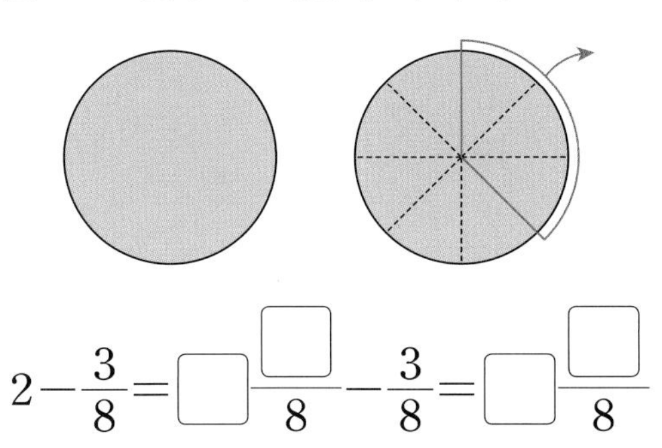

$2-\frac{3}{8}=\square\frac{\square}{8}-\frac{3}{8}=\square\frac{\square}{8}$

2 그림을 보고 분수의 차를 구하세요.

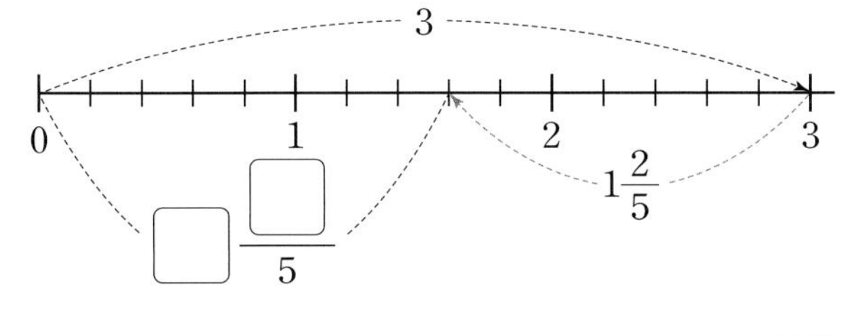

$3-1\frac{2}{5}=\frac{\square}{5}-\frac{\square}{5}=\frac{\square}{5}=\square\frac{\square}{5}$

3 계산해 보세요.

(1) $1-\frac{3}{8}$

(2) $4-1\frac{2}{3}$

4 바르게 계산한 것을 찾아 색칠해 보세요.

$5-1\frac{5}{9}=4\frac{4}{9}$ | $7-\frac{6}{10}=6\frac{4}{10}$

5 밀가루가 2 kg, 쌀가루가 $1\frac{4}{6}$ kg 있습니다. 밀가루는 쌀가루보다 몇 kg 더 많은가요?

(　　　　　　　　)

교과역량 콕!

6 태우와 유나가 가지고 있는 수 카드입니다. 가지고 있는 수 카드에 적힌 두 수의 차가 더 큰 친구의 이름을 쓰세요.

태우	유나
$3\frac{5}{7}$　6	$4\frac{1}{7}$　8

(　　　　　　　　)

교과역량 콕!

7 주어진 수를 한 번씩만 사용하여 계산 결과가 가장 큰 (자연수)−(대분수)의 뺄셈식을 만들고, 계산해 보세요.

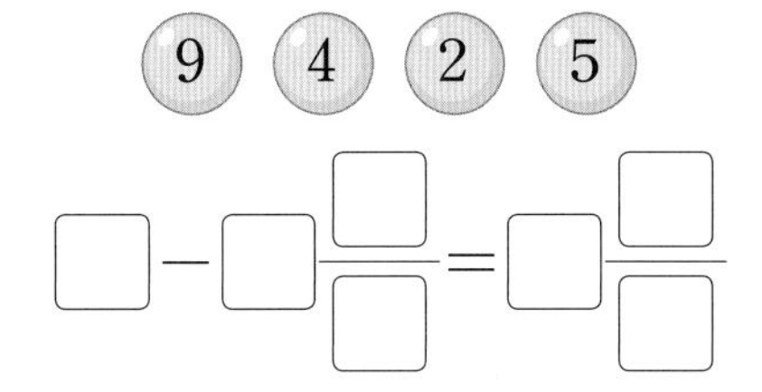

$\square-\square\frac{\square}{\square}=\square\frac{\square}{\square}$

개념책 026쪽 ● 정답 41쪽

1 그림을 보고 분수의 차를 구하세요.

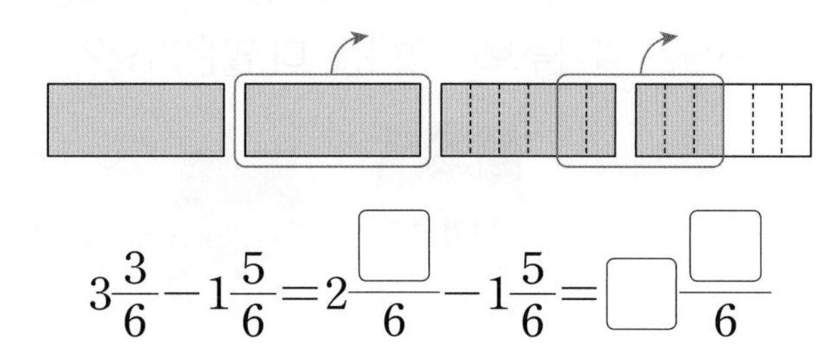

$3\frac{3}{6}-1\frac{5}{6}=2\frac{\square}{6}-1\frac{5}{6}=\square\frac{\square}{6}$

2 그림을 보고 분수의 차를 구하세요.

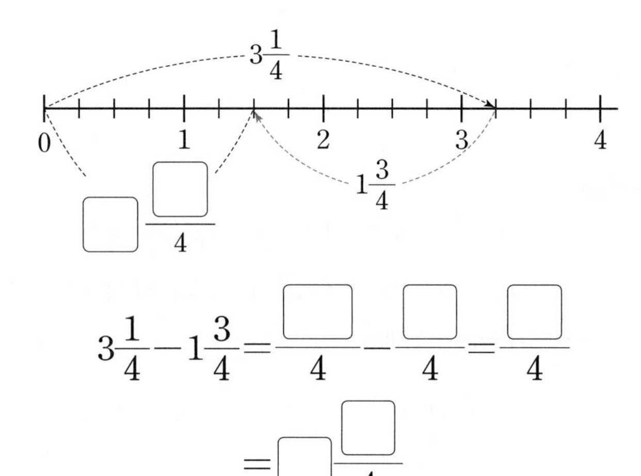

$3\frac{1}{4}-1\frac{3}{4}=\frac{\square}{4}-\frac{\square}{4}=\frac{\square}{4}$

$=\square\frac{\square}{4}$

3 〈보기〉와 같이 계산해 보세요.

〈보기〉

$4\frac{1}{3}-2\frac{2}{3}=\frac{13}{3}-\frac{8}{3}=\frac{5}{3}=1\frac{2}{3}$

$4\frac{2}{7}-2\frac{4}{7}$ ______________________

4 계산 결과가 3과 4 사이인 뺄셈식에 모두 ○표 하세요.

$4\frac{1}{5}-1\frac{4}{5}$	$6\frac{2}{6}-2\frac{3}{6}$	$5\frac{1}{3}-\frac{5}{3}$

5 계산 결과가 큰 것부터 차례로 기호를 쓰세요.

㉠ $4\frac{1}{10}-2\frac{5}{10}$ ㉡ $6\frac{7}{10}-3\frac{9}{10}$

㉢ $5\frac{2}{10}-4\frac{3}{10}$ ㉣ $7\frac{4}{10}-1\frac{6}{10}$

( )

6 설탕이 $3\frac{2}{5}$ kg 있습니다. 빵 한 개를 만드는 데 설탕이 $1\frac{3}{5}$ kg 필요합니다. 만들 수 있는 빵은 몇 개이고, 남는 설탕은 몇 kg일까요?

만들 수 있는 빵: □개

남는 설탕: □kg

교과역량 콕!

7 어떤 대분수에서 $2\frac{7}{9}$을 빼야 할 것을 잘못하여 더했더니 $7\frac{4}{9}$가 되었습니다. 바르게 계산하면 얼마인지 쓰세요.

( )

1. 삼각형을 변의 길이에 따라 분류하기

개념책 036쪽 ● 정답 41쪽

[1~3] 자를 이용하여 변의 길이를 재어 보고 이등변삼각형이면 ○표, 이등변삼각형이 아니면 ×표 하세요.

1

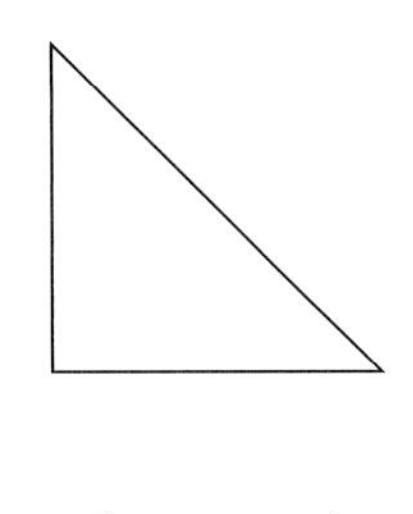

(　　　)

2

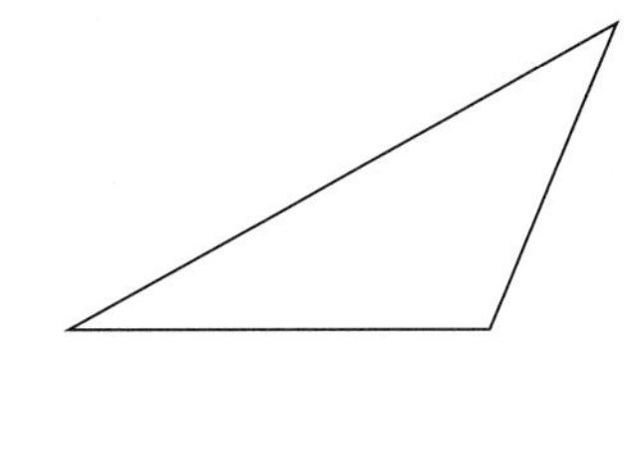

(　　　)

3

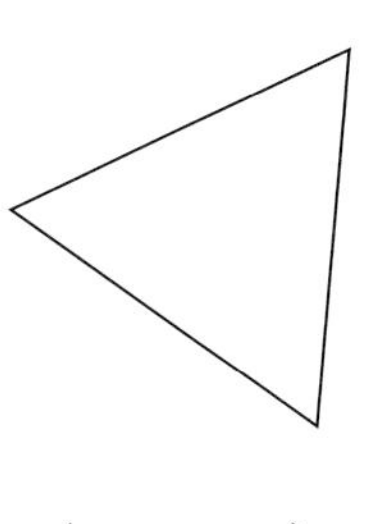

(　　　)

[4~6] 자를 이용하여 변의 길이를 재어 보고 정삼각형이면 ○표, 정삼각형이 아니면 ×표 하세요.

4

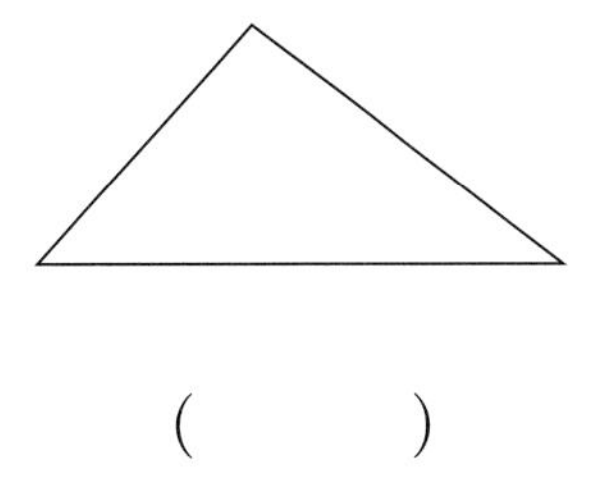

(　　　)

5

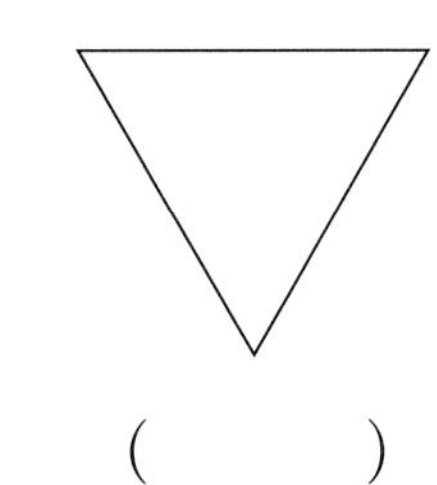

(　　　)

6

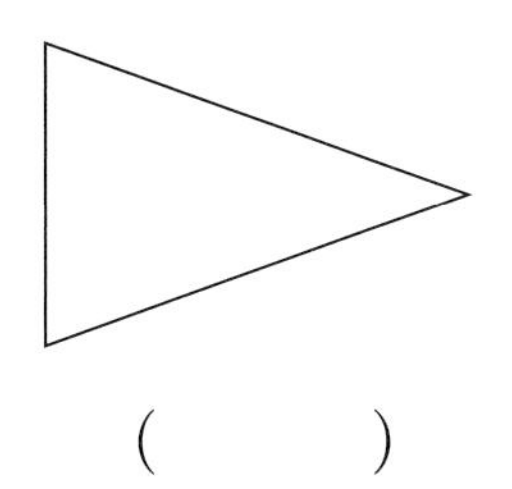

(　　　)

[7~9] 이등변삼각형입니다. □ 안에 알맞은 수를 써넣으세요.

7

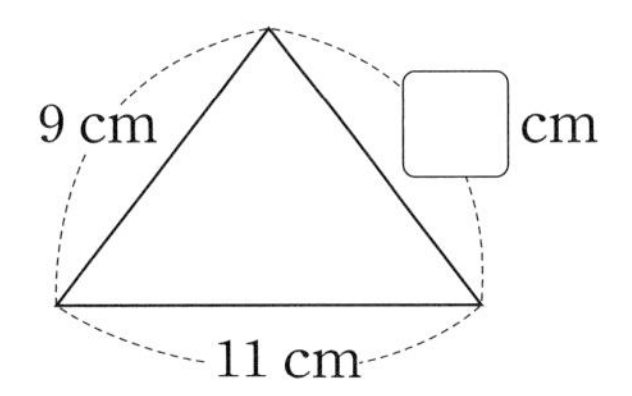

8

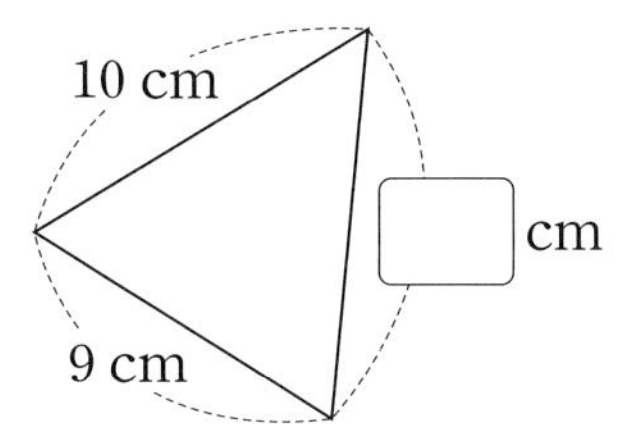

9

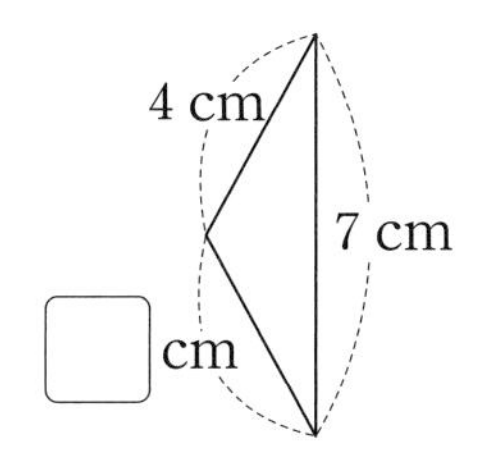

[10~12] 정삼각형입니다. □ 안에 알맞은 수를 써넣으세요.

10

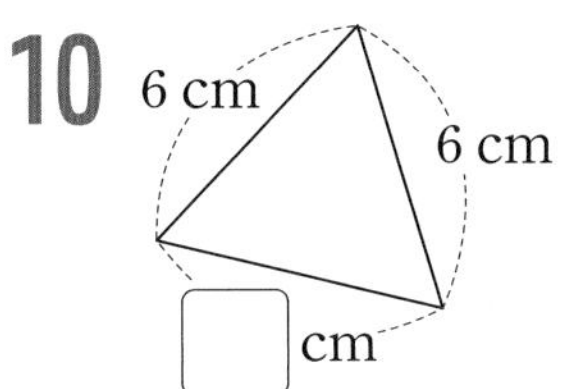

11

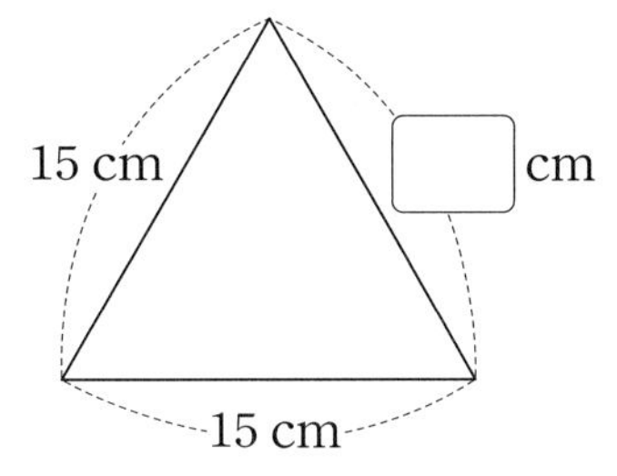

12

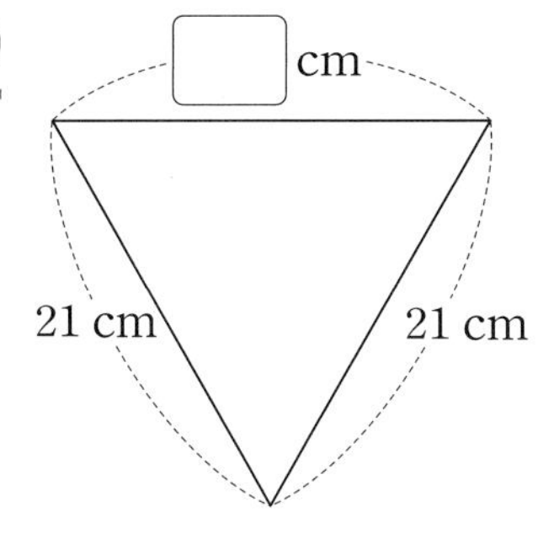

개념책 038쪽 ● 정답 41쪽

[1~6] 이등변삼각형입니다. ☐ 안에 알맞은 수를 써넣으세요.

1

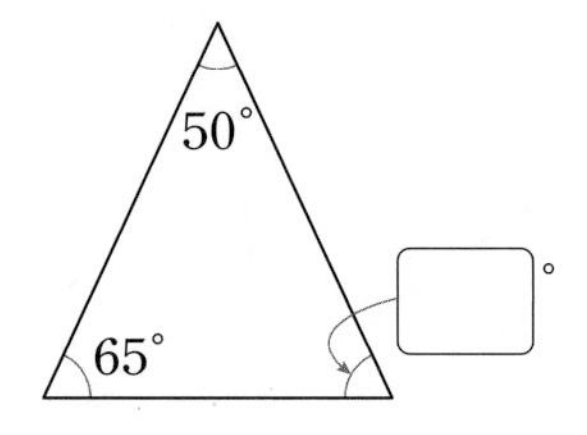

2

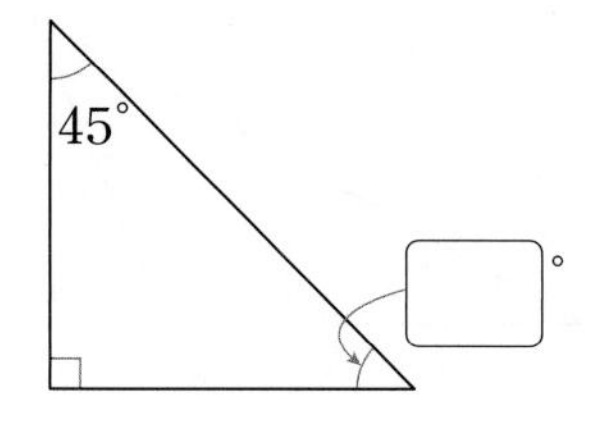

3

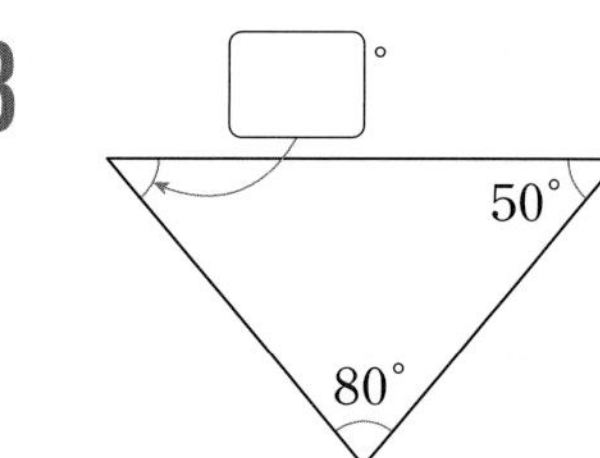

4

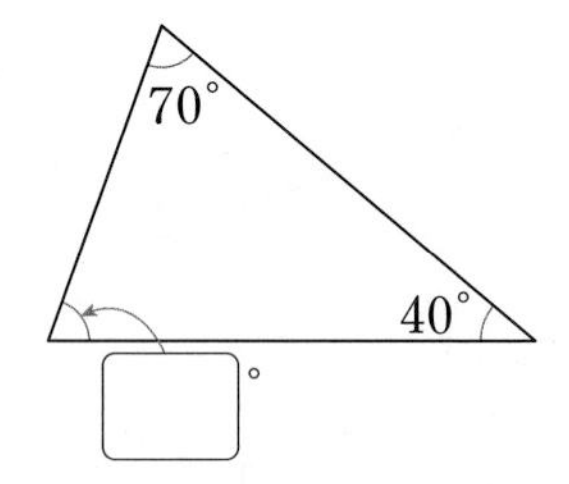

5

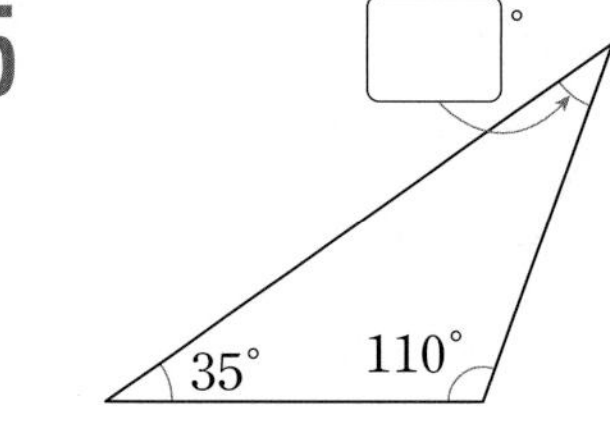

6

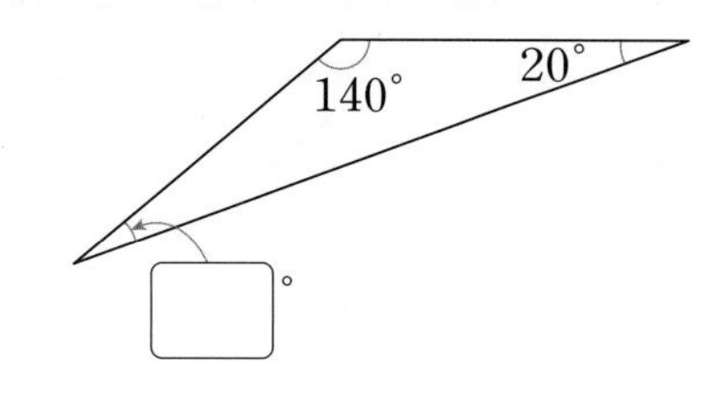

[7~12] 정삼각형입니다. ☐ 안에 알맞은 수를 써넣으세요.

7

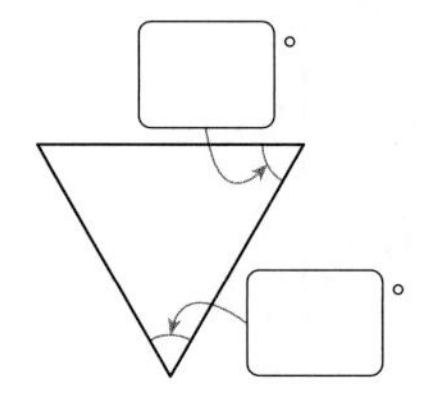

8

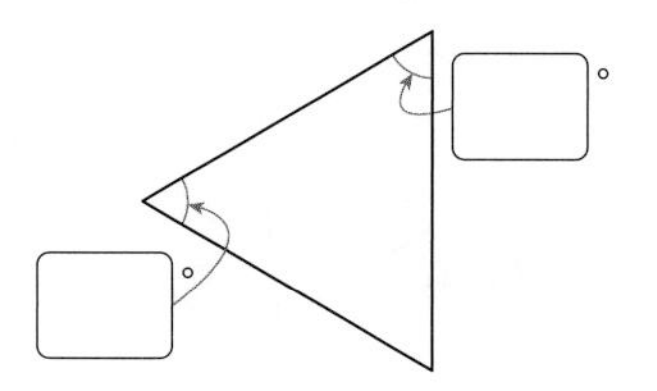

9

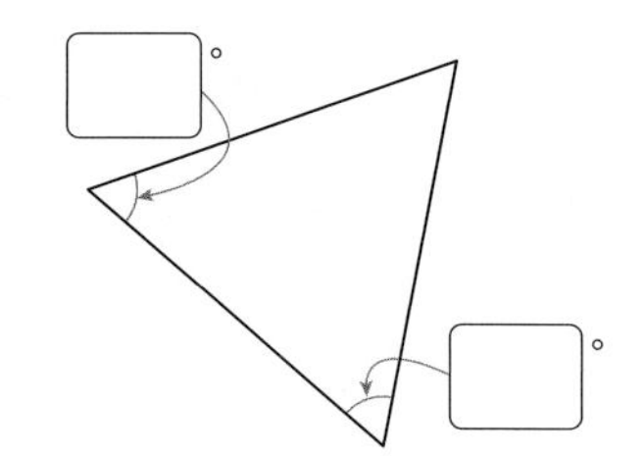

10

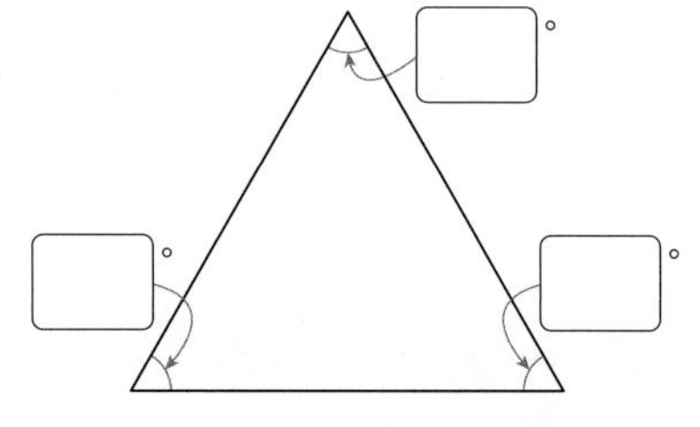

11

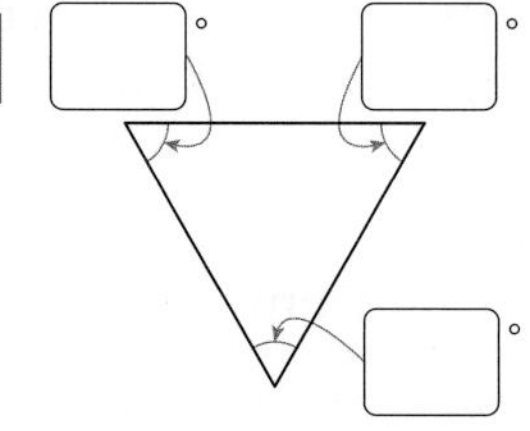

12

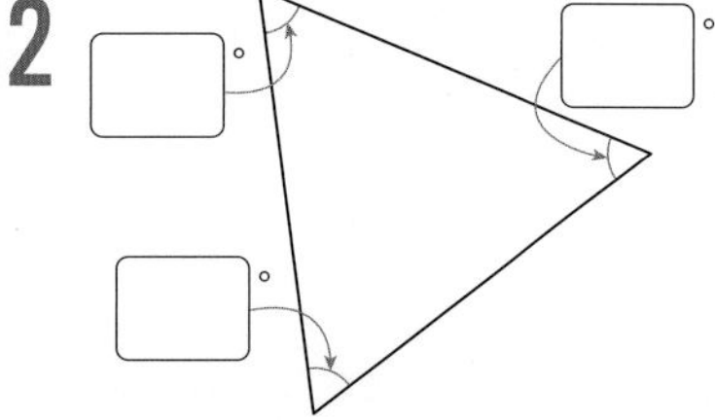

3. 삼각형을 각의 크기에 따라 분류하기

개념책 040쪽 ● 정답 41쪽

[1~12] 예각삼각형이면 '예', 직각삼각형이면 '직', 둔각삼각형이면 '둔'을 (   ) 안에 써넣으세요.

1

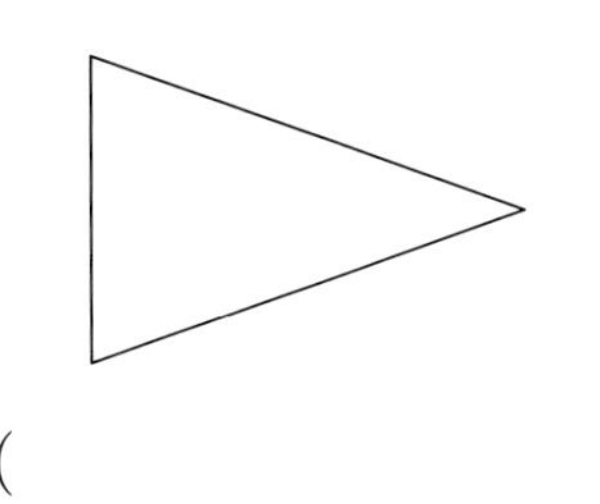

(   )

2

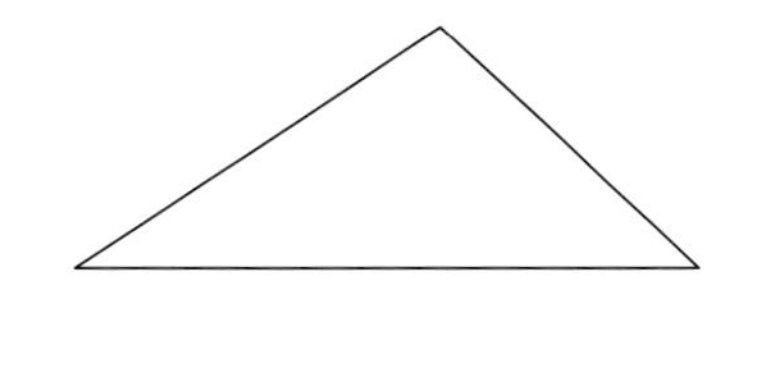

(   )

3

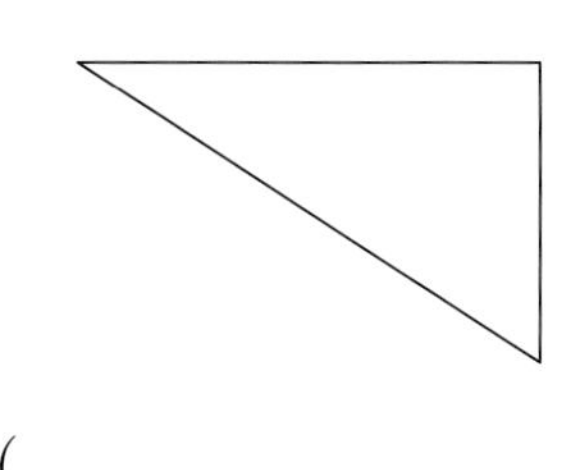

(   )

4

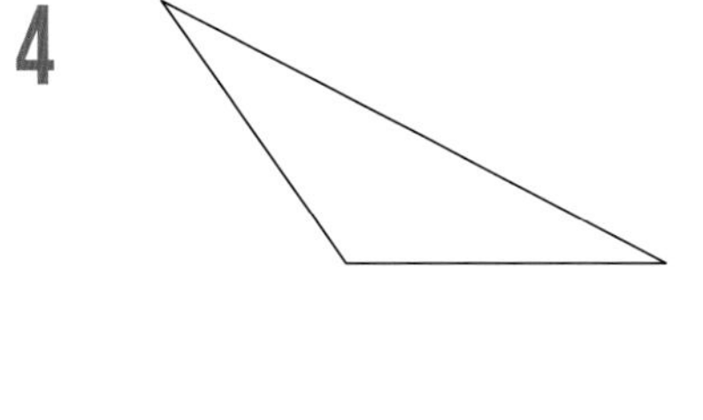

(   )

5

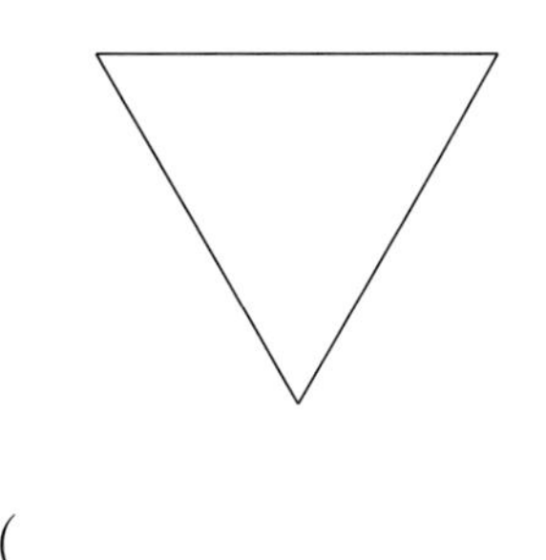

(   )

6

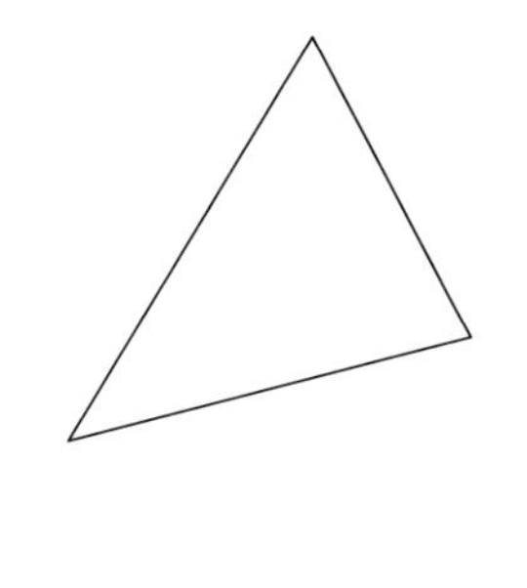

(   )

7

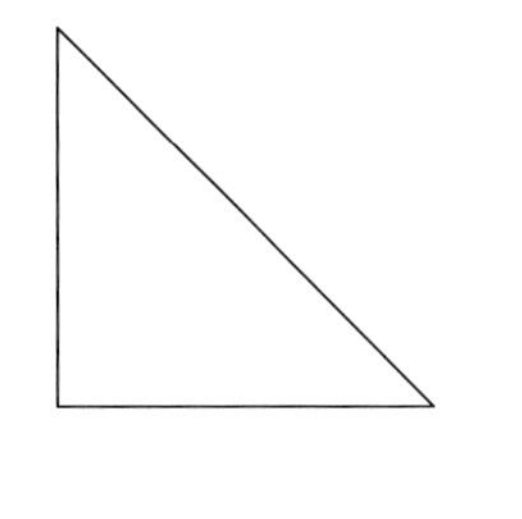

(   )

8

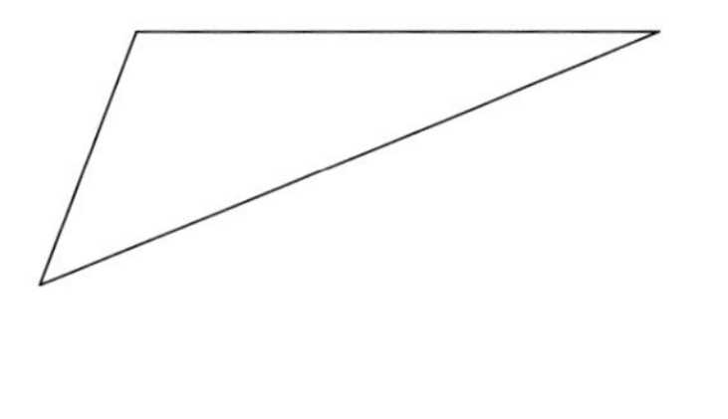

(   )

9

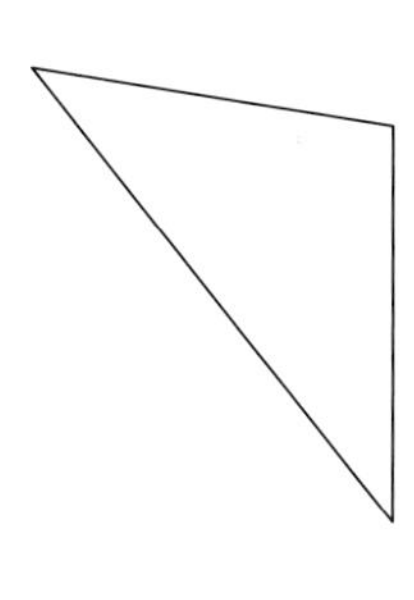

(   )

10

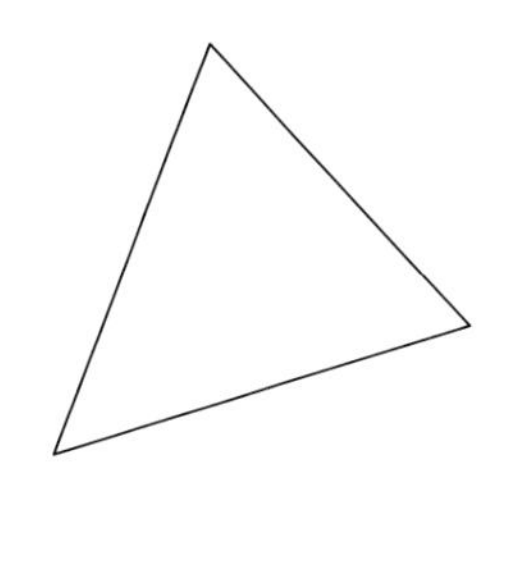

(   )

11

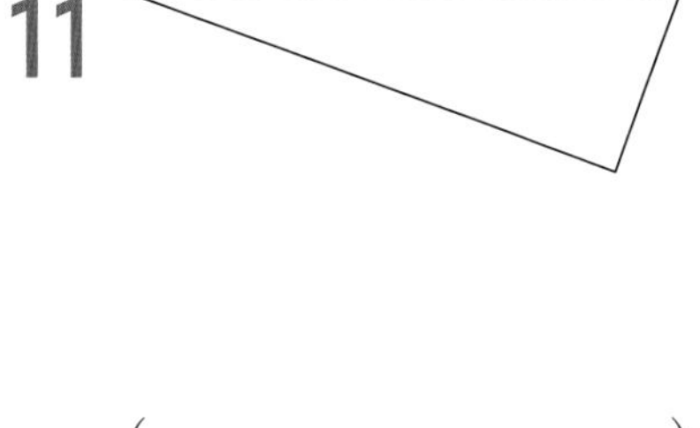

(   )

12

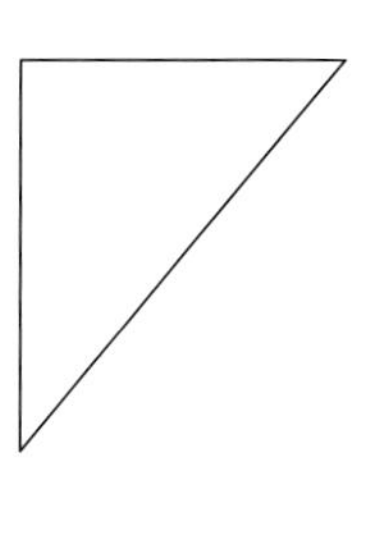

(   )

개념책 042쪽 ● 정답 42쪽

1 □ 안에 알맞은 말을 써넣으세요.

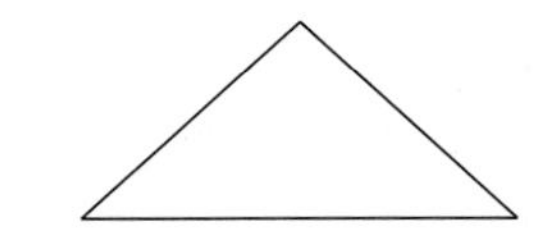

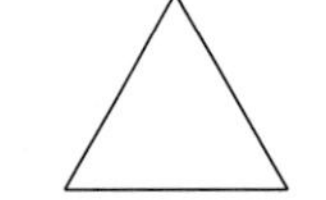

(1) 두 변의 길이가 같은 삼각형을 □이라고 합니다.

(2) 세 변의 길이가 같은 삼각형을 □이라고 합니다.

2 자를 이용하여 정삼각형을 모두 찾아 기호를 쓰세요.

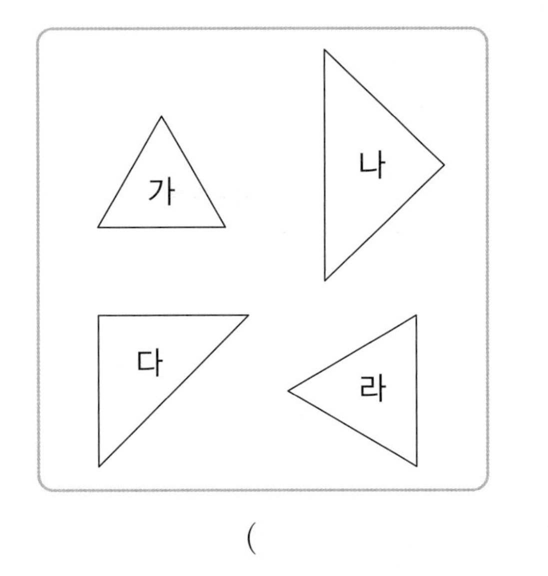

(　　　　　　　　)

3 이등변삼각형과 정삼각형을 각각 그려 보세요.

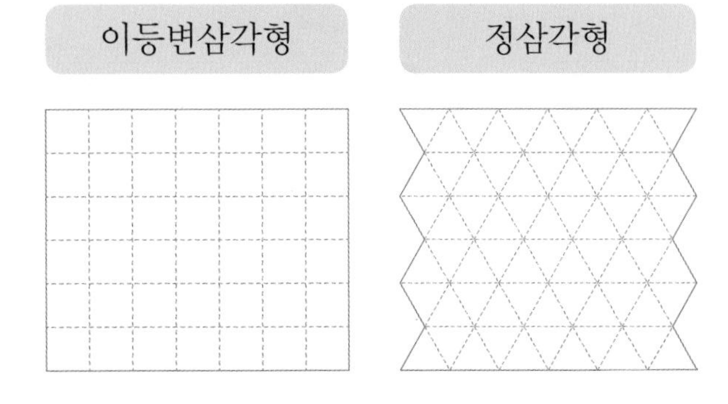

4 □ 안에 알맞은 수를 써넣으세요.

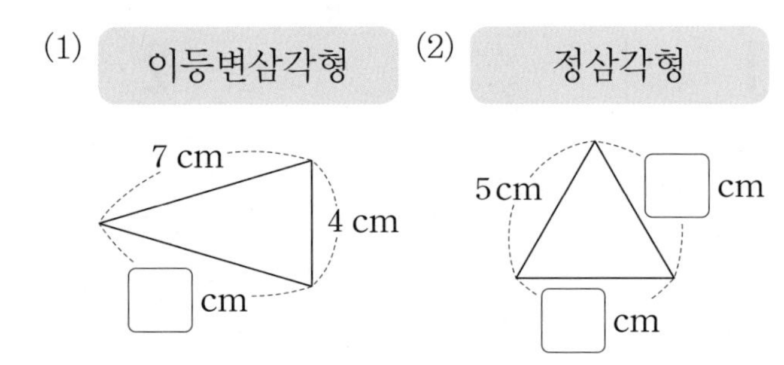

5 오른쪽 삼각형의 이름이 될 수 있는 것을 모두 찾아 ○표 하세요.

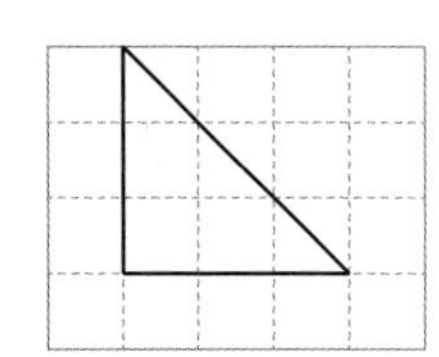

직각삼각형	이등변삼각형	정삼각형

교과역량 콕!

6 현우가 삼각형을 만드는 데 사용한 끈의 길이는 18 cm입니다. 현우가 만든 삼각형의 한 변의 길이는 몇 cm일까요?

(　　　　　　　　)

개념책 043쪽 ● 정답 42쪽

1 알맞은 말에 ○표 하세요.

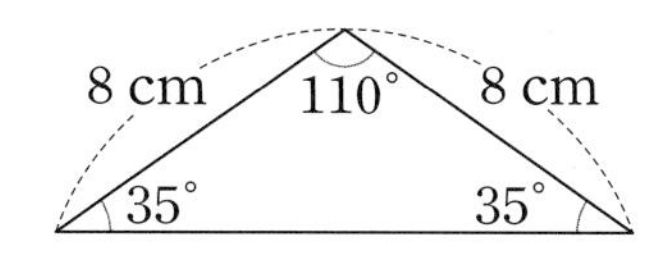

이등변삼각형은 길이가 같은 두 변의 양 끝에 있는 두 각의 크기가 (같습니다 , 다릅니다).

2 이등변삼각형에서 크기가 같은 두 각을 찾아 ○표 하세요.

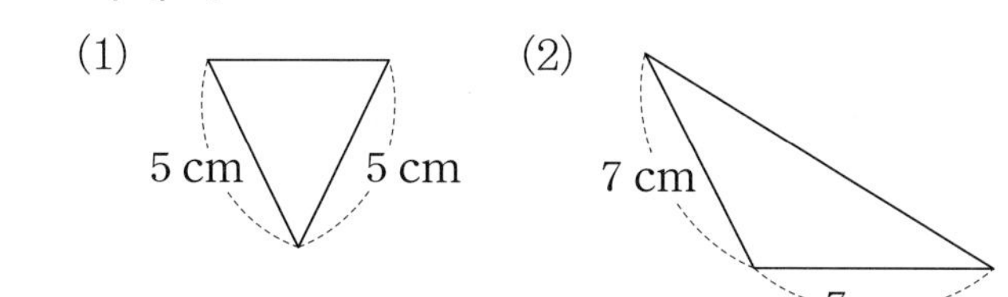

3 색종이를 반으로 접어 선을 그은 후 선을 따라 잘라서 삼각형을 만들었습니다. □ 안에 알맞은 수를 써넣으세요.

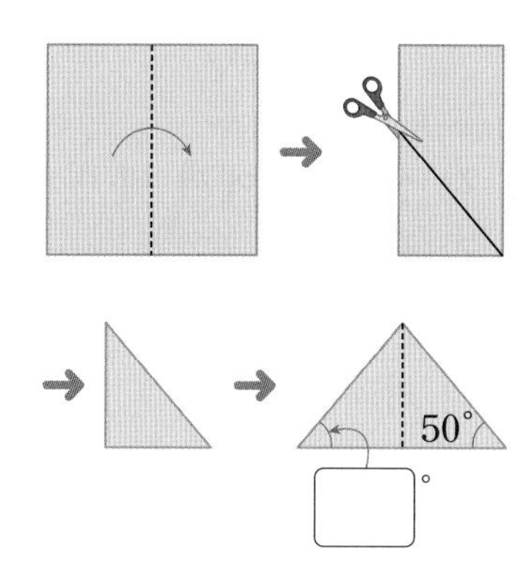

4 주어진 도형은 이등변삼각형입니다. □ 안에 알맞은 수를 써넣으세요.

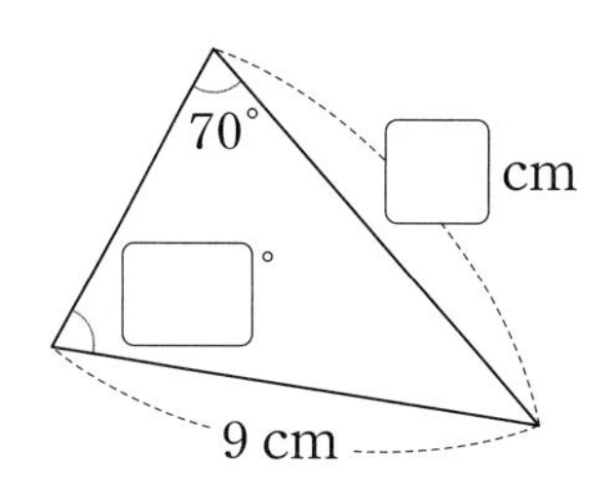

교과역량 콕!

5 □ 안에 알맞은 수를 써넣으세요.

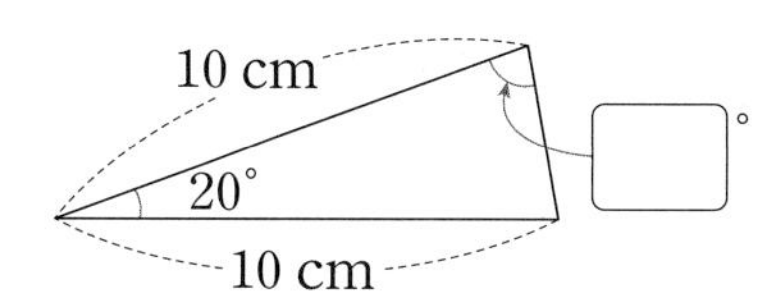

교과역량 콕!

6 원의 중심인 점 ㅇ과 원 위의 두 점을 이어 삼각형 ㄱㄴㅇ을 그리고, 삼각형 ㄱㄴㅇ의 세 각의 크기를 각각 구하세요.

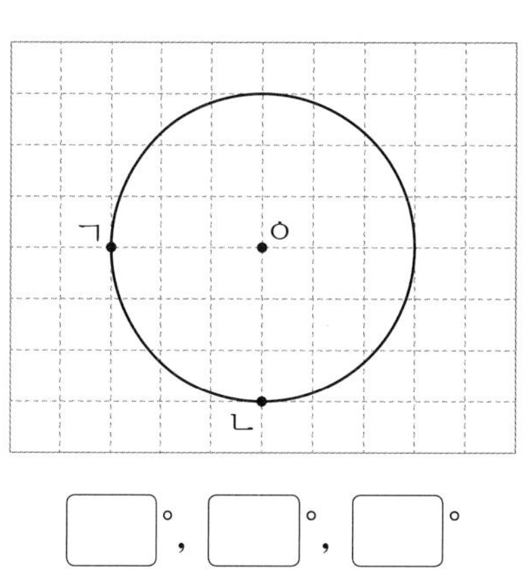

□°, □°, □°

개념책 043쪽 ● 정답 43쪽

1 □ 안에 알맞은 수를 써넣으세요.

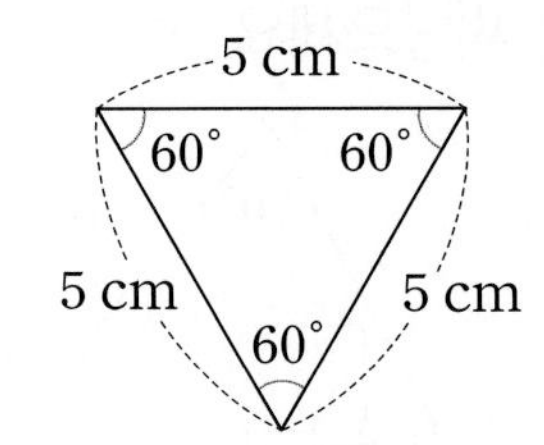

정삼각형은 세 각의 크기가 모두 □°로 같습니다.

2 정삼각형 모양의 거울입니다. □ 안에 알맞은 수를 써넣으세요.

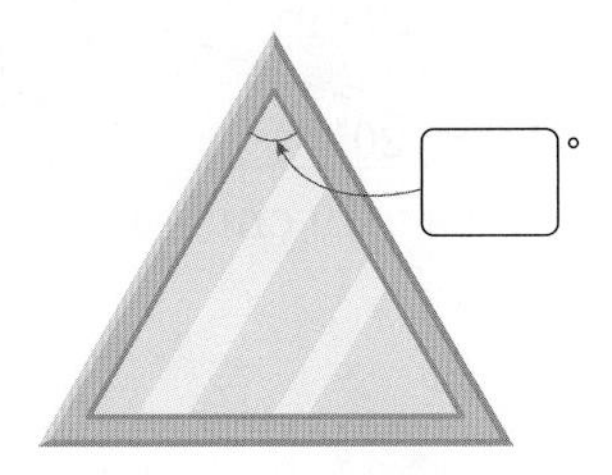

3 주어진 도형은 모두 정삼각형입니다. □ 안에 알맞은 수를 써넣으세요.

(1)

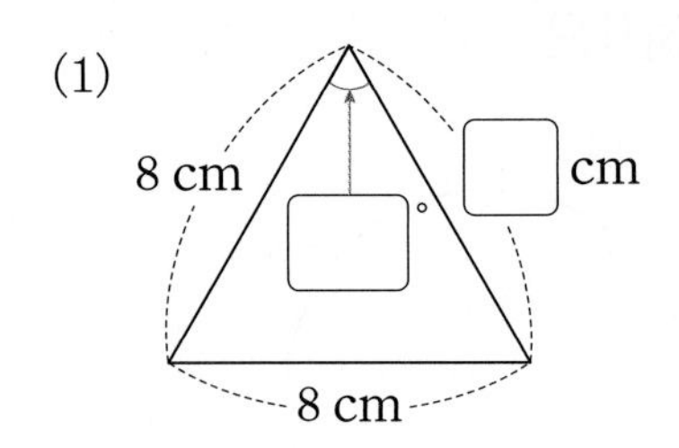

(2)

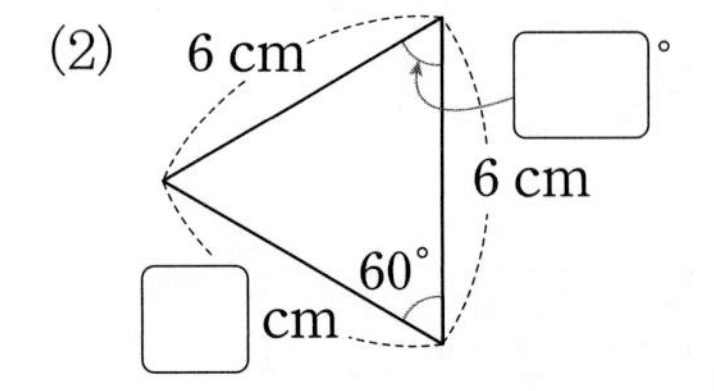

4 여러 가지 정삼각형으로 만든 모양입니다. □ 안에 알맞은 수를 써넣으세요.

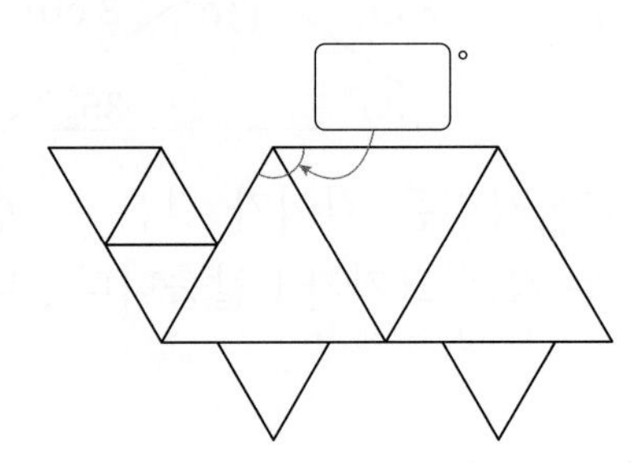

교과역량 콕!

5 색칠된 삼각형은 정삼각형입니다. □ 안에 알맞은 수를 써넣으세요.

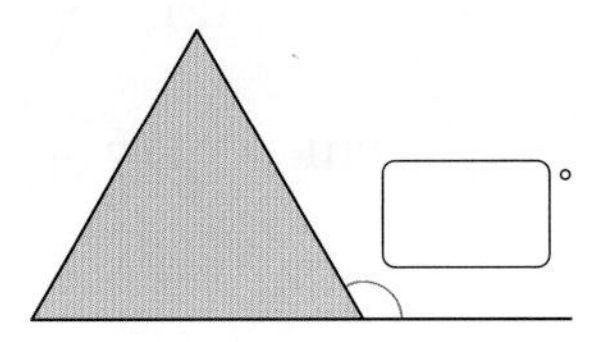

교과역량 콕!

6 정삼각형을 보고 잘못 이야기한 사람의 이름을 쓰세요.

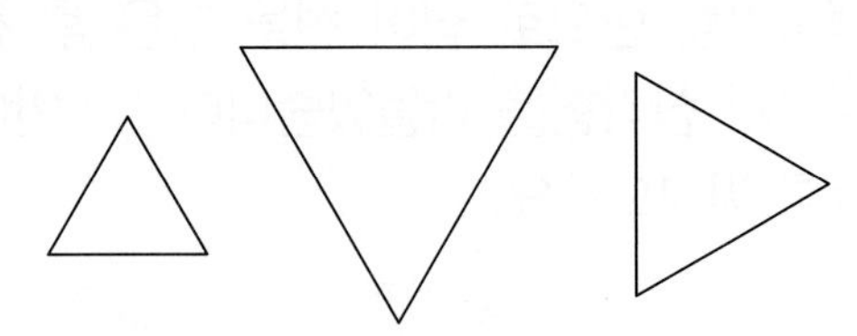

연호: 각 정삼각형에서 세 변의 길이는 모두 같아.

민주: 정삼각형이 클수록 한 각의 크기가 더 커져.

(　　　　　　　)

4. 삼각형을 각의 크기에 따라 어떻게 분류할까요

개념책 044쪽 ● 정답 43쪽

1 □ 안에 알맞은 말을 써넣으세요.

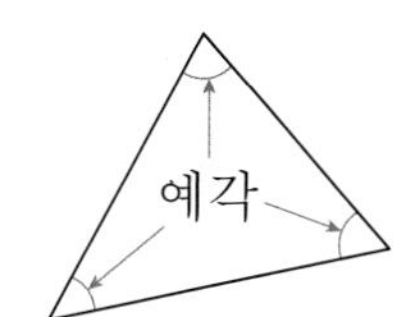

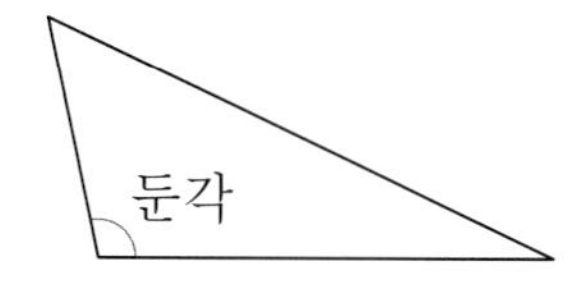

(1) 세 각이 모두 예각인 삼각형을 □이라고 합니다.

(2) 한 각이 둔각인 삼각형을 □이라고 합니다.

2 삼각형을 예각삼각형, 직각삼각형, 둔각삼각형으로 분류하여 기호를 쓰세요.

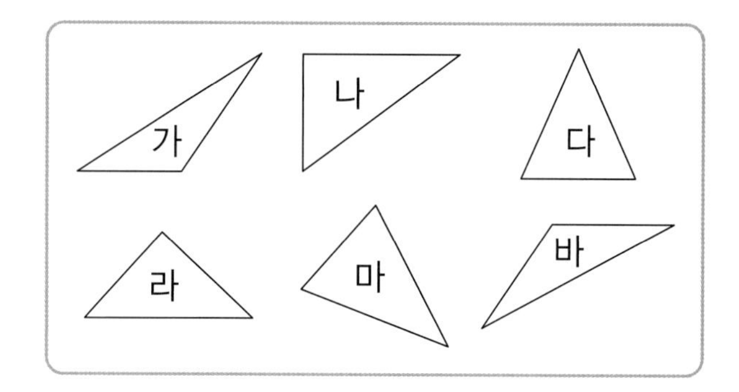

예각삼각형	
직각삼각형	
둔각삼각형	

3 삼각형을 그려 보세요.

예각삼각형

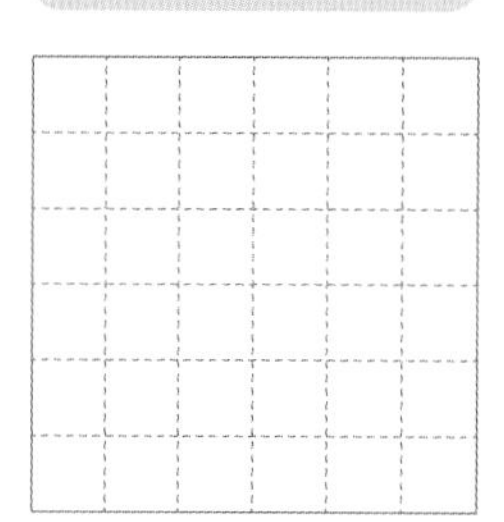

둔각삼각형

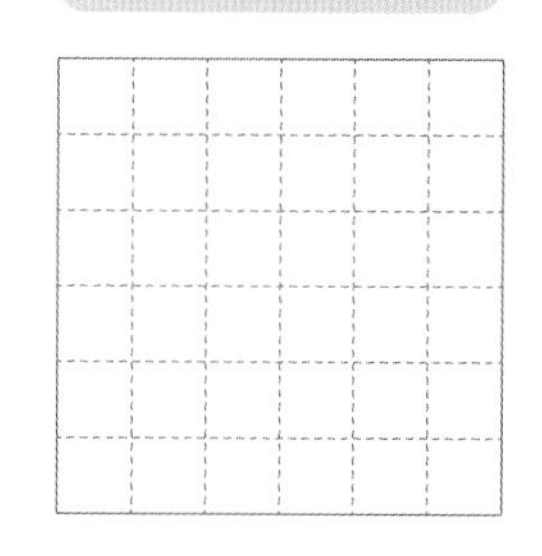

4 주어진 선분을 한 변으로 하는 둔각삼각형을 그리려고 합니다. 선분의 양 끝과 어떤 점을 이어야 할지 기호를 쓰세요.

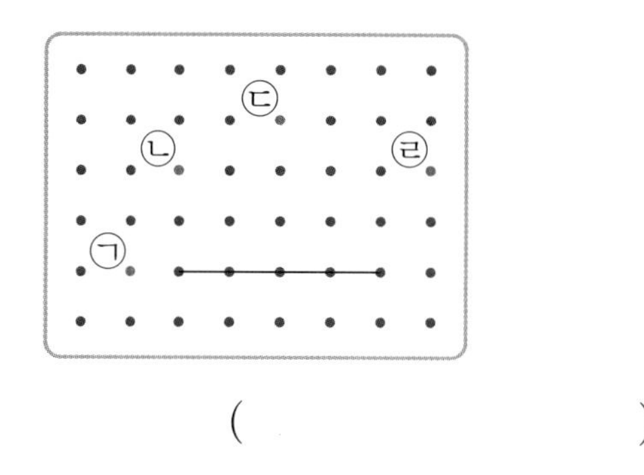

( )

교과역량 콕!

5 삼각형의 세 각의 크기를 나타낸 것입니다. 예각삼각형과 둔각삼각형을 찾아 각각 기호를 쓰세요.

㉠ 40°, 60°, 80°
㉡ 110°, 30°, 40°

예각삼각형 ( )
둔각삼각형 ( )

교과역량 콕!

6 삼각형에 대해 잘못 말한 친구의 이름을 쓰세요.

모든 삼각형은 예각이 있어.

예각삼각형은 한 각이 예각인 삼각형이야.

( )

개념책 054쪽 ● 정답 43쪽

[1~6] 분수는 소수로, 소수는 분수로 나타내세요.

1 $\frac{7}{100}=\square$

2 $1\frac{36}{100}=\square$

3 $24\frac{85}{100}=\square$

4 $0.64=\square$

5 $7.09=\square$

6 $17.13=\square$

[7~10] □ 안에 알맞은 소수를 써넣으세요.

7 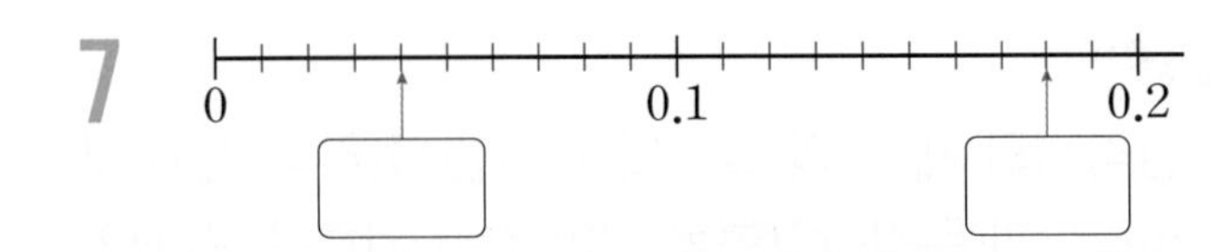

8 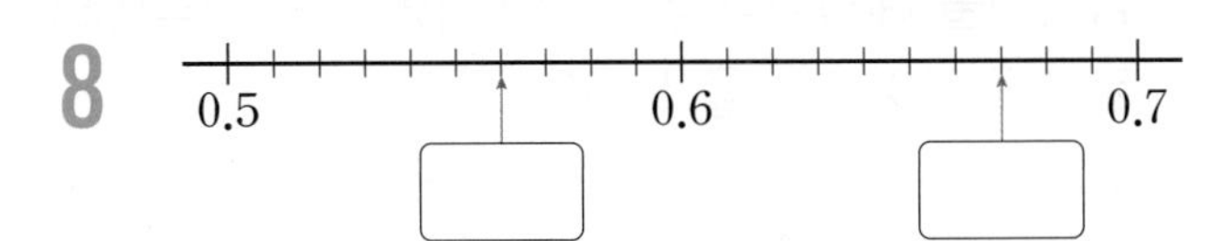

9 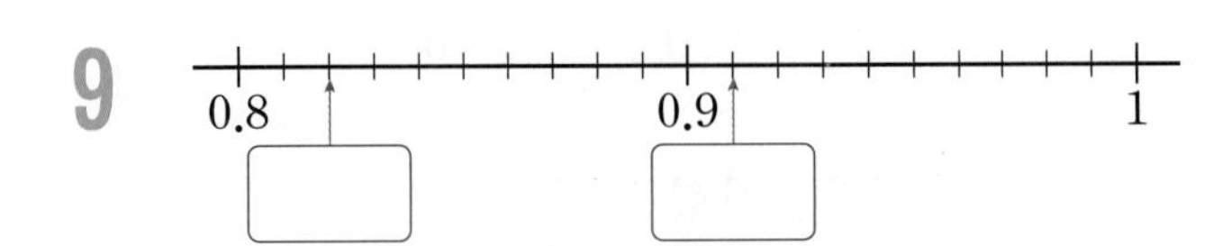

10 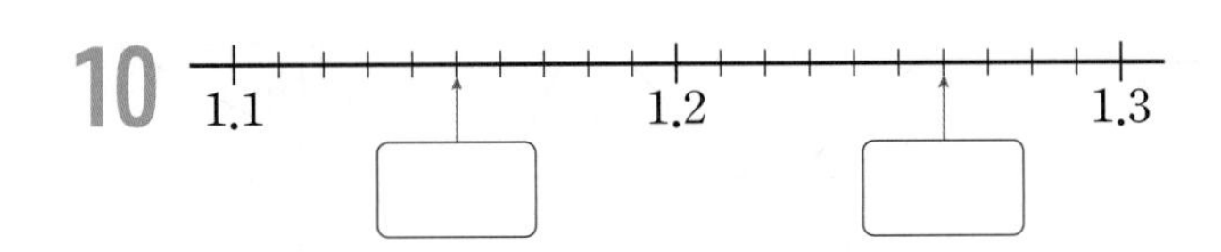

[11~14] □ 안에 알맞은 수나 말을 써넣으세요.

11 1이 3개, 0.1이 5개, 0.01이 7개인 수는 □이고 □이라고 읽습니다.

12 1이 8개, 0.1이 1개, 0.01이 4개인 수는 □이고 □라고 읽습니다.

13 10이 2개, 1이 7개, 0.1이 3개, 0.01이 6개인 수는 □이고 □이라고 읽습니다.

14 10이 5개, 1이 2개, 0.01이 8개인 수는 □이고 □이라고 읽습니다.

개념책 056쪽 ● 정답 43쪽

[1~6] 분수는 소수로, 소수는 분수로 나타내세요.

1 $\frac{67}{1000}=\square$

2 $\frac{925}{1000}=\square$

3 $2\frac{234}{1000}=\square$

4 $0.083=\square$

5 $0.649=\square$

6 $6.425=\square$

[7~12] □ 안에 알맞은 수나 말을 써넣으세요.

7

4.936

4는 □의 자리 숫자이고 □를,
9는 □ 자리 숫자이고 □를,
3은 □ 자리 숫자이고 □을,
6은 □ 자리 숫자이고 □을
나타냅니다.

8

8.251

8은 □의 자리 숫자이고 □을,
2는 □ 자리 숫자이고 □를,
5는 □ 자리 숫자이고 □를,
1은 □ 자리 숫자이고 □을
나타냅니다.

9 1이 2개, 0.1이 7개, 0.01이 4개, 0.001이 5개인 수는 □이고 □라고 읽습니다.

10 1이 14개, 0.1이 9개, 0.01이 5개, 0.001이 1개인 수는 □이고 □이라고 읽습니다.

11 1이 6개, 0.01이 3개, 0.001이 2개인 수는 □이고 □라고 읽습니다.

12 1이 3개, 0.1이 5개, 0.001이 7개인 수는 □이고 □이라고 읽습니다.

개념책 058쪽 ● 정답 43쪽

[1~9] 두 수의 크기를 비교하여 ◯ 안에 >, =, <를 알맞게 써넣으세요.

1 6.42 ◯ 9.5

2 0.320 ◯ 0.32

3 2.75 ◯ 2.92

4 0.426 ◯ 0.423

5 1.05 ◯ 0.98

6 0.748 ◯ 0.79

7 2.61 ◯ 2.610

8 10.423 ◯ 10.421

9 3.549 ◯ 3.56

[10~17] ☐ 안에 알맞은 수를 써넣으세요.

10
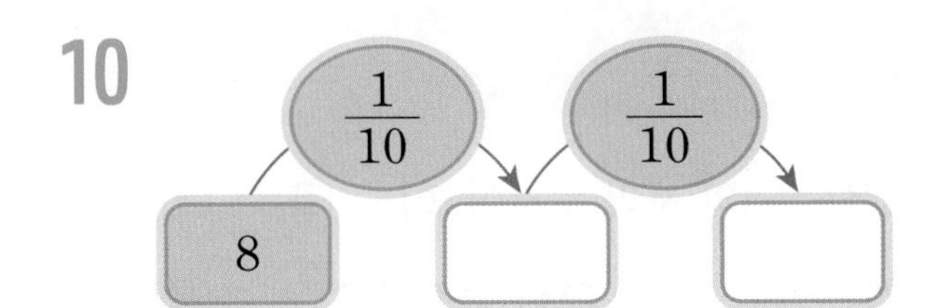

11
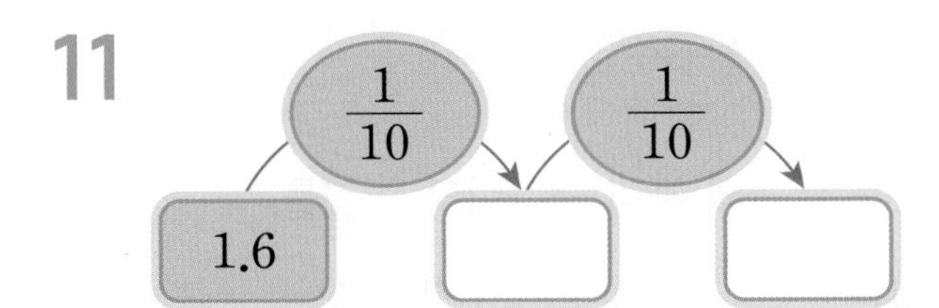

12
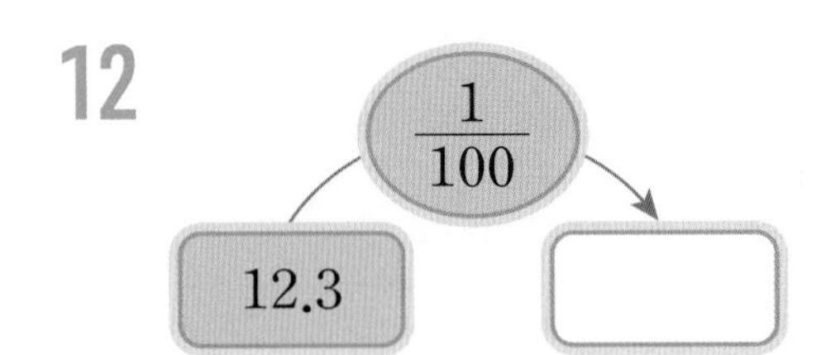

13
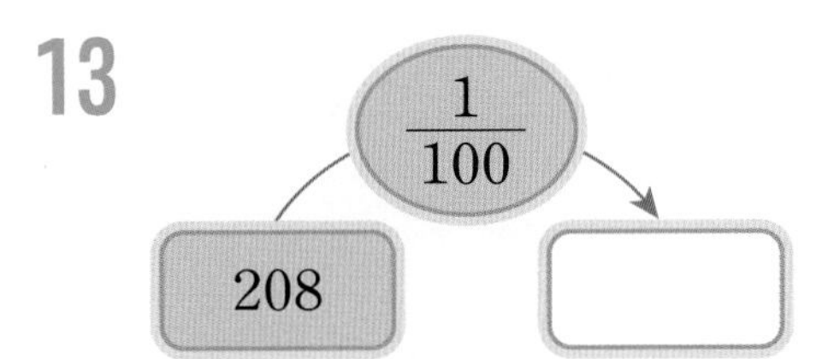

14
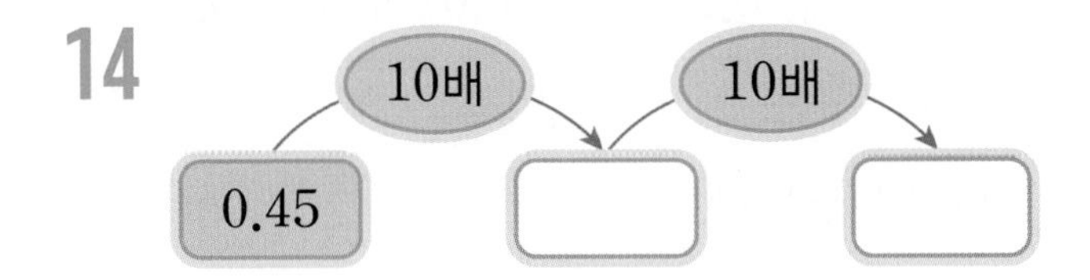

15
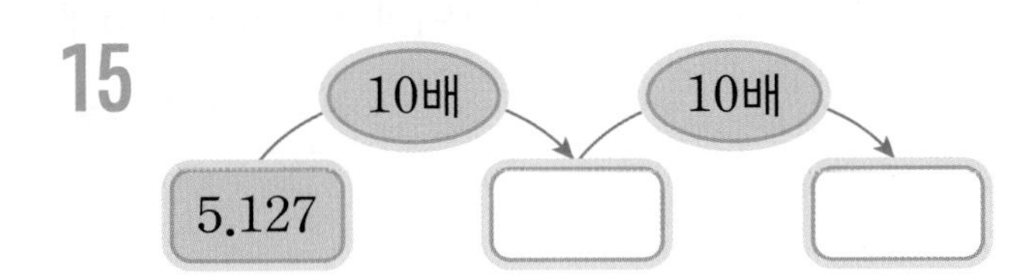

16
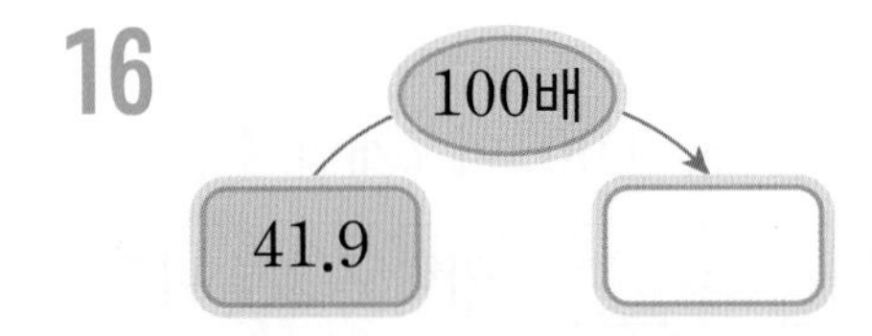

17
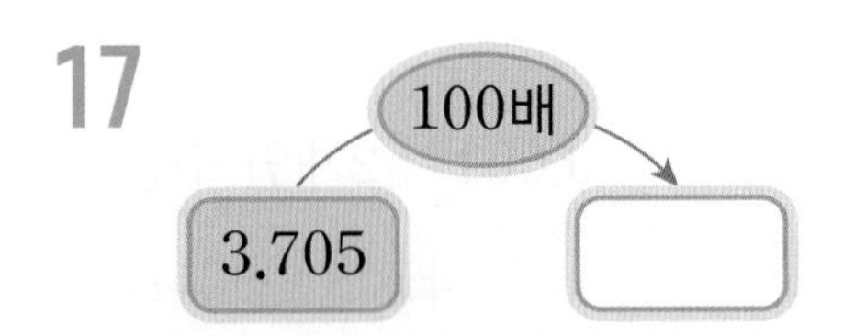

4. 소수 한 자리 수의 덧셈

개념책 066쪽 ● 정답 44쪽

[1~9] 계산해 보세요.

1 $\begin{array}{r} 0.2 \\ +\ 0.1 \\ \hline \end{array}$

2 $\begin{array}{r} 1.3 \\ +\ 0.5 \\ \hline \end{array}$

3 $\begin{array}{r} 2.5 \\ +\ 3.2 \\ \hline \end{array}$

4 $\begin{array}{r} 0.9 \\ +\ 0.4 \\ \hline \end{array}$

5 $\begin{array}{r} 4.3 \\ +\ 0.8 \\ \hline \end{array}$

6 $\begin{array}{r} 0.9 \\ +\ 2.8 \\ \hline \end{array}$

7 $\begin{array}{r} 0.7 \\ +\ 5.5 \\ \hline \end{array}$

8 $\begin{array}{r} 4.6 \\ +\ 3.6 \\ \hline \end{array}$

9 $\begin{array}{r} 2.7 \\ +\ 4.9 \\ \hline \end{array}$

[10~21] 계산해 보세요.

10 $0.2+0.3$

11 $0.1+0.6$

12 $1.5+0.4$

13 $0.4+2.5$

14 $3.3+1.4$

15 $4.6+5.2$

16 $0.5+0.7$

17 $1.2+0.9$

18 $3.7+0.6$

19 $0.7+1.4$

20 $2.6+2.5$

21 $1.8+4.4$

개념책 068쪽 • 정답 44쪽

[1~9] 계산해 보세요.

1 $\begin{array}{r} 0.53 \\ +\ 0.14 \\ \hline \end{array}$

2 $\begin{array}{r} 2.4 \\ +\ 0.58 \\ \hline \end{array}$

3 $\begin{array}{r} 1.35 \\ +\ 1.42 \\ \hline \end{array}$

4 $\begin{array}{r} 0.86 \\ +\ 0.31 \\ \hline \end{array}$

5 $\begin{array}{r} 3.64 \\ +\ 0.19 \\ \hline \end{array}$

6 $\begin{array}{r} 0.47 \\ +\ 4.95 \\ \hline \end{array}$

7 $\begin{array}{r} 6.72 \\ +\ 1.54 \\ \hline \end{array}$

8 $\begin{array}{r} 5.06 \\ +\ 3.79 \\ \hline \end{array}$

9 $\begin{array}{r} 3.46 \\ +\ 17.85 \\ \hline \end{array}$

[10~21] 계산해 보세요.

10 $0.25+0.32$

11 $0.4+0.33$

12 $0.68+2.11$

13 $1.52+0.3$

14 $2.24+3.51$

15 $5.3+1.42$

16 $0.96+0.51$

17 $1.74+0.18$

18 $0.79+4.48$

19 $1.23+5.07$

20 $3.54+0.5$

21 $16.85+2.47$

6. 소수 한 자리 수의 뺄셈

개념책 070쪽 ● 정답 44쪽

[1~9] 계산해 보세요.

1
$$\begin{array}{r} 0.8 \\ -\ 0.4 \\ \hline \end{array}$$

2
$$\begin{array}{r} 2.9 \\ -\ 0.3 \\ \hline \end{array}$$

3
$$\begin{array}{r} 4.5 \\ -\ 1.2 \\ \hline \end{array}$$

4
$$\begin{array}{r} 3.4 \\ -\ 0.8 \\ \hline \end{array}$$

5
$$\begin{array}{r} 7.1 \\ -\ 0.5 \\ \hline \end{array}$$

6
$$\begin{array}{r} 5.3 \\ -\ 2.4 \\ \hline \end{array}$$

7
$$\begin{array}{r} 8.2 \\ -\ 3.9 \\ \hline \end{array}$$

8
$$\begin{array}{r} 9 \\ -\ 7.6 \\ \hline \end{array}$$

9
$$\begin{array}{r} 6.3 \\ -\ 4.7 \\ \hline \end{array}$$

[10~21] 계산해 보세요.

10 $0.5-0.2$

11 $0.7-0.3$

12 $2.5-0.4$

13 $3.7-0.6$

14 $2.9-1.5$

15 $4.6-2.2$

16 $1.4-0.9$

17 $2.6-0.8$

18 $6.2-4.5$

19 $9.4-1.6$

20 $3-2.4$

21 $5.1-3.5$

7. 소수 두 자리 수의 뺄셈

개념책 072쪽 • 정답 44쪽

[1~9] 계산해 보세요.

1
$$\begin{array}{r} 0.53 \\ -\ 0.21 \\ \hline \end{array}$$

2
$$\begin{array}{r} 1.75 \\ -\ 0.3 \\ \hline \end{array}$$

3
$$\begin{array}{r} 3.56 \\ -\ 1.43 \\ \hline \end{array}$$

4
$$\begin{array}{r} 0.45 \\ -\ 0.16 \\ \hline \end{array}$$

5
$$\begin{array}{r} 4.53 \\ -\ 0.17 \\ \hline \end{array}$$

6
$$\begin{array}{r} 6.07 \\ -\ 3.15 \\ \hline \end{array}$$

7
$$\begin{array}{r} 5.15 \\ -\ 2.86 \\ \hline \end{array}$$

8
$$\begin{array}{r} 9.2 \\ -\ 3.58 \\ \hline \end{array}$$

9
$$\begin{array}{r} 11.45 \\ -\ \ \ 6.09 \\ \hline \end{array}$$

[10~21] 계산해 보세요.

10 $0.79-0.23$

11 $2.88-0.45$

12 $4.58-2.16$

13 $0.62-0.34$

14 $4.08-0.26$

15 $3.75-0.87$

16 $6.27-3.19$

17 $8.06-5.77$

18 $5.3-2.96$

19 $13.74-9.26$

20 $12.25-7.6$

21 $18.4-11.97$

개념책 062쪽 ● 정답 44쪽

1 그림을 보고 ☐ 안에 알맞은 수나 말을 써넣으세요.

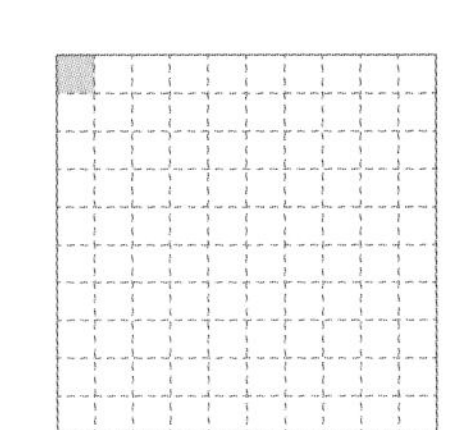

분수 $\frac{1}{100}$은 소수로 ☐이라 쓰고, ☐이라고 읽습니다.

2 전체 크기가 1인 모눈종이에서 색칠된 부분의 크기를 소수로 나타내세요.

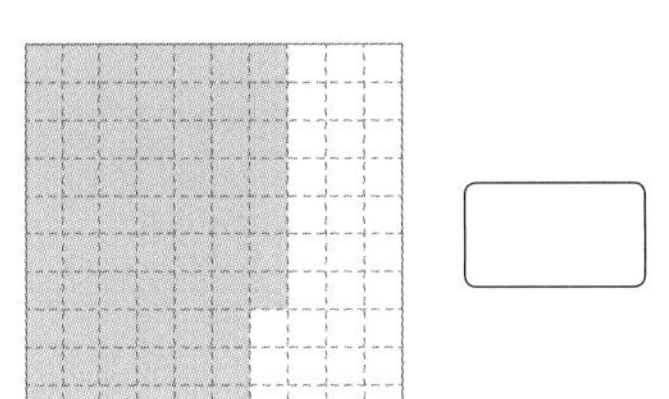

3 분수를 소수로 나타내어 쓰고, 읽어 보세요.

(1) $\frac{35}{100}$

쓰기 (　　　　　　)

읽기 (　　　　　　)

(2) $1\frac{48}{100}$

쓰기 (　　　　　　)

읽기 (　　　　　　)

4 ☐ 안에 알맞은 수를 써넣으세요.

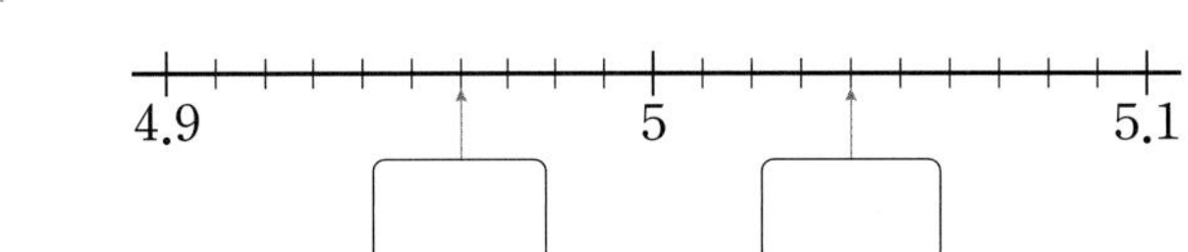

교과역량 콕!

5 바르게 말한 사람의 이름을 쓰세요.

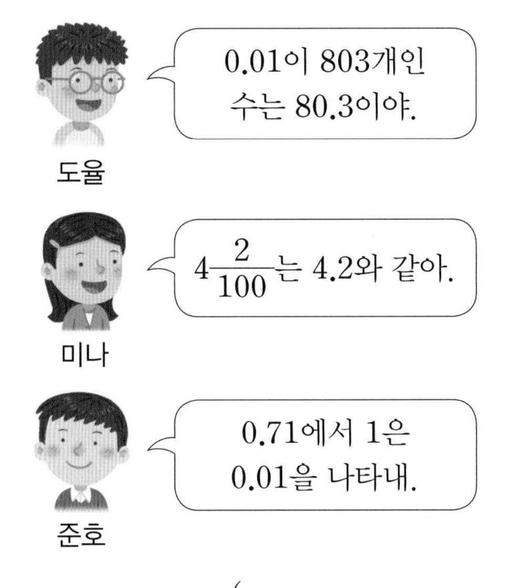

(　　　　　　)

교과역량 콕!

6 조건을 모두 만족하는 수를 구하세요.

- 소수 두 자리 수입니다.
- 2보다 크고 3보다 작습니다.
- 소수 첫째 자리 숫자는 0입니다.
- 소수 둘째 자리 숫자는 9입니다.

(　　　　　　)

1 □ 안에 알맞은 수나 말을 써넣으세요.

분수 $\frac{1}{1000}$은 소수로 □이라 쓰고, □이라고 읽습니다.

2 □ 안에 알맞은 수나 말을 써넣으세요.

3.746에서
3은 일의 자리 숫자이고, □을 나타냅니다.
7은 소수 첫째 자리 숫자이고, □을 나타냅니다.
4는 소수 □ 자리 숫자이고, 0.04를 나타냅니다.
6은 소수 □ 자리 숫자이고, □을 나타냅니다.

3 □ 안에 알맞은 소수를 쓰고, 읽어 보세요.

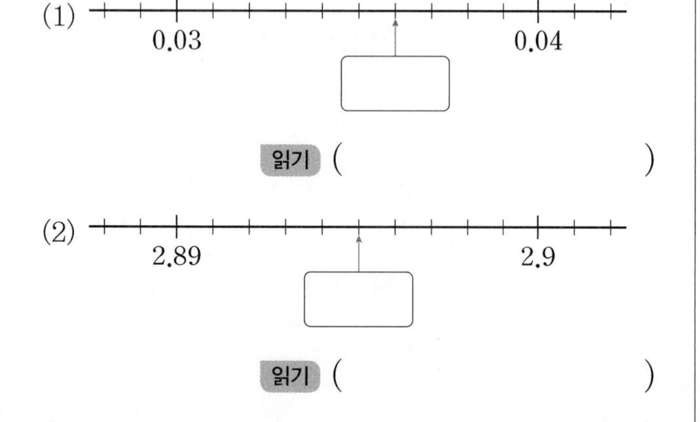

(1) 읽기 (　　　　)

(2) 읽기 (　　　　)

4 두 사람이 말하는 수를 각각 소수로 나타내세요.

현우 (　　　　)
주경 (　　　　)

교과역량 콕!

5 지우가 자전거를 타고 이동한 거리입니다. 지우가 토요일과 일요일에 자전거를 타고 이동한 거리는 각각 몇 km인지 소수로 나타내세요.

요일	토요일	일요일
거리(m)	512	1134

토요일 (　　　　)
일요일 (　　　　)

교과역량 콕!

6 7.209에 대한 설명이 잘못된 것의 기호를 쓰고, 바르게 고쳐 보세요.

㉠ 7.209는 칠 점 이백구라고 읽습니다.
㉡ 7.209에서 2는 소수 첫째 자리 숫자이고, 0.2를 나타냅니다.

잘못된 것의 기호

바르게 고치기

개념책 064쪽 ● 정답 45쪽

1 그림을 보고 두 소수의 크기를 비교하여 ○ 안에 >, =, <를 알맞게 써넣으세요.

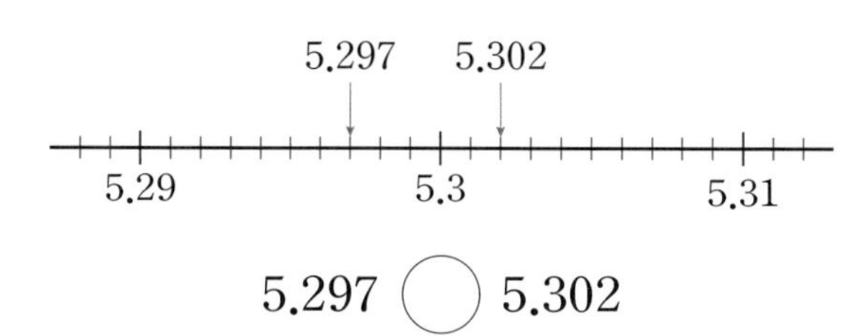

5.297 ○ 5.302

2 전체 크기가 1인 모눈종이에 0.43과 0.5만큼 각각 색칠하고, 두 소수의 크기를 비교하여 ○ 안에 >, =, <를 알맞게 써넣으세요.

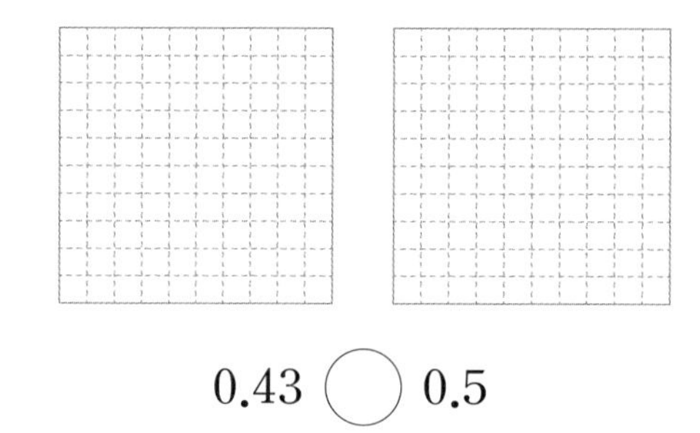

0.43 ○ 0.5

3 2.7과 크기가 같은 수에 색칠해 보세요.

4 두 소수의 크기를 비교하여 ○ 안에 >, =, <를 알맞게 써넣으세요.

(1) 3.895 ○ 10.2

(2) 2.9 ○ 2.78

교과역량 콕!

5 도자기 인형의 무게를 재어 보았더니 개구리 인형은 1.54 kg이고, 부엉이 인형은 1.4 kg입니다. 어느 인형이 더 무거운가요?

(　　　　　　　)

교과역량 콕!

6 카드 5장을 한 번씩 모두 사용하여 만들 수 있는 소수 세 자리 수 중에서 가장 큰 수와 가장 작은 수를 구하세요.

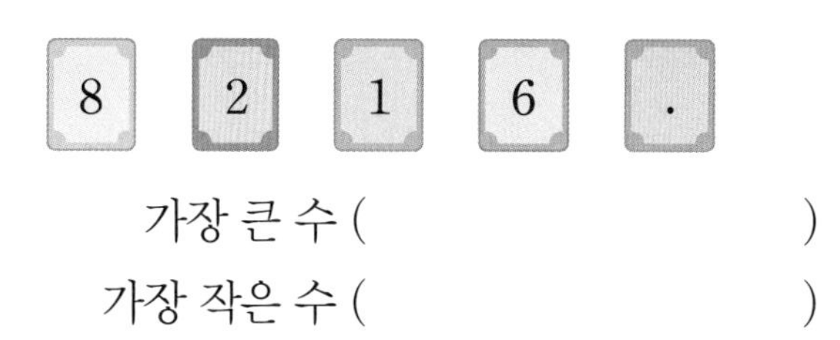

가장 큰 수 (　　　　　　　)

가장 작은 수 (　　　　　　　)

3 단원 수학익힘

개념책 065쪽 ● 정답 45쪽

1 □ 안에 알맞은 수를 써넣으세요.

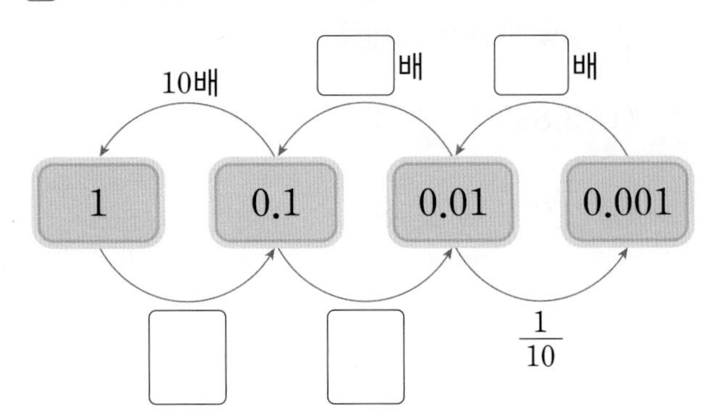

2 빈칸에 알맞은 수를 써넣으세요.

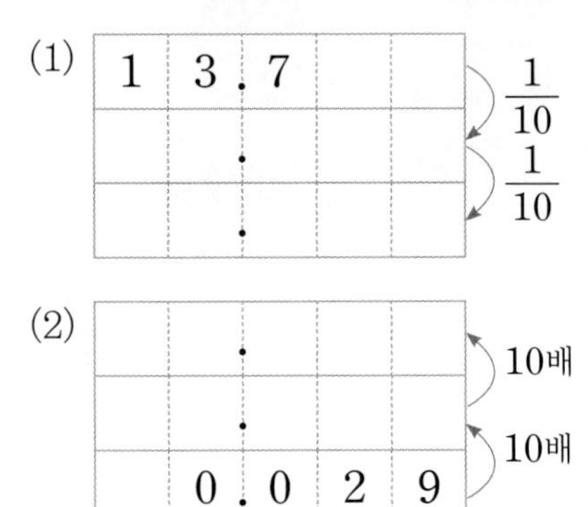

3 □ 안에 알맞은 수를 써넣으세요.

(1) 14.8은 1.48의 □배입니다.

(2) 6의 $\frac{1}{100}$은 □입니다.

4 ㉠이 나타내는 값은 ㉡이 나타내는 값의 몇 배인가요?

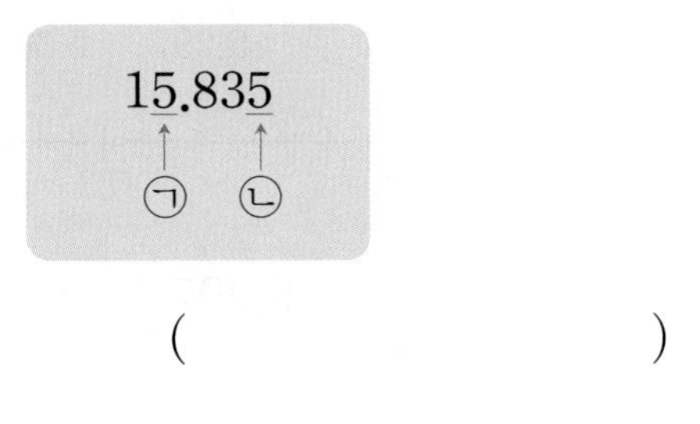

(　　　　　　　　)

교과역량 콕!

5 다른 수를 설명한 친구의 이름을 쓰세요.

- 승희: 126.9의 $\frac{1}{100}$
- 건우: 12.69의 10배
- 지영: 1.269의 100배

(　　　　　　　　)

교과역량 콕!

6 연서가 말하는 소수의 $\frac{1}{10}$은 얼마인가요?

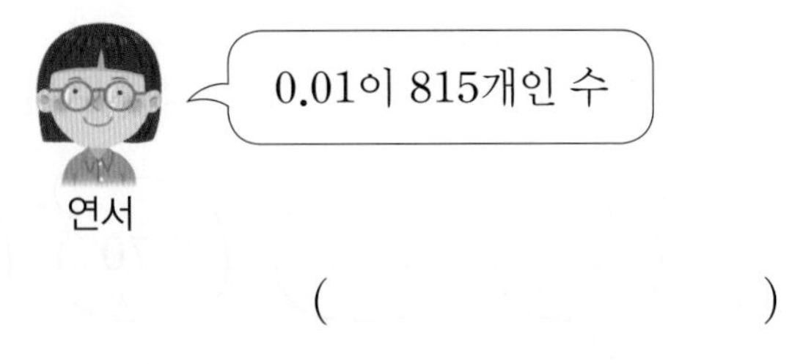

(　　　　　　　　)

5. 소수 한 자리 수의 덧셈을 어떻게 할까요

개념책 074쪽 ● 정답 46쪽

1 □ 안에 알맞은 수를 써넣으세요.

1.4는 0.1이 □개이고,
0.3은 0.1이 □개이므로
1.4+0.3은 0.1이 □개입니다.
➜ 1.4+0.3=□

2 □ 안에 알맞은 수를 써넣으세요.

$$\begin{array}{r} \square \\ 0.7 \\ +\ 1.6 \\ \hline \square \end{array} \quad \rightarrow \quad \begin{array}{r} \square \\ 0.7 \\ +\ 1.6 \\ \hline \square.\square \end{array}$$

3 계산해 보세요.

(1) 0.6+0.2

(2) 2.5+0.7

(3)
$$\begin{array}{r} 0.9 \\ +\ 3.4 \\ \hline \end{array}$$

(4)
$$\begin{array}{r} 4.8 \\ +\ 1.8 \\ \hline \end{array}$$

4 관계있는 것끼리 이어 보세요.

(1) 1.5+1.3 • • 2.4

(2) 1.9+0.5 • • 2.8

(3) 2.1+1.1 • • 3.2

교과역량 콕!

5 집에서 학교까지의 거리는 1.7 km이고, 학교에서 공원까지의 거리는 2.8 km입니다. 집에서 학교를 지나 공원까지 가는 거리는 몇 km인가요?

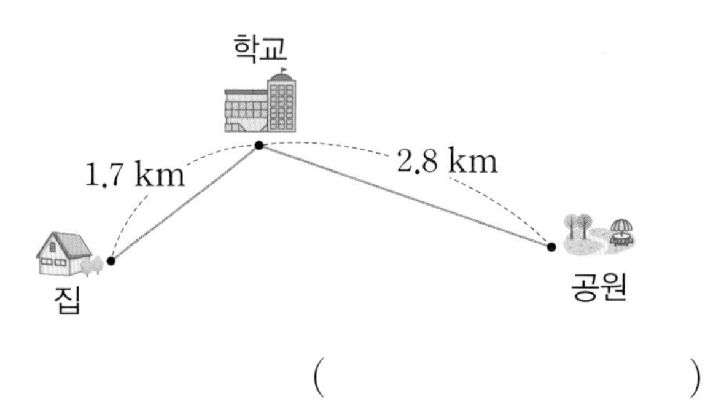

(　　　　　　　　)

교과역량 콕!

6 1부터 9까지의 수 중에서 두 수를 골라 □ 안에 써넣어 덧셈식을 만들려고 합니다. 계산 결과가 9보다 큰 덧셈식이 되도록 □ 안에 알맞은 수를 써넣으세요.

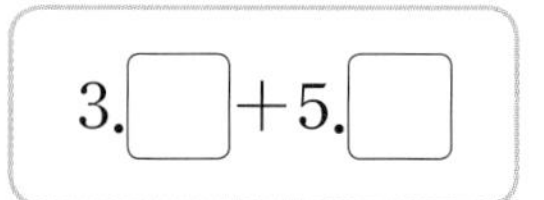

3.□+5.□

개념책 075쪽 ● 정답 46쪽

1 전체 크기가 1인 모눈종이에서 색칠된 부분을 보고 □ 안에 알맞은 수를 써넣으세요.

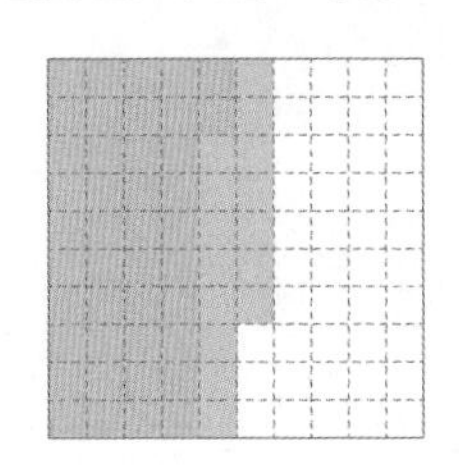

0.42+0.15=□

2 □ 안에 알맞은 수를 써넣으세요.

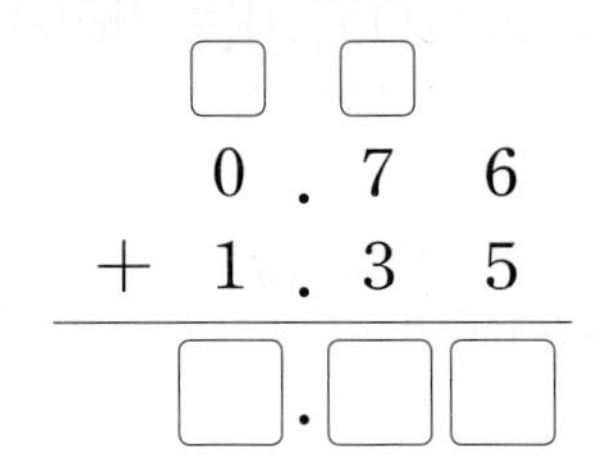

3 계산해 보세요.

(1) 0.64+0.23

(2) 0.27+1.4

(3)
```
   2.1 5
+  4.7 8
```

(4)
```
   7.5 3
+  1.5 9
```

4 계산 결과를 비교하여 ○ 안에 >, =, <를 알맞게 써넣으세요.

1.94+2.38 ○ 3.21+1.06

5 길이가 2.37 m인 파란색 막대가 있습니다. 노란색 막대는 파란색 막대보다 길이가 0.25 m 더 깁니다. 노란색 막대의 길이는 몇 m인가요?

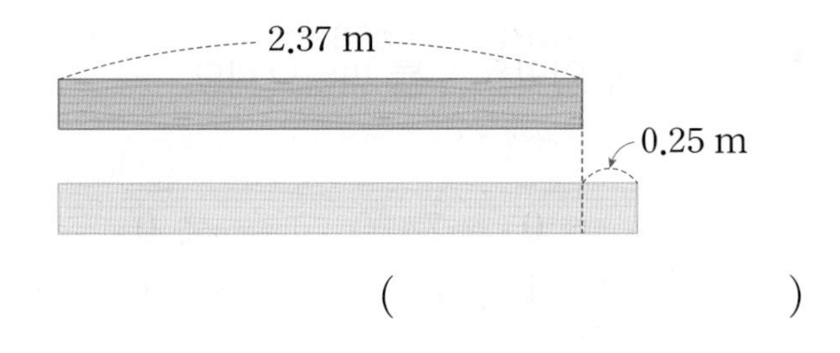

(　　　　　　)

교과역량 콕!

6 주어진 단어를 이용하여 3.6+5.81에 알맞은 문제를 만들고, 답을 구하세요.

사과	복숭아	kg

문제

답

7. 소수 한 자리 수의 뺄셈을 어떻게 할까요

개념책 076쪽 ● 정답 46쪽

1 □ 안에 알맞은 수를 써넣으세요.

1.3은 0.1이 □개이고,
0.6은 0.1이 □개이므로
1.3−0.6은 0.1이 □개입니다.
➜ 1.3−0.6=□

2 □ 안에 알맞은 수를 써넣으세요.

$$\begin{array}{r} \square\ \square \\ \not{4}\ .\ 2 \\ -\ 1\ .\ 9 \\ \hline \square \end{array} \rightarrow \begin{array}{r} \square\ \square \\ \not{4}\ .\ 2 \\ -\ 1\ .\ 9 \\ \hline \square.\square \end{array}$$

3 계산해 보세요.

(1) 0.8−0.2

(2) 2.3−1.1

(3) $\begin{array}{r} 9.6 \\ -\ 3.4 \\ \hline \end{array}$

(4) $\begin{array}{r} 5 \\ -\ 2.8 \\ \hline \end{array}$

4 빈칸에 두 수의 차를 써넣으세요.

1.4	3

5 병에 우유가 1.2 L 들어 있었습니다. 윤서가 간식을 먹으면서 마시고 남은 우유는 0.7 L입니다. 윤서가 마신 우유는 몇 L인지 식을 쓰고, 답을 구하세요.

식 ____________

답 ____________

교과역량 콕!

6 준호와 리아가 말하는 두 수의 차를 구하세요.

(　　　　　　　　)

개념책 077쪽 ● 정답 47쪽

1 그림을 보고 □ 안에 알맞은 수를 써넣으세요.

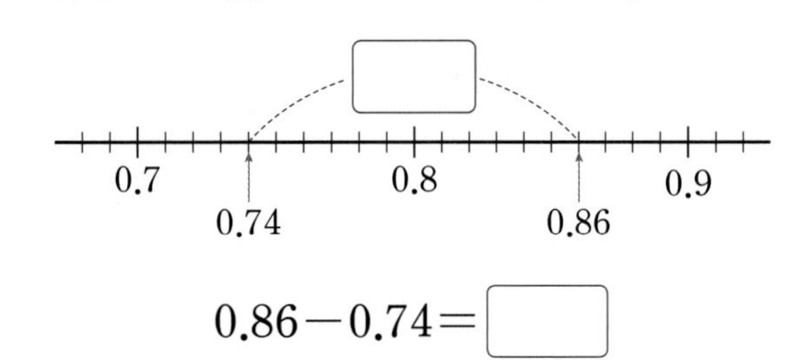

$0.86-0.74=\square$

2 □ 안에 알맞은 수를 써넣으세요.

$$\begin{array}{r} \square \quad \square\,\square \\ \not{3}\,.\,\not{2}\;5 \\ -\;1\,.\,7\;8 \\ \hline \square.\square\square \end{array}$$

3 계산해 보세요.

(1) $0.37-0.24$

(2) $1.68-0.6$

(3) $\begin{array}{r} 7.5\,5 \\ -\,2.7\,9 \\ \hline \end{array}$

(4) $\begin{array}{r} 4.5\,3 \\ -\,4.3\,6 \\ \hline \end{array}$

교과역량 콕!

4 친구들의 멀리뛰기 기록입니다. 세 사람 중에서 가장 멀리 뛴 사람은 가장 가깝게 뛴 사람보다 몇 m 더 멀리 뛰었나요?

주희	선우	지수
1.35 m	1.42 m	1.26 m

(1) □ 안에 알맞은 이름을 써넣으세요.

> 가장 멀리 뛴 사람은 □이고, 가장 가깝게 뛴 사람은 □입니다.

(2) 가장 멀리 뛴 사람은 가장 가깝게 뛴 사람보다 몇 m 더 멀리 뛰었나요?

(　　　　　　　)

교과역량 콕!

5 □ 안에 알맞은 수를 써넣으세요.

$$\begin{array}{r} \square.\;1\;\;3 \\ -\;5\;.\;0\;\square \\ \hline 4\;.\square\;9 \end{array}$$

교과역량 콕!

6 계산이 잘못된 곳을 찾아 바르게 고치고, 그렇게 고친 이유를 쓰세요.

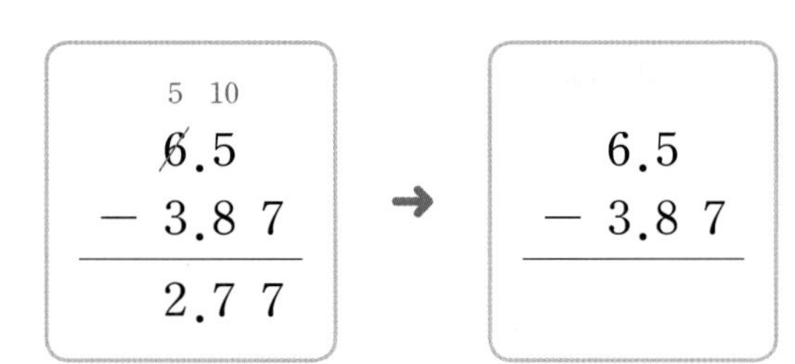

이유

개념책 086쪽 ● 정답 47쪽

[1~6] 서로 수직인 변이 있는 도형은 ◯표, 없는 도형은 ×표 하세요.

1

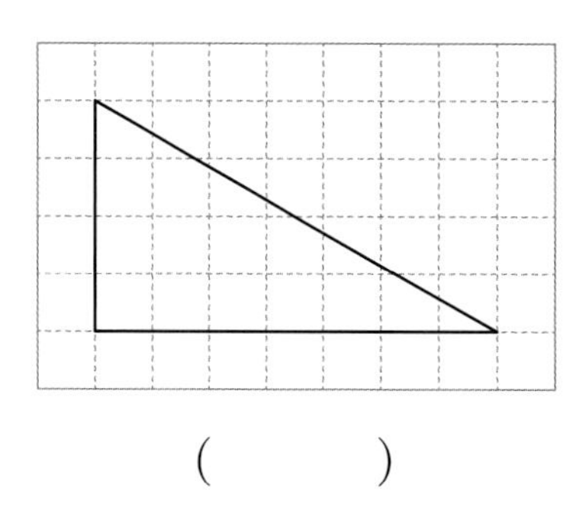

(　　　)

2

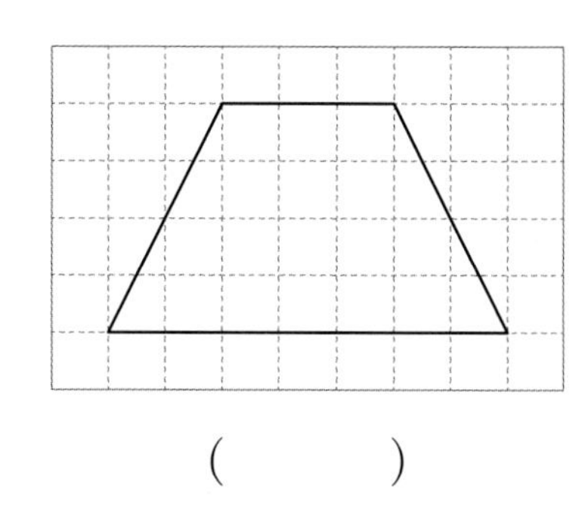

(　　　)

3

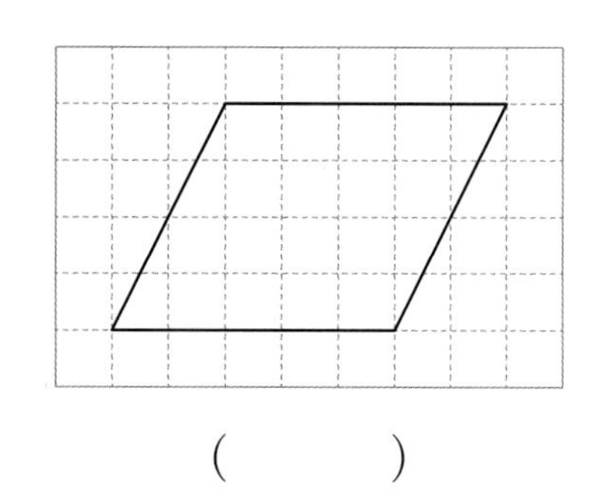

(　　　)

4

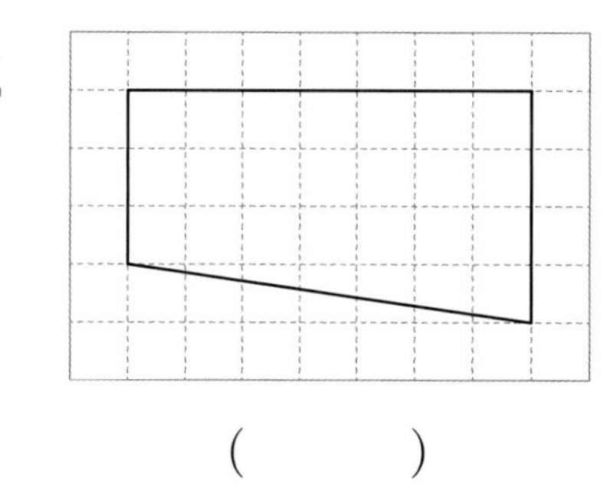

(　　　)

5

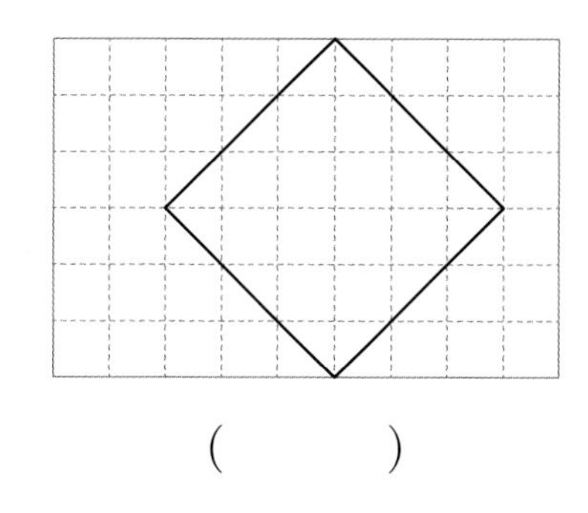

(　　　)

6

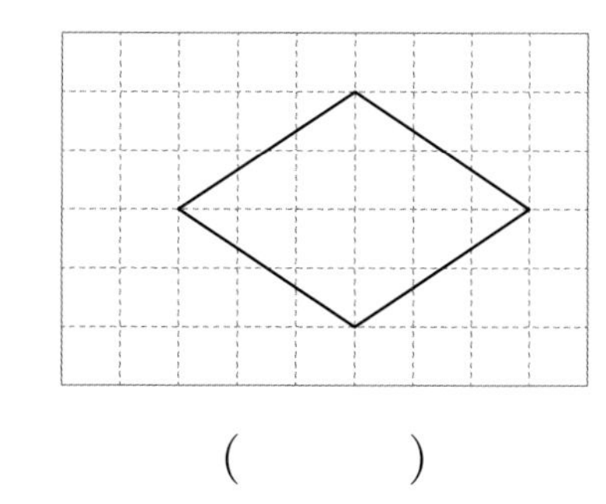

(　　　)

[7~12] 각도기 또는 삼각자를 이용하여 주어진 직선에 대한 수선을 그어 보세요.

7

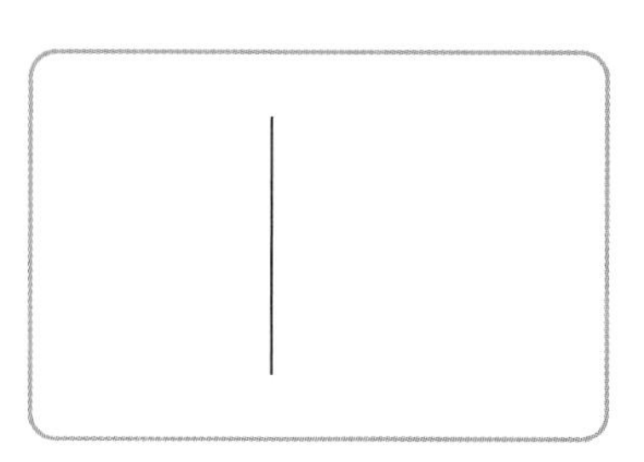

8

9

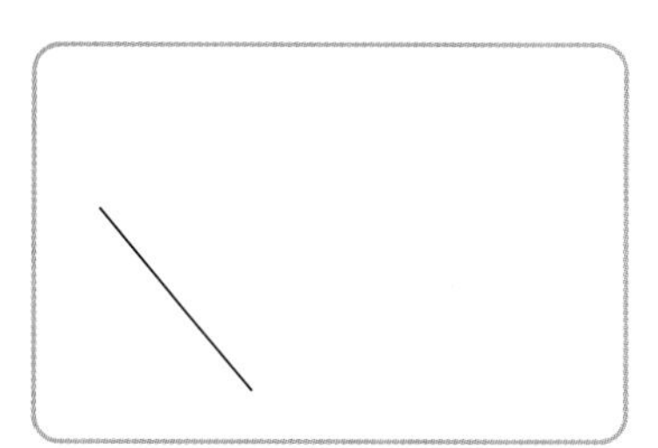

10

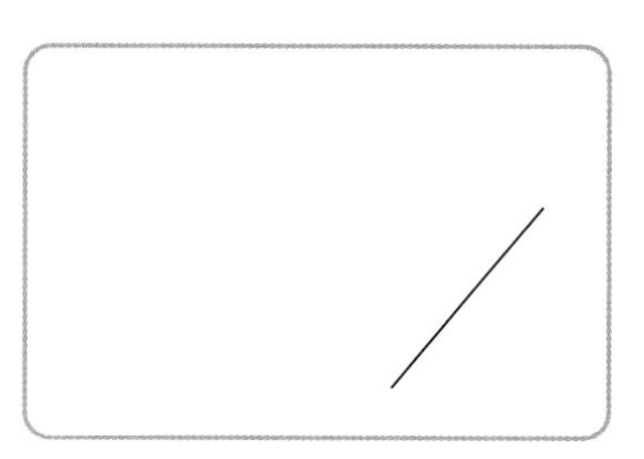

11

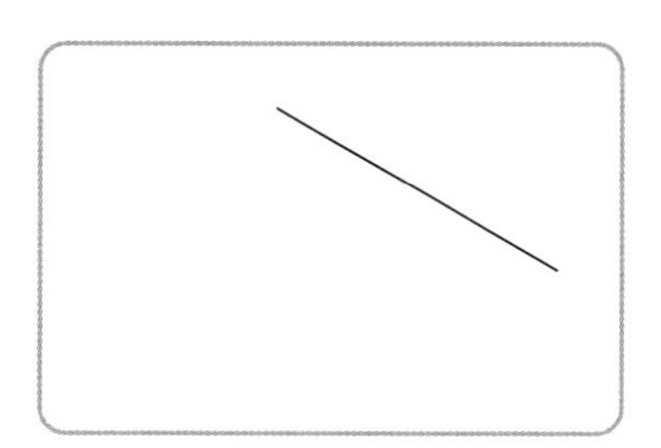

12

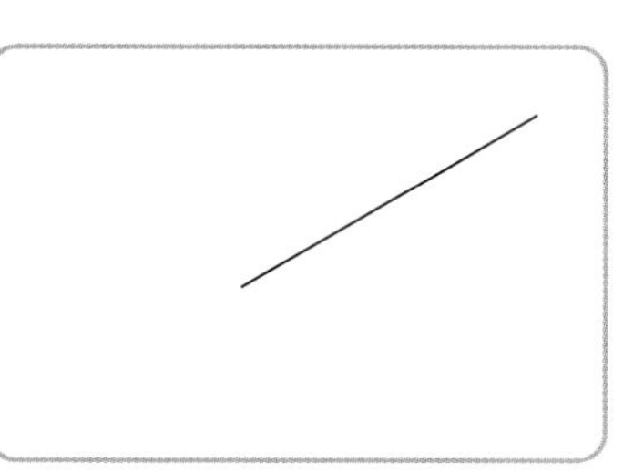

개념책 088쪽 ● 정답 47쪽

[1~6] 도형에서 서로 평행한 변을 모두 찾아보세요.

1

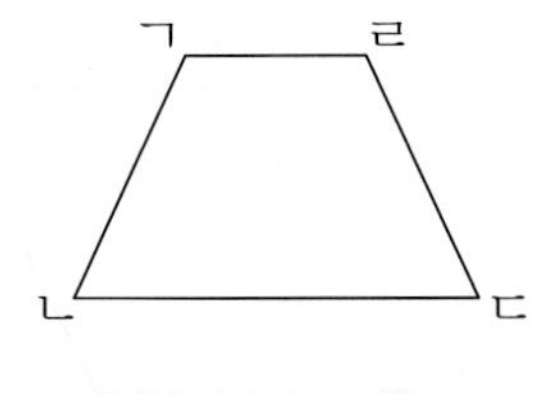

변 ㄱㄹ과 변 ☐

2

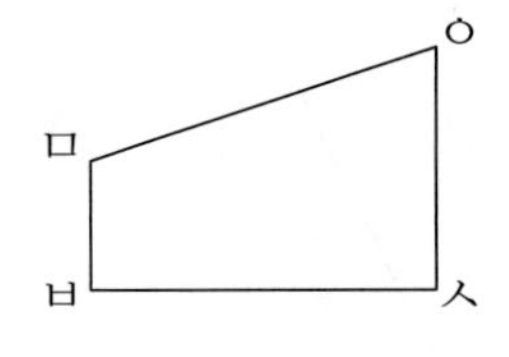

변 ☐과 변 ㅇㅅ

3

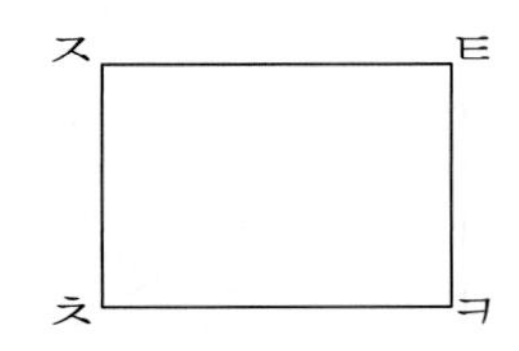

변 ㅈㅌ과 변 ☐,

변 ☐과 변 ㅌㅋ

4

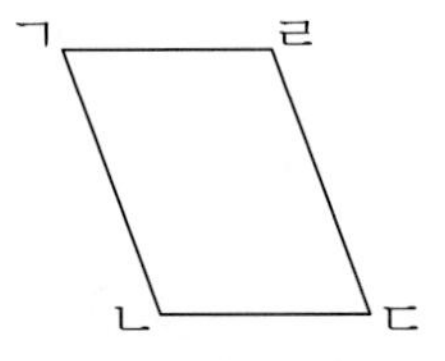

변 ㄱㄹ과 변 ☐,

변 ☐과 변 ㄹㄷ

5

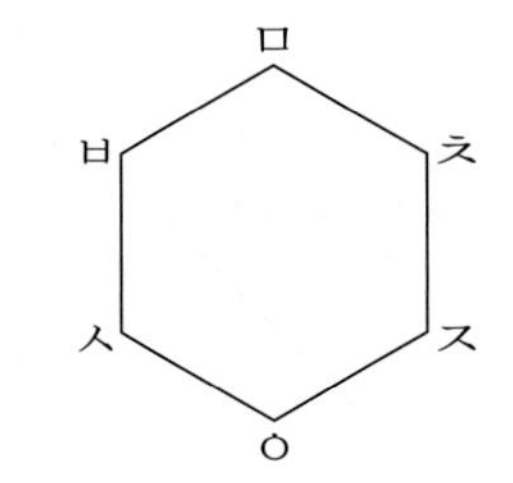

변 ㅁㅂ과 변 ☐,

변 ☐과 변 ㅊㅈ,

변 ㅅㅇ과 변 ☐

6

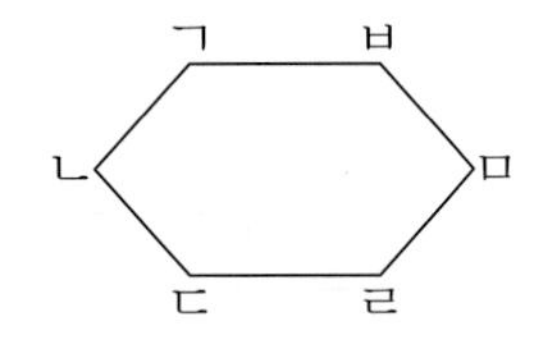

변 ㄱㅂ과 변 ☐,

변 ☐과 변 ㄴㄷ,

변 ㅁㄹ과 변 ☐

[7~9] 삼각자를 이용하여 주어진 직선과 평행한 직선을 그어 보세요.

7

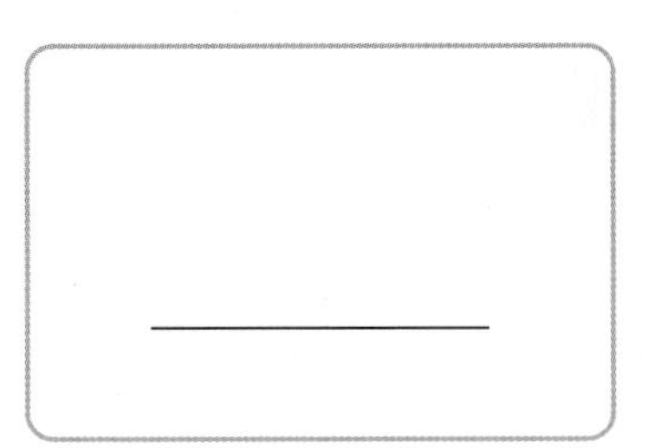

8

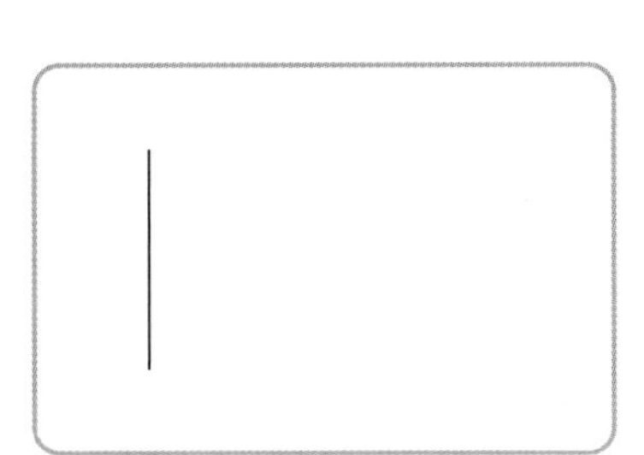

9

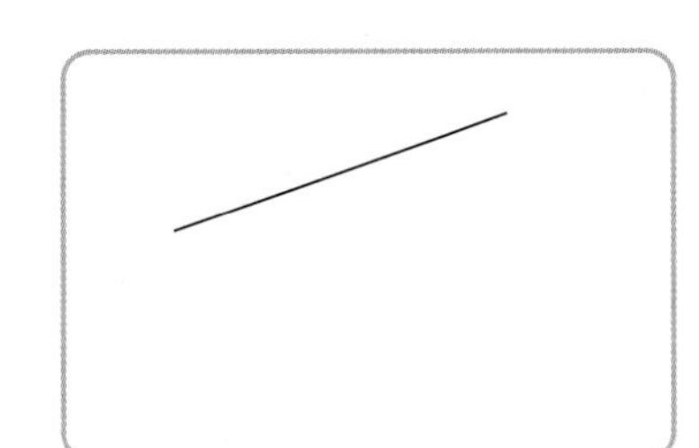

[10~12] 삼각자를 이용하여 점 ㄱ을 지나고 직선 가와 평행한 직선을 그어 보세요.

10

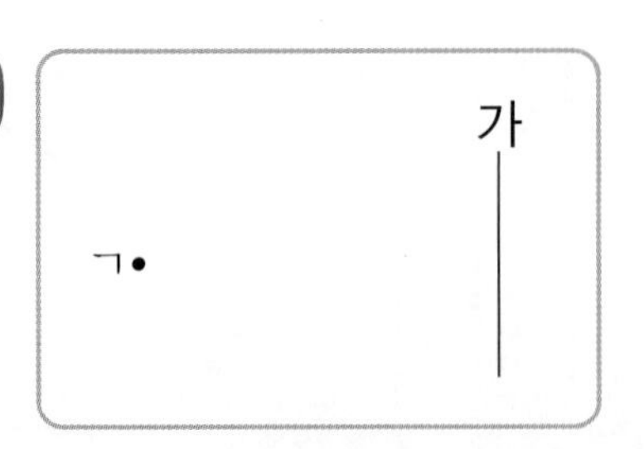

11

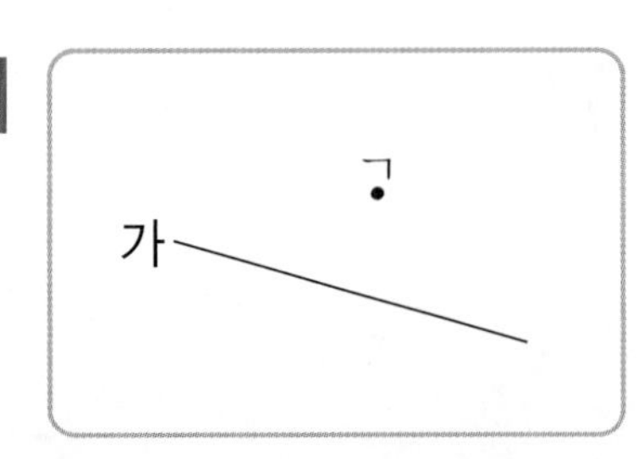

12

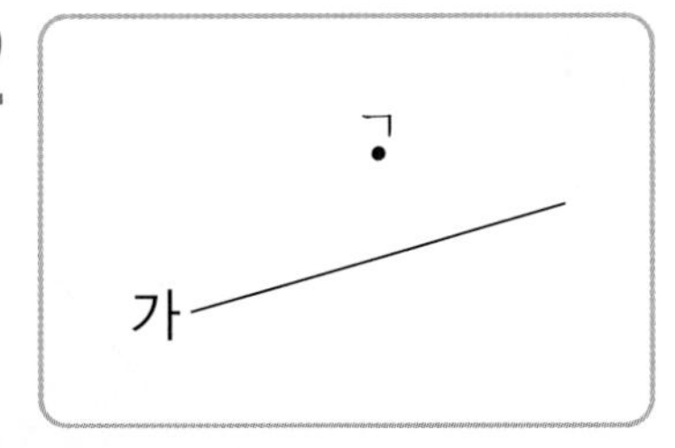

개념책 090쪽 ● 정답 48쪽

[1~6] 평행선 사이의 거리는 몇 cm인지 재어 보세요.

1

( )

2

( )

3

( )

4

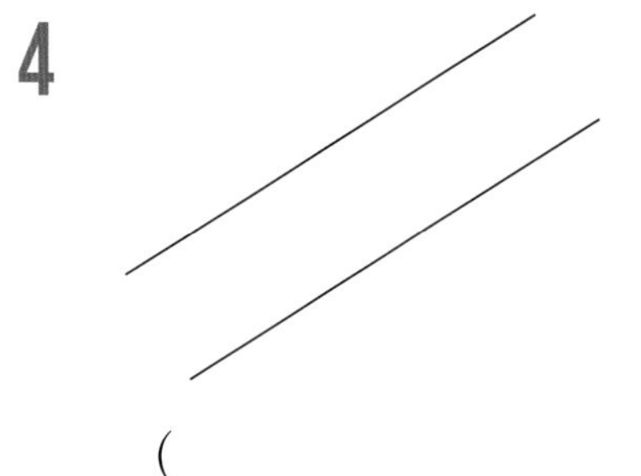

( )

5

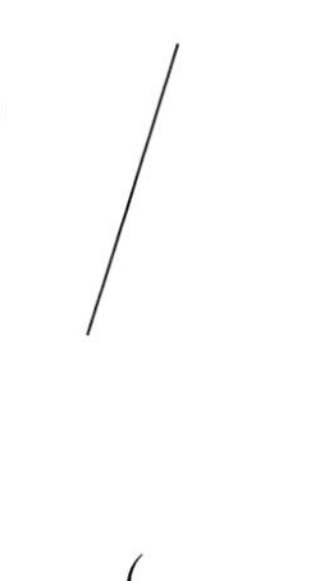

( )

6

( )

[7~10] 평행선 사이의 거리가 주어진 길이가 되도록 주어진 직선과 평행한 직선을 그어 보세요.

7

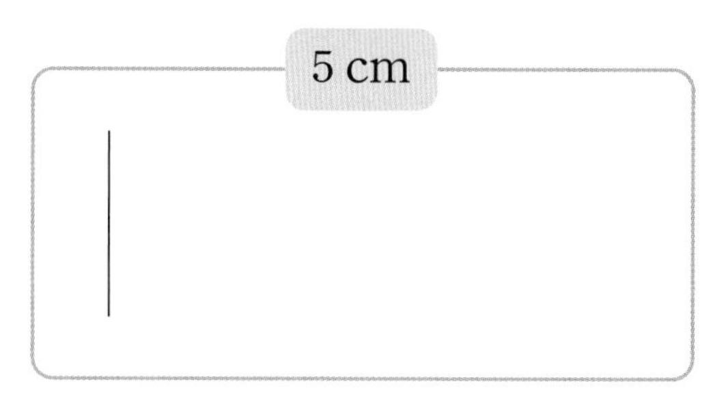

8

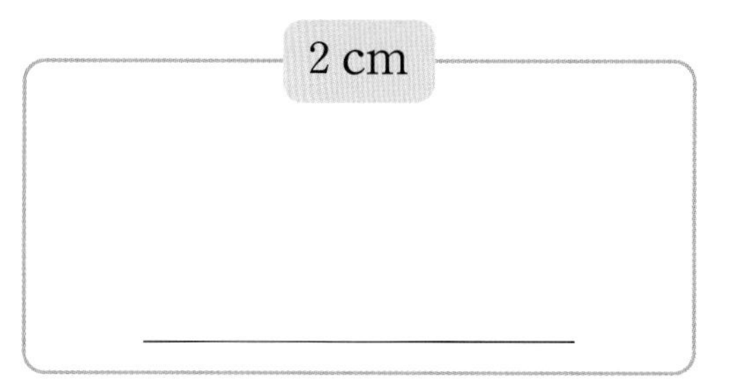

9

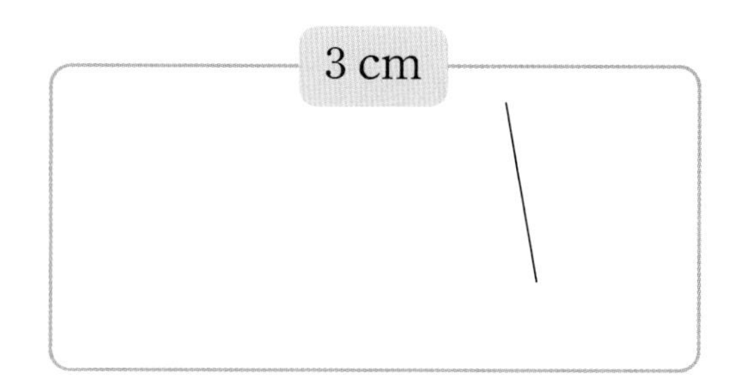

10

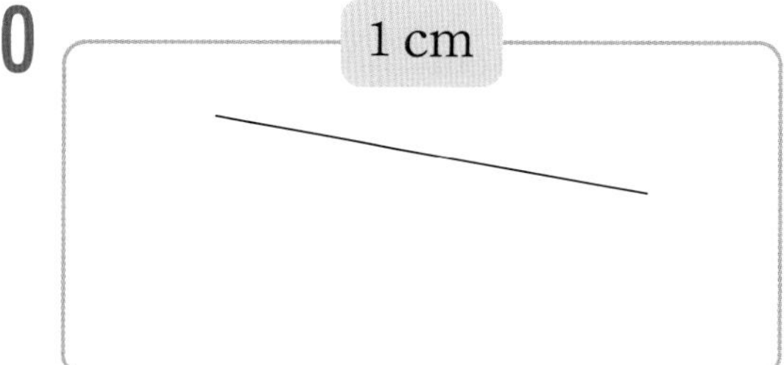

개념책 098쪽 ● 정답 48쪽

[1~3] 사다리꼴이면 ○표, 사다리꼴이 아니면 ×표 하세요.

1
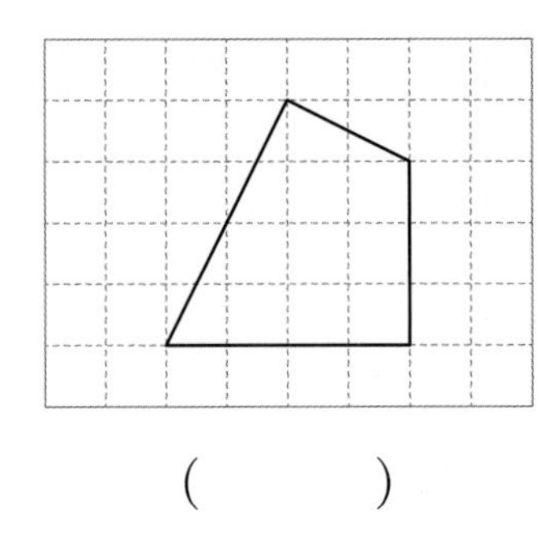
(　　　)

2
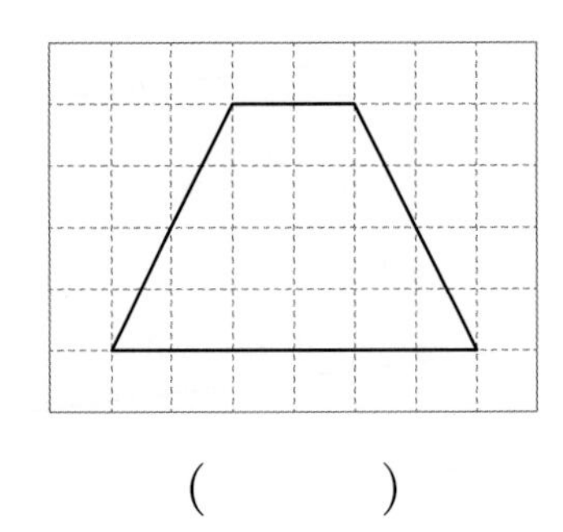
(　　　)

3
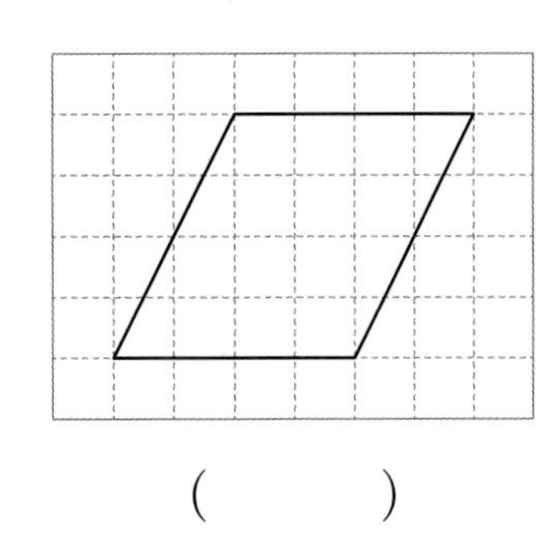
(　　　)

[4~6] 평행사변형이면 ○표, 평행사변형이 아니면 ×표 하세요.

4
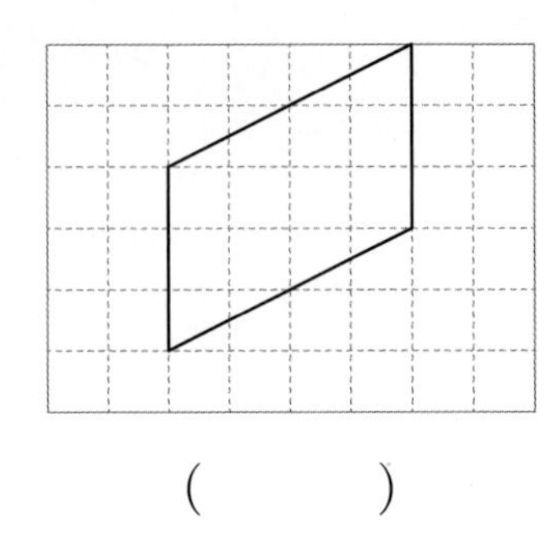
(　　　)

5
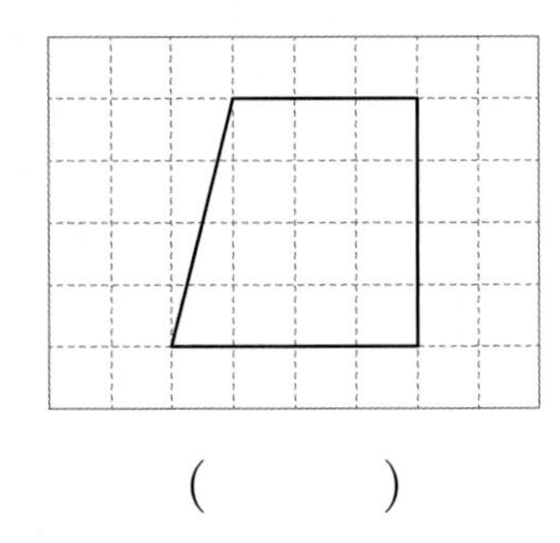
(　　　)

6
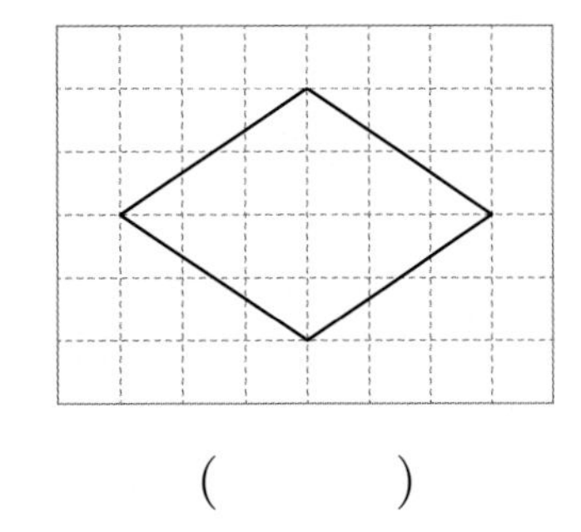
(　　　)

[7~12] 평행사변형입니다. □ 안에 알맞은 수를 써넣으세요.

7
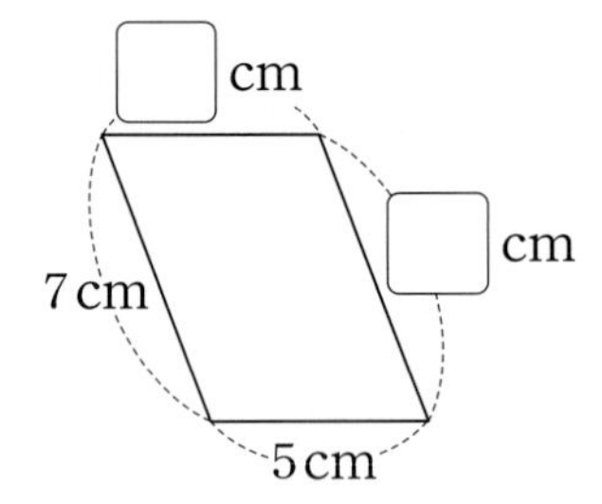

8
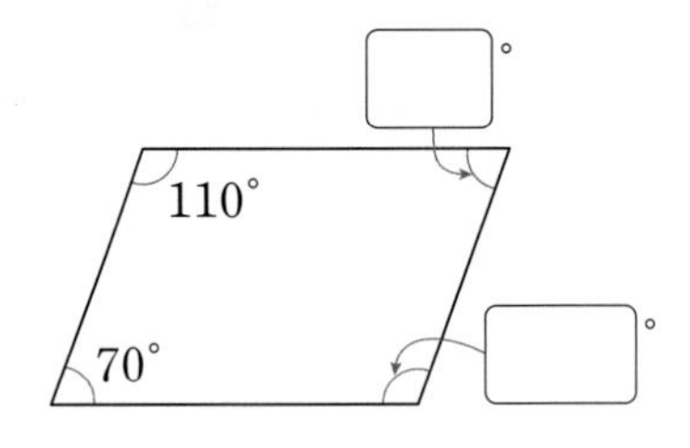

9
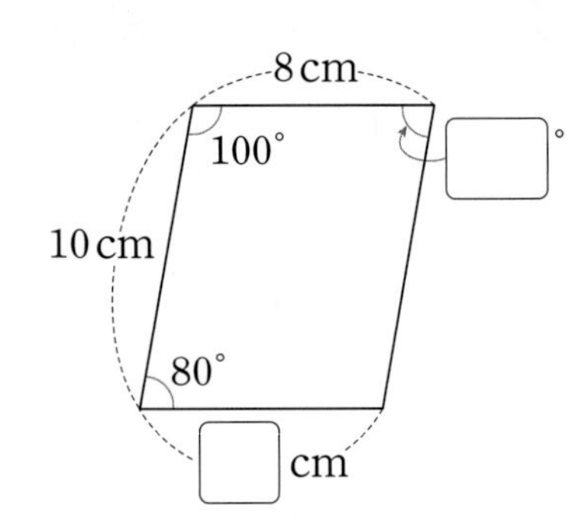

10
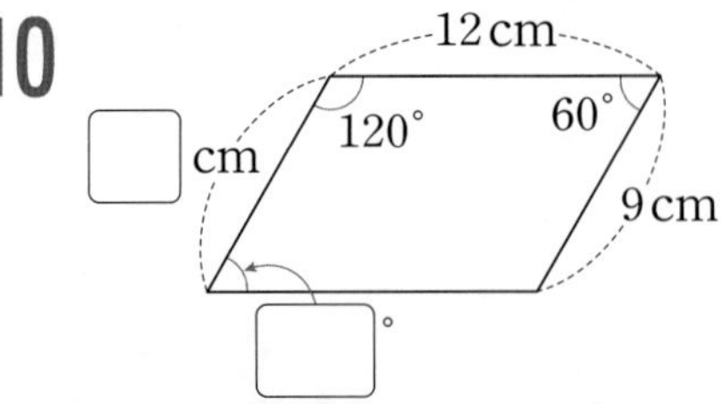

11
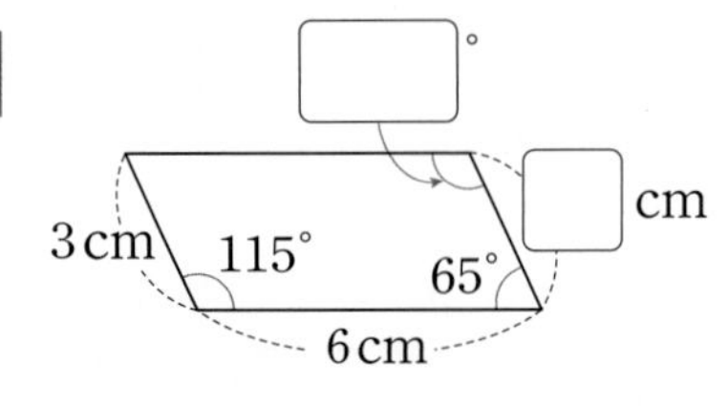

12
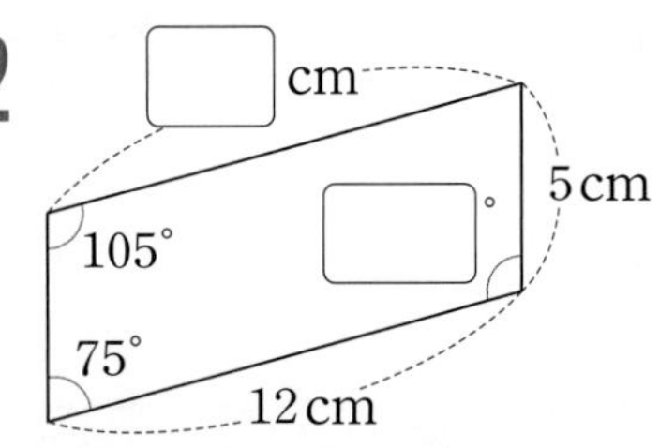

[1~6] 마름모이면 ○표, 마름모가 아니면 ×표 하세요.

1

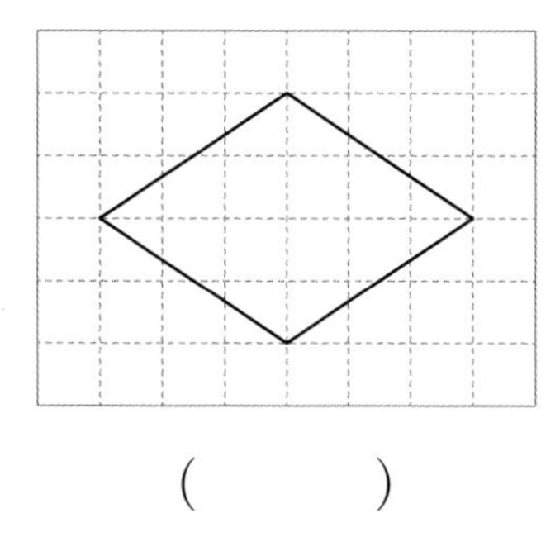

(　　　)

2

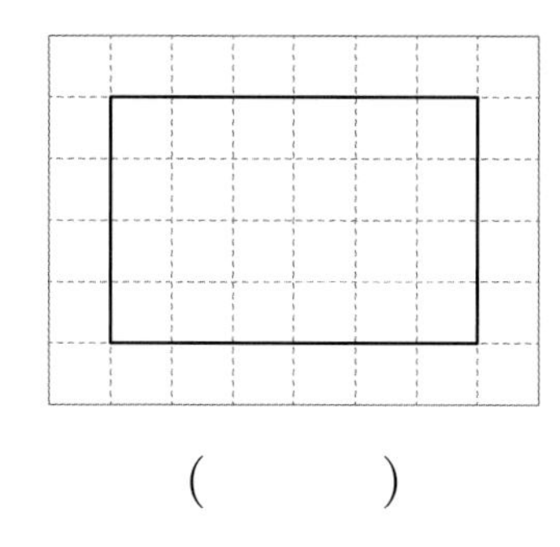

(　　　)

3

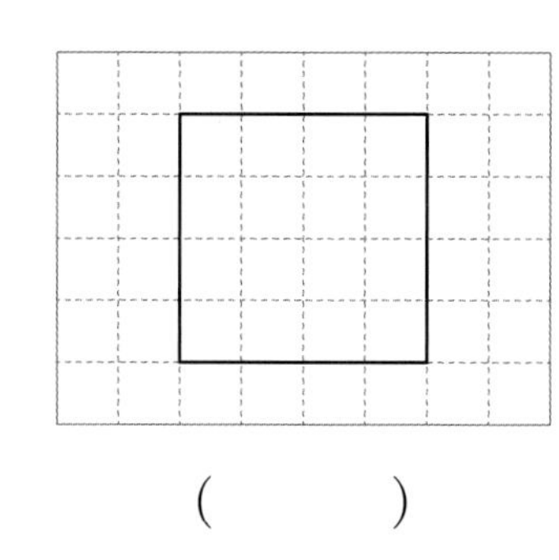

(　　　)

4

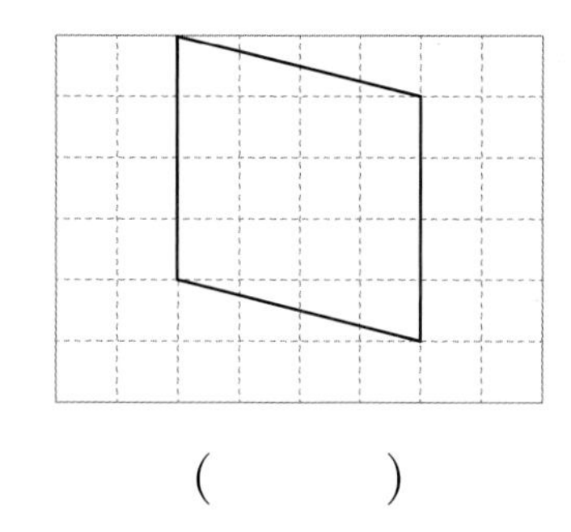

(　　　)

5

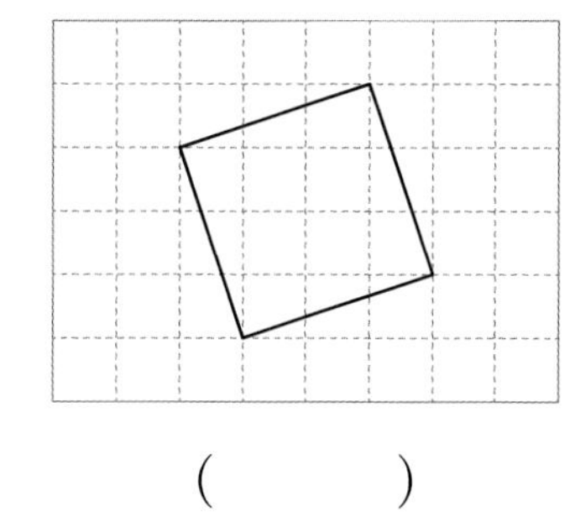

(　　　)

6

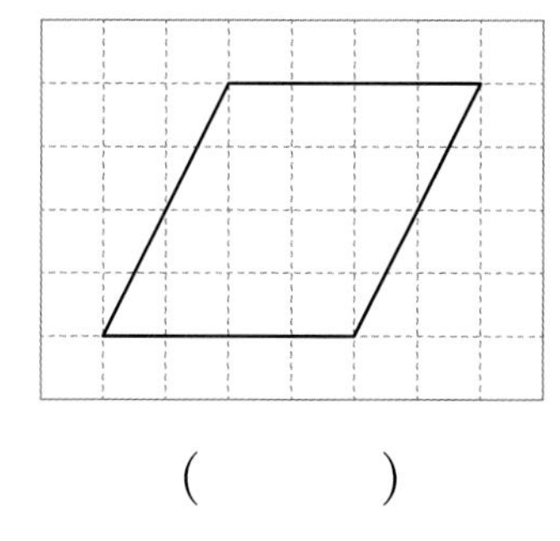

(　　　)

[7~12] 마름모입니다. ▢ 안에 알맞은 수를 써넣으세요.

7

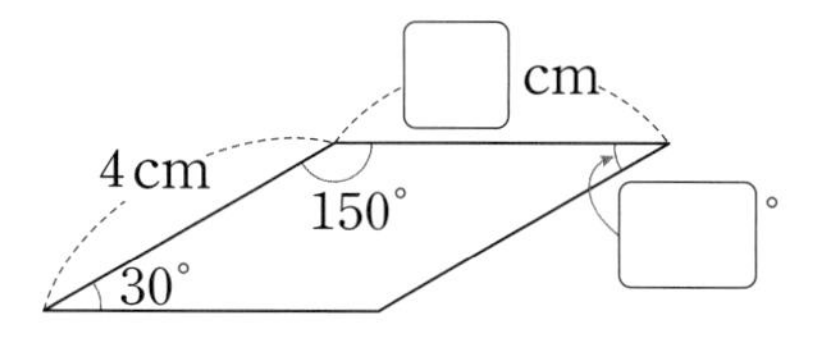

8

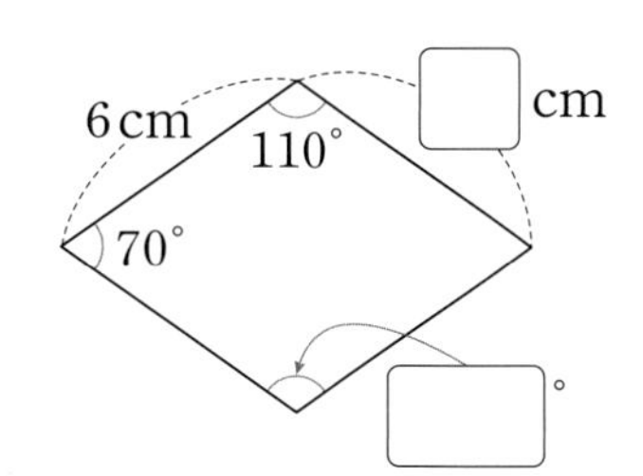

9

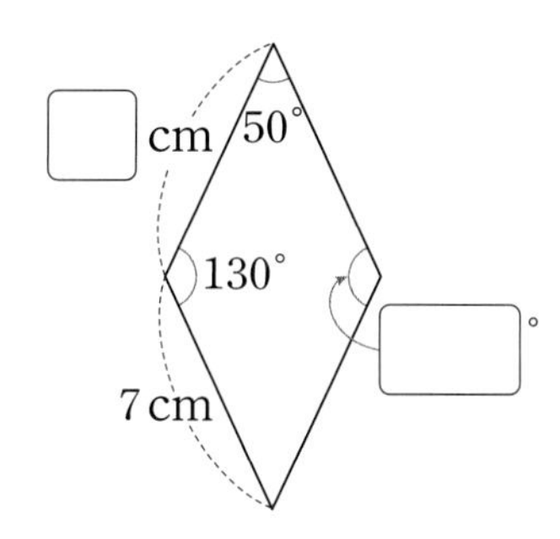

10

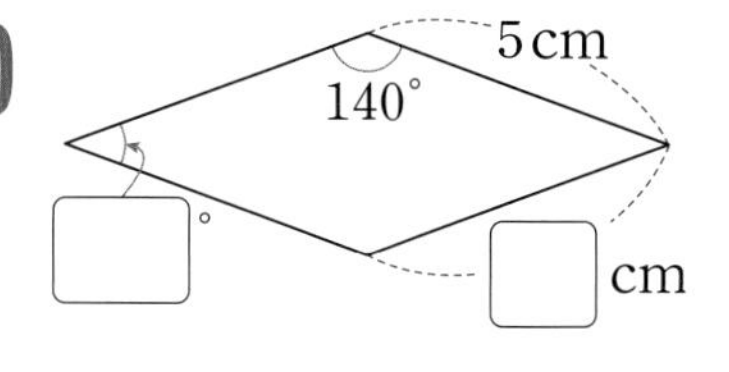

11

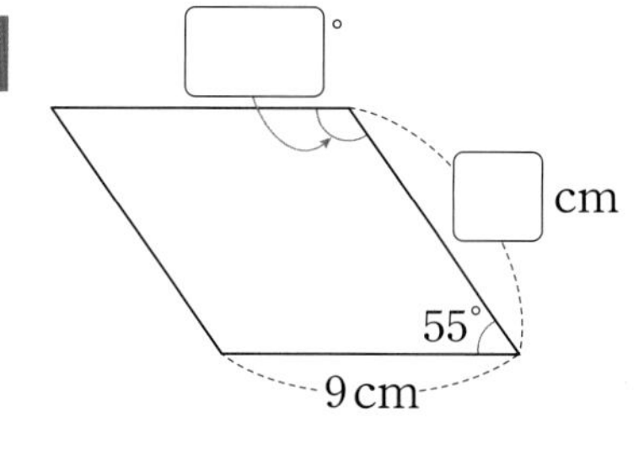

12

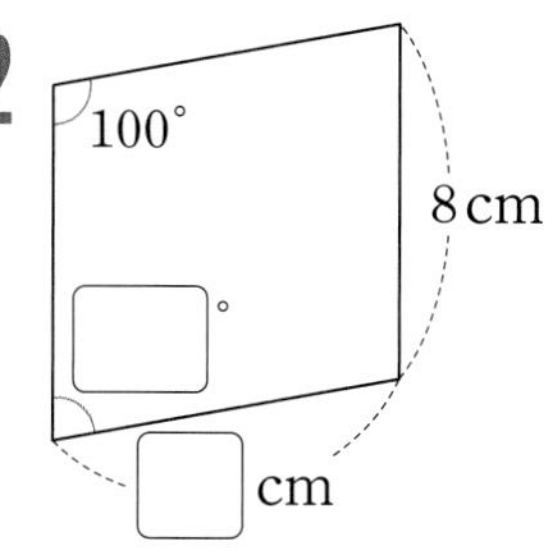

개념책 102쪽 ● 정답 48쪽

[1~6] 직사각형입니다. □ 안에 알맞은 수를 써넣으세요.

1
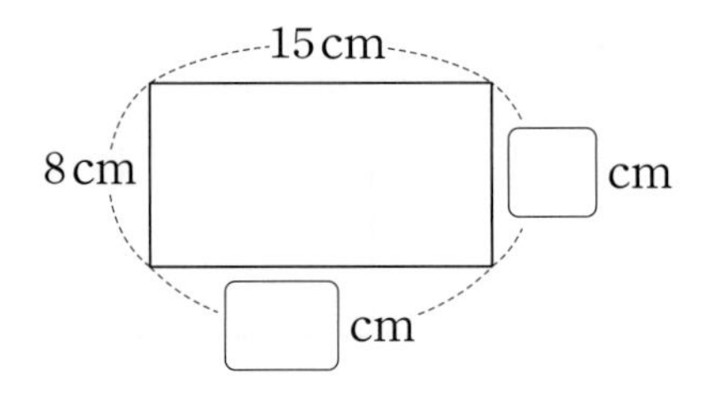

2
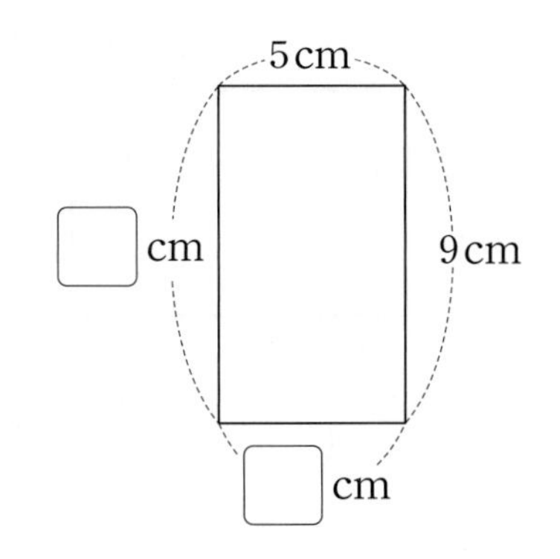

3
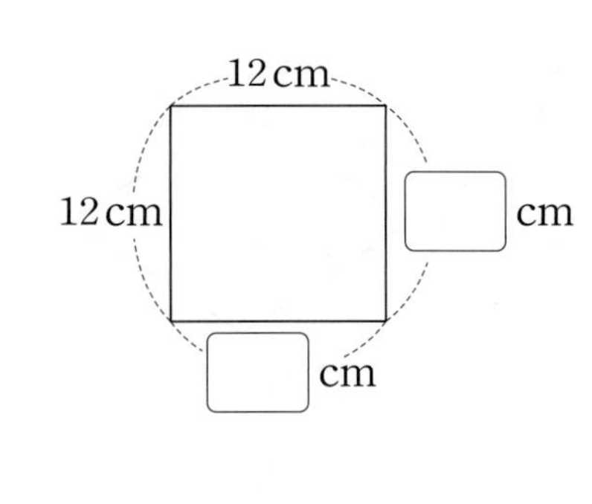

4
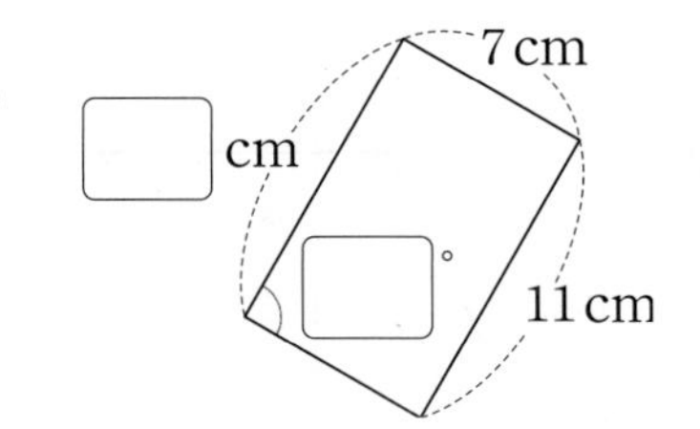

5
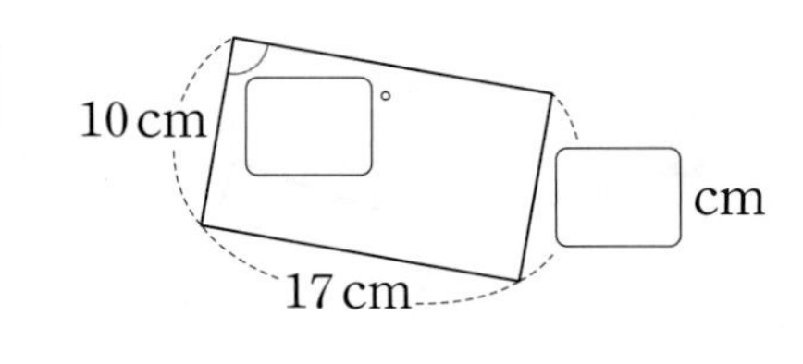

6
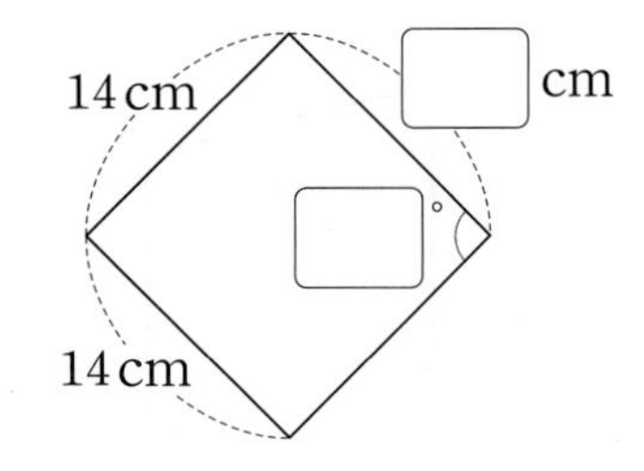

[7~10] 주어진 사각형의 이름으로 알맞은 것에 모두 ○표 하세요.

7
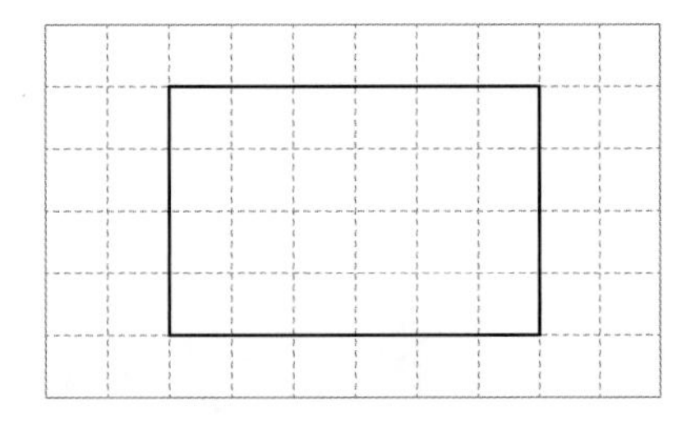

사다리꼴 평행사변형
마름모 직사각형 정사각형

8
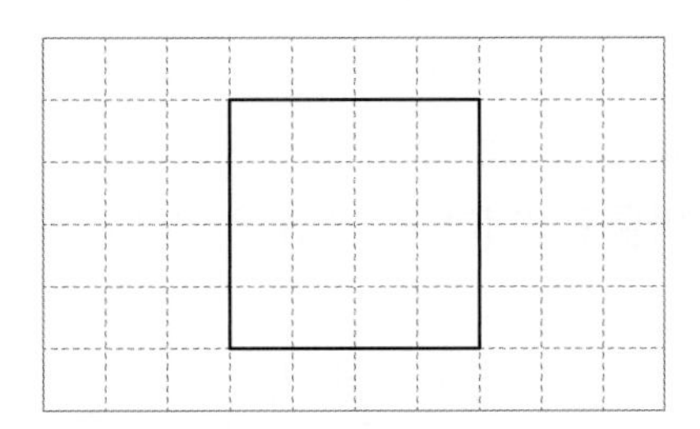

사다리꼴 평행사변형
마름모 직사각형 정사각형

9
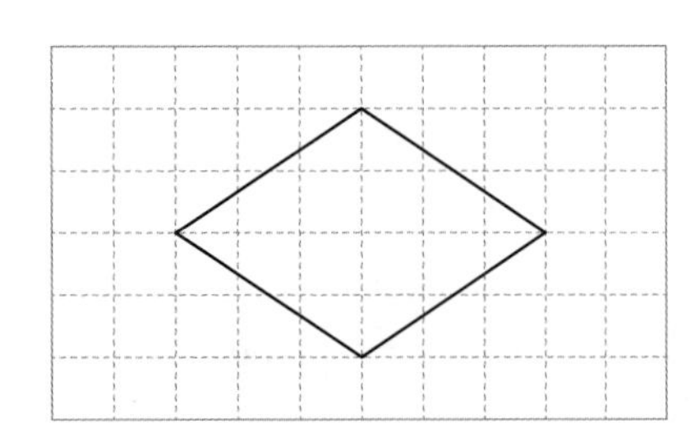

사다리꼴 평행사변형
마름모 직사각형 정사각형

10
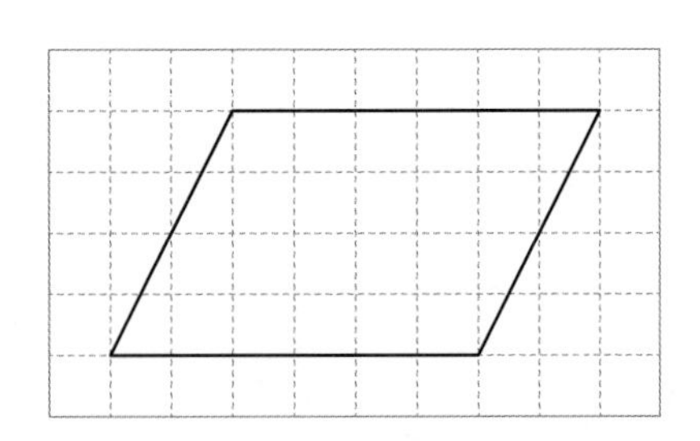

사다리꼴 평행사변형
마름모 직사각형 정사각형

개념책 092쪽 ● 정답 48쪽

1 □ 안에 알맞은 말을 써넣으세요.

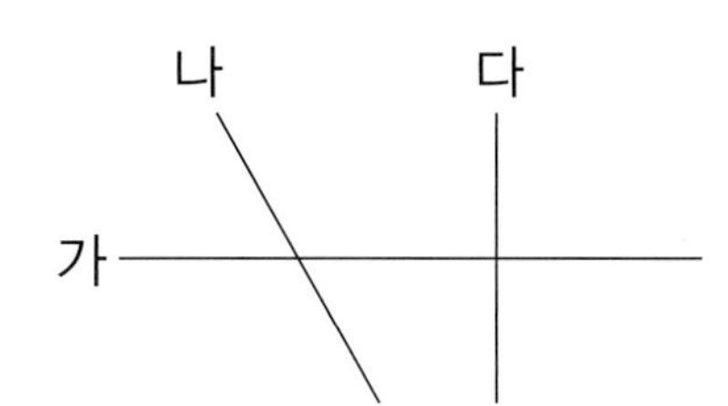

(1) 직선 가와 직선 다는 서로 □입니다.

(2) 직선 다는 직선 가에 대한 □입니다.

2 서로 수직인 변이 있는 도형을 모두 찾아 ○표 하세요.

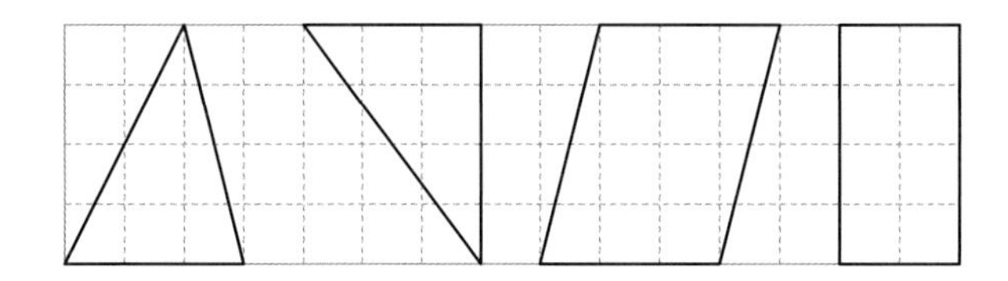

3 삼각자를 이용하여 주어진 직선 가에 대한 수선을 바르게 그은 것을 찾아 ○표 하세요.

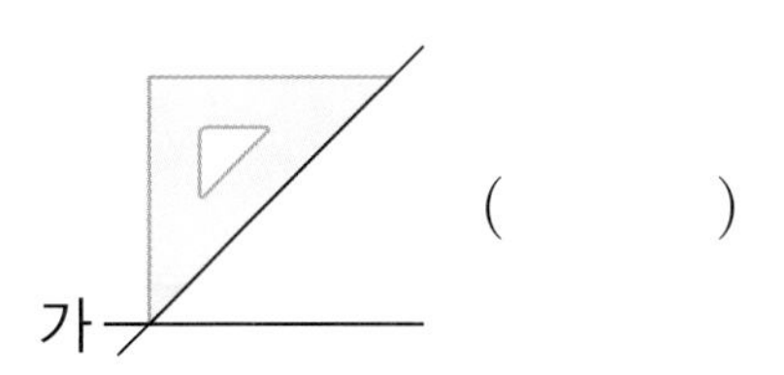

(　　　)

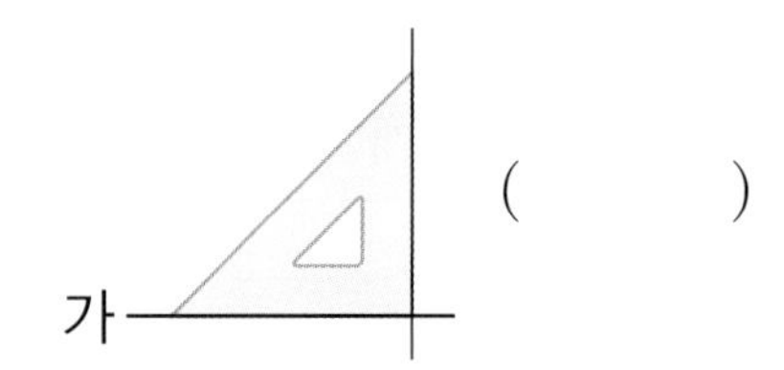

(　　　)

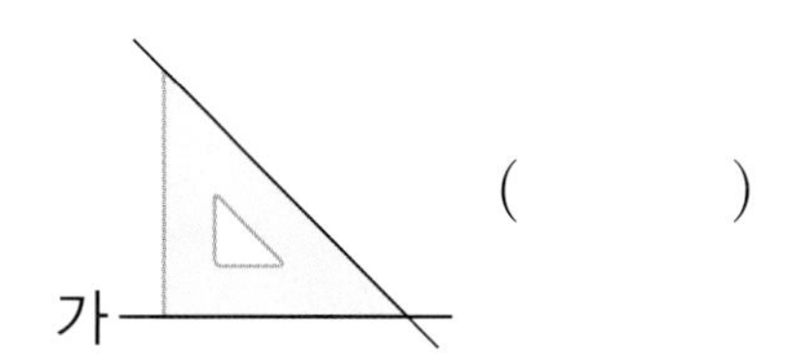

(　　　)

4 주어진 직선에 대한 수선을 그어 보세요.

(1) 삼각자를 이용하여 그어 보세요.

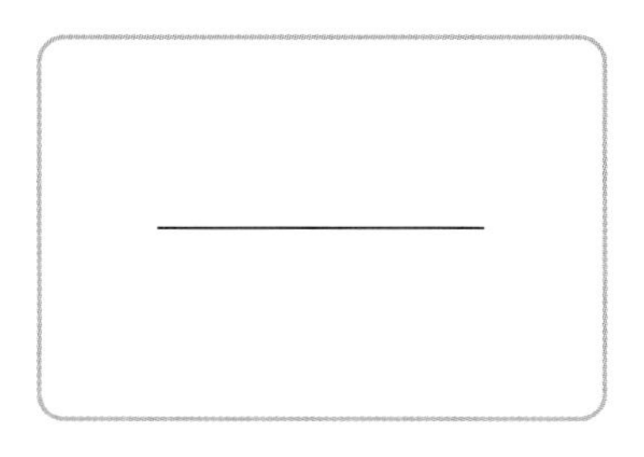

(2) 각도기를 이용하여 그어 보세요.

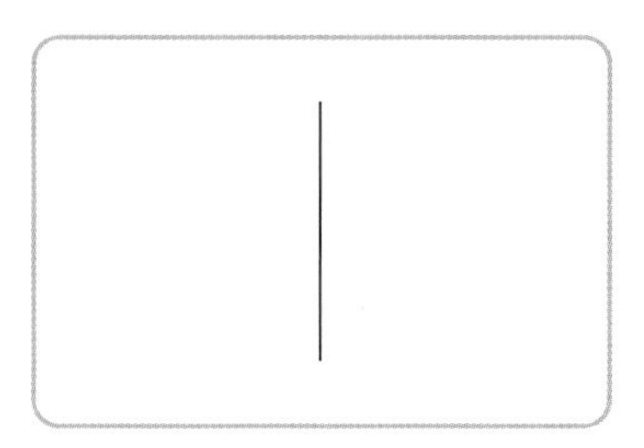

교과역량 콕!

5 설명이 잘못된 것의 기호를 쓰세요.

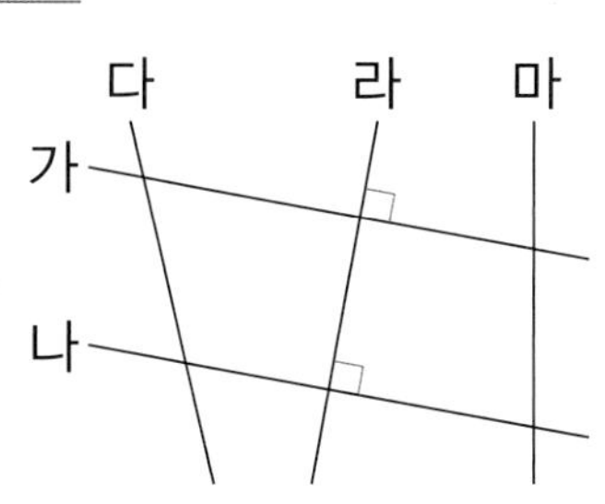

㉠ 직선 나에 대한 수선은 1개입니다.
㉡ 직선 라에 대한 수선은 2개입니다.
㉢ 직선 가와 직선 나는 서로 수직으로 만납니다.
㉣ 직선 다와 직선 마에 대한 수선은 없습니다.

(　　　　　　　)

개념책 093쪽 ● 정답 49쪽

1 평행한 두 직선을 찾아 ○표 하고, ▢ 안에 알맞은 말을 써넣으세요.

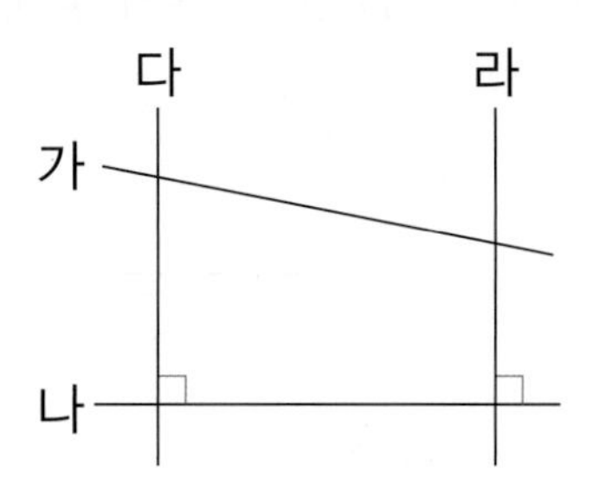

평행한 두 직선을 ▢이라고 합니다.

2 두 직선이 평행한 것을 모두 찾아 기호를 쓰세요.

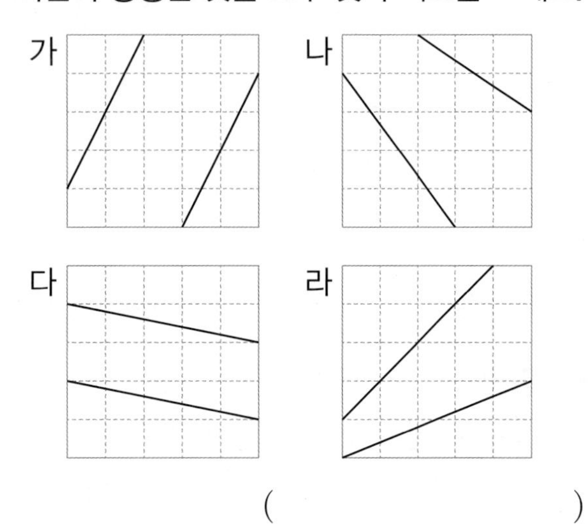

(　　　　　　　　)

3 삼각자를 이용하여 직선 가와 평행한 직선을 바르게 그은 것을 찾아 ○표 하세요.

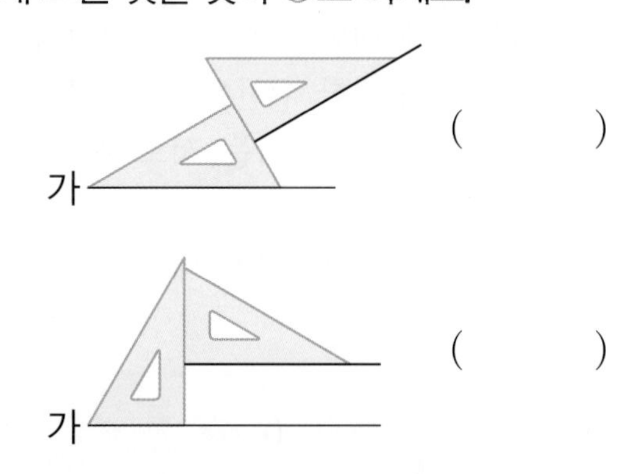

(　　)

(　　)

4 삼각자를 이용하여 주어진 직선과 평행한 직선을 그어 보세요.

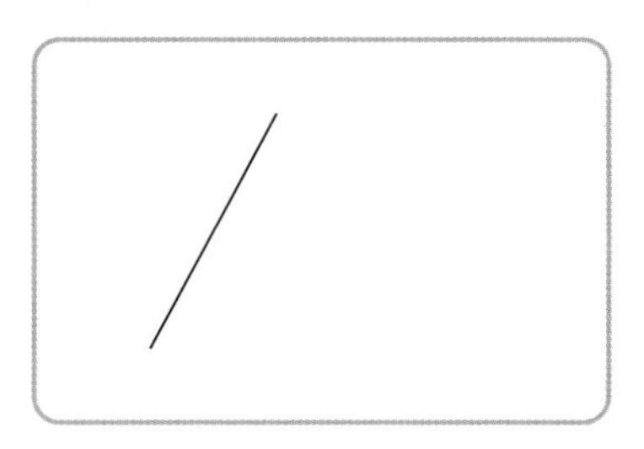

5 삼각자를 이용하여 점 ㄱ을 지나고 직선 가와 평행한 직선을 그어 보세요.

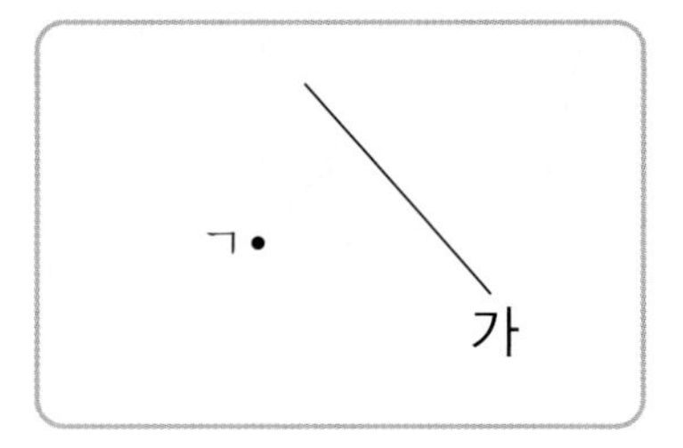

교과역량 콕!

6 평행선에 대해 잘못 말한 사람의 이름을 쓰세요.

(　　　　　　　　)

개념책 094쪽 ● 정답 49쪽

1 그림과 같이 평행선에 수직인 선분의 길이를 무엇이라고 하나요?

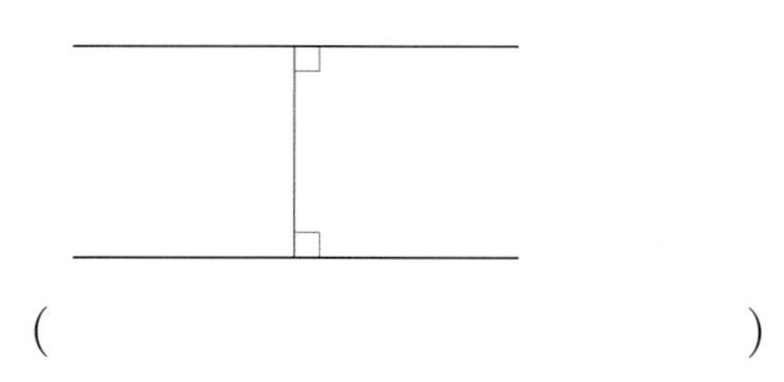

( )

2 평행선 사이의 거리를 나타내도록 두 점을 찾아 이어 보세요.

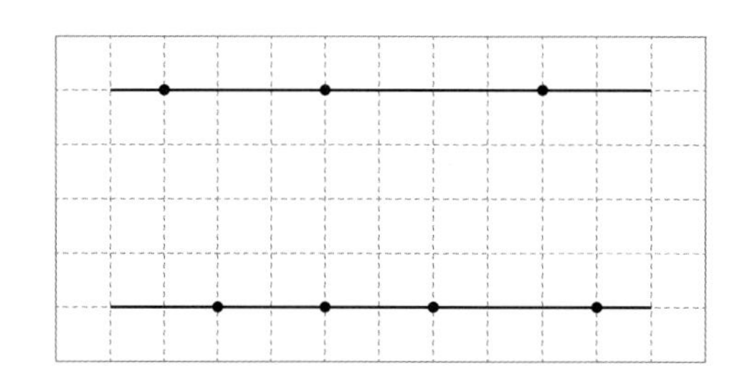

3 평행선 사이의 거리는 몇 cm인지 재어 보세요.

(1) ( )

(2) ( )

4 평행선 사이의 거리가 1.5 cm가 되도록 주어진 직선과 평행한 직선을 그어 보세요.

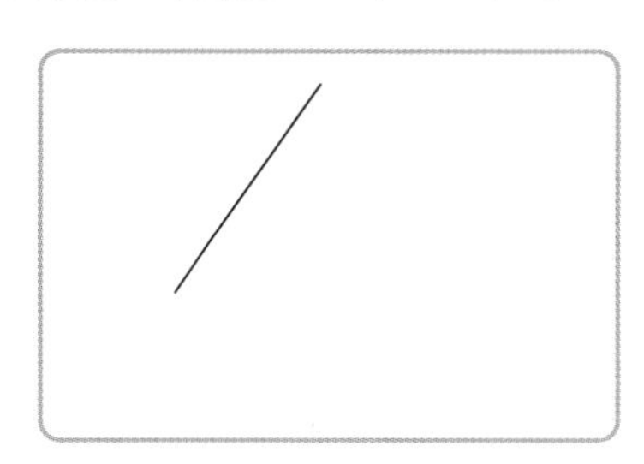

5 도형에서 평행선을 찾아 평행선 사이의 거리를 재어 보세요.

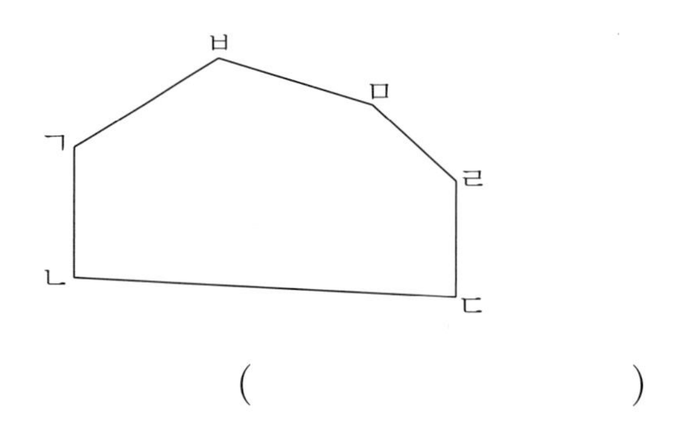

( )

교과역량 콕!

6 설명이 잘못된 것의 기호를 쓰세요.

> ㉠ 평행선 사이의 거리는 어느 위치에서 재어도 같습니다.
> ㉡ 평행선의 한 직선에서 다른 직선에 그은 수직인 선분의 길이가 평행선 사이의 거리입니다.
> ㉢ 평행선 사이의 거리는 평행선 사이에 그을 수 있는 가장 긴 선분의 길이입니다.

( )

개념책 104쪽 ● 정답 50쪽

1 다음과 같이 평행한 변이 있는 사각형을 무엇이라고 하나요?

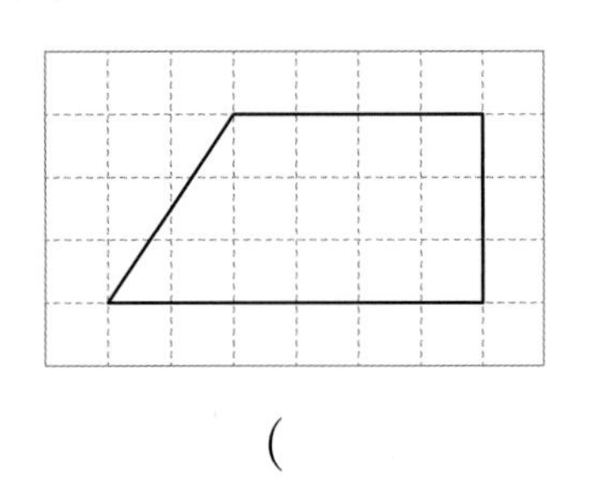

( )

2 사다리꼴을 모두 찾아 기호를 쓰세요.

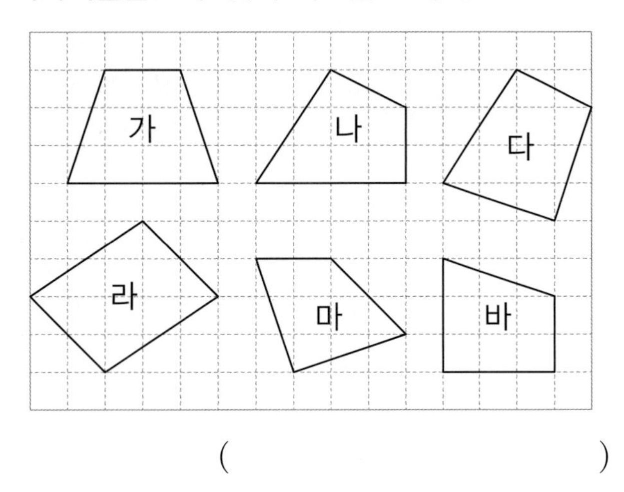

( )

3 사다리꼴에서 서로 평행한 변을 찾아 쓰세요.

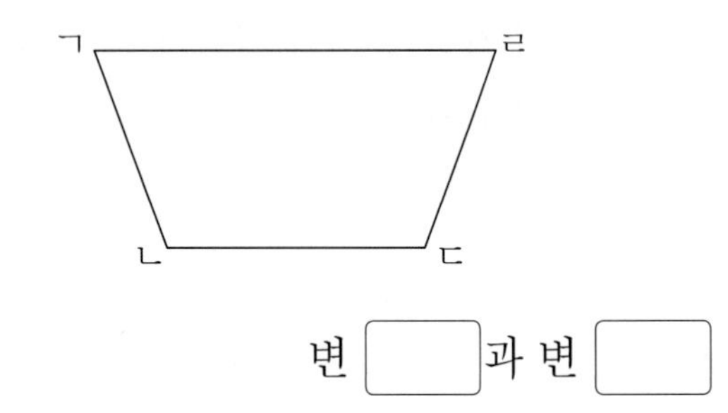

변 [ ]과 변 [ ]

4 주어진 선분을 이용하여 사다리꼴을 완성해 보세요.

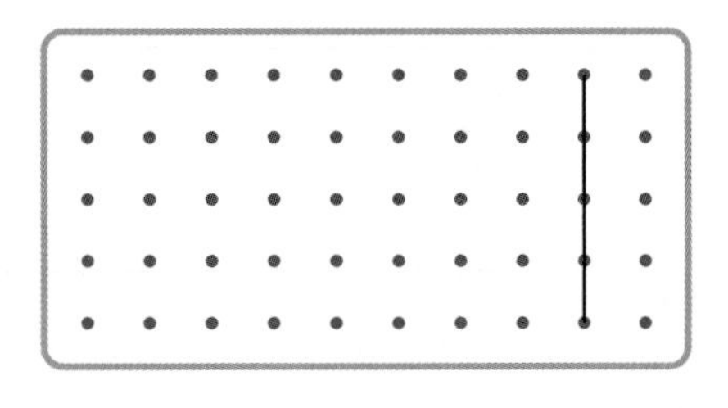

5 주어진 두 선분과 한 점을 연결하여 사다리꼴을 완성하려고 합니다. 사다리꼴을 완성할 수 있는 점을 모두 찾아 기호를 쓰세요.

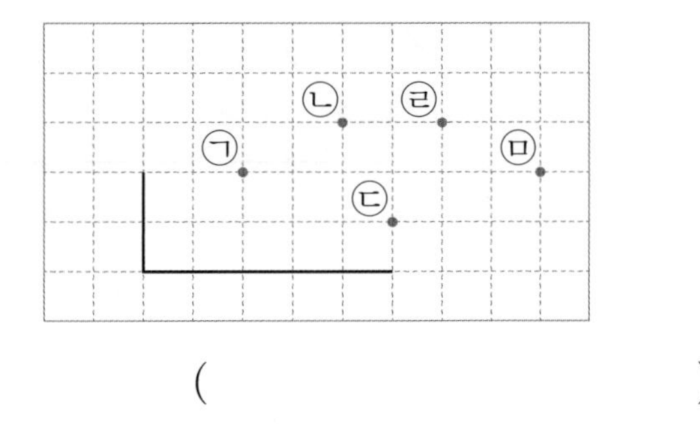

( )

교과역량 콕!

6 다음 도형은 사다리꼴인가요? 그렇게 생각한 이유를 쓰세요.

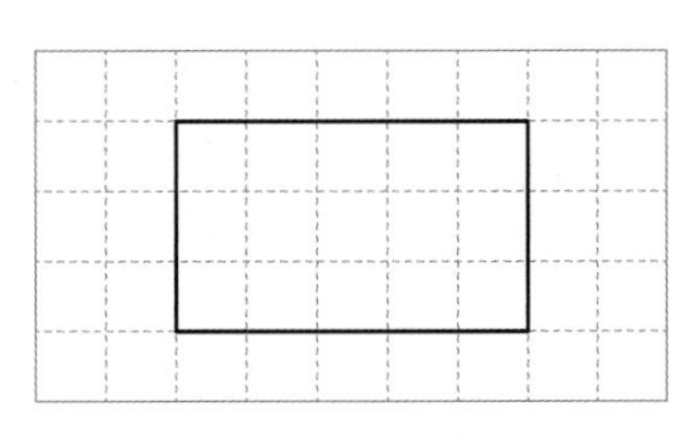

답

이유

개념책 105쪽 ● 정답 50쪽

1 다음과 같이 마주 보는 두 쌍의 변이 서로 평행한 사각형을 무엇이라고 하나요?

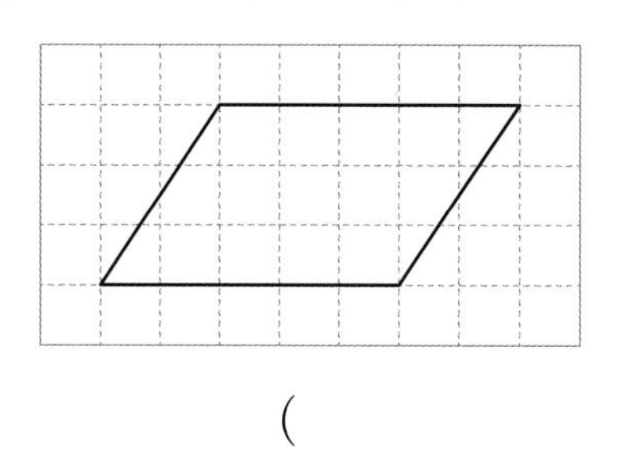

(   )

2 평행사변형을 모두 찾아 기호를 쓰세요.

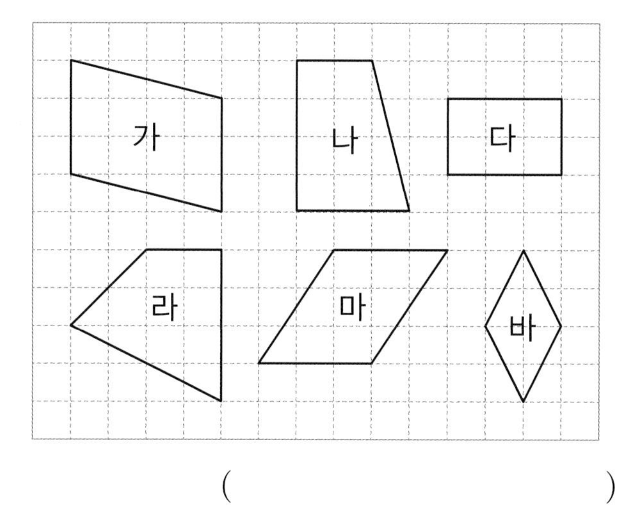

(   )

3 주어진 선분을 이용하여 서로 다른 두 개의 평행사변형을 완성해 보세요.

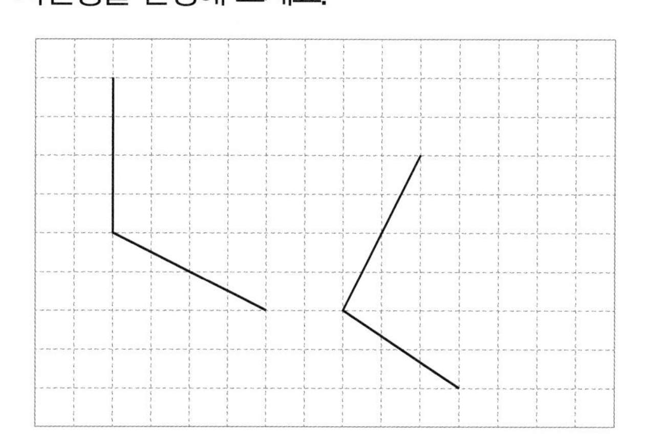

4 평행사변형을 보고 □ 안에 알맞은 수를 써넣으세요.

(1)

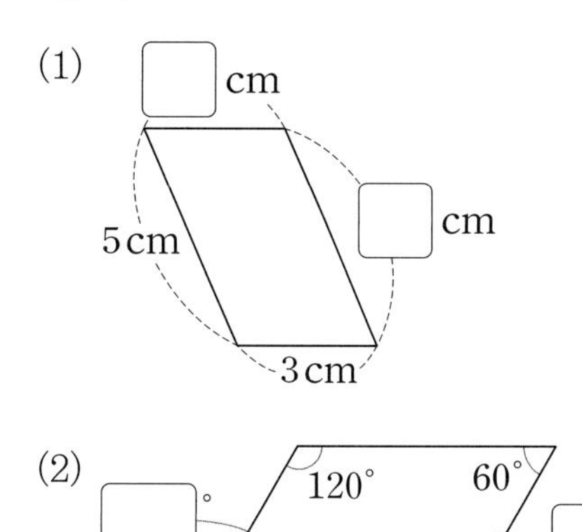

(2) □° 120° 60° □°

교과역량 콕!

5 평행사변형에 대해 잘못 이야기한 사람의 이름을 쓰세요.

> 주희: 마주 보는 두 변의 길이가 항상 같아.
> 현호: 이웃하는 두 각의 크기의 합은 항상 180°야.
> 지아: 마주 보는 두 각의 크기는 서로 달라.

(   )

교과역량 콕!

6 평행사변형의 네 변의 길이의 합은 42 cm입니다. 변 ㄱㄹ의 길이는 몇 cm일까요?

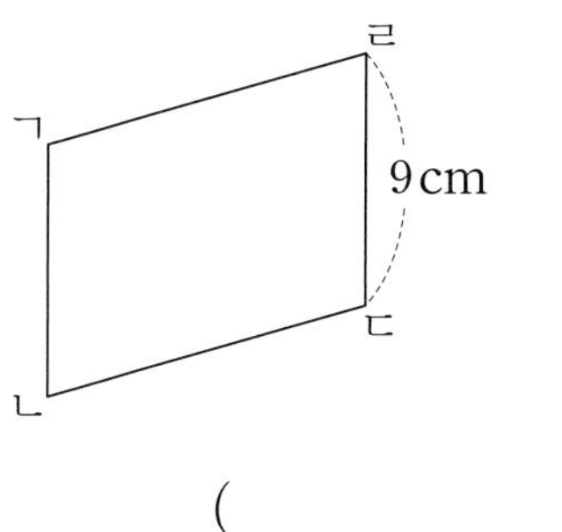

(   )

개념책 106쪽 ● 정답 50쪽

1 다음과 같이 네 변의 길이가 모두 같은 사각형을 무엇이라고 하나요?

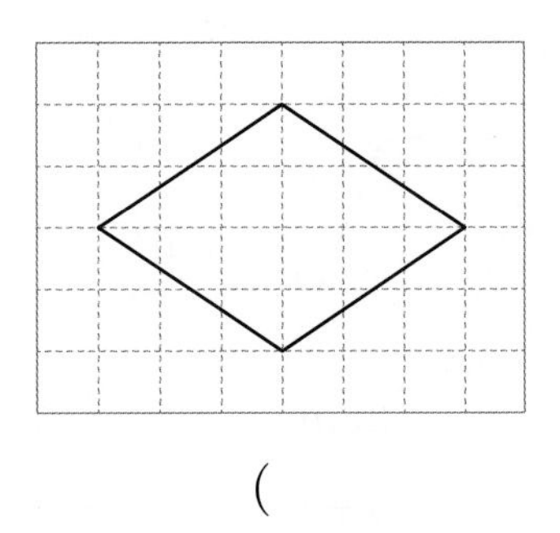

(　　　　　　　　)

2 마름모를 모두 찾아 기호를 쓰세요.

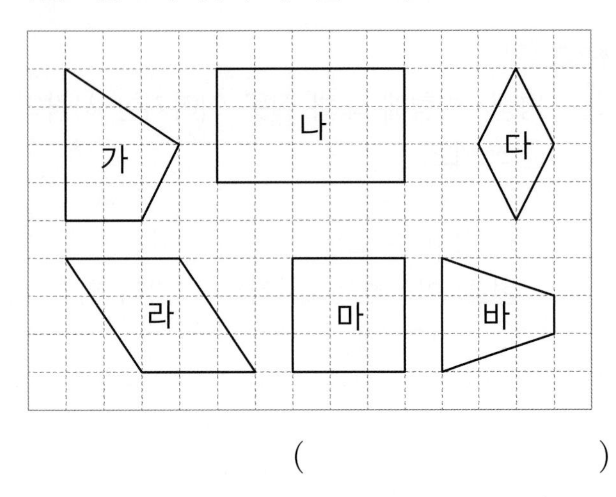

(　　　　　　　　)

3 주어진 선분을 이용하여 서로 다른 두 개의 마름모를 완성해 보세요.

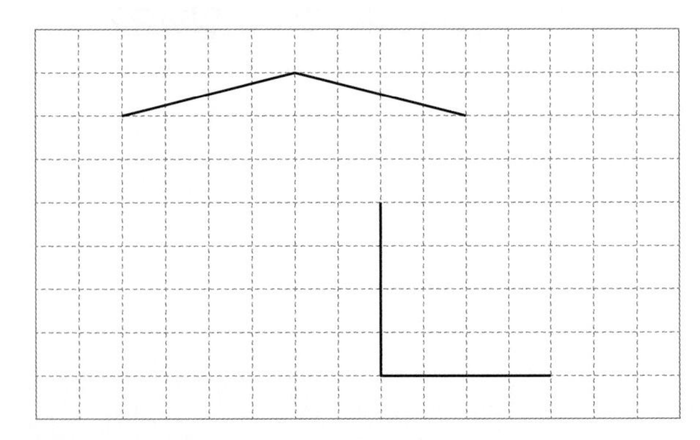

4 마름모를 보고 □ 안에 알맞은 수를 써넣으세요.

(1)

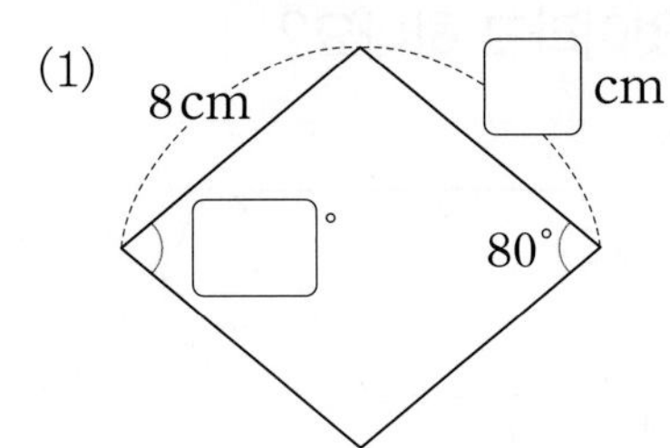

(2)

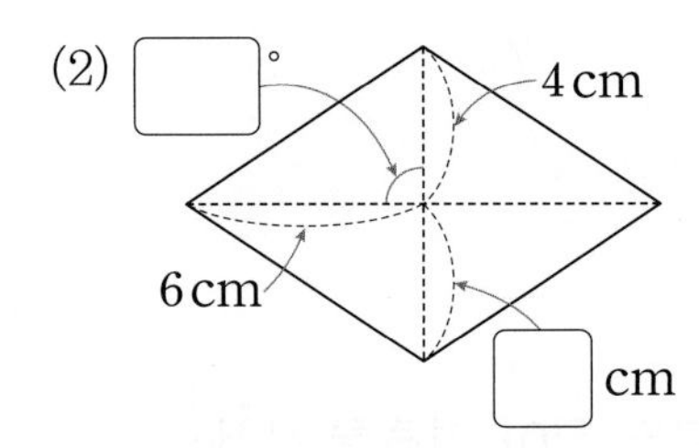

교과역량 콕!

5 마름모의 네 변의 길이의 합은 몇 cm인가요?

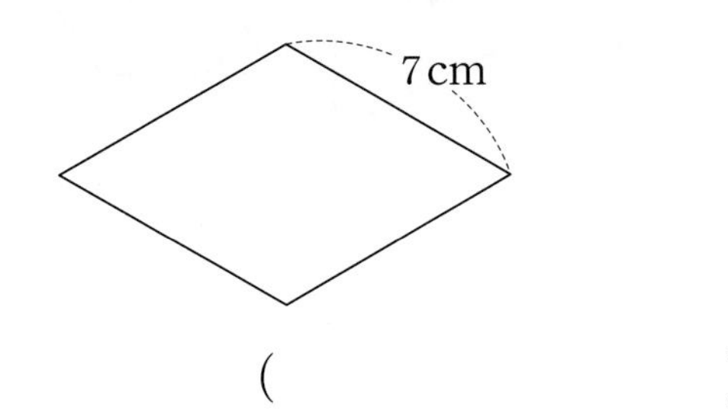

(　　　　　　　　)

교과역량 콕!

6 마름모에서 ㉠과 ㉡의 각도의 합을 구하세요.

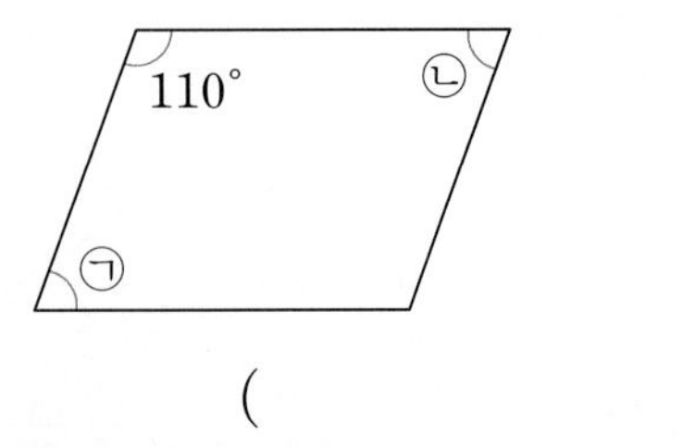

(　　　　　　　　)

개념책 107쪽 ● 정답 51쪽

1 직사각형과 정사각형에 대한 설명으로 옳은 것은 ○표, 틀린 것은 ×표 하세요.

(1) 직사각형은 네 변의 길이가 모두 같습니다.

( )

(2) 정사각형은 마주 보는 꼭짓점끼리 이은 두 선분이 서로 수직으로 만납니다.

( )

2 □ 안에 알맞은 수를 써넣으세요.

(1) 직사각형

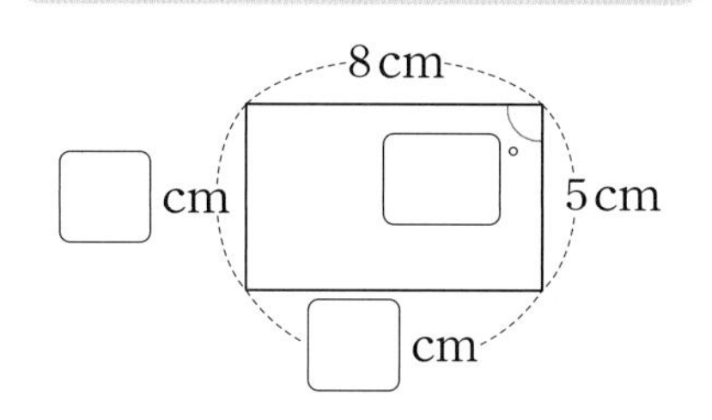

(2) 정사각형

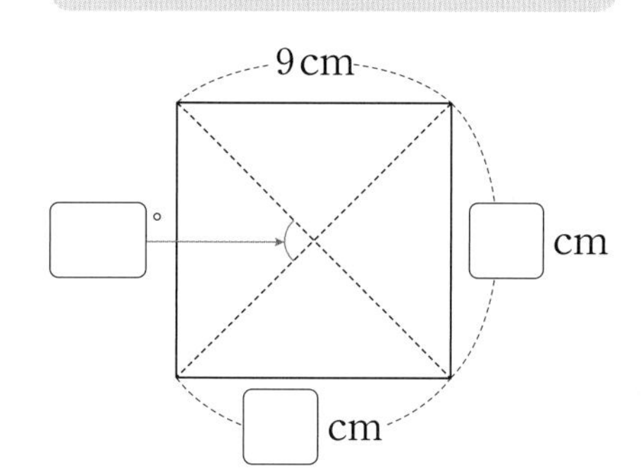

3 오른쪽 사각형의 이름이 될 수 있는 것에 모두 ○표 하세요.

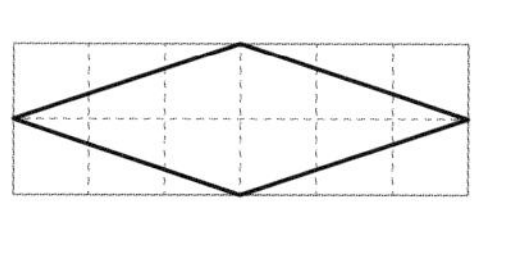

사다리꼴　　평행사변형
마름모　　직사각형　　정사각형

4 직사각형 모양의 종이를 선을 따라 잘랐습니다. 설명에 알맞은 사각형을 모두 찾아 기호를 쓰세요.

가	나	다	라	마

(1) 마주 보는 두 변의 길이가 같습니다.

( )

(2) 마주 보는 두 각의 크기가 같습니다.

( )

(3) 마주 보는 꼭짓점끼리 이은 두 선분이 서로 수직으로 만납니다.

( )

교과역량 콕!

5 다음 도형에 알맞은 사각형의 이름을 한 가지 쓰고, 그 이유를 쓰세요.

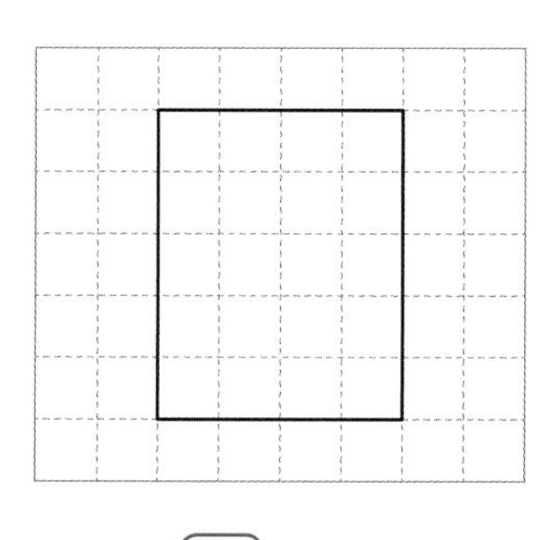

이름 ______

이유 ______

개념책 118쪽 ● 정답 51쪽

[1~4] 표를 보고 꺾은선그래프로 나타내세요.

1

날짜별 콩나물의 키

날짜(일)	1	4	7	10	13
키(cm)	3	6	8	14	20

날짜별 콩나물의 키

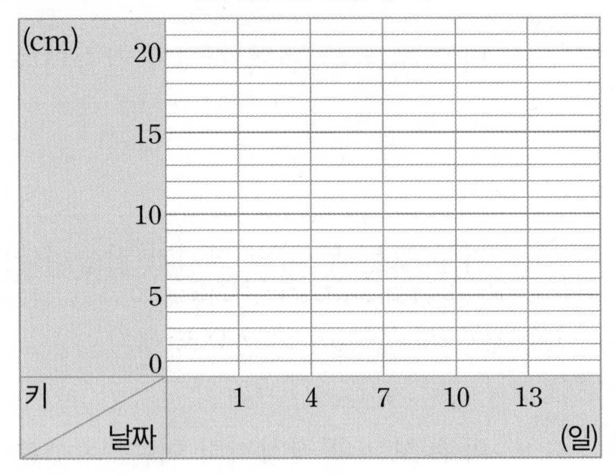

2

월별 비 온 날수

월	4	5	6	7	8
날수(일)	8	10	8	19	8

월별 비 온 날수

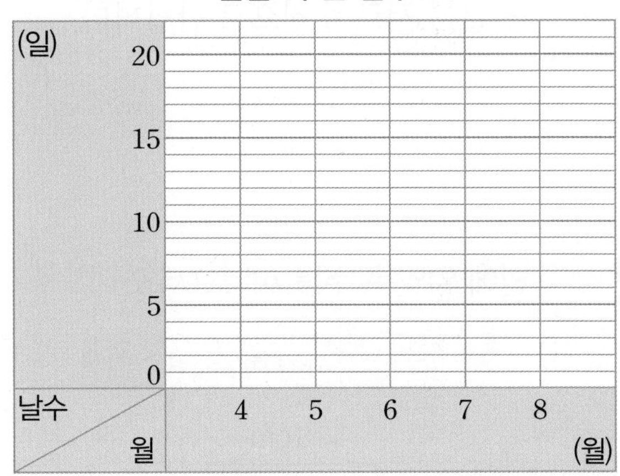

3

시각별 운동장의 온도

시각	오전 10시	오전 11시	낮 12시	오후 1시	오후 2시
온도(℃)	7	8	12	20	17

시각별 운동장의 온도

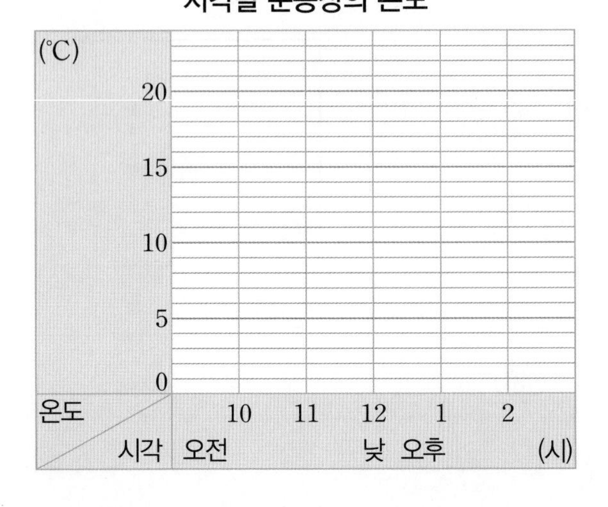

4

요일별 지욱이가 읽은 위인전의 쪽수

요일	월	화	수	목	금
쪽수(쪽)	7	10	15	18	16

요일별 지욱이가 읽은 위인전의 쪽수

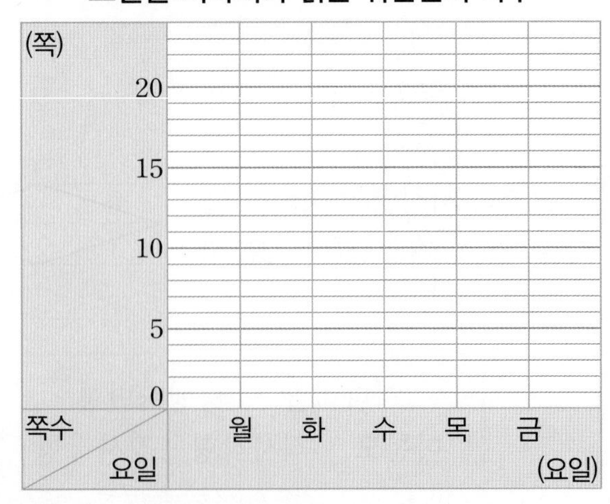

개념책 118쪽 ● 정답 52쪽

[1~4] 표를 보고 꺾은선그래프로 나타내세요.

1 연도별 1인 가구 수

연도(년)	2020	2021	2022	2023
가구 수(가구)	144	149	155	158

연도별 1인 가구 수

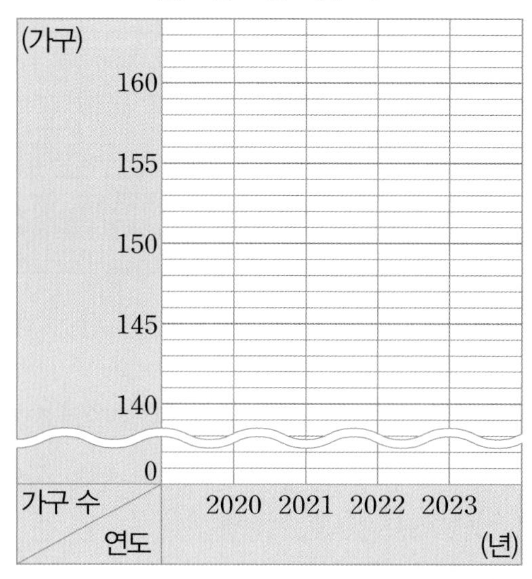

2 요일별 수영장 입장객 수

요일	목	금	토	일
입장객 수(명)	96	110	128	126

요일별 수영장 입장객 수

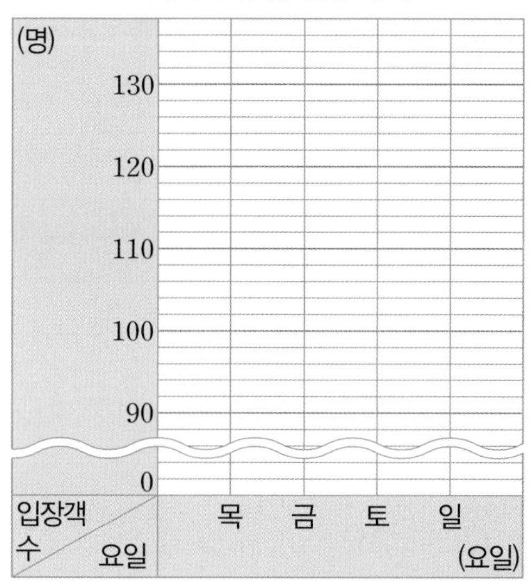

3 연도별 정수의 키

연도(년)	2021	2022	2023	2024
키(cm)	116	121	125	130

연도별 정수의 키

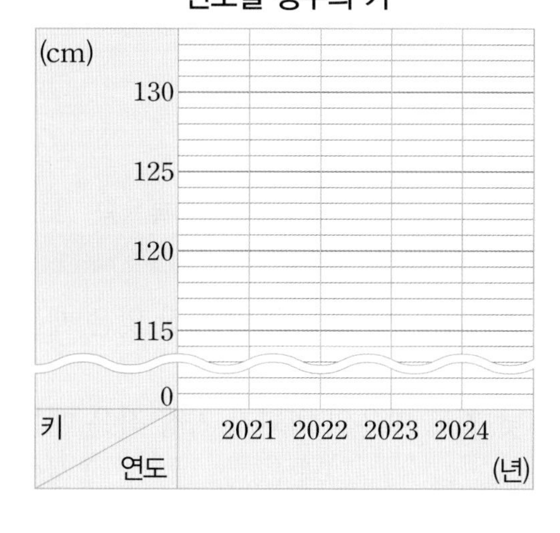

4 월별 동연이의 몸무게

월	8	9	10	11
몸무게(kg)	40.8	40.5	41.2	39.7

월별 동연이의 몸무게

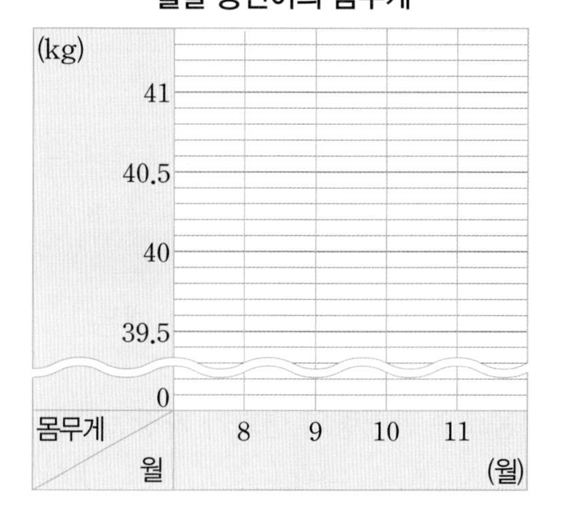

개념책 122쪽 ● 정답 52쪽

[1~4] 꺾은선그래프를 보고 (　　) 안에 알맞게 써넣으세요.

1

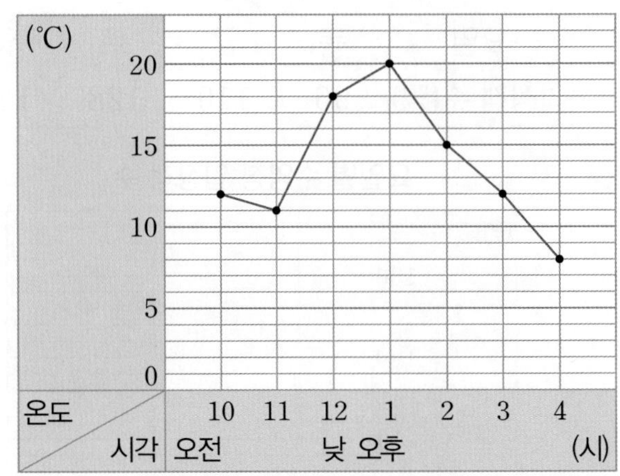

놀이터의 온도가 가장 높은 때는
(　　　　　　)이고,
온도의 변화가 가장 큰 때는
(　　　　　　)와 (　　　　　　) 사이입니다.

2

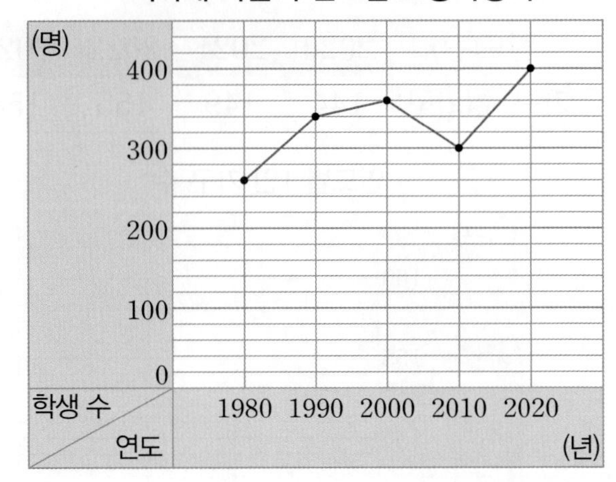

지아네 마을의 초등학생 수가 가장 적은 때는
(　　　　　　)이고,
초등학생 수의 변화가 가장 작은 때는
(　　　　　　)과 (　　　　　　) 사이입니다.

3

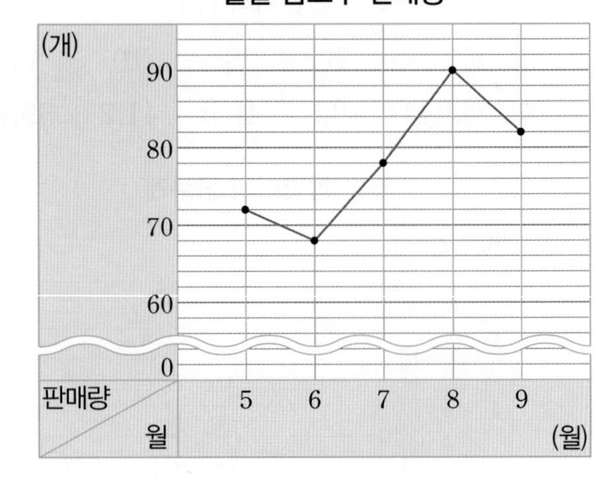

음료수 판매량이 가장 많은 때는
(　　　　　　)이고,
음료수 판매량의 변화가 가장 큰 때는
(　　　　　　)과 (　　　　　　) 사이입니다.

4

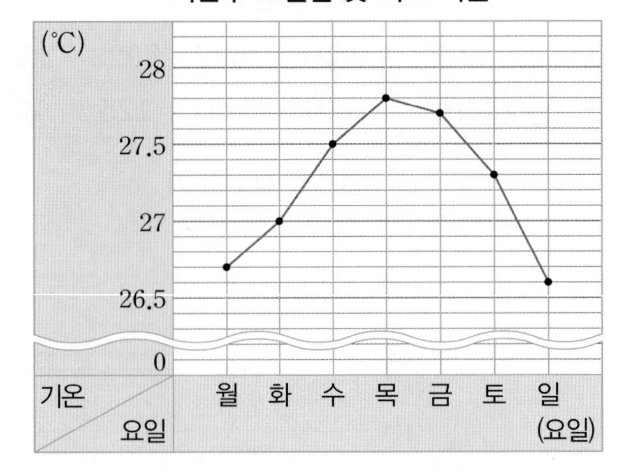

지난주 낮 최고 기온이 가장 낮은 때는
(　　　　　　)이고,
낮 최고 기온의 변화가 가장 작은 때는
(　　　　　　)과 (　　　　　　) 사이입니다.

개념책 120쪽 • 정답 52쪽

1 연속적으로 변화하는 양을 점으로 표시하고 그 점들을 선분으로 이어 그린 그래프를 무엇이라고 하나요?

( )

[2~3] 어느 전자 제품 매장의 월별 컴퓨터 판매량을 조사하여 나타낸 꺾은선그래프입니다. 물음에 답하세요.

월별 컴퓨터 판매량

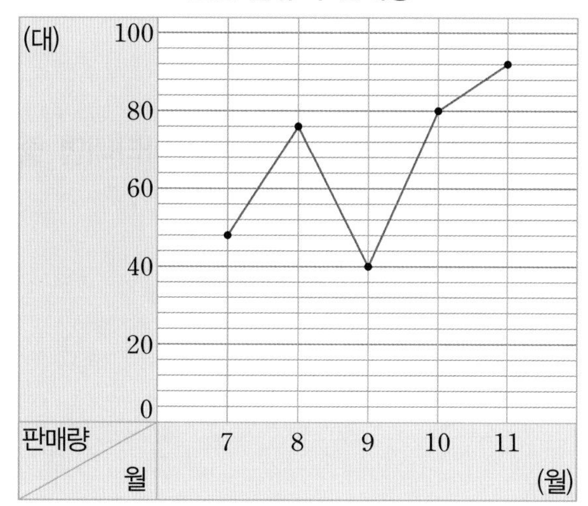

2 무엇을 조사하여 나타낸 그래프인가요?

( )

3 꺾은선그래프의 가로와 세로는 각각 무엇을 나타내나요?

가로 ( )

세로 ( )

[4~6] 어느 공원 호수의 수온을 2시간마다 조사하여 두 꺾은선그래프로 나타내었습니다. 물음에 답하세요.

㉮ 시각별 호수의 수온

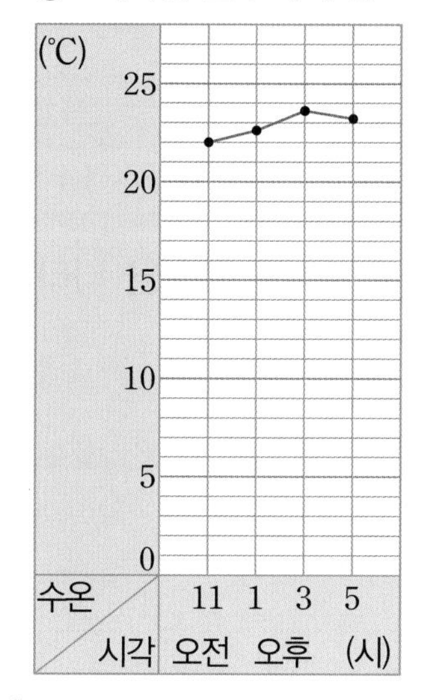

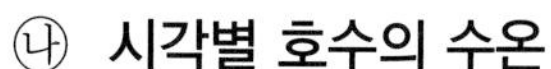

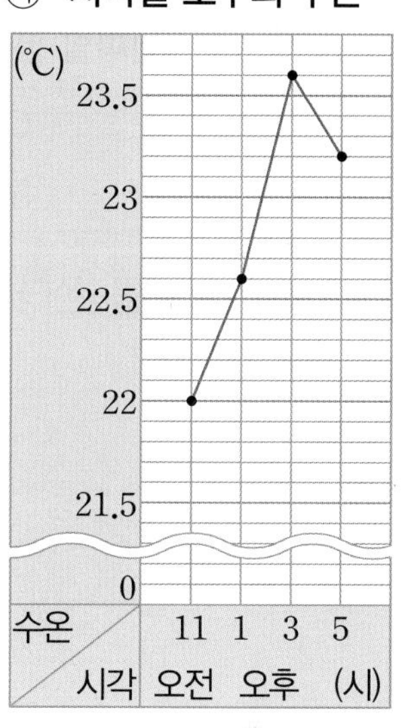

4 ㉮ 그래프와 ㉯ 그래프의 세로 눈금 한 칸은 각각 몇 ℃를 나타내나요?

㉮ ( )

㉯ ( )

교과역량 콕!

5 ㉮ 그래프와 ㉯ 그래프 중에서 최고 기온의 변화를 더 뚜렷하게 나타내는 그래프는 어느 것인가요?

( )

교과역량 콕!

6 낮 12시의 호수의 수온은 몇 ℃였을지 예상해 보세요.

( )

개념책 121쪽 ● 정답 53쪽

[1~3] 윤석이가 봉숭아 싹을 키우면서 5일 간격으로 봉숭아 싹의 키를 재어 기록한 표를 보고 꺾은선그래프로 나타내려고 합니다. 물음에 답하세요.

날짜별 봉숭아 싹의 키

날짜(일)	1	6	11	16	21
키(cm)	4	5	8	10	14

1 가로에 날짜를 쓴다면 세로에는 무엇을 나타내어야 할까요?

( )

2 세로 눈금 한 칸을 몇 cm로 하면 좋을까요?

( )

3 표를 보고 꺾은선그래프로 나타내세요.

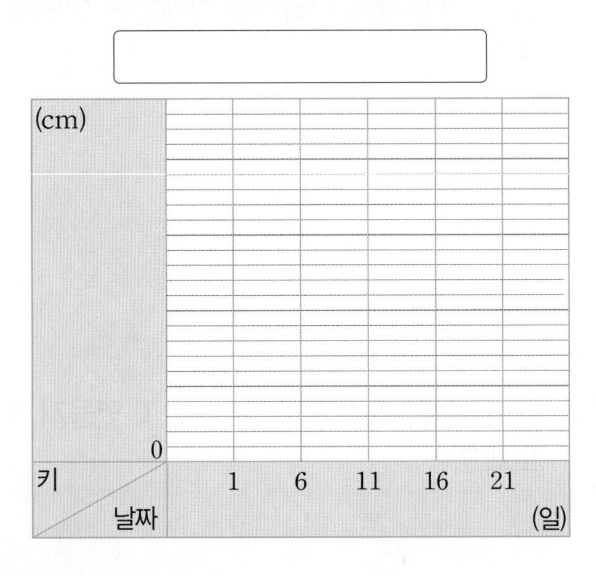

[4~6] 어느 목장에서 키우는 닭의 수를 2개월마다 조사하여 나타낸 표를 보고 물결선을 사용한 꺾은선그래프로 나타내려고 합니다. 물음에 답하세요.

월별 닭의 수

월	2	4	6	8	10
닭의 수(마리)	134	146	150	160	168

4 물결선을 몇 마리와 몇 마리 사이에 넣으면 좋을까요?

□마리와 □마리 사이

5 세로 눈금 한 칸은 몇 마리로 나타내면 좋을까요?

( )

교과역량 콕!

6 물결선을 사용한 꺾은선그래프로 나타내세요.

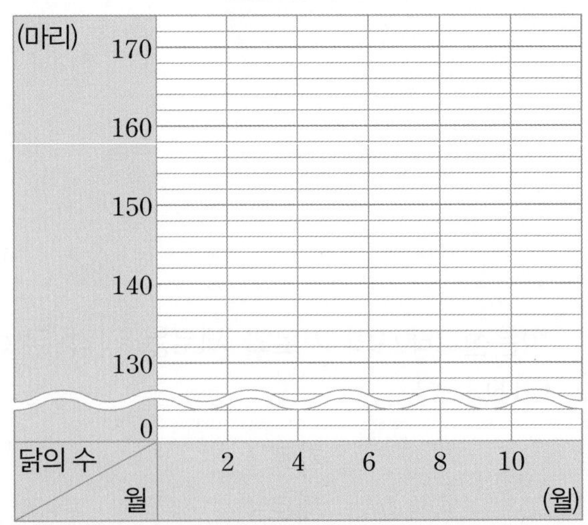

개념책 128쪽 ● 정답 53쪽

[1~3] **어느 공장의 불량품 수를 월별로 조사하여 나타낸 꺾은선그래프입니다. 물음에 답하세요.**

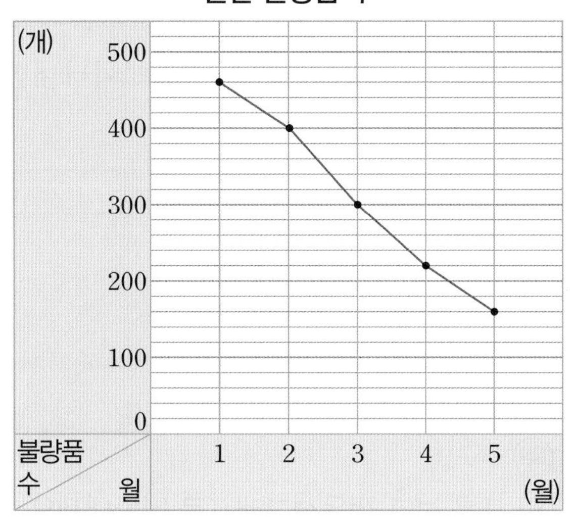

1 4월의 불량품 수는 몇 개인가요?

(　　　　　　　　)

2 불량품 수가 가장 많이 줄어든 때는 몇 월과 몇 월 사이인가요?

□월과 □월 사이

3 불량품 수는 대체로 어떻게 변하고 있는지 알맞은 말에 ○표 하세요.

불량품 수는 (늘어나고 , 줄어들고) 있습니다.

[4~6] **어느 아파트의 월별 전기자동차 수를 조사하여 나타낸 꺾은선그래프입니다. 물음에 답하세요.**

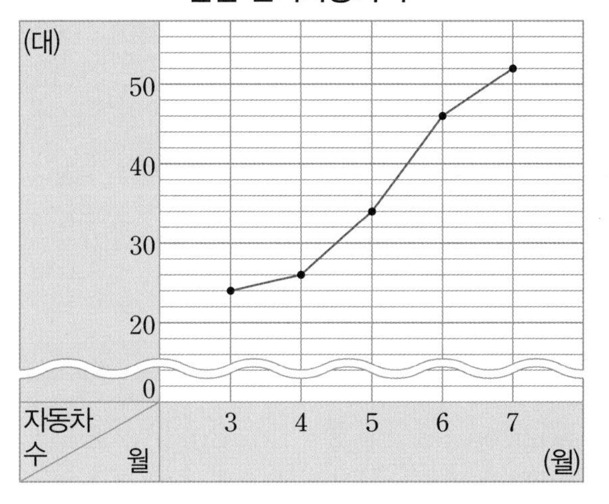

4 전월에 비해 전기자동차 수가 가장 많이 늘어난 때는 몇 월인가요?

(　　　　　　　　)

교과역량 콕!

5 8월의 전기자동차 수는 어떻게 될지 예상해 보세요.

예상

교과역량 콕!

6 이 아파트 주차장에 어떤 시설을 더 설치하면 좋을지 이야기해 보세요.

이야기

개념책 129쪽 ● 정답 53쪽

[1~5] **어느 지역의 연도별 자료를 수집한 것 중 한 가지 주제를 골라 꺾은선그래프로 나타내려고 합니다. 물음에 답하세요.**

연도별 초등학교 수
2020년: 9개
2021년: 11개
2022년: 16개
2023년: 20개

연도별 도서관 수
2020년: 22개
2021년: 31개
2022년: 38개
2023년: 40개

연도별 재래시장 수
2020년: 35개
2021년: 32개
2022년: 30개
2023년: 24개

연도별 편의점 수
2020년: 100개
2021년: 160개
2022년: 240개
2023년: 200개

1 수집한 자료에서 조사하고 싶은 주제를 한 가지 골라 표로 나타내세요.

연도별 ☐ 수

연도(년)	2020	2021	2022	2023
개수(개)				

2 꺾은선그래프의 가로와 세로에는 각각 무엇을 나타내면 좋을까요?

가로 ( )
세로 ( )

3 1의 표를 꺾은선그래프로 나타낼 때 알맞은 말에 ○표 하고, ☐ 안에 알맞은 수를 써넣으세요.

물결선을 (사용하고 , 사용하지 않고),
세로 눈금 한 칸을 ☐개로 나타내면
좋을 것 같습니다.

교과역량 콕!

4 1의 표를 보고 꺾은선그래프로 나타내세요.

연도별 ☐ 수

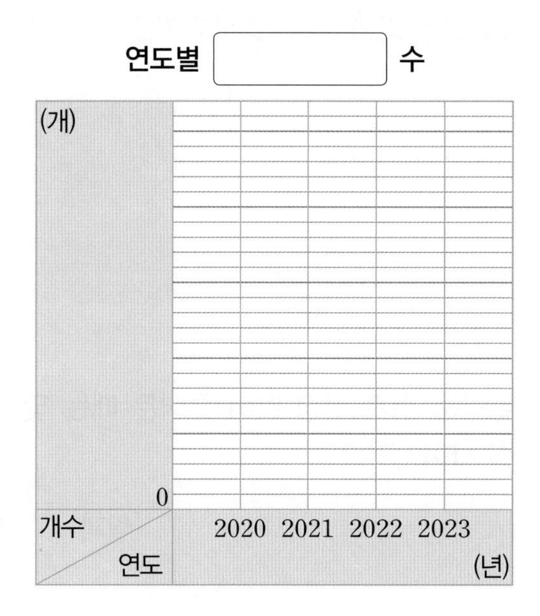

교과역량 콕!

5 꺾은선그래프를 보고 알 수 있는 내용을 쓰세요.

알 수 있는 내용

개념책 129쪽 ● 정답 54쪽

1 조사한 주제를 나타내기에 알맞은 그래프를 찾으려고 합니다. 알맞은 그래프가 막대그래프인 것에는 '막', 꺾은선그래프인 것에는 '꺾'을 써넣으세요.

- 가고 싶은 나라별 학생 수 ( )
- 연도별 냉장고 판매량의 변화 ( )
- 월별 쓰레기 배출량의 변화 ( )
- 2023년의 지역별 교통사고 수 ( )

[2~3] 어느 지역의 월별 강수량을 조사하여 두 그래프로 나타내었습니다. 물음에 답하세요.

㉮ 월별 강수량

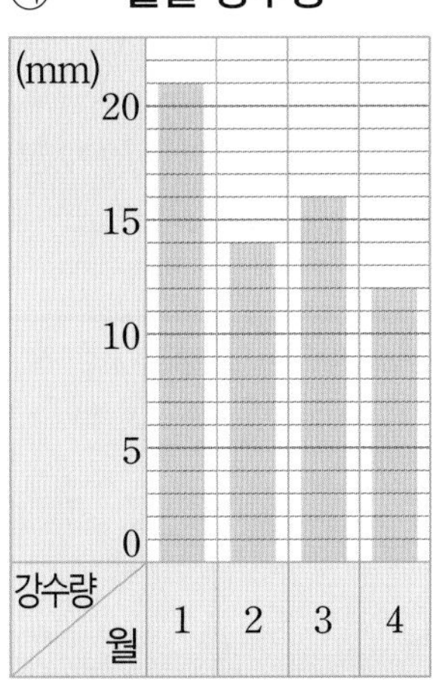

㉯ 월별 강수량

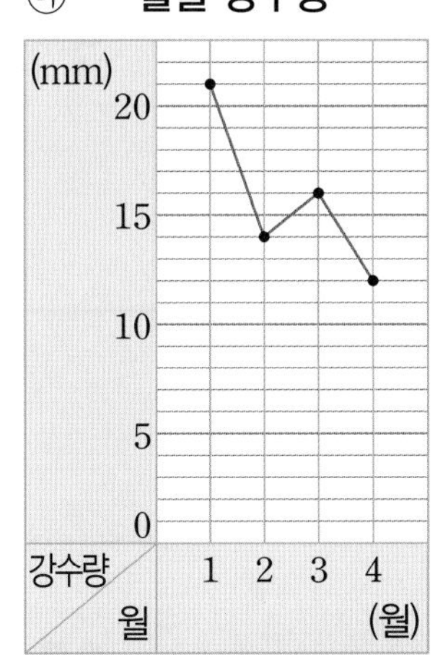

2 ㉮ 그래프와 ㉯ 그래프 중에서 월별 강수량의 변화를 나타내기에 알맞은 그래프는 어느 것인가요?

( )

3 2와 같이 생각한 이유를 쓰세요.

이유

교과역량 콕!

4 은진이네 학교 4학년 학생들이 좋아하는 과일을 조사하여 그래프로 나타내었습니다. 좋아하는 과일별 학생 수를 비교하기에 알맞은 그래프로 나타내었는지 알아보고, 그렇게 생각한 이유를 쓰세요.

좋아하는 과일별 학생 수

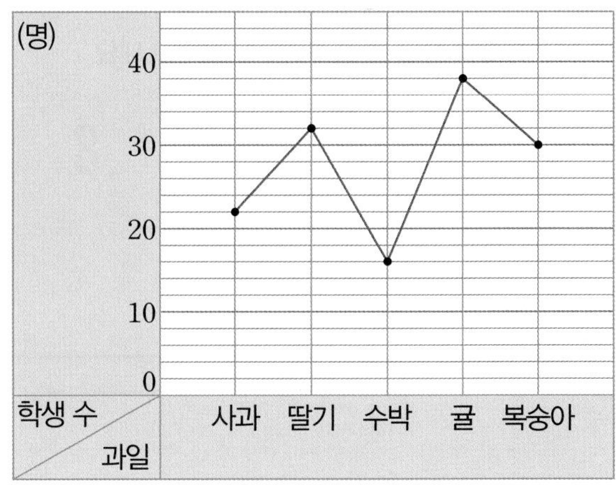

꺾은선그래프는 좋아하는 과일별 학생 수를 비교하기에 (알맞습니다 , 알맞지 않습니다).

이유

개념책 138쪽 ● 정답 54쪽

[1~6] 다각형이면 ○표, 다각형이 아니면 ×표 하세요.

1
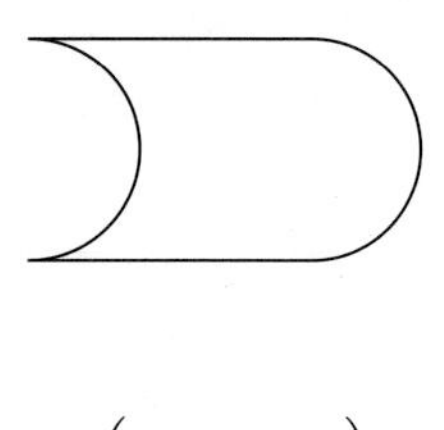
(　　　)

2
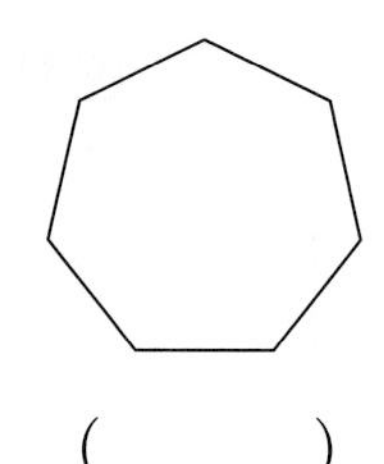
(　　　)

3
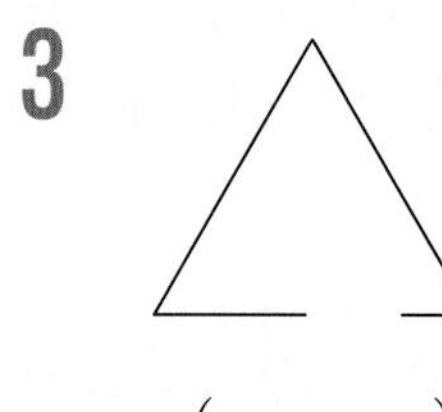
(　　　)

4
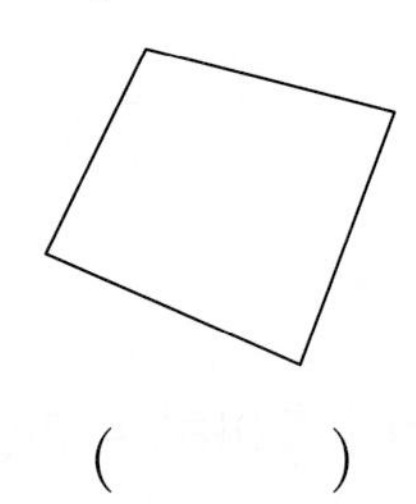
(　　　)

5
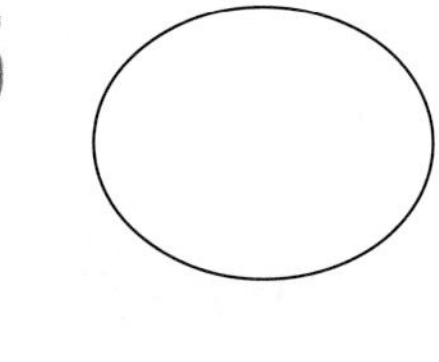
(　　　)

6
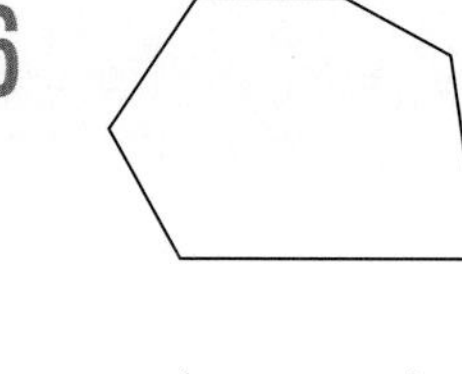
(　　　)

[7~12] 다각형의 이름을 빈칸에 써넣으세요.

7
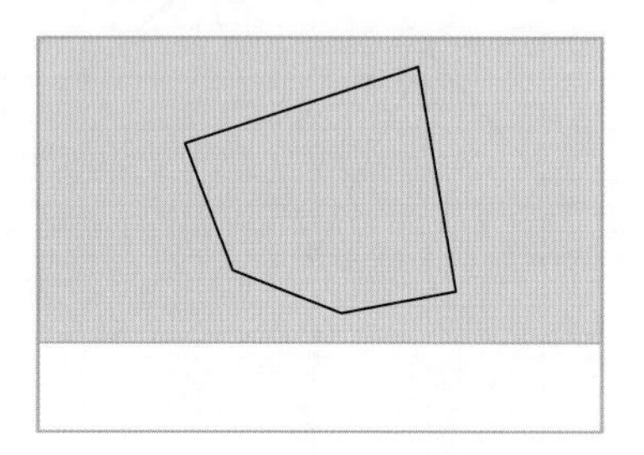

8
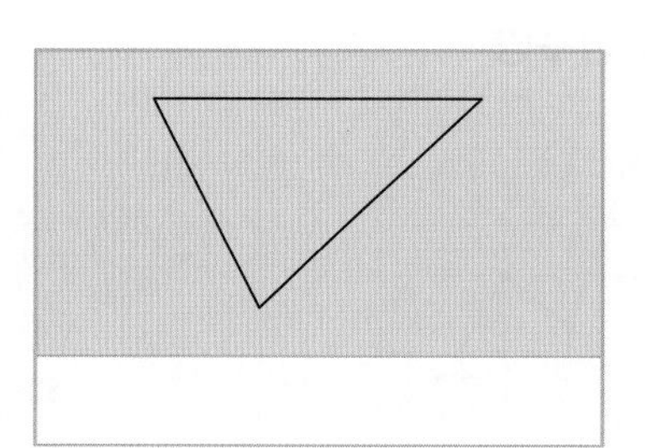

9
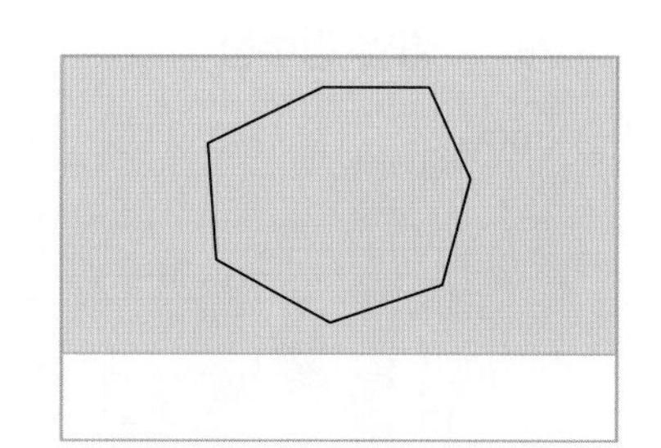

10
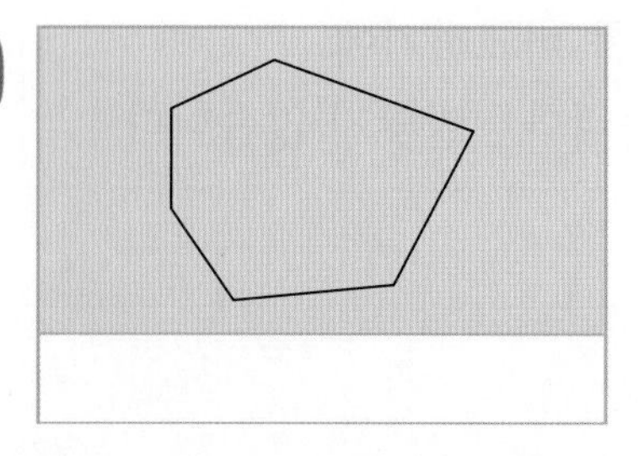

11
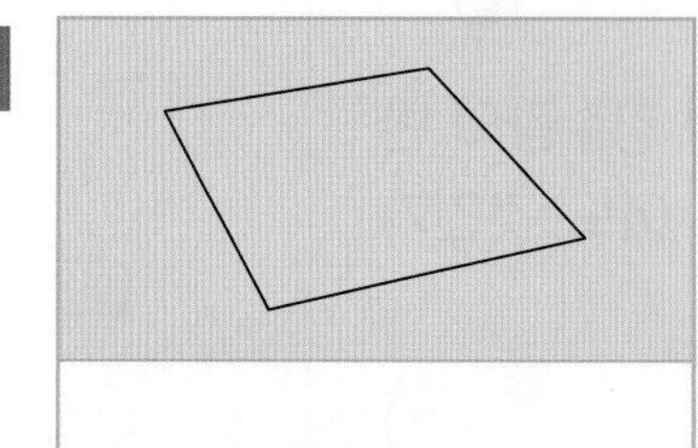

12
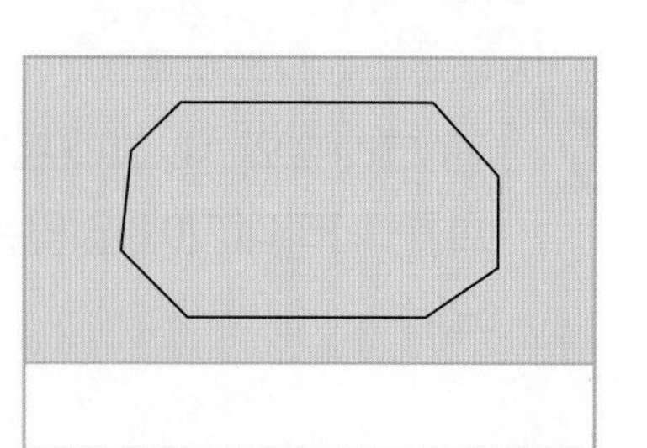

개념책 138쪽 ● 정답 54쪽

[1~6] 정다각형의 이름을 빈칸에 써넣으세요.

1
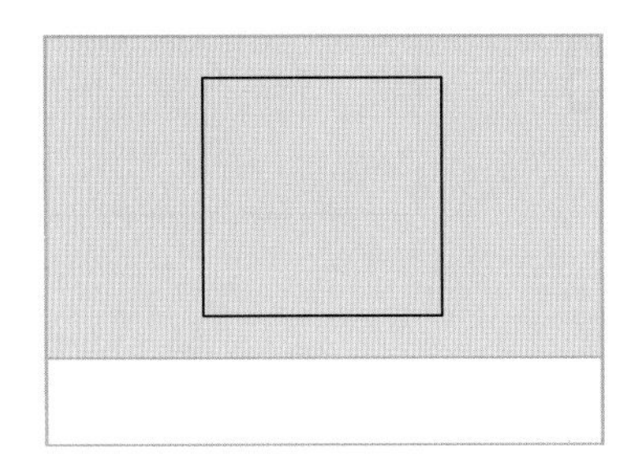

2
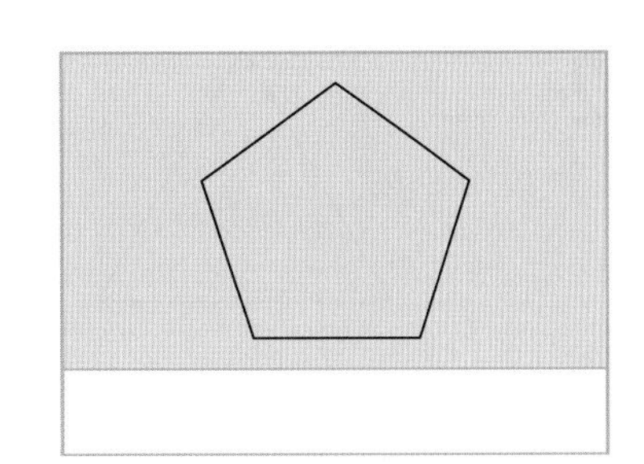

3
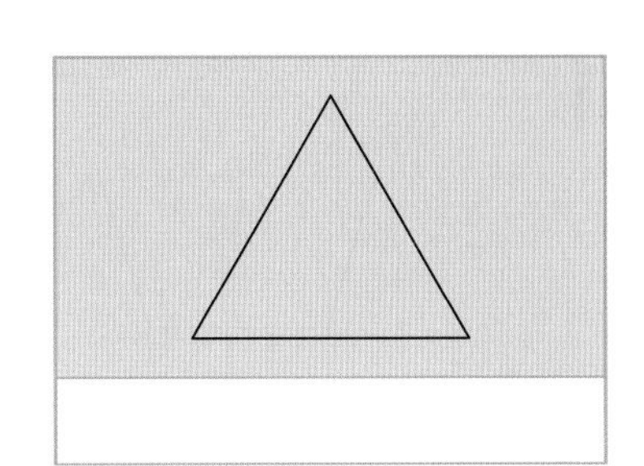

4
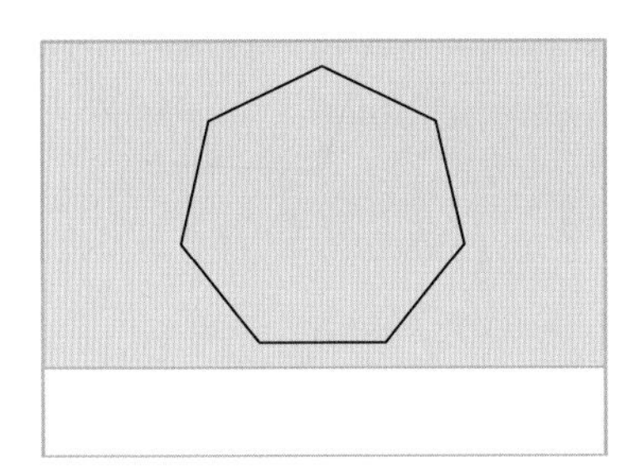

5
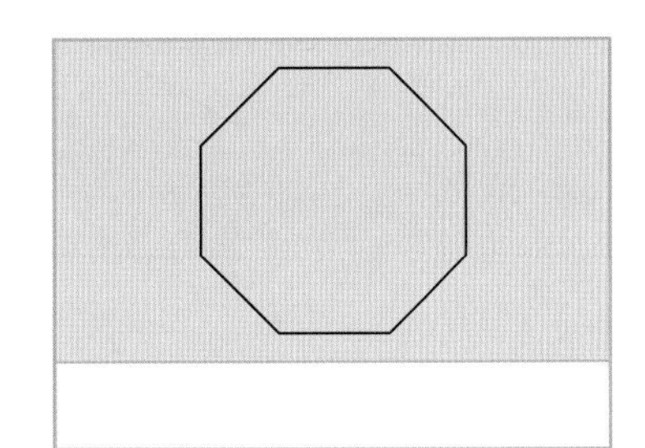

6
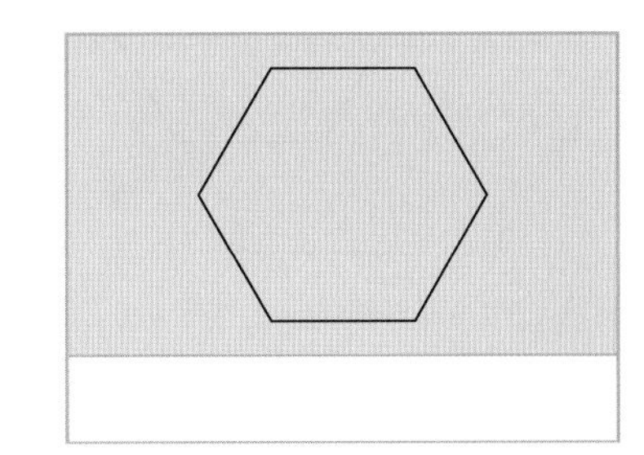

[7~12] 정다각형입니다. 모든 변의 길이의 합을 구하세요.

7
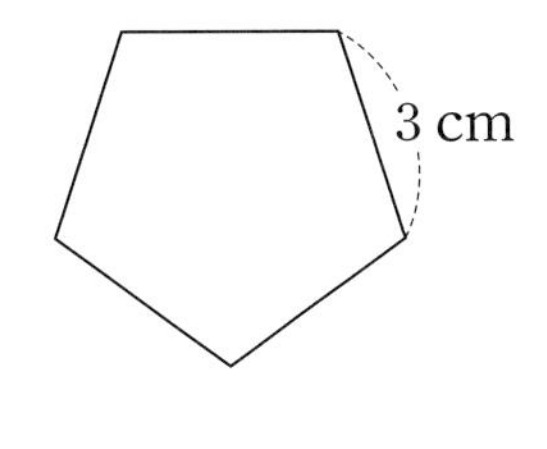

(　　　　　　　　)

8
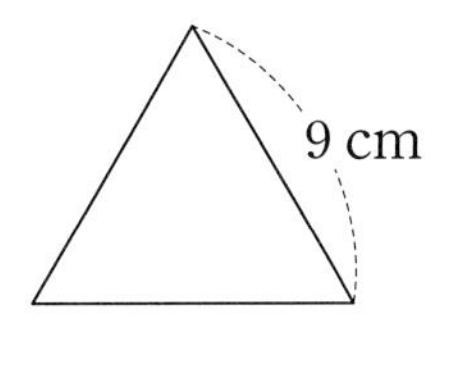

(　　　　　　　　)

9
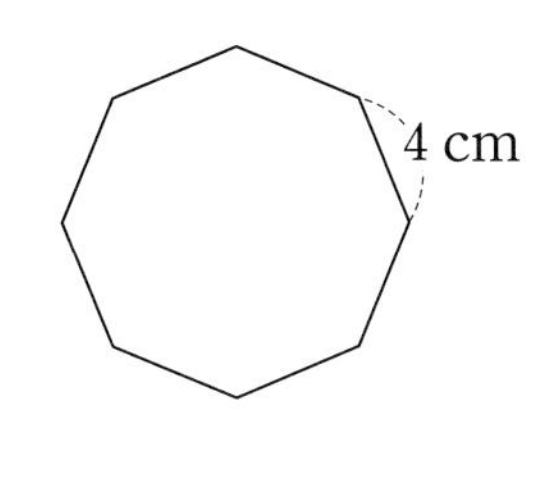

(　　　　　　　　)

10
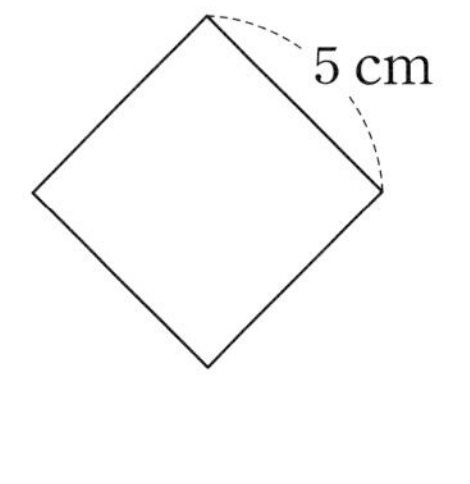

(　　　　　　　　)

11
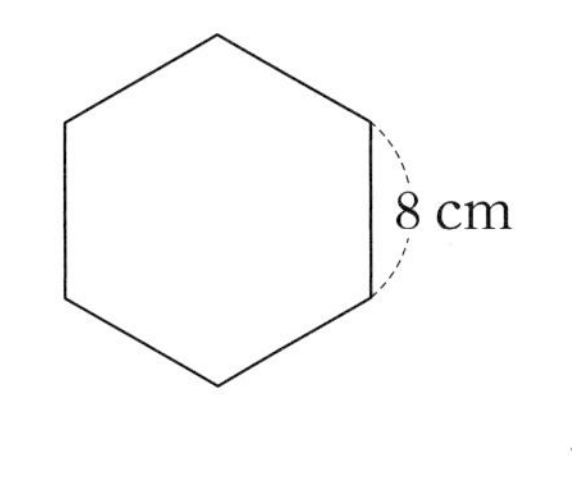

(　　　　　　　　)

12
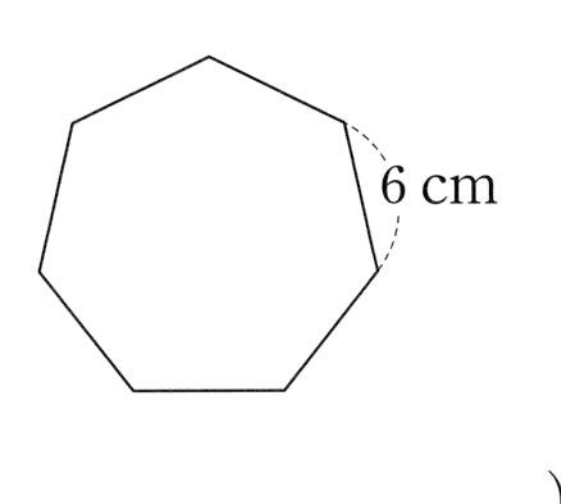

(　　　　　　　　)

개념책 140쪽 ● 정답 54쪽

[1~6] 각 다각형에 그을 수 있는 대각선은 모두 몇 개인지 구하세요.

1

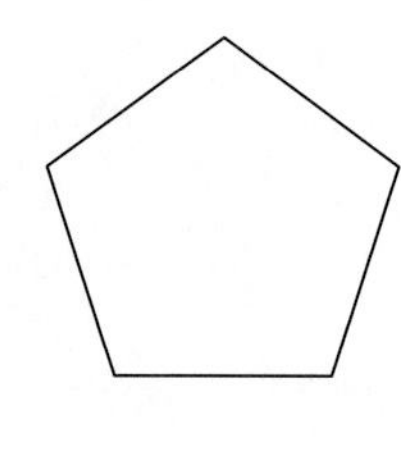

(　　　　　　)

2

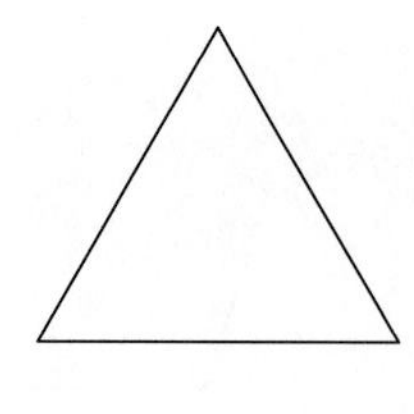

(　　　　　　)

3

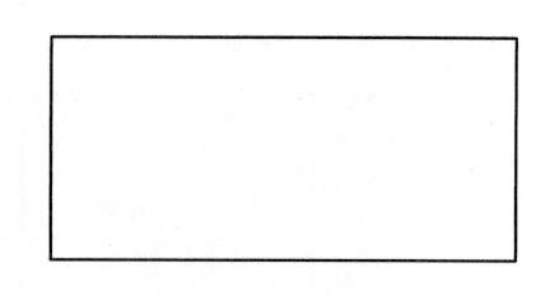

(　　　　　　)

4

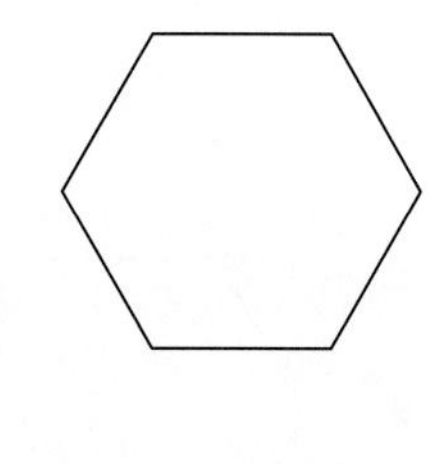

(　　　　　　)

5

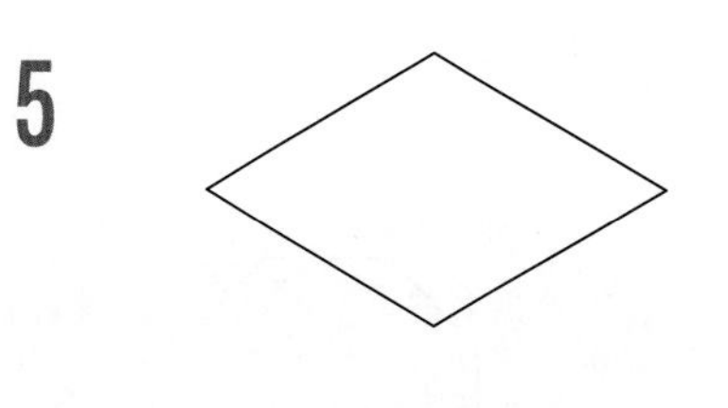

(　　　　　　)

6

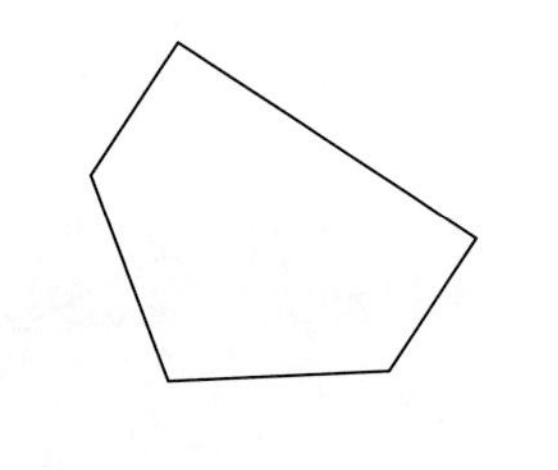

(　　　　　　)

[7~9] 사각형에서 두 대각선의 길이가 같으면 ○표, 다르면 ×표 하세요.

7

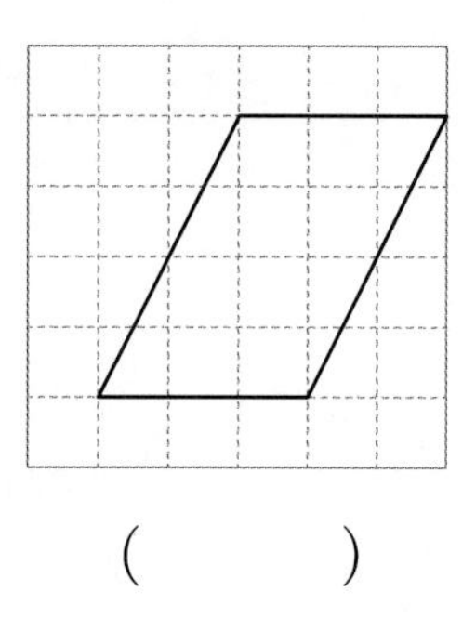

(　　)

8

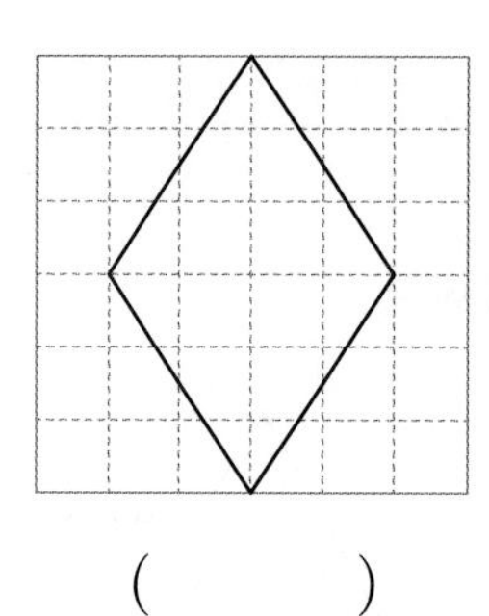

(　　)

9

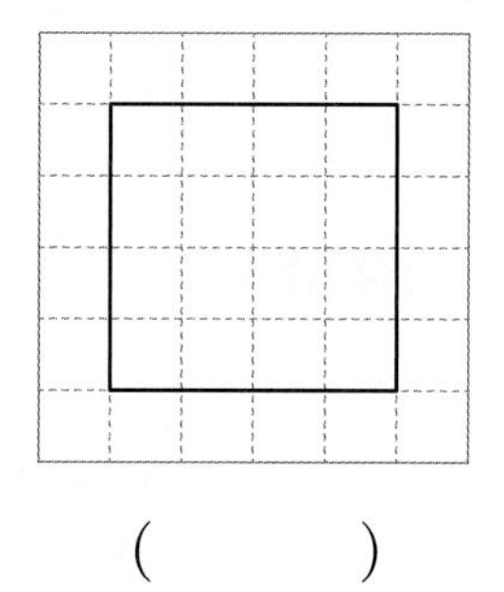

(　　)

[10~12] 사각형에서 두 대각선이 서로 수직으로 만나면 ○표, 수직으로 만나지 않으면 ×표 하세요.

10

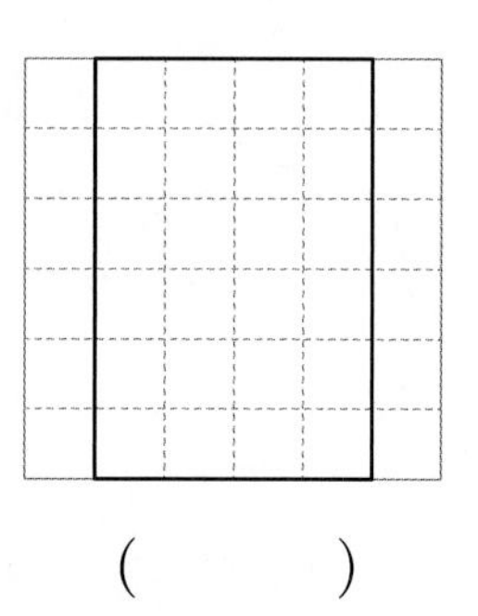

(　　)

11

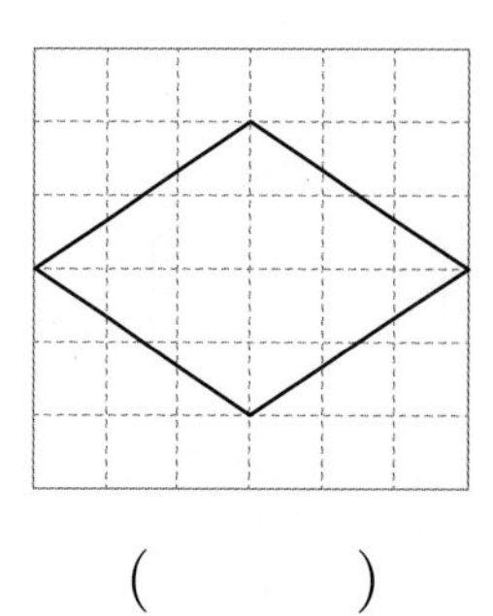

(　　)

12

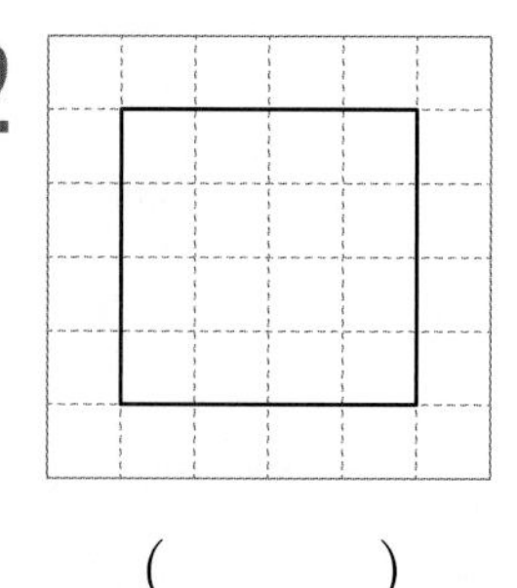

(　　)

개념책 144쪽 ● 정답 54쪽

[1~4] 주어진 다각형을 채우려면 각 조각이 몇 개씩 필요한지 ☐ 안에 알맞은 수를 써넣으세요.

1  : ☐개

2 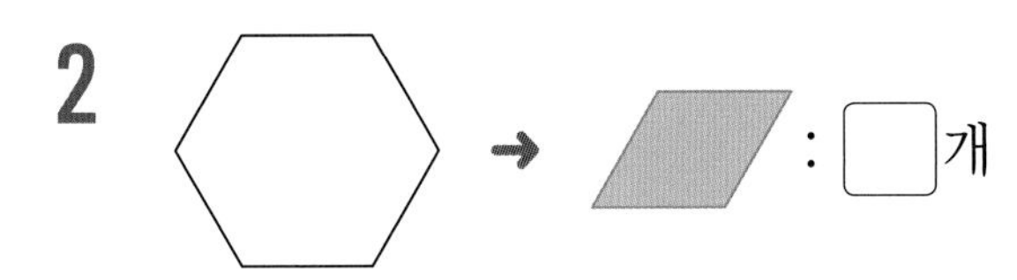 : ☐개

3 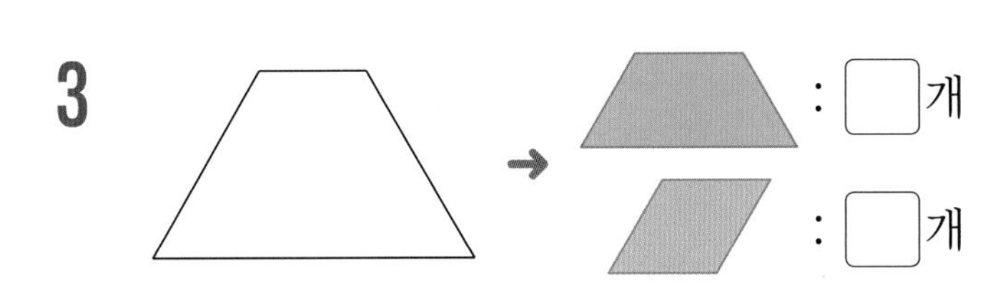

: ☐개

: ☐개

4 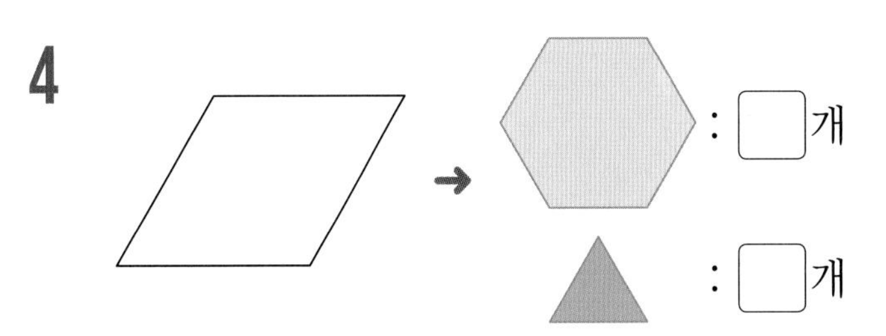

: ☐개

: ☐개

[5~10] 2가지 또는 3가지 모양 조각을 이용하여 주어진 모양을 채워 보세요. (단, 같은 모양 조각을 여러 번 이용할 수 있습니다.)

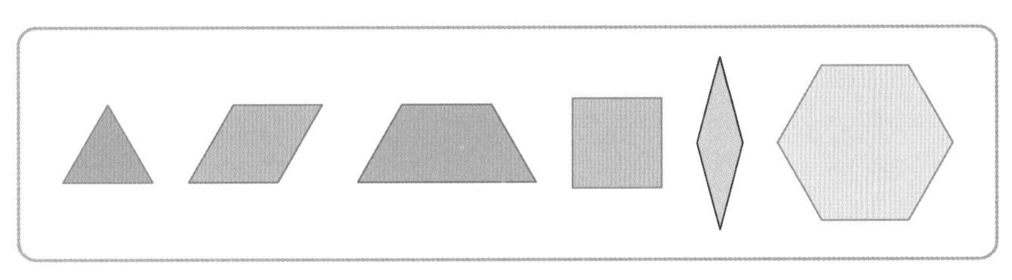

5

6 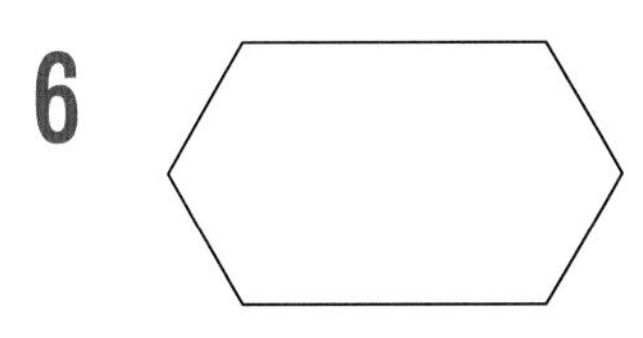

7

8

9 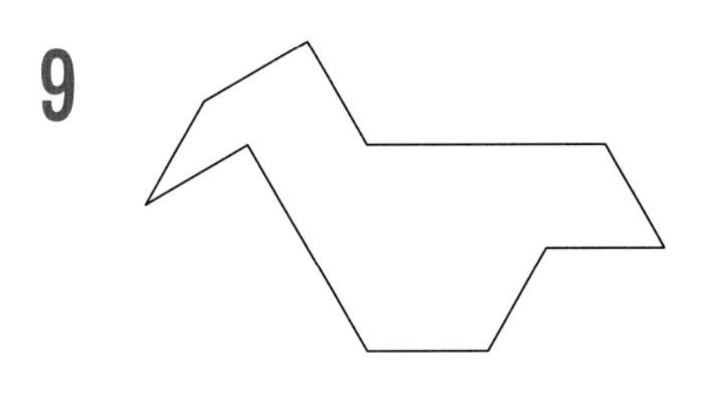

10 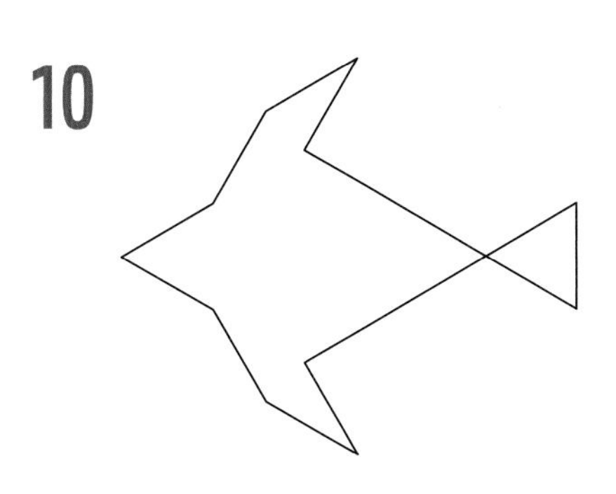

개념책 146쪽 ● 정답 55쪽

1 ☐ 안에 알맞은 말을 써넣으세요.

다각형은 ☐ 으로만 둘러싸인 도형입니다.

2 다각형을 모두 찾아 기호를 쓰세요.

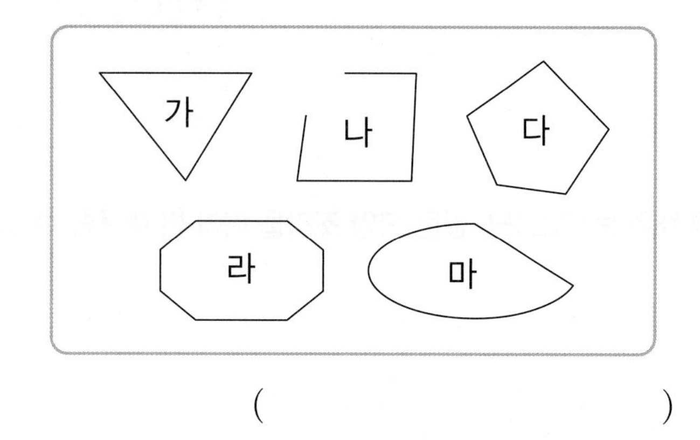

(   )

3 도형을 보고 ☐ 안에 알맞은 수나 말을 써넣으세요.

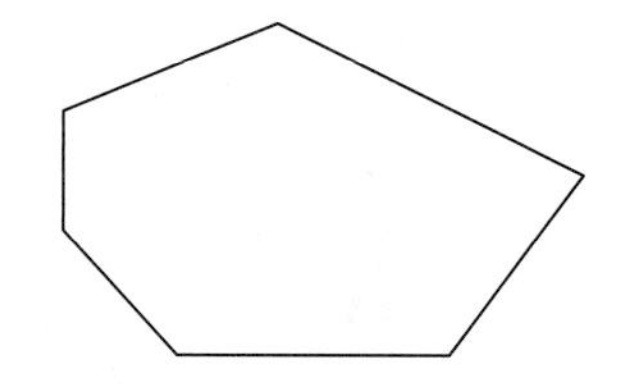

변의 수: ☐개

꼭짓점의 수: ☐개

도형의 이름: ☐

4 칠각형을 찾아 ○표 하세요.

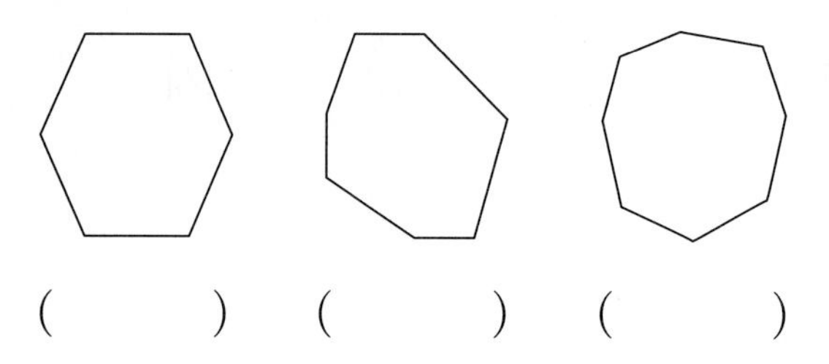

(   ) (   ) (   )

5 주어진 선분을 이용하여 오각형과 육각형을 완성해 보세요.

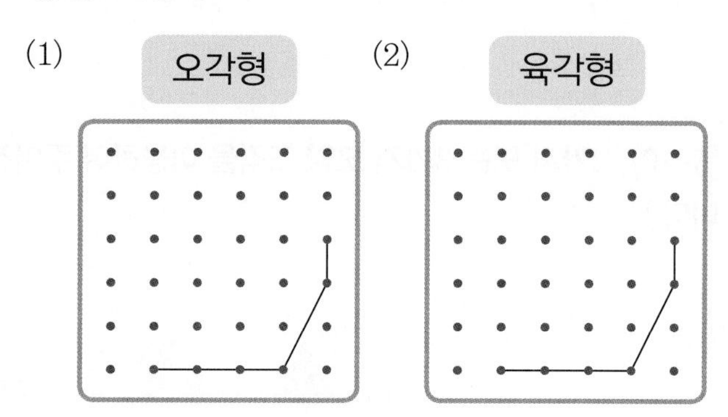

교과역량 콕!

6 모양자에서 다각형이 아닌 것을 모두 찾아 기호를 쓰고, 그 이유를 쓰세요.

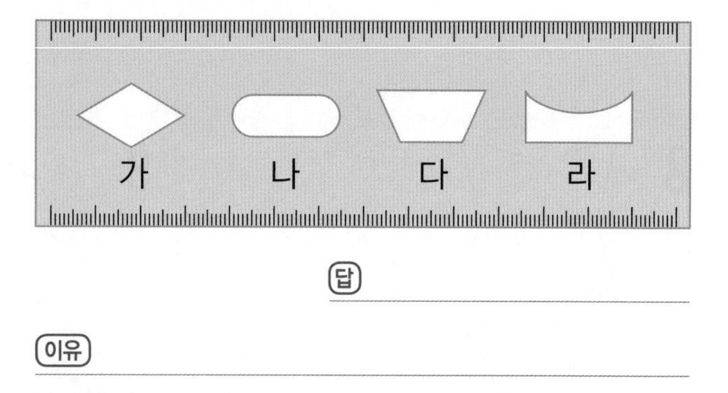

답 ______

이유 ______

개념책 146쪽 • 정답 55쪽

1 □ 안에 알맞은 말을 써넣으세요.

정다각형은 변의 □가 모두 같고,
각의 크기가 모두 □.

2 정다각형을 모두 찾아 기호를 쓰세요.

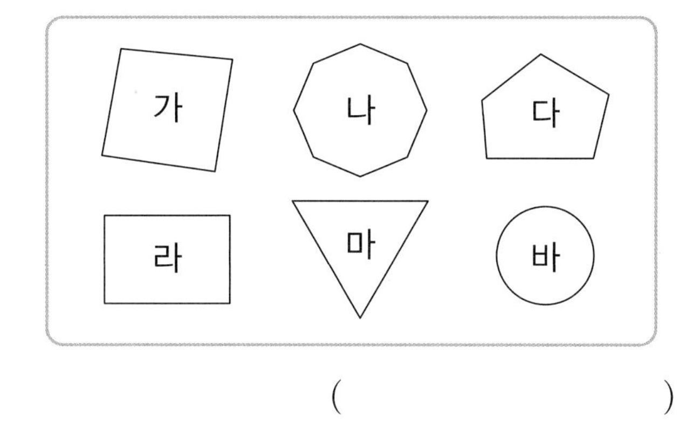

( )

3 다음 도형은 정오각형입니다. □ 안에 알맞은 수를 써넣으세요.

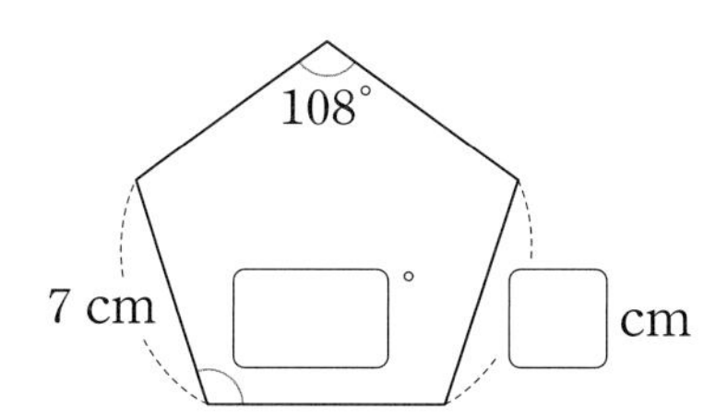

4 정삼각형과 정육각형을 각각 1개씩 그려 보세요.

교과역량 콕!

5 다음 도형은 정다각형인가요? 알맞은 말에 ○표 하고, 그렇게 생각한 이유를 쓰세요.

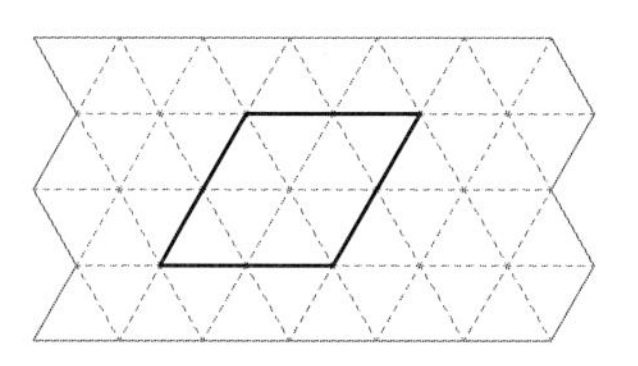

(정다각형입니다 , 정다각형이 아닙니다).

이유

교과역량 콕!

6 다음과 같이 나무 주변에 한 변이 6 m인 정팔각형 모양의 담장을 치려고 합니다. 담장의 길이는 모두 몇 m인가요?

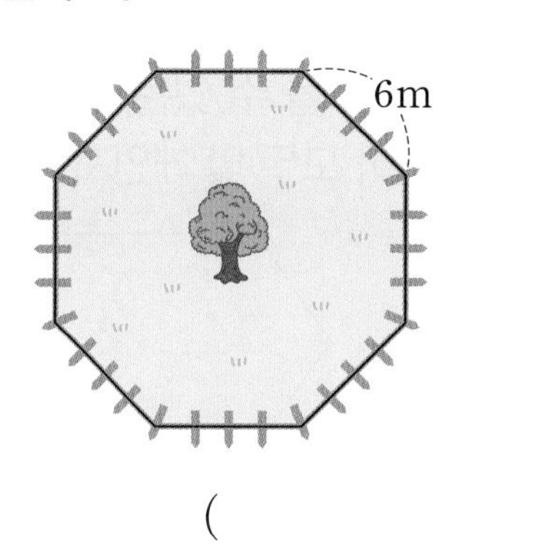

( )

6 단원 수학익힘

개념책 147쪽 ● 정답 55쪽

1 □ 안에 알맞은 말을 써넣으세요.

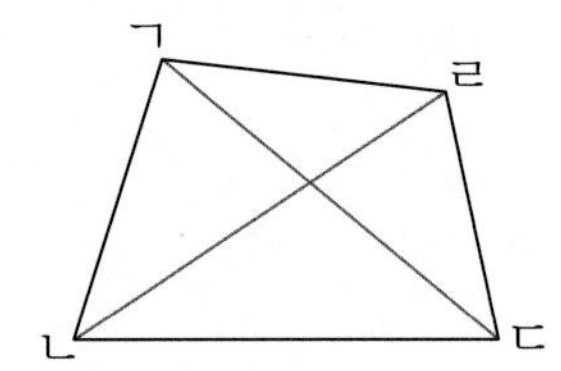

다각형에서 선분 ㄱㄷ, 선분 ㄴㄹ과 같이 서로 이웃하지 않는 두 꼭짓점을 이은 선분을 □ 이라고 합니다.

2 오각형에서 대각선을 모두 찾아 ○표 하세요.

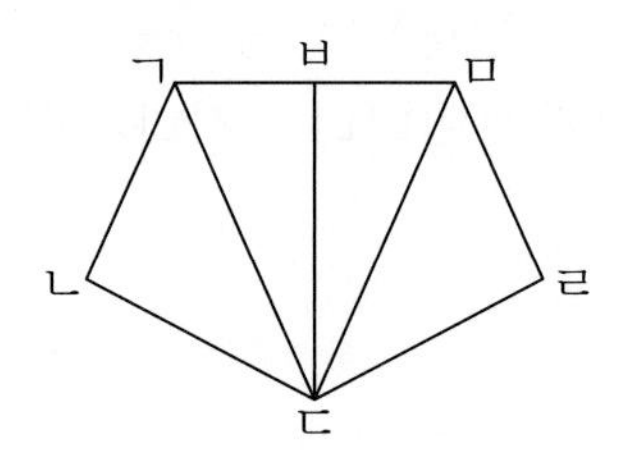

선분 ㄱㄷ　선분 ㄴㄷ
선분 ㄷㅂ　선분 ㄷㅁ

3 육각형에서 그을 수 있는 대각선을 모두 그어 보고, 대각선이 모두 몇 개인지 세어 쓰세요.

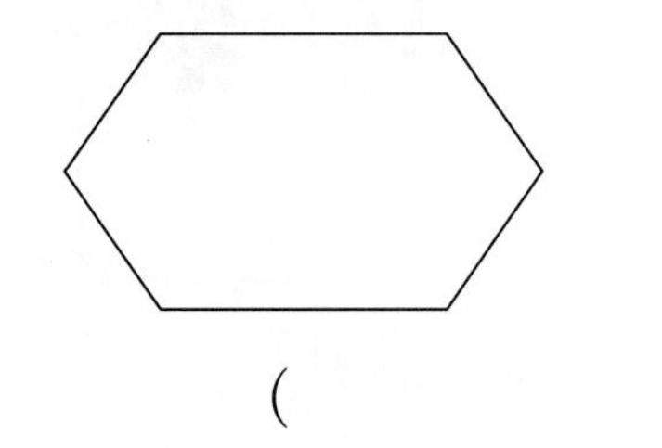

(　　　　　　)

4 대각선의 수가 많은 도형부터 차례로 기호를 쓰세요.

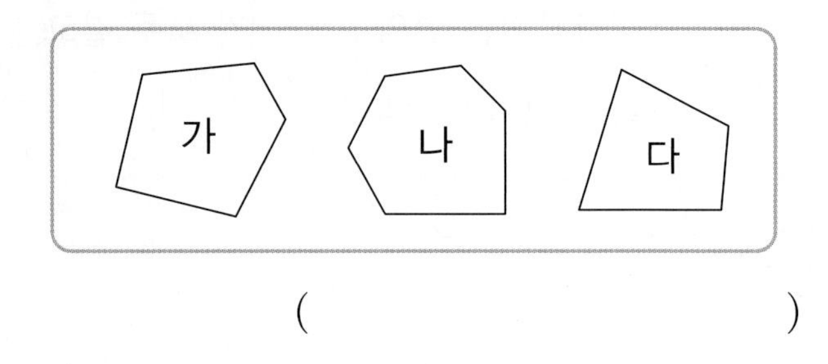

(　　　　　　)

교과역량 콕!

5 두 대각선의 길이가 같은 사각형을 모두 찾아 기호를 쓰세요.

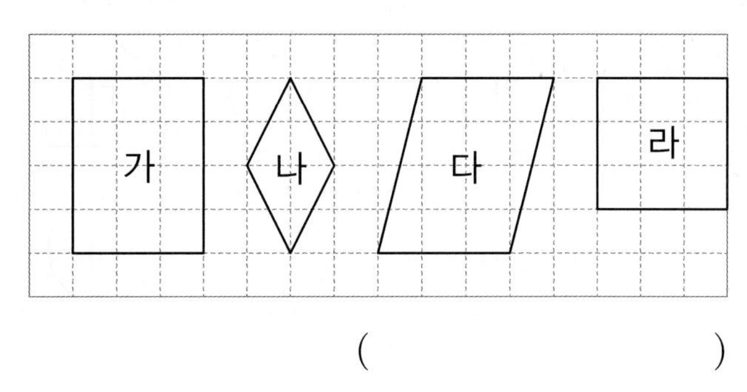

(　　　　　　)

교과역량 콕!

6 대각선을 그을 수 <u>없는</u> 도형을 찾아 기호를 쓰고, 그 이유를 쓰세요.

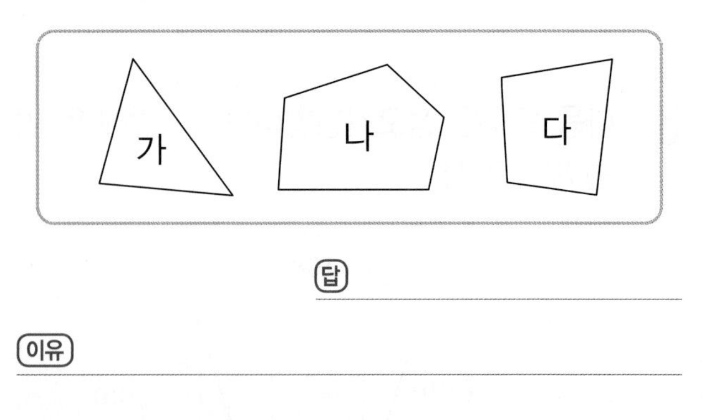

답

이유

개념책 148쪽 ● 정답 56쪽

1 칠교판 조각에서 찾을 수 있는 도형을 모두 찾아 ○표 하세요.

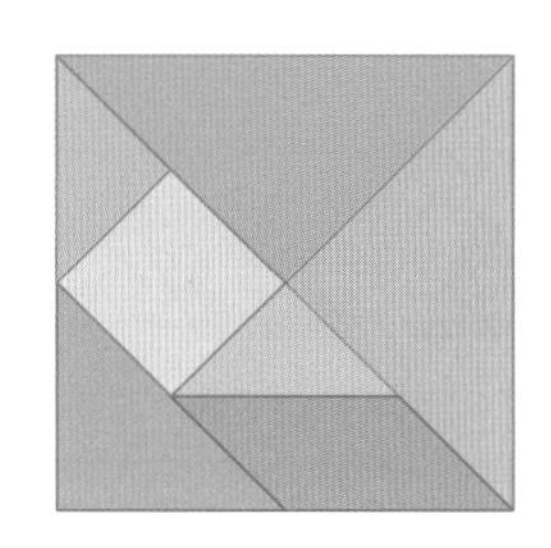

정삼각형	정사각형
이등변삼각형	평행사변형
직각삼각형	마름모

2 주어진 칠교 조각 2개로 사다리꼴을 만들어 보세요.

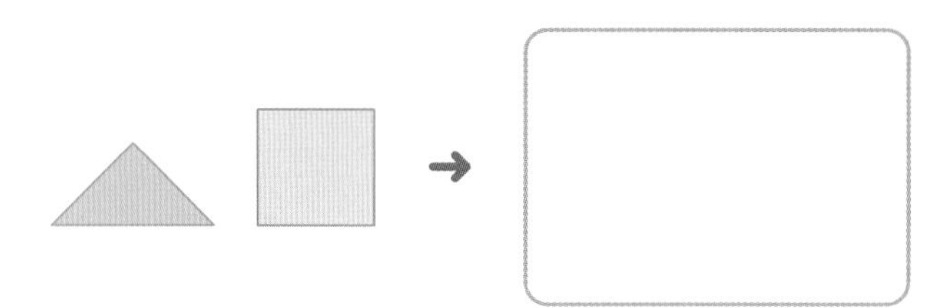

3 주어진 칠교 조각 4개로 정사각형을 만들어 보세요.

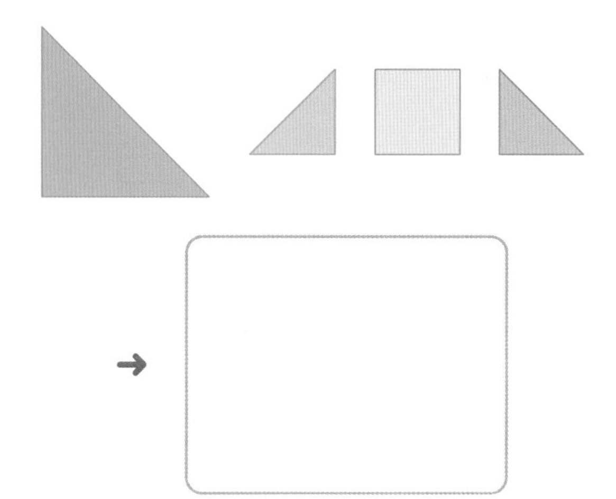

4 2가지 모양 조각을 이용하여 평행사변형을 만들어 보세요. (단, 같은 조각을 여러 번 이용할 수 있습니다.)

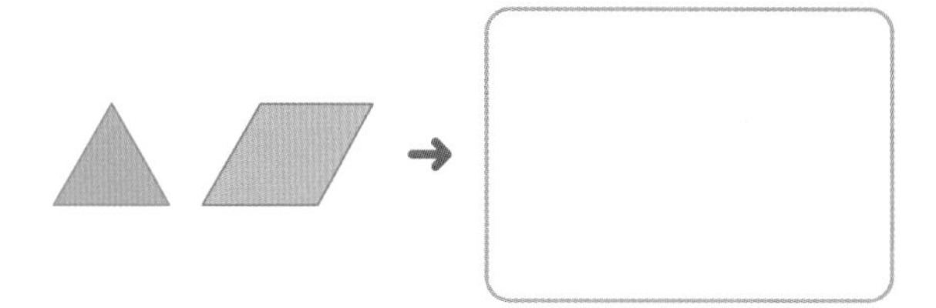

교과역량 콕!

5 여러 가지 모양 조각으로 나만의 모양을 만들고, 만든 모양의 이름을 지어 보세요. (단, 같은 조각을 여러 번 이용할 수 있습니다.)

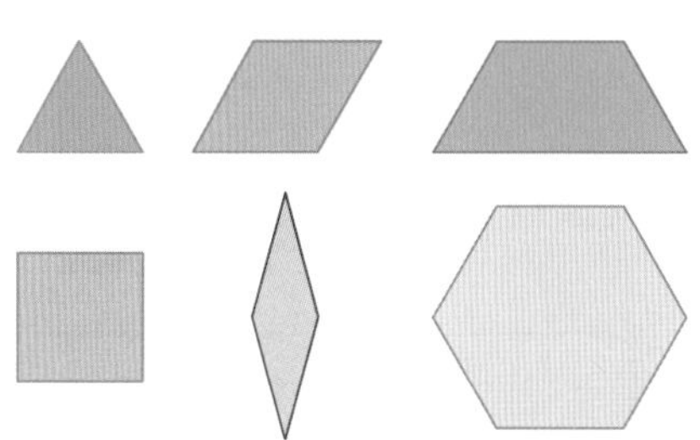

모양의 이름 (   )

개념책 149쪽 ● 정답 56쪽

1 바닥을 다각형 모양 타일로 빈틈없이 채웠습니다. 바닥을 채우는 데 사용한 타일을 모두 찾아 ○표 하세요.

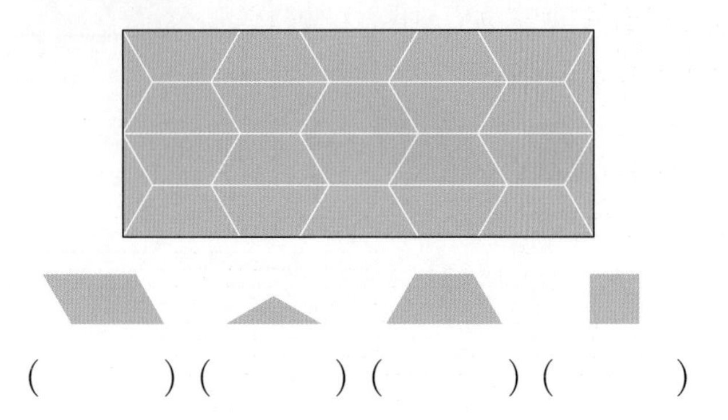

( ) ( ) ( ) ( )

2 여러 가지 칠교 조각으로 주어진 모양을 채워 보세요.

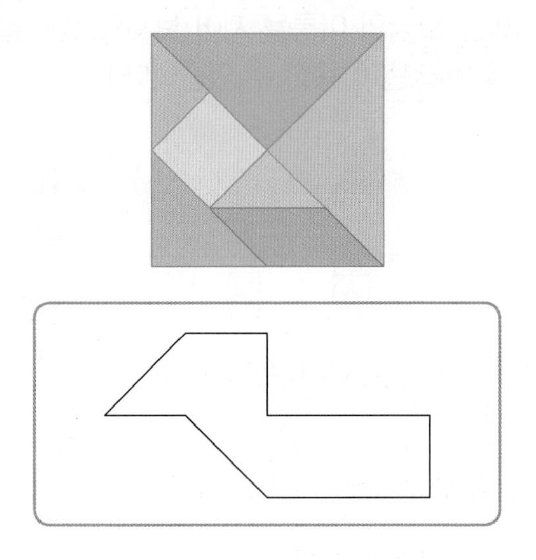

3 칠교 조각을 모두 이용하여 직각삼각형을 채워 보세요.

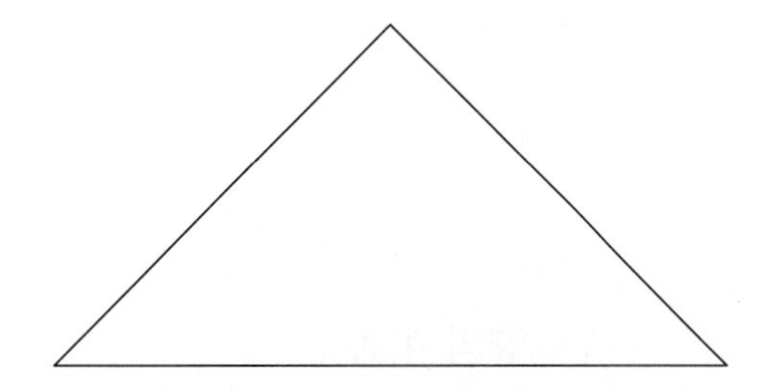

4 3가지 모양 조각을 모두 이용하여 평행사변형을 채워 보세요. (단, 같은 조각을 여러 번 이용할 수 있습니다.)

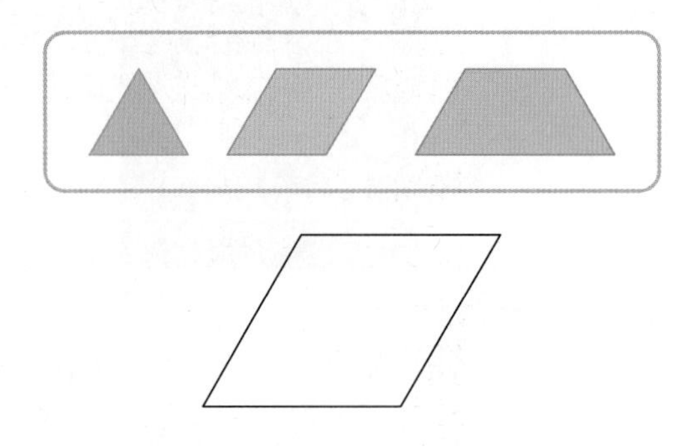

교과역량 콕!

5 주어진 모양을 채우는 데 필요한 모양 조각의 수입니다. 모양 조각을 모두 이용하여 주어진 모양을 채워 보세요.

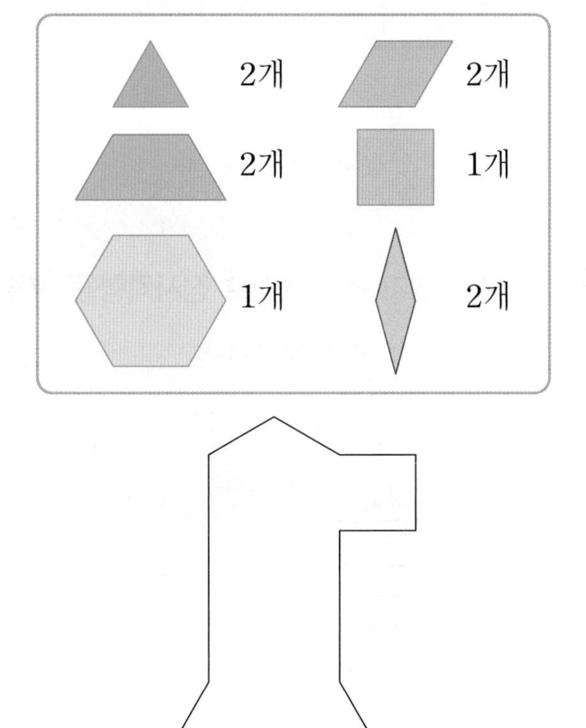

큐브 개념

기본 강화책 | 초등 수학 4·2

엄마표 학습 **큐브**

엄마표 학습, 큐브로 시작!

큡챌린지

수학은 큡

큡챌린지란?

큐브로 6주간 매주 자녀와
학습한 내용을 기록하고,
같은 목표를 가진 엄마들과 소통하며
함께 성장할 수 있는
엄마표 학습단입니다.

학습 태도 변화

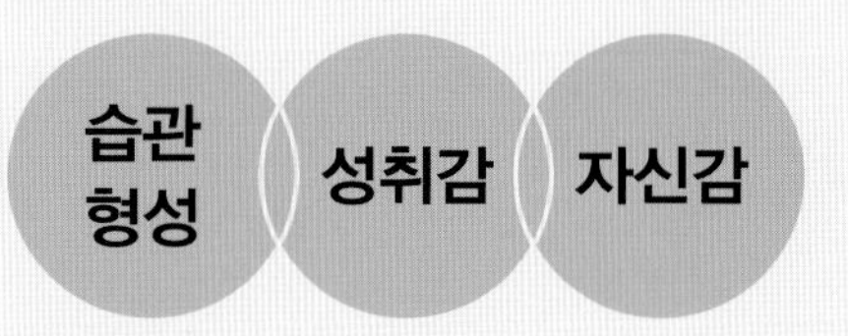

학습단 참여 후 우리 아이는
"꾸준히 학습하는 습관이 잡혔어요."
"성취감이 높아졌어요."
"수학에 자신감이 생겼어요."

큡챌린지 이런 점이 좋아요

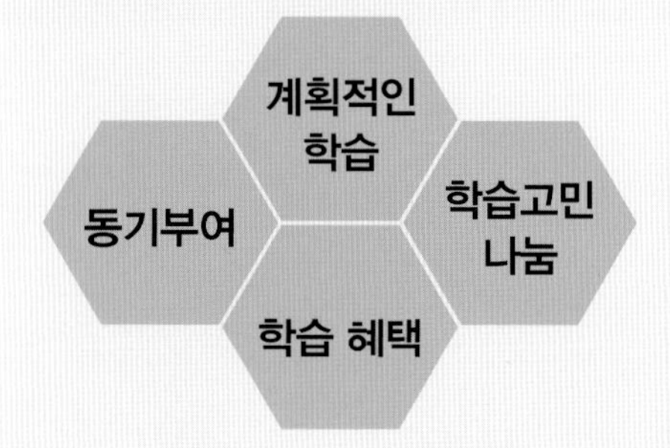

학습 지속률

10명 중 8.3명

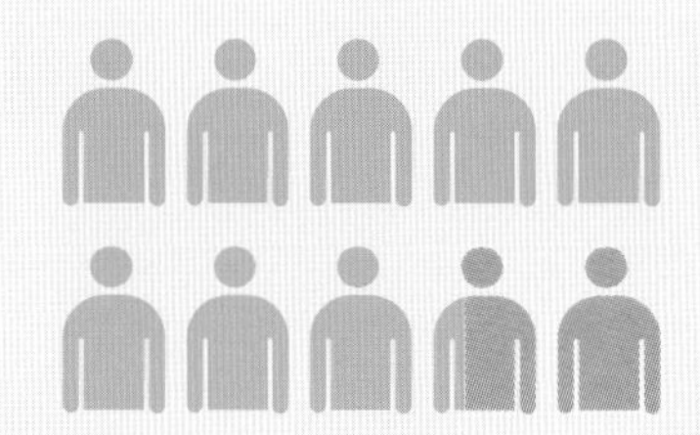

학습 스케줄

매일 4쪽씩 학습!

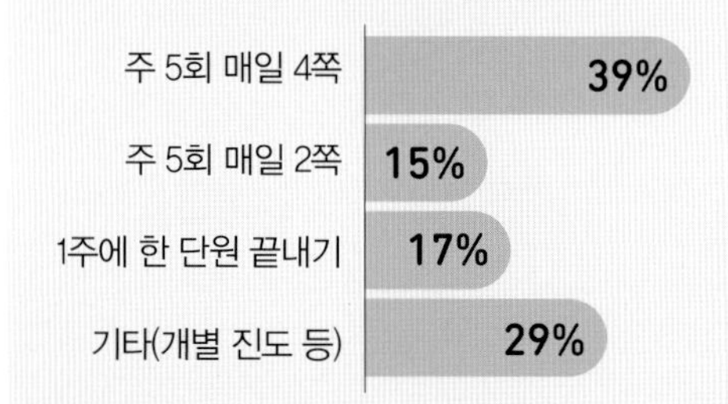

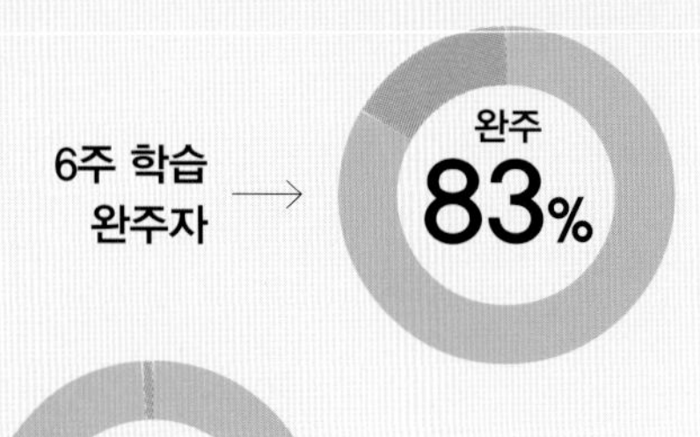

학습 참여자 2명 중 1명은

6주 간 1권 끝!

큐브 개념

초등 수학

4·2

모바일 쉽고 편리한 빠른 정답

정답 및 풀이

동아출판

정답 및 풀이

차례

초등 수학 **4·2**

모바일 빠른 정답

QR코드를 찍으면 **정답 및 풀이**를 쉽고 빠르게 확인할 수 있습니다.

1 분수의 덧셈과 뺄셈

※계산 결과의 분수 종류를 제한하지 않은 경우, 대분수와 가분수 모두 정답으로 인정합니다.

008쪽 1STEP 교과서 개념 잡기

1 4, 1, 5　**2** 5, 6, 11, 1, 4
3 7, 4, 11 / 11, 1, 2
4 (1) 2, 5, 7 (2) 3, 3, 6, 1, 2
5 (1) $\frac{2}{3}$ (2) $\frac{4}{5}$ (3) $1\frac{3}{7}\left(=\frac{10}{7}\right)$
6 (1) $\frac{5}{6}$ (2) $1\frac{3}{10}$

1 분모는 그대로 두고 분자끼리 더합니다.

3 $\frac{7}{9}+\frac{4}{9}$는 $\frac{1}{9}$이 $7+4=11$(개)입니다.
→ $\frac{7}{9}+\frac{4}{9}=\frac{11}{9}=1\frac{2}{9}$

5 (3) $\frac{6}{7}+\frac{4}{7}=\frac{6+4}{7}=\frac{10}{7}=1\frac{3}{7}$

6 (1) $\frac{3}{6}+\frac{2}{6}=\frac{3+2}{6}=\frac{5}{6}$
(2) $\frac{7}{10}+\frac{6}{10}=\frac{7+6}{10}=\frac{13}{10}=1\frac{3}{10}$

010쪽 1STEP 교과서 개념 잡기

1 (1) 2, 3, 3, 5, 3, 5 (2) 15, 23, 3, 5
2 17 / 12 / 29, 3, 5
3 (1) 5, 1, 6, 3, 6, 3 (2) 21, 27, 6, 3
4 (1) $7\frac{3}{5}\left(=\frac{38}{5}\right)$ (2) $4\frac{2}{3}\left(=\frac{14}{3}\right)$
(3) $6\frac{7}{9}\left(=\frac{61}{9}\right)$
5 (1) $3\frac{5}{7}$ (2) $8\frac{5}{9}$

1 (1) 자연수 부분: $1+2=3$,
진분수 부분: $\frac{2}{6}+\frac{3}{6}=\frac{5}{6}$
→ $1\frac{2}{6}+2\frac{3}{6}=3+\frac{5}{6}=3\frac{5}{6}$
(2) $1\frac{2}{6}=\frac{6}{6}+\frac{2}{6}=\frac{8}{6}$, $2\frac{3}{6}=\frac{12}{6}+\frac{3}{6}=\frac{15}{6}$
→ $1\frac{2}{6}+2\frac{3}{6}=\frac{8}{6}+\frac{15}{6}=\frac{23}{6}=3\frac{5}{6}$

2 $2\frac{1}{8}+1\frac{4}{8}=\frac{17}{8}+\frac{12}{8}=\frac{29}{8}=3\frac{5}{8}$

3 (1) 자연수는 자연수끼리, 진분수는 진분수끼리 더합니다.
(2) 대분수를 가분수로 바꾼 후 분모는 그대로 두고 분자끼리 더합니다.

4 (1) $4\frac{2}{5}+3\frac{1}{5}=(4+3)+\left(\frac{2}{5}+\frac{1}{5}\right)=7+\frac{3}{5}=7\frac{3}{5}$
(2) $1\frac{1}{3}+3\frac{1}{3}=(1+3)+\left(\frac{1}{3}+\frac{1}{3}\right)=4+\frac{2}{3}=4\frac{2}{3}$
(3) $3\frac{4}{9}+3\frac{3}{9}=(3+3)+\left(\frac{4}{9}+\frac{3}{9}\right)=6+\frac{7}{9}=6\frac{7}{9}$

5 (1) $2\frac{2}{7}+1\frac{3}{7}=(2+1)+\left(\frac{2}{7}+\frac{3}{7}\right)=3+\frac{5}{7}=3\frac{5}{7}$
(2) $3\frac{1}{9}+5\frac{4}{9}=(3+5)+\left(\frac{1}{9}+\frac{4}{9}\right)=8+\frac{5}{9}=8\frac{5}{9}$

012쪽 1STEP 교과서 개념 잡기

1 (1) 9, 1, 3, 5, 3 (2) 10, 33, 5, 3
2 17, 14, 31 / 31, 5, 1
3 (1) 2, 2, 4 / 1, 1, 6, 1
(2) 8, 19, 6, 1
4 (1) $5\frac{2}{5}\left(=\frac{27}{5}\right)$ (2) $7\frac{4}{9}\left(=\frac{67}{9}\right)$
(3) $5\frac{2}{7}\left(=\frac{37}{7}\right)$
5 (1) $7\frac{1}{8}$ (2) $7\frac{5}{9}$

1 (1) 자연수 부분: $3+1=4$,

진분수 부분: $\frac{5}{6}+\frac{4}{6}=\frac{9}{6}=1\frac{3}{6}$

➔ $3\frac{5}{6}+1\frac{4}{6}=4+1\frac{3}{6}=5\frac{3}{6}$

(2) $3\frac{5}{6}=\frac{18}{6}+\frac{5}{6}=\frac{23}{6}$, $1\frac{4}{6}=\frac{6}{6}+\frac{4}{6}=\frac{10}{6}$

➔ $3\frac{5}{6}+1\frac{4}{6}=\frac{23}{6}+\frac{10}{6}=\frac{33}{6}=5\frac{3}{6}$

2 $2\frac{5}{6}+2\frac{2}{6}=\frac{17}{6}+\frac{14}{6}=\frac{31}{6}=5\frac{1}{6}$

3 (1) 자연수는 자연수끼리, 진분수는 진분수끼리 더합니다.

(2) 대분수를 가분수로 바꾼 후 분모는 그대로 두고 분자끼리 더합니다.

4 (1) $3\frac{3}{5}+1\frac{4}{5}=(3+1)+\left(\frac{3}{5}+\frac{4}{5}\right)$

$=4+\frac{7}{5}=4+1\frac{2}{5}=5\frac{2}{5}$

(2) $1\frac{5}{9}+5\frac{8}{9}=(1+5)+\left(\frac{5}{9}+\frac{8}{9}\right)$

$=6+\frac{13}{9}=6+1\frac{4}{9}=7\frac{4}{9}$

(3) $2\frac{4}{7}+\frac{19}{7}=\frac{18}{7}+\frac{19}{7}=\frac{37}{7}=5\frac{2}{7}$

5 (1) $2\frac{4}{8}+4\frac{5}{8}=(2+4)+\left(\frac{4}{8}+\frac{5}{8}\right)$

$=6+\frac{9}{8}=6+1\frac{1}{8}=7\frac{1}{8}$

(2) $\frac{15}{9}+5\frac{8}{9}=\frac{15}{9}+\frac{53}{9}=\frac{68}{9}=7\frac{5}{9}$

014쪽 2STEP 수학익힘 문제 잡기

01 예 / 10, 1, 1

02 미나

03 (위에서부터) $\frac{5}{7}$, $1\frac{1}{7}$

04 >

05 $\frac{3}{8}+\frac{2}{8}=\frac{5}{8}\left(\text{또는 } \frac{3}{8}+\frac{2}{8}\right)$ / $\frac{5}{8}$병

06 $1\frac{2}{5}$ m

07 (1) – (2)의 오른쪽, (2) – (1)의 오른쪽, (3) – (3)의 오른쪽

08 8

09 1, 3, 3

10 $3\frac{2}{5}+1\frac{2}{5}=\frac{17}{5}+\frac{7}{5}=\frac{24}{5}=4\frac{4}{5}$

11 $3\frac{4}{5}$, $6\frac{3}{5}$

12 $5\frac{5}{6}$

13

$4\frac{4}{8}+2\frac{3}{8}$ (색칠)	$1\frac{3}{8}+4\frac{4}{8}$
$5\frac{2}{8}+1\frac{3}{8}$	$3\frac{1}{8}+3\frac{6}{8}$ (색칠)

14 $2\frac{3}{10}+1\frac{6}{10}=3\frac{9}{10}\left(\text{또는 } 2\frac{3}{10}+1\frac{6}{10}\right)$ / $3\frac{9}{10}$ kg

15 ㉢

16 $3\frac{7}{15}$, $2\frac{4}{15}$, $5\frac{11}{15}$

17 8 / 22 / 4

18 $2\frac{1}{4}$

19 $7\frac{5}{8}$

20 5, $9\frac{6}{7}$

21 리아

22 $2\frac{4}{10}+1\frac{9}{10}=4\frac{3}{10}\left(\text{또는 } 2\frac{4}{10}+1\frac{9}{10}\right)$ / $4\frac{3}{10}$ kg

23 (   )(○)(   )

24 4, 5

01 $\frac{8}{9}$은 $\frac{1}{9}$이 8개, $\frac{2}{9}$는 $\frac{1}{9}$이 2개이므로 그림에 $8+2=10$(칸)만큼 색칠합니다.

02 분모는 그대로 두고 분자끼리 더합니다.

➔ $\frac{4}{6}+\frac{1}{6}=\frac{4+1}{6}=\frac{5}{6}$(미나)

03 • $\frac{3}{7}+\frac{2}{7}=\frac{3+2}{7}=\frac{5}{7}$

• $\frac{3}{7}+\frac{5}{7}=\frac{3+5}{7}=\frac{8}{7}=1\frac{1}{7}$

04 • $\frac{5}{12}+\frac{11}{12}=\frac{16}{12}=1\frac{4}{12}$

• $\frac{7}{12}+\frac{6}{12}=\frac{13}{12}=1\frac{1}{12}$

→ $1\frac{4}{12}>1\frac{1}{12}$

05 (어제와 오늘 마신 주스의 양)
=(어제 마신 주스의 양)+(오늘 마신 주스의 양)
$=\frac{3}{8}+\frac{2}{8}=\frac{5}{8}$(병)

06 (빨간색 종이띠의 길이)+(파란색 종이띠의 길이)
$=\frac{4}{5}+\frac{3}{5}=\frac{7}{5}=1\frac{2}{5}$ (m)

07 (1) $\frac{1}{9}+\frac{6}{9}=\frac{7}{9}$
(2) $\frac{2}{9}+\frac{5}{9}=\frac{7}{9}$
(3) $\frac{3}{9}+\frac{4}{9}=\frac{7}{9}$

08 $1\frac{3}{10}=\frac{13}{10}$
$\frac{5}{10}+\frac{\square}{10}=\frac{5+\square}{10}=\frac{13}{10}$에서
$5+\square=13$이므로 $\square=8$입니다.

09 $1\frac{2}{5}+2\frac{1}{5}=(1+2)+\left(\frac{2}{5}+\frac{1}{5}\right)=3+\frac{3}{5}=3\frac{3}{5}$

10 대분수를 가분수로 바꾸어 분자끼리 더합니다.

11 • $1\frac{3}{5}+2\frac{1}{5}=3+\frac{4}{5}=3\frac{4}{5}$
• $4\frac{2}{5}+2\frac{1}{5}=6+\frac{3}{5}=6\frac{3}{5}$

12 • 준호가 고른 수: $4\frac{1}{6}$
• 연서가 고른 수: $1\frac{4}{6}$
→ $4\frac{1}{6}+1\frac{4}{6}=5+\frac{5}{6}=5\frac{5}{6}$

13 $4\frac{4}{8}+2\frac{3}{8}=6\frac{7}{8}$ (○), $1\frac{3}{8}+4\frac{4}{8}=5\frac{7}{8}$ (×)
$5\frac{2}{8}+1\frac{3}{8}=6\frac{5}{8}$ (×), $3\frac{1}{8}+3\frac{6}{8}=6\frac{7}{8}$ (○)

14 (고구마의 무게)+(감자의 무게)
$=2\frac{3}{10}+1\frac{6}{10}=3+\frac{9}{10}=3\frac{9}{10}$(kg)

15 ㉠ $1\frac{2}{9}+4\frac{1}{9}=5\frac{3}{9}$
㉡ $2\frac{3}{9}+2\frac{3}{9}=4\frac{6}{9}$
㉢ $3\frac{5}{9}+2\frac{1}{9}=5\frac{6}{9}$
→ $5\frac{6}{9}>5\frac{3}{9}>4\frac{6}{9}$이므로 계산 결과가 가장 큰 것은 ㉢입니다.

16 $3\frac{7}{15}>2\frac{4}{15}>1\frac{11}{15}$이므로 합이 가장 크게 되려면 $3\frac{7}{15}$과 $2\frac{4}{15}$를 더해야 합니다.
→ $3\frac{7}{15}+2\frac{4}{15}=5+\frac{11}{15}=5\frac{11}{15}$

채점 가이드 $2\frac{4}{15}+3\frac{7}{15}=5\frac{11}{15}$로 더하는 두 분수의 순서를 바꾸어 써도 정답입니다.

17 $2\frac{4}{5}+1\frac{3}{5}=\frac{14}{5}+\frac{8}{5}=\frac{22}{5}=4\frac{2}{5}$
→ ㉠=8, ㉡=22, ㉢=4

18 $1\frac{3}{4}+\frac{2}{4}=1+\frac{5}{4}=1+1\frac{1}{4}=2\frac{1}{4}$

19 $4\frac{7}{8}+2\frac{6}{8}=6+\frac{13}{8}=6+1\frac{5}{8}=7\frac{5}{8}$

20 $3\frac{2}{7}+1\frac{5}{7}=4\frac{7}{7}=5$ → $5+4\frac{6}{7}=9\frac{6}{7}$

21 • 리아: $4\frac{5}{6}+3\frac{3}{6}=8\frac{2}{6}$
• 규민: $2\frac{4}{6}+4\frac{5}{6}=7\frac{3}{6}$
→ $8\frac{2}{6}>7\frac{3}{6}$이므로 계산 결과가 더 큰 사람은 리아입니다.

22 (두 사람에게 필요한 밀가루의 양)
$=2\frac{4}{10}+1\frac{9}{10}=\frac{24}{10}+\frac{19}{10}=\frac{43}{10}=4\frac{3}{10}$ (kg)

23 • $1\frac{5}{6}+5\frac{3}{6}=7\frac{2}{6}$ • $3\frac{5}{9}+2\frac{6}{9}=6\frac{2}{9}$(○)
• $1\frac{3}{5}+3\frac{3}{5}=5\frac{1}{5}$

24 $7=2\frac{4}{9}+㉠\frac{㉡}{9}$에서 $\frac{4}{9}+\frac{㉡}{9}$이 $1=\frac{9}{9}$가 되어야 하므로 4+㉡=9에서 ㉡=5입니다.
2+㉠=6이므로 ㉠=4입니다.

개념책 1 단원

018쪽 1STEP 교과서 개념 잡기

1 (1) 2, 2, 1, 1, 1 (2) 10, 5, 1, 1
2 8, 5, 3 / 8, 5, 3
3 (1) 1, 1, 2, 1, 2, 1 (2) 4, 7, 2, 1
4 (1) $\frac{3}{6}$ (2) $\frac{4}{9}$ (3) $5\frac{2}{5}\left(=\frac{27}{5}\right)$
5 (1) $\frac{3}{7}$ (2) $3\frac{3}{8}$

1 (1) 자연수 부분: $3-2=1$,
진분수 부분: $\frac{3}{4}-\frac{2}{4}=\frac{1}{4}$
$\rightarrow 3\frac{3}{4}-2\frac{2}{4}=1+\frac{1}{4}=1\frac{1}{4}$
(2) $3\frac{3}{4}=\frac{12}{4}+\frac{3}{4}=\frac{15}{4}$, $2\frac{2}{4}=\frac{8}{4}+\frac{2}{4}=\frac{10}{4}$
$\rightarrow 3\frac{3}{4}-2\frac{2}{4}=\frac{15}{4}-\frac{10}{4}=\frac{5}{4}=1\frac{1}{4}$

2 $\frac{8}{10}-\frac{5}{10}$는 $\frac{1}{10}$이 $8-5=3$(개)

4 (1) $\frac{4}{6}-\frac{1}{6}=\frac{4-1}{6}=\frac{3}{6}$
(2) $\frac{5}{9}-\frac{1}{9}=\frac{5-1}{9}=\frac{4}{9}$
(3) $8\frac{4}{5}-3\frac{2}{5}=(8-3)+\left(\frac{4}{5}-\frac{2}{5}\right)=5+\frac{2}{5}=5\frac{2}{5}$

5 (1) $\frac{5}{7}-\frac{2}{7}=\frac{5-2}{7}=\frac{3}{7}$
(2) $4\frac{7}{8}-1\frac{4}{8}=(4-1)+\left(\frac{7}{8}-\frac{4}{8}\right)=3+\frac{3}{8}=3\frac{3}{8}$

020쪽 1STEP 교과서 개념 잡기

1 (1) 2, 5, 1, 2 (2) 15, 8, 7, 1, 2
2 7, 2
3 (1) 5, 4, 5 / 3, 1, 3, 1 (2) 25, 9, 16, 3, 1
4 (1) $\frac{1}{4}$ (2) $3\frac{7}{9}\left(=\frac{34}{9}\right)$ (3) $5\frac{1}{7}\left(=\frac{36}{7}\right)$
5 (1) $\frac{2}{3}$ (2) $5\frac{1}{6}$

1 (1) 자연수에서 1만큼을 가분수로 바꾸면
$3=2+\frac{5}{5}=2\frac{5}{5}$입니다.
$\rightarrow 3-1\frac{3}{5}=2\frac{5}{5}-1\frac{3}{5}=1\frac{2}{5}$
(2) $3=\frac{15}{5}$, $1\frac{3}{5}=\frac{5}{5}+\frac{3}{5}=\frac{8}{5}$
$\rightarrow 3-1\frac{3}{5}=\frac{15}{5}-\frac{8}{5}=\frac{7}{5}=1\frac{2}{5}$

2 참고 1은 분자와 분모가 같은 가분수로 나타낼 수 있습니다.
$1=\frac{2}{2}=\frac{3}{3}=\frac{4}{4}=\cdots$

3 (1) 자연수에서 1만큼을 가분수로 바꾸어 자연수는 자연수끼리, 분수는 분수끼리 뺍니다.
(2) 자연수와 대분수를 모두 가분수로 바꾼 후 분모는 그대로 두고 분자끼리 뺍니다.

4 (1) $1-\frac{3}{4}=\frac{4}{4}-\frac{3}{4}=\frac{1}{4}$
(2) $4-\frac{2}{9}=3\frac{9}{9}-\frac{2}{9}=3\frac{7}{9}$
(3) $9-3\frac{6}{7}=8\frac{7}{7}-3\frac{6}{7}=5\frac{1}{7}$

5 (1) $2-1\frac{1}{3}=1\frac{3}{3}-1\frac{1}{3}=\frac{2}{3}$
(2) $8-2\frac{5}{6}=7\frac{6}{6}-2\frac{5}{6}=5\frac{1}{6}$

022쪽 1STEP 교과서 개념 잡기

1 (1) 2, 8, 1, 4 (2) 18, 9, 9, 1, 4
2 13, 5, 8 / 8, 2, 2
3 (1) 10, 10 / 1, 7, 1, 7 (2) 26, 11, 15, 1, 7
4 (1) $2\frac{3}{5}\left(=\frac{13}{5}\right)$ (2) $3\frac{4}{7}\left(=\frac{25}{7}\right)$
(3) $3\frac{7}{10}\left(=\frac{37}{10}\right)$
5 (1) $1\frac{5}{6}$ (2) $3\frac{7}{9}$

1 (1) $3\frac{3}{5}=2+1\frac{3}{5}=2+\frac{8}{5}=2\frac{8}{5}$

$\rightarrow 3\frac{3}{5}-1\frac{4}{5}=2\frac{8}{5}-1\frac{4}{5}=1\frac{4}{5}$

(2) $3\frac{3}{5}=\frac{15}{5}+\frac{3}{5}=\frac{18}{5}$, $1\frac{4}{5}=\frac{5}{5}+\frac{4}{5}=\frac{9}{5}$

$\rightarrow 3\frac{3}{5}-1\frac{4}{5}=\frac{18}{5}-\frac{9}{5}=\frac{9}{5}=1\frac{4}{5}$

2 $4\frac{1}{3}-1\frac{2}{3}=\frac{13}{3}-\frac{5}{3}=\frac{8}{3}=2\frac{2}{3}$

3 (1) 빼지는 대분수의 자연수에서 1만큼을 가분수로 바꾸어 자연수는 자연수끼리, 분수는 분수끼리 뺍니다.

(2) 대분수를 가분수로 바꾼 후 분모는 그대로 두고 분자끼리 뺍니다.

4 (1) $8\frac{2}{5}-5\frac{4}{5}=7\frac{7}{5}-5\frac{4}{5}=2\frac{3}{5}$

(2) $6\frac{2}{7}-2\frac{5}{7}=5\frac{9}{7}-2\frac{5}{7}=3\frac{4}{7}$

(3) $5\frac{3}{10}-\frac{16}{10}=\frac{53}{10}-\frac{16}{10}=\frac{37}{10}=3\frac{7}{10}$

5 (1) $3\frac{4}{6}-1\frac{5}{6}=2\frac{10}{6}-1\frac{5}{6}=1\frac{5}{6}$

(2) $5\frac{4}{9}-\frac{15}{9}=\frac{49}{9}-\frac{15}{9}=\frac{34}{9}=3\frac{7}{9}$

024쪽 2STEP 수학익힘 문제 잡기

01 예 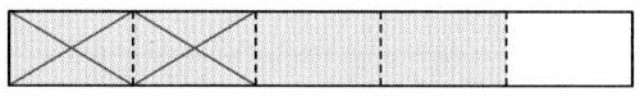 / $\frac{2}{5}$

02 예 $1\frac{5}{9}-\frac{3}{9}=1+\frac{5-3}{9}=1+\frac{2}{9}=1\frac{2}{9}$

03 <

04 (1) (2) (3)

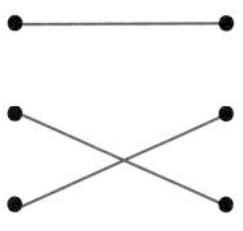

05 $\frac{5}{7}$ m

06 $2\frac{5}{6}-1\frac{4}{6}=1\frac{1}{6}$ $\left(\text{또는 } 2\frac{5}{6}-1\frac{4}{6}\right)$

/ $1\frac{1}{6}$ m

07 $7\frac{3}{5}-3\frac{1}{5}$, $\frac{47}{7}-\frac{18}{7}$에 ○표

08 (1) 10 (2) 9

09 5, 2, 1

10 $2\frac{3}{4}$, $1\frac{1}{4}$

11 예 $6-2\frac{3}{7}=5\frac{7}{7}-2\frac{3}{7}=3+\frac{4}{7}=3\frac{4}{7}$

12 $2\frac{5}{8}$

13 $1-\frac{7}{10}=\frac{3}{10}$ $\left(\text{또는 } 1-\frac{7}{10}\right)$ / $\frac{3}{10}$ km

14 $5\frac{1}{4}$ L

15 ㉢

16 1, 2

17 3

18 $2\frac{3}{5}$, $4\frac{2}{5}$

19 $3\frac{4}{5}$ cm

20 $3\frac{8}{10}$ kg

21 $8\frac{4}{6}-2\frac{5}{6}=5\frac{5}{6}$ $\left(\text{또는 } 8\frac{4}{6}-2\frac{5}{6}\right)$

/ $5\frac{5}{6}$ L

22 ㉢

23 $2\frac{8}{13}$

24 (1) $2\frac{3}{6}$시간 (2) $1\frac{5}{6}$시간

01 색칠한 부분 중 $\frac{2}{5}$만큼 ×표 하면 $\frac{2}{5}$만큼이 남습니다.

$\rightarrow \frac{4}{5}-\frac{2}{5}=\frac{2}{5}$

02 자연수 부분 1이 있는데 진분수끼리의 계산만 했습니다.

채점 가이드 다른 형태의 식을 써도 그 과정을 바르게 계산했으면 정답입니다.

예 $1\frac{5}{9}-\frac{3}{9}=1+\left(\frac{5}{9}-\frac{3}{9}\right)=1\frac{2}{9}$,

$1\frac{5}{9}-\frac{3}{9}=\frac{14}{9}-\frac{3}{9}=\frac{11}{9}=1\frac{2}{9}$

03 $\frac{4}{8}-\frac{2}{8}=\frac{2}{8}$, $\frac{6}{8}-\frac{3}{8}=\frac{3}{8}$ $\rightarrow \frac{2}{8}<\frac{3}{8}$

04 (1) $5\frac{2}{9}-1\frac{1}{9}=4\frac{1}{9}$

(2) $7\frac{8}{9}-3\frac{4}{9}=4\frac{4}{9}$

(3) $6\frac{5}{9}-2\frac{3}{9}=4\frac{2}{9}$

개념책 1 단원

05 • 긴 색 테이프의 길이: $\frac{6}{7}$ m

• 짧은 색 테이프의 길이: $\frac{1}{7}$ m

➔ 차: $\frac{6}{7}-\frac{1}{7}=\frac{5}{7}$ (m)

06 (남은 리본의 길이)
=(처음 리본의 길이)−(사용한 리본의 길이)
$=2\frac{5}{6}-1\frac{4}{6}=1\frac{1}{6}$ (m)

07 • $7\frac{3}{5}-3\frac{1}{5}=4\frac{2}{5}$ (○)

• $5\frac{3}{4}-2\frac{2}{4}=3\frac{1}{4}$ (×)

• $\frac{47}{7}-\frac{18}{7}=\frac{29}{7}=4\frac{1}{7}$ (○)

• $6\frac{5}{6}-1\frac{1}{6}=5\frac{4}{6}$ (×)

08 (1) $3\frac{5}{7}-2\frac{2}{7}=1\frac{3}{7}=\frac{10}{7}$

(2) $3\frac{5}{7}-2\frac{2}{7}>\frac{●}{7}$이므로 $\frac{10}{7}>\frac{●}{7}$입니다.
따라서 10>●이므로 ●에 들어갈 수 있는 자연 수 중에서 가장 큰 수는 9입니다.

09 수직선에서 3만큼 오른쪽으로 간 다음 $\frac{5}{6}$만큼 왼쪽으로 되돌아오면 $2\frac{1}{6}$입니다. ➔ $3-\frac{5}{6}=2\frac{1}{6}$

10 • $5-2\frac{1}{4}=4\frac{4}{4}-2\frac{1}{4}=2\frac{3}{4}$

• $2\frac{3}{4}-1\frac{2}{4}=1\frac{1}{4}$

11 채점 가이드 6을 $5\frac{7}{7}$로 바꾸는 내용을 포함하여 계산 과정을 바르게 썼으면 정답입니다.

12 ㉠ 1이 5개인 수는 5입니다.
㉡ 2보다 $\frac{3}{8}$만큼 더 큰 수는 $2\frac{3}{8}$입니다.
➔ $5-2\frac{3}{8}=4\frac{8}{8}-2\frac{3}{8}=2\frac{5}{8}$

13 (학교~놀이터)
=(학교~놀이터~지아네 집)−(놀이터~지아네 집)
$=1-\frac{7}{10}=\frac{3}{10}$ (km)

14 (남은 물의 양)
=(처음에 있던 물의 양)−(마신 물의 양)
$=10-4\frac{3}{4}=9\frac{4}{4}-4\frac{3}{4}=5\frac{1}{4}$ (L)

15 ㉠ $7-5\frac{3}{5}=6\frac{5}{5}-5\frac{3}{5}=1\frac{2}{5}$

㉡ $5-\frac{18}{5}=\frac{25}{5}-\frac{18}{5}=\frac{7}{5}=1\frac{2}{5}$

㉢ $4-1\frac{3}{5}=3\frac{5}{5}-1\frac{3}{5}=2\frac{2}{5}$

➔ 계산 결과가 다른 하나는 ㉢입니다.

16 $6-4\frac{□}{8}=5\frac{8}{8}-4\frac{□}{8}=1+\frac{8-□}{8}$이고
$\frac{8-□}{8}>\frac{5}{8}$가 되어야 하므로 8−□>5입니다.
따라서 □ 안에 들어갈 수 있는 수는 1, 2입니다.

17 $2\frac{1}{8}-1\frac{6}{8}=1\frac{9}{8}-1\frac{6}{8}=\frac{3}{8}$

18 • $5\frac{2}{5}-2\frac{4}{5}=4\frac{7}{5}-2\frac{4}{5}=2\frac{3}{5}$

• $7\frac{1}{5}-2\frac{4}{5}=6\frac{6}{5}-2\frac{4}{5}=4\frac{2}{5}$

19 (긴 변의 길이)−(짧은 변의 길이)
$=7\frac{3}{5}-3\frac{4}{5}=6\frac{8}{5}-3\frac{4}{5}=3\frac{4}{5}$ (cm)

20 $6\frac{2}{10}>2\frac{5}{10}>2\frac{4}{10}$이므로 가장 무거운 것은 $6\frac{2}{10}$ kg이고, 가장 가벼운 것은 $2\frac{4}{10}$ kg입니다.
➔ $6\frac{2}{10}-2\frac{4}{10}=5\frac{12}{10}-2\frac{4}{10}=3\frac{8}{10}$ (kg)

21 (남은 페인트의 양)
=(처음에 있던 페인트의 양)−(사용한 페인트의 양)
$=8\frac{4}{6}-2\frac{5}{6}=7\frac{10}{6}-2\frac{5}{6}=5\frac{5}{6}$ (L)

22 ㉠ $3\frac{3}{7}-\frac{12}{7}=\frac{24}{7}-\frac{12}{7}=\frac{12}{7}=1\frac{5}{7}<2$

㉡ $4\frac{5}{8}-2\frac{6}{8}=3\frac{13}{8}-2\frac{6}{8}=1\frac{7}{8}<2$

㉢ $4\frac{7}{9}-\frac{17}{9}=\frac{43}{9}-\frac{17}{9}=\frac{26}{9}=2\frac{8}{9}>2$

23 $□=4\frac{6}{13}-1\frac{11}{13}=3\frac{19}{13}-1\frac{11}{13}=2\frac{8}{13}$

24 (1) $1\frac{4}{6}+\frac{5}{6}=\frac{10}{6}+\frac{5}{6}=\frac{15}{6}=2\frac{3}{6}$(시간)

(2) $4\frac{2}{6}-2\frac{3}{6}=3\frac{8}{6}-2\frac{3}{6}=1\frac{5}{6}$(시간)

028쪽 3STEP 서술형 문제 잡기

※서술형 문제의 예시 답안입니다.

1 (1단계) $4\frac{1}{4}-1\frac{3}{4}=3\frac{5}{4}-1\frac{3}{4}=2\frac{2}{4}$

(2단계) 3, 5

2 (1단계) $5\frac{2}{8}-3\frac{6}{8}=4\frac{10}{8}-3\frac{6}{8}=1\frac{4}{8}$ ▶ 2점

(2단계) $5\frac{2}{8}$에서 1만큼을 가분수로 바꾸면

$5\frac{2}{8}=4\frac{10}{8}$인데 $4\frac{12}{8}$로 잘못 바꾸어 계산했습니다. ▶ 3점

3 (1단계) $\frac{5}{9}$

(2단계) $\frac{5}{9}$, $\frac{7}{9}$

(답) $\frac{7}{9}$

4 (1단계) 어떤 대분수를 ■라 하면

■$-1\frac{1}{7}=2\frac{3}{7}$이므로

■$=2\frac{3}{7}+1\frac{1}{7}=3\frac{4}{7}$입니다. ▶ 3점

(2단계) 따라서 바르게 계산한 값은

$3\frac{4}{7}+1\frac{1}{7}=4\frac{5}{7}$입니다. ▶ 2점

(답) $4\frac{5}{7}$

5 (1단계) 2, 4

(2단계) 4, $3\frac{4}{10}$

(답) $3\frac{4}{10}$ m

6 (1단계) 종이테이프 2장의 길이의 합은

$3+3=6$ (m)입니다. ▶ 2점

(2단계) 따라서 이어 붙인 종이테이프의 전체 길이는

$6-\frac{2}{5}=5\frac{3}{5}$ (m)입니다. ▶ 3점

(답) $5\frac{3}{5}$ m

7 (1단계) $\frac{1}{3}$, $1\frac{1}{3}$

(2단계) $\frac{1}{3}$, $1\frac{1}{3}$, $1\frac{2}{3}$

8 (예) 3 / (1단계) 3, $\frac{2}{6}$, $1\frac{5}{6}$

(2단계) $\frac{2}{6}$, $1\frac{5}{6}$, $2\frac{1}{6}$

8 (채점 가이드) 고른 두 분수의 덧셈을 바르게 계산하고, 계산 결과가 2보다 크고 자신이 정한 수보다 작으면 정답입니다.

030쪽 1단원 마무리

01 $\frac{4}{5}$ **02** $\frac{5}{9}$

03 12, 3, 9 / 9, 2, 1

04 $3\frac{3}{6}\left(=\frac{21}{6}\right)$

05 $4\frac{2}{11}-2\frac{4}{11}=\frac{46}{11}-\frac{26}{11}=\frac{20}{11}=1\frac{9}{11}$

06 $7\frac{5}{9}$

07 $3\frac{11}{12}$

08 $1\frac{5}{8}$

09 $2\frac{1}{4}$

10 미나

11 $8\frac{5}{7}$, $3\frac{3}{7}$

12 $>$

13 $1\frac{7}{10}+2\frac{3}{10}=4\left(\text{또는 } 1\frac{7}{10}+2\frac{3}{10}\right)$ / 4컵

개념책

1 단원

14 $9\frac{4}{8}-7\frac{5}{8}=1\frac{7}{8}$ $\left(\text{또는 } 9\frac{4}{8}-7\frac{5}{8}\right)$

/ $1\frac{7}{8}$ m

15 2 / 1 / 3

16 $2\frac{1}{7}$ **17** 17

18 $5\frac{4}{9}$, $3\frac{7}{9}$, $9\frac{2}{9}$

서술형 ※서술형 문제의 예시 답안입니다.

19
❶ 바르게 계산하기 ▶ 2점
❷ 고친 이유 쓰기 ▶ 3점

❶ $5\frac{1}{3}-2\frac{2}{3}=4\frac{4}{3}-2\frac{2}{3}=2\frac{2}{3}$

❷ $5\frac{1}{3}$에서 1만큼을 가분수로 바꾸면

$5\frac{1}{3}=4\frac{4}{3}$인데 $5\frac{4}{3}$로 잘못 바꾸어 계산했습니다.

20
❶ 종이테이프 2장의 길이의 합 구하기 ▶ 2점
❷ 이어 붙인 종이테이프의 전체 길이 구하기 ▶ 3점

❶ 종이테이프 2장의 길이의 합은

$4+4=8$ (m)입니다.

❷ 따라서 이어 붙인 종이테이프의 전체 길이는

$8-\frac{6}{7}=7\frac{1}{7}$ (m)입니다.

답 $7\frac{1}{7}$ m

01 $\frac{3}{5}+\frac{1}{5}=\frac{3+1}{5}=\frac{4}{5}$

02 $\frac{7}{9}-\frac{2}{9}=\frac{7-2}{9}=\frac{5}{9}$

03 $3-\frac{3}{4}=\frac{12}{4}-\frac{3}{4}=\frac{9}{4}=2\frac{1}{4}$

04 $1\frac{5}{6}+1\frac{4}{6}=2+\frac{9}{6}=2+1\frac{3}{6}=3\frac{3}{6}$

05 대분수를 가분수로 바꾸어 계산합니다.

06 $10-2\frac{4}{9}=9\frac{9}{9}-2\frac{4}{9}=7\frac{5}{9}$

07 $1\frac{4}{12}+2\frac{7}{12}=3+\frac{11}{12}=3\frac{11}{12}$

08 $\frac{7}{8}+\frac{6}{8}=\frac{13}{8}=1\frac{5}{8}$

09 $\frac{7}{4}>\frac{3}{4}>\frac{2}{4}$ ➔ $\frac{7}{4}+\frac{2}{4}=\frac{9}{4}=2\frac{1}{4}$

10 • 미나: $9\frac{5}{11}-4\frac{8}{11}=8\frac{16}{11}-4\frac{8}{11}=4\frac{8}{11}$

• 규민: $2\frac{9}{11}+2\frac{10}{11}=4\frac{19}{11}=5\frac{8}{11}$

➔ 계산 결과가 $4\frac{8}{11}$인 식을 만든 사람: 미나

11 $3\frac{1}{7}+5\frac{4}{7}=8\frac{5}{7}$ ➔ $8\frac{5}{7}-5\frac{2}{7}=3\frac{3}{7}$

12 $\frac{2}{15}+\frac{9}{15}=\frac{11}{15}$, $\frac{14}{15}-\frac{5}{15}=\frac{9}{15}$ ➔ $\frac{11}{15}>\frac{9}{15}$

13 (어제 마신 우유의 양)+(오늘 마신 우유의 양)

$=1\frac{7}{10}+2\frac{3}{10}=3\frac{10}{10}=4$(컵)

14 (꽃집 건물의 높이)−(안경점 건물의 높이)

$=9\frac{4}{8}-7\frac{5}{8}=8\frac{12}{8}-7\frac{5}{8}=1\frac{7}{8}$ (m)

15 • $1\frac{1}{5}+1\frac{3}{5}=2\frac{4}{5}$

• $1\frac{4}{5}+1\frac{1}{5}=2\frac{5}{5}=3$

• $5\frac{2}{5}-3\frac{4}{5}=4\frac{7}{5}-3\frac{4}{5}=1\frac{3}{5}$

➔ $3>2\frac{4}{5}>1\frac{3}{5}$

16 어떤 대분수를 □라 하면 $1\frac{6}{7}+$□$=4$이므로

□$=4-1\frac{6}{7}=3\frac{7}{7}-1\frac{6}{7}=2\frac{1}{7}$입니다.

17 $5\frac{7}{8}-3\frac{5}{8}=2\frac{2}{8}=\frac{18}{8}$

따라서 $\frac{18}{8}>\frac{□}{8}$에서 18>□이므로

□ 안에 들어갈 수 있는 자연수 중에서 가장 큰 수는 17입니다.

18 합이 가장 크려면 가장 큰 수와 두 번째로 큰 수를 더해야 합니다.

$5\frac{4}{9}>3\frac{7}{9}>3\frac{5}{9}$ ➔ $5\frac{4}{9}+3\frac{7}{9}=8\frac{11}{9}=9\frac{2}{9}$

2 삼각형

036쪽 1STEP 교과서 개념 잡기

1 이등변삼각형
2 정삼각형
3 (1) 나, 다, 마 (2) 나, 다, 마 (3) 나 (4) 나
4 (1) 6 (2) 7
5 예 (1)

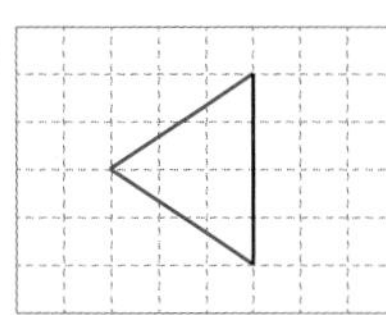

(2)

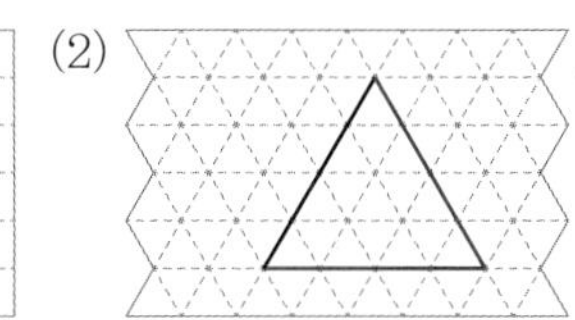

1 각 삼각형에서 같은 색으로 표시된 두 변의 길이가 같습니다. ➔ 이등변삼각형

2 각 삼각형에서 같은 모양으로 표시된 세 변의 길이가 같습니다. ➔ 정삼각형

3 (2) 이등변삼각형은 두 변의 길이가 같은 삼각형이므로 나, 다, 마입니다.
(4) 정삼각형은 세 변의 길이가 같은 삼각형이므로 나입니다.

4 (1) 이등변삼각형이므로 두 변의 길이가 6 cm로 같습니다.
(2) 정삼각형이므로 세 변의 길이가 7 cm로 모두 같습니다.

5 (1) 두 변의 길이가 같은 삼각형을 그립니다.
(2) 주어진 선분과 길이가 같은 선분 2개를 더 그어 세 변의 길이가 같은 삼각형을 그립니다.

038쪽 1STEP 교과서 개념 잡기

1 두　　2 세 / 60
3 (1) 5 (2) 30　　4 (1) 8 (2) 60
5 (1) 70 (2) 50　　6 (1) 60 (2) 60

1 길이가 같은 두 변에 있는 두 각의 크기가 같습니다.

2 정삼각형은 세 각의 크기가 모두 같으므로 한 각의 크기는 $180^\circ \div 3 = 60^\circ$입니다.

3 (1) 이등변삼각형은 두 변의 길이가 같으므로 ㉠은 5 cm입니다.
(2) 이등변삼각형은 두 각의 크기가 같으므로 ㉡은 30°입니다.

4 (1) 정삼각형은 세 변의 길이가 같으므로 ㉠은 8 cm입니다.
(2) 정삼각형의 한 각의 크기는 60°이므로 ㉡은 60°입니다.

5 두 변의 길이가 같은 삼각형이므로 이등변삼각형입니다. ➔ 이등변삼각형은 길이가 같은 두 변에 있는 두 각의 크기가 같습니다.

6 세 변의 길이가 같은 삼각형이므로 정삼각형입니다.
➔ 정삼각형의 한 각의 크기는 60°입니다.

040쪽 1STEP 교과서 개념 잡기

1 예각삼각형　　2 둔각삼각형
3 (1) 가, 다, 라, 마 (2) 가, 라 (3) 가, 라
(4) 다, 마 (5) 다, 마
4 (1) 둔 (2) 직 (3) 예
5 예 (1)

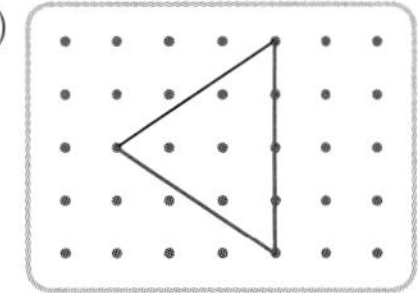

(2)

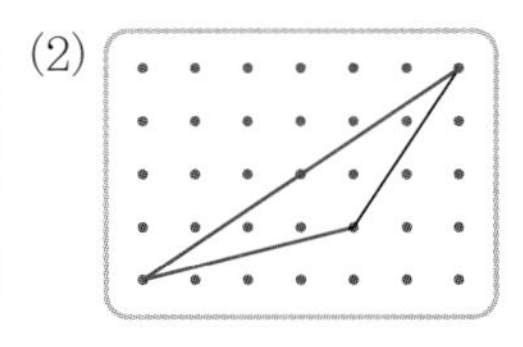

1 세 각이 모두 0°보다 크고 90°보다 작은 삼각형
➔ 예각삼각형

2 한 각이 90°보다 크고 180°보다 작은 삼각형
➔ 둔각삼각형

3 (3) 예각삼각형: 세 각이 모두 예각인 삼각형
➔ 가, 라
(5) 둔각삼각형: 한 각이 둔각인 삼각형 ➔ 다, 마

4 (1) 한 각이 둔각인 삼각형 ➔ 둔각삼각형
(2) 한 각이 직각인 삼각형 ➔ 직각삼각형
(3) 세 각이 모두 예각인 삼각형 ➔ 예각삼각형

5 (1) 세 각이 모두 0°보다 크고 90°보다 작은 삼각형을 그립니다.
(2) 한 각이 90°보다 크고 180°보다 작은 삼각형을 그립니다.

042쪽 2STEP 수학익힘 문제 잡기

01 가, 다, 마, 바 / 마, 바

02 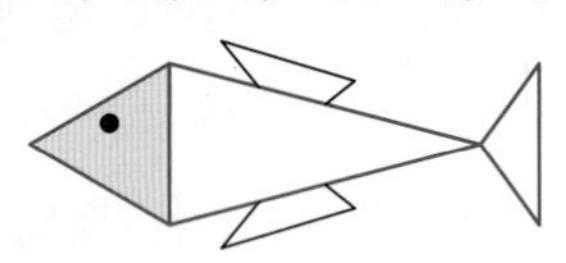

03 (1) ○ (2) ×

04

직각삼각형	이등변삼각형	정삼각형

05 7, 11　06 23 cm

07 8 cm　08 ㄷㄴㄱ(또는 ㄱㄴㄷ)

09 8, 60　10 20, 20

11 ㉡　12 규민

13 110

14 (왼쪽에서부터) 120, 60

15 (1) 60° (2) 120°

16 가, 라 / 다, 마 / 나, 바

17 예 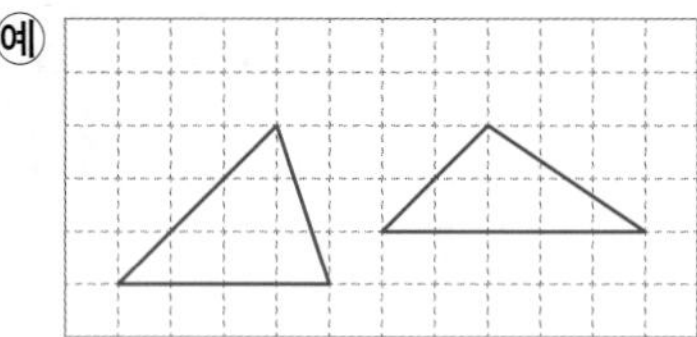

18 준호　19 ⑤

20 예 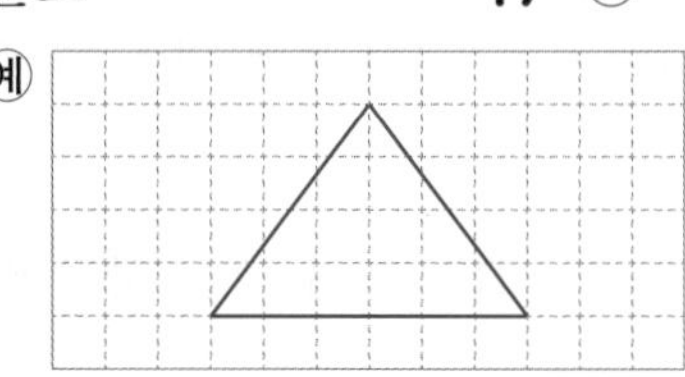

21 ①, ④　22 ㉢

23 1개

24 '예각삼각형'에 ○표

01 • 이등변삼각형: 두 변의 길이가 같은 삼각형
➔ 가, 다, 마, 바
• 정삼각형: 세 변의 길이가 같은 삼각형 ➔ 마, 바

02 • 이등변삼각형: 두 변의 길이가 같은 삼각형을 찾아 선을 따라 그립니다.
• 정삼각형: 세 변의 길이가 같은 삼각형을 찾아 색칠합니다.

03 (1) 정삼각형은 두 변의 길이가 같으므로 이등변삼각형이라고 할 수 있습니다.
(2) 이등변삼각형은 길이가 같은 두 변을 제외한 나머지 한 변의 길이가 다를 수도 있으므로 정삼각형이라고 할 수 없습니다.

04 • 변과 꼭짓점이 각각 3개인 도형은 삼각형이고 변의 길이가 모두 4 cm이므로 정삼각형입니다.
• 정삼각형이므로 이등변삼각형입니다.

05 두 변의 길이가 같아야 하므로 □ 안에 들어갈 수 있는 수는 7, 11입니다.

06 이등변삼각형이므로 나머지 한 변의 길이는 7 cm입니다. ➔ $7+9+7=23$ (cm)

07 정삼각형은 세 변의 길이가 같습니다.
(한 변의 길이)$=24\div3=8$ (cm)

08 이등변삼각형은 길이가 같은 두 변에 있는 두 각의 크기가 같습니다.

09 • 정삼각형이므로 세 변의 길이가 각각 8 cm로 모두 같습니다.
• 정삼각형의 한 각의 크기는 60°입니다.

10 이등변삼각형은 두 각의 크기가 같습니다.
$\square^\circ+\square^\circ=180^\circ-140^\circ=40^\circ$
➔ $\square^\circ=40^\circ\div2=20^\circ$

11 ㉡ 정삼각형은 세 각의 크기가 각각 60°로 같으므로 세 각이 모두 예각입니다.

12 나머지 한 각의 크기를 알아봅니다.
• 규민: $180^\circ-90^\circ-45^\circ=45^\circ$
• 미나: $180^\circ-110^\circ-20^\circ=50^\circ$
따라서 이등변삼각형을 가지고 있는 사람은 규민입니다.

13 접었을 때 완전히 겹쳐진 두 변의 길이와 두 각의 크기는 각각 같으므로 이등변삼각형입니다.

➔ $\square° = 180° - 35° - 35° = 110°$

14

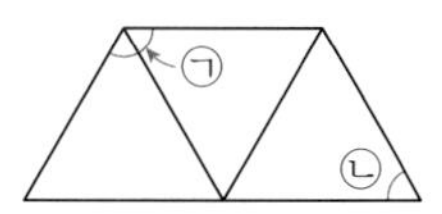

정삼각형의 한 각의 크기는 $60°$입니다.

㉠$= 60° + 60° = 120°$

㉡$= 60°$

15 (1) 정삼각형의 한 각이므로 $60°$입니다.

(2) 직선이 이루는 각의 크기는 $180°$입니다.

➔ ㉠$= 180° - 60° = 120°$

16 • 예각삼각형: 세 각이 모두 예각인 삼각형 ➔ 가, 라

• 직각삼각형: 한 각이 직각인 삼각형 ➔ 다, 마

• 둔각삼각형: 한 각이 둔각인 삼각형 ➔ 나, 바

17 세 각이 모두 예각인 삼각형과 한 각이 둔각인 삼각형을 각각 1개씩 그립니다.

18 연서: 예각삼각형은 세 각이 모두 예각이어야 하는데 주어진 삼각형은 한 각이 둔각이므로 둔각삼각형입니다.

참고 둔각삼각형에는 예각이 2개, 둔각이 1개 있습니다.

19

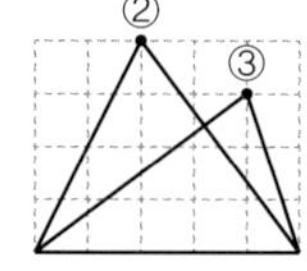

예각삼각형

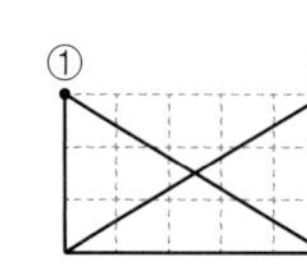

직각삼각형

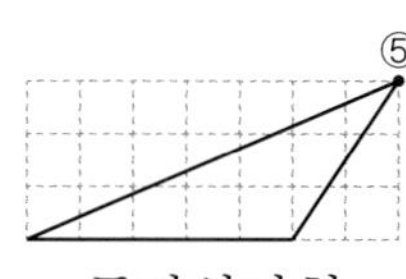

둔각삼각형

20 • 두 변의 길이가 같은 삼각형은 이등변삼각형입니다.

• 세 각이 모두 예각인 삼각형은 예각삼각형입니다.

이등변삼각형이면서 예각삼각형이 되도록 그립니다.

21 ① 세 각이 모두 예각이므로 예각삼각형입니다.

④ 두 변의 길이가 같으므로 이등변삼각형입니다.

22 ㉠ 세 각이 모두 예각이므로 예각삼각형입니다.

㉡ 한 각이 직각이므로 직각삼각형입니다.

㉢ 한 각이 둔각이므로 둔각삼각형입니다.

23 예각삼각형: 나, 라 ➔ 2개

둔각삼각형: 다, 마, 바 ➔ 3개

➔ 둔각삼각형은 예각삼각형보다 $3 - 2 = 1$(개) 더 많습니다.

24 삼각형의 세 각의 크기의 합은 $180°$입니다.

(지워진 각의 크기)$= 180° - 70° - 50° = 60°$

➔ 삼각형의 세 각이 모두 예각이므로 예각삼각형입니다.

046쪽 3STEP 서술형 문제 잡기

※서술형 문제의 예시 답안입니다.

1 이유 두 / '다르므로'에 ○표

2 이유 정삼각형은 세 각의 크기가 같아야 하는데 세 각의 크기가 모두 다르므로 정삼각형이 아닙니다. ▶ 5점

3 1단계 180, 55

2단계 '세'에 ○표 / 예각, 예각삼각형

답 예각삼각형

4 1단계 삼각형의 나머지 한 각의 크기는 $180° - 55° - 30° = 95°$입니다. ▶ 2점

2단계 한 각이 둔각이므로 둔각삼각형입니다. ▶ 3점

답 둔각삼각형

5 1단계 6 2단계 6, 8

답 8 cm

6 1단계 빨간색 선은 정삼각형의 변 8개로 이루어져 있습니다. ▶ 2점

2단계 따라서 정삼각형 한 변의 길이는 $40 \div 8 = 5$ (cm)입니다. ▶ 3점

답 5 cm

7 1단계

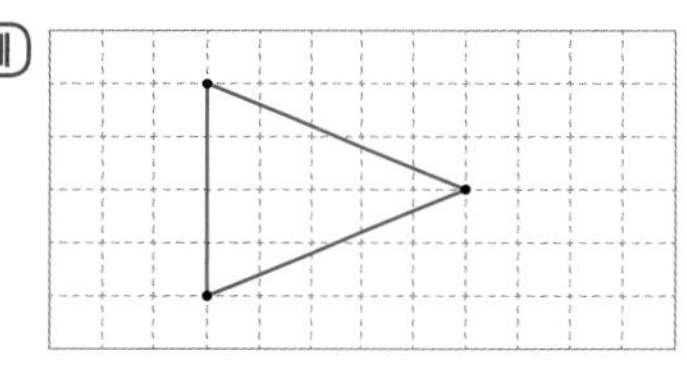

2단계 '예각삼각형'에 ○표

8 예 1단계

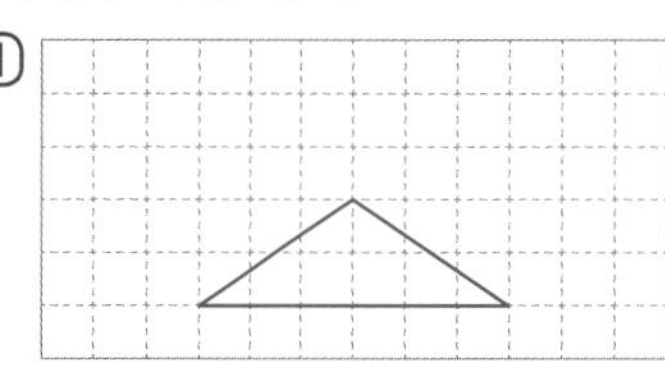

2단계 '둔각삼각형'에 ○표

개념책 2단원

8 (채점 가이드) 두 변의 길이가 같은 삼각형을 그리고, 그린 삼각형의 각의 크기에 따라 알맞은 것에 ○표 했으면 정답입니다.
- 예각삼각형: 세 각이 모두 $0°$보다 크고 $90°$보다 작은 삼각형
- 직각삼각형: 한 각이 $90°$인 삼각형
- 둔각삼각형: 한 각이 $90°$보다 크고 $180°$보다 작은 삼각형

048쪽 2단원 마무리

01 '한'에 ○표 / 둔각　02 정삼각형
03 둔　04 예
05 가, 다, 마, 바　06 가, 마
07 7　08 60, 6
09 예

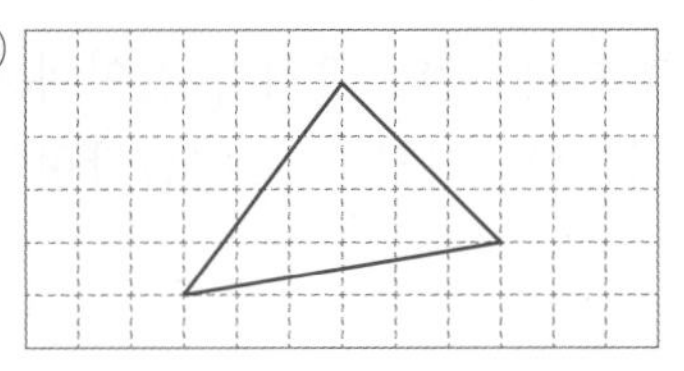

10 둔각삼각형　11 1개 / 2개
12 45, 45　13 ③, ④
14 5 cm
15 '예각삼각형', '이등변삼각형', '정삼각형'에 ○표
16 예

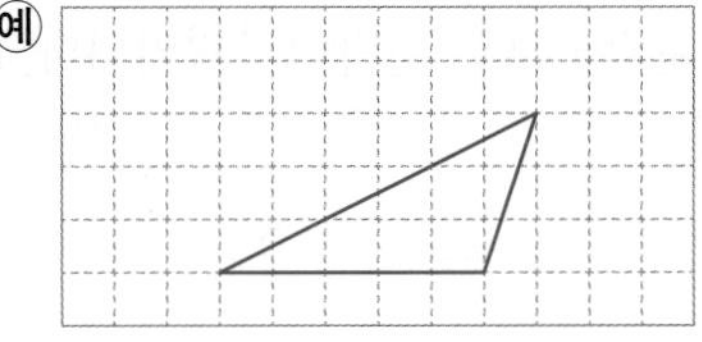

17 둔각삼각형　18 120

서술형 ※서술형 문제의 예시 답안입니다.

19 이등변삼각형이 아닌 이유 쓰기 ▶ 5점

이등변삼각형은 두 각의 크기가 같아야 하는데 세 각의 크기가 모두 다르므로 이등변삼각형이 아닙니다.

20 ❶ 빨간색 선을 이루는 정삼각형의 변이 몇 개인지 구하기 ▶ 2점
❷ 정삼각형 한 변의 길이 구하기 ▶ 3점

❶ 빨간색 선은 정삼각형의 변 7개로 이루어져 있습니다.
❷ 따라서 정삼각형 한 변의 길이는 $49 \div 7 = 7$ (cm)입니다.
㉠ 7 cm

01 주어진 삼각형은 한 각이 둔각인 둔각삼각형입니다.

02 세 변의 길이가 같은 삼각형을 정삼각형이라고 합니다.

03 한 각이 둔각이므로 둔각삼각형입니다.

04 세 각이 모두 예각이므로 예각삼각형입니다.

05 두 변의 길이가 같은 삼각형을 찾으면 가, 다, 마, 바입니다.

06 세 변의 길이가 같은 삼각형을 찾으면 가, 마입니다.

07 이등변삼각형은 두 변의 길이가 같습니다.

08 정삼각형은 세 변의 길이가 같고, 세 각의 크기도 같습니다.

09 세 각이 모두 예각인 삼각형을 그립니다.

10 한 각이 $115°$로 둔각이므로 둔각삼각형입니다.

11 예각삼각형이 1개, 둔각삼각형이 2개 생깁니다.

12 이등변삼각형은 두 각의 크기가 같습니다.
$\square° + \square° = 180° - 90° = 90°$
→ $\square° = 90° \div 2 = 45°$

13 ③ 둔각삼각형은 한 각이 둔각입니다.
④ 이등변삼각형은 예각삼각형, 직각삼각형, 둔각삼각형이 모두 될 수 있습니다.
(참고) ③ 삼각형의 세 각의 크기의 합은 $180°$이므로 두 각이 둔각이면 삼각형이 될 수 없습니다.

14 정삼각형은 세 변의 길이가 같으므로 한 변의 길이는 $15 \div 3 = 5$ (cm)입니다.

15 • 세 각이 모두 예각이므로 예각삼각형입니다.
• 세 변의 길이가 같으므로 이등변삼각형, 정삼각형입니다.

16 세 변의 길이가 모두 다르면서 한 각이 둔각인 삼각형을 그립니다.

17 (나머지 한 각의 크기) $= 180° - 45° - 40° = 95°$
→ 삼각형의 한 각이 $95°$로 둔각이므로 둔각삼각형입니다.

18 정삼각형의 한 각의 크기는 $60°$입니다.
→ $\square° = 180° - 60° = 120°$

3 소수의 덧셈과 뺄셈

054쪽 1STEP 교과서 개념 잡기

1 2, 0.8, 0.05　　2 (1) 0.08 (2) 0.36
3 (1) 0.47 (2) 3.47 / 삼 점 사칠
4 (　)(○)(　)　　5 (1) 1, 5, 8 (2) 4, 9, 2

1　■.▲●에서
■: 일의 자리 숫자 → ■를 나타냅니다.
▲: 소수 첫째 자리 숫자 → 0.▲를 나타냅니다.
●: 소수 둘째 자리 숫자 → 0.0●를 나타냅니다.

2　(1) 0.01이 8개이므로 0.08입니다.
(2) 0.1이 3개, 0.01이 6개이므로 0.36입니다.

3　(2) $3\frac{47}{100}=3+\frac{47}{100}=3+0.47=3.47$(삼 점 사칠)

4　6.23
└→ 소수 둘째 자리 숫자: 0.03

5　■.▲●는 1이 ■개, 0.1이 ▲개, 0.01이 ●개인 수입니다.

056쪽 1STEP 교과서 개념 잡기

1 4, 0.2, 0.07, 0.003
2 (1) 0.624 (2) 0.438
3 (1) 0.209 / 영 점 이영구
(2) 5.347 / 오 점 삼사칠
4 (1) 0.09 (2) 0.009
5 2, 3, 4, 8

1　■.▲●♥에서
■: 일의 자리 숫자 → ■를 나타냅니다.
▲: 소수 첫째 자리 숫자 → 0.▲를 나타냅니다.
●: 소수 둘째 자리 숫자 → 0.0●를 나타냅니다.
♥: 소수 셋째 자리 숫자 → 0.00♥를 나타냅니다.

2　(1) 0.1이 6개, 0.01이 2개, 0.001이 4개 → 0.624
(2) 0.1이 4개, 0.01이 3개, 0.001이 8개 → 0.438

3　(1) $\frac{▲●♥}{1000}$ → 0.▲●♥
(2) ■$\frac{▲●♥}{1000}$ → ■.▲●♥

4　(1) 0.893
└→ 소수 둘째 자리 숫자: 0.09
(2) 5.149
└→ 소수 셋째 자리 숫자: 0.009

5　2.348=2+0.3+0.04+0.008

058쪽 1STEP 교과서 개념 잡기

1 0 / =
2 (1) > (2) < (3) >
3 (1) 예, 예 (2) >
4 <
5 8.30에 ○표
6 (1) > (2) = (3) > (4) <

1　■.▲=■.▲0=■.▲00=■.▲000=⋯
소수의 오른쪽 끝자리에 0을 여러 개 붙여도 크기는 모두 같습니다.

2　(1) 자연수 부분을 비교하면 7>3입니다.
→ 7.16>3.45
(2) 자연수 부분이 같으므로 소수 첫째 자리 수를 비교하면 2<5입니다.
→ 2.28<2.53
(3) 자연수 부분과 소수 첫째, 둘째 자리 수가 각각 같으므로 소수 셋째 자리 수를 비교하면 8>6입니다.
→ 3.518>3.516

3　(2) 색칠한 부분의 크기를 비교하면 0.4가 0.36보다 더 큽니다.

4 수직선에서 오른쪽에 있는 수가 더 큰 수입니다.
➔ 1.637<1.645

5 소수의 오른쪽 끝자리에 0을 붙여 나타낼 수 있으므로 8.3=8.30입니다.

6 (1) 14.2>1.45 (14>1)　(2) 0.31~~0~~=0.31
(3) 0.61>0.48 (6>4)　(4) 2.518<2.546 (1<4)

060쪽 1STEP 교과서 개념 잡기

1 왼쪽 / 오른쪽
2 (1) 0.1 (2) 0.001
3 (1) 3.46, 34.6 (2) 0.5, 0.05
4 (1) 9 (2) 0.008
5 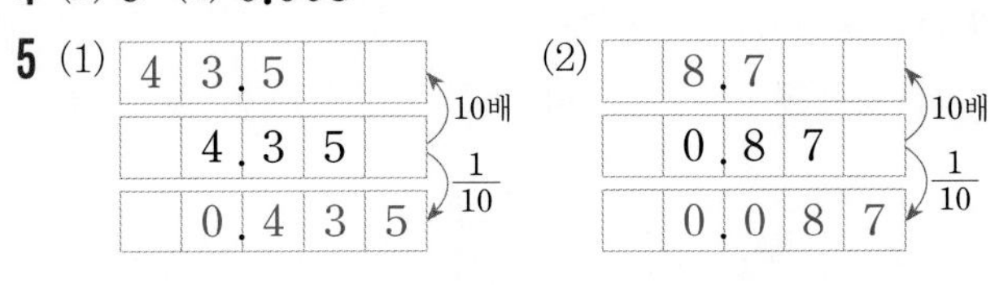

2 (1) 0.01의 10배: 소수점을 기준으로 수가 왼쪽으로 한 자리씩 이동 ➔ 0.1
(2) 0.01의 $\frac{1}{10}$: 소수점을 기준으로 수가 오른쪽으로 한 자리씩 이동 ➔ 0.001

3 (1) 0.346 → (10배) 3.46, 0.346 → (100배) 34.6
(2) 5 → ($\frac{1}{10}$) 0.5, 5 → ($\frac{1}{100}$) 0.05

4 (1) 0.9의 10배는 9입니다.
(2) 0.8의 $\frac{1}{100}$은 0.008입니다.

5 (1) 4.35의 10배는 43.5이고, 4.35의 $\frac{1}{10}$은 0.435입니다.
(2) 0.87의 10배는 8.7이고, 0.87의 $\frac{1}{10}$은 0.087입니다.

062쪽 2STEP 수학익힘 문제 잡기

01 4.97, 5.05
02 (1), (2)
03 (위에서부터) 9, 6, 0.07
04 7.24에 ○표
05 0.84 m
06 2.64 / 이 점 육사
07 주경
08 0.53, 0.54
09 리아
10 3.275
11 ㉡, ㉢
12 ㉡
13 0.925 km
14 0.58, 0.63 (0.4, 0.5, 0.6, 0.7) / <
15 5.04~~0~~, 15.6~~00~~, 0.2~~0~~
16 48, 70, 0.7
17 (○)(　)
18 0.97
19 민재
20 (1) 5.48 / 5.432 (2) 연서
21 (위에서부터) $\frac{1}{10}$, $\frac{1}{100}$
22 23.4 / 0.234
23 (1) 1000 (2) 10
24 (위에서부터) 0.07, 70, 0.453, 453
25 ㉠
26 100배
27 (1) 95 (2) 0.095

01 작은 눈금 한 칸의 크기: 0.01
➔ 4.9에서 0.01씩 7칸 더 간 곳: 4.97
➔ 5에서 0.01씩 5칸 더 간 곳: 5.05

02 (1) $\frac{45}{100}$ ➔ 0.45(영 점 사오)
(2) $3\frac{54}{100}$ ➔ 3.54(삼 점 오사)

03 6.97에서
6은 일의 자리 숫자이고, 6을 나타냅니다.
9는 소수 첫째 자리 숫자이고, 0.9를 나타냅니다.
7은 소수 둘째 자리 숫자이고, 0.07을 나타냅니다.

04 2.18 (2) 7.24(○) (0.2) 0.92 (0.02)

05 0.1 m를 똑같이 10으로 나누었으므로 작은 눈금 한 칸의 길이는 0.01 m입니다.
테이프는 0.8 m보다 0.04 m 더 길므로 0.84 m입니다.

06 1이 2개: 2
0.1이 5개: 0.5
0.01이 14개: 0.14
2.64 (이 점 육사)

07 5보다 크고 6보다 작은 소수 두 자리 수의 일의 자리 숫자는 5입니다. 소수 첫째 자리 숫자는 3이므로 조건에 알맞은 수는 5.3□입니다.
따라서 조건에 알맞은 수를 가지고 있는 사람은 5.36을 가지고 있는 주경입니다.

08 작은 눈금 한 칸의 크기: 0.001
0.536은 0.53에서 작은 눈금 6칸만큼 더 간 곳입니다.

09 소수점 아래 수는 자릿값을 읽지 않고 숫자만 차례로 읽으므로 숫자 0도 읽어야 합니다.
리아: 10.065 → 십 점 영육오

10 1이 3개: 3
0.1이 2개: 0.2
0.01이 7개: 0.07
0.001이 5개: 0.005
3.275

11 ㉠ '이 점 팔영육'이라고 읽습니다.
㉣ 1이 2개, 0.1이 8개, 0.001이 6개인 수입니다.

12 ㉠ 0.174 → 0.07
㉡ 3.709 → 0.7
㉢ 5.287 → 0.007
따라서 7이 나타내는 값이 가장 큰 소수는 ㉡입니다.

13 1 m=0.001 km
→ 925 m=0.925 km

14 수직선에서 오른쪽에 있는 수가 더 큰 수입니다.
→ 0.58<0.63

15 소수에서 오른쪽 끝자리의 0은 생략할 수 있습니다.

16 0.48은 0.01이 48개, 0.7은 0.01이 70개인 수입니다. 0.01의 개수를 비교하면 48<70이므로 0.48<0.7입니다.

17 • 0.51<0.54(○) (1<4) • 4.027<4.207 (0<2)

18 0.97>0.956>0.95이므로 0.97이 가장 큽니다.

19 0.54>0.46이므로 고구마를 더 많이 캔 사람은 민재입니다.

20 (1) • 연서: 1이 5개, 0.1이 4개, 0.01이 8개인 수
→ 5.48
• 현우: 0.1이 54개, 0.01이 3개, 0.001이 2개인 수
→ 5.432
(2) 5.48>5.432이므로 더 큰 소수를 말한 사람은 연서입니다.

21 0.001은 0.01의 $\frac{1}{10}$이고, 0.1의 $\frac{1}{100}$입니다.

22 • 2.34의 10배 → 23.4
• 2.34의 $\frac{1}{10}$ → 0.234

23 (1) 소수점을 기준으로 수가 왼쪽으로 세 자리 이동하였으므로 60은 0.06의 1000배입니다.
(2) 소수점을 기준으로 수가 왼쪽으로 한 자리 이동하였으므로 2.9는 0.29의 10배입니다.

24 소수를 10배 하면 소수점을 기준으로 수가 왼쪽으로 한 자리씩 이동하고, 소수의 $\frac{1}{10}$을 하면 소수점을 기준으로 수가 오른쪽으로 한 자리씩 이동합니다.

25 ㉠ 1.62의 100배 → 162
㉡ 16.2의 $\frac{1}{10}$ → 1.62
㉢ 0.162의 10배 → 1.62

26 ㉠은 일의 자리 숫자이고, 8을 나타냅니다.
㉡은 소수 둘째 자리 숫자이고, 0.08을 나타냅니다.
→ 8은 0.08의 100배입니다.

27 (1) 0.95 L의 100배 → 95 L
(2) 0.95 L의 $\frac{1}{10}$ → 0.095 L

개념책 3단원

066쪽 1STEP 교과서 개념 잡기

1 방법1 25, 9 / 34 / 3.4
방법2 (왼쪽에서부터) 1, 4 / 1, 3, 4
2 0.9 / 0.9
3 (1) 1, 9 (2) 1, 2, 6 (3) 1, 6, 2
4 (1) 0.8 (2) 3.4 (3) 5.2
5 (1) 3.5 (2) 1.4

1 방법1 2.5+0.9는 0.1이 25+9=34(개)입니다.
→ 2.5+0.9=3.4
방법2 5+9=14에서 10은 일의 자리로 받아올림하여 계산합니다.

2 0.6에서 0.3만큼 더 가면 0.9입니다.
→ 0.6+0.3=0.9

3 같은 자리 수끼리 더합니다. 소수 첫째 자리 수끼리 더한 값이 10이거나 10보다 크면 일의 자리로 받아올림합니다.

4 받아올림에 주의하여 계산합니다.

(1) $\begin{array}{r} 0.2 \\ +\ 0.6 \\ \hline 0.8 \end{array}$ (2) $\begin{array}{r} {\scriptstyle 1}\ \ \ \\ 2.6 \\ +\ 0.8 \\ \hline 3.4 \end{array}$ (3) $\begin{array}{r} {\scriptstyle 1}\ \ \ \\ 1.3 \\ +\ 3.9 \\ \hline 5.2 \end{array}$

5 (1) $\begin{array}{r} 1.1 \\ +\ 2.4 \\ \hline 3.5 \end{array}$ (2) $\begin{array}{r} {\scriptstyle 1}\ \ \ \\ 0.7 \\ +\ 0.7 \\ \hline 1.4 \end{array}$

068쪽 1STEP 교과서 개념 잡기

1 방법1 182, 670 / 852 / 8.52
방법2 (왼쪽에서부터) 2 / 1, 5, 2 / 1, 8, 5, 2
2 예 / 0.74
3 (1) 2, 6, 9 (2) 1, 5, 7, 4 (3) 1, 4, 2, 4
4 (1) 0.72 (2) 3.56 (3) 4.37
5 (1) 0.74 (2) 5.68

1 방법1 1.82+6.7은 0.01이 182+670=852(개)입니다. → 1.82+6.7=8.52
방법2 6.7=6.70으로 생각하여 자리를 맞추어 쓰고, 소수 첫째 자리의 계산 8+7=15에서 10은 일의 자리로 받아올림하여 계산합니다.

2 • 파란색 모눈의 합: 40+20=60(칸)
• 초록색 모눈의 합: 9+5=14(칸)
→ 60+14=74(칸)만큼 색칠합니다.
→ 0.49+0.25는 0.01이 74개이므로 0.74입니다.

3 같은 자리 수끼리 더한 값이 10이거나 10보다 크면 바로 윗자리로 받아올림합니다.

4 (1) $\begin{array}{r} {\scriptstyle 1}\ \ \ \\ 0.47 \\ +\ 0.25 \\ \hline 0.72 \end{array}$ (2) $\begin{array}{r} 2.13 \\ +\ 1.43 \\ \hline 3.56 \end{array}$ (3) $\begin{array}{r} {\scriptstyle 1}\ \ \ \ \ \ \\ 0.75 \\ +\ 3.62 \\ \hline 4.37 \end{array}$

5 (1) $\begin{array}{r} 0.61 \\ +\ 0.13 \\ \hline 0.74 \end{array}$ (2) $\begin{array}{r} {\scriptstyle 1}\ \ \ \ \ \ \\ 0.98 \\ +\ 4.7\ \ \\ \hline 5.68 \end{array}$

070쪽 1STEP 교과서 개념 잡기

1 방법1 41, 13 / 28 / 2.8
방법2 (왼쪽에서부터) 3, 10, 8 / 3, 10, 2, 8
2 0.3 / 0.3
3 (1) 1, 3 (2) 1, 10, 1, 4 (3) 3, 10, 1, 8
4 (1) 0.2 (2) 0.5 (3) 3.4
5 (1) 1.2 (2) 1.7

1 방법1 4.1−1.3은 0.1이 41−13=28(개)입니다.
→ 4.1−1.3=2.8
방법2 1에서 3을 뺄 수 없으므로 10을 일의 자리에서 받아내림하여 계산합니다.

2 0.8에서 0.5만큼 되돌아오면 0.3입니다.
→ 0.8−0.5=0.3

3 같은 자리 수끼리 뺍니다. 소수 첫째 자리 수끼리 뺄 수 없으면 일의 자리에서 받아내림합니다.

4 (1)
$$\begin{array}{r} 0.7 \\ -\ 0.5 \\ \hline 0.2 \end{array}$$
(2)
$$\begin{array}{r} 0\ \ 10 \\ \not{1}.4 \\ -\ 0.9 \\ \hline 0.5 \end{array}$$
(3)
$$\begin{array}{r} 4\ \ 10 \\ \not{5}.2 \\ -\ 1.8 \\ \hline 3.4 \end{array}$$

5 (1)
$$\begin{array}{r} 1.4 \\ -\ 0.2 \\ \hline 1.2 \end{array}$$
(2)
$$\begin{array}{r} 2\ \ 10 \\ \not{3}.3 \\ -\ 1.6 \\ \hline 1.7 \end{array}$$

072쪽 1STEP 교과서 개념 잡기

1 방법1 690, 237 / 453 / 4.53
방법2 (왼쪽에서부터) 8, 10, 3 / 8, 10, 5, 3 / 8, 10, 4, 5, 3

2 예 / 0.44

3 (1) 2, 4, 1 (2) 1, 10, 1, 7, 4 (3) 7, 10, 1, 1, 5

4 (1) 2.42 (2) 0.27 (3) 5.21

5 (1) 0.35 (2) 3.44

1 방법1 6.9−2.37은 0.01이 690−237=453(개)입니다. ➔ 6.9−2.37=4.53
방법2 6.9=6.90으로 생각하여 자리를 맞추어 쓰고, 0에서 7을 뺄 수 없으므로 10을 소수 첫째 자리에서 받아내림하여 계산합니다.

2 모눈 한 칸의 크기가 0.01이므로 모눈 72칸에서 28칸을 ×표 하면 44칸이 남습니다.
➔ 0.72−0.28=0.44

3 같은 자리 수끼리 뺄 수 없으면 바로 윗자리에서 받아내림합니다.

4 (1)
$$\begin{array}{r} 4.7\ 8 \\ -\ 2.3\ 6 \\ \hline 2.4\ 2 \end{array}$$
(2)
$$\begin{array}{r} 5\ \ 10\ \ \\ 0.\not{6}\ 1 \\ -\ 0.3\ 4 \\ \hline 0.2\ 7 \end{array}$$
(3)
$$\begin{array}{r} 3\ \ 10 \\ 8.\not{4}\ \ \\ -\ 3.1\ 9 \\ \hline 5.2\ 1 \end{array}$$

5 (1)
$$\begin{array}{r} 0.5\ 7 \\ -\ 0.2\ 2 \\ \hline 0.3\ 5 \end{array}$$
(2)
$$\begin{array}{r} 6\ \ 10\ \ \ \\ \not{7}.2\ 5 \\ -\ 3.8\ 1 \\ \hline 3.4\ 4 \end{array}$$

074쪽 2STEP 수학익힘 문제 잡기

01 1.7
02 (1) 0.4 (2) 2.5
03 (위에서부터) 1.2, 3.5
04 2.6
05 규민
06 1.2+0.5=1.7(또는 1.2+0.5) / 1.7 L
07 ( )(○)( )
08 8.3
09 0.47
10 (1) 0.86 (2) 2.71
11 5.24, 7.14
12 ( )(○)
13 5.12
14 1.71 m
15 4.35
16 0.5
17 (1) 0.6 (2) 1.9
18 5.7
19 (1) (2) (3)
20 >
21 0.7
22 (1) 3.8, 4.3, 5.2 (2) 3, 4
23 0.18
24 (1) 0.44 (2) 3.35
25 0.58, 1.74
26 ㉡
27 7.32−0.79=6.53(또는 7.32−0.79) / 6.53 kg
28 찬희, 1.31
29 (위에서부터) 2, 5

01 0.8만큼 색칠한 것에 0.9만큼을 이어서 색칠하면 1.7입니다. ➔ 0.8+0.9=1.7

02 (1)
$$\begin{array}{r} 0.1 \\ +\ 0.3 \\ \hline 0.4 \end{array}$$
(2)
$$\begin{array}{r} 1\ \ \ \ \\ 1.8 \\ +\ 0.7 \\ \hline 2.5 \end{array}$$

03 (1)
$$\begin{array}{r} 1\ \ \ \ \\ 0.6 \\ +\ 0.6 \\ \hline 1.2 \end{array}$$
(2)
$$\begin{array}{r} 1\ \ \ \ \\ 0.6 \\ +\ 2.9 \\ \hline 3.5 \end{array}$$

04 0.4보다 2.2만큼 더 큰 수 ➔ 0.4+2.2=2.6

05 • 규민:

$$\begin{array}{r} \scriptstyle 1\ \ \ \\ 1.5 \\ +\ 2.7 \\ \hline 4.2 \end{array}$$

(○)

• 주경:

$$\begin{array}{r} \scriptstyle 1\ \ \ \\ 3.9 \\ +\ 0.4 \\ \hline 4.3 \end{array}$$

참고 주경이는 받아올림을 하지 않고 계산했습니다.

06 (전체 우유의 양)
=(처음에 있던 우유의 양)+(더 사 온 우유의 양)
=1.2+0.5=1.7 (L)

07 • 3.2+1.9=5.1>5
• 4.3+0.6=4.9<5 (○)
• 1.5+4=5.5>5

08 5.4+2.8=8.2
따라서 8.2<□이므로 □ 안에 들어갈 수 있는 가장 작은 소수 한 자리 수는 8.3입니다.

09 0.15에서 0.32만큼 더 가면 0.47입니다.
→ 0.15+0.32=0.47

10 (1)

$$\begin{array}{r} 0.7\ 2 \\ +\ 0.1\ 4 \\ \hline 0.8\ 6 \end{array}$$

(2)

$$\begin{array}{r} \scriptstyle 1\ \ \ \ \ \ \\ 1.4\ 8 \\ +\ 1.2\ 3 \\ \hline 2.7\ 1 \end{array}$$

11 • 4.96+0.28=5.24
• 5.24+1.9=7.14

12 • 1.48+4.25=5.73
• 2.85+3.22=6.07
→ 5.73<6.07

13 4.2보다 크고 5보다 작은 수: 4.52
→ 4.52+0.6=5.12

14 29 cm=0.29 m입니다.
(처음 리본의 길이)
=(사용한 리본의 길이)+(남은 리본의 길이)
=1.42+0.29=1.71 (m)

15 • 리아가 생각한 수: 0.75
• 도율이가 생각한 수: 3.6
→ 0.75+3.6=4.35

16 1.2만큼 색칠한 것에서 0.7만큼을 빼면 0.5가 남습니다. → 1.2−0.7=0.5

17 (1)

$$\begin{array}{r} 0.9 \\ -\ 0.3 \\ \hline 0.6 \end{array}$$

(2)

$$\begin{array}{r} \scriptstyle 1\ \ 10 \\ 2.4 \\ -\ 0.5 \\ \hline 1.9 \end{array}$$

18 가장 큰 수: 6.1, 가장 작은 수: 0.4
→ 6.1−0.4=5.7

19 (1) 0.8−0.4=0.4 → 1.2−0.8=0.4
(2) 1.3−0.6=0.7 → 5.9−5.2=0.7
(3) 4.1−2.5=1.6 → 3.5−1.9=1.6

20 1.5−0.9=0.6
1.1−0.6=0.5
→ 0.6>0.5

21 4.5−□=3.8 → □=4.5−3.8=0.7

22 (1) • 1학년과 2학년 사이:
125.4−121.6=3.8 (cm)
• 2학년과 3학년 사이:
129.7−125.4=4.3 (cm)
• 3학년과 4학년 사이:
134.9−129.7=5.2 (cm)
(2) 5.2>4.3>3.8
→ 키가 가장 많이 자란 때: 3학년과 4학년 사이

23 0.33에서 0.15만큼 되돌아오면 0.18입니다.
→ 0.33−0.15=0.18

24 (1)

$$\begin{array}{r} 0.7\ 5 \\ -\ 0.3\ 1 \\ \hline 0.4\ 4 \end{array}$$

(2)

$$\begin{array}{r} \scriptstyle 3\ \ 10\ \\ 4.\not{4}\ 3 \\ -\ 1.0\ 8 \\ \hline 3.3\ 5 \end{array}$$

25 • 0.94−0.36=0.58
• 2.1−0.36=1.74

26 ㉠ 2.07−1.43=0.64
㉡ 1.82−0.18=1.64
㉢ 4.2−3.56=0.64
따라서 계산 결과가 다른 하나는 ㉡입니다.

27 (수박의 무게)
=(수박이 들어 있는 바구니의 무게)
−(빈 바구니의 무게)
=7.32−0.79=6.53 (kg)

28 50 m를 달리는 데 걸린 시간이 짧을수록 더 빠릅니다.
➔ 찬희가 지우보다 12.16−10.85=1.31(초) 더 빠릅니다.

29 • 소수 둘째 자리: 9−□=4 ➔ □=5
• 소수 첫째 자리: 10+□−7=5 ➔ □=2
참고 자연수 부분의 계산에서 9−2가 6이 되었으므로 일의 자리에서 받아내림이 있는 것입니다.

078쪽 3STEP 서술형 문제 잡기

※서술형 문제의 예시 답안입니다.

1 (1단계)
$$\begin{array}{r} {\scriptstyle 1} \\ 4.8 \\ +\ 1.9 \\ \hline 6.7 \end{array}$$
(2단계) '받아올림'에 ○표

2 (1단계)
$$\begin{array}{r} {\scriptstyle 4\ 10} \\ \not{5}.2 \\ -\ 2.6 \\ \hline 2.6 \end{array}$$
▶ 2점
(2단계) 일의 자리를 계산할 때 소수 첫째 자리로 받아내림한 수를 빼고 계산해야 합니다. ▶ 3점

3 (1단계) 1.2 (2단계) 2.3, 1.2, 1.1
㉰ 1.1 kg

4 (1단계) 서진이와 예은이가 마신 물은 모두 0.5+0.9=1.4 (L)입니다. ▶ 2점
(2단계) 따라서 남은 물은 3.1−1.4=1.7 (L)입니다. ▶ 3점
㉰ 1.7 L

5 (1단계) 9.42, 2.49 (2단계) 9.42, 2.49, 11.91
㉰ 11.91

6 (1단계) 만들 수 있는 가장 큰 수는 8.64이고, 만들 수 있는 가장 작은 수는 4.68입니다. ▶ 3점
(2단계) 두 수의 차는 8.64−4.68=3.96입니다. ▶ 2점
㉰ 3.96

7 (1단계) 4, 2, 6 / 4.26 (2단계) 4.26, 0.426

8 예 (1단계) 7, 5 / 7.5 (2단계) 7.5, 0.075

8 **채점 가이드** 소수 한 자리 수를 만들고, 그 수의 $\frac{1}{100}$인 수를 바르게 구했으면 정답입니다.
➔ ■.▲의 $\frac{1}{100}$: 0.0■▲

080쪽 3단원 마무리

01 0.68
02 7.206
03 0.8
04 (1) • ─ 오른쪽 둘째 •, (2) • ─ 오른쪽 첫째 •, (3) • ─ 오른쪽 셋째 •
05 5.81
06 (위에서부터) 5, 3, 0.08, 0.001
07 0.352, 35.2
08 4.20에 ○표
09 <
10
$$\begin{array}{r} 0.6 \\ +\ 0.78 \\ \hline 1.38 \end{array}$$
11 100
12 (위에서부터) 21.18, 5.51
13 1.7+1.3=3 (또는 1.7+1.3) / 3 L
14 ㉡, ㉢
15 1000배
16 4.3
17 2.01
18 (위에서부터) 4, 2, 2

서술형 ※서술형 문제의 예시 답안입니다.

19 ❶ 두 사람이 사용한 철사의 길이 구하기 ▶ 2점
❷ 남은 철사의 길이 구하기 ▶ 3점

❶ 형석이와 주원이가 사용한 철사는 모두 0.7+0.4=1.1 (m)입니다.
❷ 따라서 남은 철사는 1.5−1.1=0.4 (m)입니다.
㉰ 0.4 m

20 ❶ 만들 수 있는 가장 큰 수와 가장 작은 수 구하기 ▶ 3점
❷ 만든 두 수의 합 구하기 ▶ 2점

❶ 만들 수 있는 가장 큰 수는 7.52이고, 만들 수 있는 가장 작은 수는 2.57입니다.
❷ 두 수의 합은 7.52+2.57=10.09입니다.
㉰ 10.09

02 $\frac{1}{1000}$=0.001이므로 $7\frac{206}{1000}$=7.206입니다.

03 0.4에서 0.4만큼 더 가면 0.8입니다.

05
$$\begin{array}{r} {\scriptstyle 7\ 10} \\ \not{8}.49 \\ -\ 2.68 \\ \hline 5.81 \end{array}$$

개념책
3 단원

06 3.581에서
3은 일의 자리 숫자이고, 3을 나타냅니다.
5는 소수 첫째 자리 숫자이고, 0.5를 나타냅니다.
8은 소수 둘째 자리 숫자이고, 0.08을 나타냅니다.
1은 소수 셋째 자리 숫자이고, 0.001을 나타냅니다.

07 • 3.52의 $\frac{1}{10}$ → 0.352
• 3.52의 10배 → 35.2

08 소수의 오른쪽 끝자리에 0을 붙여 나타낼 수 있으므로 4.2=4.20입니다.

09 1.58<1.85
(5<8)

10 소수점의 자리를 잘못 맞추어 계산했습니다.

11 소수점을 기준으로 수가 왼쪽으로 두 자리 이동하였으므로 11.3은 0.113의 100배입니다.

12 • 12.25+8.93=21.18
• 12.25−6.74=5.51
주의 가로 계산은 덧셈, 세로 계산은 뺄셈인 것에 주의합니다.

13 (수조에 있는 물의 양)
=(처음에 있던 물의 양)+(더 부은 물의 양)
=1.7+1.3=3 (L)

14 ㉠ 4.169는 사 점 일육구라고 읽습니다.
㉣ 4.169에서 소수 둘째 자리 숫자는 6입니다.

15 ㉠은 일의 자리 숫자이고, 7을 나타냅니다.
㉡은 소수 셋째 자리 숫자이고, 0.007을 나타냅니다.
→ 7은 0.007의 1000배입니다.

16 □−2.17=2.13 → □=2.13+2.17=4.3

17 • 2보다 크고 3보다 작은 소수 두 자리 수 → 2.□□
• 소수 첫째 자리 숫자: 0 → 2.0□
• 소수 둘째 자리 숫자: 1 → 2.01
따라서 조건을 모두 만족하는 소수는 2.01입니다.

18
```
   5 . ㉠ 3
 − ㉡ . 7 1
   2 . 7 ㉢
```
• 3−1=2 → ㉢=2
• 10+㉠−7=7 → ㉠=4
• 5−1−㉡=2 → ㉡=2

19 **참고** 1.5−0.7−0.4=0.8−0.4=0.4 (m)로 답을 구할 수도 있습니다.

4 사각형

086쪽 1STEP 교과서 개념 잡기

1 수직 / 수선
2
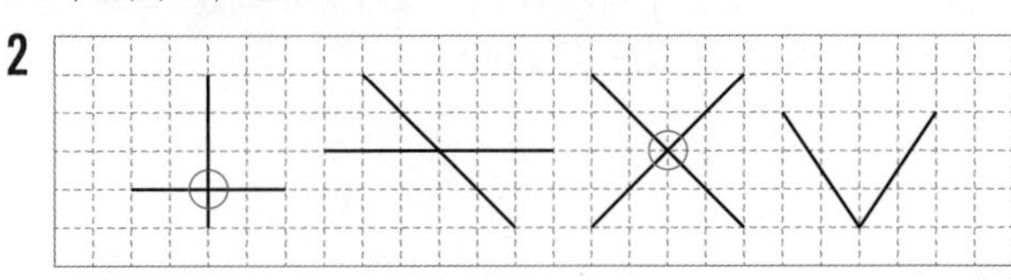
3 (1) 직선 다 (2) 직선 라
4 ㄹ
5 예
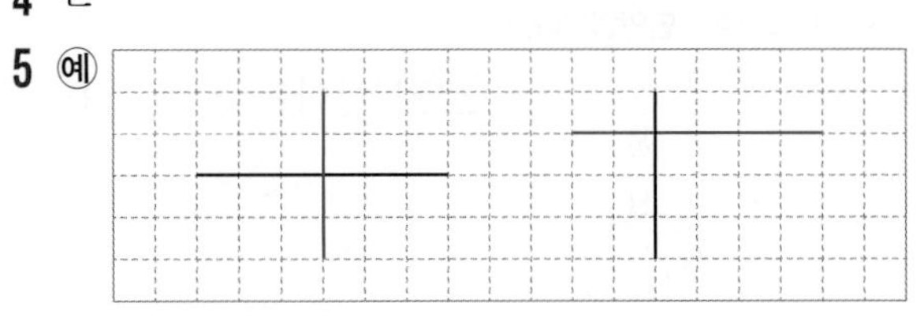

2 모눈 선이나 삼각자의 직각 부분을 이용하여 직각을 찾습니다.

3 직선 가와 수직으로 만나는 직선을 찾습니다.

4 직선 가에 대한 수선은 직선 가에 수직인 직선입니다. 각도기의 눈금이 90°인 곳을 찾으면 점 ㄹ입니다.

5 모눈 선을 따라 주어진 직선에 수직인 직선을 하나씩 긋습니다.

088쪽 1STEP 교과서 개념 잡기

1 평행 / 평행선　　2 ( )(○)( )( )
3 (1) 다 (2) 다 (3) 다　　4 연서
5 예
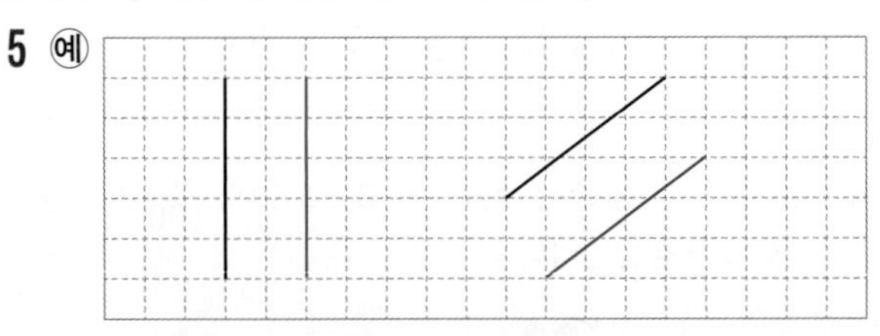

1 참고 • 한 직선에 수직인 두 직선 가, 나는 서로 평행합니다.
• 직선 가와 직선 나를 평행선이라고 합니다.

2 양쪽으로 끝없이 늘여도 서로 만나지 않는 두 직선을 찾습니다.

3 직선 가에 수직인 직선 나와 직선 다는 서로 평행하므로 평행선입니다.

4 직선 가와 그어진 선을 양쪽으로 끝없이 늘여도 만나지 않는 직선을 그은 사람은 연서입니다.

5 모눈 선을 참고하여 주어진 직선과 평행한 직선을 긋습니다.

090쪽 1STEP 교과서 개념 잡기

1 수직 2 5
3 (1) ㉡ (2) 90 (3) ㉡ 4 (1) ㉢ (2) 4
5 (1) 2 (2) 4

2 평행선이 기울어져 있는 경우에도 평행선에 수직인 선분을 긋고 그 길이를 잽니다.

3 (1) 평행선 사이에 그은 선분 중 길이가 가장 짧은 선분은 ㉡입니다.
(2) ㉡이 평행선과 만나서 이루는 각도는 90°입니다.
(3) 평행선에 수직인 선분은 ㉡이므로 평행선 사이의 거리를 나타내는 선분은 ㉡입니다.

5 (1) 평행선에 수직인 선분을 긋고 그 선분의 길이를 재어 보면 2 cm입니다.
(2) 평행선에 수직인 선분을 긋고 그 선분의 길이를 재어 보면 4 cm입니다.

092쪽 2STEP 수학익힘 문제 잡기

01 ( )(○)( ) 02
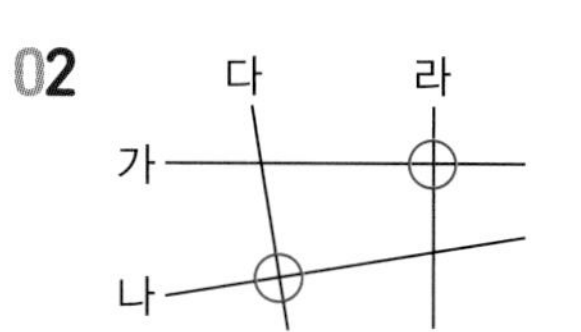

03 ㉢ 04 직선 나, 직선 마
05 다, 라
06 예
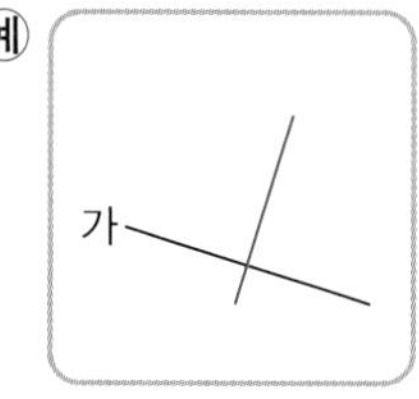

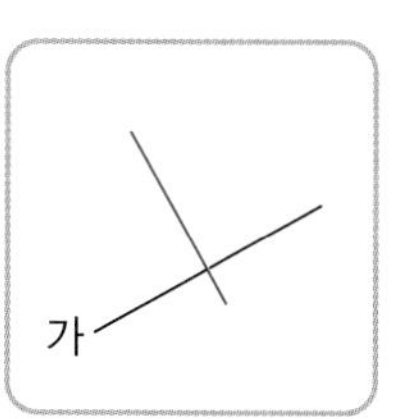

07 미나
08 변 ㄱㄹ(또는 변 ㄹㄱ), 변 ㄴㄷ(또는 변 ㄷㄴ)
09 35° 10 ㉣
11 직선 다와 직선 라
12 예
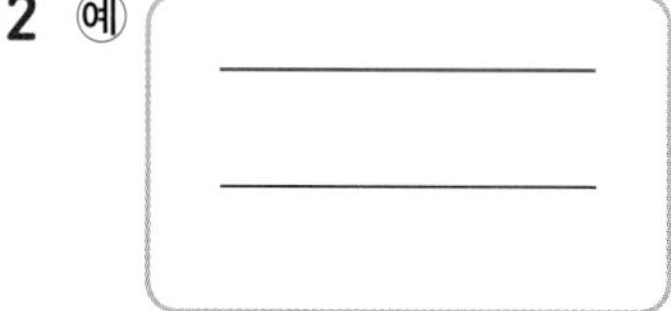
13
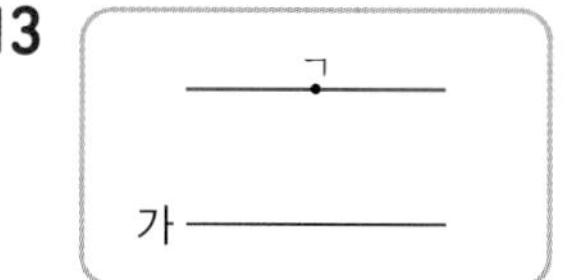

14 2쌍 15 ㉢
16
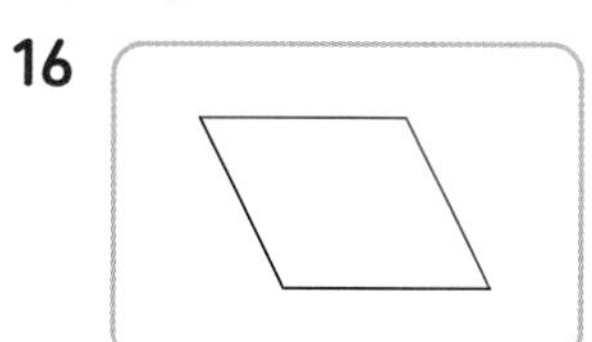
17 ㄷ, ㅂ 18 라
19 주경 20 12 cm
21 2 cm 22 ㉡
23 예 (3cm)
24 10 cm

04 직선 가와 수직으로 만나는 직선을 찾으면 직선 나, 직선 마입니다.

05 두 변이 만나서 이루는 각이 직각인 곳이 있는 도형을 찾으면 다, 라입니다.

06 • 각도기를 이용하여 수선 긋기: 직선 가 위에 한 점을 찍고 각도기의 중심과 밑금을 맞춘 후 90°가 되는 눈금 위에 점을 찍어 수선을 긋습니다.
• 삼각자를 이용하여 수선 긋기: 삼각자의 직각을 낀 한 변을 직선 가에 맞추고 직각을 낀 다른 변을 따라 수선을 긋습니다.

07 미나: 직선 가에 대한 수선은 직선 라와 직선 마로 모두 2개입니다.

08 변 ㄱㄴ과 만나서 이루는 각이 직각인 변은 변 ㄱㄹ, 변 ㄴㄷ입니다.

09 직선 가와 직선 나는 서로 수직이므로 두 직선이 만나서 이루는 각의 크기는 90°입니다.
➔ ㉠$=90^\circ-55^\circ=35^\circ$

12 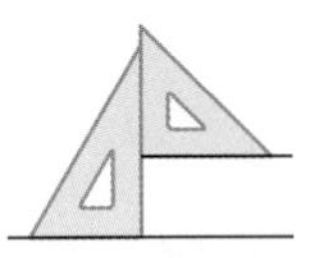
주어진 직선 위에 직각 부분이 맞닿게 삼각자 2개를 놓기 ➔ 한 삼각자를 고정하고, 다른 삼각자를 밀어 올리거나 내려서 평행선을 긋기

13 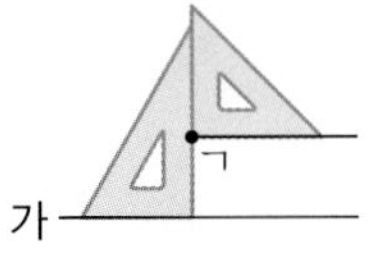

직선 가 위에 직각 부분이 맞닿게 삼각자 2개를 놓기 ➔ 한 삼각자를 고정하고, 다른 삼각자를 밀어 올려 점 ㄱ을 지나는 평행선을 긋기

14 변 ㄱㄴ과 변 ㄹㄷ, 변 ㄱㄹ과 변 ㄴㄷ으로 모두 2쌍입니다.

15 ㉠, ㉡: 평행한 두 직선은 서로 만나지 않으므로 각을 이룰 수도 없습니다.

16 주어진 선분의 끝 점을 지나도록 평행선을 각각 그려서 사각형을 완성합니다.

17 평행선이 있는 글자는 ㄷ, ㅂ입니다.
ㄷ ㅂ

18 평행선과 이루는 각이 직각인 선분을 찾으면 라입니다.

19 평행선에 수직인 선분을 그어 평행선 사이의 거리를 바르게 잰 사람은 주경입니다.

20 도형에서 변 ㄱㄴ과 변 ㄹㄷ이 서로 평행합니다.
따라서 평행선 사이의 거리를 나타내는 선분은 선분 ㄱㄹ이므로 12 cm입니다.

21 변 ㄱㅂ과 변 ㄷㄹ이 서로 평행합니다.
두 변 사이에 수직인 선분을 긋고 그 선분의 길이를 재어 보면 2 cm입니다.

22 ㉠ 평행선 사이의 거리는 평행선 사이에 그은 선분 중에서 길이가 가장 짧습니다.

23 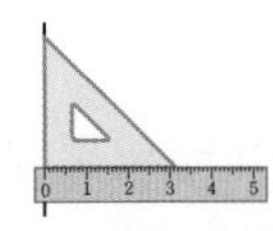 ➔ 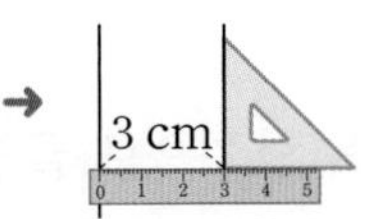

삼각자의 직각을 낀 변 중 한 변을 주어진 직선에 맞추고 다른 변에 자를 맞추기 ➔ 삼각자를 3 cm 옮겨서 직선을 긋기

24 • 직선 가와 직선 나 사이의 거리: 6 cm
• 직선 나와 직선 다 사이의 거리: 4 cm
➔ 직선 가와 직선 다 사이의 거리: $6+4=10$ (cm)

096쪽 1STEP 교과서 개념 잡기

1 사다리꼴 **2** (○)(○)( )
3 (1) ○ (2) ×
4 (1) 예
가 나 다 라 마
(2) 가, 다, 마 / 나, 라 (3) 가, 다, 마
5 사다리꼴
6 예 (1)
(2)
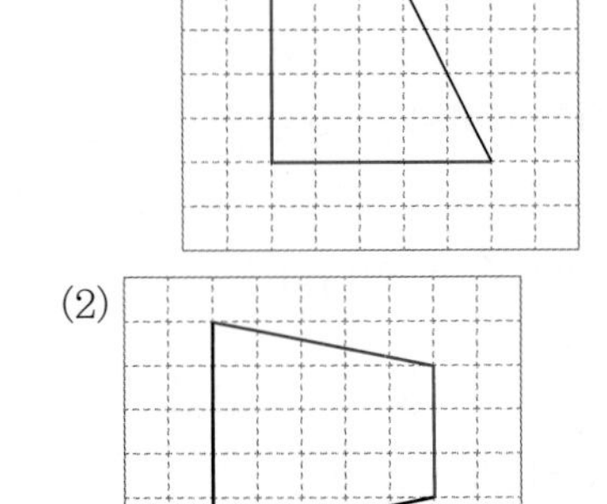

1 평행한 변이 한 쌍 또는 두 쌍인 사각형을 사다리꼴이라고 합니다.

2 평행한 변이 있는 사각형을 모두 찾습니다.

3 (1) 평행한 변이 있으면 사다리꼴입니다.
(2) 사다리꼴에서 평행한 변의 길이는 같을 수도 있고 다를 수도 있습니다.

4 (2) • 가에는 평행한 변이 한 쌍 있고, 다와 마에는 평행한 변이 두 쌍 있습니다.
• 나와 라에는 평행한 변이 없습니다.
(3) 사다리꼴: 평행한 변이 있는 사각형 ➔ 가, 다, 마

5 평행한 변이 있으므로 사다리꼴입니다.

6 주어진 선분을 이용하여 한 쌍 또는 두 쌍의 변이 서로 평행한 사각형을 완성합니다.

098쪽 1STEP 교과서 개념 잡기

1 평행사변형 **2** 변 / 각 / 180
3 다, 마 / 가, 나, 라 / 가, 나, 라
4 (○)( ) **5** (1) 4, 5 (2) 135
6 (1) (2)

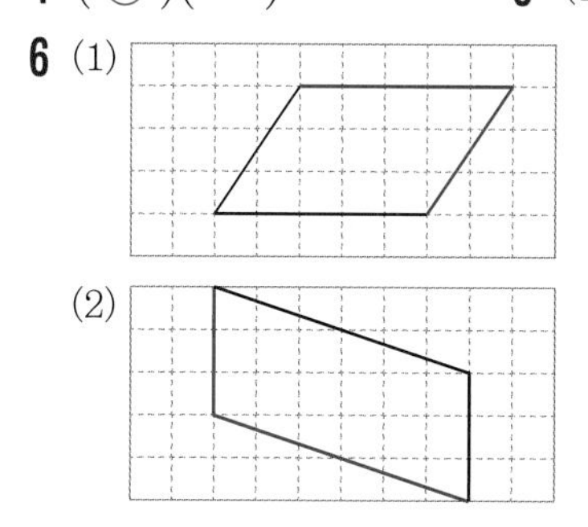

2 평행사변형은 마주 보는 두 변의 길이와 두 각의 크기가 각각 같습니다.
➔ (이웃한 두 각의 크기의 합)$=70^\circ+110^\circ=180^\circ$

3 평행사변형은 마주 보는 두 쌍의 변이 서로 평행한 사각형입니다. ➔ 가, 나, 라

4 • 연서: 마주 보는 두 변의 길이와 마주 보는 두 각의 크기가 서로 같으므로 평행사변형입니다.
• 규민: 마주 보는 두 각의 크기가 같습니다.

5 (1) 평행사변형은 마주 보는 변의 길이가 같습니다.
(2) 평행사변형은 마주 보는 각의 크기가 같습니다.

6 주어진 선분을 이용하여 마주 보는 두 쌍의 변이 서로 평행한 사각형을 완성합니다.

100쪽 1STEP 교과서 개념 잡기

1 마름모 **2** 평행 / 수직
3 가, 다, 마 / 나, 라 / 나, 라
4 (1) 7, 7, 7 (2) (위에서부터) 120, 60
5 (1) ㄹㄷ(또는 ㄷㄹ) (2) 6 (3) 70
6 (1) (2)

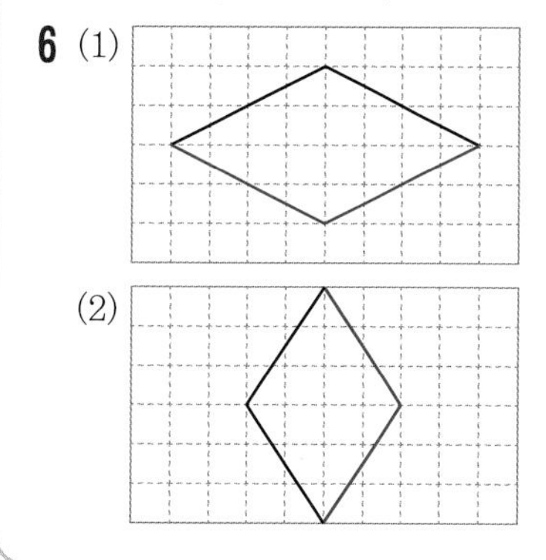

2 • 마름모는 마주 보는 두 쌍의 변이 서로 평행하므로 평행사변형의 성질을 갖고 있습니다.
• 마주 보는 꼭짓점끼리 이은 두 선분의 성질을 찾아 씁니다.

3 마름모는 네 변의 길이가 모두 같은 사각형입니다.
➔ 나, 라

4 (1) 마름모의 네 변의 길이는 모두 같습니다.
(2) 마름모는 마주 보는 두 각의 크기가 같습니다.

5 (1) 마름모는 마주 보는 변이 서로 평행합니다.
(2) 마름모는 네 변의 길이가 모두 같습니다.
(3) 마름모는 마주 보는 두 각의 크기가 같습니다.

6 주어진 선분을 이용하여 네 변의 길이가 모두 같은 사각형을 완성합니다.

102쪽 1STEP 교과서 개념 잡기

1 (왼쪽에서부터) 평행사변형, 마름모, 정사각형
2 (1) 가, 나, 다, 라, 마 (2) 가, 나, 다, 라
(3) 나, 라 (4) 나, 다 (5) 나
3 90
4 (1) '사다리꼴', '평행사변형', '마름모'에 ○표
(2) '사다리꼴', '평행사변형', '직사각형'에 ○표

3 정사각형은 네 변의 길이가 모두 같으므로 마름모입니다.
마름모에서 마주 보는 꼭짓점끼리 이은 두 선분은 서로 수직으로 만나므로 각의 크기는 90°입니다.

4 (1) • 마주 보는 두 쌍의 변이 서로 평행합니다.
➔ 사다리꼴, 평행사변형
• 네 변의 길이가 모두 같습니다. ➔ 마름모
(2) • 마주 보는 두 쌍의 변이 서로 평행합니다.
➔ 사다리꼴, 평행사변형
• 네 각이 모두 직각입니다. ➔ 직사각형

104쪽 2STEP 수학익힘 문제 잡기

01 3개 **02** ㉠
03 예
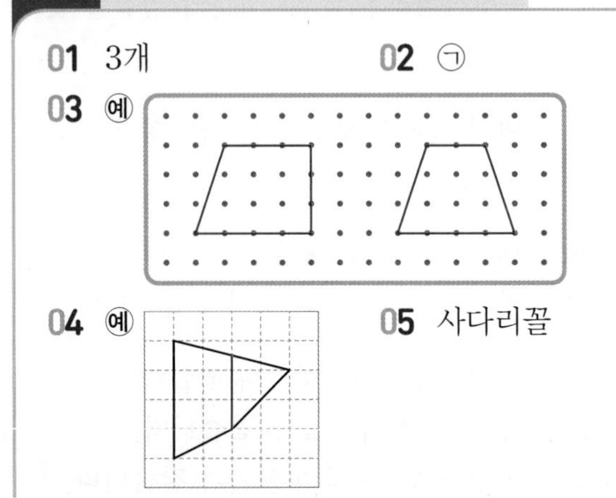
04 예 **05** 사다리꼴
06 (1) 2개 (2) 1개 (3) 3개
07 라
08 예
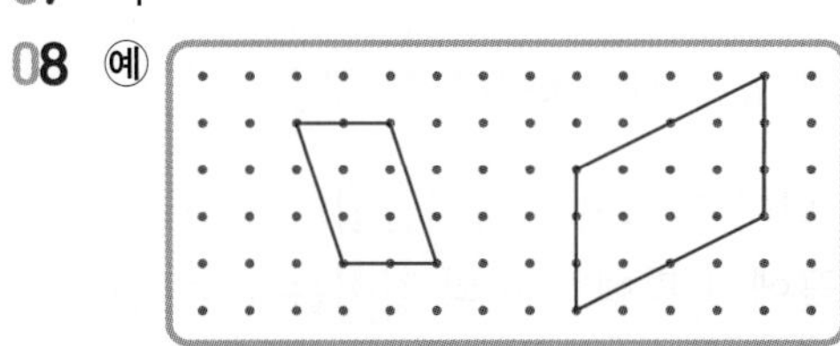
09 (왼쪽에서부터) 55, 6, 7
10 예
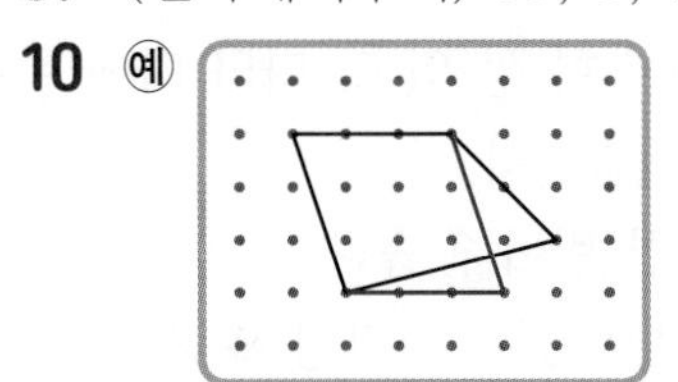
11 22 cm **12** (1) 110° (2) 70°
13 가, 다 **14** ㉡
15 90, 5 **16** 32 cm
17 예
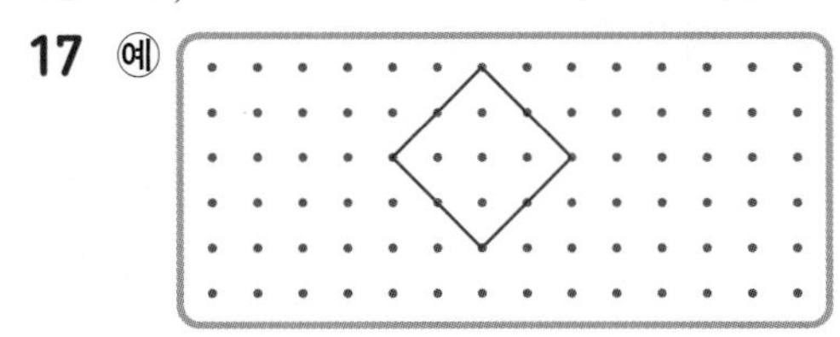
18 50° **19** 4, 8
20 90, 7 **21** ㉢
22 1개 **23** ㉡, ㉣
24 사다리꼴, 평행사변형, 직사각형

01 평행한 변이 있는 사각형: 나, 다, 라 ➔ 3개

02 ㉡ 마주 보는 한 쌍 또는 두 쌍의 변이 서로 평행하면 사다리꼴입니다.

04 평행한 변이 있는 사각형이 되도록 모눈을 이용하여 선을 긋습니다.

05 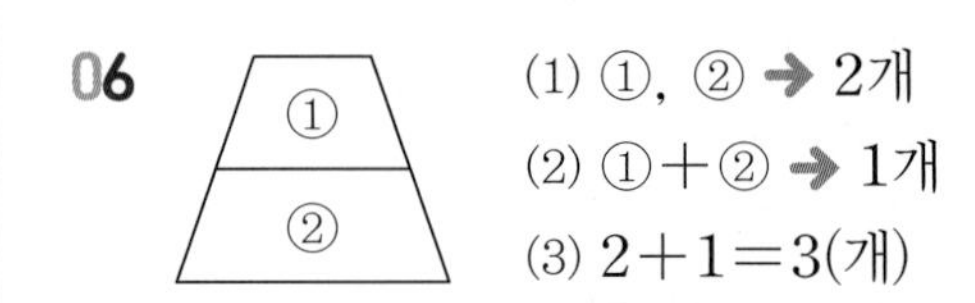 사다리꼴이 만들어집니다.

06 ①
②
(1) ①, ② ➔ 2개
(2) ①+② ➔ 1개
(3) 2+1=3(개)

07 라는 한 쌍의 변만 평행하므로 평행사변형이 아닙니다.

09 평행사변형은 마주 보는 두 변의 길이가 같고, 마주 보는 두 각의 크기가 같습니다.

10 꼭짓점을 한 개만 옮겨서 마주 보는 두 쌍의 변이 서로 평행하도록 만듭니다.
채점 가이드 네 꼭짓점 중 하나를 옮겨서 마주 보는 변끼리 서로 평행한 사각형을 그렸으면 정답입니다.

11 평행사변형이므로 마주 보는 두 변의 길이가 각각 같습니다.
➜ (네 변의 길이의 합)$=8+3+8+3=22$ (cm)

12 (1) 평행사변형은 마주 보는 두 각의 크기가 같으므로 ㉡$=110^\circ$입니다.
(2) ㉠+㉡$=180^\circ$ ➜ ㉠$=180^\circ-110^\circ=70^\circ$

13 네 변의 길이가 모두 같은 사각형: 가, 다

14 ㉡ 마름모는 마주 보는 두 각의 크기가 같고, 이웃한 두 각의 크기는 같을 수도 있고 다를 수도 있습니다.

15 마름모는 마주 보는 꼭짓점끼리 이은 두 선분이 서로 수직으로 만나고, 서로를 똑같이 둘로 나눕니다.

16 마름모는 네 변의 길이가 모두 같습니다.
➜ (사용한 철사의 길이)$=8\times4=32$ (cm)

17 마주 보는 두 쌍의 변이 서로 평행하고, 네 변의 길이가 모두 같은 사각형은 마름모입니다.

18 마름모에서 이웃한 두 각의 크기의 합은 180°입니다.
➜ (각 ㄱㄴㄷ)$=180^\circ-130^\circ=50^\circ$

19 직사각형은 마주 보는 두 변의 길이가 같고, 네 각이 모두 직각입니다.

20 정사각형은 네 변의 길이가 모두 같고, 마주 보는 꼭짓점끼리 이은 두 선분이 서로 수직으로 만나므로 두 선분이 이루는 각의 크기는 90°입니다.

21 ㉢ 직사각형이지만 정사각형은 아닙니다.

22
- 평행사변형: 나, 라, 마 → 3개
- 직사각형: 라, 마 → 2개

➜ $3-2=1$(개)

23 ㉡ 평행사변형은 마주 보는 두 쌍의 변이 서로 평행하므로 사다리꼴입니다.
㉣ 정사각형은 네 변의 길이가 모두 같으므로 마름모입니다.

24
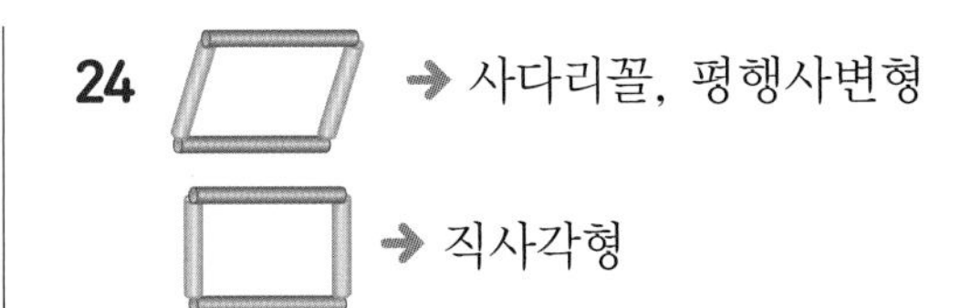
➜ 사다리꼴, 평행사변형
➜ 직사각형

108쪽 3STEP 서술형 문제 잡기

※서술형 문제의 예시 답안입니다.

1 이유 '평행한'에 ○표

2 이유 정사각형은 네 변의 길이가 모두 같기 때문에 마름모입니다. ▶ 5점

3 1단계 가, 나, 나, 다 2단계 나
답 나

4 1단계 수선이 있는 도형은 가, 다이고, 평행선이 있는 도형은 가, 나입니다. ▶ 3점
2단계 따라서 수선도 있고, 평행선도 있는 도형은 가입니다. ▶ 2점
답 가

5 1단계 20 2단계 20, 12, 8
답 8 cm

6 1단계 평행사변형은 마주 보는 두 변의 길이가 같으므로 변 ㄴㄷ과 변 ㄷㄹ의 길이의 합은 $48\div2=24$(cm)입니다. ▶ 3점
2단계 따라서 변 ㄴㄷ의 길이는 $24-15=9$(cm)입니다. ▶ 2점
답 9 cm

7 1단계 3
2단계 예
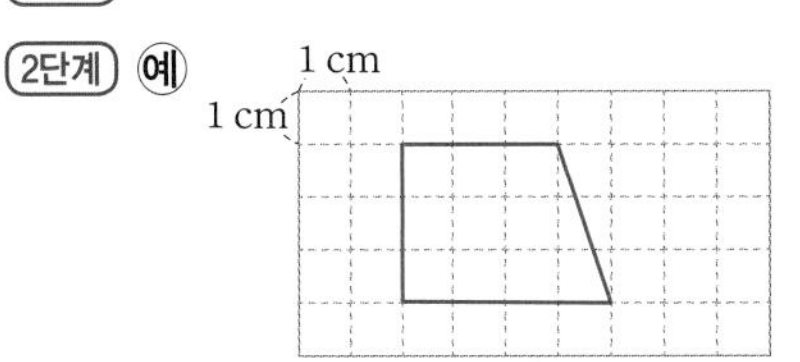

8 1단계 예 4
2단계 예
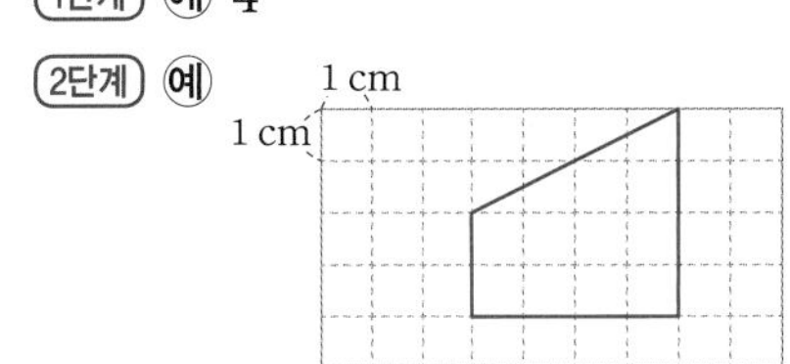

8 채점 가이드 평행한 한 쌍의 변이 있고, 평행선 사이의 거리를 정한 조건에 맞게 그렸으면 정답입니다.

개념책 4 단원

110쪽 4단원 마무리

01 직선 라　　02 (○)(　)

03 ㉢　　04 가, 다, 라

05 가, 다　　06 다

07 예

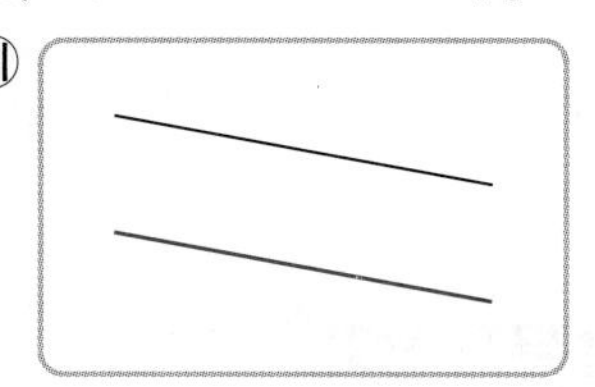

08 3 cm

09

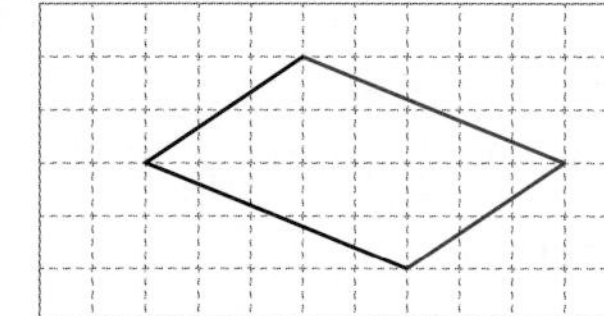

10 변 ㄱㄹ(또는 변 ㄹㄱ), 변 ㄴㄷ(또는 변 ㄷㄴ)

11 65, 5　　12 ㉢

13 ②, ⑤　　14 45°

15 36 cm　　16 45°

17 5개　　18 ㉡

서술형 ※서술형 문제의 예시 답안입니다.

19 평행사변형인 이유 쓰기 ▶ 5점

마름모는 마주 보는 두 쌍의 변이 서로 평행하므로 평행사변형입니다.

20 ❶ 이웃한 두 변의 길이의 합 구하기 ▶ 3점
❷ 변 ㄴㄷ의 길이 구하기 ▶ 2점

❶ 평행사변형은 마주 보는 두 변의 길이가 같으므로 변 ㄴㄷ과 변 ㄷㄹ의 길이의 합은 $46 \div 2 = 23$ (cm)입니다.
❷ 따라서 변 ㄴㄷ의 길이는 $23 - 13 = 10$ (cm)입니다.
답 10 cm

03 평행선에 수직인 선분의 길이를 평행선 사이의 거리라고 합니다.
따라서 평행선 사이의 거리를 나타내는 선분은 ㉢입니다.

04 마주 보는 두 쌍의 변이 서로 평행한 사각형을 찾으면 가, 다, 라입니다.

05 네 각이 모두 직각인 사각형을 찾으면 가, 다입니다.

06 네 변의 길이가 모두 같고 네 각이 모두 직각인 사각형을 찾으면 다입니다.

08 평행선에 수직인 선분을 긋고 그 길이를 재어 보면 3 cm입니다.

10 변 ㄱㄴ과 직각으로 만나는 변을 찾습니다.
➔ 변 ㄱㄹ, 변 ㄴㄷ

11 • 마름모는 마주 보는 각의 크기가 같습니다.
➔ (각 ㄱㄴㄷ)=(각 ㄱㄹㄷ)=65°
• 마름모는 네 변의 길이가 모두 같습니다.
➔ (변 ㄷㄹ)=(변 ㄱㄹ)=5 cm

12 ㉢ 마주 보는 꼭짓점끼리 이은 선분이 항상 서로 수직으로 만나는 사각형은 마름모, 정사각형입니다.

13 마주 보는 두 쌍의 변이 서로 평행하므로 평행사변형 또는 사다리꼴이라고 할 수 있습니다.

14 평행사변형에서 이웃한 두 각의 크기의 합은 180°입니다. ➔ ㉠=180°−135°=45°

15 마름모는 네 변의 길이가 모두 같습니다.
➔ (네 변의 길이의 합)$=9 \times 4 = 36$ (cm)

16 직선 가와 직선 나는 서로 수직이므로 두 직선이 만나서 이루는 각의 크기는 90°입니다.
➔ ㉠=90°−45°=45°

17

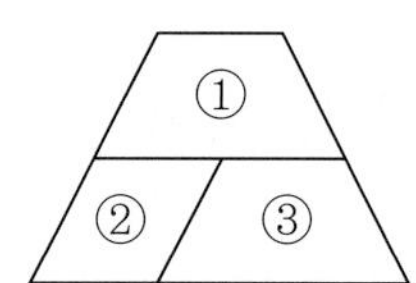

사각형 1개로 이루어진 사다리꼴: ①, ②, ③
사각형 2개로 이루어진 사다리꼴: ②+③
사각형 3개로 이루어진 사다리꼴: ①+②+③
➔ 3+1+1=5(개)

18 • 4개의 선분으로 둘러싸여 있습니다. ➔ 사각형
• 마주 보는 두 쌍의 변이 서로 평행하고, 마주 보는 각의 크기가 같습니다.
➔ 평행사변형, 마름모, 직사각형, 정사각형
• 네 변의 길이가 모두 같습니다.
➔ 마름모, 정사각형
따라서 조건을 모두 만족하는 도형은 ㉡ 마름모입니다.

5 꺾은선그래프

116쪽 1STEP 교과서 개념 잡기

1 꺾은선그래프 / 기온 / 1
2 (1) 요일, 쪽수
(2) '막대'에 ○표, '점과 선분'에 ○표
3 (1) ㊁에 ○표, ㉮에 ○표 (2) ㊁

1 • 세로 눈금 5칸: 5℃ ➔ 세로 눈금 한 칸: 1℃

2 (2) • 막대그래프: 읽은 쪽수를 막대로 나타내었습니다.
• 꺾은선그래프: 읽은 쪽수를 점으로 표시하고, 그 점들을 선분으로 이어서 나타내었습니다.

3 (2) ㊁ 그래프가 물결선을 사용하여 세로 눈금 한 칸의 크기를 작게 나타내었기 때문에 변화가 더 뚜렷하게 나타납니다.
중요 필요 없는 부분을 줄여서 나타낼 때 물결선을 사용하면 좋습니다.

118쪽 1STEP 교과서 개념 잡기

1 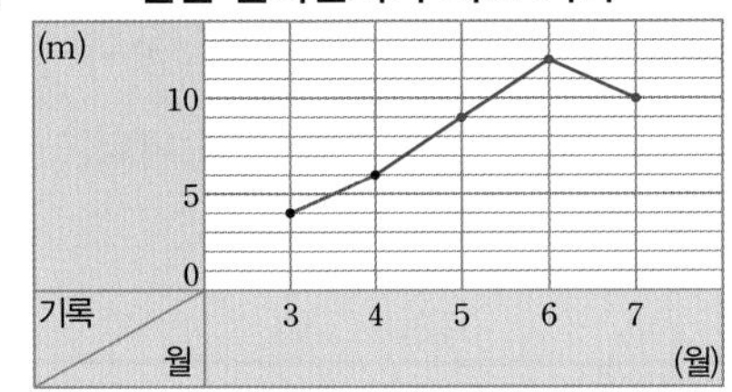

2 (○)( )
3 (1) (○)( )
(2) 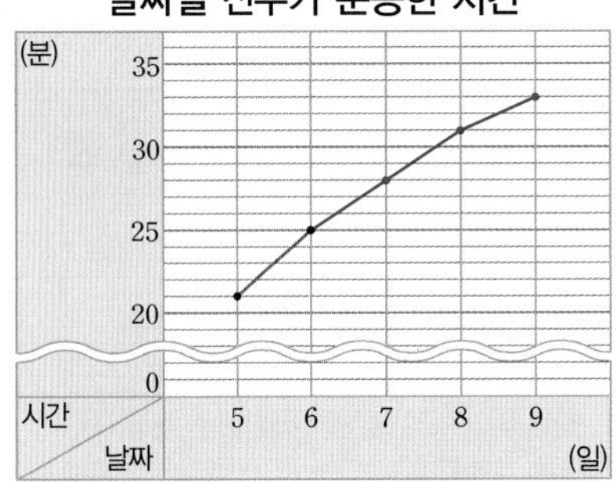

1 5월: 9 m, 6월: 12 m, 7월: 10 m에 알맞게 점을 찍고, 점들을 선분으로 잇습니다.
참고 자료를 줄여서 나타낼 부분이 없으므로 물결선은 그리지 않습니다.

2 꺾은선그래프에서 점들을 선분으로 이을 때에는 왼쪽에서부터 빠진 것 없이 점과 점 사이를 차례로 이어야 합니다.

3 (1) 가장 적게 운동한 시간이 21분이므로 물결선을 0분과 20분 사이에 넣으면 좋을 것 같습니다.
0분과 25분 사이에 물결선을 넣으면 21분(5일)을 그래프에 나타낼 수 없습니다.
(2) 날짜별 해당하는 시간에 점을 찍고, 그 점들을 선분으로 잇습니다.

120쪽 2STEP 수학익힘 문제 잡기

01 2 mm
02 16, 18
03 ㉡
04 4명 / 1명
05 미나
06 나무 수
07 예 1그루
08 예 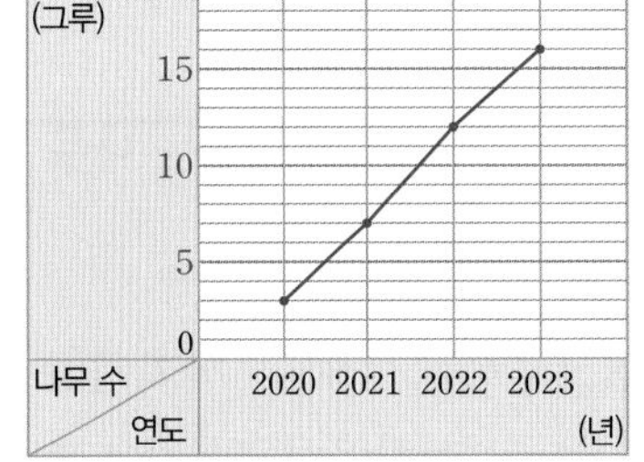

09 예 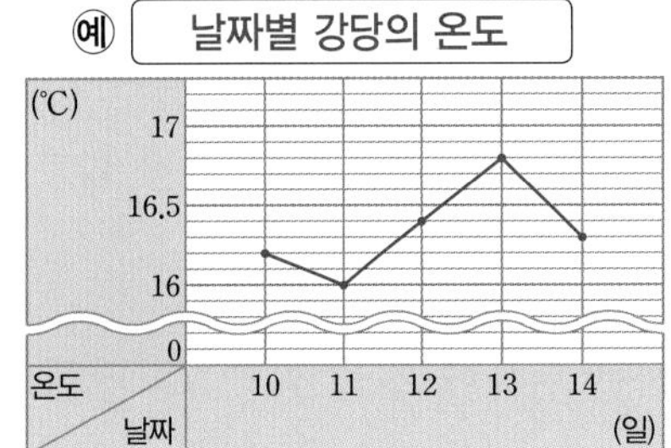

10 15, 14 /

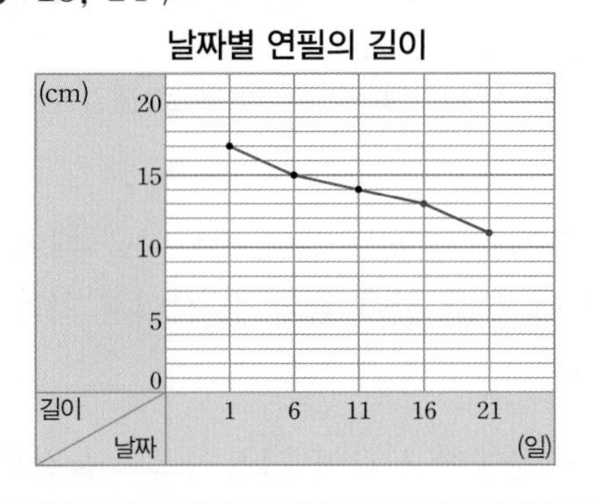

01 세로 눈금 5칸: 10 mm
➔ 세로 눈금 한 칸: $10 \div 5 = 2$ (mm)

02 • 5월: 세로 눈금 10보다 3칸 위 ➔ 16 mm
• 6월: 세로 눈금 10보다 4칸 위 ➔ 18 mm
주의 눈금 한 칸을 1 mm로 잘못 생각하지 않도록 주의합니다.
다른 풀이 • 5월: 세로 눈금 8칸이므로 강수량은 $2 \times 8 = 16$ (mm)입니다.
• 6월: 세로 눈금 9칸이므로 강수량은 $2 \times 9 = 18$ (mm)입니다.

03 ㉡ 꺾은선은 강수량의 변화를 나타냅니다.

04 • ㉮ 그래프의 세로 눈금 한 칸: $20 \div 5 = 4$(명)
• ㉯ 그래프의 세로 눈금 한 칸: $5 \div 5 = 1$(명)

05 • 미나: ㉯ 그래프를 확인하면 2022년의 학생 수는 71명입니다.
• 현우: 물결선을 사용하여 학생 수의 변화를 더 뚜렷하게 나타낸 그래프는 ㉯ 그래프입니다.
➔ 바르게 이야기한 사람: 미나

06 가로에 연도를 나타낸다면 세로에는 나무 수를 나타내야 합니다.

07 나무의 수가 3그루에서 16그루까지 1그루 단위로 변하므로 세로 눈금 한 칸은 1그루로 나타내면 좋을 것 같습니다.

08 표를 보고 연도별 심은 나무 수에 점을 찍고, 그 점들을 선분으로 잇습니다.

09 날짜별 해당하는 온도에 점을 찍고, 그 점들을 선분으로 잇습니다.

10 • 꺾은선그래프를 보면 6일은 15 cm이고, 11일은 14 cm입니다.
• 표를 보고 16일과 21일의 길이에 맞게 꺾은선그래프에 점을 찍고, 그 점들을 선분으로 잇습니다.

122쪽 1STEP 교과서 개념 잡기

1 30 / 2020 / 2022 / 2021
2 (1) '줄어들고'에 ○표 (2) 8, 9
3 (1) '줄어들다가'에 ○표, '늘어났습니다'에 ○표
(2) 2대

1 • 2021년에 찍힌 점의 눈금: 30만 명
• 점의 위치가 가장 높은 때: 2020년
• 꺾은선이 오른쪽 아래로 가장 많이 기울어진 때: 2022년
• 꺾은선이 오른쪽 아래로 가장 적게 기울어진 때: 2021년

2 (1) 꺾은선이 오른쪽 아래로 점점 내려가고 있으므로 월별 수도 사용량이 점점 줄어들고 있습니다.
(2) 꺾은선이 오른쪽 아래로 가장 많이 기울어진 때를 찾으면 8월과 9월 사이입니다.

3 (1) 꺾은선이 4월까지 오른쪽 아래로 내려가다 4월 이후 다시 오른쪽 위로 올라가고 있습니다.
(2) 4월: 5대, 5월: 7대 ➔ $7 - 5 = 2$(대)

124쪽 1STEP 교과서 개념 잡기

1 233, 232 / 연도별 대구광역시의 초등학교 수

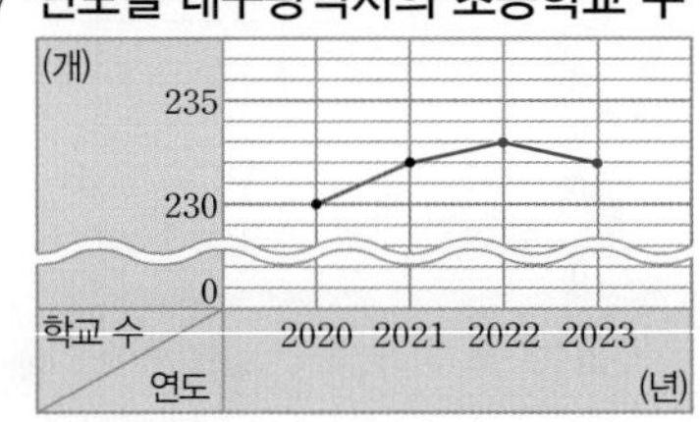

2 (1) 84.3, 84.7, 85.1, 85.5, 85.8
(2) 예 0.1 (3) 예 0, 84
(4) 연도별 기대 수명

(5) '늘어나고'에 ○표, '늘어날'에 ○표

1 수집한 자료에서 2022년과 2023년에 해당하는 학교 수를 찾아 표에 알맞게 써넣고, 꺾은선그래프에 점을 찍은 후 선분으로 잇습니다.

2 (2) 기대 수명이 0.1세 단위로 변하므로 세로 눈금 한 칸은 0.1세로 나타내면 좋을 것 같습니다.
(3) 조사한 자료 중 가장 적은 기대 수명이 84.3세이므로 물결선을 0세와 84세 사이에 넣으면 좋을 것 같습니다.
(4) 연도별 해당하는 기대 수명에 점을 찍고, 그 점들을 선분으로 잇습니다.
(5) 꺾은선이 계속 오른쪽 위로 올라가고 있으므로 2034년의 기대 수명은 2032년보다 늘어날 것 같습니다.

126쪽 1STEP 교과서 개념 잡기

1 막대그래프 / 꺾은선그래프
2 현우
3 (1) '꺾은선그래프'에 ○표
(2) 시각별 호수의 수온

1 나타내려고 하는 주제에 알맞은 그래프가 무엇인지 씁니다.

2 주경: 혈액형별 학생 수의 많고 적음을 비교할 때에는 막대그래프로 나타내는 것이 좋습니다.

3 (1) 시간에 따른 자료의 변화를 알아볼 때에는 꺾은선그래프로 나타내는 것이 좋습니다.
(2) 시각별 해당하는 수온에 점을 찍고, 그 점들을 선분으로 잇습니다.

128쪽 2STEP 수학익힘 문제 잡기

01 10명
02 9일
03 ㉢
04 '좋아지고'에 ○표
05 0.6초
06 자유형
07 30, 30.8, 30.7, 31.2
08 예 연도별 5월 최고 기온 / 2022, 0.5

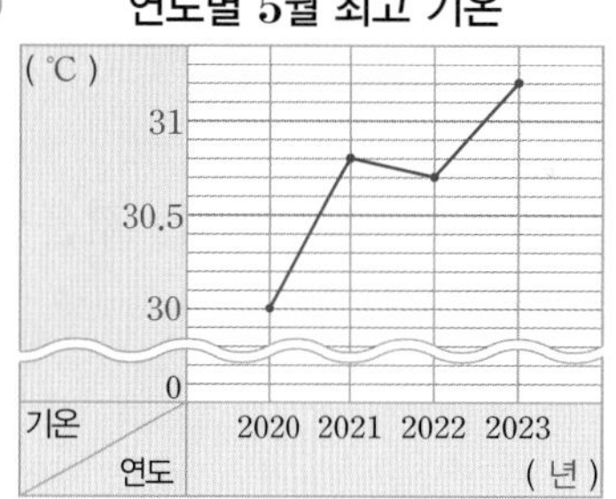

09 ㉢, ㉣ / ㉠, ㉡
10 예 연도별 우리나라 출생아 수

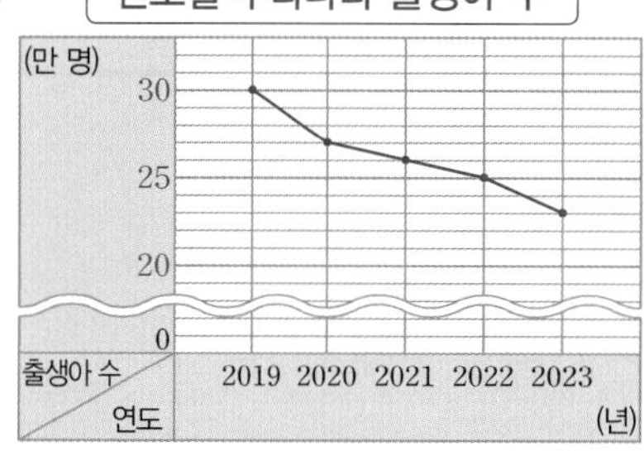

01 세로 눈금 5칸: 50명
→ 세로 눈금 한 칸: 50÷5=10(명)

02 점이 가장 높게 찍힌 때인 9일이 관객 수가 가장 많았습니다.

개념책 5단원

03 ㉢ 관객 수의 변화가 가장 적은 때는 꺾은선이 가장 적게 기울어진 때를 찾으면 됩니다.
→ 11일과 12일 사이

04 기록이 짧을수록 성적이 좋은 것이므로 성적은 점점 좋아지고 있습니다.

05 1차: 52초, 4차: 51.4초 → $52-51.4=0.6$(초)

06 두 그래프 모두 눈금 한 칸의 크기가 0.1초이므로 수영 기록의 변화가 더 큰 종목은 꺾은선이 더 많이 기울어진 자유형입니다.

07 조사한 자료를 보고 표의 빈칸에 알맞게 써넣습니다.

08 • 꺾은선이 2021년과 2022년 사이에 아래로 내려갔으므로 전년에 비해 최고 기온이 낮아진 때는 2022년입니다.
• 2022년과 2023년을 이은 선분이 눈금 5칸만큼 위로 올라갔으므로 2023년에는 전년에 비해 최고 기온이 0.5℃만큼 높아졌습니다.

09 • 막대그래프: 항목별 자료의 양을 비교할 때 좋습니다.
→ ㉢, ㉣
• 꺾은선그래프: 시간에 따른 자료의 변화를 알아볼 때 좋습니다. → ㉠, ㉡

10 출생아 수의 변화를 나타낼 때에는 꺾은선그래프가 알맞습니다.

130쪽 3STEP 서술형 문제 잡기

※서술형 문제의 예시 답안입니다.

1 (1단계) '낮아지고'에 ○표
(2단계) 2

2 (1단계) 식물의 키가 점점 자라고 있습니다. ▶ 2점
(2단계) 3월에서 5월 사이에 식물의 키는 5 cm만큼 자랐습니다. ▶ 3점

3 (1단계) 2, 2, 2
(2단계) 43, 44
(답) 예 44 ℃

4 (1단계) 6월은 5월과 7월 사이입니다. ▶ 2점
(2단계) 따라서 6월에 식물의 키는 35 cm와 41 cm의 중간인 38 cm였을 것 같습니다. ▶ 3점
(답) 예 38 cm

5 (1단계) 수, 4
(2단계) 2, 4, 2, 8
(답) 8 m

6 (1단계) 목요일과 금요일 사이에 꺾은선이 눈금 3칸만큼으로 가장 많이 기울어졌습니다. ▶ 2점
(2단계) 눈금 한 칸의 크기는 2초이므로 기록은 $3\times2=6$(초)만큼 변했습니다. ▶ 3점
(답) 6초

7 (2단계) 목요일

8 예 (1단계) 오래 매달리기 기록이 전날에 비해 줄어든 요일은 언제인가요?
(2단계) 화요일

8 (채점 가이드) 질문의 내용이 꺾은선그래프를 보고 알 수 있는 내용이면 정답입니다. 화요일의 기록은 몇 초인지, 전날에 비해 기록이 가장 적게 변한 요일은 언제인지 등을 질문할 수 있습니다.

132쪽 5단원 마무리

01 꺾은선그래프
02 날짜 / 키
03 1 cm
04 8 cm
05 강수량
06 예 10 mm
07 예 100

08

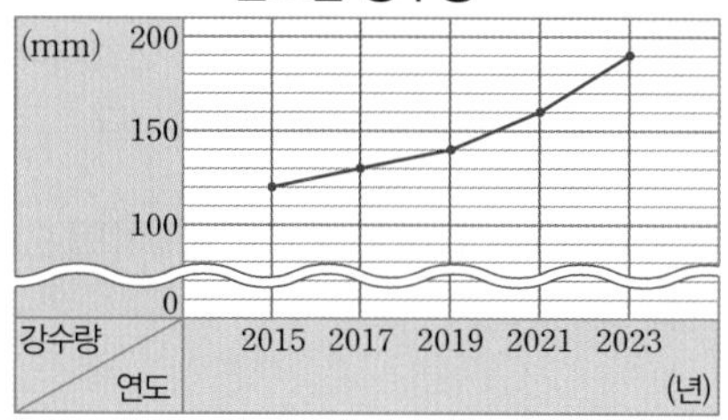

09 26일

10 예 점점 줄어들고 있습니다.

11 4일

12 11월

13 ㉯

14 38, 38.4, 39

15 3월과 4월 사이

16 ㉡

17 예

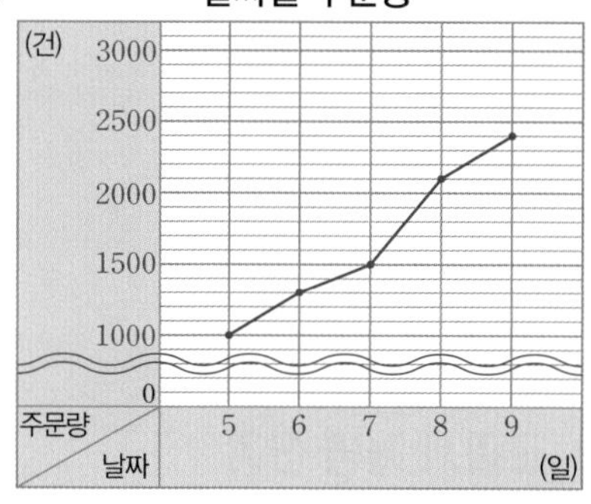

18 예 2400건보다 더 늘어날 것 같습니다.

서술형 ※서술형 문제의 예시 답안입니다.

19
❶ 알 수 있는 내용 한 가지 쓰기 ▶ 2점
❷ 알 수 있는 다른 내용 한 가지 쓰기 ▶ 3점

❶ 온도가 점점 높아지다가 오후 3시에서 5시 사이에 낮아집니다.
❷ 오전 9시에서 11시 사이에 온도가 3℃만큼 높아졌습니다.

20
❶ 그래프의 가로에서 오후 4시의 위치 찾기 ▶ 2점
❷ 오후 4시의 땅의 온도 예상하기 ▶ 3점

❶ 오후 4시는 3시와 5시 사이입니다.
❷ 따라서 오후 4시에 땅의 온도는 15℃와 13℃의 중간인 14℃였을 것 같습니다.
답 예 14℃

01 연속적으로 변화하는 양을 점으로 표시하고, 그 점들을 선분으로 이어 그린 그래프를 꺾은선그래프라고 합니다.

03 세로 눈금 5칸: 5 cm
➔ 세로 눈금 한 칸: $5 \div 5 = 1$ (cm)

05 가로에 연도를 나타낸다면 세로에는 강수량을 나타내야 합니다.

06 120 mm에서 190 mm까지 10 mm 단위로 변하므로 세로 눈금 한 칸은 10 mm로 나타내면 좋을 것 같습니다.

07 가장 적은 강수량이 120 mm이므로 물결선을 0 mm와 100 mm 사이에 넣으면 좋을 것 같습니다.

08 연도별 해당하는 강수량에 점을 찍고, 그 점들을 선분으로 잇습니다.

09 세로 눈금 한 칸: 1일
가로에서 9월을 찾아 점이 찍혀 있는 곳의 세로 눈금을 읽으면 26일입니다.

10 꺾은선이 오른쪽 아래로 내려가고 있으므로 야식을 먹은 날수는 점점 줄어들고 있습니다.

11 11월: 13일, 12월: 9일
➔ $13-9=4$(일)
다른 풀이 꺾은선이 눈금 4칸만큼 기울어졌으므로 4일 줄었습니다.

12 꺾은선이 가장 많이 기울어진 때는 10월과 11월 사이이므로 전월에 비해 야식을 먹은 날수가 가장 많이 줄어든 때는 11월입니다.

13 물결선을 사용하면 눈금 한 칸의 크기를 더 작게 나타낼 수 있으므로 몸무게의 변화가 더 뚜렷하게 보입니다.

14 ㉯ 그래프에서 월별 찍힌 점의 눈금이 몇 kg인지 확인합니다.

15 꺾은선이 가장 적게 기울어진 때를 찾으면 3월과 4월 사이입니다.

16 시간에 따른 자료의 변화를 알아볼 때에는 꺾은선그래프로 나타내는 것이 좋습니다.

17 가장 적은 주문량이 1000건이므로 0건부터 1000건 사이에 물결선을 넣고 꺾은선그래프로 나타냅니다.

18 꺾은선이 계속 오른쪽 위로 올라가고 있으므로 10일의 주문량은 더 늘어날 것 같습니다.

개념책 5 단원

6 다각형

138쪽 1STEP 교과서 개념 잡기

1 다각형 / 정다각형 / 오, 팔

2 (1) 가, 라, 마 (2) 가, 라, 마 (3) 가, 마 (4) 가, 마

3 (1) '칠각형'에 ○표 (2) '정팔각형'에 ○표

4 (1) 예 (2)

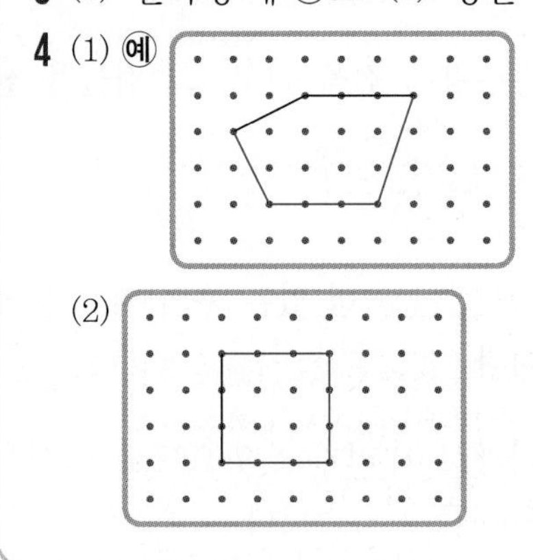

2 (2) 선분으로만 둘러싸인 도형은 다각형입니다.
→ 가, 라, 마
(4) 변의 길이가 모두 같고, 각의 크기가 모두 같은 다각형은 정다각형입니다. → 가, 마

3 (1) 변이 7개인 다각형 → 칠각형
(2) 변이 8개인 정다각형 → 정팔각형

4 (1) 변이 5개인 다각형을 그립니다.
(2) 4개의 변의 길이가 모두 같고, 4개의 각의 크기가 모두 같도록 사각형을 그립니다.

140쪽 1STEP 교과서 개념 잡기

1 '이웃하지 않는'에 ○표 / 2, 5, 9

2 (○)( )(○)   3 연서

4

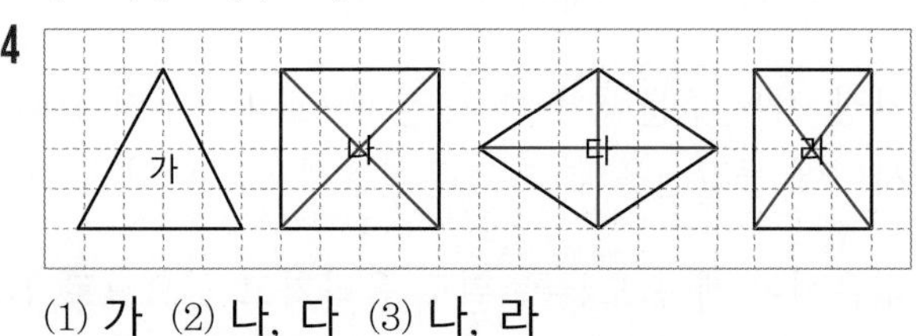

(1) 가 (2) 나, 다 (3) 나, 라

1 다각형에 그어진 대각선의 수를 세어 봅니다.
참고 • 서로 이웃한 두 꼭짓점을 이은 선분은 변입니다.
• 변의 수가 같은 다각형은 대각선의 수도 같습니다.

2 가운데 도형은 꼭짓점이 아닌 두 변을 이었으므로 잘못 그었습니다.

3 점 ㄷ은 꼭짓점이 아니므로 선분 ㄱㄷ은 사각형 ㄱㄴㄹㅁ의 대각선이 아닙니다.

4 (1) 가는 모든 꼭짓점이 서로 이웃하고 있으므로 대각선을 그을 수 없습니다.
(2) 두 대각선이 서로 수직으로 만나는 사각형은 마름모, 정사각형입니다. → 나, 다
(3) 두 대각선의 길이가 같은 사각형은 직사각형, 정사각형입니다. → 나, 라

142쪽 1STEP 교과서 개념 잡기

1 1, 2   2 ③, ⑤, ⑦

3 '정사각형', '정육각형'에 ○표

4 1   5 예

3 정사각형 1개와 정육각형 4개를 이용하였습니다.

4 → 평행사변형 1개, 정삼각형 1개

144쪽 1STEP 교과서 개념 잡기

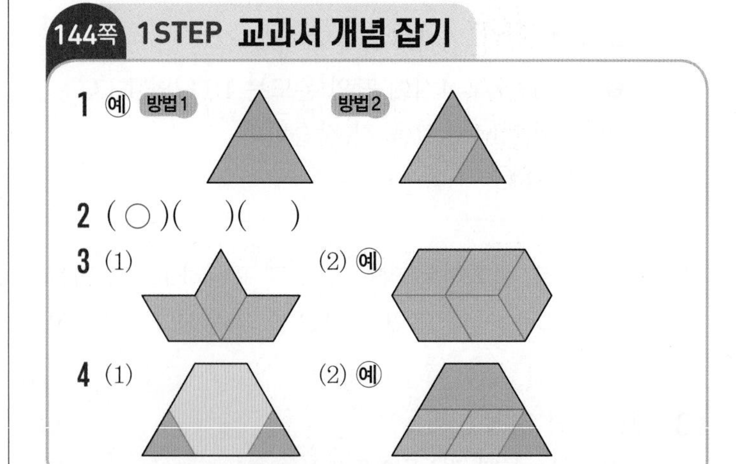

4 (1) 정삼각형 2개, 정육각형 1개를 서로 겹치지 않게 빈틈없이 이어 붙여 사다리꼴을 채웁니다.
(2) 정삼각형 1개, 평행사변형 2개, 사다리꼴 1개를 서로 겹치지 않게 빈틈없이 이어 붙여 사다리꼴을 채울 수 있습니다.

146쪽 2STEP 수학익힘 문제 잡기

01 가, 마, 바
02 (○)( )( )
03 (1) • ╳ • (2) • • 
04 5, 오각형
05 예 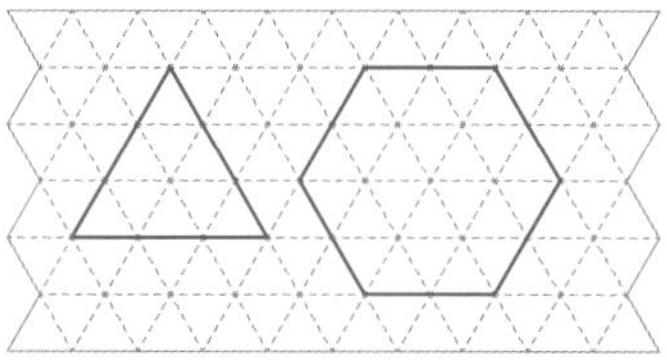
06 예 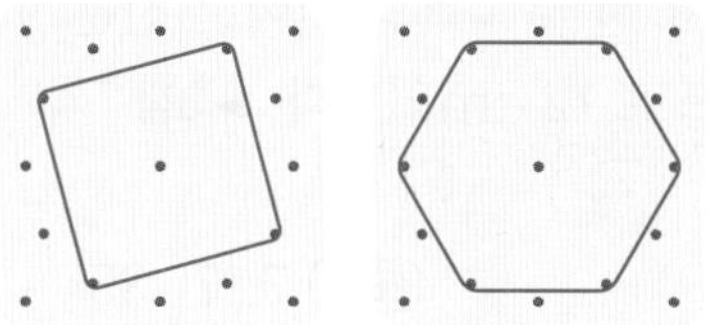
07 리아
08 120, 4
09 72 cm
10 나
11 (1) / 5개 (2) 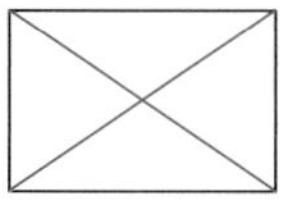 / 2개
12 가, 나
13 5개
14 ㉡, ㉢
15 24 cm
16 3개, 1개
17 8개, 1개, 2개
18 예 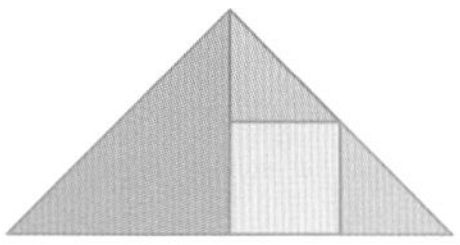
19 '정육각형'에 × 표
20 정삼각형, 8
21 4개
22 예 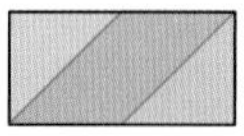
23 (○)(○)(○)
( )( )
24 예 방법1 방법2

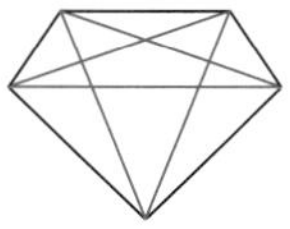

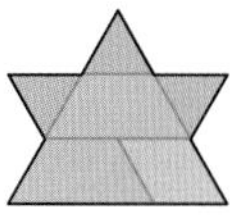

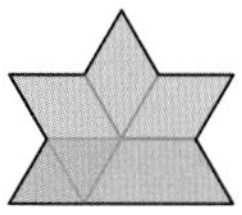

01 다각형은 선분으로만 둘러싸인 도형입니다.
• 가: 곡선으로만 둘러싸여 있으므로 다각형이 아닙니다.
• 마: 열린 부분이 있으므로 다각형이 아닙니다.
• 바: 왼쪽과 오른쪽이 곡선으로 되어 있으므로 다각형이 아닙니다.

02 8개의 변으로 둘러싸여 있으면서 변의 길이가 모두 같고, 각의 크기가 모두 같은 도형을 찾습니다.

03 (1) 변이 6개인 다각형
➔ 육각형
(2) 변이 7개인 다각형
➔ 칠각형
참고 변이 ●개인 다각형 ➔ ●각형

04 변이 5개인 다각형을 오각형이라고 합니다.

05 주어진 점선을 따라 한 변에 놓이는 삼각형 모눈의 수가 모두 같도록 정삼각형과 정육각형을 1개씩 그립니다.

06 같은 거리에 있는 점끼리 연결하여 정삼각형, 정사각형, 정육각형, 정십이각형을 만들 수 있습니다.

07 다각형은 선분으로만 둘러싸인 도형입니다.
참고 ●각형에는 변이 ●개, 꼭짓점이 ●개 있습니다.

08 정다각형은 변의 길이가 모두 같고, 각의 크기가 모두 같습니다.
➔ 한 변의 길이: 4 cm, 한 각의 크기: 120°

09 정팔각형은 모든 변의 길이가 같으므로 9 cm인 변이 8개입니다.
➔ (모든 변의 길이의 합) $=9\times8=72$ (cm)

10 • 가: 삼각형에는 서로 이웃하지 않는 꼭짓점이 없으므로 대각선을 그을 수 없습니다.
• 다: 대각선은 이웃하지 않는 꼭짓점끼리 선분으로 이어야 합니다.

11 한 꼭짓점씩 차례로 그을 수 있는 대각선을 빠짐없이 모두 그어 봅니다.
(1) 오각형에 그을 수 있는 대각선은 5개입니다.
(2) 사각형에 그을 수 있는 대각선은 2개입니다.

12 참고 한 대각선이 다른 대각선을 똑같이 둘로 나누는 사각형: 평행사변형, 마름모, 직사각형, 정사각형

13

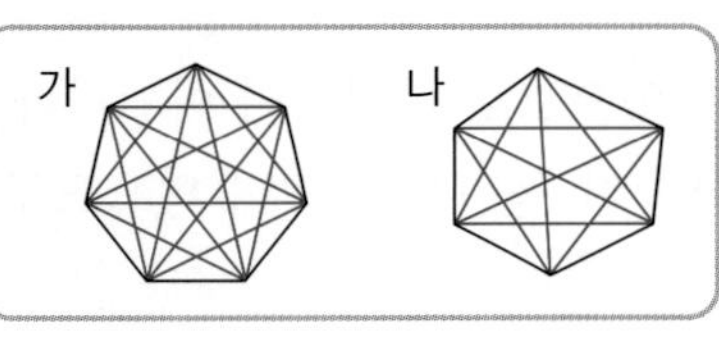

• 가에서 그을 수 있는 대각선의 수: 14개
• 나에서 그을 수 있는 대각선의 수: 9개
→ $14-9=5$(개)

14 ㉠ 삼각형에는 대각선을 그을 수 없습니다.

15 (한 대각선의 길이)$=6\times2=12$ (cm)
(두 대각선의 길이의 합)$=12+12=24$ (cm)

16 직각삼각형 3개, 평행사변형(사각형) 1개를 이용하여 만들었습니다.

17 정삼각형 8개, 평행사변형 1개, 마름모 2개를 이용했습니다.

18 길이가 같은 변끼리 맞닿도록 서로 겹치지 않게 이어 붙여 삼각형을 만듭니다.

19

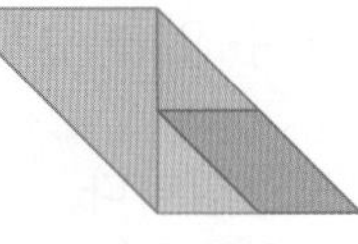
평행사변형

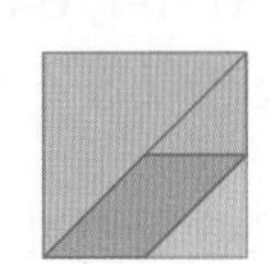
정사각형

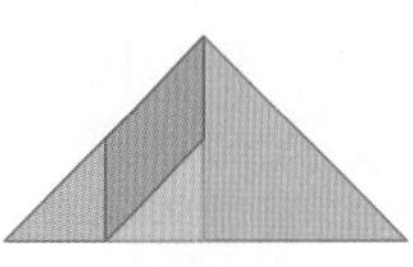
직각삼각형

20 어떤 모양 조각 몇 개를 이용하여 모양을 채웠는지 살펴봅니다.
→ 정삼각형 8개

21

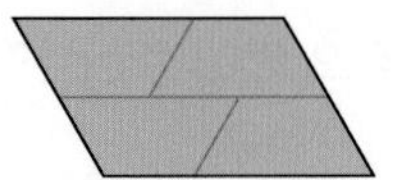

평행사변형을 채우는 데 사다리꼴 4개가 필요합니다.

22 직사각형의 변의 길이를 생각하여 모양을 채우는 데 알맞은 칠교 조각 3개를 찾습니다.
예

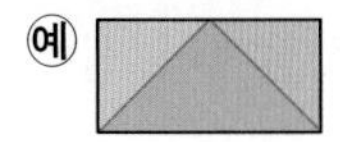
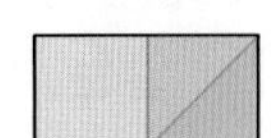

23

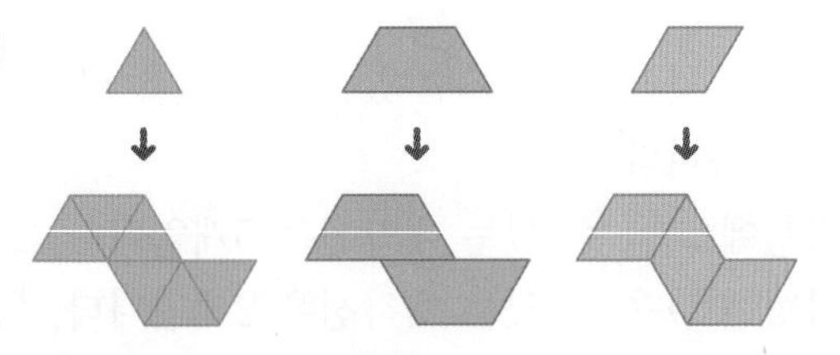

24 채워야 하는 모양에서 각 부분의 변의 길이를 살펴보고 알맞은 모양 조각을 이용합니다.

150쪽 3STEP 서술형 문제 잡기

※서술형 문제의 예시 답안입니다.

1 이유 선분, 곡선

2 이유 정다각형은 변의 길이가 모두 같고 각의 크기가 모두 같은 다각형인데 주어진 도형은 크기가 다른 각이 있기 때문입니다. ▶5점

3 1단계 '같습니다'에 ○표
2단계 ㄱㄷ, 20
답 20 cm

4 1단계 평행사변형은 한 대각선이 다른 대각선을 똑같이 둘로 나눕니다. ▶2점
2단계 따라서 선분 ㄴㅁ의 길이는 선분 ㄹㅁ의 길이와 같으므로 12 cm입니다. ▶3점
답 12 cm

5 1단계 5 2단계 7, 7, 35
답 35 cm

6 1단계 정육각형의 한 변의 길이가 4 cm이므로 정삼각형의 한 변의 길이도 4 cm입니다. ▶2점
2단계 빨간색 선의 전체 길이는 4 cm인 변 7개의 길이이므로 $4\times7=28$ (cm)입니다. ▶3점
답 28 cm

7 예

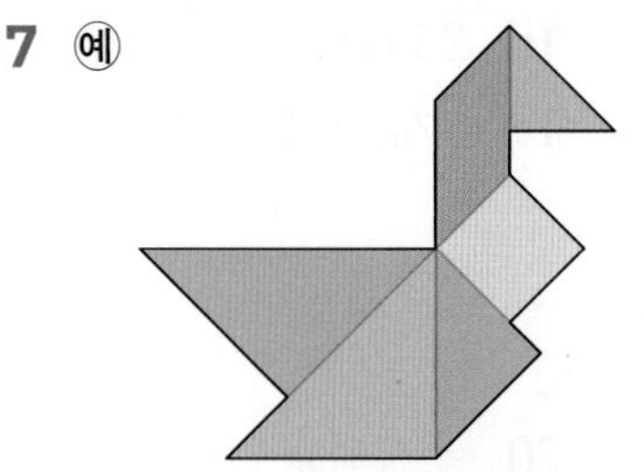

8 예 집 /

8 채점 가이드 칠교 조각을 이용하여 말풍선의 ☐ 안에 쓴 모양에 맞게 만들었으면 정답입니다.

152쪽 6단원 마무리

01 가, 나, 라, 바
02 오각형
03 나, 라
04 (   )(○)
05 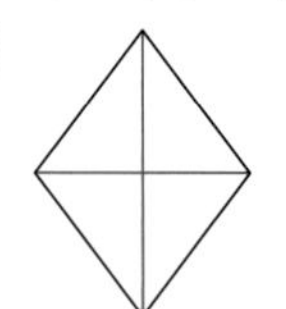
06 2, 1
07 (1) • (2) • (3) •
08 예 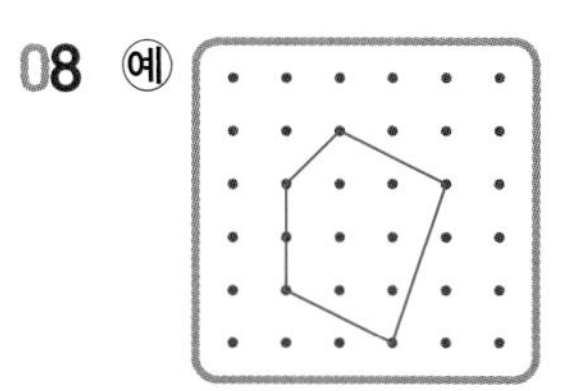
09 예
10 나, 다
11 다
12 9개
13 8개
14 예 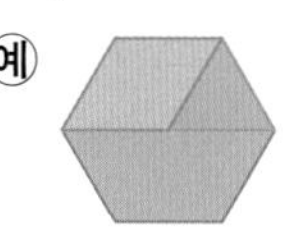
15 6개
16 21 cm
17 다
18 예 방법1 방법2 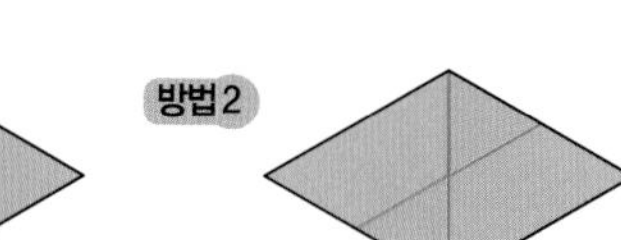

서술형 ※서술형 문제의 예시 답안입니다.

19 정다각형이 아닌 이유 쓰기 ▶ 5점

정다각형은 변의 길이가 모두 같고 각의 크기가 모두 같아야 하는데 주어진 도형은 각의 크기와 변의 길이가 모두 같지 않기 때문입니다.

20 ❶ 마름모의 대각선의 성질 알아보기 ▶ 2점
❷ 선분 ㄱㅁ의 길이 구하기 ▶ 3점

❶ 마름모는 한 대각선이 다른 대각선을 똑같이 둘로 나눕니다.
❷ 선분 ㄱㅁ의 길이는 선분 ㄷㅁ의 길이와 같으므로 15 cm입니다.

답 15 cm

01 선분으로만 둘러싸인 도형 ➔ 가, 나, 라, 바

02 변이 5개인 다각형 ➔ 오각형

03 변의 길이가 모두 같고 각의 크기가 모두 같은 다각형 ➔ 나, 라

04 대각선은 서로 이웃하지 않는 두 꼭짓점을 이은 선분입니다.

05 이웃하지 않는 꼭짓점끼리 선분으로 잇습니다.

06 정삼각형 2개, 평행사변형 1개를 이용했습니다.

07 (1) 변이 7개인 정다각형 ➔ 정칠각형
(2) 변이 8개인 정다각형 ➔ 정팔각형
(3) 변이 5개인 정다각형 ➔ 정오각형

08 5개의 선분으로 둘러싸인 다각형이 되도록 점을 잇습니다.

10 참고 두 대각선이 서로 수직으로 만나는 사각형: 마름모, 정사각형

11 참고 두 대각선의 길이가 같은 사각형: 직사각형, 정사각형

12 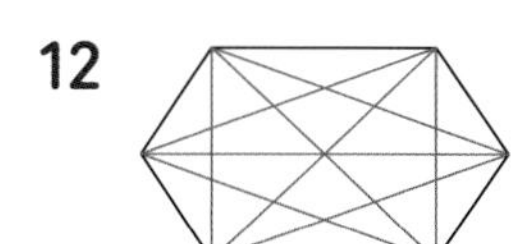

➔ 그을 수 있는 대각선은 모두 9개입니다.

13 정사각형 8개를 이용하여 주어진 모양을 채울 수 있습니다.

14 사다리꼴을 먼저 놓고 정삼각형과 평행사변형을 놓아 정육각형을 만듭니다.

15 ➔ 적어도 6개 필요합니다.

16 정칠각형은 모든 변의 길이가 같으므로 3 cm인 변이 7개입니다.
➔ $3 \times 7 = 21$ (cm)

17 다각형에 그을 수 있는 대각선의 수
➔ 가: 2개, 나: 0개, 다: 5개
따라서 대각선의 수가 가장 많은 다각형은 다입니다.

18 정삼각형 2개와 사다리꼴 2개를 이용하여 마름모를 채웠습니다.

개념책 6단원

156쪽 1~6단원 총정리

01 2.85
02 $\frac{5}{6}$
03 직선 라
04 다
05 육각형
06 ( )(○)
07 $2\frac{1}{6}$
08 예 날짜별 양파 싹의 길이
09 1 cm
10 5일과 6일 사이
11 15 cm
12 ( )(○)
13 $2\frac{5}{8}+1\frac{4}{8}=4\frac{1}{8}$ $\left(\text{또는 } 2\frac{5}{8}+1\frac{4}{8}\right)$ / $4\frac{1}{8}$ kg
14 예
15 3개, 2개
16 예 대회별 높이뛰기 최고 기록

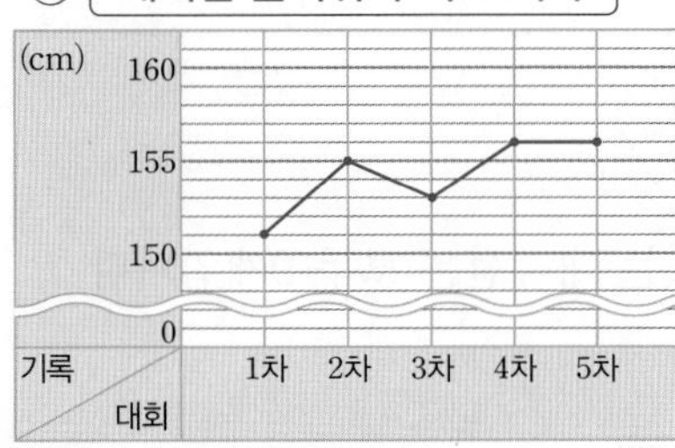

17 예
18 7개
19 100배
20 $5\frac{8}{12}$
21 1.2 L
22 5 cm
23 4.95
24 7 cm
25 예 방법1

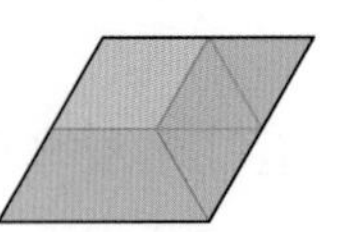

방법2

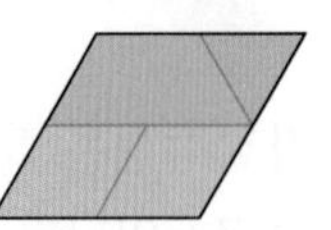

06 $1.68<1.7$ ($6<7$)

07 $7-4\frac{5}{6}=6\frac{6}{6}-4\frac{5}{6}=2\frac{1}{6}$

09 세로 눈금 5칸: 5 cm
→ 세로 눈금 1칸: $5\div5=1$ (cm)

10 올라간 선분이 가장 많이 기울어진 때: 5일과 6일 사이

11 변 ㄱㄴ과 변 ㄹㄷ은 각각 변 ㄴㄷ에 수직이므로 변 ㄱㄴ과 변 ㄹㄷ은 서로 평행합니다. 평행선 사이의 거리는 선분 ㄴㄷ의 길이와 같으므로 15 cm입니다.

12 이등변삼각형은 두 각의 크기가 같습니다.
삼각형의 세 각의 크기의 합은 180°이므로 나머지 한 각의 크기를 각각 구하면 다음과 같습니다.
• $180°-70°-60°=50°$ → 70°, 60°, 50°
• $180°-30°-120°=30°$ → 30°, 120°, 30°

13 (인서가 캔 고구마의 무게)+(준하가 캔 고구마의 무게)
$=2\frac{5}{8}+1\frac{4}{8}=\frac{21}{8}+\frac{12}{8}=\frac{33}{8}=4\frac{1}{8}$ (kg)

14 평행한 변이 있는 사각형이 되도록 꼭짓점을 한 개만 옮깁니다.

17 • 두 변의 길이가 같으므로 이등변삼각형입니다.
• 한 각이 둔각이므로 둔각삼각형입니다.
→ 이등변삼각형이면서 둔각삼각형이 되도록 그립니다.

18 그을 수 있는 대각선의 수는 사각형이 2개, 오각형이 5개입니다.
→ $2+5=7$(개)

19 ㉠은 일의 자리 숫자이고 8을 나타냅니다.
㉡은 소수 둘째 자리 숫자이고 0.08을 나타냅니다.
따라서 8은 0.08의 100배입니다.

20 $\square=7\frac{5}{12}-1\frac{9}{12}=6\frac{17}{12}-1\frac{9}{12}=5\frac{8}{12}$

21 (미연이가 마신 주스의 양)$=0.5+0.2=0.7$ (L)
→ (영우와 미연이가 마신 주스의 양)
$=0.5+0.7=1.2$ (L)

22 평행사변형은 마주 보는 두 변의 길이가 같습니다.
(변 ㄱㄴ)+(변 ㄹㄷ)$=34-12-12=10$ (cm)
→ (변 ㄱㄴ)$=10\div2=5$ (cm)

23 만들 수 있는 가장 큰 소수 두 자리 수는 8.53이고, 가장 작은 소수 두 자리 수는 3.58입니다.
→ $8.53-3.58=4.95$

24 빨간색 선은 정삼각형의 한 변 7개로 이루어져 있으므로 정삼각형의 한 변의 길이의 7배입니다.
→ (정삼각형의 한 변의 길이)$=49\div7=7$ (cm)

기본 강화책 정답 및 풀이

1 분수의 덧셈과 뺄셈

※계산 결과의 분수 종류를 제한하지 않은 경우, 대분수와 가분수 모두 정답으로 인정합니다.

기초력 더하기

01쪽 1. (진분수)+(진분수)

1 $\frac{3}{4}$ 2 $\frac{4}{6}$ 3 $\frac{7}{9}$

4 $\frac{5}{7}$ 5 $\frac{4}{5}$ 6 $\frac{8}{13}$

7 $\frac{13}{14}$ 8 $1\left(=\frac{5}{5}\right)$ 9 $1\left(=\frac{10}{10}\right)$

10 $1\frac{2}{6}\left(=\frac{8}{6}\right)$ 11 $1\frac{3}{8}\left(=\frac{11}{8}\right)$

12 $1\frac{2}{7}\left(=\frac{9}{7}\right)$ 13 $1\frac{3}{11}\left(=\frac{14}{11}\right)$

14 $1\frac{3}{12}\left(=\frac{15}{12}\right)$ 15 $1\frac{1}{15}\left(=\frac{16}{15}\right)$

16 $\frac{6}{8}$ 17 $\frac{9}{10}$ 18 $\frac{10}{11}$

19 $1\frac{5}{13}$ 20 1 21 $1\frac{4}{16}$

02쪽 2. 받아올림이 없는 (대분수)+(대분수)

1 $2\frac{3}{4}\left(=\frac{11}{4}\right)$ 2 $3\frac{6}{7}\left(=\frac{27}{7}\right)$

3 $5\frac{5}{6}\left(=\frac{35}{6}\right)$ 4 $5\frac{7}{9}\left(=\frac{52}{9}\right)$

5 $7\frac{7}{10}\left(=\frac{77}{10}\right)$ 6 $4\frac{14}{15}\left(=\frac{74}{15}\right)$

7 $3\frac{5}{12}\left(=\frac{41}{12}\right)$ 8 $9\frac{6}{9}\left(=\frac{87}{9}\right)$

9 $9\frac{2}{3}\left(=\frac{29}{3}\right)$ 10 $10\frac{3}{6}\left(=\frac{63}{10}\right)$

11 $7\frac{4}{5}\left(=\frac{39}{5}\right)$ 12 $7\frac{5}{8}\left(=\frac{61}{8}\right)$

13 $2\frac{10}{11}\left(=\frac{32}{11}\right)$ 14 $10\frac{8}{15}\left(=\frac{158}{15}\right)$

15 $8\frac{13}{20}\left(=\frac{173}{20}\right)$

16 $8\frac{4}{5}$ 17 $4\frac{7}{8}$ 18 $7\frac{8}{12}$

19 $6\frac{8}{10}$ 20 $7\frac{5}{7}$ 21 $2\frac{13}{14}$

03쪽 3. 받아올림이 있는 (대분수)+(대분수)

1 $4\frac{1}{5}\left(=\frac{21}{5}\right)$ 2 $5\frac{2}{8}\left(=\frac{42}{8}\right)$

3 $8\left(=\frac{32}{4}\right)$ 4 $10\frac{3}{10}\left(=\frac{103}{10}\right)$

5 $5\frac{3}{11}\left(=\frac{58}{11}\right)$ 6 $9\frac{1}{3}\left(=\frac{28}{3}\right)$

7 $6\frac{6}{12}\left(=\frac{78}{12}\right)$ 8 $5\frac{1}{5}\left(=\frac{26}{5}\right)$

9 $10\frac{4}{7}\left(=\frac{74}{7}\right)$ 10 $3\frac{2}{4}\left(=\frac{14}{4}\right)$

11 $6\frac{1}{6}\left(=\frac{37}{6}\right)$ 12 $6\frac{3}{9}\left(=\frac{57}{9}\right)$

13 $5\frac{8}{12}\left(=\frac{68}{12}\right)$ 14 $11\frac{4}{15}\left(=\frac{169}{15}\right)$

15 $10\frac{11}{20}\left(=\frac{211}{20}\right)$

16 $5\frac{3}{6}$ 17 $9\frac{3}{10}$ 18 $10\frac{1}{9}$

19 $5\frac{2}{11}$ 20 $9\frac{1}{7}$ 21 $6\frac{6}{18}$

04쪽 4. 받아내림이 없는 (분수)−(분수)

1 $\frac{2}{4}$ 2 $\frac{1}{5}$ 3 $\frac{3}{6}$
4 $\frac{5}{7}$ 5 $\frac{3}{8}$ 6 $\frac{3}{9}$
7 $4\frac{1}{3}\left(=\frac{13}{3}\right)$ 8 $5\frac{3}{6}\left(=\frac{33}{6}\right)$
9 $3\frac{2}{7}\left(=\frac{23}{7}\right)$ 10 $1\frac{1}{5}\left(=\frac{6}{5}\right)$
11 $1\frac{4}{8}\left(=\frac{12}{8}\right)$ 12 $2\frac{2}{9}\left(=\frac{20}{9}\right)$
13 $3\frac{4}{7}\left(=\frac{25}{7}\right)$ 14 $5\frac{2}{11}\left(=\frac{57}{11}\right)$
15 $1\frac{1}{12}\left(=\frac{13}{12}\right)$
16 $\frac{3}{6}$ 17 $\frac{3}{9}$ 18 $\frac{4}{11}$
19 $2\frac{2}{4}$ 20 $5\frac{3}{8}$ 21 $3\frac{1}{9}$

05쪽 5. (자연수)−(분수)

1 $\frac{3}{5}$ 2 $\frac{2}{7}$ 3 $\frac{3}{9}$
4 $\frac{3}{10}$ 5 $\frac{5}{13}$ 6 $\frac{6}{17}$
7 $1\frac{2}{3}\left(=\frac{5}{3}\right)$ 8 $2\frac{1}{6}\left(=\frac{13}{6}\right)$
9 $2\frac{5}{8}\left(=\frac{21}{8}\right)$ 10 $2\frac{1}{4}\left(=\frac{9}{4}\right)$
11 $2\frac{3}{7}\left(=\frac{17}{7}\right)$ 12 $3\frac{5}{9}\left(=\frac{32}{9}\right)$
13 $3\frac{5}{12}\left(=\frac{41}{12}\right)$ 14 $1\frac{5}{16}\left(=\frac{21}{16}\right)$
15 $4\frac{6}{21}\left(=\frac{90}{21}\right)$
16 $\frac{1}{4}$ 17 $\frac{4}{8}$ 18 $\frac{8}{23}$
19 $\frac{3}{8}$ 20 $1\frac{7}{11}$ 21 $7\frac{5}{13}$

06쪽 6. 받아내림이 있는 (대분수)−(대분수)

1 $1\frac{2}{3}\left(=\frac{5}{3}\right)$ 2 $4\frac{3}{5}\left(=\frac{23}{5}\right)$
3 $1\frac{6}{7}\left(=\frac{13}{7}\right)$ 4 $2\frac{3}{4}\left(=\frac{11}{4}\right)$
5 $2\frac{2}{6}\left(=\frac{14}{6}\right)$ 6 $2\frac{6}{9}\left(=\frac{24}{9}\right)$
7 $3\frac{6}{8}\left(=\frac{30}{8}\right)$ 8 $7\frac{7}{10}\left(=\frac{77}{10}\right)$
9 $1\frac{12}{15}\left(=\frac{27}{15}\right)$ 10 $5\frac{6}{12}\left(=\frac{66}{12}\right)$
11 $3\frac{11}{18}\left(=\frac{65}{18}\right)$ 12 $4\frac{14}{20}\left(=\frac{94}{20}\right)$
13 $2\frac{12}{13}\left(=\frac{38}{13}\right)$ 14 $4\frac{13}{17}\left(=\frac{81}{17}\right)$
15 $1\frac{19}{22}\left(=\frac{41}{22}\right)$
16 $1\frac{5}{6}$ 17 $2\frac{7}{9}$ 18 $1\frac{7}{8}$
19 $3\frac{6}{11}$ 20 $1\frac{13}{16}$ 21 $3\frac{18}{23}$

수학익힘 다잡기

07쪽 1. (진분수)+(진분수)를 어떻게 계산할까요

1 예 / $\frac{4}{5}$
2 7, 6, 13 / 7, 6, 13, 1, 4
3 (1) $\frac{3}{4}$ (2) $1\frac{2}{8}\left(=\frac{10}{8}\right)$
4 $1\frac{2}{7}$
5 $\frac{4}{6}$
6 예 분모는 그대로 두고 분자끼리 더해야 하는데 분모를 더했습니다.
7 예 1, 2, 3, 1, 2

1 5칸 중 1칸을 색칠한 후 3칸을 색칠하면 5칸 중 4칸을 색칠한 것과 같습니다.

➔ $\frac{1}{5}+\frac{3}{5}=\frac{1+3}{5}=\frac{4}{5}$

3 (1) $\frac{2}{4}+\frac{1}{4}=\frac{2+1}{4}=\frac{3}{4}$

(2) $\frac{3}{8}+\frac{7}{8}=\frac{3+7}{8}=\frac{10}{8}=1\frac{2}{8}$

4 가장 큰 분수: $\frac{6}{7}$, 가장 작은 분수: $\frac{3}{7}$

➔ $\frac{6}{7}+\frac{3}{7}=\frac{9}{7}=1\frac{2}{7}$

5 (은아와 성규가 먹은 피자의 양)

$=\frac{1}{6}+\frac{3}{6}=\frac{4}{6}$

6 바른 계산: $\frac{3}{8}+\frac{4}{8}=\frac{7}{8}$

7 분모가 4인 서로 다른 진분수: $\frac{1}{4}$, $\frac{2}{4}$, $\frac{3}{4}$

➔ $\frac{1}{4}+\frac{2}{4}+\frac{3}{4}=\frac{6}{4}=1\frac{2}{4}$

08쪽 2. (대분수)+(대분수)를 어떻게 계산할까요 (1)

1 13 / 13, 2, 3

2 (1) $3\frac{7}{9}\left(=\frac{34}{9}\right)$ (2) $6\frac{4}{6}\left(=\frac{40}{6}\right)$

3 (1) • (2) • (3) •

4 $2\frac{9}{10}$ kg

5 5, 4, 1, 2 / $6\frac{6}{7}$

6 예 물이 $3\frac{1}{4}$ L 담긴 수조에 물 $2\frac{2}{4}$ L를 더 넣었습니다. 수조에 담긴 물은 모두 몇 L인가요?

/ $5\frac{3}{4}$ L

1 $1\frac{2}{5}=\frac{7}{5}$, $1\frac{1}{5}=\frac{6}{5}$이므로

$1\frac{2}{5}+1\frac{1}{5}=\frac{7}{5}+\frac{6}{5}=\frac{13}{5}=2\frac{3}{5}$입니다.

2 (1) $2\frac{3}{9}+1\frac{4}{9}=(2+1)+\left(\frac{3}{9}+\frac{4}{9}\right)=3+\frac{7}{9}=3\frac{7}{9}$

(2) $4\frac{1}{6}+2\frac{3}{6}=(4+2)+\left(\frac{1}{6}+\frac{3}{6}\right)$

$=6+\frac{4}{6}=6\frac{4}{6}$

3 (1) $3\frac{2}{8}+1\frac{5}{8}=4+\frac{7}{8}=4\frac{7}{8}$

(2) $1\frac{5}{8}+2\frac{1}{8}=3+\frac{6}{8}=3\frac{6}{8}$

(3) $2\frac{3}{8}+2\frac{3}{8}=4+\frac{6}{8}=4\frac{6}{8}$

4 (미나와 준호가 딴 감의 무게)

$=1\frac{5}{10}+1\frac{4}{10}=2+\frac{9}{10}=2\frac{9}{10}$ (kg)

5 • 분모가 7인 가장 큰 대분수: $5\frac{4}{7}$

• 분모가 7인 가장 작은 대분수: $1\frac{2}{7}$

➔ $5\frac{4}{7}+1\frac{2}{7}=6\frac{6}{7}$

6 (수조에 담긴 물의 양)

$=3\frac{1}{4}+2\frac{2}{4}=5+\frac{3}{4}=5\frac{3}{4}$ (L)

09쪽 3. (대분수)+(대분수)를 어떻게 계산할까요 (2)

1 7, 1, 2, 3, 2

2 (1) $4\frac{1}{7}\left(=\frac{29}{7}\right)$ (2) $7\frac{1}{6}\left(=\frac{43}{6}\right)$

3 $<$

4 $2\frac{2}{3}+3\frac{2}{3}=6\frac{1}{3}$ $\left(\text{또는 } 2\frac{2}{3}+3\frac{2}{3}\right)$ / $6\frac{1}{3}$ m

5 3, 1

6 $9\frac{1}{8}$ cm

2 (1) $2\frac{6}{7}+1\frac{2}{7}=3+\frac{8}{7}=3+1\frac{1}{7}=4\frac{1}{7}$

(2) $5\frac{2}{6}+1\frac{5}{6}=(5+1)+\left(\frac{2}{6}+\frac{5}{6}\right)$

$=6+\frac{7}{6}=6+1\frac{1}{6}=7\frac{1}{6}$

3 $5\frac{4}{9}+2\frac{8}{9}=8\frac{3}{9}$, $3\frac{7}{9}+4\frac{6}{9}=8\frac{4}{9}$

→ $8\frac{3}{9}<8\frac{4}{9}$

5 $4\frac{3}{4}+㉠\frac{㉡}{4}=(4+㉠)+\left(\frac{3}{4}+\frac{㉡}{4}\right)=8$

→ $\frac{3}{4}+\frac{㉡}{4}=1$이 되어야 하므로 ㉡$=1$이고,

$4+$㉠$=7$이므로 ㉠$=3$입니다.

6 $3\frac{3}{8}+3\frac{5}{8}+2\frac{1}{8}=7+2\frac{1}{8}=9\frac{1}{8}$ (cm)

10쪽 4. (분수)－(분수)를 어떻게 계산할까요

1 3 / 5, 2, 3
2 1, 2, 1, 2
3 (1) 3, 3, 3, 3 (2) 6, 21, 4, 1
4 $\frac{6}{12}$, $\frac{3}{12}$
5 $\frac{8}{10}-\frac{3}{10}=\frac{5}{10}$$\left(\text{또는 } \frac{8}{10}-\frac{3}{10}\right)$ / $\frac{5}{10}$ kg
6 $1\frac{1}{9}$ m
7 $\frac{2}{4}$, $\frac{3}{4}$

2 $2\frac{6}{7}-1\frac{4}{7}=(2-1)+\left(\frac{6}{7}-\frac{4}{7}\right)=1+\frac{2}{7}=1\frac{2}{7}$

4 $3\frac{9}{12}-3\frac{3}{12}=\frac{6}{12}$, $\frac{6}{12}-\frac{3}{12}=\frac{3}{12}$

5 (사용하고 남은 찰흙의 양)

$=\frac{8}{10}-\frac{3}{10}=\frac{8-3}{10}=\frac{5}{10}$ (kg)

6 (파란색 끈의 길이)$=5\frac{7}{9}-1\frac{2}{9}=4\frac{5}{9}$ (m)

(노란색 끈의 길이)$=4\frac{5}{9}-3\frac{4}{9}=1\frac{1}{9}$ (m)

7 분모가 4인 진분수: $\frac{1}{4}$, $\frac{2}{4}$, $\frac{3}{4}$

분자끼리의 합이 5, 차가 1인 두 수는 2, 3이므로

두 진분수는 $\frac{2}{4}$, $\frac{3}{4}$입니다.

11쪽 5. (자연수)－(분수)를 어떻게 계산할까요

1 1, 8, 1, 5
2 1, 3 / 15, 7, 8, 1, 3
3 (1) $\frac{5}{8}$ (2) $2\frac{1}{3}\left(=\frac{7}{3}\right)$
4 '$7-\frac{6}{10}=6\frac{4}{10}$'에 색칠
5 $\frac{2}{6}$ kg
6 유나
7 $9-2\frac{4}{5}=6\frac{1}{5}$

4 • $5-1\frac{5}{9}=4\frac{9}{9}-1\frac{5}{9}=3\frac{4}{9}$

• $7-\frac{6}{10}=6\frac{10}{10}-\frac{6}{10}=6\frac{4}{10}$

5 $2-1\frac{4}{6}=1\frac{6}{6}-1\frac{4}{6}=\frac{2}{6}$ (kg)

6 태우: $6-3\frac{5}{7}=2\frac{2}{7}$, 유나: $8-4\frac{1}{7}=3\frac{6}{7}$

→ $2\frac{2}{7}<3\frac{6}{7}$

7 계산 결과가 가장 크려면 가장 큰 자연수에서 가장 작은 대분수를 만들어 빼야 합니다.

가장 큰 자연수: 9, 가장 작은 대분수: $2\frac{4}{5}$

→ $9-2\frac{4}{5}=6\frac{1}{5}$

12쪽 6. (대분수)−(대분수)를 어떻게 계산할까요

1 9, 1, 4

2 1, 2 / 13, 7, 6, 1, 2

3 $4\frac{2}{7}-2\frac{4}{7}=\frac{30}{7}-\frac{18}{7}=\frac{12}{7}=1\frac{5}{7}$

4

$4\frac{1}{5}-1\frac{4}{5}$	$6\frac{2}{6}-2\frac{3}{6}$	$5\frac{1}{3}-\frac{5}{3}$
	○	○

5 ㉣, ㉡, ㉠, ㉢

6 2, $\frac{1}{5}$

7 $1\frac{8}{9}$

1 $3\frac{3}{6}$의 자연수 부분에서 1만큼을 가분수로 바꾸어 계산합니다.

3 대분수를 가분수로 바꾸어 뺍니다.

4 • $4\frac{1}{5}-1\frac{4}{5}=2\frac{2}{5}$
• $6\frac{2}{6}-2\frac{3}{6}=3\frac{5}{6}$
• $5\frac{1}{3}-\frac{5}{3}=3\frac{2}{3}$

5 ㉠ $4\frac{1}{10}-2\frac{5}{10}=1\frac{6}{10}$ ㉡ $6\frac{7}{10}-3\frac{9}{10}=2\frac{8}{10}$
㉢ $5\frac{2}{10}-4\frac{3}{10}=\frac{9}{10}$ ㉣ $7\frac{4}{10}-1\frac{6}{10}=5\frac{8}{10}$
따라서 계산 결과가 큰 것부터 차례로 기호를 쓰면 ㉣, ㉡, ㉠, ㉢입니다.

6 $3\frac{2}{5}-1\frac{3}{5}=1\frac{4}{5}$, $1\frac{4}{5}-1\frac{3}{5}=\frac{1}{5}$이므로
$3\frac{2}{5}$에서 $1\frac{3}{5}$을 2번 빼고 $\frac{1}{5}$이 남습니다.
➔ 만들 수 있는 빵: 2개, 남는 설탕: $\frac{1}{5}$ kg

7 어떤 대분수를 □라 하면 $□+2\frac{7}{9}=7\frac{4}{9}$에서
$□=7\frac{4}{9}-2\frac{7}{9}=4\frac{6}{9}$입니다.
따라서 바르게 계산하면 $4\frac{6}{9}-2\frac{7}{9}=1\frac{8}{9}$입니다.

2 삼각형

기초력 더하기

13쪽 1. 삼각형을 변의 길이에 따라 분류하기

1 (○) 2 (×) 3 (○)
4 (×) 5 (○) 6 (×)
7 9 8 10 9 4
10 6 11 15 12 21

14쪽 2. 이등변삼각형의 성질 / 정삼각형의 성질

1 65 2 45 3 50
4 70 5 35 6 20
7 60, 60 8 60, 60 9 60, 60
10 60, 60, 60 11 60, 60, 60 12 60, 60, 60

15쪽 3. 삼각형을 각의 크기에 따라 분류하기

1 예 2 둔 3 직
4 둔 5 예 6 예
7 직 8 둔 9 둔
10 예 11 직 12 직

수학익힘 다잡기

16쪽 1. 삼각형을 변의 길이에 따라 어떻게 분류할까요

1 (1) 이등변삼각형 (2) 정삼각형
2 가, 라
3 예 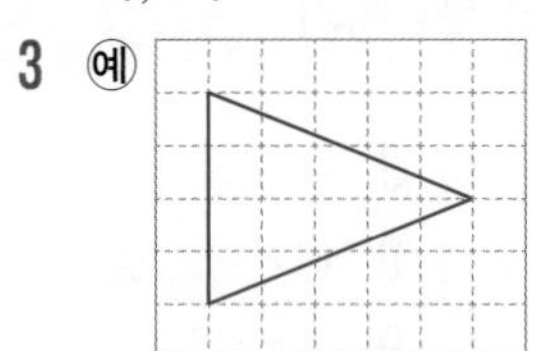 예 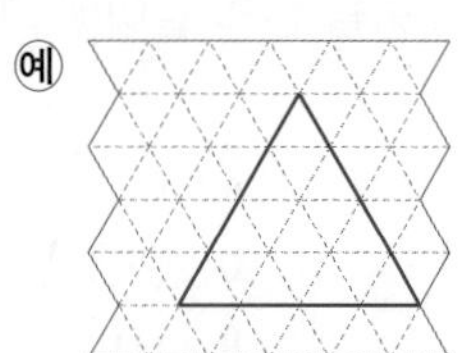
4 (1) 7 (2) 5, 5
5

직각삼각형	이등변삼각형	정삼각형
○	○	

6 6 cm

1 (1) 두 변의 길이가 같은 삼각형을 이등변삼각형이라고 합니다.
(2) 세 변의 길이가 같은 삼각형을 정삼각형이라고 합니다.

2 자로 재었을 때 세 변의 길이가 같은 삼각형을 찾으면 가, 라입니다.
참고 나, 다는 두 변의 길이만 같으므로 이등변삼각형입니다.

3 • 이등변삼각형: 두 변의 길이가 같도록 그립니다.
• 정삼각형: 세 변의 길이가 같도록 그립니다.
채점 가이드 여러 가지 모양으로 답을 그릴 수 있습니다.
길이가 같은 변의 수를 맞게 그렸으면 정답입니다.
이등변삼각형은 세 변의 길이가 같게 그려도 정답입니다.

4 (1) 이등변삼각형이므로 두 변의 길이가 7 cm로 같습니다.
(2) 정삼각형이므로 세 변의 길이가 모두 5 cm로 같습니다.

5 한 각이 직각이므로 직각삼각형입니다.
두 변의 길이가 모눈 3칸으로 같으므로 이등변삼각형입니다.

6 정삼각형은 세 변의 길이가 같으므로
한 변의 길이는 $18 \div 3 = 6$ (cm)입니다.

17쪽 2. 이등변삼각형에는 어떤 성질이 있을까요

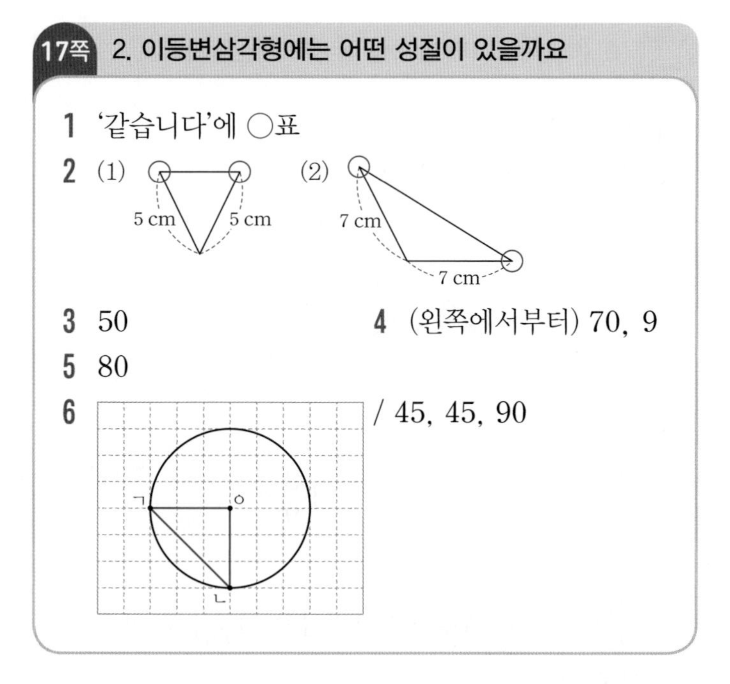

1 '같습니다'에 ○표
2 (1) (2)

3 50
4 (왼쪽에서부터) 70, 9
5 80
6 / 45, 45, 90

1 길이가 8 cm인 두 변의 양 끝에 있는 각의 크기가 35°로 같습니다.

2 길이가 같은 두 변의 양 끝에 있는 두 각에 ○표 합니다.

3 색종이를 반으로 접어서 잘랐으므로 삼각형은 두 변의 길이가 같은 이등변삼각형입니다.
따라서 양 끝에 있는 두 각의 크기가 50°로 같습니다.

4 이등변삼각형은 두 변의 길이가 같고, 길이가 같은 두 변의 양 끝에 있는 두 각의 크기가 같습니다.

5 두 변의 길이가 10 cm로 같으므로 이등변삼각형입니다.
삼각형의 세 각의 크기의 합이 180°이므로 나머지 두 각의 크기의 합은 $180° - 20° = 160°$이고, 두 각의 크기가 같으므로 한 각의 크기는 $160° \div 2 = 80°$입니다.

6 삼각형 ㄱㄴㅇ은 직각삼각형이면서 이등변삼각형입니다.
각 ㄱㅇㄴ의 크기가 90°이므로 나머지 두 각의 크기의 합은 $180° - 90° = 90°$이고, 두 각의 크기가 같으므로 $90° \div 2 = 45°$입니다.
따라서 삼각형 ㄱㄴㅇ의 세 각의 크기는 45°, 45°, 90°입니다.

18쪽 3. 정삼각형에는 어떤 성질이 있을까요

1 60　　2 60
3 (왼쪽에서부터) (1) 60, 8 (2) 6, 60
4 120　　5 120
6 민주

3 정삼각형은 세 변의 길이가 같고, 세 각의 크기가 모두 60°입니다.

4 (정삼각형의 한 각의 크기)=60°
(정삼각형의 두 각을 이어 붙인 각도)
=60°+60°=120°

5 180°−60°=120°

6 정삼각형은 크기와 관계없이 한 각의 크기가 항상 60°로 같습니다.
따라서 잘못 이야기한 사람은 민주입니다.

19쪽 4. 삼각형을 각의 크기에 따라 어떻게 분류할까요

1 (1) 예각삼각형 (2) 둔각삼각형
2 다, 마 / 나, 라 / 가, 바
3  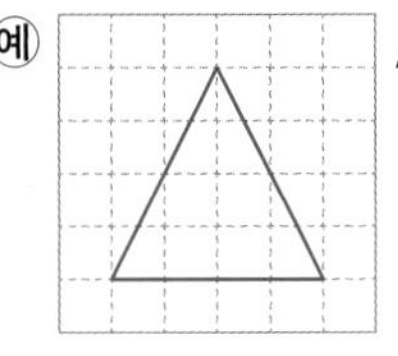 / 예 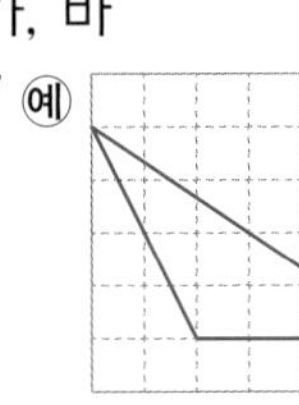
4 ㉣　　5 ㉠ / ㉡　　6 주경

3 • 세 각이 모두 예각인 삼각형을 그립니다.
• 한 각이 둔각인 삼각형을 그립니다.

4 주어진 선분의 양 끝과 각 점을 이었을 때 만들어지는 도형은 다음과 같습니다.
㉠ 선분　　㉡ 직각삼각형
㉢ 예각삼각형　　㉣ 둔각삼각형

6 예각삼각형은 세 각이 모두 예각인 삼각형이므로 잘못 말한 친구는 주경입니다.

3 소수의 덧셈과 뺄셈

기초력 더하기

20쪽 1. 소수 두 자리 수

1 0.07　　2 1.36　　3 24.85
4 $\frac{64}{100}$　　5 $7\frac{9}{100}$　　6 $17\frac{13}{100}$
7 0.04, 0.18　　8 0.56, 0.67
9 0.82, 0.91　　10 1.15, 1.26
11 3.57, 삼 점 오칠　　12 8.14, 팔 점 일사
13 27.36, 이십칠 점 삼육
14 52.08, 오십이 점 영팔

21쪽 2. 소수 세 자리 수

1 0.067　　2 0.925　　3 2.234
4 $\frac{83}{1000}$　　5 $\frac{649}{1000}$　　6 $6\frac{425}{1000}$
7 일, 4 / 소수 첫째, 0.9 / 소수 둘째, 0.03 / 소수 셋째, 0.006
8 일, 8 / 소수 첫째, 0.2 / 소수 둘째, 0.05 / 소수 셋째, 0.001
9 2.745, 이 점 칠사오
10 14.951, 십사 점 구오일
11 6.032, 육 점 영삼이　　12 3.507, 삼 점 오영칠

22쪽 3. 소수의 크기 비교 / 소수 사이의 관계

1 <　　2 =　　3 <
4 >　　5 >　　6 <
7 =　　8 >　　9 <
10 0.8, 0.08　　11 0.16, 0.016
12 0.123　　13 2.08
14 4.5, 45　　15 51.27, 512.7
16 4190　　17 370.5

기본 강화책
3 단원

23쪽 4. 소수 한 자리 수의 덧셈

1 0.3	2 1.8	3 5.7
4 1.3	5 5.1	6 3.7
7 6.2	8 8.2	9 7.6
10 0.5	11 0.7	12 1.9
13 2.9	14 4.7	15 9.8
16 1.2	17 2.1	18 4.3
19 2.1	20 5.1	21 6.2

24쪽 5. 소수 두 자리 수의 덧셈

1 0.67	2 2.98	3 2.77
4 1.17	5 3.83	6 5.42
7 8.26	8 8.85	9 21.31
10 0.57	11 0.73	12 2.79
13 1.82	14 5.75	15 6.72
16 1.47	17 1.92	18 5.27
19 6.3	20 4.04	21 19.32

25쪽 6. 소수 한 자리 수의 뺄셈

1 0.4	2 2.6	3 3.3
4 2.6	5 6.6	6 2.9
7 4.3	8 1.4	9 1.6
10 0.3	11 0.4	12 2.1
13 3.1	14 1.4	15 2.4
16 0.5	17 1.8	18 1.7
19 7.8	20 0.6	21 1.6

26쪽 7. 소수 두 자리 수의 뺄셈

1 0.32	2 1.45	3 2.13
4 0.29	5 4.36	6 2.92
7 2.29	8 5.62	9 5.36
10 0.56	11 2.43	12 2.42
13 0.28	14 3.82	15 2.88
16 3.08	17 2.29	18 2.34
19 4.48	20 4.65	21 6.43

수학익힘 다잡기

27쪽 1. 소수 두 자리 수를 알아볼까요

1 0.01, 영 점 영일　　2 0.67
3 (1) 0.35 / 영 점 삼오 (2) 1.48 / 일 점 사팔
4 4.96, 5.04　　5 준호
6 2.09

2 전체를 똑같이 100칸으로 나눈 것 중의 한 칸: 0.01
→ 67칸이므로 0.67입니다.

3 (1) $\frac{■▲}{100}$ → 0.■▲
(2) ★$\frac{■▲}{100}$ → ★.■▲

4 작은 눈금 한 칸의 크기: 0.01
• 4.9에서 작은 눈금 6칸만큼 갔습니다. → 4.96
• 5에서 작은 눈금 4칸만큼 갔습니다. → 5.04

5 • 도율: 0.01이 803개인 수: 8.03
• 미나: $4\frac{2}{100}=4.02$
따라서 바르게 말한 사람은 준호입니다.

6 2보다 크고 3보다 작으므로 일의 자리 숫자는 2가 되어야 합니다.
일의 자리 숫자가 2, 소수 첫째 자리 숫자가 0, 소수 둘째 자리 숫자가 9인 소수 두 자리 수 → 2.09

28쪽 2. 소수 세 자리 수를 알아볼까요

1 0.001, 영 점 영영일
2 3, 0.7, 둘째, 셋째, 0.006
3 (1) 0.036 / 영 점 영삼육
(2) 2.895 / 이 점 팔구오
4 0.624 / 8.035
5 0.512 km / 1.134 km
6 ㉠ / 예 7.209는 칠 점 이영구라고 읽습니다.

2 3.7 4 6

- 일의 자리 숫자: 3
- 소수 첫째 자리 숫자: 0.7
- 소수 둘째 자리 숫자: 0.04
- 소수 셋째 자리 숫자: 0.006

3 작은 눈금 한 칸의 크기: 0.001

(1) 0.03에서 작은 눈금 6칸만큼 갔습니다.

➔ 0.036(영 점 영삼육)

(2) 2.89에서 작은 눈금 5칸만큼 갔습니다.

➔ 2.895(이 점 팔구오)

5 1000 m=1 km이므로 1 m=0.001 km입니다.

• 토요일: 512 m=0.512 km

• 일요일: 1134 m=1.134 km

29쪽 3. 소수의 크기를 어떻게 비교할까요

1 <

2  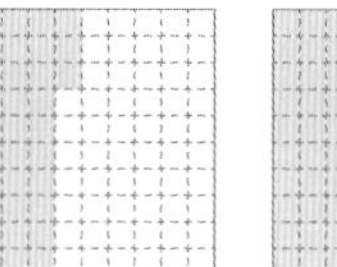 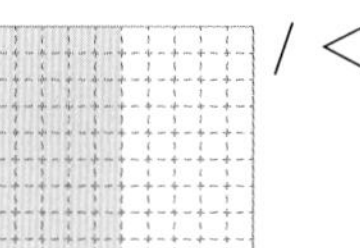 / <

3 2.70에 색칠

4 (1) < (2) >

5 개구리 인형

6 8.621 / 1.268

1 수직선에서 오른쪽에 있을수록 큰 수이므로 5.297<5.302입니다.

2 모눈종이에서 한 칸은 0.01을 나타냅니다. 0.43은 43칸, 0.5는 50칸이므로 0.43<0.5입니다.

3 소수의 오른쪽 끝자리에 0을 붙여도 크기는 변하지 않습니다.

➔ 2.7=2.70

4 (1) 3.895<10.2 (3<10) (2) 2.9>2.78 (9>7)

5 일의 자리 수가 같으므로 소수 첫째 자리 수를 비교하면 1.54>1.4입니다.

➔ 1.54 kg인 개구리 인형이 더 무겁습니다.

6 소수 세 자리 수를 ㉠.㉡㉢㉣로 나타냈을 때

• 가장 큰 수: ㉠>㉡>㉢>㉣이 되어야 합니다.

➔ 8.621

• 가장 작은 수: ㉠<㉡<㉢<㉣이 되어야 합니다.

➔ 1.268

30쪽 4. 소수 사이에는 어떤 관계가 있을까요

1 (위에서부터) 10, 10, $\frac{1}{10}$, $\frac{1}{10}$

2 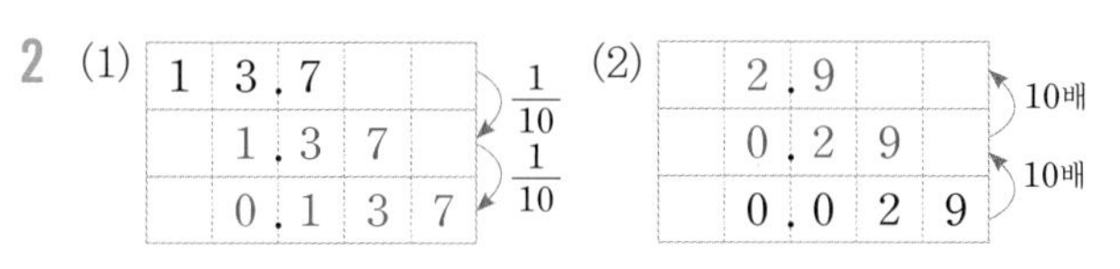

3 (1) 10 (2) 0.06

4 1000배

5 승희

6 0.815

2 (1) 소수의 $\frac{1}{10}$: 소수점을 기준으로 수가 오른쪽으로 한 자리씩 이동합니다.

(2) 소수의 10배: 소수점을 기준으로 수가 왼쪽으로 한 자리씩 이동합니다.

3 (1)

1	4 .	8	
	1 .	4	8

10배

(2)

	6 .		
	0 .	0	6

$\frac{1}{100}$

4 ㉠은 일의 자리 숫자이므로 5를 나타내고, ㉡은 소수 셋째 자리 숫자이므로 0.005를 나타냅니다.

따라서 0.005 $\xrightarrow{1000배}$ 5이므로 ㉠이 나타내는 수는 ㉡이 나타내는 수의 1000배입니다.

5 • 승희: 126.9 $\xrightarrow{\frac{1}{100}}$ 1.269

• 건우: 12.69 $\xrightarrow{10배}$ 126.9

• 지영: 1.269 $\xrightarrow{100배}$ 126.9

6 0.01이 815개인 수: 8.15

➔ 8.15의 $\frac{1}{10}$: 0.815

기본 강화책 3 단원

31쪽 5. 소수 한 자리 수의 덧셈을 어떻게 할까요

1 14, 3, 17, 1.7　　2 1, 3 / 1, 2, 3
3 (1) 0.8 (2) 3.2 (3) 4.3 (4) 6.6
4 (1)–(2), (2)–(1), (3)–(3)
5 4.5 km　　6 예 9, 4

1 0.1이 17개이면 1.7이므로 1.4+0.3=1.7입니다.

3 (1) $\begin{array}{r} 0.6 \\ +\ 0.2 \\ \hline 0.8 \end{array}$ (2) $\begin{array}{r} {}^{1}\ \ \\ 2.5 \\ +\ 0.7 \\ \hline 3.2 \end{array}$

4 (1) 1.5+1.3=2.8
(2) 1.9+0.5=2.4
(3) 2.1+1.1=3.2

5 1.7+2.8=4.5 (km)

6 일의 자리 수끼리의 합이 3+5=8이므로 소수 첫째 자리 수끼리의 합에서 받아올림이 있어야 9보다 큰 덧셈식이 됩니다.
채점 가이드 여러 가지 답이 나올 수 있습니다. □ 안에 써넣은 두 수의 합이 10보다 크면 정답입니다.

32쪽 6. 소수 두 자리 수의 덧셈을 어떻게 할까요

1 0.57　　2 1, 1, 2, 1, 1
3 (1) 0.87 (2) 1.67 (3) 6.93 (4) 9.12
4 >　　5 2.62 m
6 예 시장에서 사과 3.6 kg과 복숭아 5.81 kg을 샀습니다. 시장에서 산 사과와 복숭아는 모두 몇 kg인가요? / 9.41 kg

1 모눈 한 칸은 0.01이고 색칠된 칸은 모두 57칸이므로 0.42+0.15=0.57입니다.

2 소수 둘째 자리부터 같은 자리 수끼리 더합니다.

3 (1) $\begin{array}{r} 0.64 \\ +\ 0.23 \\ \hline 0.87 \end{array}$ (2) $\begin{array}{r} 0.27 \\ +\ 1.4\ \ \\ \hline 1.67 \end{array}$

4 1.94+2.38=4.32, 3.21+1.06=4.27
→ 4.32>4.27

5 (노란색 막대의 길이)
=(파란색 막대의 길이)+0.25
=2.37+0.25=2.62 (m)

6 3.6+5.81=9.41 (kg)

33쪽 7. 소수 한 자리 수의 뺄셈을 어떻게 할까요

1 13, 6, 7, 0.7
2 3, 10, 3 / 3, 10, 2, 3
3 (1) 0.6 (2) 1.2 (3) 6.2 (4) 2.2
4 1.6
5 1.2−0.7=0.5(또는 1.2−0.7) / 0.5 L
6 3.1

1 0.1이 7개이면 0.7이므로 1.3−0.6=0.7입니다.

3 (1) $\begin{array}{r} 0.8 \\ -\ 0.2 \\ \hline 0.6 \end{array}$ (2) $\begin{array}{r} 2.3 \\ -\ 1.1 \\ \hline 1.2 \end{array}$

4 3−1.4=1.6

5 (윤서가 마신 우유의 양)
=(처음 우유의 양)−(남은 우유의 양)
=1.2−0.7=0.5 (L)

6 • 0.1이 33개인 수: 3.3
• 1이 6개, 0.1이 4개인 수: 6.4
→ 6.4−3.3=3.1

34쪽 8. 소수 두 자리 수의 뺄셈을 어떻게 할까요

1 0.12 / 0.12
2 2, 11, 10, 1, 4, 7
3 (1) 0.13 (2) 1.08 (3) 4.76 (4) 0.17
4 (1) 선우, 지수 (2) 0.16 m
5 (위에서부터) 9, 4, 0
6
```
   5 14 10
   6̸.5̸
 − 3.8 7
 ────────
   2.6 3
```
/ 예 소수 둘째 자리의 계산에서 받아내림을 해야 하는데 하지 않고 잘못 계산했습니다.

1 0.86과 0.74 사이에 0.01을 나타내는 작은 눈금이 12칸이므로 $0.86-0.74=0.12$입니다.

2
```
   2 11 10
   3̸.2 5
 − 1.7 8
 ────────
   1.4 7
```

3 (1)
```
   0.3 7
 − 0.2 4
 ────────
   0.1 3
```
(2)
```
   1.6 8
 − 0.6
 ────────
   1.0 8
```

4 (1) 1.42>1.35>1.26이므로 가장 멀리 뛴 사람은 선우, 가장 가깝게 뛴 사람은 지수입니다.
(2) $1.42-1.26=0.16$ (m)

5
```
   ㉠.1 3
 − 5.0 ㉡
 ────────
   4.㉢ 9
```
• 10+3−㉡=9 → ㉡=4
• 1−1−0=㉢ → ㉢=0
• ㉠−5=4 → ㉠=9

6 6.5는 6.50과 같고, 0에서 7을 뺄 수 없으므로 받아내림하여 계산해야 합니다.

4 사각형

기초력 더하기

35쪽 1. 수직과 수선

1 (○) 2 (×) 3 (×)
4 (○) 5 (○) 6 (×)
7 예 8 예
9 예 10 예
11 예 12 예

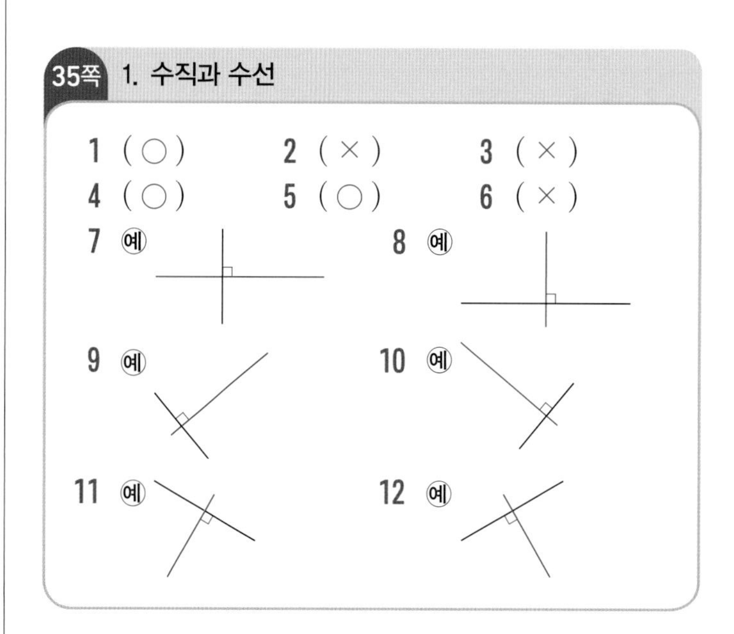

36쪽 2. 평행과 평행선

※ 1-6은 각 변을 나타내는 기호의 순서를 바꾸어 써도 정답입니다.
(예 ㄴㄷ 또는 ㄷㄴ 모두 정답입니다.)

1 ㄴㄷ 2 ㅁㅂ
3 ㅊㅋ, ㅈㅊ 4 ㄴㄷ, ㄱㄴ
5 ㅈㅇ, ㅂㅅ, ㅁㅊ 6 ㄷㄹ, ㅂㅁ, ㄱㄴ
7 예 8 예
9 예 10
11 12

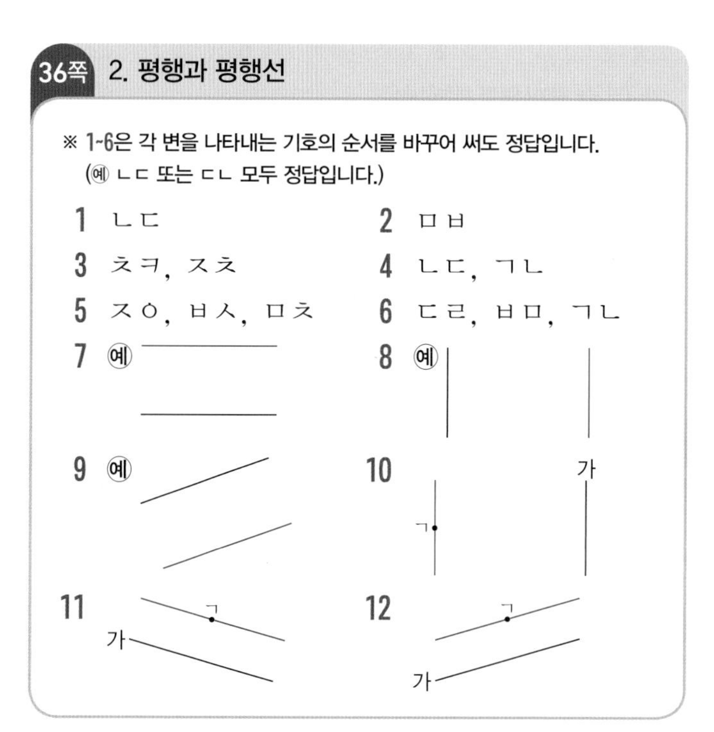

37쪽 3. 평행선 사이의 거리

1 2cm　　2 2.5cm　　3 4.5cm
4 1cm　　5 3.5cm　　6 4cm
7 예
8 예
9 예
10 예

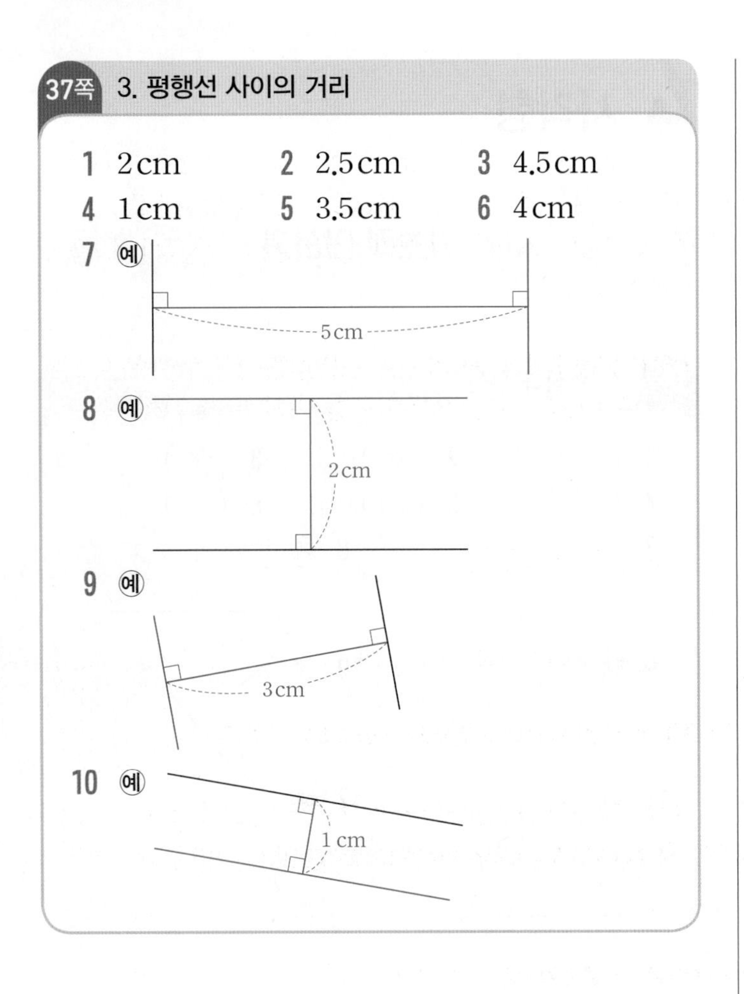

38쪽 4. 사다리꼴 / 평행사변형

1 (×)　　2 (○)　　3 (○)
4 (○)　　5 (×)　　6 (○)

※ 7~12는 위에서부터 채점하세요.

7 5, 7　　8 70, 110　　9 80, 8
10 9, 60　　11 115, 3　　12 12, 105

39쪽 5. 마름모

1 (○)　　2 (×)　　3 (○)
4 (×)　　5 (○)　　6 (×)

※ 7~12는 위에서부터 채점하세요.

7 4, 30　　8 6, 110　　9 7, 130
10 40, 5　　11 125, 9　　12 80, 8

40쪽 6. 여러 가지 사각형

※ 1~6은 위에서부터 채점하세요.

1 8, 15　　2 9, 5　　3 12, 12
4 11, 90　　5 90, 10　　6 14, 90
7 '사다리꼴', '평행사변형', '직사각형'에 ○표
8 '사다리꼴', '평행사변형', '마름모', '직사각형', '정사각형'에 ○표
9 '사다리꼴', '평행사변형', '마름모'에 ○표
10 '사다리꼴', '평행사변형'에 ○표

수학익힘 다잡기

41쪽 1. 수직은 무엇일까요

1 (1) 수직 (2) 수선
2

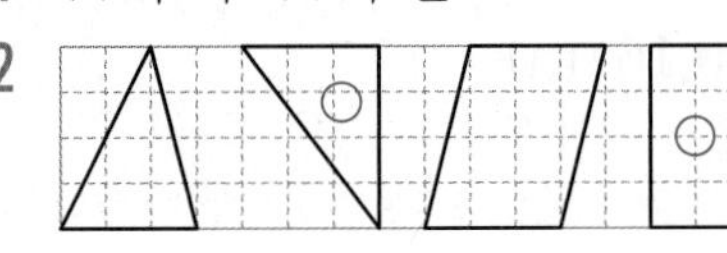

3 (　)
(○)
(　)
4 (1) 예

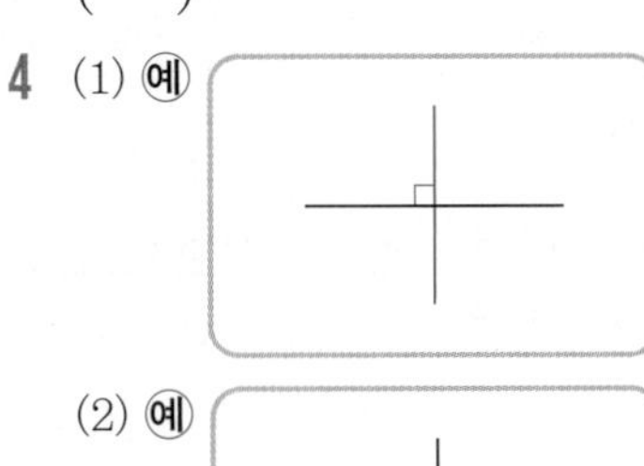

(2) 예

5 ㉢

1 직선 가와 직선 다는 서로 수직으로 만납니다. 이때 한 직선을 다른 직선에 대한 수선이라고 합니다.

2 직각으로 만나는 변이 있는 도형을 찾습니다.

3 삼각자의 직각 부분을 따라 수선을 긋습니다.

4 (1) 삼각자의 직각 부분의 한 변을 주어진 직선에 맞추고 다른 한 변을 따라 선을 긋습니다.
(2) ① 직선 위에 한 점을 찍습니다.
② 각도기의 중심을 점에 맞추고 각도기의 밑금을 직선에 맞춥니다.
③ 각도기에서 90°가 되는 눈금 위에 점을 찍고 직선 위의 점과 연결하여 수선을 긋습니다.

5 ㉢ 직선 가와 수직으로 만나는 직선은 직선 라입니다.

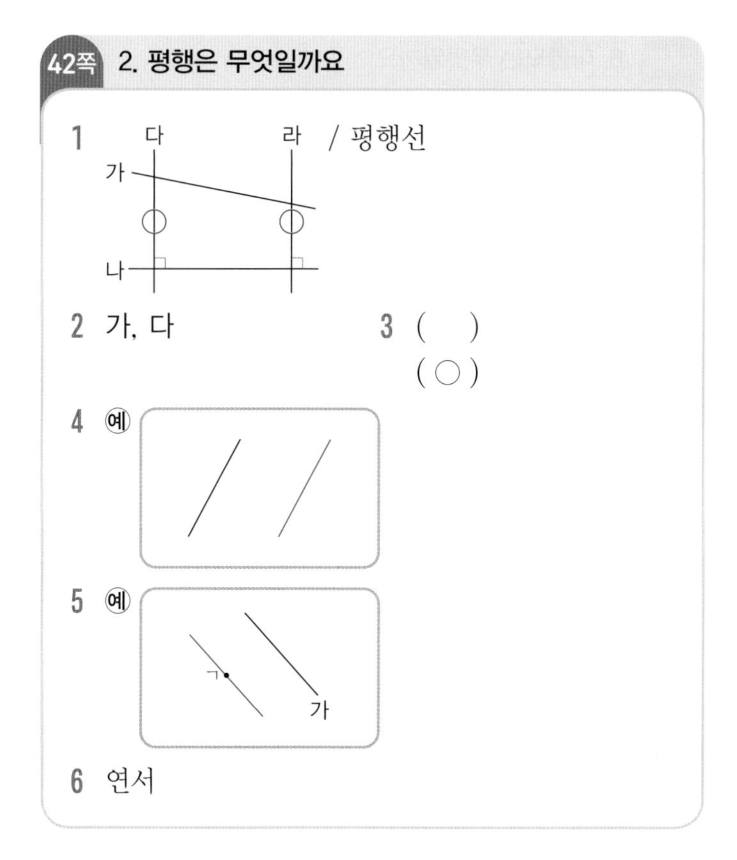

42쪽 2. 평행은 무엇일까요

1 / 평행선

2 가, 다

3 ( )
(○)

4 예

5 예

6 연서

2 서로 만나지 않는 두 직선: 가, 다

3 한 삼각자를 고정하고 다른 삼각자를 움직여서 평행한 직선을 긋습니다.

4

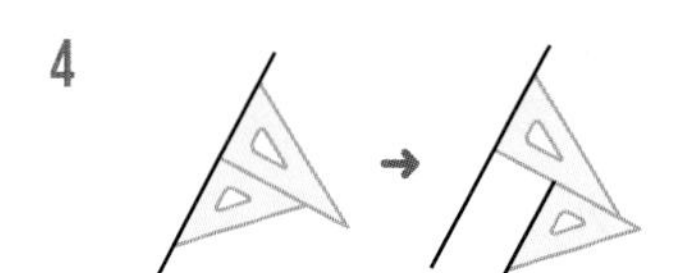

5

6 한 직선과 평행한 직선은 무수히 많이 그을 수 있으므로 잘못 말한 사람은 연서입니다.

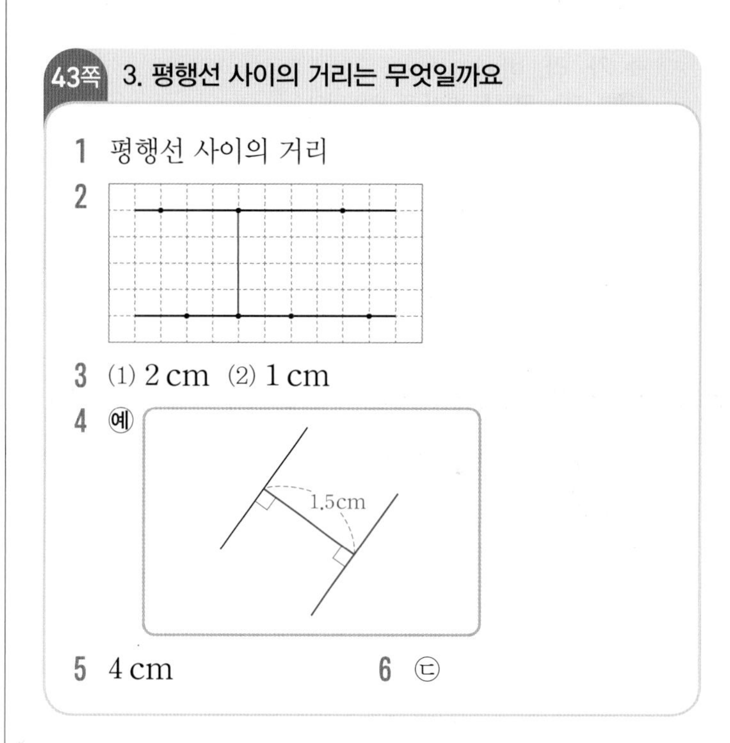

43쪽 3. 평행선 사이의 거리는 무엇일까요

1 평행선 사이의 거리

2

3 (1) 2 cm (2) 1 cm

4 예

5 4 cm 6 ㉢

3 평행선 사이에 수직인 선분을 긋고 그 선분의 길이를 재어 봅니다.

4 주어진 직선에 수직인 선분을 그어서 그 길이가 1.5 cm가 되는 곳에 점을 찍고, 찍은 점을 지나는 평행선을 긋습니다.

5 평행선: 변 ㄱㄴ과 변 ㄹㄷ
두 변에 수직인 선분을 긋고, 그 길이를 자로 재어 보면 4 cm입니다.

6 ㉢ 평행선 사이의 거리는 평행선 사이에 그을 수 있는 가장 짧은 선분의 길이입니다.

44쪽 4. 사다리꼴은 무엇일까요

1 사다리꼴 2 가, 라, 바
3 ㄱㄹ(또는 ㄹㄱ), ㄴㄷ(또는 ㄷㄴ)
4 예
5 ㉠, ㉢, ㉤
6 사다리꼴입니다. /
예 직사각형은 평행한 변이 있기 때문에 사다리꼴입니다.

2 평행한 변이 있는 사각형을 찾습니다.
➔ 가, 라, 바
참고 라는 평행한 변이 두 쌍입니다.

3 아무리 길게 늘여도 서로 만나지 않는 두 변을 찾습니다.

4 마주 보는 한 쌍 또는 두 쌍의 변이 서로 평행하도록 사각형을 그립니다.

5 주어진 두 선분과 연결하여 평행한 변을 한 쌍이라도 만들 수 있는 점을 찾습니다.

6 채점 가이드 사다리꼴인 이유에 평행한 변이 있다는 내용을 썼으면 정답입니다.

45쪽 5. 평행사변형은 무엇일까요

1 평행사변형 2 가, 다, 마, 바
3

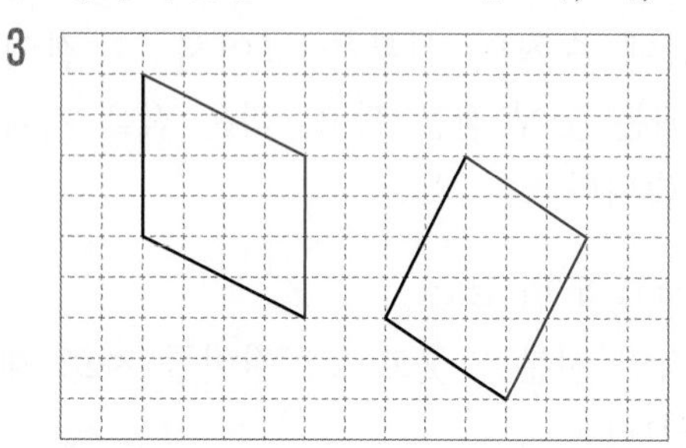

4 (왼쪽에서부터) (1) 3, 5 (2) 60, 120
5 지아 6 12 cm

2 마주 보는 두 쌍의 변이 서로 평행한 사각형을 찾습니다.
➔ 가, 다, 마, 바

3 주어진 선분과 평행한 선분을 그려 평행사변형을 완성합니다.

4 평행사변형은 마주 보는 변의 길이가 같고, 마주 보는 각의 크기가 같습니다.

5 평행사변형에서 마주 보는 두 각의 크기는 항상 같으므로 잘못 이야기한 사람은 지아입니다.

6 평행사변형은 마주 보는 두 변의 길이가 같으므로
(변 ㄱㄴ)$+$(변 ㄱㄹ)$=42\div2=21$ (cm)입니다.
➔ (변 ㄱㄹ)$=21-9=12$ (cm)

46쪽 6. 마름모는 무엇일까요

1 마름모 2 다, 마
3

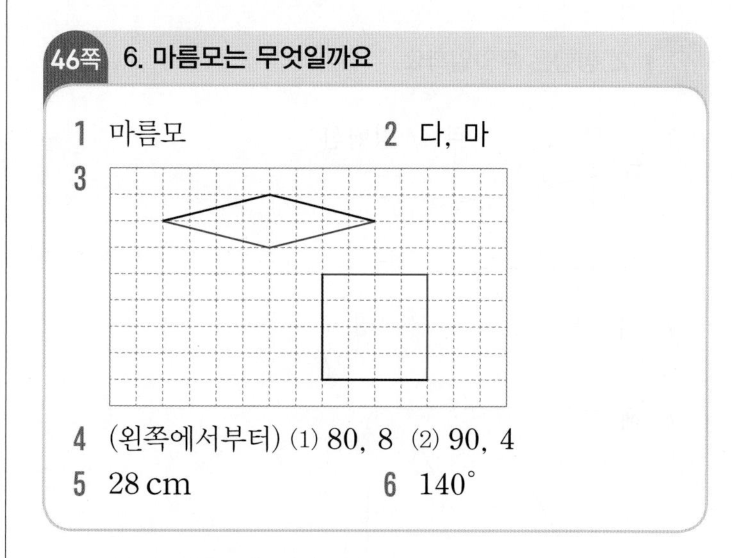

4 (왼쪽에서부터) (1) 80, 8 (2) 90, 4
5 28 cm 6 140°

2 네 변의 길이가 모두 같은 사각형을 찾습니다.
➔ 다, 마

4 (1) 마름모는 네 변의 길이가 모두 같고, 마주 보는 각의 크기가 같습니다.
(2) 마름모는 마주 보는 꼭짓점끼리 이은 두 선분이 서로 수직으로 만나고, 서로를 똑같이 둘로 나눕니다.

5 마름모는 네 변의 길이가 모두 같습니다.
(네 변의 길이의 합)$=7\times4=28$ (cm)

6 마름모는 이웃하는 두 각의 크기의 합이 180°이므로
㉠=180°−110°=70°입니다.
마주 보는 각의 크기가 같으므로 ㉡=㉠=70°입니다.
➔ ㉠+㉡=70°+70°=140°
다른 풀이 (사각형의 네 각의 크기의 합)=360°
마름모는 마주 보는 각의 크기가 같으므로
㉠+㉡=360°−110°−110°=140°입니다.

47쪽 7. 여러 가지 사각형을 알아볼까요

1 (1) × (2) ○
2 (왼쪽에서부터) (1) 5, 8, 90 (2) 90, 9, 9
3 '사다리꼴', '평행사변형', '마름모'에 ○표
4 (1) 가, 다, 마 (2) 가, 다, 마 (3) 마
5 예 직사각형 /
네 각이 모두 직각이기 때문입니다.

1 (1) 직사각형은 마주 보는 두 변의 길이가 같습니다.
(2) 정사각형은 마주 보는 꼭짓점끼리 이은 두 선분이 서로 수직으로 만납니다.

2 (1) 직사각형은 마주 보는 변끼리 길이가 같고, 네 각이 모두 90°입니다.
(2) 정사각형은 네 변의 길이가 모두 같고, 마주 보는 꼭짓점끼리 이은 두 선분이 서로 90°로 만납니다.

3 • 마주 보는 두 쌍의 변이 서로 평행합니다.
➔ 사다리꼴, 평행사변형
• 네 변의 길이가 모두 같습니다. ➔ 마름모

4 (3) 마주 보는 꼭짓점끼리 이은 두 선분이 서로 수직으로 만나는 사각형: 마름모, 직사각형 ➔ 마

5 **채점 가이드** 이름에 알맞은 이유를 썼으면 정답입니다.
아래와 같은 답을 쓸 수도 있습니다.
• 사다리꼴: 평행한 변이 있기 때문입니다.
• 평행사변형: 마주 보는 두 쌍의 변이 서로 평행하기 때문입니다.

5 꺾은선그래프

기초력 더하기

48쪽 1. 꺾은선그래프로 나타내기

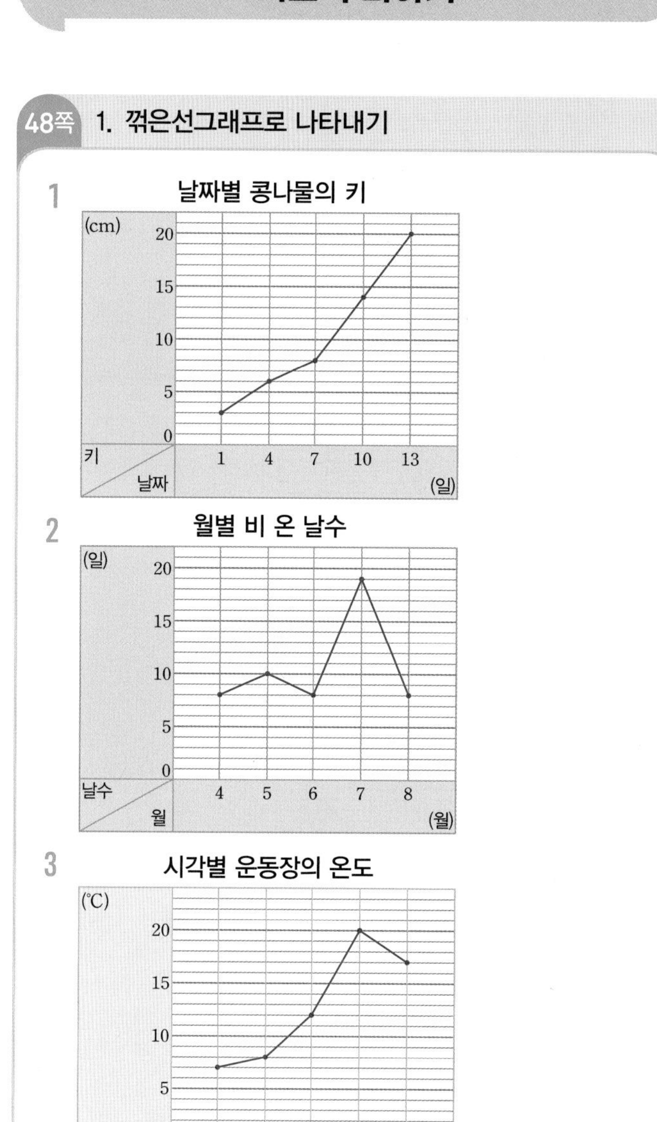

4 요일별 지욱이가 읽은 위인전의 쪽수

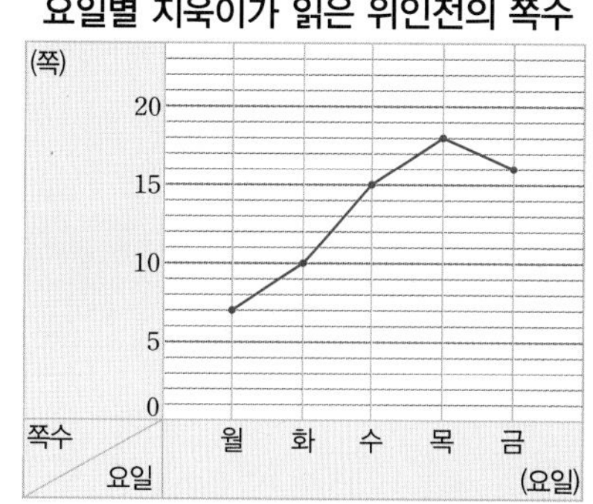

49쪽 2. 물결선이 있는 꺾은선그래프로 나타내기

1

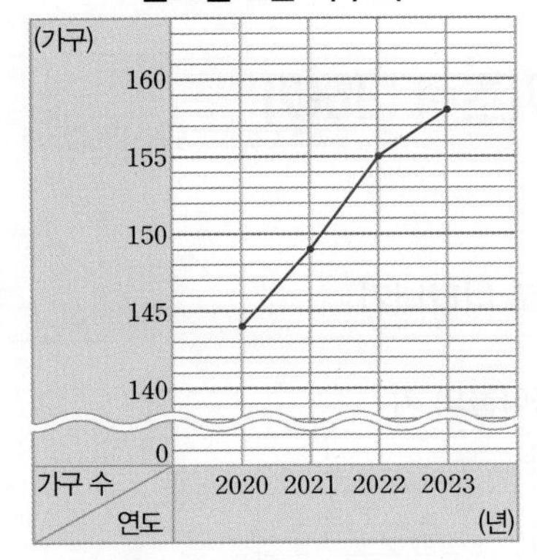

2

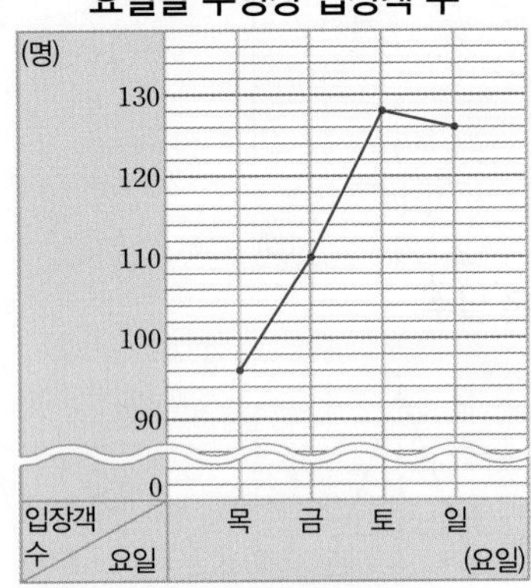

3

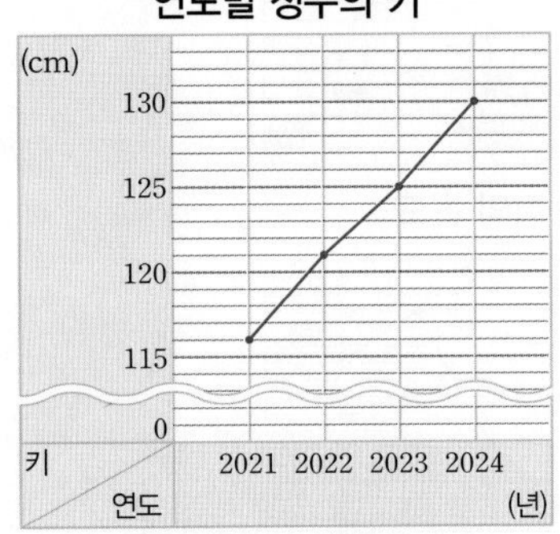

4

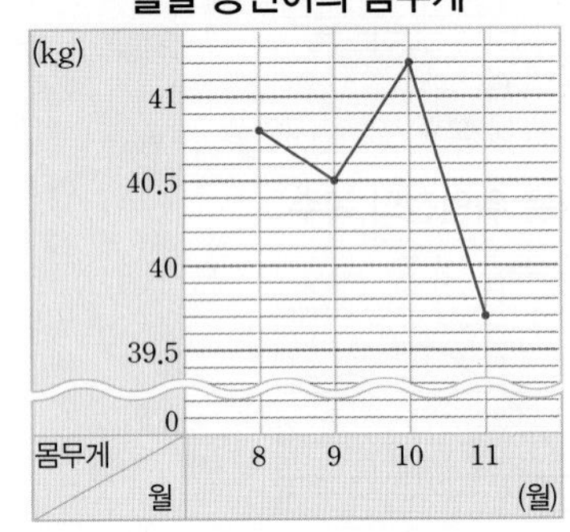

50쪽 3. 꺾은선그래프 해석하기

1 오후 1시, 오전 11시, 낮 12시
2 1980년, 1990년, 2000년
3 8월, 7월, 8월
4 일요일, 목요일, 금요일

수학익힘 다잡기

51쪽 1. 꺾은선그래프는 무엇일까요

1 꺾은선그래프
2 예 월별 컴퓨터 판매량
3 월 / 판매량
4 1°C / 0.1°C
5 ㉯ 그래프
6 예 22.3°C

2 월별 컴퓨터 판매량을 조사하여 나타낸 꺾은선그래프입니다.

3 꺾은선그래프의 가로는 월, 세로는 판매량을 나타냅니다.

4 ㉮ 그래프: 눈금 5칸이 5°C이므로 눈금 한 칸은 1°C입니다.
㉯ 그래프: 눈금 5칸이 0.5°C이므로 눈금 한 칸은 0.1°C입니다.

5 ㉯ 그래프는 물결선을 사용하여 필요 없는 부분을 줄이고 눈금 한 칸의 크기를 더 작게 나타내었기 때문에 변화하는 모습이 더 뚜렷하게 나타납니다.

6 오전 11시에 22°C이고 오후 1시에 22.6°C이므로 낮 12시는 그 중간인 22.3°C로 예상할 수 있습니다.
채점 가이드 22°C와 22.6°C 사이의 수온으로 답했으면 정답입니다.

52쪽 2. 꺾은선그래프로 어떻게 나타낼까요

1 키 　　 2 예 1 cm

3 예 날짜별 봉숭아 싹의 키

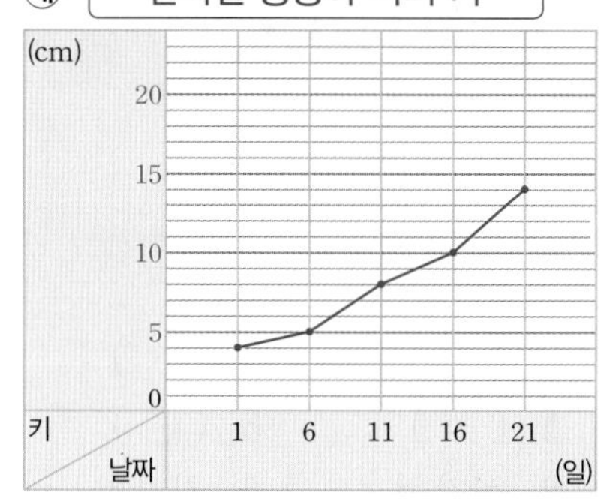

4 예 0, 130 　　 5 예 2마리

6 월별 닭의 수

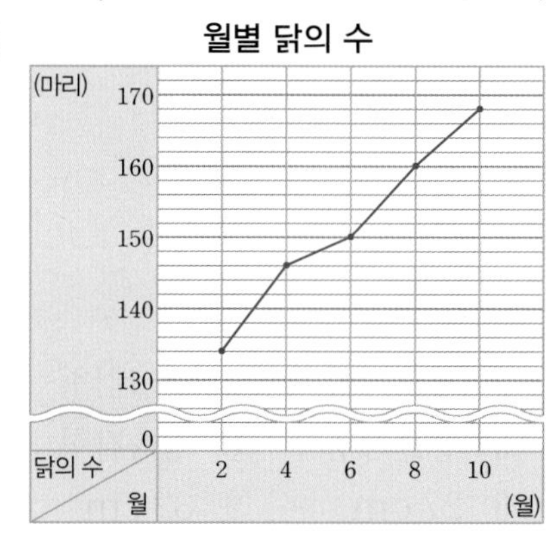

4 가장 적은 닭의 수가 134마리이므로 물결선을 0마리와 130마리 사이에 넣으면 좋을 것 같습니다.

5 조사한 양의 수가 모두 짝수이므로 세로 눈금 한 칸을 2마리로 나타내면 좋을 것 같습니다.

53쪽 3. 꺾은선그래프를 어떻게 해석할까요

1 220개 　　 2 2, 3

3 '줄어들고'에 ○표 　　 4 6월

5 예 7월보다 늘어날 것 같습니다.

6 예 전기자동차 수가 점점 늘어나고 있으므로 전기자동차 충전기를 더 많이 설치하면 좋을 것 같습니다.

1 눈금 5칸이 100개이므로 눈금 한 칸은 20개를 나타냅니다.
➔ 4월의 불량품 수: 220개

2 내려간 선분이 가장 많이 기울어진 때를 찾으면 2월과 3월 사이입니다.

3 꺾은선이 오른쪽 아래로 내려가고 있으므로 불량품 수는 줄어들고 있습니다.

4 올라간 선분이 가장 많이 기울어진 때를 찾으면 5월과 6월 사이입니다.

5 3월부터 7월까지 꺾은선그래프가 계속 위로 올라가고 있으므로 전기자동차의 수가 계속 늘어날 것으로 예상할 수 있습니다.

6 채점 가이드 전기자동차 수와 관련된 이야기를 했으면 정답입니다.

54쪽 4. 어떻게 자료를 수집하여 꺾은선그래프로 나타낼까요

1 예 초등학교 / 9, 11, 16, 20

2 연도 / 예 개수

3 예 '사용하지 않고'에 ○표, 1

4 예 연도별  초등학교 수

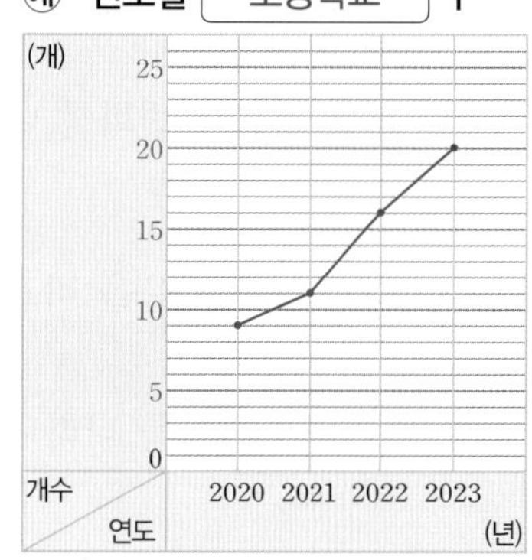

5 예 2020년부터 2023년까지 초등학교 수가 계속 늘어나고 있습니다.

1 채점 가이드 연도별 초등학교 수, 연도별 도서관 수, 연도별 재래시장 수, 연도별 편의점 수 중 하나를 골라 고른 주제에 맞는 개수를 썼으면 정답입니다.

2 네 가지 자료 모두 연도별 개수를 나타냅니다.
채점 가이드 세로에 나타내는 것을 주제에 따라 초등학교 수, 도서관 수, 재래시장 수, 편의점 수 중 하나로 답할 수도 있습니다.

3 채점 가이드 고른 주제에 따라 다음과 같이 답할 수 있습니다.
예

주제	물결선	눈금 한 칸
연도별 초등학교 수	사용하지 않고	1개
연도별 도서관 수	사용하고	1개
연도별 재래시장 수	사용하고	1개
연도별 편의점 수	사용하지 않고	10개

4 표를 보고 가로 눈금과 세로 눈금이 만나는 자리에 점을 찍고, 점들을 선분으로 연결합니다.

55쪽 5. 알맞은 그래프를 알아볼까요

1 막, 꺾, 꺾, 막
2 ㉯ 그래프
3 예 시간에 따른 자료의 변화는 꺾은선그래프로 나타내는 것이 좋기 때문입니다.
4 '알맞지 않습니다'에 ○표 /
예 종류별 자료 수의 많고 적음을 비교할 때 알맞은 그래프는 막대그래프이기 때문입니다.

1 • 막대그래프는 자료 수의 많고 적음을 비교할 때 좋습니다.
• 꺾은선그래프는 시간에 따른 자료의 변화를 나타낼 때 좋습니다.

2 • 막대그래프는 월별 강수량의 많고 적음을 비교하기에 알맞습니다.
• 꺾은선그래프는 월별 강수량의 변화를 나타내기에 알맞습니다.

3 채점 가이드 막대그래프는 수량의 비교, 꺾은선그래프는 자료 수의 변화를 알아보기에 알맞다는 것을 알고 이유를 적었으면 정답입니다.

6 다각형

기초력 더하기

56쪽 1. 다각형

1 (×) 2 (○) 3 (×)
4 (○) 5 (×) 6 (○)
7 오각형 8 삼각형 9 칠각형
10 육각형 11 사각형 12 팔각형

57쪽 2. 정다각형

1 정사각형 2 정오각형 3 정삼각형
4 정칠각형 5 정팔각형 6 정육각형
7 15 cm 8 27 cm 9 32 cm
10 20 cm 11 48 cm 12 42 cm

58쪽 3. 대각선

1 5개 2 0개 3 2개
4 9개 5 2개 6 5개
7 (×) 8 (×) 9 (○)
10 (×) 11 (○) 12 (○)

59쪽 4. 모양 채우기

1 2 2 3
3 2, 1 4 1, 2
5 예 6 예

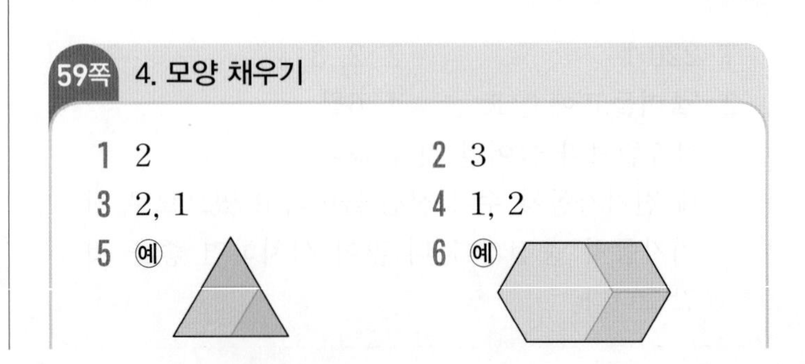

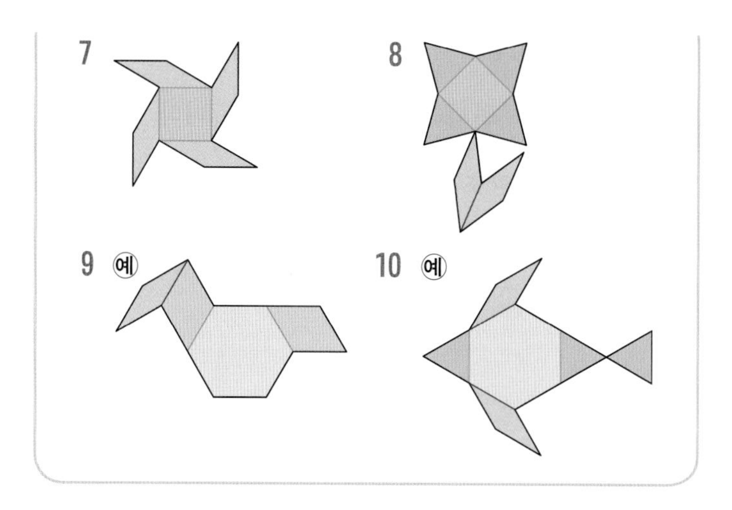

수학익힘 다잡기

60쪽 1. 다각형은 무엇일까요

1 선분　　2 가, 다, 라

3 6, 6, 육각형　　4 (　)(○)(　)

5 (1) 예 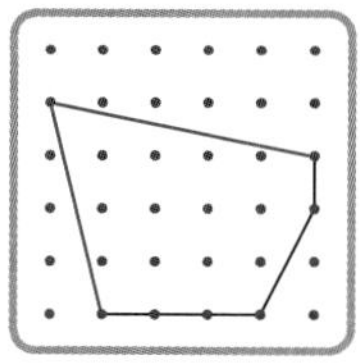 (2) 예

6 나, 라 / 예 다각형은 선분으로만 둘러싸인 도형인데 나와 라는 곡선도 있기 때문입니다.

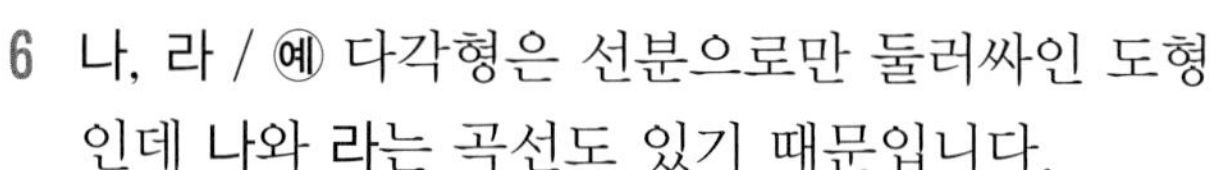

2 선분으로만 둘러싸인 도형: 가, 다, 라

참고 • 나: 둘러싸여 있지 않고 열려 있으므로 다각형이 아닙니다.
• 마: 곡선이 있으므로 다각형이 아닙니다.

3 • 변: 다각형을 이루는 선분 ➔ 6개
• 꼭짓점: 변과 변이 만나는 점 ➔ 6개
• 도형의 이름: 변이 6개 ➔ 육각형

4 변이 7개인 도형을 찾습니다.

5 (1) 변의 수가 5개가 되도록 선분을 그어 오각형을 완성합니다.
(2) 변의 수가 6개가 되도록 선분을 그어 육각형을 완성합니다.

61쪽 2. 정다각형은 무엇일까요

1 길이, 같습니다　　2 나, 마

3 108, 7

4 예 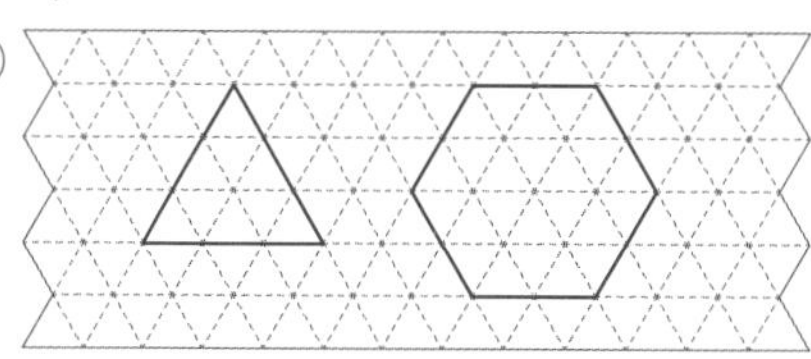

5 '정다각형이 아닙니다'에 ○표 /
예 변의 길이는 모두 같지만 각의 크기는 모두 같지 않기 때문입니다.

6 48 m

2 변의 길이가 모두 같고, 각의 크기가 모두 같은 다각형을 찾습니다. ➔ 나, 마

참고 • 가, 다, 라는 길이가 다른 변이 있으므로 정다각형이 아닙니다.
• 바는 곡선으로 이루어졌으므로 다각형이 아닙니다.

3 정오각형이므로 변의 길이가 모두 같고, 각의 크기도 모두 같습니다.

4 모눈의 수를 세어 변의 길이가 모두 같도록 정삼각형과 정육각형을 그립니다.

5 모눈을 이용하여 변의 길이가 모두 같은지, 각의 크기가 모두 같은지 확인해 봅니다.

6 정팔각형은 8개의 변의 길이가 모두 같습니다.
➔ (담장의 길이) $=6\times8=48$ (m)

62쪽 3. 대각선은 무엇일까요

1 대각선

2 '선분 ㄱㄷ', '선분 ㄷㅁ'에 ○표

3 / 9개

4 나, 가, 다　　5 가, 라

6 가 / 예 서로 이웃하지 않는 꼭짓점이 없으므로 대각선을 그을 수 없습니다.

2 대각선: 다각형에서 서로 이웃하지 않는 두 꼭짓점을 이은 선분
➔ 선분 ㄱㄷ, 선분 ㄷㅁ
주의 점 ㄷ과 점 ㅂ이 이웃하지 않았다고 해서 선분 ㄷㅂ을 대각선이라고 생각하지 않도록 주의합니다. 점 ㅂ은 오각형의 꼭짓점이 아니므로 선분 ㄷㅂ은 대각선이 아닙니다.

3 육각형에서 그을 수 있는 대각선은 모두 9개입니다.

4 가 나 다
5개 9개 2개
➔ 대각선의 수: 나>가>다

5 두 대각선의 길이가 같은 사각형: 직사각형, 정사각형
➔ 가, 라

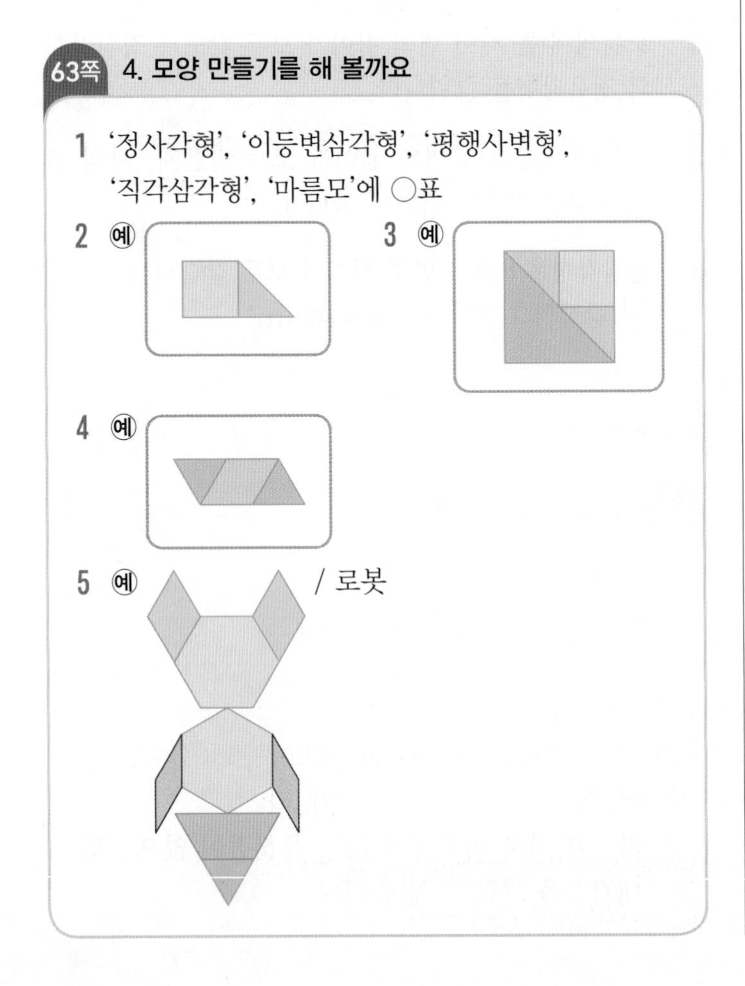

1 칠교판에 정삼각형 모양 조각은 없습니다.

2 길이가 같은 변끼리 이어 붙여서 만듭니다.

5 채점 가이드 모양 조각을 서로 겹치지 않게 이어 붙여서 모양을 만들고 이름을 썼으면 정답입니다.

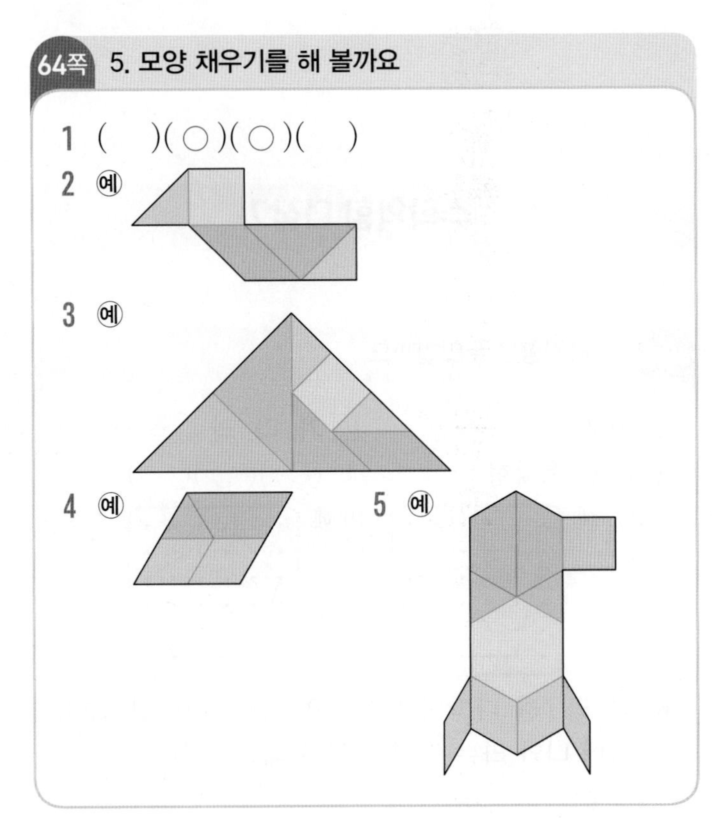

1 이등변삼각형과 사다리꼴로 바닥을 빈틈없이 채웠습니다.

2 채점 가이드 칠교 조각을 서로 겹치지 않게 이어 붙여서 모양을 빈틈없이 채웠으면 정답입니다.

3 채점 가이드 칠교 조각 7가지를 모두 이용하고, 조각을 서로 겹치지 않게 이어 붙여서 모양을 빈틈없이 채웠으면 정답입니다.

4 채점 가이드 3가지 모양 조각을 서로 겹치지 않게 이어 붙여서 모양을 빈틈없이 채웠으면 정답입니다. 사용한 조각의 수와 위치는 다양한 경우가 나올 수 있습니다.

5 채점 가이드 주어진 개수에 맞는 모양 조각을 서로 겹치지 않게 이어 붙여서 모양을 빈틈없이 채웠으면 정답입니다.

큐브 개념

정답 및 풀이 | 초등 수학 4·2

연산 | 전 단원 연산을 다잡는 기본서

개념 | 교과서 개념을 다잡는 기본서

유형 | 모든 유형을 다잡는 기본서

시작만 했을 뿐인데 완북했어요!

시작만 했을 뿐인데 그 끝은 완북으로! 학습할 땐 힘들었지만 큐브 연산으로 기초를 튼튼하게 다지면서 새 학기 때 수학의 자신감은 덤으로 뿜뿜할 수 있을 듯 해요^^

초1중2민지사랑민찬

아이 스스로 얻은 성취감이 커서 너무 좋습니다!

아이가 방학 중에 개념 공부를 마치고 수학이 세상에서 제일 싫었다가 이제는 좋아졌다고 하네요. 아이 스스로 얻은 성취감이 커서 너무 좋습니다. 자칭 수포자 아이와 함께 이렇게 쉽게 마친 것도 믿어지지 않네요.

초5 초3 유유

결과는 대성공! 공부 습관과 함께 자신감 얻었어요!

겨울방학 동안 공부 습관 잡아주고 싶었는데 결과는 대성공이었습니다. 다른 친구들과 함께한다는 느낌 때문인지 아이가 책임감을 느끼고 참여하는 것 같더라고요. 덕분에 공부 습관과 함께 수학 자신감을 얻었어요.

스리마미

엄마표 학습에 동영상 강의가 도움이 되었어요!

동영상 강의가 있어서 설명을 듣고 개념 정리 문제를 풀어보니 보다 쉽게 이해할 수 있었어요. 엄마표로 진행하는 거라 엄마인 저도 막히는 부분이 있었는데 동영상 강의가 많은 도움이 되었네요.

3학년 칭칭맘

자세한 개념 설명 덕분에 부담없이 할 수 있어요!

처음에는 할 수 있을까 욕심을 너무 부리는 건 아닌가 신경 쓰였는데, 선행용, 예습용으로 하기에 입문하기 좋은 난이도와 자세한 개념 설명 덕분에 아이가 부담없이 할 수 있었던 거 같아요~

초5워킹맘

심리적으로 수학과 가까워진 거 같아서 만족해요!

아이는 처음 배우는 개념을 정독한 후 문제를 풀다 보니 부담감 없이 할 수 있었던 것 같아요. 매일 아이가 제일 먼저 공부하는 책이 큐브였어요. 그만큼 심리적으로 수학과 가까워진 거 같아서 만족스러워요.

초2 산들바람

수학 개념을 제대로 잡을 수 있어요!

처음에는 어려웠던 개념들도 차분히 문제를 풀어보면서 자신감을 얻은 거 같아서 아이도 엄마도 즐거웠답니다. 6주 동안 큐브 개념으로 4학년 1학기 수학 개념을 제대로 잡을 수 있어서 너무 뿌듯했어요.

초4초6 너굴사랑